巴山茶事

恩施茶业的岁月印记

◎ 苏学章 / 著

◎ 胡兴明　何远军　王银香　王成松 / 整理

Bashan

Chashi

华中科技大学出版社
http://press.hust.edu.cn
中国·武汉

图书在版编目（CIP）数据

巴山茶事：恩施茶业的岁月印记／苏学章著. -- 武汉：华中科技大学出版社，2025. 2.
ISBN 978-7-5772-1340-8

Ⅰ. TS971. 21

中国国家版本馆 CIP 数据核字第 20257S6G11 号

巴山茶事：恩施茶业的岁月印记　　　　　　　　　　　　　　　　　　　　　苏学章　著
Bashan Chashi：Enshi Chaye de Suiyue Yinji

策划编辑：亢博剑　杨　静
责任编辑：林凤瑶
封面设计：刘　卉
版式设计：赵慧萍
责任校对：王亚钦
责任监印：朱　玢
出版发行：华中科技大学出版社（中国·武汉）　　　电话：（027）81321913
　　　　　武汉市东湖新技术开发区华工科技园　　　邮编：430223
录　　排：华中科技大学出版社美编室
印　　刷：湖北新华印务有限公司
开　　本：787mm×1092mm　1/16
印　　张：33　插页：2
字　　数：628 千字
版　　次：2025 年 2 月第 1 版第 1 次印刷
定　　价：168. 00 元

　　苏学章　男，汉族，中共党员，恩施人，1962年3月16日（农历壬寅年二月十一日）生，第一学历中专，在职学历本科。先后担任恩施市林业特产局股长、恩施市特产技术推广服务中心主任、恩施市芭蕉乡（现已合并为芭蕉侗族乡）副乡长、恩施市农业局副局长等职。曾兼任湖北省茶叶学会第六届理事会理事、第七届理事会常务理事，恩施市科学技术协会第三届委员会副主席等职。参与多项涉及"恩施富硒茶"和"恩施玉露"湖北省地方标准的起草，多篇论文被湖北省茶叶学会评为"优秀论文奖"。1998年取得农艺师技术职称，2000年被恩施土家族苗族自治州人民政府授予茶叶技术推广十大名人称号、2006年被湖北省农业厅评为"全省农业工作先进个人"、2007年参与完成的"恩施玉露新工艺、新技术研究"被湖北省科学技术厅认定为"湖北省重大科学技术成果"。2013年因病辞去所有行政职务，集中精力研究恩施茶叶的生产加工技术、挖掘恩施茶叶历史文化。2023年7月，被认定为茶叶加工工一级/高级技师。

探 究 巴 山

以《巴山茶事》为本书书名，叙述古老的巴山这片土地上茶事的发生、演变和兴盛。何为巴山，巴山与茶有何渊源，这里先作一个介绍。

 ## 一、巴山就是一个县

中国历史上，有一个真实存在的"巴山"县，作为一个县名，虽然现已少有人知晓，但在当朝和后续临近的朝代是人们广泛知晓的。

《隋书·地理志》记载：清江郡（后周置亭州，大业初改为庸州），统县五，户二千六百五十八。盐水（后周置县，并置资田郡。开皇初，郡废，大业初置清江郡）、巴山（梁置宜都郡、宜昌县，后周置江州，开皇初置清江县，十八年改江州为津州，大业初废州，省清江入焉）、清江（后周置施州及清江郡，开皇初郡废，五年置清江县，大业初州废，有阳瞿水）、开夷（后周置，曰乌飞，开皇初改焉）、建始（后周置业州及军屯郡，开皇初郡废，五年置县，大业初州废）。

《新唐书》载："峡州夷陵郡，中。本治下牢戍，贞观九年徙治步阐垒。土贡：纻葛、箭竹、柑、茶、蜡、芒硝、五加、杜若、鬼臼。户八千九十八，口四万五千六百六。县四：夷陵（上。西北二十八里有下牢镇，有黄牛山）、宜都（中下。本宜昌，隶南郡。武德二年更名，以宜都及峡州之夷道置江州，六年曰东松州。贞观八年州废，省入宜都，来属）、长阳（中下。本隶南郡。武德四年以县置睦州，并置巴山、盐水二县。八年州废，省盐水，以长阳、巴山隶东松州……）……"

《新唐书》除了对宜昌、宜都、长阳有记载，还对石门、慈利、巴东作了介绍。这些地方分别位于长阳的东、南、北三个方向。从史料分析，当时的巴山县不是长阳县，应该与盐水县大致相同。在长阳县东、南、北三个方向都有相对应的县的情况下，巴山的地理位置只能在长阳以西。

清道光丁酉版《施南府志》（图1）记载，在齐梁时期，恩施当时就叫"巴山"，由宜都郡管辖；而到隋朝大业年间，"巴山"是清江郡（改为庸州）管辖的一个县，只是这个县的疆域有点大，涵盖清江流域的大部分区域；齐梁时恩施正好属宜都郡管辖，后周称盐水，且隋开皇五年改称清江县，与《隋书·地理志》中巴山县的记载完全吻合。明朝天启年间，邹维琏被魏忠贤以朋党之罪构陷，贬谪施州，留下"巴山何处不猿鸣，今古偏伤逐客情。猿自善鸣吾善笑，谁云堕泪只三声"的诗句。巴山此时仍然是施州卫的别称。综合史料分析，"巴山"是清江流域以现在恩施为中心的地区，其名称和管辖范围时有变化，巴山县并没有以一个固定的名称和区域流传下来，而是被新的称谓替代，辖区也发生变化。根据史料，长阳以西溯清江而上的地方都曾经是巴山县的辖区，且其辖区不限于清江流域。

● 图1 《施南府志》沿革表

二、巴山乃茶之圣地

陆羽的《茶经》（图2）是中国乃至世界现存最早、最完整、最全面介绍茶的第一部专著，被誉为"茶叶百科全书"。开篇为："茶者，南方之嘉木也，一尺二尺乃至数十尺，其巴山峡川，有两人合抱者，伐而掇之。"《图经本草》云"巴山峡川，茶树有两人合抱者，所产乃野生之茶"，巴山峡川的茶树乃天地造化，自然天成。

按字面理解，巴山峡川就是巴山这一地方的深山峡谷，在巴山境内古朴蛮荒的峡谷两岸，高大的茶树自然生长于山间，居于此地的人在需要的时候砍伐茶树，取其叶片利用。陆羽在《茶经》中能细数巴山峡川茶树盛境，是因其亲历：天宝十三年（754年）陆羽出游义阳（信阳），随后西行，入巴山，临夷水，伐枝掇茶，又东行至峡州至当阳玉泉寺，返竟陵。在巴山夷水之峡川中观山野茶树生长，历土人伐树采叶，才写出茶树"两人合抱"的粗大和"伐而掇之"的豪迈。陆羽所见的巴山，茶树资源极其丰富，以至于人们可以恣意采伐，"伐而掇之"这种简单粗暴的方法在当时当地居然是常态，如此为所欲为怎不令人感慨？这就是茶的天地，人们在懵懂中享受着大自然的恩赐。

然而学界对巴山峡川的认识是模糊的，很多人将其定位于川东（重庆直辖前）鄂西。这里古属巴地，多山，长江及其支流深切的阻隔，形成高山峡谷的峡川地形。此地野生茶树资源丰富，从四川宜宾到重庆巴南、彭水和贵州务川一带，至今仍然残存有乔木型茶树群落，而在湖北恩施、巴东、利川等地，则残存着灌木型和小乔木型茶树群落。巴山峡川乃茶之原产地。一般对巴山峡川的认知只有大概的区域方位概念，没有作出精准的地理定位。

关于"巴山"的说法也是五花八门。在有关文献、著作中，常将巴山说成大巴山或巴东金子山。试想，陆羽再惜墨如金也不会为省一个字将"大巴山"写成"巴山"；而巴东金子山就更无可能，陆羽要介绍一个地方，肯定要为人们普遍知晓。巴东金子山虽称巴山，但其仅为巴东老县城边的一座山，这座山除当地人外，外人无从知晓，出现这样的结果乃巴东有"真香茗"而附会。

三、"巴山"境内皆"峡川"

古老的巴山所在的清江（古称夷水）流域，沟壑纵横，几乎全部由峡谷组成，河流流经之地山高谷深，峡川连绵，成为古"巴山"境内的特殊地形地貌。仅清江大峡谷一段的恩施大峡谷，全长 108 公里，面积达 300 平方公里，是如今恩施市闻名于世的 5A 级旅游景区。陆羽所说的"巴山峡川"就是巴山县境内大山之间的峡谷地带。

"峡川"光照不足，湿度大，多数植物生长不良，而茶树却极其适宜这种环境（图 3），因而"峡川"之中茶树遍布，陆羽能见到"两人合抱者"也就不足为奇。而当今的"峡川"则是茶园遍布。

四、《巴山茶事》介绍的就是恩施茶的传奇古今

巴山因陆羽《茶经》而闻名，成为茶人的圣域。笔者细究巴山的历史，发现巴山不仅是巴人故土、茶的世界，还是巴人和茶发生碰撞的地方，是世界茶饮的起始之地。既然巴山就是恩施，那么恩施与茶就有深厚的渊源。遗憾的是，没有任何茶叶专著为恩施发声。本书从历史的长河中搜寻蛛丝马迹，展现茶在恩施的演变轨迹。让读者从恩施这一个特殊的地域去领略茶叶产业的发展进步过程，敬仰历代茶人拼搏、奉献的精神，体会时代局限中茶人的无奈和辛酸，分享茶叶产业进步繁荣的成果和快乐，品味恩施独特的历史文化。

● 图3 茶园遍布峡川中

目录

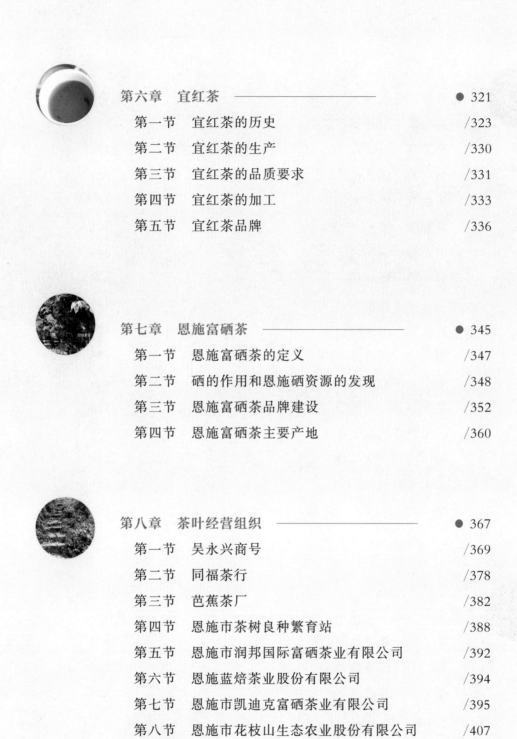

第一章

恩施茶的历史发展进程

恩施是茶树原产地，中国茶叶优势产区，全国重点产茶县（市），中国名茶之乡。如今茶叶产业已成为恩施第一大农业支柱产业，茶是农民致富的首选作物、农村繁荣兴盛的经济源泉。一个产业从形成到兴盛不可能一蹴而就，而是要通过人们世代相继的艰辛劳动，付出汗水、才智，才能开花结果。本章研究、讨论和分析的就是这一内容。

要研究历史，必定需要史料支撑，然而大山之中的恩施，由于自然环境极其恶劣，在古代交通极度不便，生产力低下，社会经济发展严重滞后。恩施这一特殊区域在历史上分隶不常，社会经济长期处于落后状态，并无多少史料留存。湖北督学使者王赠芳在《施南府志》序中介绍："亟欲征求文献，而屡经兵燹，荡废无存，仅得建始县抄本志一册、恩施县刊本志二册。"史料的缺乏，对研究恩施的发展历史极其不利。好在清道光年间的施州知府王协梦亲自监修《施南府志》，给后人研究恩施的历史提供了一点可以追索的依据，然而于茶，书中根本没有专门的记载，其中"茶、椒俱卫境出"的记载算是恩施自古产茶的证据。要探寻恩施的茶叶历史，仅从恩施的史料无从入手，只能从恩施以外的浩繁资料中去寻找蛛丝马迹，借以剖析、还原历史的本源。笔者在此将自己的搜寻结果一一列出，仅供参考。

第一节　恩施的特殊历史

现恩施土家族苗族自治州和恩施市在历史上时而并存，为上下级关系，时而合而为一，管辖范围也时有变化。要理清恩施的历史沿革，必须结合州、市的历史沿革，才能完整还原恩施历史变迁的过程。

 ## 一、恩施土家族苗族自治州的沿革

// 1. 清代以前

《施南府志》对施州的历代沿革表述为："荆梁二州之域。春秋为巴国界，战国属楚巫郡地。秦属黔中郡。汉属南郡。三国吴及晋，属建平郡。后周于此置亭州及清江郡。隋初郡废州存，大业初改名庸州，治清江县，寻改州为清江郡，义宁初改为施州。唐以州隶江南道，开元间改清江郡，天宝初改清化郡，乾元初复为施州。宋属四川夔州路。元以清江县省入州，属夔州路。明洪武初，仍置施州，属夔州府，后置施州卫，二十三年省州入卫，改置施州卫军民指挥使，属湖广都司，编户三里，领军民千户所一，宣抚司三，安抚司八，长官司八，蛮夷长官司五，而容美长官司亦在境内焉。"

明代《施州卫志》记载："施州卫，荆梁二州之域，秦汉以来，或隶黔或隶蜀，至后周置亭州，又置施州，后改为庸、为业，又改为清江郡，宋元稍仍其旧，国朝因时制宜，废州入卫，以统军民而辖蛮夷。"

清代王赠芳为《施南府志》所作的序中写："施郡域介荆梁，星分翼轸。古为廪君国，地与夜郎接壤。汉以来虽设沙渠、建始二县，然分隶不常。"

史料记载大同小异，说明恩施地名多变，辖区时有增减，管理方式也不固定，虽北周建德三年（574 年）和隋义宁二年（618 年）两次置施州，然很快变化，直到唐乾元初复置施州，地名和辖区才相对稳定下来。

// 2. 清代

清代初仍循明制，雍正六年（1728 年）裁施州卫，改为施县。雍正十三年（1735 年），各土司呈请归流，废除土司制，实行流官制。土司各境及恩施、建始两县，增设施南府。此时这片区域才真正纳入清朝统一的管理体制下。

// 3. 民国时期

民国元年（1912 年），废府存县；民国四年（1915 年），湖北省政府于原荆州、宜昌、施南三府地置荆南道；民国十五年（1926 年），改荆南道为荆宜道，分原施南府及鹤峰县地，置施鹤道，属湖北省，辖恩施、宣恩、建始、利川、咸丰、来凤、鹤峰七县；民国十六年（1927 年），废道存县。民国十七年（1928 年），设鄂西行政区，仍辖施鹤七县。民国二十一年（1932 年）改为第十行政督察区，巴东县划入，州域始为八县之治；民国二十五年（1936 年），改为湖北省第七行政督察专员公署；全面抗日战争时期，因武汉于 1938 年沦陷，湖北省政府迁恩施近八年。

// 4. 新中国成立后

1949 年 10 月 1 日，中华人民共和国诞生。同年 11 月 6 日，建立湖北省人民政府恩施专区专员公署，下辖八县；1955 年 5 月 12 日，改称湖北省恩施专员公署；1967 年 1 月 30 日，造反派夺权，专署陷于瘫痪；3 月 2 日，经湖北省军区党委批准，由恩施军分区成立抓革命促生产办公室，5月13日，改为抓革命促生产指挥部；1968年，成立湖北省恩施地区革命委员会；1978年，废除恩施地区革命委员会，成立恩施地区行政公署；1983年8月19日，国务院批准撤销恩施地区行政公署，成立鄂西土家族苗族自治州，辖恩施市和巴东、建始、利川、来凤、咸丰、宣恩、鹤峰七县；1993年4月4日，国务院以国函〔1993〕36号文批复同意将鄂西土家族苗族自治州更名为恩施土家族苗族自治州。

二、恩施市的历史沿革

现恩施市为古施州州治所在地。分隶不常，名称多变，时为县，时为州，时为郡，时为卫，辖区范围时有增减，但大致稳定。

// 1. 清代以前

古代，恩施是廪君的领地。夏、商为荆州、梁州的交界地区。周初为巴子国地，后为夔子国地，春秋地属巴国。战国属楚巫郡地，后入于秦。进入封建社会以后，中原王朝称之为蛮夷之地，先后实行羁縻州郡制和土司制。其管辖权不断变化，在黔、蜀、荆州、湖广间变换。秦属黔中郡，汉属南郡地。三国（吴）属巫县地，晋宋始设县，名沙渠，属建平郡。齐梁名巴山县，属宜都郡（梁置）。陈魏时期州郡治不置县。南北朝北周为施州及清江郡地，分沙渠部分地为乌飞、盐水二县。隋、唐、五代、宋为施州清江郡地。隋属施州，开皇五年（585年）置清江县。唐、宋、元均为清江县地。明代隶属施州卫指挥使司（属湖广都司）。

// 2. 清代

清朝初期仍循明制，置施州卫。清雍正六年（1728年）裁施州卫，设施县，翌年取"恩赐施县"之意命名为恩施县，隶属归州，此为恩施县名之始；雍正十三年（1735年）改土归流后，恩施县隶属施南府。自乾隆元年（1736年）始，恩施县为施南府附郭首邑。

// 3. 民国时期

民国元年（1912年），废府存县，恩施县直属湖北省。民国二年（1913年）恩施县属荆南道管辖。民国十年（1921年），恩施县属施鹤道管辖，为施鹤道治所。民国十六年（1927年）废道存县，翌年，设鄂西行政区，恩施县为行政区治所。民国二十一年（1932年），恩施县划归湖北省第十行政督察区管辖。民国二十五年（1936年），改第十行政督察区为第七行政督察区，恩施为附郭县。1938—1945年，因日本侵略，武汉沦陷，恩施县城为湖北省临时省会。

// 4. 新中国成立后

1949年11月6日，恩施县城解放，成立恩施行政区，置专员公署。1982年4月30日将城区及近郊析出，设恩施市，实行县、市分治。1984年1月撤销恩施县，其行政区域并入恩施市。新中国成立后，恩施市（县）一直是湖北省恩施行政区专员公署、恩施地区行政公署、鄂西土家族苗族自治州人民政府、恩施土家族苗族自治州人民政府驻地。

三、恩施城的历史文化现象

恩施城地处清江河谷中一片特殊地带，由东向西的清江在这里拐弯，变成由北向南。这里地势开阔，是清江流域中最大的盆地，且气候宜人，物产相对丰饶，很早就成为区域性的政治、军事、经济和文化中心。远古的巴人首领廪君在此建立起巴人的第一个国都——"夷城"。六朝以来，朝廷将城池作为监控和镇压少数民族的军事据点。虽然城池地处少数民族聚集区，却是当时朝廷权威的象征，不由地方的少数民族势力控制。唐宋时期，朝廷对少数民族地区实行羁縻制度，施州为经制州，城池更是成为羁縻州中的堡垒，朝廷借此对少数民族人士进行监视和控制，并对不同对象分别采用笼络、分化、扶持、打压的策略，让其臣服。元代以后实行土司制度，废州入卫，置统辖湖广十五土司的施州卫军民指挥使司，在这里建立了屯堡社会。里籍文化、屯戍文化与土著少数民族文化长期不断混同交融，在恩施城形成了一种特殊的文化现象。

城池中的官吏、军士、商贾、市民与其社会文化在经制州县撤销以后，仍有部分保存。恩施城虽然只是一个很小的据点，却影响着周边地区。《隋书·地理志》记载："诸郡多杂蛮左，其与夏人杂居者，则与诸华不别。其僻处山谷者，则言语不通，嗜好、居处全异，颇与巴渝同俗。"这里指的是九州之一的荆州，所辖区域覆盖今湖南、湖北两省。恩施当时属清江郡，为荆州所辖二十二郡之一。顾炎武在《天下郡国利病书》中有"施州地，夹杂夷落，故乡者则夷蛮，巴汉语相混"。《施南府志》中，邹维琏《重修〈卫志〉原序》记载："余观施域，虽邻夷而汉官威仪，士绅文学，父老子弟彬如也。乃去城不数里，民则处于不华不夷之间。"这些记载说明恩施是一个封闭的地方，居住于此的少数民族拥有自己的语言，按照自己的习惯生活。在恩施城的影响下，语言、风俗有所变化，城内的官和民，与周边少数民族群落有很大的差异，且距城越远差异越大，这就是恩施这个据点产生的作用。据点的影响随着社会的发展不断增强，差异随着时代的变迁不断缩小，现在只有仔细搜寻才能发现些许不同。隋代，汉人与"蛮左言语不通"；到清初，则"巴汉语相混"；清中叶，只有"里籍老户，乡谈多不可解"。少数民族聚居之地在汉文化的不断熏陶下，也不断发生着改变，这种变化以城市为中心，近则快而明显，远则慢且微弱。直到20世纪90年代，恩施不到一平方公里范围的老城区居民口音尚与周边地区不同，这是受里籍文化、屯戍文化影响，这些人随着城市发展已分散开来，但其特殊的口音仍有保留。而在建筑方面，城区完全与内地其他地区无二，城郊则各式建筑混杂，山野乡间则是一色的干栏式建筑——吊脚楼。

恩施老城的特殊文化日见式微，残存日渐减少，随时都有可能被历史尘封。到21世纪后，因普通话教学普及，特殊的地方口音难以流传，古语方言连老人也只知大概了，许多青壮年不仅不会说，连听都听不懂，只有一些好奇者在收集整理，也难窥全豹。老城已无特殊的口音，甚至于恩施很有影响力的"东乡"腔都日渐消失。汉语拼音教学使乡音向普通话靠近。民族建筑也真迹渐稀，只有少量残存。再过几年，随着城镇化的发展、新农村建设的推进，这些民族建筑如不加强保护，恐将消失殆尽。

守旧是社会发展的障碍，但保存历史、了解历史、分析历史、挖掘历史、保护和传播历史文化成果，则是社会发展的重要部分，于恩施，已刻不容缓。

第二节　茶饮溯源

茶饮源于中国是不容置疑的，但到底源起于中国的哪个地方却有些模糊。目前，中国关于茶的记载最早见于东晋常璩（291—361年）著《华阳国志·巴志》："武王既克殷，以其宗姬于巴……其地，东至鱼复，西至僰道，北接汉中，南极黔涪。土植五谷。牲具六畜。桑、蚕、麻、苎，鱼、盐、铜、铁、丹、漆、茶、蜜，灵龟、巨犀、山鸡、白雉，黄润、鲜粉，皆纳贡之。"这里的巴地域太广，包括了今重庆市、四川东部（含东南部和东北部）、贵州东北部、陕西东南部、湖北西南部等地，无法确定具体位置。陆羽在《茶经·六之饮》中说"茶之为饮，发乎神农氏"，这是饮茶之源的权威定论，但只提到源于神农这个人，而没明确发源地。汉代王褒《僮约》"脍鱼炮鳖，烹茶尽具"，"牵牛贩鹅，武阳买茶"，事件发生在成都平原，这是现存有关饮茶器具、茶叶市场的最早记载。从这些记载推测，茶饮源头似乎在成都平原，但证据极不充分，且与其他证据有冲突。顾炎武《日知录》中有"自秦人取蜀而后，始有茗饮之事"，即认为中国的饮茶，是秦统一巴蜀之后才慢慢传播开来的，源头在巴蜀，但巴蜀范围比巴更大。茶饮之源模糊存于一个相对宽广的区域，无准确位置。要找到真正的茶饮源头，还是需要从稀少的历史资料中梳理线索，对分散的线索进行综合分析，以求得到正确的结论。

 ## 一、神农与茶

陆羽的"茶之为饮，发乎神农氏"，为寻找茶饮之源指明了一条路径——要弄清茶饮之源，只能深入细致地研究神农氏。

然而神农氏为远古人物，以神农氏直接说事似乎有些牵强。神农氏距今5500年至6000年，究其本质，神农氏应该是农耕文化产生时期作出贡献的一类人物的统称。神农氏是传说人物，带有神话色彩，国内多地有神农氏的传说。古时人们把对农耕文化产生时期作出巨大贡献的众多个体归于一身，形成了无所不能的神农氏。神农氏无论是人还是神，农耕文化是这一群体创造的，可利用植物资源也是这一群体发现的，茶被神农氏这一群体中的个体发现是可以肯定的。

神农氏在湖北西部山区寻找可以利用的植物资源，留下众多的传说，并有神农架、神农顶、神农山、神农溪等地名。以此推断，神农氏在湖北西部山区寻找可利用植物资源时，因中毒发现了茶。《后汉书·郡国志》注引盛宏之《荆州记》："县北界有重山，山有一穴，云是神农所生。"《括地志》："厉山在随州随县北百里，山东有石穴，曰神农生于厉乡，所谓列山氏也。"人们以此断定神农氏为湖北随州人。神农氏在湖北西部山区大山之中活动期间，遍尝各种植物的芽叶、根茎、果实，发现了许多可以利用的植物。古语云："神农尝百草，一日而遇七十毒，得茶以解之。"也就是说神农氏是在尝植物时，因中毒而偶然发现"茶"具有解毒的功效。神农氏在对"茶"做进一步研究后发现其具有解毒、提神、益思、清肠的功效，于是他将"茶"这一植物作为优质资源加以利用。从事茶业的人都知道。

神农架因神农而得名。其实神农氏的活动范围并不限于神农架，只是神农架是湖北屋脊，人迹罕至，为突出神农氏的功绩，就以神农架为神农氏活动的代表性区域。远古以神农氏为集体符号的农耕先驱们为寻找可供人类利用的植物资源，长期活动于湖北西部广袤的山区。在神农氏时代，大山之中少有人迹，早期的人类逐水而居，神农氏进山活动，需要当地土著的帮助，必然与土著交往。当时的人类活动也只能沿河流进行，大山陡峭的地势让人无法通行，茂密的森林会使人迷失方向，人类进出森林最大的依赖是河流，因为河流便于识别方向和行走。神农氏可由长江经如今的香溪、神农溪到神农架，也可过长江进入清江流域。于神农氏而言，进入清江流域比到神农架要容易得多，长江在宜昌至宜都一带水流平缓，极易渡过，而通过西陵峡则如同闯鬼门关。而且清江流域植物资源的丰富程度也不亚于神农架，神农氏没有理由不进入更加便利的清江流域。

　　神农氏发现茶到底是在长江西陵峡边，还是在长江南边的清江流域，目前没有任何依据可作出定论，但在湖北西部山区发现茶是具备条件的。从对茶树生长特性的分析可以发现，茶树在海拔 1000 米以下山区生长旺盛，长江两岸和位于"巴山峡川"的清江流域都生长着大量野生茶树，也因此神农氏才能轻易地得到这种树叶，从而发现茶的作用。

 ## 二、巴的追溯

　　巴是巴人建立的国度，其形成历史久远，但也有迹可循。茶饮的最早指向是巴，巴与茶密不可分，追寻巴的历史，有助于茶饮之源的探索。

// 1. 巴人是源于清江流域的一个族群

　　《山海经》记有巴人的世系："西南有巴国。太皞生咸鸟，咸鸟生乘厘，乘厘生后照，后照是始为巴人。"南朝宋范晔《后汉书·南蛮西南夷列传》记载："巴郡南郡蛮，本有五姓，巴氏、樊氏、瞫氏、相氏、郑氏，皆出于武落钟离山。其山有赤黑二穴，巴氏之子生于赤穴，四姓之子皆生黑穴。未有君长，俱事鬼神。"从这一记载可以看出，远古的巴人是居住在武落钟离山的原始部落。清《长阳县志》记载："难留城山，县西二百余里，一名武落钟离山，交施南建始界。"《水经注》卷三十七记载："东南过佷山县南，夷水自沙渠县入，水流浅狭，裁得通船。东径难留城南，城即山也。"夷水是清江的古称，佷山县在今长阳县州衙坪，沙渠县为今恩施市，均在清江边上。武落钟离山交施南建始界，表明其位于今巴东县境内，因巴东历史上多属归州管辖，非施州地，故巴东与施州交界的地方是建始。清江边与建始交界的地方只能在巴东清太坪、水布垭一带，具体位置尚待进一步考证，但可以肯定的是，远古巴人生活的武落钟离山，在现巴东县境内夷水（清江）之畔。

// 2. 巴人的发祥地在巴山县

唐杜佑所撰的《通典·边防典》记载："廪君种不知何代。初，巴氏、樊氏、曋氏、相氏、郑氏五姓皆出于武落钟离山（在今夷陵郡巴山县）。"《太平寰宇记》卷一四七《长阳县·下》云："武落中山，一名难留山，在县西北七十八里，本廪君所出处也。"这一内容表明唐代"巴山县"广为人知，远古时期巴人居住的武落钟离山就在"巴山县"辖区内。

// 3. 巴国是巴人的迁徙建立的

《后汉书·南蛮西南夷列传》转引了先秦典籍《世本》记载的巴人首领廪君产生和在夷城建都的过程："……乃共掷剑于石穴，约能中者，奉以为君。巴氏子务相乃独中之，众皆叹。又令各乘土船，约能浮者，当以为君，余姓悉沉，唯务相独浮。因共立之，是为廪君。乃乘土船，从夷水至盐阳。盐水有神女，谓廪君曰：'此地广大，鱼盐所出，愿留共居。'廪君不许，……积十余日，廪君思其便，因射杀之，天乃开明。廪君于是君乎夷城，四姓皆臣之。"

这则史料简明扼要地叙述了巴人从武落钟离山确立巴务相为廪君到定都夷城的历史过程。目前学者一般将其作为研究巴人起源、部落构成、巴人迁徙以及立国的重要依据。巴人五姓祖先于武落钟离山共约掷剑、乘土船选拔首领，巴氏子务相因屡屡获胜被立为君长（廪君），从夷水（清江）至盐阳建国于夷城（恩施）。《水经注·夷水》云："昔廪君浮土舟于夷水，据捍关而王巴。"廪君定都夷城并在清江中游设置捍关。

然而拥有高远志向的巴人没有因拥有夷城而停下开拓的脚步，部落族群继续溯清江而上向四川盆地和武陵山腹地进发。朱自振在《茶史初探》中介绍："巴蜀人移居现在的川境，大致是在中原建立夏朝之前不久的原始社会末期。""春秋战国时，居住在西部的蜀人，以成都为中心，建立了一个奴隶制的小国——蜀国。居住在东部的巴人，也以重庆为中心，建立了一个巴国。"巴国的领地东至鱼复（今重庆市奉节县）、西达僰道（四川宜宾市安边镇），北接汉中（陕西汉中市），南及黔涪（贵州思南县），巴人的国都从夷城（恩施）迁到枳城（今重庆市涪陵区），最终定都江州（今重庆市）。

三、巴人先祖与神农氏有交集

神农氏长期活动于湖北西部山区,必然与土著交流。神农氏每到一个地方,都需要土著的帮助,食宿和领路必须依靠土著。同时神农氏也将自己的发现传授给土著,土著也在与神农氏的共同活动中共享神农氏的智慧和发现。神农氏在发现茶并知晓其好处后,必然会将这一妙品介绍给当地的土著。巴人是由五姓组成的大族群,与神农氏产生交集是必然事件,于是巴人受神农氏影响,成为最早利用茶的族群之一。

 ### 四、巴人的迁徙传播了饮茶习俗

在四千多年前的原始社会末期,巴人为了生存与发展向西部迁徙,此时,饮茶习俗已在巴人族群中有了千年以上的传播,巴人饮茶已成习惯,饮茶的习俗自然随着迁徙而得到广泛传播。巴人在西迁过程中,将饮茶的习俗带到所到之地,最终传遍巴国。很有意思的是,无论是巴人迁徙的路线,还是最终的巴国领地,都是茶树的原产地,有充足的资源供巴人随地取用茶叶,饮茶习俗从而得以顺利保留与传播。

饮茶不仅在巴国境内成为习俗,还传播到相邻的蜀地。蜀地与巴国相邻,人相亲,习相近,气候相似,物产相同,茶饮自然也就成风,巴蜀也就成为中华大地上最早形成饮茶风气的区域之一。

 ### 五、学界对饮茶起源清江流域的论述

朱自振在《茶史初探》一书中,对饮茶的起源的结论是"茶初兴于巴",并进行了系统的推断:"我国饮茶起源和茶业初兴的地方,是在古代巴蜀或今天四川的巴地和川东","古代巴蜀,巴族和蜀族虽是两个人数最多的大族,但都不是土著,一个来自东部,一个来自西北……巴人原居'湖北清江流域'","也即巴蜀人移居现在川境,大致是在中原建立夏朝之前……","从神农传说产生和流传的地域,以及茶由原始药用发展为饮用的漫长过程来看,可以肯定地说,我国茶叶的发现、利用时间,绝非是巴人或蜀人移居四川以后的那么简短的原始社会晚期所能完成的。说具体些,也就是在巴人和蜀人移居四川以前,我国茶的发现、利用,即有一个前

发展阶段"，"确切说巴人发现、利用和饮用茶叶的时间，应当是在先。因为如前所说，蜀人和黄帝族是同源，祖居黄河上游，后来沿横断山脉不断南迁，他们不但在故地青藏高原，就是移居到川西金沙江和雅砻江流域以后，仍然地处高寒气候，其生活过的环境中，不可能有茶树分布……巴人的情况则不同，他们移居四川的第一地点川东，以及迁川前居住的鄂西，不但在唐以前就已形成我国主要茶区，而且如陆羽《茶经》所载：'巴山、峡川有两人合抱者，伐而掇之'"，"巴蜀二族，也只有巴人才能把他们饮用茶叶的历史，和远古'发乎神农'的传说连接起来"。由此，朱自振先生对饮茶起源于清江巴人的观点已呼之欲出。

六、茶源于清江流域的事实支撑

// 1. 清江流域是最早有茶叶加工记载的地方

三国魏张揖的《广雅》，其中有"荆巴间采叶作饼，叶老者，饼成以米膏出之。欲煮茗饮，先炙令赤色，捣末置瓷器中，以汤浇覆之，用葱、姜、橘子芼之"。"荆巴间"中心在清江流域，荆是以荆州为中心的地域，巴是以重庆为中心的地域，"荆巴间"大致为今荆州和重庆之间。从地图上看，大部分是巴人迁徙的所经之地，巴人早期活动的清江流域正好在两地的中间位置，由此证明以恩施为中心的清江流域一带应该是最早采制茶叶的地方。

在巴人发祥地恩施，有一道民间饮食油茶汤。其制作方法简单：先用食用油（最好是猪油）炸适量茶叶至蜡黄后，加水于锅中，水一沸便舀入碗中，放上姜、葱、蒜、胡椒粉等调味，就做成了。然而在实际生活中，人们往往还会在油茶汤里加上事先炒好（或炸好）的阴米子、苞谷、豆腐干丁、核桃仁、花生米、黄豆等食物才算待客之物。这种方法与张揖的"欲煮茗饮，先炙令赤色，捣末置瓷器中，以汤浇覆之，用葱、姜、橘子芼之"是一脉相承的，都是先将茶叶加工至枯焦而具浓香，加水和调味料，沸腾后饮用。不同的是油茶汤所添加的物品更加丰富，除油炸茶叶外，还加入许多食物，而且茶叶也从团饼茶变为散茶，对茶的处理也相应改变。如果"煮茗饮"算一道汤饮，油茶汤则兼具饮品和食品的双重特征。油茶汤是对"煮茗饮"的继承与发扬。

// 2. 清江流域饮茶风习最盛

唐代是我国饮茶兴盛时期，陆羽在《茶经》一书中形容当时饮茶之风时说：

"两都并荆渝间，以为比屋之饮。"这里的"荆渝间"和前面所谈到的"荆巴间"是完全一致的，其中心位置都在以恩施为中心的清江流域。难能可贵的是当时"荆渝间"是蛮荒之地，人们衣食尚且艰难，然而在饮茶方面竟然与极度繁华的"两都"平起平坐，地位高于茶事兴盛的蜀地。这种情况只能是生活在荆渝间的人自然形成的习惯，经过历朝历代积淀下来的风俗，虽贫穷而不可改变，同时还应具备大量可供利用的资源。

// 3. 恩施人嗜茶

嗜茶，是恩施人世代相传的痼癖。恩施家庭无论贫贱，家中必有茶罐、茶壶，只是质地上存在差别。茶罐是冬天用的，放在火坑里煨着，随时都能喝到热茶；茶壶（瓦钵）是夏天用的，放在堂屋的桌子上，随时都能喝到凉茶。在恩施这片土地上，你随便走进一户人家，主人都会为你递上一杯茶水。茶水会因季节、家境和客人年龄、亲疏而异。严冬时候，穷家小户家里已没有存茶，来了客人，主人会先请客人在火炕边入座，加柴火奉烟草，然后将茶罐加满水煨上，叫孩子现去茶树上取二三枝叶片较多的茶枝，等水煨开，将茶枝在火红的柴火灰中倒腾，待有茶香时放入茶罐内的沸水中，煮上片刻就将罐中的汤水奉于客人。此法虽显粗陋，却不失礼。在计划经济时期，茶被统购了，农家只有到春茶结束时才会分到一点粗老叶片，断茶的时候就多了，待客只好用糖水代替，主人还会因无茶作出解释。其实糖更珍贵，购买不但要钱而且要票，但恩施人待客，茶才是正宗，其他任何物品都达不到这种高度。年节时供奉祖宗神灵，用敬茶罐煨细茶，罐小茶精，仅有几口，不为品饮，只求达意，以虔诚之心表达对祖宗神灵的崇敬。恩施人一生离不开茶，出生时"洗三朝"就开始用茶，结婚喝"交杯茶"，死了冥枕装的是茶，入殓还需叩茶。茶本为一道口福，代表的却是一片情义、一生的依恋、一段世代不变的传承、一道不可磨灭的民族烙印，包含着人们对大自然馈赠的无限感激和终极敬重。

七、夷城在茶饮传播中的作用

作为巴人的第一个国都，夷城对茶的传播做出了巨大的贡献。在巴人没有国都之前，人们分散居住，交流不多，茶传播速度不快。巴人建国后，作为国都的夷城，是巴人的政治、经济、文化中心，人员往来频繁，茶作为可解毒治病痛、提神醒脑的妙品，自然受到人们的推崇，传播速度加快，成为家喻户晓的饮品。而廪君治理的领地内茶树是普遍存在的，人们只要认识了茶就可直接利用。茶的作用通过夷城得到传播后，迅速成为巴人的常备生活品，因此，在随后巴人继续西迁中得到更大范围的传播。

关于巴人的第一个国都夷城的具体位置，在学界存在争议，然而大量的证据证明今恩施市才是唯一与记载相符的地方。从字面理解，所谓"夷城"，应该是在地势平坦开阔的地方建筑的城池，盐水神女用"此地广大，鱼盐所出"作了注释。清江在恩施周边有南北长 30 余公里、东西宽 10 公里左右的平坦区域，视野极为开阔，符合夷城的地理特征。在传说中，盐水与夷城密不可分，恩施老城北部清江上游 5 公里左右就有盐水溪，故"盐水神女"为盐水溪的一女性部落首领无疑，且盐水溪古时产盐，后因故盐井被封，留传有"打开恩施一口井，饿死云阳一县人"的说法，盐水溪边至今仍有"古盐井""马胡盐"的地名。另据史料《读史方舆纪要》卷八十二记载，"卫东百七十里，吴沙渠县地，后置盐水县"，其中卫城现不知在何处，但明确了盐水县在沙渠县地。而据清道光年间《施南府志》记载，恩施在晋宋时期为沙渠县，后周为盐水县。而更有说服力的是，恩施有巴公溪、巴公墓、巴王寨的地名和"双虎钮镈于""巴式甬钟""巴式矛""巴式剑"等与巴人直接相关的文物，由此证明，恩施是远古巴人居住的城池，而其他地方发现的一些早期人类使用的器具，只说明那里曾经是早期人类生活的聚落，与夷城并无关联，真正能与夷城对应的只有恩施。

茶饮源于清江流域的巴人这一结论将神农、巴人、巴国、巴蜀串联起来，传说故事、史料记载、考古发现相互印证，融为一体，让现存的有关茶饮起源的历史碎片得以拼凑成形。所有碎片互不冲突，放在一起，则形成一个整体的轮廓，构成中国茶饮的形成和传播脉络。

第三节　早期恩施的茶叶产业

恩施虽然是饮茶之源头，却因地理环境和管理体制的双重限制，茶叶产业的发展并未占据先机，长期停留在自然资源采集利用的自给自足状态，直到清朝初期都没有得到根本改观。而地处四川盆地的巴蜀，因地理环境优越、物产丰富、消费需求旺盛，茶饮传入后不断发展，茶成为人们的日常消费品，并上升为高雅的精神追求。茶的传播以巴蜀闻名，在历史典籍中有关茶的记载多为巴蜀地区。巴蜀茶事的兴盛使恩施的茶源地位逐渐淡出人们的视线，再找不到恩施的印记。

 一、茶的用途演变

要研究茶叶产业的发展过程，首先应了解茶的用途的变化。正是用途的演变，才形成当今的茶产业。

// 1. 茶最初是药

据分析，茶于农耕文化形成初期被发现。"神农尝百草"是为了寻找人类可利用植物资源，茶因为有解毒功效被发现并利用，茶是解毒的药。"茶"就字面分析也是药，古之药多源于草，故药名多带"艹"字头，茶本为木，不用"木"旁却带"艹"字头，木在人下，亦草亦木，其药的本质不言而喻。神农因中毒得茶舒解，自然把茶当作药物。先民对茶的利用，最初为解毒、去火（消炎），遇不适即嚼食生茶而得缓解。先民认为人体出现问题是"毒"和"火"侵害所致，谓之"无火不生病，无毒不长菌"。茶具有抑菌、败火的功效，以茶治病是当时的常识。在以茶消毒去火的同时，先民还发现茶具有提神醒脑、消渴利尿、帮助消化、愉悦身心的功效，茶成为农耕文化形成早期人们解除病痛、调节人体功能、舒缓心神的良药。

// 2. 茶亦为菜

当人们把茶叶生煮作羹汤来饮用时，茶又有了菜的作用。农耕文化形成早期，人类依靠种植和饲养获得的食物有限，采集和渔猎仍然是获得食物、生存的必备技能。当时人们的食物无论数量还是种类都不丰富，餐桌上往往只有植物的果实（种子）和动物的肉（蛋奶）做成的食物，并无饭、菜之分。随着农耕文化的发展，人们通过种植和养殖获得更多食物，蔬菜渐入餐桌，但这是一个缓慢的渐进过程。直到战国、秦汉时期，人们食用的主要蔬菜也只有葵、藿、韭、葱、蒜5种。在蔬菜不足时，作为羹汤的茶，可以让粗粝的食物容易吞咽，利于消化，自然成为佐餐之物。而在春夏茶树生长旺盛的季节，更有人将茶树嫩梢做成凉菜食用。《晏子春秋》有一段记载："婴相齐景公时，食脱粟之饭，炙三弋五卵，茗菜而已。"说晏婴身为国相，饮食节俭，吃糙米饭，除几样狩猎得来的肉食和几枚鸟蛋之外，只有"茗菜"佐餐。晏婴食用的这种"茗菜"，极有可能是新鲜的茶叶。这种以茶作菜的风俗，至今仍有保留，如恩施土家族的油茶汤、云南基诺族的"凉拌茶"。在晋朝食用茶汤很普遍，《茶录》"吴人采茶煮之，曰茗粥"，《尔雅》"槚，苦茶"郭注："树小如栀子，冬生叶，可煮羹饮。"恩施有"好玩不过十七八，好吃不如饭泡茶"的俗语，说明茶在古时是人们喜爱的一种佐餐之物。

// 3. 茶之本源为饮品

茶为药、为菜都只是替代品，既非特效也非优质，在有比茶更有效的药、比茶更爽口的菜以后，茶的主要用途不再是为药为菜，而其提神解乏、愉悦身心、醒脑益思、生津止渴、消食利尿的功效被人看重，茶从而成为调节身体、放松心情、补充水分的物品，回归饮品的本源。从药品、菜品到饮品，茶的地位和作用都发生了变化。药物在生病时才去寻找，仅供病人使用；菜品于就餐时使用，还会因个人喜好作出取舍；饮品则人人可用、时时需要。茶的应用不再受群体和时间限制，成为大众消费品，需求量是药和菜不可比拟的。

 二、清代以前的茶叶产业状况

中国的茶叶产业在唐代才开始形成，唐以前虽然有一些地方饮茶，但也限于茶树原产地，其他地方需求不旺，生产自然不具规模。巴蜀、云南等茶树原产地在唐代以前就有关于茶的利用记载和传说，而茶树原产地以外的茶区，则多为唐宋甚至更晚的时期才有记载和传说。浙江是中国茶叶产业极其兴盛之地，日本茶源于余杭径山寺，然而现存史料中最早的记载源于康熙年间的《余杭县志》："钦师尝手植茶树数株，采以供佛，逾年蔓延山谷，其味鲜芳，特异他产，今径山茶是也。"钦师乃径山寺禅师法钦，生于唐开元二年（714 年），卒于唐贞元八年（792 年）。浙江茶自唐代开始兴盛。福建武夷山以茶闻名。现存史料中有关茶的最早记载也是唐代。唐元和年间（806—820 年），孙樵在《送茶与焦刑部书》中有"晚甘侯十五人，遣侍斋阁。此徒皆乘雷而摘，拜水而和"，这是现存史料中有关武夷山产茶的最早文字记载。武夷山茶叶兴盛也在唐代。现在安徽省黄山市是中国名茶的重要产地，黄山古称徽州，境内名茶众多，入选中国名茶的品牌就有黄山毛峰、太平猴魁、祁门红茶，然其产茶历史却不长，明代冯时可在《茶录》中记述："徽郡向无茶，近出松萝，最为时尚。是茶，始比丘大方，大方居虎丘最久，得采造法，其后于徽之松萝结庵，采诸山茶于庵焙制，远迩争市，价忽翔涌。"名茶荟萃的古徽州，产茶竟然始于明代。

清代以前恩施茶的状况没有多少史料直接记载，只能借助各种信息进行综合分析，找到与恩施相关联的内容，进而推断恩施的茶叶产业状况。

// 1. 对远古时期茶叶产业状况的推测

恩施的茶叶源于农耕文化初期的神农时代，巴人自此开始采集、利用茶叶，然而由于环境条件的限制并未形成茶叶产业，茶只是巴人满足自身需要的物品。随着社会发展，茶叶成为商品，交易量也呈渐增趋势。茶叶生产从采集野生资源开始，后发展出现人工种植，从量的角度，野生茶资源的利用占绝大多数，人工种植占比极小但呈微弱增长的趋势。生煮羹饮逐渐被晒干收藏取代。

// 2. 东汉时期的茶叶产业状况

东汉《桐君录》记载："西阳、武昌、庐江、晋陵好茗，皆东人作清茗。茗有饽，饮之宜人。凡可饮之物，皆多取其叶。天门冬、抜揳取根，皆益人。又巴东别有真茗茶，煎饮令人不眠。"这一记载没有恩施，但巴东现与恩施同属恩施州，两地辖区边界最近直线距离仅二十余公里，环境条件基本相同，只是因长江水道便利的交通，有人品尝到了巴东茶叶又做了记载。而在当时的政治体制和交通条件下，恩施鲜有人员流动，即便偶尔有人到蛮荒的恩施，必定是苦差或者是被贬，一杯香茶冲淡不了乡愁，要记也只会记载路途的艰辛和食宿的不便，哪会对一杯茶产生感情！

// 3. 三国两晋时期的茶叶产业状况

三国时期魏国人张揖在《广雅》中记载"荆、巴间采叶作饼"，这里介绍的是当时的茶叶加工，由此说明至少在三国时期恩施人就知道将茶叶加工成茶饼收藏备用了。

孙楚（218年—293年）《出歌》："茱萸出芳树颠，鲤鱼出洛水泉。白盐出河东，美豉出鲁渊。姜桂茶荈出巴蜀，椒橘木兰出高山。蓼苏出沟渠，精稗出中田。"这里列举的都是极其美好的食材，"姜桂茶荈出巴蜀"将"茶荈"作为美好的物产介绍，表明巴蜀之地出产的茶叶都是很好的。恩施为巴地源头，自然也是"姜桂茶荈"的出产之地。

西晋张载对巴蜀茶更有"芳茶冠六清，溢味播九区"的赞誉。西晋《荆州土地记》载"武陵七县通出茶，最好"，当时武陵七县的管辖范围包括今清江以南地区，虽不能涵盖恩施全境，但包括恩施的一部分。由此说明在两晋时期生产、出售茶的地方包括恩施，且品质上乘。

三国两晋时期的茶叶加工没有太多的讲究，对产品质量也没有很高的要求，只要茶叶自然品质较好，加工没出问题，就能得到好评。由于当时茶叶加工普遍简单粗放，"采叶作饼"已经是很先进的加工方法。恩施在当时产茶，但没有专门针对恩施茶的介绍。

// 4. 唐宋时期的茶叶产业状况

自隋实现全国一统后，茶叶重心开始东移，到唐宋时期，我国封建社会进入鼎盛时期，国家富强，经济繁荣，社会较为安定，人民生活较宽裕，上至帝王将相，下到布衣百姓，饮茶渐成风气。唐杨晔《膳夫经》载："茶，古不闻食之，近晋宋以降，吴人采其叶煮，是为茗粥。至开元、天宝之间，稍稍有茶，至德、大历遂多，建中已后盛矣。茗丝盐铁，管榷存焉。今江夏以东，淮海之南，皆有之。"及至陆羽著成《茶经》之时，繁华的两都和茶事兴盛的荆渝间茶已为"比屋之饮"。故茶兴盛于唐。

唐代社会稳定、经济繁荣，饮茶群体不断扩大。由于社会对茶叶需求量的增长，茶价不断上涨，农民见利乐趋，社会分工不断细化，茶业成为农业产业的一个细分类别。随着种茶面积的扩大、制茶技术水平的提高，不少名茶脱颖而出，茶叶产业发展空前。李肇《唐国史补》载："峡州有碧涧、明月、芳蕊、茱萸……江陵有南木……蕲州有蕲门团黄。"杨晔的《膳夫经》是介绍食物的专著，其中记载有"施州方茶"。北宋文学家黄庭坚在绍圣二年（1095 年）赴任涪州别驾、黔州安置时途经施州（恩施），留下"施州入香""施、黔作研膏茶亦可饮""漫送施黔茶"的记载。说明恩施茶在当时是珍贵的礼品，有很高的地位，也在市面流通交易。

相对于普通百姓，王公贵族们对茶的烹制饮用是大有讲究的，烹茶饮茶逐渐成为一种艺术形式和生活礼仪。唐朝《封氏闻见记》中就有这样的记载："茶道大行，王公朝士无不饮者。"唐朝饮茶多为煮，先将饼茶拿出来，放在火上炙烤，使其水分减少，变得酥脆，然后将其放入茶臼或茶碾中碾成粉末，再过筛，筛子下面的粉末放在茶盒中备用，上面的粗块颗粒再进行炙烤、过碾、复筛，直到合格。唐人煮茶用釜，釜中装适量清水，水煮到初沸的时候，加点盐；到二沸的时候，舀出一瓢水放置在旁边，把茶末投入水中继续煮；三沸的时候，再把舀出来的水倒回去，叫作"止沸育华"，这时茶就煮好了，再用茶盏盛装，奉给客人品饮。到了宋代，由于皇帝对茶叶的偏爱，茶道的艺术化就更臻巅峰了，演化出了技艺高超的点茶法。虽然同样是将团茶烤酥、碾细、过筛，放于茶盏中，但煮水不用釜了，而是用银瓶或瓷瓶，水煮好后，由瓶子点到盏中，同时用茶筅不停地搅拌。按照宋徽宗赵佶

《大观茶论·点》中的记载："以汤注之，手重筅轻，无粟文蟹眼者，谓之静面点。……第二汤自茶面注之，周回一线。……三汤多置，如前击拂，渐贵轻匀，周环旋复，表里洞彻，粟文蟹眼，泛结杂起，茶之色十已得其六七。四汤尚啬，筅欲转稍宽而勿速，其清真华彩，既已焕发，云雾渐生。五汤乃可少纵，筅欲轻匀而透达。……六汤以观立作，乳点勃结则以筅著，居缓绕拂动而已，七汤以分轻清重浊，相稀稠得中，可欲则止。"点茶注水的次数要达到六至七次，每一次注水的量、角度、方向都有不同的要求。煮水的过程也讲究三沸，但因为瓶口很小，看不到气泡，只能凭其声音来辨别。宋朝还由点茶延伸出了斗茶。通过斗茶，决出茶叶品质的优劣，判断参与者点茶技艺的高低。斗茶分两个阶段，第一阶段斗香斗味，第二阶段斗色斗浮。如此复杂的过程已完全超越了茶的烹饮范畴，变成了一种高雅时尚的艺术，茶的饮用反而被忽略，因此只能在上流社会流行，不可能普及于普罗大众。

因为茶不仅是大众喜爱的普通饮品，也成为上层社会的高雅精神享受品，茶的地位得到极大提升。然而于恩施，在交通限制和粮食欠缺的压力下，"伐而掇之"为当时恩施茶叶生产的真实写照，鲜叶生产仍然主要依靠采集野生资源，人工种植很少，好在当时人口数量很少，完全可以满足以当地人消费为主的需求。只是加工和烹饮技艺逐渐跟不上发展的步伐，成为时代的落伍者。

// 5. 元、明时期的史料分析

到了元代，虽然茶是其不可或缺的日常用品，他们对茶也有着深厚的感情，但粗犷的游牧民族对茶是没有太多讲究的，只是在成为天下的主宰者以后，受汉人的习俗影响，才逐渐对茶的品质有所要求。宋代奢华繁杂的茶事到了元代没有了主流群体的追捧，也就逐渐式微，茶重新回归为大众消费的饮品。茶叶加工工艺简化，品质回归自然，饮用追求简单。元朝中期刊印的《王祯农书》中介绍，当时的茶叶有"茗茶""末茶"和"腊茶"三种。所谓"茗茶"，即有些史籍所说的芽茶或叶茶；"末茶"是"先焙芽令燥，入磨细碾"而成；"腊茶"则是腊面茶的简称，即团茶、饼茶焙干以后，用蜡状的粥液结面保存，即团茶或饼茶。这三种茶，以"腊茶最贵"，制作亦最"不凡"，所以"此品惟充贡茶，民间罕见之"。《王祯农书》关于茶叶的"采造藏贮"之法，着重介绍蒸青散茶的制作，说明工艺简单的蒸青散茶加工技术得到推广，团茶在民间罕见。

明代茶的制作更趋简单，据记载："洪武二十四年九月庚子，诏建宁岁贡上供茶，罢造龙团，听茶户惟采茶芽以进，有司勿与。天下茶额惟建宁为上，其品有四

曰探春、先春、次春、紫笋……"朱元璋下诏"罢造龙团"，使工艺复杂的蒸青团茶陷入万劫不复的境地，各地改制"探春、先春、次春"等蒸青散茶，团茶成为茶叶加工的保留工艺。明代黄一正《事物绀珠》记载："茶类今茶名……崇阳茶、蒲圻茶、圻茶、荆州茶、施州茶。"明嘉靖《湖广图经志书》对施州茶的介绍则更详细："茶，品有探春、先春、次春，又有入香、研膏二品"（图1-1）。这里的"入香"乃"施州入香"之简称；"研膏"则是蒸青团茶的极致产品，虽有生产，却已少之又少。明代，施州将唐宋时期的蒸青制茶法发扬光大，并使"探春、先春、次春"等蒸青散茶制作技术得到普及，其排位居于团茶"入香、研膏"之前。

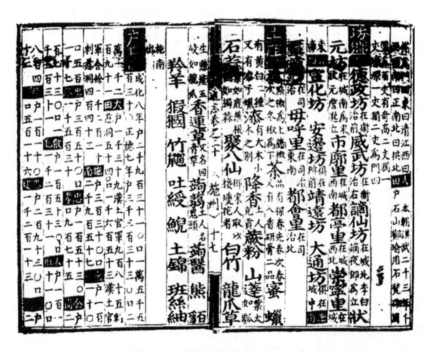

● 图1-1　《湖广图经志书》施州土产

蒸青制茶得到普及后，又带动炒青散茶的传播。炒青散茶的加工较蒸青散茶更为快捷，香气更锐，很快得到消费者认可。到明朝末年，炒青取代蒸青。

元、明时期蒸青散茶加工对恩施的茶叶加工具有积极意义，茶叶加工由烦琐变为简单，恩施茶人对蒸青散茶制作的接受是很快的。以前蒸青后要捣烂、做饼、穿封、焙干，此时蒸青后只揉捻、干燥即可，降低了劳动强度，节省了制作时间。炒青制作进一步降低了加工难度，产品也因香气锐利易为消费者接受。蒸青散茶和炒青散茶的普及使古井无波的恩施茶产业掀起微澜，恩施开始生产"探春、先春、次春"这些全国盛行的茶品，迈开了追赶时代的步伐，为清代恩施茶叶形成产业打下基础。

三、清代以前恩施茶叶产业分析

由于历史资料极其稀少，无法以此准确定位恩施茶叶产业的实际状况，这里只能通过各类历史资料碎片，进行分析推测。

// 1. 规模小

《宋会要·食货志》记载，绍兴十九年（1149年），秭归、巴东、兴山三县共产茶48500斤。这是归州的年产量，在当时算是产量比较大了，恩施所在的施州当时属四川管辖，在众多产茶大州的映衬下，产量无几的施州无足轻重，史料中没有记载。从数据上看，当时归州的产量只二十多吨，用现代人的眼光来看，总体规模极小，不如现代一个专业村的产量。恩施的茶叶产量具体数据虽无从知晓，但于全国而言微不足道。

明嘉靖《湖广图经志书》对施州的茶课有记载："成化八年，……茶课折米二百四十三石四斗五升一合二勺。……正德七年，……茶一千四百七十五斤七两四钱，折米二百四十三石四斗五升一合二勺。"（图1-2）。从茶课分析，施州茶叶总产量仍然很小，正德七年茶课一千四百七十五斤七两四钱，按十税其一惯例，年应税

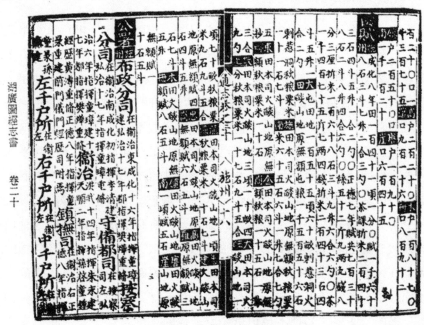

● 图1-2 《湖广图经志书》施州田赋

商品茶仅一万四千七百五十七斤四两，实际产量应该比应税数量多一些，当地民众自用量是较大的，但自给自足对产业没有明显的作用，也无法在税收中得到体现。且成化八年（1472 年）到正德七年（1512 年），四十一年间的茶课折米数量一勺不差，没有任何改变，产业一点都没有发展壮大。

据《鄂西农特志》载，改土归流时（1735 年），鹤峰茶叶种植面积已达 8163 亩，恩施、宣恩、建始等县茶园面积也有扩大。这时恩施的茶园面积肯定比不足万亩的鹤峰还要少。

清道光年间罗德昆编《施南府志》记载了施南府的盐引使用情况，却无茶引的记载，但在杂税中有"茶税银六两七钱五分"的记载。通过茶税可以看出，当时恩施的茶叶产业规模太小，商品寥寥无几，茶叶税收几近于无。

从以上历史资料可以看出，直到清朝以前，茶叶只是恩施物产中的一个种类而已，没有成为支柱产业，无论产量还是品质都没有形成优势。只因恩施有大量的野生资源可采集，加上农家零星种植，有一定的产量，产品主要供本地消费和馈赠，外销量不大。恩施茶叶产业因自然资源丰富和世代相传的饮茶习俗，而处于一个近于封闭状态下的自我发展状态。而对历史进行分析可知，恩施处于闭塞之地，在劣势逆境中，于唐宋的茶叶盛世能见诸文字记载，已是了不起的成绩。

// 2. 评语少却值得分析

唐杨晔在《膳夫经》（图 1-3）中有"潭州茶、阳团茶麄（粗）恶，渠江薄片茶有油苦硬，江陵南木茶凡下，施州方茶苦硬，已上四处，悉皆味短而韵卑。唯江陵、襄阳，皆数千里食之。其他不足记也"的表述，对产自恩施的"施州方茶"用"苦硬"二字评价，算是得了低分，再加一个"悉皆味短而韵卑"，就是一个典型的差评了。对杨晔的评价，如果仅从字面理解，施州方茶一无是处，但为何还要记载下来呢？肯定有其深意。杨晔在《膳夫经》中对"渠江薄片"的评价几乎与"施州方茶"一样，然而"渠江薄片"在毛文锡所著《茶谱》中记载为："潭郡之间有渠江，中有茶……其色如铁，而芳香异常，烹之无脚也。"是典型的好评。由此推断，杨晔是一个十分挑剔的人，对茶有自己的偏好，只有顶尖的茶叶才能入他的眼，他对茶叶的细微瑕疵也不能容忍，以严苛的词语指出。"施州方茶"和"渠江薄片"不是真的不好，而是与理想的茶品相比还有微小的差距，而且又与杨晔的个人偏好不符，评价自然不高。其实凡被杨晔收录的茶都是好茶，而对真正质量差的茶，杨晔是不屑一提的，文尾"其他不足记也"就是他的态度。

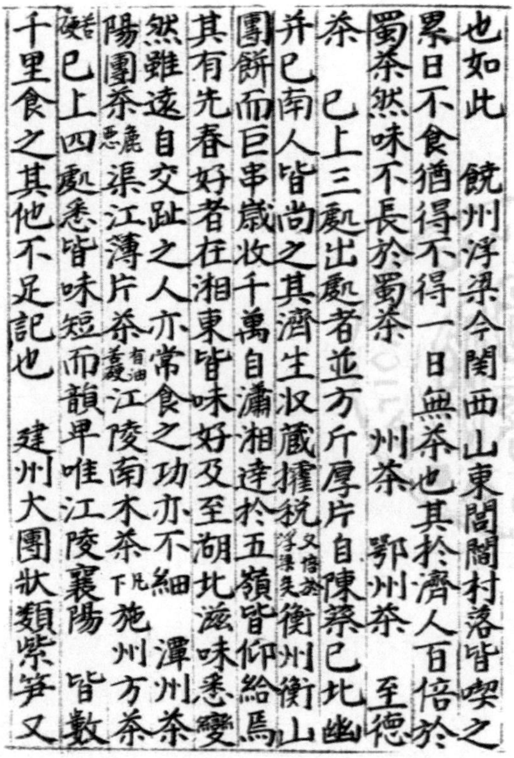

也如此
饒州浮梁今閣西山東間間村落皆喫之
累日不食猶得不得一日無茶也其於濟人百倍於
蜀茶然味不長於蜀茶
鄂州茶至德
茶已上三般出彼者並方斤厚片自陳蔡已北幽
并已南人皆尚之其濟生收藏攉稅又逾夫衡州衡山
團餅而巨串歲收千萬自瀟湘達於五嶺皆仰給馬
其有先春好者在湘東皆味好及至湖北滋味愈下凡施州方潭州茶
然雖遠自交趾之人亦常食之功亦不細滋味愈變
陽團茶惡渠江薄片茶蘆江陵南木茶有油江陵襄陽皆數
碩已上四處悉皆味短而韻卑唯江陵襄陽皆數
千里食之其他不足記也　建州大團狀類紫筍　又

● 图 1-3　《膳夫经》

《施南府志》卷三十记载："土产香楠，而民不知蓄，陈者绝少；少产茶，而民拙于焙，香者绝少；产五加皮，以浸酒，香美有殊效，而民尚桂花酒。三者皆恨事，附志之（《宋志》）。"其文源于宋，作者应为外地人，对恩施的自然资源大为看好，但却见到三件糟蹋珍贵资源的事，令其愤恨。香楠、茶叶、五加皮这些物产自然品质极佳，然而珍贵的资源没有得到很好的利用。于茶而言，则因为"焙"的技艺"拙"，而让其优异的自然品质被埋没，以致"香者绝少"，简直是暴殄天物。

黄庭坚在他的《答从圣使君书》中有："此邦茶乃可饮。但去城或数日，土人不善制度，焙多带烟耳。不然亦殊佳。今往黔州都濡月兔两饼，施州入香六饼……"这里对产于施州（恩施）和彭水的两种团茶进行评价，这一评价褒贬相济，在指出了加工方面的问题的同时，也充分肯定了优良的自然品质。"施州入香"为小众茶，因其采用烟焙工艺，不是所有人都能接受，作者将其归于"土人不善制度"也在情理之中。

对于史书上找到的有关对恩施（施州）茶的评价，必须综合分析时代背景和关联事件。古人用词极精，又有自己的立场，不能只看字面意思，必须经过细致分析才能明白其表达的真实意思。

// 3. 茶受重视

虽然恩施茶在这一时期产量无足轻重，但恩施人对茶的感情却非同一般，自远古巴人就形成的饮茶习俗经过长期的积淀，演变成恩施特有的风俗、习惯、礼仪和情感表达方式。茶除了日常饮用之外，也是招待宾朋、馈赠友人的佳品，更是表达情感、人际交往的桥梁和纽带。正因为如此，恩施人世代视茶为珍宝，凡有条件者皆培植茶树，焙制茶品，坊间乡野饮茶成风。由于恩施先民对茶的特殊情结，造就了唐代"荆渝间，以为比屋之饮"之盛况。而宋朝黄庭坚经过恩施时，施州知府张仲谋赠"施州八香六饼"，说明茶是恩施当时的高档礼品，茶是最能表达情感的礼品。

四、清代以前恩施茶叶产业落后的原因分析

清代以前恩施茶叶产业是微不足道的，在史料中，关于恩施茶的记载寥寥，与恩施在中国茶叶历史上的源头地位不匹配，从典籍中根本看不出恩施作为茶之源头的辉煌，这样的结果实在让人难以理解。但是从有限的史料得出的结论又确实如此，其中必然有深层次的原因，现将分析结果列举如下。

// 1. 受特殊政治体制限制

施州（恩施）及周边地区一直被中原王朝打压，作为蛮夷之地，实行羁縻州郡制及土司制度，这种管理制度实行的是封闭式管理，少数民族地区在朝廷的种种限制之下自生自灭。明童昶《拟奏制夷四款》载："国朝设立关隘，把截其严，至今尚传'蛮不出山，汉不入峒'之语。……施卫所属覃田二姓，当宋元未分之前，其势甚盛，故屡为边患。自国朝永乐以来，二氏子弟分为十四司，传之后世，亲者渐疏，遂为仇敌。势分则患少，盖彼弗靖，环视他司，有内顾之忧，此与主父偃令诸侯王得以户邑分子弟同意，真制夷长策。"在这样的环境下，施州（恩施）人出山都很难，物资交换就难上加难了。朝廷把施州城池当作管控周边少数民族地区的据点，是朝廷插在少数民族中的钉子，城池里的官员是外面派来的，兵也是外面派来的，他们的目标任务是分化、瓦解少数民族，造成民族内部纷争，当地的社会经济发展不在政绩考核内容之中，民生问题根本就与他们毫不相干，《施南府志》卷十二食货田赋中记载："施在前代为羁縻地，田赋之入司农者无稽焉。"官府连田赋都不清楚，还会理会民生问题吗？只要这块蛮夷之地不向外扩张，不挑战朝廷就行

了，至于民众的生死，就全凭天意。由于政策的限制，境内人员往来不便，市场、信息不通，商品交换艰难，封闭状态下的恩施无所作为也就显而易见。

// 2. 受粮食短缺限制

恩施地处大山之中，耕地破碎、土层瘠薄、低温寡照，粮食单产极低，加之可种植的农作物品种有限，人们为填饱肚皮，必须最大限度地投入土地和人力生产食物。虽然恩施人很喜欢茶，但果腹保命才是第一位的，茶的重要性是远低于粮食生产的。

落后的耕作方式限制了生产的发展，恩施的粮食生产效率低下。刀耕火种、放火烧畲是恩施普遍采用的耕作方式。仇兆鳌《农书》："荆楚多畲田，先纵火燎炉，候经雨下种……"所谓畲田，就是在耕种季节，把杂草、灌木砍倒，就地放火焚烧，烧成灰作肥料，经雨后播种。恩施称这一方式为砍火山，是原始的广种薄收的生产方式，导致的结果是收成寥寥、森林破坏、水土流失。为了生存，山民为食物而无暇他顾，用粗放的生产方式得到有限的收获。直到宋治平乙巳年（1065 年），施州通判李周将耕牛犁地传入施州，才略有改观。《施南府志》（道光丁酉版）记载："李周，字纯之，冯翊人，登进士第……通判施州。州介群獠，不习服牛之利，为辟田数千亩，选调戍知田者，市牛使耕，军食赖以足。（《宋史·列传》）"此后恩施部分自然条件较好的地方开始开垦水田，种植水稻，大山之中始有陆游"山高正对烧畲火，溪近时闻舂水声"的农耕景象。然而对于高山峡谷众多的整个恩施而言，这也只是局部的改善，而非根本性的改变。

// 3. 受交通条件限制

清代以前施州的交通是极其不便的，黄溥（1411—1479 年）在任施州卫期间所作《适安堂记》（《湖广图经志书》）载："国家初立州及清江县，而翊之以武卫。未几，省州县入卫，以统兵民。卫在清江上游，四面皆大山，舟事不通，四方负贩者不至，持节行部者岁终不一造焉。"交通条件限制了施州卫的对外交流，人员往来都极其稀少，公务往来几近断绝，物资流通就更加艰难。于茶，运输成本之高不言而喻，茶商肯定愿意到交通便捷的茶区采购。同时，人员往来困难，使得文人、名人几乎与恩施绝缘，恩施的好茶也没人传播，黄庭坚、黄溥、邹维琏等都是因贬官到施州，主动前来的名人几乎无例可举。更为关键的是，交通的阻隔导致粮食问题只能就地解决，迫使恩施把粮食生产摆在首位。

// 4. 受加工条件的限制

茶叶采制正处春耕大忙之时，农户只能抽空进行，制作方法一代一代往下传承，哪有时间去研究改进。茶叶产量少，加工无专用场所和专职人员，季节性工作不是养家的营生，工匠没有追求质量的动力。

第四节　清代的恩施茶事

 ## 一、清代茶的发展历程

恩施茶自清代有了长足的发展，茶园面积扩大，名茶出现，茶叶市场得到开拓，茶成为恩施土特产的主要产品之一。清代的恩施茶业几度兴废，虽历经艰辛却有所建树。清初顺治年间因李自成起义军与清军作战，恩施遭受十余年战乱，人口大减，农业备受摧残，茶园"荒为榛莽"。清康熙年间，恩施一带招抚人丁，恢复生产，茶园逐渐得到垦复。清雍正十三年，恩施改土归流，加之"江西填湖广，湖广填四川"的人口迁徙，恩施的管理体制发生了根本性改变。因各种限制政策的取消，人员的自由流动，新政策、新人才、新品种、新技术也随之而来，为恩施的发展带来了生机和活力，恩施茶园面积增长，制茶技术改进，茶叶贸易活跃，生产得到空前的重视，产业逐渐形成。在此期间，恩施创制出的"玉绿"，成为恩施绿茶的金字招牌，传入的"宜红"，成为红茶的闪亮名片。恩施茶叶生产自此才开始由"产茶"演变为"产名茶"，进而成为湖北最有特色也最有地位的茶叶产区。恩施茶首次成为土贡，《清一统志》有"武昌府、宜昌府、施南府皆土贡茶"的记载，恩施茶也成为大清王朝的珍品宝物。

嘉庆之后，茶叶国际市场扩大，英、美、俄等国大量从我国进口红茶，恩施在以生产绿茶为主的情况下，兼制红茶。恩施红茶转运汉口输出，被欧美商人尊为高品，于是茶商云集，产销两旺，为晚清茶叶生产的鼎盛时期。恩施、宜昌和湖南石门、桑植、慈利等地的红茶统称为"宜红"，名扬海外。光绪十六年（1890年）后，印度、锡兰茶叶兴起，英、美等转而购买印度、锡兰茶叶，我国红茶出口转滞，茶叶产业受到影响，恩施却因一直以生产绿茶为主，茶叶加工稍加调整，主攻内销，迅速占领鄂北、豫西市场。到清同治年间，恩施城郊及芭蕉一带成为茶叶集中产区，芭蕉渐成恩施茶的交易中心。茶叶成为恩施重要的土特产种类，是当地居民发家致富的产业。

二、清代茶事兴盛的原因

// 1. 政治体制的改变使民生得到重视

在改土归流前，恩施的民生是不在朝廷考虑范围之内的，只要没有人造反就万事大吉。清雍正十三年，恩施周边土司实行改土归流。乾隆三年正月，奉上谕，湖北忠峒等土司改土归流，增设施南一府，统辖恩施、宣恩、咸丰、利川、来凤、建始六县，除恩施系属旧县，建始系川省改归。这时的施南府，随着宣恩、咸丰、利川、来凤四县的设立，土司制度宣告结束，恩施城不再是管控周边少数民族的据点，也不是插在少数民族地区的"钉子"，而是清朝皇权统治下的一个县城，同时也是施南府的驻地，府、县官员要通过促进社会经济发展谋求"政绩"，民生成为地方官必须关注的重点。清道光二十一年（1841 年），恩施县衙颁布劝令，把发展土特产作物视作成家之法。这道劝令对恩施茶业具有划时代的作用，茶叶首次成为官方重视的作物。在劝令的积极影响下，恩施的茶叶种植面积大幅增加，到 1862 年，恩施城郊和芭蕉等地成为茶叶生产区。这是恩施茶叶生产从副业走向主业的开端，揭开了茶叶产业持续发展的序幕。

// 2. 粮食短缺问题得到有效改善

明末清初，玉米、红薯、马铃薯等作物相继传入中国，恩施虽在大山之中，但在乾隆年间这些作物也陆续推广至此。这些作物适应性强、产量高，使恩施的普通百姓有了果腹之物。据《恩施县志》（清同治七年版）记载："邑之谷米，外贩不至，一邑之粮，尚济一邑之食。"虽然粮食仍然无法从外地调入，但一般年景粮食已实现自给。在这种情况下，饮茶这一高层次的需求被激发，民众也开始依靠种茶来增加经济收入，提高生活质量。

// 3. 外地人口的迁入为恩施茶业发展注入活力

改土归流后，恩施的人口流动限制取消，大量的外地人口迁入恩施落户。据清同治七年版《恩施县志》记载："户口较前奚啻十倍，地日加辟民日加聚"，"邑民有本户、客户之分，本户皆前代土著，客户则乾隆设府后贸迁而来者。大抵本户之民多质直，客户之民尚圆通"。人口的增加带动了土地的开垦利用，种植的作物也大幅增加，而且"尚圆通"的移民给恩施带来了活力。从贵州迁来的蓝氏创制了"玉绿"，从江西迁来的吴氏创立了"吴永兴"商号，贸迁而来的外地人把恩施的茶叶产业做得风生水起。

// 4. 商业兴起促进茶叶贸易

外来人口的迁入给恩施带来了经商理念，商业在恩施兴起。据清嘉庆十三年版《恩施县志》记载："客民赶场作市，设有场头，客总土著只十之二三，余俱外省人。"外地人的进入，让大山中的恩施由封闭的自给自足经济向商品经济转变。茶叶是最好的商品，在茶叶种植面积扩大、产量增长的情况下，恩施这片古老的茶山焕发了青春。茶叶本为历朝的战略资源，是商家争抢的紧俏商品，恩施茶叶产业的兴起，为商人提供了逐利场所，商人纷纷进入恩施，茶叶销售形势一片大好。有了商家的参与，恩施的茶叶市场就活了起来。

// 5. 茶叶制作技术提升

茶叶有了好的市场，就有人琢磨茶叶加工工艺，提升品质。茶叶生产者都希望自己的产品在质量上占据优势，在销售和价格上占据主动权，在这种情况下，茶叶制作技艺得到提高，新的加工方法迅速得到应用。蓝氏在芭蕉创制"玉绿"；红茶生产技术自鹤峰传入。恩施的茶叶产品不断丰富，质量不断提高。

// 6. 交通条件的改善

据《恩施州志·恩施大事记》记载，光绪二十三年（1897 年），改造恩施至巴东的人行道，路面铺置石板；光绪二十四年（1898 年），湖广总督张之洞派遣蔡国祯改修宜昌经施南府至来凤县的人行大道。两条人行大道的改建，改善了恩施的出行条件，人们无论到巴东还是到宜昌，都可以利用骡马代替人力，降低了运输成本。

清朝从改土归流以后，对恩施的政策变得宽松，粮荒得以缓解，人口迅速增长，贸易得到发展，为茶叶这一经济作物的产业化提供了蓬勃发展的基础条件，于是有人、有地、有精力、有资金投入茶叶产业，生产规模、产品质量、品牌效应、经济效益自然就上去了，茶叶产业自然有了全新的局面。

第五节　民国时期的恩施茶事

民国时期，全国大部分地区一直处于动荡之中，经历袁世凯称帝、张勋复辟、军阀混战、抗日战争、解放战争。在这个时期，恩施茶叶产业却得到了一个短暂的超常规的发展时期，由此奠定了恩施茶业在湖北茶叶界的地位。笔者从众多的历史资料中找到部分年份的统计数据（部分数据残缺）（表1-1）。

表 1-1　民国时期恩施县茶叶生产数据

年份	面积/亩	产量/担	数据来源
1929	21000	—	民国十八年农商部调查
1932	—	2000	《中国茶业》，第 109—110 页
1933	—	1650	《中国茶业》，第 109—110 页
1937	19362	18148	《湖北省年鉴（第一回）》1937 年 6 月
1938	8000	4000	本府（民国二十七年）第一、二次战时调查报告
1945	—	3600	《新湖北日报》1946 年 3 月 25 日
1946	—	4100	王乃庚调查

 一、开局良好却起伏波动

《鄂西农特志》记载，民国初期，俄国进口我国茶叶数量增加，"销路之旺，为十年所未有"，鄂西茶叶生产亦呈上升之势……施南多绿茶，年产一万担以上。

第一次世界大战爆发后，红茶外销受阻，茶叶市场逐渐萧条，鄂西红茶区则改制内销绿茶，好在恩施本以绿茶生产为主，这一时期恩施因绿茶生产销售已成体系，茶叶产业受冲击相对要小，经过调整迅速得到恢复。当时恩施县年产绿茶 2 万担以上，大多销往鄂北豫西一带，被誉为"芭蕉茶"，曾一度取代湖南茶和陕西紫阳茶。后长期受外销市场影响，恩施茶叶生产虽有"芭蕉茶"支撑，但价格却持续走低，茶农毁茶种粮或任其荒芜，至民国二十一年（1932 年）茶产量仅有高峰年份的十之一二，恩施、巴东、建始、利川、咸丰五县产茶 4400 担，不抵民国初年一县的产量。

民国二十四年（1935年）冬，为应对茶叶产业低迷的现状，重振恩施茶叶产业经济，湖北省七区专员公署在五峰山成立茶叶改良委员会，谋划改良茶叶生产，研究茶叶生产技术，指导茶农生产，并新建茶室，改进加工技术，使恩施茶叶产业得到全面的提升。据恩施州档案馆原始资料显示，民国二十六年（1937年），恩施县茶园折合面积达到19362亩，产量18148担（见图1-4），与1937年6月《湖北省年鉴（第一回）》中的数据完全一致。此时的茶叶单产达到93.7斤/亩，是一个相当高的水平，证明恩施茶叶技术改良取得显著成效。

县别	麻 面积	麻 产量	茶园 面积	茶园 产量	桐 面积	桐 产量	漆 产量
总计(全缺)	395000	395000	315682	427923	143380	359406	20900
鹤峰	200	200	8000	5970			120
宣恩	400		9681	12393	6915	17910	1200
来凤					2305	5970	240
咸丰			17794	23880	2305	5970	1200
利川			15581	16059	922	2390	590
恩施	1000	1000	19362	18148	1383	3580	4780
建始	1000	1000	11968	18292	2310	5970	3580
巴东	400	400			1844	4776	2980

附注：本篇所列各县数字均係估计，有待将来实地调查，以资核实之。

● 图1-4　民国二十六年（1937年）各县麻、茶、桐、漆面积、产量

二、全面抗战时期恩施茶叶产业超常规发展

// 1.《抗战史稿》对全面抗战前后恩施茶叶的记载

恩施抗战历史陈列馆中的《抗战史稿》对全面抗战前后恩施茶叶状况的记载，其内容为：

> 战前之恩施茶叶：鄂西各县均产茶叶，恩施其一也，其大量栽培之历史在五十年以上，每年产量约在8000市担，栽培面积当在二万亩左右。

茶产中心地带散布于榿杆、芭蕉、黄泥各乡，集中于芭蕉、硃砂溪①两乡镇。其经包装者运销鄂北之襄樊、老河口及河南之南阳等地。即内销茶市所称芭蕉茶是也。

民国十五年以来，销路日滞，茶价日落至二十四年每市担之均价不及十元，影响所及不仅茶农，茶商亦无以为生也。时湖北第七区范前专员熙绩注意，及此延聘农业技师伍凤鸣主其事，先从改进茶叶着手，于二十五、六两年春季改用新法试制红茶、绿（茶）名茶，茶样送到各有关机关获得好评。而恩施茶叶之产量与品质遂引起国内茶叶界之注意矣。

抗战中，中国茶叶公司在施之经营：二十六年秋，中茶公司派技师范和钧、戴啸洲来恩施调查茶叶，均认为有发展可能性。至二十七年春，遂派技师冯绍裘偕同范、戴二技师前来计划设厂制茶事宜。由湖北第七区农场租拨恩施五峰山隙地五亩，建筑场房十余栋，定名为中国茶叶公司恩施茶场。当年开工制成红绿各茶共计四百余箱，成绩颇佳。至二十八年，茶厂业务遂大事（肆）扩充，改名为中国茶叶公司恩施实验茶厂，由中茶公司总经理寿景伟兼任厂长，后在恩施之芭蕉镇购地建筑分厂。其分支机构遍布于恩施之硃砂溪，宣恩之庆阳坝，五峰之渔洋关、水浕司，鹤峰之留驾司各地。制茶工具渐臻机械化，检验、试验力求科学化，规模独具，为全国先。中茶公司在渝所设训练班学员在结业时，领先派赴恩施实习，再行分发各地工作。一时，恩施茶叶大有为全国茶叶发展振董之概。惟自民国三十年后，中茶公司因国际贸易路线截断，陷于不景气状况，后因人事更迭频繁，在恩施业务日渐紧缩。至三十三年遂告停顿，三十四年恩施茶厂随同该公司一并归入复兴公司，三十五年又改易货处。至本年，遂将全部财产分别拍卖，而中茶公司历年在恩施经营茶叶成绩亦不复有一存留，曾几何时，已成陈迹矣。

抗战中，湖北供应处恩施茶厂之代兴：自三十五年，中茶公司在恩施经营渐趋停顿。时本省省府为谋发展鄂西特产，救济茶农起见，特于三十年下半年在恩施组织鄂西茶叶运销辅导处，旋于三十一年春改组为茶叶部，隶属于本省供应处。在恩施县城南门外狮子岩设厂制茶，由杨一如任经理，蓬其事，嗣改名为恩施茶厂。先后在恩施之芭蕉、黄连溪、硃砂

---

① 硃砂溪村，现已更名为朱砂溪村，因书中历史沿革较多，除特殊情况和引文，地名统改为硃（朱）砂溪。

溪，建始之长梁子，五峰之水泥司，鹤峰之留驾司等地设立制茶所。每年制成红绿各茶千担左右，大部运销重庆。一时重庆茶市为恩施茶所把持，原销之沱茶，几居不重要之地位。厂所业务当能利用时机，徐图进展，颇有可观。胜利后，茶厂改组为民生茶叶公司，业务重心已移置汉口矣。同时私人效仿者尤多，如大西公司、华中公司、红南茶庄、建华茶庄、北平茶庄等如雨后春笋一般相继崛起，一时恩施茶叶颇呈活跃状态。直至胜利前夕，恩施茶叶固在欣欣向荣中矣。

// 2. 国家层面的谋划因战争破灭

民国时期，茶叶虽然是中国主要出口商品，却日益衰落，出口权被洋行垄断。1936 年，中国茶叶公司筹组，具体工作由吴觉农负责。中国茶叶公司计划在安徽祁门、屯溪，浙江平水（后改三界），江西修水，福建武夷山，湖南马桥，湖北羊楼洞各设一处示范茶场，以指导茶农提高生产技术。上海设立复制茶厂，全国经济委员会委员寿景伟任中国茶叶公司总经理，负责操办一应事务。

公司开业后不久，抗日战争全面爆发，1937 年 11 月 11 日上海沦陷，公司总部先迁至武汉，后又迁至重庆，上海在租界内改设办事处，计划之中的示范茶场全部沦陷。

// 3. 中国茶叶公司把重心放到恩施

由于湖北省七区专员公署茶叶改良委员会在恩施五峰山做出一定的成效，在茶界产生不错的反响，中国茶叶公司把目光投向恩施。1937 年，中国茶叶公司派技师范和钧、戴啸州来到恩施实地调查，他们发现恩施的茶叶产业基础非常理想，发展态势良好，出乎中茶公司意料。1938 年，中国茶叶公司在恩施五峰山建成恩施实验茶厂，并于 1939 年在芭蕉、硃（朱）砂溪、庆阳坝设立分厂，加工茶叶供后方需要和出口换汇。一时之间，茶界中坚力量齐聚恩施，不仅办厂，还培训学员，新员工入职需在此实习考核，全国的茶叶审评也在恩施举行，恩施实验茶厂成为全国茶叶中心。茶叶科研也取得成效，庆阳分厂厂长杨润之总结"玉绿"制作技艺制作"玉露"，其制法在恩施实验茶厂及各分厂中传播，恩施城郊成为"玉露"产区。同时，红茶加工技术在恩施得到普及，机械制茶得到推广。

// 4. 湖北省平价物品供应处介入恩施茶叶经营

1942 年，由省政府主席陈诚倡导，在恩施城狮子岩成立平价物品供应处，下设茶叶部，负责茶叶生产加工和销售，并在主要产地设制茶所和物资兑换点，业务范围遍及恩施及周边各县，远及五峰县，"恩施玉露"制作技艺也传播到供应处业务所及区域。

// 5. 湖北省农业改进所于恩施重建

民国二十八年（1939年）一月，湖北省政府决定在恩施舞阳坝重建湖北省农业改进所，建所后投入技术力量有针对性地研究推广适用的栽培管理技术和加工技术，并在恩施组织培训茶农、繁育茶苗、发放贷款，在恩施县五峰山、芭蕉，建始长梁子，巴东羊乳山，利川毛坝，鹤峰留驾司，咸丰大、小村营建模范茶园，扩大茶园面积，翻印《植茶浅说》，供从业人员阅读学习。

由于有农业改进所的技术支持，中国茶叶公司和湖北平价物品供应处的加工销售，恩施的茶叶产业空前繁荣，茶园面积扩大，产品俏销，恩施茶在全国的地位凸显。图1-5为五峰山连珠塔周边的茶树。

● 图1-5　五峰山连珠塔周边的茶树

 三、后期衰落

恩施茶叶生产的繁荣局面没能维持多久。1944年，中国茶叶公司恩施所属各厂全部停机，退出恩施。中国茶叶公司的退出对恩施茶叶产业没有造成影响，其原来的业务由湖北平价物品供应处茶叶部承担。1945年，抗日战争胜利后，湖北省政府回迁武汉，湖北平价物品供应处改建成湖北省民生茶叶公司，业务重心移至汉口，原有制茶厂（所）逐渐停业，设备多遭破坏，只有建于芭蕉中街桥头河沿边的恩施机制茶厂芭蕉分厂继续经营，茶叶产业陷入低迷。在 1949 年恩施解放前夕，芭蕉分厂加工设备也被撤走，恩施茶园面积和茶叶产量下降，分别只有 1937 年的五分之二和三分之一。

第六节　新中国成立后的恩施茶业

新中国成立后的恩施茶叶生产经历了恢复、发展、调整、快速发展的过程，本文以恩施市（县）为样本，分析茶园面积、产量随着政策的调整发生的变化过程（见表 1-2）。

表 1-2　新中国成立以来恩施市（县）茶叶生产数据

年份	面积（万亩）	产量（吨）	单产（公斤/亩）	年份	面积（万亩）		产量（吨）				单产（公斤/亩）
					合计	采摘面积	合计	红茶	绿茶	其他	
1949	0.80	300	37.50	1986	4.05	3.23	757	493	264	—	23.44
1950	0.80	244	30.50	1987	4.06	3.20	860	524	336	—	26.88
1951	0.80	274	34.25	1988	4.67	3.47	924	517	407	—	26.63
1952	1.00	308	30.80	1989	5.07	3.57	855	469	386	—	23.95
1953	1.15	297	25.83	1990	5.18	3.48	826	469	357	—	23.74
1954	1.33	318	23.91	1991	5.32	3.84	888	295	593	—	23.13
1955	1.62	319	19.69	1992	6.28	2.7	1026	92	934	—	38.00
1956	1.86	308	16.56	1993	6.92	4.48	1265	117	1134	14	28.24
1957	1.99	295	14.82	1994	7.10	4.86	1342	126	1212	4	27.61
1958	2.45	350	14.29	1995	7.22	5.09	1341	202	1136	3	26.35
1959	2.45	313	12.78	1996	7.11	5.27	1422	262	1132	28	26.98
1960	2.45	325	13.27	1997	6.79	5.46	1575	439	1001	135	28.85
1961	1.60	330	20.63	1998	6.88	5.30	1724	644	1054	26	32.53
1962	0.75	296	39.47	1999	6.01	4.65	1915	249	1659	7	41.18
1963	1.64	328	20.00	2000	6.79	4.90	1866	349	1517	—	38.08
1964	1.53	316	20.65	2001	7.17	4.99	1953	238	1609	106	39.14

续表

年份	面积(万亩)	产量(吨)	单产(公斤/亩)	年份	面积(万亩) 合计	采摘面积	产量(吨) 合计	红茶	绿茶	其他	单产(公斤/亩)
1965	2.18	307	14.08	2002	8.19	5.43	2340	289	2051	—	43.09
1966	2.41	343	14.23	2003	9.52	6.14	3560	618	2895	47	57.98
1967	2.13	329	15.45	2004	11.60	7.61	3473	534	2939	—	45.64
1968	2.10	369	17.57	2005	13.58	8.57	3930	451	3472	42	45.86
1969	2.24	404	18.04	2006	14.91	9.20	4397	872	3352	173	47.79
1970	2.67	461	17.27	2007	16.62	10.52	4776	867	3785	124	45.40
1971	2.62	406	15.50	2008	17.62	12.69	6462	1082	5380	—	50.92
1972	3.68	410	11.14	2009	19.19	14.02	7729	1430	6299	—	55.13
1973	3.58	427	11.93	2010	21.76	16.14	9869	2103	7766	—	61.15
1974	4.38	449	10.25	2011	25.18	17.29	12780	1950	10824	6	73.92
1975	5.52	521	9.44	2012	25.10	18.82	13664	2512	11143	9	72.60
1976	6.52	488	7.48	2013	29.32	22.04	14440	2720	11393	327	65.52
1977	5.74	461	8.03	2014	30.30	24.02	16957	2889	13532	536	70.60
1978	5.78	465	8.04	2015	35.52	26.19	18782	3431	15045	306	71.71
1979	5.69	482	8.47	2016	37.54	29.03	21330	2945	17857	528	73.48
1980	5.68	559	9.84	2017	35.84	27.65	22104	2606	18769	729	79.94
1981	5.96	597	10.01	2018	27.43	20.82	23406	2434	20328	629	112.42
1982	5.61	641	11.4	2019	40.12	30.36	26531	4369	21837	325	87.39
1983	5.83	610	10.46	2020	37.16	33.3	26796	3970	22601	226	80.47
1984	4.06	580	14.29	2021	41.26	33.63	27114	2488	24455	170	80.62
1985	4.05	680	16.79	2022	40.15	34.31	25343	—	—	—	73.86

数据来源：1949—1985年《鄂西农特志》，1983—2016《恩施县（市）统计年鉴》，1949—1985年单产＝产量/面积，1986—2022年＝产量合计/采摘面积。

 一、发展历程

恩施的茶叶生产经历了新中国成立初期的调整期、20世纪60年代的徘徊期、70年代的发展期、80年代的变革期、90年代的探索期、21世纪的超常规发展期。

// 1. 新中国成立初期的产业政策调整

20 世纪 50 年代，新中国初建，百废待兴。茶叶是中苏贸易重要的创汇物资，关系重大。茶叶由普通农产品调整为计划管控物资，经营主体也随着工商业的社会主义改造发生变化。1951 年 12 月，恩施县派出 28 人组成调查组，至区、乡开展经济调查，号召多种茶叶、苎麻等土特产作物，鼓励农村发展经济，增加收入。1951 年 12 月 11 日至 28 日，恩施专区首次土特产展览会在恩施县城开幕，展出土特产品 1500 多种，恩施玉露、工夫红茶等茶叶产品参展，4.96 万人参观。

1953 年至 1954 年，国家对粮食实行统购统销，对油料及农副产品实行统购、定量供应，取缔市场经营，茶叶成为国家计划管控物资。

1954 年，一区（龙凤）五峰乡茶厂（五峰山）生产的龙井、玉露、炒青、工夫红茶等茶叶产品远销苏联、日本、匈牙利等国。

1955 年，私营茶叶生产经营被改造，茶叶生产经营收归国营。

1956 年，湖北省政府决定新建芭蕉茶厂。

1957 年 3 月，在湖北省第二届农业劳动模范代表大会上，芭蕉区寨湾乡金星社（茶叶）获得省特等劳模单位称号。同时获此殊荣的还有龙凤区灯塔社（全面丰收）和白果区见天乡红星社（林业）。

1957 年 3 月 25 日，芭蕉红茶初制厂建成投产。

1957 年，新建恩施茶厂。

1958 年 7 月 15 日，芭蕉茶厂成功试制出高级红碎茶。

20 世纪 50 年代，茶园面积增幅很大，从 1950 年的 0.8 万亩扩展到 1959 年的 2.45 万亩。但茶叶产量却仅有小幅波动，从 1950 年的 300 吨增长到 1959 年的 313 吨。面积与产量的相关性不明显。

// 2. 20 世纪 60 年代的重创恢复

20 世纪 60 年代是恩施县茶叶生产重创恢复期，受三年困难时期影响，人们为了生存，不得已放弃茶叶生产，到 1962 年，茶叶生产陷入低谷，茶园面积降至 0.75 万亩，产量降至 296 吨，较 1960 年的 325 吨仅减少 29 吨，由此可见，当时的高产茶园得到保留。从 1963 年开始，茶叶生产进入恢复阶段，茶园面积和茶叶产量在总体上升的情况下略有波动，但二者的波动并不完全同步，个别年份甚至出现反向波动，究其原因，乃新增茶园面积并无茶叶产量。一般新茶园需 3—4 年才适宜采摘，而每年的茶叶产量会因病虫害发生、茶园改造、气候变化等原因发生变化。这一时期茶叶产量虽然持续波动，但总体呈增长趋势，茶叶产量由 1960 年的 325 吨增长到 1969 年的 404 吨，10 年间总增幅只有 24.3%。茶园面积由 1960 年的 2.45 万亩，降到 1969 年的 2.24 万亩，10 年间从未恢复达到 1960 年的水平。

1960 年，商业部、对外贸易部联合调查组 11 人，对恩施地区及恩施县茶叶生产加工进行了为期半个月的考察，恩施玉露由中茶公司外销。

1965 年 9 月，恩施县委副书记徐国钦出席在北京召开的全国茶叶生产会议，恩施成为全国重点产茶县。

1966 年 10 月，恩施县委召开四级干部会议，贯彻落实全省山区工作会议精神，提出"以粮为纲，农林牧结合，多种经营，全面发展"的生产方针。

"文化大革命"时期，恩施茶叶产业算是受冲击较小的行业，虽然芭蕉茶厂也有派系斗争，但茶叶加工并未受明显影响，全县茶园面积、产量只是小幅波动，没有大起大落的现象发生。

// 3. 20 世纪 70 年代单纯扩大茶园面积

在毛泽东主席"以后山坡上要多多开辟茶园"的号召影响下，20 世纪 70 年代茶叶基地建设掀起高潮，各地纷纷将荒山荒坡建成茶园，恩施茶园面积从 1971 年的 2.62 万亩扩展到 1976 年的 6.52 万亩，这一规模纪录直到 90 年代才被打破，到 1979 年仍有 5.69 万亩，总规模也是较大的。但这一时期重建设轻管理现象普遍，茶园荒芜严重，效益低下，茶叶产量从 1970 年的 461 吨增长到 1979 年的 482 吨，增幅极小，就是 20 世纪 70 年代其中产量最高的 1975 年也只有 521 吨。这一时期茶叶单产严重下降，从 1970 年的 17.27 公斤/亩连续下降，到 1976 年降到历史最低点 7.48 公斤/亩，后虽回升，但 1979 年也只有 8.47 公斤/亩。整个 20 世纪 70 年代是一个盲目追求茶叶种植面积的时期，新增的茶园大多没有经济效益。

这一时期的茶叶加工和销售没有多少变化，在计划经济体制下按部就班，社队的集中生产方式使农民的生产积极性受到制约，茶叶产业相对于粮食生产地位低下，在这样的体制机制下，茶叶产业难有作为。

// 4. 20 世纪 80 年代的变革

20 世纪 80 年代，联产承包责任制在全恩施范围内相继落实，茶叶由集体生产变为农户家庭生产。由于计划经济时期缺粮严重，农民对种粮极其重视，茶园面积出现下滑趋势，从 1980 年的 5.68 万亩降至 1989 年的 5.07 万亩。在面积下滑的情况下，茶叶产量却出现大幅增长，由 1980 年的 559 吨增长到 1989 年的 855 吨，单产从 1980 年的 9.86 公斤/亩增至 1989 年的 23.9 公斤/亩。这些数据表明这一时期劣质茶园被淘汰，经济效益显著提高，茶叶生产回归健康轨道。

新的生产技术开始传入。无性系良种茶引进试种，扦插技术引进试验，密植速生技术得到推广。

茶叶加工仍如从前，只是国营茶厂变为集体性质，系统内核算变为自负盈亏，大型茶叶加工企业压力加大，社队小厂减少而个体茶厂开始萌芽。

销售主渠道仍然是茶麻公司，但独家经营被打破，茶叶经营机构增加，个体经营商贩不断增加，茶叶产品成为抢手货，市场逐渐陷入群雄混战的局面，市场乱象显现。

// 5. 20 世纪 90 年代的探索

20 世纪 90 年代是茶叶产业的探索期。茶农探索增产、增收的生产模式；商家探索市场，寻求获得丰厚的利益；加工厂探索提高品质、适应市场的茶叶加工方式；技术部门探索优良品种、高效栽培管理技术和名优茶加工技术；政府探索支持、扶持茶叶产业发展的政策、措施。无性系良种茶种植和名优茶加工在探索中脱颖而出，成为茶叶产业的突破口。

这一时期的茶园面积达到 5 万亩以上，总体呈增长趋势，但有小幅波动，无性系良种茶引种大获成功，茶叶种植效益大增。芭蕉因无性系良种茶种植成功成为全恩施茶叶生产的旗帜，良种茶园面积迅速扩大，高产高效典型不断涌现，耕地栽种无性系良种茶被称为"芭蕉经验"，在恩施全面推广。恩施茶园面积由 1990 年的 5.18 万亩扩展到 1999 年的 6.01 万亩，增幅不大，但同期产量却由 1990 年的 826 吨增长到 1999 年的 1915 吨，单产从 1990 年的 23.7 公斤/亩增长到 1999 年的 41.2 公斤/亩，增长幅度前所未有，茶叶生产的整体水平大幅提高，效益提升不言而喻。

茶叶加工以国营和集体企业为主向个体私营为主转变，恩施最大的茶厂因体制机制陷入困境最终被改制。茶叶加工机械使用量增长，恩施第一次设立茶叶机械销售点。改革开放促进了经济发展，民众的茶叶消费水平得到提升，市场日渐繁荣。名优茶生产开始推广，茶叶产品质量提高，品类增多，产品对市场的适应性增强，茶叶消费呈现购销两旺的趋势。

茶叶加工由以红茶为主转为以绿茶为主，名优茶成为茶叶加工和茶农增收的亮点。茶农分级采摘，加工厂分级收购，提高了鲜叶价格，茶农收入大幅提高。名优茶比重不断提高，特别是名优茶加工机械的推广应用，使名优茶加工得到普及，茶叶加工厂的效益也得到提高，加工主体发展壮大，茶叶主产区的加工能力与鲜叶产量基本匹配。

茶叶企业注重向外开拓市场，恩施茶立足本省的襄樊（今襄阳）、武汉市场，逐步向河南、湖南、广西、浙江等省开拓市场，拓展了鄂北、豫西生活茶市场、武汉名优茶市场、湖南胚茶市场、广西花茶原料市场和浙江出口茶市场。

由于市场参与者良莠不齐，市场在繁荣的同时也存在混乱，以次充好、以假充真、缺斤少两、坑蒙拐骗的现象时有发生，企业之间无序竞争、相互拆台，市场秩序混乱不堪。

政府对茶叶的支持力度有所加大。1991年至1995年，世界粮食计划署的粮援项目（WFP CHA 3779）[①]支持茶叶基地建设和加工厂建设，农业综合开发项目安排了两期富硒茶项目支持恩施茶叶产业。恩施市委、市政府成立了茶叶生产领导小组，由一名市级领导牵头茶叶产业。

// 6.21世纪腾飞

21世纪是恩施茶叶产业空前繁荣的时期，茶园面积、产量均呈增长趋势。茶园面积逐年扩大，无性系良种茶迅猛发展，全市掀起无性系良种茶种植高潮，年增茶园面积少则几千亩，最多时超过三万亩，茶叶已成为恩施市的第一大农业支柱产业，更是热门产业。全市茶园面积从2000年的6.79万亩扩展到2016年的37.54万亩，采摘面积从2000年的4.90万亩扩展到2016年的29.03万亩，产量从2000年的1866吨增长到2016年的21330吨，单产从2000年的38.08公斤/亩增长到2016年的73.48公斤/亩。茶叶从芭蕉乡一枝独秀到全市全面、协调发展，全市除板桥镇只有零星种植外，各乡、镇（办）均有成片茶园，且盛家坝、芭蕉、白果、六角亭、屯堡、龙凤、白杨坪、太阳河已建成20余万亩的连片茶叶经济带。

茶叶企业得到提升，一批作坊成长为企业，同时社会资本进入茶叶产业，为茶叶企业注入生机和活力。

茶叶的销售市场秩序逐步好转，20世纪80年代末至90年代的乱象虽未完全消除，但人们的防范意识得以加强，因被坑被骗产生的纠纷逐年减少。茶叶加工厂家寻求外销渠道，与全国各地的茶商形成合作关系，建立起较为稳定的销售渠道。

① 又称武陵山区农业综合开发项目，属世界粮食计划署援助计划。

品牌建设取得成效，恩施玉露、恩施富硒茶由恩施玉露茶产业协会和恩施市茶业协会注册为地理标志证明商标，成为政府和企业共同打造的公共品牌。2008 年 7 月 23 日，恩施玉露被湖北省农业厅认定为"湖北第一历史名茶"；2014 年 12 月 30 日，恩施玉露被湖北省商务厅认定为首批"湖北老字号"；2015 年 10 月 10 日，湖北恩施玉露茶文化系统被农业部认定为第三批"中国重要农业文化遗产"；2014 年 11 月 11 日，"恩施玉露制作技艺"成功入选国家级非物质文化遗产名录；2015 年 6 月 5 日，恩施玉露地理标志证明商标被认定为中国驰名商标；2015 年 10 月 28 日，恩施玉露、恩施富硒茶入选农业部优质农产品开发服务中心"2015 年度全国名特优新农产品目录"。同时各企业也注册自己的商标，共同打造公共品牌和企业品牌。

这一时期的茶叶加工呈多样化，以绿茶为主，红茶、乌龙茶、黑茶为辅的"一主三辅"格局初步形成。

地方茶树资源保护工作启动，对古茶树、老茶园、特殊单株进行保护利用。

茶旅实现融合，茶叶产业与旅游业深度交融、有机结合形成新型业态。这一业态以游客为服务对象，以茶园观光，茶叶采摘、加工、品饮体验，茶知识学习、探讨，茶叶历史文化传播为载体，以农民增收、乡村振兴为目标，实现茶叶产业全方位多角度发展，延长和加深茶叶产业链，同时拓展和提升旅游产业。以茶促旅，以旅带茶，融合发展，互惠共赢，为茶叶产业的持续健康发展开拓全新的空间。芭蕉的枫香坡、戽口，盛家坝的二官寨，屯堡的马者，白杨坪的洞下槽等多处茶叶生产加工场所成为旅游景点。

恩施茶叶产业地位提升，2009 年 1 月，恩施市被湖北省人民政府授予"茶叶大县"称号；2011 年 3 月 1 日，恩施市被农业部、国家旅游局授予"2010 全国休闲农业和乡村旅游示范县"称号；2012 年 11 月，芭蕉侗族乡被中国茶叶学会命名为"中国名茶之乡"；2013 年 10 月 20 日，恩施市荣获中国茶叶流通协会"2013 年度全国重点产茶县"称号；2014 年 10 月 13 日，恩施市被中国茶叶学会命名为"中国名茶之乡"；2016 年 10 月 25 日，恩施市获中国茶叶流通协会"2016 年度全国重点产茶县""2016 年度全国十大生态产茶县"称号。

二、茶叶管理机构

恩施的茶叶管理机构是在新中国成立后才有的，初期的机构是不明确的，后来随着茶叶产业的做大做强而细化，有了明确的管理机构。

// 1. 业务主管机构

恩施的茶叶业务管理机构变更频繁，具体情况如下：

1950年3月，恩施县人民政府组建一室五科委，其中的建设科主管农业、水利、交通、邮电等事宜。茶叶归建设科主管。

1951年分门别类，增设各科，设农林科。茶叶归农林科主管。

1952年，恩施县成立农业技术指导站。茶叶技术推广工作由农业技术指导站负责。

1954年，撤建设科，分设农业、林业、畜牧、特产、交通水利五科。茶叶属特产科管辖。

1955年，农业、畜牧、特产三科并为建设科。茶叶归建设科主管。

1956年，设农产品采购局，改建设科为农业水利水产局。茶叶归农业水利水产局主管。

1957年1月，农业局单列。茶叶归农业局主管。

1955年至1959年，全县先后建立了龙凤、灯塔、白杨①、三岔、新塘、芭蕉、红土、沙地、鸦鹊、太阳、屯堡、沐抚、白果、大吉等区农业技术推广站。各茶区的茶叶业务管理和技术指导由所在地的农业技术推广站负责。

1959年，增设特产局，茶叶属特产局管辖。

1960年，特产局并入畜牧局，茶叶属畜牧局管辖。

1961—1966年，人员、机构精简，茶叶管理处于瘫痪状态。

1970年，恩施县革委会内设生产指挥组，分管工业、农业、交通、林业、水电、机械、财政、粮食、商业。茶叶归生产指挥组统一管辖。

1970年2月18日，县农业局与林业局合并成立农林局，各区农技站、林业站相继合并成立农林站。茶叶也相应由农林局和基层农林站管理。

1972年5月28日，改农业局为科，后又改科为局。茶叶管辖随之变化。

1979年2月，县革委会成立农业办公室，辖农业局、林业局、水电局、畜牧局、农机局、气象局，农业办公室的性质为业务协调关系，与各局同一层级。农业局内设特产股，茶叶第一次由专业股室管理。

---

① 1958年为白杨公社；1984年为白杨坪区；1996年建乡；2013年，撤乡建镇。为方便读者理解，除明确记载之处，其余处作白杨（坪）。

1984 年 1 月，恩施县（市）合并，增设特产局，各区从农技站分离设特产站，负责果、茶、药、麻业务。

1987 年 4 月，市特产局内部成立恩施市多种经营服务公司，茶叶为其经营的主要商品。

1988 年 4 月，成立恩施市特产技术推广服务中心，下设特产种苗站、茶树良种繁育站等。同年，成立恩施市特工商联合公司。

1992 年，恩施市多种经营服务公司与恩施市特工商联合公司合并为恩施市荣华特产开发服务总公司，与市特产局实行"两块牌子、一套班子"管理。

1994 年 3 月 17 日，市特产局与市林业局合并成立林业特产局，内设特产股。恩施市特产技术推广服务中心为市林业特产局二级事业单位，与恩施市荣华特产开发服务总公司合署办公，实行"两块牌子、一套班子"管理。各区、镇、街道办事处特产站与林业站合并为林业特产站。茶叶管理职能随之变化。此次机构变化不久，恩施市荣华特产开发服务总公司更名为恩施市特产开发公司。

2001 年 11 月，因机构改革需要，特产划归农业局管辖，林业特产局恢复为林业局，特产股并入农业局种植业科，特产技术推广服务中心为农业局管理的二级单位。恩施市特产开发公司因与特产技术推广服务中心为一体，随之划归农业局，但经营活动已经停止，员工自谋生路，1997 年与特产技术推广服务中心人员一道参与行政事业单位机关养老保险，享受同等待遇。乡镇特产技术人员因已参与林业系统机构改革，全部留在林业部门，乡镇茶叶技术推广工作由乡镇农业服务中心承担。农业局为茶叶业务主管部门。

2008 年，市政府决定将市特产技术推广服务中心的土地、房产划归小渡船中学，市特产技术推广服务中心全体人员（含恩施市特产开发公司职工）由农业局统一安排。

// 2. 茶叶领导小组

为推进农业支柱产业建设，1985 年 12 月，恩施市成立多种经济领导小组，领导小组办公室设在市农委。从 1988 年开始，成立恩施市茶叶生产领导小组，由市级分管领导任组长，市直相关单位领导为成员，领导小组下设办公室，市政府办公室副主任杨则进、市农委副主任夏国拱、市农业局副局长黄辉、市农业局局长张自树先后任办公室主任。领导小组成员根据人员变动发生变化（见表 1-3）。2007 年恩施市茶叶生产领导小组更名为恩施市茶叶产业化建设领导小组。2010 年后，由于人员变更频繁，市委、市政府没有及时下文明确领导小组成员，分管领导直接指挥办公室工作人员开展工作。

表1-3 恩施市茶叶生产领导小组和工作人员一览表[①]

年份	组长	副组长	办公室主任	办公室副主任	工作人员
1988—1991	谭大自	杨敬忠	王光荣	—	陈玉琪
1991—1995	李明柱	—	杨则进	—	陈玉琪
1995—1998	郭银龙	—	夏国拱	—	杨荣凯
1998—2004	郭银龙	—	黄辉	—	黄姚
2004—2005	郭银龙	王怀东	张自树	黄辉、苏学章	向廷极、黄姚
2005—2007	田凤培	郭银龙、王怀东	张自树	苏学章	向廷极、黄姚
2007—	李国庆	李明东、何慧	张自树	苏学章	向廷极、黄姚、王银香、周先灵、谭文巨、董小兰、李俊

注：领导小组在 2010 年后没解散也无更新。

从 2002 年开始，因茶叶产业的需要，市茶叶生产领导小组办公室从市特产技术推广服务中心借调黄姚同志处理日常工作。2003 年，为应对部门乡镇茶叶科技人员缺乏的难题，从市特产技术推广服务中心借调 2 名技术干部到市茶叶生产领导小组办公室工作，以加强业务技术指导。这是市茶叶生产领导小组办公室（简称茶办）从虚变为实的开始，茶办的办公地点在市特产技术推广服务中心。2007 年，恩施市茶叶生产领导小组更名为恩施市茶叶产业化建设领导小组，办公地点迁至市农业局，全市茶叶产业建设的具体工作都由茶办执行。

// 3. 茶叶社团组织

恩施市为扩大影响，吸引更多的力量投入茶叶产业，先后成立了恩施市茶叶学会、恩施市茶业协会、恩施玉露茶产业协会。

（1）恩施市茶叶学会。

恩施市茶叶学会成立于 2003 年，第一届理事会由吴希宁任名誉理事长，郭银龙任理事长，龙华阶任常务副理事长，李明东、黄辉任副理事长。常务理事由郭银

---

① 数据内容来自恩施市委办公室相关文件。

龙、李明东、孟明星、黄辉、龙华阶、杨帆、肖基智、洪波、苏学章、杨荣凯、周家兴、向廷极等12人组成，副理事长黄辉兼任秘书长，向廷极、杨帆、杜玉凤任副秘书长。理事会下设学术工作委员会、科学普及工作委员会、组织工作委员会、市场信息工作委员会，由周家兴任学术工作委员会主任、杨帆任科学普及工作委员会主任、向廷极任组织工作委员会主任、龙华阶任市场信息工作委员会主任。

恩施茶叶学会成立后积极开展工作，组织学术调研、科技普及、茶叶评审，并与恩施市茶叶生产小组办公室联合编印不定期会刊《硒都茶讯》，为恩施市茶叶产业提供权威信息和技术服务（图1-6）。由于学会工作成绩卓著，一度成为恩施市先进学会。但随着理事会主要成员相继离开茶叶工作岗位，恩施茶叶学会未能换届，2010年后处于停止活动状态。

● 图1-6　《硒都茶讯》

（2）恩施市茶业协会。

恩施市茶业协会成立于2004年2月，第一届理事会设理事30名、常务理事14名；会长由时任芭蕉侗族乡乡长杨洪安同志担任，常务副会长由湖北省华龙村茶叶集团股份有限责任公司董事长兼总经理龙华阶担任；副会长分别由恩施市宜红茶叶有限责任公司董事长罗华、恩施市芭山茶业有限责任公司总经理罗永灿、恩施市农业局副局长兼市茶办副主任苏学章、芭蕉侗族乡人民政府副乡长易向阳、市特产中心农艺师向廷极、屯堡乡党委副书记宋昌国、白果乡党委副书记胡卫国担任；秘书长由易向阳兼任；副秘书长由湖北省华龙村茶叶集团股份有限责任公司杜玉凤、芭蕉侗族乡产业办主任邓顺权、恩施市芭蕉富硒茶业有限责任公司董事长蒋子祥担任。第一届理事会还确定恩施市人民政府市长程贤文，恩施市人大常委会常务副主任、市茶叶生产领导小组组长郭银龙，恩施市发展局副局长、市茶办副主任黄辉三人为名誉会长。

2013年3月19日，恩施市茶业协会换届，第二届理事会设理事47名、常务理事25名；会长由余秋红担任；副会长分别由张文旗、罗永灿、廖光伦、邓首元、汤吉华、滕松柏担任；秘书长由苏学章担任；副秘书长由钱国军、周先灵、刘小英、何远武担任。

2014年2月，根据协会章程，因工作岗位变化，邓首元不再任副会长，由赵树锋接任，苏学章不再任秘书长，由廖建忠接任，周先灵不再任副秘书长，由何远军接任。

（3）恩施玉露茶产业协会。

恩施玉露茶产业协会是在省农业厅的建议下，为打造"恩施玉露"品牌组建的社团组织。恩施玉露茶产业协会于2008年1月13日经恩施市科协、恩施市民政局批准成立。恩施玉露茶产业协会是专门从事以"恩施玉露"为主的茶叶生产、加工、流通、科研、教育、监督、管理的法人及自然人自愿组成的社会团体，是社会团体法人，是跨区域、跨行业、跨所有制的非营利性行业组织。

恩施玉露茶产业协会第一届理事会成立时有团体会员26名，个人会员35名，理事会设理事30名；会议选举恩施市人大常委会常务副主任李明东为会长，恩施市农业局局长张自树、恩施市润邦国际富硒茶业公司董事长张文旗为副会长，恩施市农业局副局长苏学章为秘书长，恩施市怡茗有机茶科技开发有限公司总经理柯胜洪、恩施市人大常委会农工委副主任滕松柏、恩施市特产技术推广服务中心副主任向廷极、恩施市润邦国际富硒茶业有限公司副总经理蒋子祥为副秘书长，确定恩施市委书记谭文骄、湖北省农业厅经作站站长李传友为名誉会长，恩施土家族苗族自治州农业局经作科科长吕宗浩为顾问。

2013年3月19日，恩施玉露茶产业协会换届，第二届理事会设理事40名、常务理事25名；会长由市人大常委会常务副主任余秋红同志担任；副会长分别由张文旗、朱群英、张强、邓首元担任；秘书长由苏学章担任；副秘书长由周先灵、蒋子祥、崔青梅、何远武、黄姚担任。

2014年2月，根据协会章程，因工作岗位变化，邓首元不再任副会长，由赵树锋接任，苏学章不再任秘书长，由廖建忠接任，周先灵不再任副秘书长，由何远军接任。

恩施玉露茶产业协会的主要工作是管理和许可恩施玉露商标的使用、应对恩施玉露商标的争议，同时对恩施玉露品牌进行打造，提升品牌价值和影响力，提高产品市场竞争力。

2015 年 7 月 8 日，中共中央办公厅、国务院办公厅印发了《行业协会商会与行政机关脱钩总体方案》，2016 年，根据《市委办公室、市政府办公室关于印发〈恩施市行业协会商会与行政机关脱钩实施方案〉的通知》（恩市办发〔2016〕3 号），以及《市民政局、市发改局关于做好行业协会商会与行政机关脱钩试点工作的通知》（恩施民政发〔2016〕10 号）相关要求。恩施市茶业协会（以下简称茶业协会）、恩施玉露茶产业协会（以下简称玉露协会）拟定脱钩。

2017 年 7 月 17 日，恩施玉露茶产业协会第三届会员大会决议，恩施市茶叶协会并入恩施玉露茶产业协会。同日，选举产生恩施玉露茶产业协会第四届协会负责人。

会长：张文旗

副会长：蒋子祥、刘小英、章开普、苏方俊、杨华毅、罗永灿

由会长提名胡伟为协会第三届秘书长，实行聘用制。

// 4. 恩施茶叶网

2009 年 2 月，恩施茶叶网正式开通。该网站由恩施市茶叶产业化建设领导小组办公室、恩施市茶叶学会、恩施市茶业协会、恩施玉露茶产业协会共同管理维护，是对外宣传、产品推介、信息传播、经验交流的平台。网址：www. estea. com. cn，中文域名：恩施茶叶网[①]（图 1-7）。

● 图 1-7　恩施茶叶网首页

————————————

① 　现该网站已停止使用。

2012年，根据网络管理要求，恩施茶叶网主办单位变更为恩施市茶业协会，恩施市茶叶产业化建设领导小组办公室实际承担管理维护工作。

三、茶叶专业技术人员的两次流失

// 1. 1991年的大规模技术人员流失

1991年，在茶叶购销全面放开的情况下，恩施市特产局为使茶叶全产业链纳入自己的管辖范围，向市委市政府建议组建产、供、销一条龙的茶叶公司，将生产发展、茶叶加工、产品销售、技术推广全部纳入公司业务范畴。市委市政府经研究后认为可行，但在操作上修改为以市茶麻公司为主体，将特产局的产业规划、组织协调和技术指导职能划归市茶麻公司，从特产部门划出55人到茶麻公司和乡镇供销社（其中特产技术推广服务中心7人，相关区镇特产站48人）。这批技术人员到供销系统后不受重视，加之茶麻公司和基层供销社的生产经营每况愈下，到1999年随整个供销系统的改制，除2人中途调回特产部门外，53人买断工龄。

// 2. 乡镇技术队伍全军易帜

2001年，市林业特产局特产方面的职能划归市农业局，这次调整只是将特产技术推广服务中心和市园艺场整体划归农业局管理，但乡镇业务技术人员却不是随之划转，林业特产局机关只有周家兴一人到农业局，而技术力量集中的乡镇林业特产站，却整体变更为林业站，无一人回到农业系统。这次机构变化后，乡镇从事茶叶的专业技术人员全军易帜，乡镇农技推广机构再无茶叶专业技术人员。

第七节 茶界交流合作

恩施在茶叶产业发展中，与茶叶界必然会发生交流，这种交流有国内的，也有国际的，有组织进行的，也有个人进行的。

一、国际交流

恩施茶界的国际交流虽然不多，但也存在。日本茶界对恩施的关注度极高，来恩施也最多，其他国家也有，但真正只为茶叶而来的少。恩施茶界的国际交流是单向的，只有外国人来恩施交流，没有恩施茶人去国外交流。

// 1. 松下智与《中国名茶之旅》

松下智，日本名古屋丰茗会理事长，于1988年（月份不详）、1990年5月和1990年8月，先后三次到恩施考察。松下智在前两次考察时拍摄了录像，回日本后在茶叶同行中播放引起同行关注，于是他将两次考察资料整理后撰写了《中国名茶之旅》，并组织了对恩施的第三次考察。

（1）单独考察。

1988年，松下智独自来华考察茶叶产业，他根据手中资料，与中国茶界联络，得到支持，所到之地都得到当地茶叶主管机构的配合。在恩施，由当时的鄂西土家族苗族自治州茶叶学会和州市两级的茶麻公司负责接待，安排行程。松下智不仅在茶区考察，还观摩了恩施玉露手工制作过程，并对考察的内容进行了全程录像，留下了大量的资料。回日本后，松下智将考察结果和录像与日本茶人分享，其所见所闻在日本茶界产生很大的反响，学者们向松下智提出了许多问题，松下智都一一给予解答。在解答问题的过程中，松下智发现还有一些问题自己也没有完全弄明白。1990年5月，他带着问题又到恩施，逐一进行探访，并与恩施茶界人士进行深入交流，所有问题都有了明确的答案。此次考察结束后，松下智与恩施州、市茶叶界相约8月率团来恩施参观考察，让日本茶界人士直接了解恩施玉露和恩施茶叶产业状况。

（2）组团考察。

1990年8月21日，松下智率日本茶叶种植、茶叶制作、茶叶销售、茶叶教育科研等方面的16位各界人士对恩施进行考察（具体名单见表1-4）。希望通过参观恩施茶树种植、玉露加工，共同探讨中国茶与日本茶的渊源、"恩施玉露"与"日本玉露"的联系。此次活动是湖北省旅行社组织安排的，因当时恩施对外接待极少，恩施市按照外事活动规定对一行人进行了接待，市公安局安排专人参与了接待工作。以下内容根据恩施市档案馆保存的恩施市公安局1990年8月25日《关于日本"中国名茶（玉露）之旅"来恩施参观的情况》整理而成。

表 1-4　中国名茶之旅考察团成员名单①

姓名	性别	年龄	职务
松下智	男	60	日本名古屋丰茗会理事长、茶叶专家
糟屋优子	女	25	大学助教
大泽小百合	女	25	日中旅行社社员
南广子	女	51	大学教授、食品专家
宫崎金苗	男	41	茶叶专家
松本浩	男	27	茶农
松下辉夫	男	42	会社股员
永田浩一	男	73	兽医
仲田浩也	男	37	茶农
仲田律子	女	36	仲田浩也之妻
佐宗贤夫	男	60	茶商
权田康晃	男	43	会社股员
河源勇	男	20	无业
川濑一之助	男	66	自营业
胜峰正元	男	60	会社股员
片山日出	男	62	自营业

接待工作由州旅游局负责，茶叶界有州茶叶学会副理事长康纪成、市茶麻公司经理邱家鹏全程参与接待。恩施茶界人士在与松下智一行交流后认为，日本玉露与恩施玉露的制作方法完全一致，制作设备和手段日本更为先进，产品色泽和汤色比恩施玉露更绿亮，但滋味和香气不如恩施玉露。因此日本人总认为恩施玉露在加工工艺上还有他们没有掌握的"窍门"。

1990 年 8 月 21 日下午，考察团首先参观了州茶厂的宜红工夫茶生产加工全过程，考察团对此毫无兴趣；随后游览连珠塔，接着参观五峰山村的村办玉露茶加工厂。由于不是加工季节，日方只看到了厂房和加工设备，日方多次提出参观恩施玉露制作过程，我方为保密以省旅行社通知中无此项目拒绝，为此双方发生争执，最终，日方最期待的观看恩施玉露现场制作未能实现。恩施市公安局留存的档案资料记载："晚上，中日双方在清江宾馆举行座谈，一起探讨玉露茶生产的历史，在我

---

① 名单源自恩施市档案馆所存文件资料。

方人员的有力论证下，大家取得了一致意见——玉露茶原产于中国恩施。"（图 1-8）
8 月 22 日，考察团考察屯堡区马者乡密植速生茶园，并在马者茶厂品尝了油茶汤。
日方对油茶汤的制作很感兴趣，多次提出参观制作过程，我方认为这只是一道普通
的民间食品，就满足了对方的要求并允许录像。

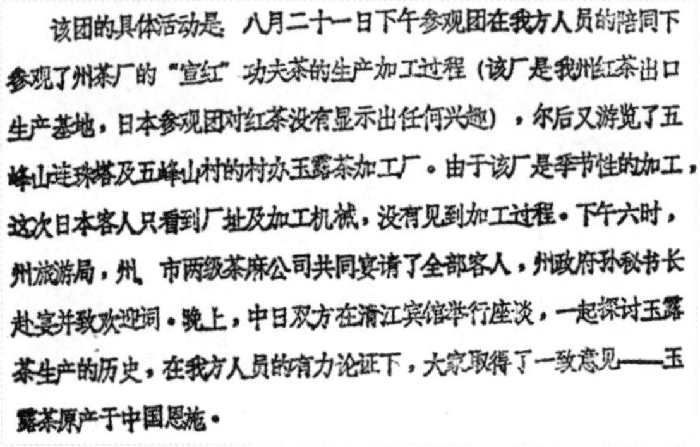

该团的具体活动是：八月二十一日下午参观团在我方人员的陪同下
参观了州茶厂的"宣红"功夫茶的生产加工过程（该厂是我州工茶出口
生产基地，日本参观团对红茶没有显示出任何兴趣），尔后又游览了五
峰山连珠塔及五峰山村的村办玉露茶加工厂。由于该厂是季节性的加工，
这次日本客人只看到厂址及加工机械，没有见到加工过程。下午六时，
州旅游局，州、市两级茶麻公司共同宴请了全部客人，州政府孙秘书长
赴宴并致欢迎词。晚上，中日双方在清江宾馆举行座谈，一起探讨玉露
茶生产的历史，在我方人员的有力论证下，大家取得了一致意见——玉
露茶原产于中国恩施。

● 图 1-8　市公安局档案资料截图

● 图 1-9　《中国名茶之旅》封面

（3）《中国名茶之旅》对恩施玉露的描述。

松下智此行带来了《中国名茶之旅》（《中国名茶の旅》）一书（图 1-9），送康纪成、邱家鹏各一本。2007 年 11 月，笔者从杨胜伟老师处得知这一信息后，即请他帮忙联系借阅。2007 年 12 月，康纪成同志将书慷慨借出并复印，然后请湖北民族学院（现更名为湖北民族大学）的日语教师将涉及恩施茶的内容作了翻译。以下摘录部分内容：

日本茶中的极品叫做"玉露"，关于它的起源，一说源于宇治的上林家的祖先，还有一说是源于东京的山本山的祖先，并无确切的史料可考……

有趣的是，在中国湖北省西部的鄂西土家族苗族自治州的中心恩施县，玉露作为一种传统的制茶法而传承至今。当然，玉露是日本的说法，汉语叫松针茶。但似乎由于在日本，中国茶盛行，在中国也逐渐被称作玉露了。

中国式玉露的制作方法如下：

从四月下旬到五月上旬，谷雨前为适宜的采茶时期。原则上要采摘春

天阳光照射下生长充分的新芽前端部分的一心二叶。然后把刚采摘下来的芽叶直接放到蒸笼里蒸，在烘焙炉里干燥，同时不断揉搓。与日本的玉露和煎茶的制造工艺相同，这道工序是决定茶品质好坏的关键，必须由手艺纯熟、经验丰富的师傅亲自完成。到茶芽叶呈深绿色，不易折断，但大概能折叠成两段的程度为宜。烘焙炉与日本的几乎完全相同，炉上放着一个高约30厘米的180厘米×100厘米的四方形揉搓台，一边用炭火从下面不断加热，一边小心细致地揉搓。最初只是大致地揉搓，随后慢慢地边用双手揉搓边使它洒落在炉上，干燥后再揉搓。有时也把茶叶置于炉面上，用一只手按压着揉搓，逐渐搓成细小的形状。茶的嫩芽被细细地搓成针形，玉露所追求的"针"的形状（茶叶的叶柄之类）便完整地出现了。

做好的成品，带有一种极好的香气，并且浓郁的味道比起日本的玉露来有过之而无不及。这也许是因为有效地利用了湖北省西部山区的自然环境，并不像日本那样靠遮盖茶园地生产玉露，而是靠天然的树荫使其生长起来的缘故吧。总之，因为考虑到这个，关于中国的玉露还会有更加详细的调查报告的机会，在此仅稍作介绍。

松下智在《中国名茶之旅》中并未承认玉露的起源在中国，而是深信"玉露是日本土生土长的茶"，同时也承认恩施的玉露制作技艺是恩施传统制茶法的传承。

// 2. 清水康夫玉露寻根之行

1995年，日本清水技术事务所所长、日本京都大学农学博士、香川大学食品加工学教授清水康夫在西南农业大学[①]教授刘勤晋的陪同下，专程到恩施考察茶叶采制技术，恩施州特产局副局长黎志炎，中共恩施市委常委、宣传部部长郭银龙等负责接待。

据刘勤晋教授介绍，清水康夫是日本静冈县人、日本花甲志愿者协会会员，到恩施考察恩施玉露缘于其父清水俊二与恩施的一段往事。据说清水俊二在民国时期曾到湖北开设制茶工厂，在鄂南制作青砖茶运销俄罗斯、蒙古等地。在生意稳定后，清水俊二就到各地考察茶叶，在了解到恩施有蒸青"玉绿"后，就有了交流的想法。1937年，清水俊二携日本玉露制作器具到恩施，与恩施"玉绿"制作厂家交流制作技艺。5月底，恩施春茶结束，"玉绿"和"玉露"的中日茶事交流也因季节

---

① 已并入西南大学。

原因暂停，清水俊二收拾行囊西行，到四川考察茶业。7月初到达峨眉山，住在龙门洞寺的客房中，并准备在此避夏。不久爆发"七七事变"，日本侨民紧急撤离。清水俊二匆匆将笔记、书籍用做生意的幌子包好，和行李一起寄存在龙门洞寺后回国，他的中国茶业考察被迫中断，"玉绿"和"玉露"的交流也只能停止。1980年，

● 图1-10　清水俊二的幌子（包袱）

龙门洞寺在清理文物时发现一个包袱，包袱上印有"清水俊二"字迹（图1-10），包内有笔记、书籍。这包东西是从多年前的一场火灾现场抢救出来的。龙门洞寺通过外交途径将物件交还清水家，清水一家极其感动。受此影响，清水康夫致力中日友好交流，成为中国外国专家局长期聘任的日本技术专家之一，曾任中国国际茶文化研究会荣誉理事、西南农业大学（现西南大学）食品学院客座教授、湖北民族学院（现更名为湖北民族大学）客座教授，为中日茶文化技术交流做出了卓越的贡献。

　　清水康夫此行的目的是在恩施寻找其父与恩施交往的历史事实，并从中寻求中日两国玉露茶的渊源，以此推进双方茶事交流，实现共同进步。清水康夫一行先后考察了芭蕉区鸦鸣洲茶厂和恩施市茶树良种繁育站，但没有查找到清水俊二与恩施交往的任何信息，清水俊二当年与恩施的茶事交流无法考证。清水康夫在现场考察后认为芭蕉是玉露传统工艺制作保存最完整的地方，恩施玉露和日本玉露高度近似，在历史上肯定产生过交流融合。虽然他没有达到此行的目的，但玉露的历史文化应该让双方共同去研究、挖掘，于是他挥笔题字"恩施玉露　温古知新"，刘勤晋教授也题字"雄秀武陵山　香绝玉露茶"。次年10月11日，清水康夫再次来恩施市洽谈交流茶叶生产加工技术。

// 3. 大石学、杉村金光的恩施交流

　　2000年11月13日，中日茶叶技术交流讲座在恩施宾馆举行，恩施市茶叶技术骨干、乡镇分管茶叶的领导、茶叶加工业主参加活动。日本静冈县滕枝市滕枝茶流通协会会长大石学和滕枝市杉村制茶代表杉村金光（图1-11）应邀作了日本茶叶产业报告，介绍了日本的茶叶生产、加工和销售情况，并着重介绍了农业协会、农民合作组织在茶叶产业中的地位和作用。可惜的是，当时参加的人都没有把农业合作

组织当回事，因为中国的农民对农业的集体生产是很反感的，农村联产承包责任制让农民得到了实惠，千家万户种茶使产业兴旺，此时讲农业生产组织化被认为是回到"一大二公"的时代，因而作为讲座亮点的农业协会、农民合作组织的内容没有产生任何涟漪。如果把这次交流讲座放到 2015 年前后，参会者肯定会挤满会场，听课后对大家也会大有裨益。

● 图 1-11　大石学、杉村金光的名片

// 4. 申杰牌恩施玉露参加 2009 年世界绿茶评比会

2009 年 5 月，恩施市怡茗有机茶科技开发有限公司送恩施玉露茶样到湖北省茶叶协会参加鉴评。评审后，恩施玉露因品质优异，被湖北省茶叶协会推荐参加在日本举办的世界绿茶评比会。世界绿茶评比会由日本财团法人世界绿茶协会举办，参加评比的样品由中国、日本、韩国选送。评比设最高金奖、金奖、创新奖、包装奖、鼓励奖。恩施市怡茗有机茶科技开发有限公司送的申杰牌恩施玉露被评为金奖，2010 年 1 月 20 日，世界绿茶协会颁发了证书（图 1-12）。

// 5. 德国专家来恩施进行标准化生产培训

2007 年 5 月 24—25 日，中国国际茶叶博览会（CTE）邀请德国专家来恩施举办了一场 GAP 和有机茶生产为主题的培训。

德国质量服务国际有限公司（QSI）派来的两名专家在中国国际茶叶博览会安排的翻译陪同下来到恩施。5 月 24—25 日，培训在恩施宾馆举行，内容为 GAP 和有机茶生产（图 1-13）。培训对象为芭蕉、屯堡、白果、白杨（坪）、龙凤五个乡镇分管茶叶的领导、农业服务中心主任，芭蕉、屯堡、白果、白杨（坪）、龙凤、六角亭、沙地、太阳河等乡镇的重点茶叶企业负责人，市茶办、市特产技术推广服务中心、市农技推广中心技术人员，共培训 30 人，培训结束时还颁发了证书。

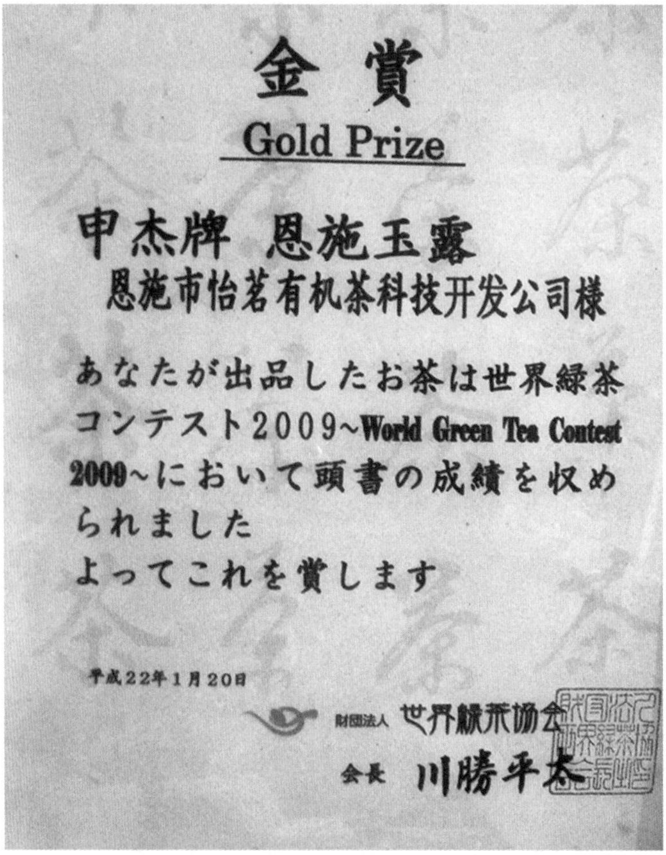

金 賞
Gold Prize

申杰牌 恩施玉露
恩施市怡茗有机茶科技开发公司様

あなたが出品したお茶は世界緑茶
コンテスト2009~World Green Tea Contest
2009~において頭書の成績を収め
られました
よってこれを賞します

平成22年1月20日

財団法人 世界緑茶協会
会長 川勝平太

● 图 1-12 申杰牌恩施玉露获奖证书

CTE & 德国QSI
实验室培训中心 GAP和有机茶生产培

● 图 1-13 德国专家培训现场

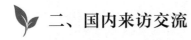 二、国内来访交流

// 1. 余杭蒸青业茶协会到恩施交流

杭州市余杭区是一个以生产、加工蒸青茶为主的茶叶产区，为了提升余杭区茶叶的品牌知名度，进一步提升蒸青茶产业，吸取更多的茶叶科学知识、技术创新理念、先进的企业品牌管理方法和茶叶生产技术，使蒸青茶产业优势得到充分的发挥和提高，2009 年 9 月 18 日，杭州余杭区径山蒸青茶业协会组织团体会员17 家，在会长汪圣华，径山镇原副镇长、协会名誉会长张宏明的带领下，到恩施参观考察。

考察团一行参观了芭蕉乡生态茶园、恩施市润邦国际富硒茶业有限公司的加工车间，并与恩施市农业局、恩施市润邦国际富硒茶业有限公司相关人员进行交流，共同探讨蒸青茶加工技术、品牌建设、品饮方法和市场前景。

经过交流，双方达成共识：蒸青工艺由余杭传入日本，成为日本茶的杀青方法，日本的自动化设备又回到余杭，成为余杭的主流设备，产品主销日本；玉露是蒸青茶中的极品，恩施玉露是恩施始创的蒸青针形绿茶，与日本的玉露高度一致，充分说明恩施茶叶加工技术高超精湛。双方有意共同探讨蒸青茶回归中国的课题，让蒸青茶重新成为国人喜爱的茶叶珍品。

// 2. 湖南省茶叶研究所到恩施进行茶树病虫害调查

2009 年 9 月 17 日至 18 日，湖南省茶叶研究所副所长王沅江带队到恩施进行茶树病虫害调查，分别在恩施市芭蕉、屯堡，对不同类型茶园病虫害发生情况进行数据信息采集，市茶办王银香同志全程参与（图 1-14）。这次调查开启了恩施与湖南省茶叶研究所的友好合作大门。当年 10 月，应湖南省茶叶研究所研究人员请求，恩施市茶办向其寄送茶毒蛾病死虫体一瓶，以作研究。

// 3. 大湘西茶叶培训班考察恩施

2016 年 9 月下旬，湖南省大湘西茶产业发展促进会、湖南省茶叶研究所对大湘西茶产业发展促进会的会员单位、大湘西地区茶农开展第二期茶叶种植、加工技术培训班。学习结束后，湖南省茶叶研究所组织参训学员对贵州、重庆、湖北进行考察学习。2016 年 10 月 11 日，参训学员考察了恩施茶叶产业，考察团在恩施实地参

● 图 1-14　采集昆虫样本

观了马者观光茶园、凯迪克恩施玉露体验中心、花枝茶体验馆，市茶办介绍了恩施市茶叶产业的建设情况。

 三、恩施茶叶产业与全国其他地区的交流

// 1. 与湖南省茶叶研究所的交流

（1）茶树品种交流。

2009 年 11 月 29 日，湖南省茶叶研究所召开茶树良种苗木推介会，特邀恩施市参加，市农业局（茶办）由副局长苏学章带队，茶办谭文巨、董小兰参加。一行听取了湖南省茶叶研究所茶树良种选育的介绍，参观了育苗基地，会议结束后，湖南省茶叶研究所向恩施市赠送了碧香早、湖大 61、玉笋三个品种。这三个品种定植于白杨坪乡大宝坪恩施市丰茗圆茶叶公司的基地中进行观察，并进行适制试验。因宣恩县多种经济办公室黎先岭搭乘恩施市便车一同参会，赠送品种被宣恩分走一部分。

（2）茶肥 1 号引进试验。

2016 年 4 月，恩施亲稀源硒茶产业发展有限公司实施茶叶绿色生产模式项目，其中有种植绿肥的内容。经与湖南省茶叶研究所联系，引进茶肥 1 号试验。湖南省茶叶研究所赠送种子 5 公斤。虽然种子到位已是 5 月，播种已偏迟，但试验效果很好，茶肥 1 号是适合恩施茶园的优良绿肥品种。

// 2. 考察武夷山

2010 年 5 月 23 日，市农业局和茶办对福建省武夷山市茶叶产业进行考察，先后到桐木关红茶区、武夷山自然博物馆、大红袍景区实地考察，通过对武夷山茶叶历史的了解，与茶农、茶企、茶商现场走访座谈，全面掌握了武夷山市茶叶生产、加工、销售和品牌建设的情况。武夷山的经验对恩施茶叶产业建设有极大的借鉴作用。

// 3. 参加武陵山片区茶产业高峰论坛

2012 年 12 月 14 日，湖南省茶叶学会 2012 年学术年会暨首届武陵山片区茶产业高峰论坛在沅陵县举办，恩施市农业局副局长苏学章应邀参加。其间，来自武陵山片区 26 个茶叶主产县相关负责人，茶叶生产、流通、教学、科研等有关单位的300 余名代表，围绕"绿色、生态、有机与茶产业可持续发展"的会议主题，进行了广泛交流和探讨。会上，来自 4 省（市）的武陵山片区的 26 个茶叶主产县（市）的相关负责人，发表了共同成立"武陵山片区茶产业发展战略联盟"的倡议。联盟成员包括：

> 湖北：恩施市、五峰土家族自治县、鹤峰县、巴东县、宣恩县、利川市
>
> 贵州：湄潭县、凤冈县、石阡县、铜仁市
>
> 重庆：秀山县、武隆县
>
> 湖南：益阳市、常德市、湘西土家族苗族自治州、怀化市、张家界市、安化县、吉首市、慈利县、桃源县、桑植县、沅陵县、石门县、古丈县、保靖县

// 4. 贵州赫章调研

2015 年，贵州三友茶叶发展有限公司股东翁瑞加因茶园建设出现问题，在微信群中发出求助信息，寻求解决办法。苏学章看到后为其提出了一些建议，但因只在网上交流，没有找到理想的解决办法。贵州三友茶叶发展有限公司发出邀请，希望恩施专家到现场支招。

贵州三友茶叶发展有限公司位于贵州省赫章县，茶园普遍建于海拔 2000 米左右的山上，是典型的高山茶园。苏学章向国家茶叶技术体系恩施试验站报告，

站长张强也觉得双方可以进行交流探讨，于是决定组织相关技术人员一道前往贵州。

2015 年 8 月 6 日，恩施茶叶方面的技术人员一行前往贵州赫章，一过遵义，感觉雨水渐少，晚上到达赫章，听介绍方知赫章年降雨量只有 800 多毫米，比恩施少了将近一半。

8 月 7 日，在公司负责人的带领下，一行人到基地现场察看。经询问得知，茶园为政府支持项目，茶园建成后政府给予补助，然而农民却无人愿意种植茶树。当地政府找到本县有资金实力的商家，请求他们成立企业，以企业带动农民。翁瑞加是做珠宝生意的老板，有资金实力，觉得政府每亩茶园补助 3000 元左右，支持力度很大，就与几个朋友一道成立了贵州三友茶叶发展有限公司，开始进入茶叶行业。公司租赁农民土地，购买种子，雇佣当地农民播种。由于土地没有翻耕，茶籽直接播种，缺肥加上草荒，现场看到茶园建园两年后还难见茶苗，在荒草中仔细搜寻，才能发现细弱的茶苗踪迹；茶园也是放牧场所，牛羊的踩踏、啃食，严重影响了茶苗的生长。茶树不知何年何月才能长成投产，一行人不禁为投资者担忧。

茶园周边，玉米直接穴播，每穴 2—3 株，纤细的秸秆上挂着瘦小的玉米棒，其中有一批还是光秆，一看就知道这里的种植业还是广种薄收，如此大环境下，种茶自然也极其粗放。

在实地察看基地现状后，一行人对其茶叶基地建设提出了如下意见和建议：

一是指出建园标准低，管理不到位，并就如何建设和管理进行了讲解。

二是对已建园提出管理措施。建议加强除草、松土、追肥工作，让茶苗尽快成长起来。为防草荒，可间作豆科作物，还应加强日常看管，防止人畜损坏。

三是对新建茶园提出建议。要严格按技术要求建设，先整地起垄，施足基肥，再栽植抗寒能力强的无性系良种苗木，不再采用种子直播。考虑当地降雨量少、草害严重，可以采用覆膜栽苗方法。栽植后淋足定根水，加强管理，确保三年成园。

对于上述建议，公司方表示可以考虑，但投资很大，需要股东商议。双方表示有问题再联系解决。

此后再未收到对方求助，后经联系得知，贵州三友茶叶发展有限公司几位股东觉得茶叶投资大，周期长，决定放弃，公司也被注销。恩施一行人的贵州之行，只能算给贸然进入茶叶领域的投资者传授了一点茶叶生产基础知识，于对方而言，他们明白了茶叶生产技术性很强，光凭资金和热情是不够的，这一次交流，让他们有了明智的选择，长痛不如短痛，止损脱身方为上策。

// 5. 云南考察调研

恩施与云南相距太远，双方茶界交往较少，历史上两地发生的事件也难为人知晓。2015年，恩施茶界人士两入云南，不仅对云南的茶叶产业有了直观的认识，而且对恩施与云南的茶事联系进行了调查挖掘。

（1）初进云南。

2015年10月19日至20日，国家茶叶产业技术体系在云南省临沧市召开全国红茶机械化生产技术综合示范培训暨国家茶叶产业技术体系"茶鲜叶机械化生产与配套加工技术研究示范"现场观摩会，恩施综合试验站组织各示范县（市）负责人参加，会后对云南的凤庆、澜沧、勐海的茶产业进行考察。

① 参加会议。

2015年10月20日，国家茶叶产业技术体系召开的现场观摩会在耿马县勐撒镇进行，与会代表观摩了茶园机械化施肥、机械化土壤管理、机采鲜叶分级、红茶加工、红茶精制的现场操作演示，相关专家进行了技术培训，对恩施茶叶产业全程机械化具有借鉴作用。在滇红集团提供的《滇红》内部刊物中，有一篇人物介绍引起恩施与会代表的注意。抗战时期，主人公汤仁良曾在恩施试验茶厂学习工作，后到云南，对茶叶产业做出巨大贡献。由于行程原因，这次恩施一行人未能与汤仁良先生取得联系，但找到了电话、QQ等联系方式。

② 凤庆考察。

凤庆是云南著名的产茶县，2015年10月21日，恩施综合试验站一行在临沧市茶叶研究所的带领下，重点考察了滇红集团、香竹箐茶王。

——滇红集团

滇红集团是云南茶叶界的巨头，也是全国的知名茶企。在滇红的考察中，恩施一行人参观了滇红集团总部、滇红博物馆、凤庆茶厂旧址，不仅交流了茶叶产业建设经验，更重要的是找到了滇红与恩施的历史渊源。

1938年上半年，冯绍裘先生在恩施创办恩施实验茶厂，9月被中茶公司派遣到云南，11月中旬，在顺宁（现凤庆）创制滇红，此为云南生产红茶之始，冯绍裘先生也因此被称为"滇红之父"。1939年，冯绍裘创办顺宁茶厂，并任厂长至1942年3月。凤庆茶厂旧址立有冯绍裘铜像（图1-15）。而让人惊奇的是顺宁茶厂在冯绍裘离开后，接任副厂长主持工作、后接任厂长的吴国英，1938年居然是恩施实验茶厂的管理人员，可见滇红与恩施的渊源极其深厚。

● 图 1-15　滇红集团凤庆茶厂旧址的冯绍裘铜像

——"锦秀茶王"

● 图 1-16　"锦秀茶王"

"锦秀茶王"生长在凤庆县小湾镇锦秀村香竹箐自然村，是目前世界上发现的最粗大的栽培型古茶树（树高 10.6 米，树幅 11.1 米×11.3 米，胸径 1.85 米，围粗 5.82 米）。该茶树生长于北纬 24 度 35 分，东经 100 度 04 分。有关专家多次鉴定，"锦秀茶王"树龄已达 3200 年以上，也是目前发现的树龄最长的茶树。该茶树是一株灌木型茶树，因树龄长久形成了巨大的基部，在离地 2 米左右就形成众多分枝，整个植株没有主干（图 1-16）。这株巨大的茶树已由滇红集团出资保护，树周围建有围墙，有专人看管，游人不得接触茶树。因是临沧茶叶研究所联系，恩施一行得以近距离观察该茶树，并在树下捡拾种子数枚带回恩施。

③ 考察澜沧县景迈"千年万亩古茶园"。

据资料介绍，景迈村辖区内的"千年万亩古茶园"是澜沧县境内最大的人工型古茶园，也是目前已知的人工栽培型最大古茶栽培园。2015 年 10 月 22 日，恩施一行在实地考察时发现此处需攀爬采摘的茶树随处可见，且此地茶园为人工栽培，自然生长，未进行人工修剪，茶园管理粗放，茶树生长不旺，很多是只采不管。虽然这里号称"千年万亩古茶园"，给人的感觉却是大一点的茶树多，至于千年的没有看到，只能说茶树自然生长，与众不同。对于习惯了茶树采用修剪技术的茶人来说，确实有一种古朴的感觉。

④ 勐海考察。

2015 年 10 月 23 日，恩施一行到达勐海，在云南省农业科学院茶叶研究所（简称云南省茶叶研究所）的安排下，对所内茶叶科研、生产和茶旅融合进行参观考察，并实地考察了贺开古茶山。

——云南省茶叶研究所

云南省茶叶研究所位于勐海县北郊，所属基地内建有茶马古道景区、茶树品种园、茶树资源圃等。由于是茶叶界的内部交流，考察组一行直接进入基地。这里有特殊的茶树品种资源圃、茶树育种成果、茶马古道展等。对于茶树资源圃，因保密需要不允许拍照，考察组看到形态各异的茶树资源也算是增长了见识；茶树育种成果更是雾里看花，紫娟给人以新奇的感觉（图 1-17），大家对于芽、叶、茎皆红的茶树兴趣十足，纷纷拍照发朋友圈；行走于茶马古道也不是为了游玩，而是探寻古人茶叶运销的方式方法，行走于茶道的讲究、禁忌（图 1-18）。

● 图 1-17 紫娟

● 图 1-18 茶道上的神灵

考察组还有一个发现，就是这里的茶树生长迅速，十年左右的茶树就有恩施二十年以上的茶树一样粗壮，这也许是云南大茶树多的原因。

——贺开古茶山

贺开古茶山位于勐海县勐混镇东南部山区，与著名老班章古茶山同处一条山脉，直线距离仅十公里左右。据介绍，这里是云南省乃至全国保存最好、连片面积最大的古老茶山之一。古茶山海拔在 1400—1700 米，连绵十余里，层峦叠嶂，沟谷纵横，气候温和，日照充足，雨量丰沛，土地肥沃，植被茂密，分布有树龄百年以上的栽培型古茶园 8700 多亩，其中最大的茶树树龄 600 多年。茶山上聚居着 6 个拉祜族村寨，有拉祜族村民 2600 多人。古茶树生长在村民的房前屋后和与山寨相连的树木茂盛的自然生态环境中，构成了一幅"茶在林中，寨在茶园"的人与自然和谐相处的奇特景观，是全世界景观最美的茶山。

古茶园中还生长着一株被当地人称为"茶王"的、最大的栽培型古茶树。此树位于海拔 1600 米的山地，基部围粗 2.12 米，最大干围 1.72 米，树高 3.8 米，自基部 0.55 米处有 5 叉分枝，树冠直径 7.3 米，树幅覆盖 7.3 米×6.55 米（图 1-19）。从实地考察看，此处大茶树分布密集，植株粗大，称古茶园应该当之无愧。古茶园中的茶叶加工作坊与茶园自然天成，茶工在高大的茶树上采摘鲜叶，在茶树下加工制作茶叶（图 1-20），别有情趣。

● 图 1-19　贺开茶王　　　　　● 图 1-20　贺开古茶树下劳作的茶工

（2）再到云南。

由于第一次到云南时，从会议整理的相关资料和后续的考察中发现恩施与云南茶界的一些关联，又因时间和行程的原因，未能对发现的线索进行核实，于是就有了 2015 年年底的第二次云南考察。

2015 年 12 月 24 日至 30 日，笔者和恩施州农业局胡兴明专程前往云南，在凤庆、勐海进行茶叶相关的全面调查，摸清了恩施与云南在茶叶上的关联，促进了双方的茶事交往，实现了双方的共同发展进步。

① 凤庆考察。

在前往云南之前，笔者向汤仁良先生表达了前往拜访的意愿，汤仁良先生愉快地接收了笔者的请求，并表示热切期待。12 月 24 日，考察组从恩施出发，乘动车到重庆，在重庆乘飞机到昆明，12 月 24 日从昆明乘飞机到临沧，然后乘汽车到凤庆，晚上考察组与汤仁良先生取得联系，约定次日在宾馆与汤仁良先生见面并交谈。

——与茶界奇人汤仁良交流

12 月 25 日一早，汤仁良先生就在其次子汤建文的陪同下到达我们所住的宾馆，大家一见如故，开始交谈。在征得汤仁良先生、汤建文先生同意后，考察组对交谈内容进行了录音、录像。由于宾馆条件有限，汤仁良先生邀请我们到他家去交流。在汤仁良先生家中，我们就汤仁良先生在恩施的经历、恩施实验茶厂的情况、杨润之与恩施玉露的关系、抗战时期恩施茶业的情况等进行了交流（图 1-21）。汤仁良先生是一座富矿，交流获得了意想不到的成果，已融入本书的相关内容中，这里不再做介绍。中午，汤仁良先生一家宴请考察组，大家在一家极具特色的餐馆吃了一顿丰富的云南大餐。

● 图 1-21　汤仁良先生合影

（中为汤仁良、右为胡兴明、左为笔者）

——云县家盟茶叶酒业有限责任公司考察

12月25日下午，汤仁良先生带领我们到云县家盟茶叶酒业有限责任公司，对其发明的茶叶蒸汽杀青设备进行现场调研。汤老现场讲解设备原理和使用方法，我们了解到汤老的发明是以常压状态下的蒸汽发生器产生高温蒸汽，在相对密闭的空间对鲜叶进行杀青。这种设备造价低廉，使用方便安全，可惜云南已基本没有蒸青茶生产，不然应该很受欢迎。在这里我们还品尝了完全以茶叶为原料生产的蒸馏白酒，这也是全国唯一的一款茶香型白酒。茶香浓郁，独具风味。而其他地方生产的茶酒则是把茶叶作为酿酒的原料之一，根本没有茶香，与一般白酒差别不大。家盟茶叶酒业有限责任公司生产的茶香型白酒的原料包括绿茶、红茶、普洱茶，原料来源广泛，为茶叶消费提供了一条全新的路径。

——参观凤庆茶厂老厂

12月27日，汤建文送我们到凤庆老厂，本想细致了解茶厂，但因是星期天，厂区无人值班，所有房间都进不去，只能在厂区转悠。当年"冯鼻子"的评茶室也只能看到一个外景（图1-22），但从茶叶仓库、传送带、运茶的轨道能体会到老厂昔日的辉煌。

● 图1-22 老厂审评室外观

——考察滇红茶叶研究院

12月28日，考察滇红集团茶叶科学研究院，院长张成仁亲自接送并陪同介绍。在该院，我们对滇红发展的技术底蕴有了全新的认识。院内的品种园始建于1980

年，首批保存的茶树品种 69 个，其中国家级良种 22 个，地方公认推广良种 26 个，自选优质单株 21 个。在这批保存的茶树品种中，我们发现有"恩施茶"（图 1-23）。这是一个实生的群体种红茶单株，可惜查不到出自恩施的什么地方。而在品尝张院长推荐的众多茶叶时，一款 2005 年产的"经典 58"让我们难以忘怀。这款 10 年前的陈年红茶，香醇无比，对笔者这种偏爱绿茶的老茶客都产生了极大的冲击。如不是碍于与张院长是初次交往，可能就要讨要了。

● 图 1-23 滇红集团品种园中的恩施茶

② 勐海考察。

12 月 28 日晚我们乘车通宵前往勐海，29 日到达，先后到大益茶业集团旗下的勐海茶厂（勐海茶业有限责任公司）和云南省茶叶研究所考察，希望能有所发现。

——勐海茶厂

由于大益现在以生产普洱茶为主，寻找历史只能前往原佛海茶厂（勐海茶厂）。原址在大益馆，我们还真找到了一些有价值的东西。勐海茶厂原称佛海茶厂，是范和钧于 1939 年创建的，隶属中国茶叶公司，原来当年到云南的不只是冯绍裘，同行的还有范和钧，并且二人到云南前都在恩施实验茶厂工作，分别担任厂长和副厂长，只是到昆明后，范和钧到了佛海（勐海），冯绍裘到了顺宁（凤庆）。1940 年，中国茶叶公司为确保佛海茶厂正常投产，从恩施选调了 25 名技术工人，而带领工人到佛海的殷宝良是中国茶叶公司恩施实验茶厂的技术主任，他为建设新厂从恩施辗转到佛海，协助厂长范和钧办厂。

在大益，我们还发现了大益馆馆长、《大益报》主编吴坤雄著的《茶国诗韵》，其中第 65 页是"恩施玉露"，内容如下：

> 在湖北恩施的富硒侗乡，我品尝到了如玉似露的蒸青绿茶——恩施玉露，这种茶光滑油润，挺直紧细，汤色清澈明亮，味醇香高。
>
> > 为觅玉露到恩施，
> > 侗寨竹楼睹芳姿。
> > 腻滑玉躯浴绿水，
> > 先苦后甜回头时。

——云南省农业科学院茶叶研究所考察

因是一年中第二次到云南省茶叶研究所考察，其中并无新发现，只是对这里的茶叶旅游感受颇深。云南省农业科学院茶叶研究所位于西双版纳州勐海县勐海乡，占地 1500 亩，海拔 1200 米，年平均气温 18℃，年降水量 1500 毫米。基地由茶叶研究所与西双版纳茶马古道景区共同开发建设成 4A 级旅游景区。景区是一个集科学研究、古迹文物保存、科普教育为一体的综合性旅游基地，是中国茶叶种质资源最多、民间文物最丰富的科普教育基地，也是云南的著名旅游景点。茶叶研究所利用基地发展旅游的成功经验给茶旅融合提供了经典案例，恩施在开发茶叶旅游时，可以借鉴茶马古道的部分内容，结合建设区内的历史、地理、人文等资源，打造有内涵的茶旅景区。

③ 基诺族与茶。

云南的基诺山寨是一个与茶联系紧密的景区。12 月 30 日，为了解云南民族文化与茶文化的联系，我们前往基诺山寨，以游客的身份体验当地的风情，此行也颇有收获。

基诺族是直接从原始社会跨入社会主义社会的"直过民族"，也是我国最后确定的少数民族。基诺族善于种茶，对茶的利用有其独到之处，吃茶、烤茶和煮茶是其主要利用方式。

吃茶。在云南，尚茶的少数民族很多，而"吃茶"的少数民族并不多，基诺族是其中的典型代表。基诺人喜爱凉拌茶，这种原始的食茶法在基诺语中被称为"拉拔批皮"。凉拌茶的原料是茶树的鲜嫩新梢、黄果叶、辣椒、大蒜、食盐等。基诺人将刚采来的鲜嫩茶树芽叶，用手稍加搓揉，把芽叶揉碎，盛于器皿中。再将新鲜的黄果叶揉碎，辣椒、大蒜切细，连同适量食盐投入，加上少许泉水，用筷子搅匀，放置一刻钟左右，即可装盘上桌，供人食用。凉拌茶实际上是基诺人的一道菜，既可待客，又是寻常佐餐。凉拌茶是基诺族茶文化中的一大特色。

烤茶。烤茶的制作一般是先用炭火将土罐烤热后，把茶叶放于罐内烤热烤黄烤香，再加入开水煮沸。这种饮茶方法与恩施的罐罐茶相似。基诺人传统的烤茶浓烈异常，常需兑入清水降低浓度，才能饮用。

煮茶。煮茶是基诺族中常见的茶饮方法。先用茶壶将水煮沸，随即在陶罐内取出适量已经过加工的茶叶，投入沸腾的茶壶内约 3 分钟，当茶的内含物浸出时，即可将壶中的茶水注入竹筒内，供人饮用。不管是烤茶还是煮茶，都是以饮用茶汤为目的的，故将其归结为"饮"茶文化。

基诺族尊奉诸葛亮。传说基诺族的祖先是诸葛亮征服西南时的部队的一部分，因途中贪睡而被"丢落"，进而以"丢落"附会为"攸乐"，这就是"基诺"族名的来源。这些"丢落"的人后来虽追上了诸葛亮率领的部队，但不再被收留。为了这些人的生存，诸葛亮赐以茶籽，命其好好种茶，还让他们照他帽子的样式盖房。据说基诺族男童衣背上的圆形刺绣图案就是诸葛亮的八卦图。基诺人祭祀鬼神时也呼喊孔明先生。基诺族的发祥地"司杰卓米"是基诺山东部边缘一座海拔近1440米的高山，被称为孔明山。由此说明基诺人将诸葛亮当作神仙来尊敬供奉，基诺人与诸葛亮有着极深的渊源。诸葛亮是湖北人，在湖北被茶人尊为茶神，而在云南被茶人尊为神灵和茶祖。是否可以认为茶在云南的利用，是诸葛亮从湖北带过去的呢？

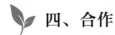 四、合作

// 1. 与中国茶叶学会的合作

（1）合作举办茶事活动。

2003年4月23日，由中国茶叶学会、恩施市人民政府联合主办的首届中国硒都·芭蕉茶文化节在芭蕉举行。

为办好这次活动，中国茶叶学会组成了由中国工程院院士、中国茶叶学会名誉理事长、博士生导师陈宗懋，中国茶叶学会副理事长、博士生导师、湖南农业大学教授施兆鹏参会的强大阵容。陈宗懋院士主持茶叶评审并作"硒与人体健康"的学术讲座，陈宗懋、施兆鹏即兴泼墨挥毫，题字留存。

（2）项目合作。

2012年5月至2012年11月，中国茶叶学会在恩施实施的"武陵山区茶叶产业化和专业化援助试点项目"启动。该项目的主要内容如下。

① 以茶树病虫害绿色防控技术推广为主体的生产资料援助，包括害虫诱色板10000块，诱光灯70台，投入资金23.5万元。

② 以提高茶业专业化、机械化水平为目标，援助茶园修剪机70台、喷雾机70台、采茶机2台，投入资金14.5万元。

③ 茶农培训。培训内容主要为茶树病虫害绿色防控与专业化防治、茶叶标准化生产、茶叶审评技术。

2012年6月4—8日，茶园病虫害绿色防控技术和标准化与机械化茶叶生产技术培训班在华龙村大酒店举办。这次培训班通知参会人员229人，除恩施市197人

外，还通知了恩施州其他县（市）32 人参加，由于培训规格高，各地参加者踊跃，实际到会 260 余人（图 1-24），会场后部因加座太多导致通行困难。

● 图 1-24　技术培训现场

2012 年 10 月 27 日至 11 月 1 日，初中级评茶员培训班在恩施晨光生态农业发展有限责任公司金城茶楼开班，共 74 人参加培训（图 1-25），其中 67 人考试合格，颁发了评茶员证书。

● 图 1-25　评茶员培训现场

援助物资由恩施州农业科学院茶叶研究所代为发放，发放对象为芭蕉乡相关茶叶专业合作社。

// 2. 省级单位合作

（1）与湖北省茶叶学会合作举办恩施富硒绿色茶叶交易会。

2006 年 4 月 16 日，由湖北省茶叶学会和恩施州人民政府主办，恩施市人民政府、恩施州农业局、恩施州商务局、恩施州工商局、恩施州质量技术监督局承办的恩施富硒绿色茶叶交易会在州城风雨桥举办。

湖北省茶叶学会秘书长宗庆波亲临谋划，并邀请中国茶叶研究所的江用文、鲁成银、周智修，省果茶所的王友平、陈福林，华中农业大学的陈玉琼等国家级和湖北省知名茶叶专家出席，并进行名优茶、茶叶包装评审和茶叶技术专题讲座。

（2）与省农业厅联合举办湖北第一历史名茶"恩施玉露"认定活动。

为打造恩施玉露品牌，恩施市人民政府和恩施玉露茶产业协会共同向湖北省农业厅申报了打造湖北第一历史名茶"恩施玉露"的请示。2008 年 7 月 18 日，由湖北省农业厅组织省内外相关专家组成评审论证委员会，对湖北第一历史名茶"恩施玉露"进行了审查和论证。与会专家一致同意推荐认定"恩施玉露"为湖北省第一历史名茶。2008 年 7 月 23 日，湖北省农业厅下发《关于认定湖北第一历史名茶"恩施玉露"的通报》。

文件下发后，省农业厅和恩施市人民政府共同决定在武汉举办盛大活动，宣传、推介"恩施玉露"。为确保活动成功举办，省农业厅进行了细致谋划，从会议规模、邀请嘉宾、会议议程、会议地点、领导活动、专家推介、礼品定制等，事无巨细，都有方案并与相关人员进行对接。为配合新闻发布会的举办，《湖北日报》《恩施日报》分别以整版篇幅宣传推介"恩施玉露"。

2009 年 3 月 28 日上午，由湖北省农业厅、恩施土家族苗族自治州人民政府主办，湖北省农业厅经作站、恩施市人民政府承办的湖北第一历史名茶恩施玉露授牌仪式暨新闻发布会在武汉市中南花园酒店成功举行。

第二章

茶叶生产

茶叶生产是原材料产生的过程和方式，是茶叶产业的基础，有原材料才有加工和消费，也才有茶文化的兴起和传播，生产的发展状况决定产业的地位。茶叶生产经历了漫长的演变过程，生产方式也随历史进程发生变化。

第一节　恩施的茶叶生产历程

　　恩施受地理条件限制，交通阻塞，物资匮乏，茶叶生产必须在确保粮食自给的前提下进行，恩施的茶叶生产历史从侧面展现出粮食从无法自给，到实现自给的变化过程。茶叶一开始是当地居民采集野生资源获得额外收入的"窍门"，逐渐成为换取零用钱的副业，现在发展成为农民主要经济来源的支柱产业。

 ## 一、清代以前自然状态下的茶叶生产

　　从巴人利用茶开始到清初，恩施的茶叶生产都处于自然状态，人们利用野生资源，并在田边路旁零星种植茶树，在没有多大投入的情况下进行茶叶生产，使恩施的茶叶产业得以延续并有所发展，这一时期的茶叶产业发展是很缓慢的，甚至经历数个朝代也看不到明显变化。

// 1. 茶叶生产从采集开始

　　采集和狩猎是人类早期的劳动方式，人们以此获得生存所需的物品。恩施的茶叶生产也是这样，最初人们从野生的茶树上采摘枝叶加以利用。野生资源的采集利用在恩施直到清代仍然广泛存在。21世纪，野生茶树资源在恩施仍有残存（图2-1），只是采集费工费时，只有少数喜爱者专门雇人采制，成为小众产品。

　　（1）采集野生茶叶在茶的利用长河中是主流。

　　神农氏发现的茶树肯定是野生的，他教巴人采集野生茶树上的鲜叶，巴人将采集茶叶的方式传遍巴蜀，早期人们饮用的茶都是从野生茶树上采集的芽叶。

● 图 2-1　林间茶树

陆羽在《茶经》中有"野者上，园者次"的描述，且巴山峡川的采茶方法是"伐而掇之"，说明唐代的茶叶生产以采集野生茶叶为主，人工种植的茶是不入流的低端货。及至宋代，人们推崇的仍然是野生茶叶，对人工种植的茶叶颇有微词。恩施在称为"巴国"的年代，"两人合抱"的茶树普遍存在，大大小小的茶树遍布山间，"巴国"境内的野生茶树资源极其丰富，利用野生茶树采集茶叶在湖北西部是主流。

"伐而掇之"是不得已而为之的采集方式。一是茶树高大，"两人合抱"的大茶树无法攀爬，只能砍伐后再采集。二是因地势陡峭，高坎悬崖非常危险，砍伐采集是迫不得已的方式。这种杀鸡取卵的掠夺方式对自然造成了严重的破坏，巴山峡川所处的清江流域在唐代以后再也没有如此粗大的茶树的记载了。需攀爬才能采摘的高大茶树（图 2-2）在如今的恩施茶叶产区却普遍存在。

● 图 2-2　需攀爬采摘的高大茶树

恩施在清初以前，通过采集收获的茶叶可以满足日常生活所需。当时恩施人烟稀少，生产力低下，人类活动不足以对自然环境造成严重的破坏，自然生长的茶树在漫长的历史时期得到了长期利用。

《施南府志》卷三，对历代户口情况介绍如下：

> 汉以前户口无考。
>
> 《晋书·地理志》：建平郡统县八，户一万三千二百。按，《晋书》所载八县，惟建始、沙渠、信陵属施。
>
> 《宋书·地理志》：建平太守，吴永安三年分宜都立，晋又有建平都尉。永初《郡国志》有南陵、建始、信陵、兴山、永新、永宁、平乐七县，今并无。所领县七：巫、秭归、归乡、北井、泰昌、沙渠、新乡。户一千三百二十九，口二万八百二十四。按，所记七县，惟沙渠是施地，新乡不详所在，余俱不属施。
>
> 《隋书·地理志》：清江郡统县五，户二千六百五十八。五县：盐水、巴山、开夷、清江、建始，俱属郡地。
>
> 《唐书·地理志》：施州清化郡，户三千七百二，口一万六千四百四十四。县二：清江、建始。
>
> 《宋史》：施州清江郡，元丰户一万九千八百四十，领县二：清江、建始。
>
> 《元史·地理志》：夔州路领州七，施其一，本路户二万二十四，口九万九千五百九十八。
>
> 《明史·地理志》：统纪湖广口之数不详，各郡不备录。
>
> 国朝施南府属六县，原数户口共二万七千七百一十八户，原额随粮及改土案内，堪出人丁并历届编审滋生人丁、土著不成丁，男女大小共十一万七千四百三十丁口中。道光二二年，奉文编查保甲，清理户口共十一万八千七百九十五户，九十万二千一百二十三丁口，其细数开载各县。

以上史料表明今恩施市在清代以前人户很少，隋时清江郡五县仅 2658 户，恩施当时为巴山，即使人户偏多，也不会超过千户，以此类推，唐 2000 户上下；宋约 10000 余户，元代人户大减，整个施州也只有 3000 余户，比唐代还少；明朝无具体数据，但恩施行政体制和生产力水平都没有改变，人口增长不会很大；清代恩施县人口剧增，雍正十三年改土归流以后，外地人大量涌入，道光年间，猛增至 4 万余户。所以在清初以前，恩施县人口虽总体呈增长趋势，但总量很小，只寥寥数万人，相对于恩施的版图来说一直是地广人稀。恩施的茶树资源丰富，在人类利用过程中不会造成严重的破坏，少量的掠夺性利用仅限于少有的高大个体，对数量广泛的茶树群体而言，是没有损害的。

采集的茶叶多用于自己消费，生产和流通量少，早期茶叶采集不是发家致富的门路，只是补贴家用的窍门。主要目的是为提升生活品位，同时将多余的茶叶出售，换取生活必需品。

（2）管理利用野生茶树资源是茶叶生产的一大进步。

随着人口的增长，采集的收获与消费的需求之间出现缺口。人们为了获得需要的茶叶，只能寻找新的茶树，从更深的山林采集茶叶，采集的难度也有所加大。在采集变得艰难的时候，聪明的先民们开始找"捷径"。他们在获取的同时对茶树进行保护，对采集方便、长势旺盛的茶树进行简单的管理。这种简单管理只限于对影响茶树光照的植物进行处理，使其光照条件得到改善，有的还会清除杂草，耕锄培土，改善茶树根系生长环境，这种管理虽然简单、粗放，但对于生长于荒野树林的野生茶树而言，其生长环境也有了极大的改善，生长势头得到很大的提高，采集活动也变得快捷高效，管理者的收获自然也大幅增加。

对野生茶树的简单管理对茶叶生产具有重要意义：一是产量有了一定的保障，经过管理的茶树有相对稳定的产量；二是劳动强度降低，管理后的茶叶采集方便了许多；三是为茶树的人工种植积累了经验。

// 2. 人工种植随着商品生产渐成主流

采集虽然简单，但保障有限，随着时间的推移，商品流通日益频繁，野生茶树资源越来越无法满足不断增长的茶叶消费需求，人工种植自然而然地出现了。恩施虽然种粮食的好地不多，但能栽植茶树的地方却很多，于是路边、屋边、坎边、田边、山边等边角地带就成了茶树生长的地方，这些茶树丛状生长，除采摘外无人工干预，完全呈自然状态（见图 2-3），与野生茶树类似。

（1）人工栽培茶树的产生。

茶树的人工栽培因茶叶需求增加而产生。随着人口增长、茶叶的传播，茶叶消费人群大量增长，茶叶消费量不断增大。简单管理野生茶树能获取的资源是有限的，需求增长产生的缺口越来越大。人们为了获得更多的产品，被迫对茶叶生产实行更多的人工干预，人工栽培茶树就毫无悬念地出现了。《华阳国志·巴志》记载的"园有芳蒻、香茗"说明在西周时期（公元前 1000 年以前）巴人就有了人工种植的茶园，茶树的人工种植历史至少有 3000 余年。恩施作为巴人之源，种茶历史之

● 图 2-3　田坎边自然生长的大茶丛

悠久是不言而喻的。茶树种植出现，使茶叶产量和质量更有保障，种茶得到的收益增长显著，茶树栽培管理也就成了一项农事活动了。

（2）人工栽培的意义。

① 人工栽培使茶叶生产可控性增强。

茶树的人工栽培对茶叶产业具有划时代的意义，以前的茶叶消费只能利用自然资源，在山上采集到什么就消费什么，人工栽培则可根据需要生产茶叶产品，茶叶生产从全凭天意变为可人工控制，人们的茶叶消费有了保障。

② 人工栽培使茶叶商品化。

人工栽培的出现也让茶叶作为商品进行交换成为可能，稳定的货源促进了茶叶的流通和消费，无生产茶叶条件的人群可以通过交换获得茶叶，而种植茶叶的群体也能通过交换获得自己需要的商品。另外，茶叶作为土特产，是对外交换的重要物资。

③ 促进茶叶生产技术进步。

茶树的人工栽培涉及选地、整地、采种、种植、管理等多个环节，要想获得成功，就必须对茶树生长的各个环节进行研究，并在生产实践中总结完善。人工栽培促进了技术进步，历代茶叶生产者在生产中积累的经验日臻完善，形成茶叶生产技术体系。

（3）人工栽培的方法。

① 选地。

清代以前人工栽培茶树一般选择坡地、林间或林边地，附近有自然生长的原生茶树，土层深厚，土壤含砾石不等。在这样的地方种茶不与粮食争地，易成功，品质好。恩施多选择在坎边、路边、地角、界边、山边或土层深厚的林地种茶，这些位置种茶不仅不占耕地，还有保持水土、美化环境、维持边界等作用（图 2-4 至图 2-6）。由于恩施山场和边角地甚多，为恩施茶叶生产提供了广阔的空间，使恩施的茶叶生产能够在不影响粮食生产的前提下有所发展。

● 图 2-4　田边石头空隙中的茶树

● 图 2-5　路边护坎茶

● 图 2-6　田边地角茶

② 技术要求。

恩施在清代以前对人工栽培的茶树没有具体的规格要求，在边角地、田坎边、路边，1 米—1.7 米（3 尺—5 尺）一窝，将土深挖整细，再开 1 寸深、5 寸宽的种植穴，每穴放成熟的茶种 3—5 粒，一年后择生长健壮者留 2—3 根苗，数年后生长成茶丛。

（4）恩施茶树人工栽培的特殊性。

恩施环境条件特殊，清代以前茶树的人工栽培也与他处有所不同。

① 选地不同。

全国各地茶区在人工栽培茶树出现时，茶树多植于耕地，而恩施茶不入耕地内，只在边角处，房前屋后、路边地界等处栽种。

② 不讲规格。

恩施茶树栽培因地而定，无规格要求，无固定的间距，不形成排行，能种多少算多少，显得杂乱无章。

③ 管理极其简单。

我国对茶的管理直到明代才开始有所加强，恩施在闭塞条件下，到清初仍处于自然状态，明显落后于全国水平。清代以前，恩施的茶树管理大多是为了采摘方便，将茶树周围的荆棘藤萝清除，耕地边的茶树也会搭粮食生产的便车得到一点肥料的滋养，同时也会剔掉影响粮食生长的茶树枝条，专门针对茶树的管理是少有的。

// 3. 管理在茶叶生产历史上被忽视

中国茶叶生产虽然历史悠久，但因从野外采集开始，人工栽培出现后，管理仍长期处于粗放状态，茶叶生产只限于选地和鲜叶的采摘。古人认为茶叶以天然形成者为佳，陆羽在《茶经》中有"野者上，园者次"的表述，说明唐代茶叶是野生资源利用和人工种植并行，人们认可野生茶而排斥人工种植的茶叶。即便是人工种植，茶树生长也需顺其自然，不会进行精细管理。

（1）历史上的茶叶专著不谈茶树管理。

古之茶叶专著，言制茶、品茶者众，言茶树培植者几近于无。清朝陆廷灿《续茶经》几乎收尽前人的茶叶论著，然而其收录的内容涉及栽培的仅有《四时纂要》："茶子于寒露候收晒干，以湿沙土拌匀，盛筐笼内，穰草盖之，不尔即冻不生。至二月中取出，用糠与焦土种之。于树下或背阴之地开坎，圆三尺，深一尺，熟斫，著粪和土，每坑下子六七十颗，覆土厚一寸许，相离二尺，种一丛。性恶湿，又畏日，大概宜山中斜坡、峻坂、走水处。若平地，须深开沟垄以泄水，三年后方可收茶。"这算是当时茶叶生产最完整的技术资料了，却只谈种不谈管理。明末学者方以智的百科式著作《物理小识》中载："种以多子，稍长即移，大则难移。"也是只言栽种，不谈管理。茶人对土壤、光照、坡向和采摘都讲得头头是道，而对茶园管理只字不提。究其原因，那时人少地广，可种植茶树的地方很多，茶树种植后自然生长也有收成，不依靠单产也能获得足量的产品，自然不会在管理上大费周章。如果把有限的精力放在管理上，反而得不偿失，自然没人去做。

（2）茶园管理追求无为而治。

在清代以前，对茶树的管理一直没有引起重视，唐、宋时期甚至被排斥。陆羽《茶经》有云："野者上，园者次。"说明唐代推崇荒野自然生长的茶。明李日华《六研斋笔记》载："茶事于唐末未甚兴，不过幽人雅士手撷于荒园杂秽中，拔其精英，以荐灵爽，所以饶云露自然之味。至宋设茗纲，充天家玉食，士大夫益复贵之。民间服习寖广，以为不可缺之物。于是营植者拥溉拿粪，等于蔬薂，而茶亦颓其品味矣。"由此看出，茶事在唐代末年还不太兴盛，只有高雅人士亲自动手，从荒凉的茶园或荆蔓丛生的山野采摘出来，选择其精华，作为物质和精神的高品位享受。到了宋代，茶叶向朝廷进贡，形成制度，茶叶充作皇家的美食，士大夫跟风推崇，民间品饮之风也日渐兴盛，茶成为不可或缺的生活必需品。但当时人们认为种植茶叶的农人采用灌溉施肥等管理措施，严重损害了茶叶的自然风味。在灌溉施肥被视为破坏茶叶优良品质的情况下，茶园管理受到排斥，无为而治才是茶叶生产的常态。

（3）恩施的茶叶在农业产业中处于从属地位。

清代以前，在生产力低下的情况下，茶叶生产具有特殊的意义。茶叶收获在3—5月（农历2—4月），此时正是春荒期，家中存粮余钱多已耗尽，正是青黄不接之时，又是农业生产最繁忙的季节，对粮食和资金的需求比任何时候都大。在库存与需求严重脱节的春季，茶是此时唯一的收入来源，也成为农家的救命之物。因而产茶区各家都有或多或少的茶树，不论山中自然生长的还是田间地角人工种植的，人们在嫩芽发出后采摘下来加工销售，变成一笔或大或小的收入，在春荒时节救急。

春季的茶叶收入虽然打动人心，但采茶和种粮却是一对矛盾，没有人敢丢下粮食生产专门侍弄茶叶，茶只能在粮食播种的空隙去采，茶再好也只能靠边，为粮食生产让路。当然，恩施人对茶有着特殊的感情，在春茶发芽的季节总能抽出时间采制，作为增加收入的门路，也为自己备下一份口福。总体说来，清朝以前恩施的茶叶生产是自然状态，没有形成以种茶为业的区域和以茶为生的人群，更没有专业的茶园。小而散是清朝以前恩施茶叶生产的实情，茶叶处于农业生产的从属地位，只是一个跑龙套的角色，连配角都算不上。

 二、清代是恩施茶叶生产的兴起时期

恩施的茶叶生产出现起色是从清代开始的，在这一时期，恩施茶叶从采集野生资源为主逐渐变为以人工种植为主，人工种植也从零星种植变为有规模地种植，种茶成为真正的农事。但这一时期的茶叶生产也不是一帆风顺的，几起几落。

// 1. 全国的茶叶生产方式发生改变

清代，茶叶对外贸易的发展刺激了茶叶生产，人们为了获得更多的茶叶产品，茶叶生产方式有所改变，茶园管理也开始引起人们关注。

（1）茶树的繁殖方法增多。

清代，不仅种子种植和茶苗移栽盛行，还出现了运用压条、扦插技术进行无性繁殖，改变了前代茶树只能有性繁殖的旧观念。清代李来章《连阳八排风土记》就有这样的记载："种茶栽之法，将已成茶条，拣粗如鸡卵大，砍三尺长，小头削尖，每种一株，隔四五尺远，或用铁钉，或用木橛，大三四分，锤入地中，用力拔出，就将茶条插入橛根，外留一分，用土填实，封小堆，两月之后，萌芽发生。"茶树无性繁育技术的出现为茶农大量培育优良茶树单株，快速发展优质茶园提供了可能。此外，在闽北一带，对一些优良茶树品种，也开始采用压条繁殖方法。

（2）茶园管理得到重视。

在茶园管理方面，清朝时期在种植茶树时有了耕作、灌溉、施肥等方面的要求，在茶树与其他植物间种和抑制杂草生长方面也有成熟的方法。此外，由于新的茶类出现，不同茶类对鲜叶的要求也不一致，茶叶采摘方式发生了变化，统采逐渐变为适时采、分级采。

// 2. 恩施的茶叶生产状况

（1）清初的低落。

清初恩施的茶叶生产不仅没有发展，反而是充满伤痛的。清顺治二年，大顺军余部先后转入川东、鄂西，联合当地武装抗清，长达 10 余年之久。清军数路进剿，恩施饱受战乱之苦，致使人口大减，民不聊生，农业备受摧残，多数茶园荒芜，使本来就不发达的茶叶生产遭受重创。

（2）改土归流前后的恢复发展。

清康熙年间，恩施各地招抚人丁，恢复生产，茶园逐渐垦复。战乱后经过将近九十年的恢复调整，到改土归流（1735 年）时，恩施及周边各县茶园面积有所扩大，茶叶生产向好的方向发展。从康熙到嘉庆，恩施的茶叶生产从恢复性增长到小幅实质性增长，茶园面积较前朝有一定扩张。

康熙到道光的近两百年，是恩施茶叶生产持续自然发展的时期，这一时期也是清朝统治者有所作为的时期，各项改革带来了政治、经济的协调发展，政局相对稳定，民生获得重视，农业生产有了结构性改善。改土归流使恩施理顺了管理体制，人员往来的禁令取消了；新的作物品种的种植提升了粮食生产能力，玉米、红薯、马铃薯等高产作物在恩施引进种植，大幅度提高了粮食产量，农民不仅吃上了饱饭，还有了存粮，粮食短缺问题得到有效解决。农民在解决吃饭问题后，为追求更好的生活，积极发展经济作物，增加经济收入，茶叶这一深受当地人喜爱的高层次生活消费品自然成为优先发展的作物。

（3）道光以后的大发展。

道光二十一年（1841年）是恩施茶叶生产开历史先河的一年，恩施县衙颁布劝令，发展土特产作物。这是官府首次鼓励发展经济作物，也是茶叶在恩施这片土地上从田边地角走向田间，成为一个产业的开端，此后的茶叶逐渐成为在部分地方可与粮食重要性相提并论的作物。咸丰年间，茶园面积和茶叶产量大幅增长，恩施真正成为茶区。到同治元年（1862年），恩施城郊和芭蕉等地成为茶叶主产区，茶叶成为农业产业的重要组成部分。

光绪五年（1879年）后，因英国在印度和斯里兰卡以庄园模式发展茶叶取得成功，导致中国茶叶外销减少，进而造成全国茶叶生产萧条。恩施因以绿茶生产为主，主销国内市场，虽然受到影响，但发展相对稳定。

（4）清末种茶成风。

清代由于茶叶地位上升，种茶成为部分农民发家的选择。光绪二十五年（1899年），政府奖励改良种茶方法，提高茶叶质量，增加出口，恩施茶叶生产再一次得到长足发展。芭蕉、硃（朱）砂溪、甘溪、椛杆堡、五峰山等地农民积极种茶，成为粮茶间作的产茶区。清代，恩施县形成了以芭蕉和城郊为主体，椛杆堡、白果、屯堡、白杨（坪）、太阳河、龙马为辅，其他区域分散种植茶树的空间布局，奠定了恩施茶叶产业的总体格局。有清朝张干清诗为证："清明节后入山涯，一望芭茶客兴赊。三月烟村如列肆，门前各自赛新茶。"这展现了清明节后芭蕉茶农自采自制、产销两旺的热闹场面。清代不仅茶农种茶增加家庭收入，茶商也种茶，生产加工一体化，芭蕉的蓝氏在蔽阴沟、三尖龙一带种茶，"吴永兴"商号就在戽口自建茶山。据刘远志、涂强《恩施吴永兴商号》一文介绍："在芭蕉戽口，吴光华还投资在戽口兴建茶山。"可见清代后期恩施茶叶种植已是日常，且是发家致富的手段，不仅农民种茶，商人也投资种植茶树，茶叶是利润丰厚的特产作物，受到前所未有的重视。

（5）野生资源利用仍然存在。

野生采集茶叶的方式在清代还普遍存在，山野间有大量的野生茶树任人采摘。清商盘在《采蕨》中有"夕阳一片踏歌起，社前竞采西岩茶"，西岩茶应该是岩石山中的茶，为野生茶。伴随茶叶产业的发展，野生采集的比重自乾隆以后逐渐减少，野生采集的生产方式在清代逐渐从主流变为从属。

// 3. 茶叶生产方式的变化

（1）人工种植代替野生采集。

清中期以后，茶叶生产以人工种植为主，野生采集比重下降，这是由恩施人口大增和茶叶产业地位提高决定的。清代恩施人口大增，湖南、江西、贵州和本省荆州等地的一些居民迁移至恩施并在此扎根，这是恩施汉族人的主要来源。外来人口的迁入为恩施带来了新思维、新物种和新技术，清代恩施的粮食作物种类增多、茶叶生产技术提高，与大规模人口流动直接相关。人口的增加促使大量土地被开垦利用，天然茶树资源不断减少，野生采集难度加大，需要替代资源，人工种植自然而然取代野生采集。清代从乾隆开始，粮食作物种类增多，产量提高，人们的生存压力减小，开始寻求更高层次的生活质量。茶叶是高层次生活的载体，农民种植茶叶能获得货币收入，通过货币购买需要的物品，满足各类需求；茶叶是能满足精神需求的高档消费品，是生活水平达到温饱后的一种享受。需求增加刺激生产，种植规模迅速扩大顺理成章。

光绪年间，恩施茶叶产区迅速扩大。城郊的五峰山、头道水、高桥坝茶园面积增大；芭蕉成为恩施茶叶主产区并向周边的石门坝、桅杆堡、大集场、桑树坝、肖家坪等地扩展；屯堡、白杨（坪）、太阳河等地形成了花枝山、罗针田、马者、熊家岩、朝阳坡、白果树、头茶园等茶叶集中产区；红土、龙凤、崔坝等地也形成小的产茶点。上述地方都发现有一定数量百年以上树龄的茶树，其共同特点如下：一是粮茶间作，茶树有比较规范的种植规格，坎边、路边顺坎或路丛植，不成行，丛距2 m左右（图2-7）；大块耕地则水平成行，行距4—5 m，丛距2 m左右。二是树龄长，茶树基部直径多在20 cm左右（图2-8）。三是茶树品种为地方群体种，个体差异大。笔者访问当地老人，均说小时候看到的就是这样，他们的祖辈也不知道这些茶树是什么年代种植的，这样的茶园建设时间不晚于清代是可以肯定的。笔者曾在白果乡的冯家台凤家堡的一片茶园内采集有代表性的枝梢对比，叶形和叶片大小悬殊（图2-9），树枝有直立的、张开的、匍匐的（图2-10），叶片色泽、形状也各有不同（图2-11至图2-13）。茶树的差异说明种子来源于自然，未经人为选择。

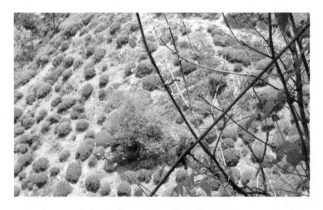

● 图 2-7　陡坡无规格丛植茶园 　　　　　● 图 2-8　粗大的茶树苑

● 图 2-9　叶片大小悬殊的茶树枝 　　　● 图 2-10　匍匐状生长的茶树

● 图 2-11　叶似栀子的茶树 　　　● 图 2-12　柳叶状茶树 　　　● 图 2-13　紫色茶

　　清代的茶叶种植方式是粮茶间作，粮食还是第一位的，以当时的交通条件，恩施的粮食不可能依靠外部解决，自给是粮食生产的底线，发展茶叶绝对不能影响粮食生产。茶叶生产需在粮食生产有保障的情况下进行。当然，不同的地方茶叶的地位有所区别，但地位再高也不可能取代粮食生产，茶叶生产只是在粮食生产的空隙中获得一席之地。

（2）茶园进入耕地。

从清代中期开始，茶园建设随着茶叶产业地位的提高而受到重视。茶逐渐进入耕地种植，但茶与粮食仍然是从属和主导的关系，从茶园的选地和种植规格中可以看出来。

① 选地。

新建茶园一般选择坡度较大、离居住地较远、光照较差的地块。这些地区种粮食产量不高、管理不便，种茶不仅能增加收入，还有利于水土保持。清后期，种茶经济效益显著，一批富户将特别适宜茶树生长的山地开辟成茶山。

② 种植规格。

行距 3.3 m—5 m（1 丈—1.5 丈），水平方向丛植，丛距 5 尺左右，因茶园坡度变化大，茶树横成行而竖不规则，以种植粮食为主（图 2-14）；特别陡峭又多石头的山坡，则选择有土壤的地方种茶，茶丛分布毫无规律（图 2-15），丛间零星间作豆、荞等耐瘠薄作物。恩施各茶区现存的古老茶园呈现的是陡坡上茶丛密布，平缓处稀稀疏疏，而在真正的平地，只在梯坎、石头坡、地界边沿才有老茶树存在。

● 图 2-14 坡地粮茶间作茶园　　　　● 图 2-15 陡峭岩石山坡茶园

（3）栽培方法。

恩施的茶叶栽培方法的历史演变过程已无从查起，但在清代不外乎种子种植和茶苗移栽。

① 种子种植。

种子种植就是在寒露节后采摘成熟的茶树种子，贮藏至次年春天，按一定规格穴播到耕地或人类生产活动频繁的"四边"（屋边、路边、坎边、田边）地中，每穴 3—5 粒，苗齐后每穴选留 2—3 株健壮苗。

② 茶苗移栽。

茶苗移栽就是将茶树或茶丛下掉落的种子自然生长的小苗，移植到耕地或人类生产活动频繁的"四边"地，每穴栽 1—2 株。当然，也有极少数人工播种育苗进行移栽，方法与自然生长茶苗相同。

（4）茶园得到简单的管理。

● 图 2-16　龙凤镇佐家坝野生小乔木茶树

自茶树进入耕地，茶园管理就开始了，即使不专门管理，也会因对粮食作物的管理而得到照料。这一时期茶园管理的主要内容为除草、施肥、松土。茶有了更好的生长条件，产出也相应提高。

茶树的树形没有发生明显变化，丛状树形仍然是茶树的基本树形。清朝的茶园管理只是对茶树的生长环境做了些许调整，而茶树的生长没有多少人工干预，任其自然生长，形成茶丛，一片茶园中的茶树因土壤和单株间的区别而出现差异，形成大小、高矮不一的茶丛。也有极少主干高度 3 m 左右的小乔木茶树（图 2-16）。

（5）茶叶采摘状况。

① 大多只采摘春茶。

清朝时期虽然茶叶生产有大的变化，但茶叶采摘大多只采春茶，夏秋茶利用极少。清吴良菜在《施州竹枝词》有："大利无如漆与麻，春三二月有新茶。谁知药笼参苓外，上品尤推厚朴花。"说明茶叶在当时是恩施获利极高的作物之一。商盘在《下车兼旬即景成咏以当采风》组诗第十二首专写恩施的茶"官符商引到山家，绿雪纷纷乍吐芽。莫怪采茶时节好，火前茶胜雨前茶"，这里描述的是清明前后繁忙的采茶景象。商盘在《采蕨》中写"夕阳一片踏歌起，社前竞采西岩茶"。茶在清代被文人看重，表明茶已是恩施的重要产业，但只有春季才是茶叶采摘时期，无论是"春三二月""火前""雨前"，还是"社前"，都在春天，没有夏秋茶采摘的记载。

古时贡茶求早求珍，于是把最好的春茶按时间顺序叫作"社前茶""明前茶（火前茶）"和"雨前茶"，茶叶采制的早迟是评价茶叶价值高低的主要依据。

茶叶采摘只限春茶，民间有"春茶香、夏茶涩、秋茶好喝无人摘"的说法，分析原因，除了价格因素，还有以下三个方面的原因：一是群体种导致茶树个体差异大，发芽时间不一致，春茶新叶萌发，人们一眼就能看明白，择适宜茶树采摘。夏秋茶则因茶树陆续有少量新芽抽发，看似有可采芽叶，实际却未必符合采摘要求。二是茶园管理粗放，夏秋茶抽发的量少且瘦弱，采摘困难。三是夏秋季茶树上有毒蜂、毛虫、刺蛾等对人体造成损害的生物附着，茶丛间还可能有毒蛇出没，人们出于健康和安全考虑不采茶。

　　② 统采是普遍采用的采摘方式。

　　清朝虽然恩施茶叶生产有很大的进步，但采摘方式没有根本性的变化，统采是人们普遍采用的采摘方式，鲜叶老嫩不一、大小不一、长短不一，对加工影响很大。当时只有制作玉绿的鲜叶要求细嫩，高档玉绿选用一芽一叶，量产茶叶用一芽二叶，大众产品也有用一芽三叶作原料的。

三、民国时期的茶叶生产

// 1. 生产状况

　　民国时期，恩施茶叶生产是几经繁荣又几经衰败，恩施的茶叶生产在中华民族的苦难中遭到破坏也在苦难中得到超常规发展。

　　（1）良好的开端。

　　民国初期，俄国从我国进口茶叶数量增加，带来茶叶生产的繁荣，恩施的茶叶生产也呈上升之势，据民国三年农商部统计："施南多绿茶，年产1万担以上。"这在当时已是很大的量了。第一次世界大战爆发后，茶叶外销受阻，恩施却因以生产绿茶为主，供国内市场消费，以"芭蕉茶"占据鄂北、豫西市场，生产不仅未受影响，反而有一个较大幅度的增长，年产量达到2万担以上。

　　（2）茶贱伤农致十余年茶叶生产衰败。

　　民国七年（1918年）后，茶叶出口衰落，米珠薪桂，茶贱如糠。到民国二十一年（1932年），茶叶产量大减，虽有各大商号支撑，又有"芭蕉茶"的品牌效应，虽总体形势较周边县要好，但茶叶市场长期低迷导致生产难以为继，民国二十四年（1935年），每担红、绿茶均价不及10元，大米每百斤则为38~44元，茶贱伤农，茶农生活难以维持，茶园荒芜、损毁严重，茶叶生产的大好形势已不复存在。

　　（3）技术改良促进茶叶生产恢复、发展。

　　面对严峻的形势，民国二十四年（1935年）冬，湖北省七区专员公署在五峰山成立茶叶改良委员会，谋划改良茶叶生产，研究茶叶生产技术，指导茶农生产，茶叶种植面积扩大，种植技术提高。到民国二十六年（1937年），恩施全县茶园面积又达到1.94万亩，产量达到18140担，几乎达到历史最高水平。

（4）全面抗战时期超常规发展。

全面抗战时期是中国的国难时期，这一时期，恩施茶叶生产快速发展。1938年日寇侵入湖北，10月，武汉沦陷，湖北省会西迁恩施。随着人员大量涌入，茶叶也成为重要的战略物资，需求量大增。更为重要的是中国东部茶区沦陷，全国茶叶急需开辟新的产区，恩施成为中国茶叶公司在后方开辟的第一片新区，成为后方的绿茶供应基地。通过建立模范茶园，推动茶农种茶，恩施出现了一批茶叶集中产区。

① 国民政府扶持茶叶生产。

湖北国民政府西迁恩施期间，全省茶区仅剩恩施及周边地区，为保障战时茶叶供给，国民政府鼓励恩施茶叶生产，出台政策支持茶叶产业。据徐凯希《抗战时期鄂西地区手工业的兴衰》："现政府每年贷款刺激生产，……其目的在增加产量，提高品质，争取物资"；"尤以恩施新兴茶区，因环境及需要之关系，成为战时后方茶叶供应之来源……"恩施茶叶生产空前繁荣，为战时国民政府异常紧张的物资供应提供了有效保障。政府的扶持政策刺激了恩施的茶叶生产，茶园面积、产量大增。据1942年《新湖北季刊》记载："茶普遍产于本区各县之低山……恩施之芭蕉、砾（朱）砂溪、五峰山……亦属茶叶产地。"

② 中国茶叶公司在恩施谋求发展。

恩施的茶叶改进成果得到茶界名家的高度重视，中国茶叶公司决定把恩施作为战时茶叶基地，吴觉农委派冯绍裘、范和钧、戴啸州、黄国光等众多茶界名家，于1938年春到恩施设立茶叶方面的直属机构，谋求茶业发展。通过办厂（场）、培训技术，建样板茶园、指导茶农生产等方式，使恩施的茶叶生产出现欣欣向荣的景象。

③ 湖北省农业改进所指导恩施茶叶生产。

1938年7月，湖北省农业改进所因国民政府西迁恩施奉令结束，1939年1月，湖北省国民政府决定在恩施重新设立湖北省农业改进所。湖北省农业改进所下设茶叶组，掌理茶叶改良、推广及研究实验事项。1939年，湖北省农业改进所成立后即组织贷款、培训茶农、繁育茶苗。在茶叶集中产区指导集中育苗，连片造园，加大密度，增施肥料，先后培育出一批小面积示范茶园，对提高茶叶栽培管理技术起到了极大的示范带动作用。在五峰山、芭蕉营建模范茶园，扩大茶园面积，并影响全县。这一时期形成了以城郊、芭蕉为主，白果、桅杆堡、屯堡、白杨（坪）、龙马、太阳河为辅的茶叶生产格局。现在盛家坝的石门坝、大集场，白果的肖家坪、冯家台，屯堡的花枝山，龙凤坝的辗盘，太阳河的头茶园，白杨坪的熊家岩等地都发现有老茶园或老茶树，而且因为茶叶生产出现了很多与茶相关的地名。如茶园、茶山、茶庄、茶园包、茶山河、茶山洞、小茶园、大茶园、头茶园、二茶园、红茶园等。这些地名存在的时间有长有短，有的明清时期就有，有的是民国时期命名的。

④ 湖北省平价物品供应处介入恩施茶叶生产。

1942 年，在第六战区司令长官、湖北省政府主席陈诚的倡导下，成立了湖北省平价物品供应处，下设了凭证供应部、粮食部、食盐部、运输部、茶叶部、民享社等采购、储运、生产、分配和服务性行业及部门。

湖北省平价物品供应处茶叶部在城南门外狮子岩设立制茶厂，也在芭蕉、硃（朱）砂溪、黄连溪等茶区收购、加工、交易茶叶。这一措施方便了茶农的茶叶交易，极大地促进了茶叶生产的发展，特别是平价物品供应处采用货币交易和物物交易两种形式并行，使茶农通过茶叶能直接交换到自己所需的物资。抗战时期物资十分匮乏，有钱也难买到货，但茶叶却可以直接换取如食盐、肥皂等紧缺的生活必需品，这一举措对茶叶生产的刺激作用巨大，这一时期巩固了芭蕉成为全县（市）第一产茶区的地位。

⑤ 基地多元化。

全面抗战时期的茶叶基地不仅有农民经营的，而且多种形式并存。据 1942 年《新湖北季刊》载："从整个茶园面积的分布情况看，国营占 1％，集体占 13.94％，联办占 1.68％，农户占 83.38％。"

（5）民国末期恩施茶叶生产。

随着抗日战争的胜利，湖北省国民政府回迁武汉，恩施茶叶生产日渐萧条。解放战争时期百业萧条，种茶难以生存，大量茶园改种粮食作物。到 1949 年，恩施县茶园面积只剩 8000 亩，产量仅 6000 担，茶叶生产的大好局面不复存在。

// 2. 茶叶生产方式

民国时期的茶叶生产方式为以粮为主，粮茶间作。茶叶种植、管理和采摘方法已成型，野生茶叶采集虽然存在但已经极少。

（1）区域化、规模化种植基本形成。

茶叶种植有相对集中的区域，城郊、芭蕉为主要产区，石门坝、大集场、肖家坪、冯家台、罗针田、花枝山、龙马、头茶园、熊家岩等地也形成了一定规模的集中产区。

（2）茶叶规范化种植管理出现。

民国时期是恩施茶叶种植规范化的开端。七区专员公署在五峰山成立茶叶改良委员会、省农改所、中国茶叶公司恩施实验茶厂在恩施研究推广茶叶种植技术，推行按规格丛植、每丛留 1—3 株健壮苗，合理施肥，采用定型修剪、适时采摘等技术，使茶叶生产进入全新时期，茶叶的规范化种植管理在恩施出现了。由于茶叶生产有了科学的方法，茶树的单产效益和整体的经济效益都有了极大提高。

① 园地选择。

土质肥沃疏松的缓坡地是茶园建设的首选用地，其次是土层深厚的荒山、荒坡。由于茶叶生产的经济效益较好，是农民获得经济收入的有效方式，因而农民愿意在耕地里间作茶树，也愿意用好地种植茶树。这一时期的粮茶间作园地非常广泛，适宜种茶的旱地都可以种茶，这是民国时期茶园面积大幅增长的原因。同时粮食问题仍然是茶叶生产的限制因子，茶不能与粮食生产发生冲突，由此导致民国时期茶叶仍然没有成为恩施的主导产业。

② 种植规格。

这一时期的种植规格为：行距 3.3 m—4 m（2 丈—1.2 丈），丛距 1 m—1.7 m（3 尺—5 尺）。较之前行距有所缩小，单位面积种植丛数有所增加。

③ 繁殖方法。

这一时期的茶树种植多用种子直播，也有用种子育苗移栽的，还有少量利用野生幼龄茶树移栽的，种子育苗移栽是民国时期推广的一项茶树栽培技术。种子直播和茶苗移栽的方法与清朝相同。

④ 茶园管理。

民国时期虽然推广了规范化种植管理技术，但茶农的茶园管理仍然较为粗放。幼龄茶园进行除草和施肥，而投产茶园，除草、施肥就只能搭粮食作物的顺风车，只在冬季专门给茶树施一次基肥。幼龄茶园实行定剪增加分枝，投产茶园则多放任生长。

（3）采摘仍然是统采。

民国时期的茶叶采摘仍然采用统采方法，只是制作名茶的鲜叶要求细嫩整齐，一般按照采摘时期确定鲜叶质量，如春分的鲜叶最珍贵，明前的鲜叶优良，雨前的较好。

四、新中国的茶叶生产

新中国成立后茶叶生产逐步恢复，以芭蕉、城郊为集中产区，零星分布区域极其广泛，除高寒地区外均有分布，许多地方有小范围的茶叶集中产地。20世纪60年代老茶区有所发展，并结合"三治"建设建成新茶区，白杨坪进入重点茶区。70年代是茶园基地建设的扩张期，各地纷纷开梯种茶，产地格局发生变化。80年代的茶叶生产是一个调整期，茶园面积下降，产量增加，效益提升，种茶与否由农民自己决定，科学种植的茶园效益增长，而盲目建设的无效茶园遭到淘汰。90年代是恩施茶叶生产新的探索时期，量的变化呈现中间大两头小的状态。这一时期的茶叶生产是一个嬗变过程，无性系良种茶取得的成功为后续茶产业的发展奠定了坚实的基础。进入21世纪后，恩施茶叶生产进入高速发展时期，茶园面积和茶叶产量一路高歌，成为全省第一的茶叶生产大市。

// 1. 新中国成立初期茶业的恢复发展

恩施解放后，百废待兴，茶业也是其中之一。

（1）政策支持。

从1950年开始，中共恩施地委、恩施专员公署（简称恩施专署）组织发放茶叶专项贷款，供应粮食救济贫困户，鼓励农民的垦复老茶园，营造新茶园；提高茶叶收购比价，调动农民的种茶积极性。到1953年，全恩施地区50%的荒芜茶园得到垦复，新栽茶树100多万丛，茶园面积达4.77万亩，其中恩施县1.15万亩。

1950—1953年，实行以点带面，点面结合，建立特产作物重点产区，芭蕉被确定为茶叶重点产区。1950年3月，中国茶叶公司汉口分公司在恩施发放茶叶无息贷款（按每生产50公斤红毛茶贷给30公斤大米标准发放），用于茶园管理和垦复荒芜茶园。1950年12月恩施专员公署合作指导科在芭蕉区创办第一个供销社，发展茶麻生产。1953年，恩施县人民政府发布加速茶叶生产发展的布告，要求保护茶园、加强选种、锄草、施肥。县政府规定"茶农造园而减少粮食收入的，政府按市价供应粮食；经批准的开荒地，茶农有权种茶；因水土保持造梯田，新植护埂茶树免交特产税"。这一举措有力地促进了茶园建设和管理，全县的部分荒芜茶园得到垦复，并有新的茶园建成。到1954年，全县茶园面积扩大至1.33万亩，产量为318吨，面积比1949年增长66.25%，然而产量仅比1949年增长6%，说明短期的恢复效果不明显。在全县效果一般的情况下，芭蕉区却不一样，该区组织茶农垦复茶园，加强管理，营造新茶园。1953 年年末，茶园面积达到 10629 亩，总产量过 200 吨大关，提供商品茶 190 多吨，超计划 35％。

（2）技术进步。

1954 年起推广等高条植造园法，逐步改造老茶园，绿茶产区改制红茶，扩大出口。恩施专员公署五峰山茶场开始推行等高条植法营造新园。1955 年，吉宗元在芭蕉指导建设等高条植茶园。由于连续推出促进生产的措施，茶农生产积极性得到提高，1953 年至 1958 年全县茶业五连增，面积和产量分别由 1953 年的 11500 亩、297 吨持续增长到 1958 年的 24500 亩、350 吨。1958 年，恩施县在芭蕉成立茶叶科研所。

（3）经营体制变化。

这一时期也是农村经营体制的变革时期，1950 年土地改革；1954 年农业合作化并建立起初级农业生产合作社，同年芭蕉戽口成立茶叶生产合作社；1956 年成立高级农业生产合作社；1958 年建立集体所有制的人民公社，1961 年调整公社体制，改公社核算为"三级所有，队为基础"，这一体制一直持续到 1984 年。

// 2. 计划经济时期的茶叶生产

计划经济时期的茶叶生产是按计划进行的，生产没有自主权，好处是步调一致，缺点是没有活力。政府通过对农产品实行"剪刀差"政策，为工业积累资本，而对茶这一具有战略意义的作物，为增加产量，虽然政府出台了一些支持奖励政策，却没有真正蓬勃发展起来。

（1）以粮为纲，茶叶生产低位运行。

1958 年，因芭蕉茶厂扩大产能和恩施茶厂建设，恩施县茶园面积达到 2.45 万亩，首次超过鹤峰成为全地区第一。然而随着"大跃进"和"工业以钢为纲，农业以粮为纲"的大环境影响，在三年困难时期和政策失误的双重影响下，粮食减产，为了生存，茶农不得已弃茶保粮，导致茶园面积、茶叶产量双双下降。1962 年留存茶园 0.75 万亩，产量 296 吨，比 1949 年还低，茶园面积第一的位置于 1961 年重归鹤峰。

1962 年，恩施专员公署对茶叶主产区实行粮食照顾，采取减免征购任务，给予销售奖励等政策；特产局和茶叶公司挤出资金扶持茶区加强田间管理，茶叶生产回升。

1964 年 12 月，恩施专员公署召开多种经营工作会议，分析茶叶生产形势，研究发展措施，提出老茶园要更新养蓬，同时要抓紧营造新园。在这一精神指导下，城郊及芭蕉老茶区重点抓老茶园的更新改造和科学管理，推行合理间作、增施肥料、采蓄结合、定型修剪、台刈更新、病虫草害控制等措施，以提高单产。新茶区重点放在营造新园，旱地间作茶叶，田坎、路边和山边成为茶树种植场所，特别是梯坎种茶，不仅不占用耕地，还具有保持水土（图 2-17）的作用。白杨坪、屯堡在这一时期发展较快，面积有大的增加，白杨坪进入茶叶主产区行列，其他宜茶区也有一定发展。到 1966 年，全县茶园面积达到 2.41 万亩。年增长最快的是 1965 年，当年新增茶园面积 0.65 万亩，增幅 42.48%，这一年恩施县以总面积 2.18 万亩，产量 307 吨成为全省重点产茶县，县委副书记徐国钦作为代表出席在北京召开的全国茶叶生产会议。然而这种快速增长只是昙花一现，随后是茶园面积回落再缓慢上升。

● 图 2-17 崔家坝的梯坎茶园

在茶叶生产的激励机制方面，1965 年开始执行的对生产队的奖励政策是很有含金量的：每出售 100 斤茶叶，1—2 级奖化肥 50 斤、粮食 27.5 斤、布票 20 尺；3—4 级奖化肥 37.5 斤、粮食 20 斤、布票 10 尺；级外奖化肥 12.5 斤、粮食 10 斤、布票 5 尺。这些奖励物资在当时可都是紧俏商品，促进了茶叶产量的回升，全县茶叶平均单产和总产量分别从 1965 年的 14.1 公斤/亩、307 吨持续增长到 1969 年的 18 公斤/亩、404 吨，5 年时间产量增长了 31.6%，但这一政策没有带来茶园面积的明显增长。

这一时期虽然采取了一些措施刺激茶叶生产，但茶叶生产总规模只在低位运行，并没有实质性突破，茶叶生产规模从未达到过 2.5 万亩，难以作为一个支柱产业来定位。

（2）20 世纪 70 年代片面追求基地面积。

20 世纪 70 年代是茶叶主管部门和地方政府都希望有所作为的年代。1973 年 10

月，省农业局、商业局召开全省茶叶生产科技经验交流会，提出到 1980 年全省茶叶实现"三个 100（面积 100 万亩，亩产 100 斤，总产 100 万担）"的奋斗目标。恩施地区强调搞好粮食与多种经济两个布局，确定到 1976 年建成 10 个万亩茶叶基地公社，1980 年实现产量 10 万担。此后各级领导组织社队垦荒修梯，建造等高条植茶园，兴办社队茶场和茶叶加工厂，"以后山坡上要多多开辟茶园"家喻户晓。全县宜茶区掀起茶园建设高潮，茶园面积快速增长，1975 年，恩施县以 5.52 万亩的面积再次成为全地区第一，到 1976 年茶园面积猛增到 6.52 万亩。这种行政推动的方式只是获得了一个场面上的热闹，实际效果却很差，1977 年全县茶园面积猛降至 5.74 万亩，一年下降 7800 亩，直到 20 世纪 80 年代初也没多大变化，茶叶产量也没有明显增长，恩施县的万亩基地公社只有芭蕉实现了。

农产品价格不合理是 20 世纪 70 年代恩施茶叶发展效果差的主要原因。在此期间，粮食和其他土特产品价格均有调升，茶叶价格基本未做调整。如三级宜红毛茶，1965 年每担收购价 102 元，1978 年为 109 元，13 年仅上升 7 元，增长 6.8%；生漆，1965 年每担收购价为 260 元，1978 年为 450 元，13 年上升 190 元，增长 73.08%；更为恶劣的是低档茶不收购。茶叶收益相对下降，对生产茶叶的生产队造成极大的伤害。这一时期，各级领导要落实上级指示抓茶叶生产，但茶叶效益比较低，基层小队和农民没有积极性。于是就出现领导抓面积，建园一哄而上；群众不响应，只建不管没收益。新建茶园全部是公社、大队集体抽调劳动力突击建设，茶园坡度大、土层薄，建设质量差。这类茶园因基础差，管理费工费时还难见效益，往往只建不管或粗放管理，导致部分新建茶园荒芜，成功的只有一小部分，且效益平平，但留存下来的集体茶园成了后来村级集体经济的家底。现在芭蕉、盛家坝、白杨坪、舞阳坝等乡镇（办）的一些山林中，还能见到大量的茶树生长在树木间，这就是当年荒芜茶园多年野放的结果。尽管各级领导采取许多行政措施，扩大了茶园面积，茶叶产量和效益却无法提高，虚高的茶园面积又逐渐回落。

// 3. 改革开放后的茶叶生产

（1）20 世纪 80 年代开始茶叶生产走向健康合理。

进入 20 世纪 80 年代后，农村各项政策逐渐松动，农村联产承包责任制施行，农产品"统购统销"政策取消，经济体制从单纯的计划经济开始走向计划经济和市场经济并行的双轨制，农民对生产有了一定的自主权，茶叶生产自然也受到影响。但纵观 20 世纪 80 年代，茶园面积总体下降，从 1980 年的 5.68 万亩下降到 1989 年的 5.07 万亩，其中 1984—1987 年甚至降至 4.1 万亩以内。政策的宽松并未促进茶园面积的扩大，农民对土地有了经营自主权后，首先考虑的是解决吃饭问题，茶叶不是当务之急。

1984年的茶园面积大幅下降应该是"派购"与市场产生冲突的结果，1983年全国茶叶派购量只占当年生产量的77.1％，有22.9％的产量需要在体制外进入市场，但此时的市场经济还在探索初期，对恩施这样闭塞的山区，派购外的存量难有出路，直接的结果是茶农有部分产量不能变成收入，作为"包袱"的这部分茶园被农民抛弃，于是1984年恩施市茶园面积锐减1.77万亩，在1983年5.83万亩的基础上减少了30.36％，随后数年在低位徘徊。然而与面积形成反差的却是产量呈振荡上升，全市茶叶产量由1980年559吨增长到1989年的855吨，上升约53％，这说明农民淘汰了一批低产茶园，加强了茶园管理，通过提高单产增加收益，茶叶生产实现了健康发展。这一时期由于茶叶的矮、密、早、丰技术推广，一些地方建设了集体性质的茶园，如芭蕉的鸦鸣州茶场（图2-18）、屯堡的田湾茶场。部分农民也建设了少量的密植速生茶园，改变了茶叶种植方式，建成了专业茶园。

● 图 2-18 芭蕉鸦鸣洲山坡茶园

在农民对茶叶提质增效的同时，政府有关部门也在为茶叶产业的提档升级进行技术引进试验。1983年冬，恩施市茶科站在芭蕉灯笼坝村设立，进行无性系良种茶试验，开恩施无性系良种茶种植之先河；随后进行茶树短穗扦插试验，探索适应恩施气候条件的茶树良种繁育方法；良种茶园投产后又进行适制性试验，找到不同茶树品种适用的适制茶类和加工方法。

20世纪80年代，是恩施市茶叶生产调整和新思路的萌芽期，这一时期没有做出很大的业绩，甚至可以认为有些沉寂，茶园面积全地区（州）第一的地位也于1984年再次还给了鹤峰。表面的沉寂不是意志的沦丧，而是卧薪尝胆的磨炼。一方面让现有茶园变成有效益的茶园，舍弃了一批低效益茶园，产业变得健康有活力了；另一方面无性系良种茶的引进试验为茶产业的快速发展做了铺垫。当时的无性系良种茶在全国都是"高大上"的新事物，恩施的引进试验算是抢占先机，也是恩施茶人探索茶叶发展的新举措，无性系良种茶的种植和成功掌握扦插技术，为恩施的茶业腾飞打下了基础。

（2）20世纪90年代的突破。

20世纪90年代，是恩施成功把茶叶从副业变为产业的时期。在20世纪80年代因联产承包出现卖粮难后，恩施这个不太适宜种粮的地方，开始尝试用当地特色作物替代粮食生产。茶这一古老产业到了20世纪90年代，高产高效成为目标，人们通过品种、栽培技术的更新优化，以增产实现增收。芭蕉这个有名的茶区开始突破传统生产模式，以全新的姿态引领全州、全省的茶叶产业上档升级。

① 无性系良种茶栽进水田。

恩施市茶树良种繁育站位于灯笼坝村，试种的无性系良种茶因开园早、生长整齐、产量高让周边农民眼热，站里每年扦插的苗木都有一部分"被盗"，这是眼热的农民对良种茶作出的反应。而在地方领导中，芭蕉区①的区长杨则进也盯上了良种茶，但他的眼界更宽广。杨则进看到茶树良种繁育站在坡地的良种茶经济效益非常好，就考虑，如果把茶种在土层深厚的平地或者肥水条件更好的水田，效益应该更为理想。1992年，他在自己的老家放水田100亩，栽植无性系良种茶，结果效益比他预想的还好，无性系良种茶树生长快，分枝密，开园早，采摘批次多，产量高，长势与同期的种子种植茶园形成鲜明对比（图2-19）。无性系良种茶园三年投产，亩产收入过千元，第四年过2000元，第五年进入丰产期，亩产收入平均5000元以上，如此好的效益按理种茶应该很快会推广开，但事实是好事多磨。良种茶种

● 图2-19　良种茶（左）与群体
种茶（右）形成对比

植的第一个难题是资金，种一亩茶需茶苗4000余株，价格在0.06—0.07元/株，亩需资金近300元，这在当时是农民无法承担的。第二个问题是种苗的运输，当时本地仅茶树良种繁育站每年提供几十万株茶苗，最多时也仅几百万株，茶苗主要依靠福建、浙江等地调入，运输调入时间至少需要3天，茶苗到恩施后，有的失水干枯，有的因通风不畅发热烧苗，严重影响栽植

---

① 1997年，撤销芭蕉区建立芭蕉乡和黄泥塘侗族乡，2001年，两个乡合并为芭蕉侗族乡。因书中历史沿革较多，一般简称芭蕉、芭蕉乡。

成活率。第三个问题为与粮食生产争地。国家是不可能放松粮食这一关系国计民生的战略资源的管控的，杨则进准备扩大水田种茶规模因为粮食政策的限制而暂停。问题的解决需要智慧也依靠机会，资金问题因粮援项目和富硒茶项目的实施出现转机，苗木运输问题则通过本地繁育得到解决，与粮食生产争地因为 1997 年开始的农业产业结构调整而消除。

恩施在 20 世纪 90 年代是极度缺乏资金的，没有固定的扶持茶叶的资金渠道，当地财政困难，无法支持茶叶生产。幸运的是恩施市在 1991—1995 年获得了世界粮食计划署的粮食援助项目，茶叶是项目实施的内容之一，芭蕉在灯笼坝最早建设的 100 亩无性系良种茶就是利用粮援项目建设和管理的。从 1994 年开始，恩施市又得到国家农业综合开发富硒茶项目的支持，使恩施市的无性系良种茶生产得以继续，芭蕉的良种茶种植得以全面铺开，成为全省典型。

茶苗调运问题的解决得益于恩施市茶树良种繁育站的繁育试验，试验育种数量逐年增加，周边农民作为季节性用工参与操作，学到了良种繁育技术，更为重要的是在繁育过程中培养了一支过硬的操作能手队伍。另一个基础条件是放水田种植的 100 亩良种茶成园，从市茶树良种繁育站流出的茶苗也大多成园，这使采穗圃有了保证。组织本地育苗的基础条件具备，芭蕉的茶苗本地化工作毫无悬念地成为现实。

耕地种茶的禁区随着农业产业结构的调整被突破。在 20 世纪 90 年代中期，我国出现了农产品（粮食为主）售卖难、价格下跌、农民收入增长缓慢的新情况，导致农民增产不增收。农民增收成了"三农"工作的中心，因地制宜、突出特色、发挥优势、促进农业产业结构和产品结构调整，成为 20 世纪 90 年代后期以来贫困地区农业生产的重心，芭蕉将种粮效益不好的农田改植茶叶，已没有政策障碍。

"两田制"[①] 的推行促进了耕地种茶的全面铺开。"两田制"是在坚持土地集体所有和家庭承包经营的前提下，将集体的土地划分为口粮田和责任田（有些地方叫商品田或经济田）两部分，是在家庭承包经营的基础上，对土地承包方式的适当调整。口粮田按人平均承包，一般只负担农业税，体现福利性；责任田有的按人承包，有的按劳承包，有的实行招标承包。承包责任田一般要缴纳农业税，承担农产品定购任务和集体的各项提留。"两田制"出现于 20 世纪 80 年代，恩施市于 90 年代初实行，土地划分为口粮田和经济田，口粮田只承担农业税，经济田承担各种任务、提留，还需缴纳农业特产税。对经济田，原则上要发展经济作物，以芭蕉为

---

① 1997 年，中共中央办公厅、国务院办公厅下发《关于进一步稳定和完善农村土地承包关系的通知》，要求整顿并取消"两田制"。

例，高山种烟，低山种茶。

茶叶进入良田种植一石激起千层浪，灯笼坝的良种茶园成了干部群众参观考察的热点，100 亩的良种茶园成了农民致富的明灯，灯笼坝这只"灯笼"亮了，亮得让人眼热，让人跃跃欲试。

芭蕉区的决策者对于茶叶的重视没有因为人员的变动而弱化，而是不断调整思路，一届接着一届干下去。市委常委、宣传部部长郭银龙 1994 年开始在芭蕉驻点，1995 年接任市茶叶生产领导小组组长，一直蹲点芭蕉，起到定海神针的作用。1995 年 1 月，杨则进调到市政府办公室工作，杨远杰接任芭蕉区委书记，在管好已建良种茶园的同时，利用项目资金，在 1995—1997 年间，每年建无性系良种茶园 300—500 亩。1997 年 10 月，谢俊泽接任芭蕉乡党委书记，上任后就开始谋划茶叶产业大动作，1998 年他做出了一个大胆的决策：芭蕉乡用 3 年时间用好田好土新建无性系良种茶园 1.2 万亩，从 1998 年到 2000 年，每年分别以 2000 亩、4000 亩、6000 亩的速度推进，并提出了"茶叶下水田"的口号。做这个决策是需要非凡胆识的，当时全州每年新建茶园也不超过 1000 亩，而一个乡就是 2000 亩，而且还要放水田，这可是动农民命根子的事。"茶叶下水田"的提出是基于芭蕉乡的耕地实际情况，芭蕉乡坡陡沟深，耕地破碎，水田散布于山沟河谷两边，高一点的地方是"望天收"，天一干就没水，收成没保障；河谷有水却光照不足，是"稻瘟病"窝子，同样没有好收成，可以说芭蕉乡的水田大部分是不适宜种植水稻的。只有茶叶喜散射光，在大山中的土地上能茁壮成长，且品质优良，是芭蕉最具特色的经济作物。芭蕉充分发挥优势，在郭银龙的支持下，谢俊泽带领芭蕉乡党委、乡政府一班人克服困难，硬是在 3 年时间超额完成计划，创造了恩施茶叶基地建设的一个奇迹。

② 栽培技术发生根本性改变。

一是茶由间作变为单作。耕地只种茶，不种其他作物，种植密度大幅提高，丛植成为过去，条植成为主流。

二是管理发生变化。茶树从任其生长变为修剪控制，不仅产量提高，采摘也更方便；施肥由随间作物施肥变为分期施肥，使茶树能更快、更壮地生长，鲜叶品质得到很大的提高；采摘由只采春茶变为春夏秋均采，且分批次分级采摘，产量和价值都有大幅提升。

三是探索了设施栽培。1995 年至 1996 年，富硒茶项目安排部分资金实施增温大棚项目，在芭蕉灯笼坝村建设茶叶大棚 50 亩，春茶开园时间提前 10—15 天（图 2-20），但因茶叶品质不尽如人意，没有得以全面推广。

● 图 2-20　大棚茶园

四是茶树嫁接试验。1998 年，恩施市特产技术推广服务中心在恩施市茶树良种繁育站进行茶树嫁接试验，采用劈接方法，对嫁接部位用塑料薄膜捆扎固定，并覆土掩盖嫁接部位，只留芽叶，地上遮盖遮阳网，地表及时补充水分，30 天左右发芽，当年可封小行。但技术要求高，成活率低，成本太大，难以推广应用。

// 4. 21 世纪茶叶成为恩施农业第一支柱产业

进入 21 世纪后，恩施的茶叶生产进入了快车道，芭蕉的无性系良种茶园建设不再下任务，而是按照农民意愿发展，从要农民发展变为农民要发展。茶叶发展由芭蕉向全市铺开，白果、屯堡、盛家坝、白杨坪、龙凤、太阳河、沙地、六角亭、舞阳坝等宜茶乡（镇、办）先后加入茶叶基地建设队伍，全市茶园面积迅速增长。到 2004 年，恩施市以 11.6 万亩的茶园面积第三次超过鹤峰，居全州之首，2014 年过 30 万亩大关，此后不再追求面积，转而追求质量和效益，茶园面积稳定在 35 万亩左右。

芭蕉乡的茶叶生产迅猛发展，在全市乃至全州农业产业结构调整中独树一帜，市委、市政府也对茶叶生产有了全新的认识，决定在全市宜茶区全面推进，并在不同时期确定重点乡镇，各乡镇也根据自身特点，以适当的方式发展。

2003 年，恩施市提出"再造一个芭蕉"，将屯堡作为茶叶生产发展的重点。郭银龙同志的联系点调整到屯堡乡，芭蕉侗族乡乡长李世斌调屯堡任党委书记，开辟第二个茶叶大乡的战斗打响了。当年屯堡乡发展 0.4 万亩茶园，随后每年都以这一速度推进，使屯堡成为恩施的茶叶主产乡。

2009 年，芭蕉侗族乡党委委员、纪委书记谭若锋调白杨坪乡任常务副乡长（2011 年任乡党委书记），该乡迅速成为全市茶园基地建设的黑马。他到白杨坪任职当年，全乡调茶苗 2515 万株，建园 6619 亩，占全市新建茶园面积 16209 亩的 40.8%，且自此呈现爆发式增长。全乡茶园面积从 2009 年的 1.62 万亩增长到 2014 年的 4.95 万亩，年均增加 0.555 万亩，增长最快的 2012 年达到 0.9995 万亩。将屯堡从全市茶园面积第二的位置挤了下来，成为仅次于芭蕉的茶叶种植大乡镇。

白果的茶叶发展是在芭蕉的影响下进行的，先是与芭蕉相邻的罗家坳、肖家坪在芭蕉境内的亲戚带动下栽种良种茶，当地政府因势利导，扩大到全乡宜茶区域，白果的发展是循序渐进的，没有采取大规模推进，但长期坚持一定规模，连续不断推进，且注重建管并重，茶园管理成效在全市是值得称道的。

龙凤、沙地、太阳河、崔坝、红土、三岔、六角亭等乡镇办也相继发展无性系良种茶，茶园面积大幅扩大，全市茶叶产业形成快速发展的态势。

全市茶园面积从 2000 年的 6.79 万亩增加到 2016 年的 37.54 万亩，16 年增加了 30.75 万亩，年均增加 1.92 万亩。无性系良种茶园面积由 2000 年的 1.8 万亩增加到 2016 年的 29.545 万亩，16 年间增加了 27.745 万亩，年均增加约 1.73 万亩。茶叶已成为恩施市的最大的农业支柱产业。恩施市的茶叶产业发展成就得到各界认可：2003 年 2 月，湖北省茶叶学会分别授予恩施市"全省无性系良种茶园第一市"称号；2009 年 1 月 19 日，湖北省人民政府授予恩施市"湖北省茶叶大县"称号；2013 年至 2016 年，恩施市连续四年被中国茶叶流通协会授予"全国重点产茶县"称号；2014 年 10 月，中国茶学会授予恩施市"中国名茶之乡"称号；2016 年 10 月，中国茶叶流通协会授予恩施市"2016 年度全国十大生态产茶县"称号。

2021 年 11 月 29 日，我国申报的"中国传统制茶技艺及其相关习俗"在摩洛哥拉巴特召开的联合国教科文组织保护非物质文化遗产政府间委员会第 17 届常会上通过评审，列入联合国教科文组织人类非物质文化遗产代表作名录。此项目由包括恩施玉露制作技艺在内的 44 个涉茶类国家级非物质文化遗产项目组成。

// 5. 茶叶分布变化

笔者通过对恩施市（县）1983 年、1993 年、2003 年、2013 年四个十年的数据进行对比（见表 2-1、表 2-2），发现恩施市（县）内茶园分布区域情况如下。

表 2-1　恩施县（市）部分年份茶叶生产数据（一）①

项目	年份										
	1983 年						1993 年				
	面积（公顷）②		产量（吨）				面积（公顷）		产量（吨）			
	合计	采摘	合计	绿茶	红茶	其他	合计	采摘	合计	绿茶	红茶	其他
全市	3885	2235	610	225	385		4613	2985	1265	1134	117	
红庙	33.3	33.3	17	16	1		6	6	5	5		
龙凤	158.1	49.3	3	3			73	45	16	16		
七里③	374.1	133.3	15	14	1		161	154	34	34		
三岔	143.7	124	10	10			107	60	13	13		
新塘	46.9	26.7	1	1			154	44	13	13		
双河	0.9	0.5	—	—			3	3	1		1	
石窑	0.7		—	—	—		—		—			
红土	28.5	14.9	1	1			191	16	2	2		
沙地	145.5	63.5	3	3			184	64	11	7	4	
崔坝	261.8	136.5	6	6			284	225	43	43		
熊家岩	259.9	76.3	17	9	8		划白杨管					
白杨（坪）	283.5	141	21	18	3		198	160	25	25		
太阳河	211.7	182.1	15	10	5		117	113	21	21		
龙马	144.6	72.5	6	6			170	108	16	16		
屯堡	250.1	71	16	12	4		693	378	150	150		
板桥	0	0	0				0	0	0			
沐抚	12.5	0.7	—	—			87	4	1	1		
罗针	86.1	39.1	11	11			划屯堡管					
白果	227.6	109.1	35	5	30		409	289	77	57	20	
芭蕉	780.7	674.5	334	58	276		1292	1027	700	610	89	
盛家坝	207.3	145.5	49	13	36		326	207	100	86	7	7
甘溪	152.1	65.8	26	4	22		划芭蕉管					

① 数据来源于恩施县（市）统计年鉴。

② 1 公顷等于 15 亩。

③ 2021 年，设立七里坪街道。

项目	年份											
	1983 年						1993 年					
	面积（公顷）		产量（吨）				面积（公顷）		产量（吨）			
	合计	采摘	合计	绿茶	红茶	其他	合计	采摘	合计	绿茶	红茶	其他
大山顶	—	—	—	—			—	—	—			
小渡船	64.5	64.2	21	21			10	2	1	1		
六角亭	—						110	45	31	31		
舞阳坝	0	0	0				28	25	3	2		1
场圃	10.8	10.8	3	3			10	10	2	2		

注：—表示无茶，×表示对应行政机构已拆并。

表 2-2　恩施县（市）部分年份数据茶叶生产数据（二）

项目	年份											
	2003 年						2013 年					
	面积（公顷）		产量（吨）				面积（公顷）		产量（吨）			
	合计	采摘	合计	绿茶	红茶	其他	合计	采摘	合计	绿茶	红茶	其他
全市	6346	4095	3560	2895			19544	14690	14439	11392	2720	327
红庙	×						×					
龙凤	162	68	14	14			806	653	748	748		
七里	×						×					
三岔	112	85	53	52		1	654	333	47	47		
新塘	234	43	12	10		2	263	95	31	31		
双河	×						×					
石窑	×						×					
红土	147	120	7	7			691	198	66	66		
沙地	107	92	14	14			242	200	77	77		
崔坝	81	81	16	16			620	233	62	62		
熊家岩	×						×					
白杨（坪）	262	159	48	48			3061	1867	1005	924	80	1
太阳河	134	102	34	32		2	813	573	945	945		
龙马	×						×					
屯堡	576	289	153	153			3067	2400	2065	1840	50	175

续表

项目	年份										
	2003 年						2013 年				
	面积（公顷）		产量（吨）				面积（公顷）		产量（吨）			
	合计	采摘	合计	绿茶	红茶	其他	合计	采摘	合计	绿茶	红茶	其他
板桥	0	0	0				0	0	0			
沐抚	—	—	—				397	267	30	30		
罗针	—	—	—				—	—				
白果	462	244	143	124	19		2055	1767	1815	1625	190	
芭蕉	3469	2371	2489	2098	391		5800	5333	6505	3970	2385	150
盛家坝	458	357	173	173			766	571	795	781	14	
甘溪	×						×					
大山顶	×						×					
小渡船	6	5	2	2			0	0	0			
六角亭	90	47	73	73			238	187	229	227	1	1
舞阳坝	36	26	14	14			71	13	20	20		
场圃	10	6	5	5			×					

注：—表示无茶；×表示对应行政机构已拆并。

（1）形成三个方阵。

第一方阵：领头方阵。这些区域的茶叶产量占比达到全市 1/3 以上。芭蕉是第一方阵唯一的成员，无论茶园面积、茶叶产量一直都在各茶区中遥遥领先，其他乡镇难望其项背。2003 年，芭蕉的茶叶产量为 2489 吨，占全市总产量 3560 吨的 69.91％，可以说芭蕉能左右全市的茶叶大局，这一局面在之后相当长的时间内都没有改变。

第二方阵：成长方阵。茶园面积、茶叶产量逐年大幅增长，是全市茶叶产业的增长点。由白杨（坪）、屯堡、白果组成，三者位置交替上升，茶叶已逐渐成为这三个乡镇的主导产业，多数农户以茶叶生产为主，是恩施市茶叶产业的中坚力量。

第三方阵：辅助方阵。包括盛家坝、龙凤、太阳河、红土、崔坝、三岔等乡镇，这些乡镇各有特色，发展空间大，辖区内部分村已形成种茶氛围，是恩施市茶叶发展的扩展区域。

方阵外的乡镇（办）在全市茶叶产业中地位较低，对全局影响有限。沐抚、沙地、新塘因无企业支撑，茶叶基地建设滞后等原因，虽然在政府推动下茶园面积有所增加，但整体状况没有根本性的改变；城区三个街道办事处因城市建设占用和蔬菜基地延伸，不是稳定的产区；板桥因以高海拔山地为主，只在少数相对低海拔区域有零星茶树种植，未列入统计。

（2）城郊茶区没落。

恩施城郊本为恩施的重点产茶区，凭借市场优势，在新中国成立前和计划经济时期，在全县（市）茶叶产业中占据重要地位，改革开放后随着城市发展逐渐没落。城郊即原恩施县的城关镇和红庙、七里辖区，后先后划归三个街道办事处，行政区划多次变化。这一区域因城市发展和蔬菜基地扩展被挤占空间，造成茶园面积大幅萎缩，茶叶已逐渐退出城郊种植行业。

六角亭街道办事处设立时辖区只管街道，没有农村，自然也没有茶园。1992年10月，原红庙区的高桥坝乡、头道水乡和小渡船街道办事处管辖的月亮岩村、书院村一并划归六角亭街道办事处管辖。由于头道水、高桥坝茶园面积较大，辖区变化导致红庙茶园面积减少，六角亭街道办事处茶园面积增加。

1997年，红庙因机构调整撤销，清江以东划归舞阳坝街道办事处管辖，清江以西划归小渡船街道办事处管辖；2001年，七里因机构调整撤销，茅坝、莲花池划归三岔乡管辖，其余划归舞阳坝街道办事处管辖。

2003—2008年，六角亭街道办事处为配合恩施到芭蕉沿线的茶叶走廊建设，在头道水、高桥坝推广无性系良种茶，茶园面积有较大的增长。

恩施市近郊在抗日战争时期到计划经济时期都是恩施的名茶产区，这一区域的五峰山曾经是恩施茶叶的代名词，五峰山、高桥坝、头道水乡是抗战时期和计划经济时代的玉露主产地。但改革开放后，近郊的茶叶生产出现改变。城市建设铲除了涉及范围内的所有附着物，茶园被毁是不可避免的；城市的蔬菜需求使种菜更为重要，且种菜收益比茶叶更高，农民重菜轻茶，茶园荒芜或改种；城市务工经商分流了大量农村劳动力，即使有茶园的农户，也有很多弃管弃采，具有一定规模的茶园已经很少，茶树仅残存在田边或荒山之中。

六角亭街道办事处是城郊茶叶生产有所扩大的地方，因其紧邻芭蕉，农民种茶积极性高。2016年，茶园面积达到3570亩，茶叶加工厂30家，但无一片有影响力的茶园，也无一家像样的龙头企业，在全市没有任何影响力。舞阳坝街道办事处辖区几度扩大，茶叶生产却不断萎缩，只有杨华毅在映马池经营的恩施西特优生态农业开发有限公司做得有声有色。小渡船街道办事处因面积太小又无加工厂，已被忽略，茶叶行业统计都不填报数据。恩施城郊的茶叶生产优势已流失殆尽，只有遗存的茶丛仍然生长于山野田间（图 2-21）。

● 图 2-21　戴家崩残存野放茶丛

（3）起起落落的白杨坪。

1983 年，现在的白杨坪镇分属白杨公社和熊家公社，此时白杨公社的茶园面积达 4252.5 亩，位列全县第三（加熊家公社则达到 8151 亩居全县第二），产量 21 吨，居第五（加熊家公社则第三）；到 1993 年，白杨坪区（白杨、熊家公社合并形成）的茶园面积 2970 亩，只到 1983 年的 69.8%，跌落为第七，产量 198 吨，跌落为第九；2003 年茶园面积恢复到 3900 多亩，位置回升到第五，产量 262 吨，回升到第六；直到 2009 年才开启快速增长模式，到 2013 年，茶园面积达到 45915 亩，产量猛增到 1005 吨，双双位列全市第三；2014 年，茶园面积达到 49500 亩，重新回到全市第二的位置，实现了三十年的轮回。

（4）不疾不徐的屯堡。

屯堡的茶叶产业在全县（市）一直有着重要地位。1983 年，茶园面积达 3751.5 亩、产量 16 吨，分别居全县第六、第九；1993 年，茶园面积达到 10395 亩，产量 150 吨，双双位居全市第二，虽与芭蕉差距很大，但已与其他茶区拉开距离；2003 年，虽然茶园面积降到 8640 亩，但仍稳居全市第二，产量 153 吨，居全市第三；2013 年，茶园面积 46005 亩、产量 2065 吨，双双居全市第二的位置。屯堡的发展虽然有全市重点推动和阶段性快速发展的时期，但没有像芭蕉、白杨坪那样的爆发式推动，避免了因环境条件和人的认识方面的问题造成的损失，这使得屯堡的茶叶产业发展较为稳健。更难能可贵的是，屯堡在茶叶基地建设稳步推进的同时，企业发展也基本同步，有力地促进了茶叶产业持续健康的发展。在笔者看来，在企业与茶叶基地同步发展上，屯堡是全市做得最好的，就连芭蕉也要逊色几分。

（5）不声不响的白果。

白果的茶叶发展是卓有成效的，而且在全市也很有地位，但白果既没有列为全市的重点，也没有在全市抢过头牌，其茶叶产业是凭一步一个脚印，一点一滴的积累形成的。1983 年，白果以 3414 亩的茶园面积位于全县第七位，是一个不起眼的位置，但茶叶产量却以 35 吨居第三；1993 年，茶园面积增加到 6135 亩成为全市第三，茶叶产量达到 77 吨继续居第四位；2003 年，茶园面积 6930 亩、产量 143 吨，仍分别居全市第三、第四位；经过十年奋战，2013 年，茶园面积以 30825 亩居全市第四，是全市第五的太阳河乡面积的 2.5 倍，其实力可见一斑，产量 1815 吨，位居全市第三。白果在没有重点推进的情况下，产量、茶园面积在全市长期保持第三、第四的位置，是长期不懈努力的结果，白果是第二梯队的中坚力量之一。

（6）排位下降的盛家坝。

1983 年，盛家坝茶园面积 3110 亩，排名第九，产量 49 吨，排名第二；1993 年，茶园面积 4890 亩，排名第四，产量 100 吨，排名第三；2003 年，茶园面积 6870 亩，保持第四，产量 173 吨，排名第二；2013 年，茶园面积 11490 亩，降为第七，产量 795 吨，居第六。盛家坝是全市茶叶单产最高的地方，产量排位先于面积排位，是一个注重实效的茶区。但在 21 世纪开局之初，因重视烟叶失去了一次发展机遇，除紧邻芭蕉的石门坝外，整体发展滞后，导致 2013 年茶园面积、产量的排位大幅下降，成为无关紧要的茶叶产区。

第二节　茶叶生产的技术进步

 一、茶叶栽培模式

// 1. 野生资源利用

利用野生茶树资源，是恩施栽培技术出现之前茶叶生产的主要生产方式，人们在很长时期都享受大自然的恩赐，在山野间采撷茶树芽叶享用。恩施茶区的老人都知道当地的一些需要搭梯子才能采摘到的大茶树，这种茶树大多是野生的，这是野生茶树资源利用的残存。1958 年的大办钢铁使恩施的森林资源遭受严重破坏，随后以治山、治水、治土为主体的"三治"使农田附近的大茶树遭受灭顶之灾，野生茶树资源几近毁灭，此后数十年，野茶采集已近消失。改革开放后恩施的森林资源得以恢复，野生茶树资源也开始得到有关部门的重视，劫后尚存的野生茶树资源相继被发现，在产茶区零星生长在林间的野生茶树又随处可见了，在芭蕉、白果、白杨（坪）、龙凤和红土甚至发现了高大的茶树。如在红土乡乌鸦坝村李家堡组发现了一棵树围 49 厘米、高 650 厘米的大茶树生长在山林边，无人管理，只在春茶时期有人采摘茶叶加工，可惜这棵茶树在 2012 年因移植而死亡。在野茶风靡一时的当今，野茶资源又部分被利用起来，成为消费新宠，但人的占有欲使珍稀茶树资源受到破坏。

// 2. 丛植茶

丛植茶是利用田边地角种植茶树和粮茶间作而采用的一种栽培模式，其目的是确保粮食生产，又能获得一定的茶叶收入。

（1）六蔸茶。

六蔸茶是恩施最早的茶叶种植方式之一，是 20 世纪 50 年代以前恩施茶叶生产的主要栽培模式，新中国成立后到改革开放前仍然占据恩施茶叶生产的主要位置。清朝以前茶树只在边角地存在，清中叶茶树才开始进入耕地中，但也只能稀植间作，到新中国成立后的计划经济时期，粮食始终是紧缺物资，茶叶种植只能在确保粮食生产的前提下进行。这时耕地种植茶叶仍然以粮茶间作和"四边"种植为主，茶叶种植仍然没有规格，大多在路边、坎边、石头边丛植茶树。每丛播种 3—5 粒，确保每丛成苗 2—3 株。采用种子播种时要在种植穴旁插一标记，一般就地取材用竹木小棍插上，防止种植农作物时损毁种子或茶树幼苗。

"六蔸茶"是吉宗元同志于 20 世纪 50 年代针对芭蕉茶叶基地现状的形象归纳，当时的芭蕉到处是茶，却没有一片真正的茶园，只有散生的茶丛毫无规律地分布于坡地山野，管理粗放。茶丛"东一蔸、西一蔸、高一蔸、矮一蔸、大一蔸、细一蔸"，春茶采摘，夏秋茶少采或不采，基本处于自生自灭的状态，吉宗元将其称为"六蔸茶"。"六蔸茶"虽然难入正统，却是恩施历朝历代积累下来的家底，清代以前人们就在陡坡地、田坎边、道路边、边角地、山边等有限的空间合理利用土地，种植上几丛茶树（图 2-22），恩施人利用自己的智慧在粮食生产的缝隙中为茶叶生产寻求一线生机。茶叶生产能够世代相传，得益于"六蔸茶"，它不因饥荒被毁，不因茶贱被废，在最低谷时期茶叶产量也能有相对稳定的保有量，而一旦市场变好，只要稍加管理，产量就会迅速恢复。

● 图 2-22　芭蕉茶区的六苑茶

（2）粮茶间作。

规范化的粮茶间作始于 1935 年，七区茶叶改良委员会在五峰山指导茶农规范种植；全面抗战时期，中国茶叶公司恩施实验茶厂和湖北省农业改进所也先后在恩施的芭蕉和城郊指导茶农规范种茶，建设统一株距、行距的间作茶园。茶园一般选择坡地，极少占用平地种茶，茶行距 4—5 米，丛距 2—3 米，3—4 年投产（图 2-23、图 2-24）。这种规范化的丛植茶推广缓慢，千百年来随意种植的习惯难以改变，直到新中国成立，实行集体生产后，这种情况才得到扭转。

● 图 2-23　间作玉米的丛植茶园

● 图 2-24　间作红薯的丛植茶园

// 3. 条植茶

由稀大蔸丛植改等高条植是恩施市茶叶生产的第一次革命。1954 年芭蕉茶叶收购办事处在桐木村周家坡上办试点，按 5 尺×1 尺规格种植条植茶，有单行条植和双行条植两种方式，穴播，亩种 1200 穴左右。当年芭蕉共建成条植茶园 200 亩。1955 年吉宗元在芭蕉推广条植技术，条植茶园面积增加，到 1957 年，芭蕉共建成 3620 亩条植茶园。条植茶的种植使茶树由稀变密，但因与粮争地，在芭蕉引起很大的争议，没有能够在全县得到很好推广。

到"文化大革命"的中后期，全国上下落实"以粮为纲、全面发展"和"以后山坡上要多多开辟茶园"的指示精神，一些地方纷纷将荒山荒坡建成等高条植茶园，当时的产茶公社都大规模组织动员，调动全社人民向荒山进军，各大队也纷纷行动，在山坡上开辟茶园。1974—1984 年是等高条植茶种植集中时期，利用坡度 15°—30°的坡地种茶。建园方法：整地时先打点放线，每个山头选取有代表性的位置设定基点，并确定纵向基线，然后在基线上按水平距离 1.5—1.8 m 打点，每点按水平线延伸至两边边界，建园时按水平线开挖，形成梯形种植平台，操作程序如下：开梯—整梯土—起垄—开穴—播种—复土盖种。等高条植茶一般为单行种植，梯面较宽的位置也有双行或多行的。等高条植茶建园全部是种子直播，采用穴播方式，穴距 30—35 cm，每穴 3—4 粒，茶苗长出后每穴留 1—2 株壮苗（图 2-25）。也有采用集中育苗移栽方式建园的，各项要求与种子直播一样，只是将育好的茶苗每穴栽植 2 株，管理得当，3 年可投产。这一时期有条件的产茶大队纷纷开辟茶园，兴办茶场（厂）。如芭蕉公社有黎明茶厂（现高拱桥村）、茶园茶厂、犀口茶厂、明星茶厂（现黄连溪村），芭蕉公社在鸦鸣洲建立了社办茶厂；熊家公社有大宝坪茶场、洞下槽茶场；白杨坪有四耳湖茶场；屯堡有马者茶场、田湾茶场。当时正值知识青年下乡，许多新建茶场成了知青点，如芭蕉的金星茶场就是知青茶场，后市特产局在知青茶场的基础上建成恩施市茶树良种繁育站。现存的集体茶园基本上都是这一时期建成的，成为当地集体经济的组成部分。条植茶园建成后，恩施才算有了规模化的专业茶园。这时的茶园大多建在粮食生产用不上的荒山荒坡，土层薄、肥力差，建得多成得少，许多茶园后来陆续荒芜。据 2006 年统计，留存下来的集体茶园 17560 亩，只有屯堡乡（含沐抚）的部分集体茶园实行承包经营，其他乡镇的集体茶园基本处于荒芜状态。

● 图 2-25　等高条植茶园

// 4. 密植速生茶

20 世纪 70 年代，茶、果类经济作物推广矮、密、早、丰生产技术，树型矮化，种植密度加大，强化水、肥管理，提早成园收获，实现高产高效。1975 年秋，恩施地区特产局从贵州省湄潭茶科所引进密植速成丰产栽培技术，技术要点为：建园前抽槽换土或全园深翻，槽宽 1 m，深 0.8—1 m，槽内亩施渣肥 1500—2500 公斤、枯饼 75—100 公斤、磷肥 50 公斤做底肥。覆土盖肥，条播茶种 40—50 公斤/亩，细土盖种。出苗后勤除草多施肥，使其尽快投产。密植速生茶园在建园技术上提出新要求，由简单的整地变为抽槽换土、施基肥，播种方式也由穴播变为条播，茶树树型由丛状变为条状。1976 年春，恩施、鹤峰、宣恩、咸丰四县建成密植速生茶园 47 亩。等高条植茶园改为密植速生茶园，是恩施茶叶生产的第二次革命，这项种植技术将茶叶从副业转变为主业。在学习外地经验的同时，恩施的有关技术人员开始研究本地茶叶的高产栽培模式，将茶园从山坡引入缓坡和平地，开种植沟播种，亩用种子100—120斤，有每垄两行即"双条植"和三行即"三条植"两种模式，这种模式种植的茶园成园快，3—4年可投产，产量高，亩产干茶可过百斤（图2-26）。恩施地区的茶叶专家在鹤峰走马推行密植速生茶园，亩产鲜叶达400多公斤，亩收入达1800多元。密植速生茶园具有生长快、投产早、效益高的特点，芭蕉多次组织人员参观考察，把密植速生茶园的建设作为芭蕉茶叶生产的新路子，公社党委、管理委员会提出了建万亩密植速生茶园的发展计划。

● 图2-26　密植速生茶园

　　密植速生茶园在茶区大力推广是在20世纪80年代，发展的主体是农民，由恩施市特产局组织实施。通过几年的努力，共建设密植速生茶园12000多亩，茶叶从粮茶间作向专业化生产迈进，仅芭蕉就建成密植速生茶园8600亩。这次茶叶种植的革命，把茶叶种植推向专业化，打破了传统的种植模式，使茶叶成为农业生产的主要作物之一。

　　经过长期总结，"密植速生茶"以双条植为宜，三条植不宜，原因是三条植的中间一行不透气，根系生长空间不足，茶树衰老快。已建成的三条植茶园经改造大多成为双条植茶园了。

　　20世纪80年代是密植速生茶园建设的高峰期，各地茶树种子均告紧张。为满足建园需要，恩施只得从市外、省外调种。由于需求量大，全国茶树种子紧俏，供货商为抢夺货源四处活动，茶种不论产地，只要能到手就行。当时恩施使用的茶种主要来自福建、浙江，部分来自江西、江苏和恩施周边，是典型的"杂种"。

由于密植速生茶是在耕地中种植的，这批茶园保存下来的极少，大多数在 21
世纪到来后，改植成无性系良种茶。

// 5. 无性系良种茶

有性系的密植速生茶园向无性系良种茶园的转变被称为茶叶生产的"第三次革
命"。1984 年冬，恩施市特产局所属茶科站开始引进福鼎大白、福鼎大毫、福云六
号、福云七号、福安大白等无性系良种茶试种，随后又在盛家坝的天池堡试种，两
处试种均获得成功。茶科站将试验园改作采穗圃繁育茶苗，每年有少量苗木供自身
扩大规模并提供给周边农户栽植。由于无性系良种茶具有生长快、产量高、品质优
良、采摘期长、适制名优茶等优点，茶叶生产的经济效益得到显著提高。

（1）无性系良种茶的繁育。

无性系良种的引进试验始于 1984 年，良种繁育试验也同时进行，到 1993 年，
恩施市茶树良种繁育站租赁耕地进行无性系良种茶苗的批量繁育，开始进行苗木本
地化生产，1996 年市特产技术推广服务中心开始尝试承包育苗，1998 年芭蕉乡组
织农民繁育良种茶苗，茶树良种繁育技术全面推广。

（2）无性系良种茶的栽培。

无性系良种茶的栽培方法与密植速生茶基本一致，多采用双行条植，即一厢两
行，厢距 150—165 cm，行距 33—40 cm，株距 20—23 cm，亩栽 3500—4500 株，
每厢中的两行茶苗呈品字型栽植；在一些地方也有单行栽植的，厢距 100—120 cm，
株距 20—23 cm，亩栽 2800—3300 株。建园前抽槽换土，坡地等高横向，平地东西
向，水田按水流方向；抽槽宽度双行条植 85—100 cm、单行栽植的 70—80 cm，深
度 80 cm 左右，水田必须破除犁底层；抽槽后分三层施底肥，第一层施入禾秆、枝
叶、青草等物并回土，第二层施入牛、羊、猪粪等农家肥后回填，第三层施饼肥 +
磷肥后起垄作厢，厢高 25 cm 左右，厢面呈瓦背型。

（3）无性系良种茶在芭蕉的成功。

1992 年冬，WFP CHA 3779 项目果茶工程（联合国粮食计划署粮食援助项目，
以下简称粮援项目）在芭蕉实施，芭蕉区苏家寨村、灯笼坝村和苦竹笼村为实施
点，面积分别为 100 亩、100 亩、50 亩。按当时的方案，项目承担茶园建园的种子
和三年管理的商品肥、农药和修剪支出，苏家寨村放了约 100 亩水田种茶，苦竹笼
村依托原有基地改造完善茶园，而灯笼坝村的 100 亩在实施中，部分改变了项目实
施方案，这一改变带来了恩施市茶叶生产的"第三次革命"。

1992 年，时任芭蕉区区长的杨则进在灯笼坝村自己的老家放了 100 亩水田栽植

无性系良种茶，开恩施水田种茶之先河，也是茶叶在恩施取代粮食作物之滥觞。实际栽种无性系良种茶近 70 亩，另 30 亩仍然是种子繁殖，这 100 亩茶园纳入粮援项目建设和管理。按项目实施方案，由项目提供种子。由于灯笼坝建设的无性系良种茶园，项目建园按种子标准提供种苗资金给芭蕉区，不足部分由芭蕉区自行解决，这是不违背原则的改变。茶园管理按方案执行，由项目负责三年的技术指导、肥料配送、定型修剪和病虫害防治。因成规模种植无性系良种茶在恩施是第一次，粮援项目果茶工程实施管理办公室十分重视，各技术环节全员出动，严格按照技术要求执行，并向涉及农户操作示范，技术人员和茶农互动，让茶农掌握技术要领。由于管理有效，三年后，无性系良种茶全面投产，1996 年亩收入平均达到 3000 元以上，1997 年平均亩收入 5000 元左右，村民吴庭仟利用大棚提早采摘，夏秋茶留枝条作插穗，亩收入超过万元。如此高的经济效益，激发了芭蕉干部群众发展良种茶的积极性，开启了芭蕉茶叶产业超常规发展的序幕。芭蕉乡充分发挥茶优势，以"茶叶下水田"（图 2-27）为突破口，实现茶叶生产经济效益大幅提高。种无性系良种茶收入是种粮收入的 5—8 倍，农民种茶迅速实现富裕，无性系良种茶种植很快成为农民的自觉行动。

● 图 2-27　水稻田建成的无性系良种茶园

伴随着灯笼坝的良种茶取得成功，良种茶园管理技术也从灯笼坝传播开来。技术人员三年的现场指导和亲手示范操作让灯笼坝的茶农学会了除草、施肥、修剪、病虫害防治、幼龄茶园间作等技术，三年后的实际效果让农民认识到规范管理的重要性，都自觉按照技术人员的要求操作。茶树修剪农民最难接受，1993 年，技术人员到灯笼坝修剪茶树时遭农民反对，到 1995 年，农民已开始主动修剪茶树，不要人督促了。灯笼坝的无性系良种茶种植，带动了全市无性系良种茶的发展，各地纷纷到灯笼坝参观学习，茶园管理技术也随着无性系良种茶的推广传播到全市。

（4）无性系良种茶在全市推广。

芭蕉的成功，也影响了周边白果、盛家坝、六角亭的部分农户的发展，无性系良种茶已成燎原之势。进入 21 世纪，茶叶已成为芭蕉农民致富的首选产业，除政府引导外，部分农户通过市场购买茶苗栽植，农民种茶有了主动性，不局限于统一行动，也不等待资金支持，而是按照自己的认识作出决策，因而芭蕉的茶树品种全市最多。在芭蕉的带动下，全市宜茶乡镇先后加入无性系良种茶种植队伍，屯堡、白果、白杨（坪）、龙凤、沙地、太阳河、崔坝、红土、三岔、六角等乡镇（办）也相继发展无性系良种茶，良种茶发展呈现遍地开花之势。

（5）无性系良种茶的成就。

一是促进了茶园建园和管理的规范化。规范化建园管理从粮援项目开始，随着良种茶传播，灯笼坝的茶农跟着技术人员学，周边向灯笼坝学，其他乡镇又向芭蕉学，同时各地在发展时针对各技术环节以现场会的形式进行技术培训，对新区采用保姆式服务，让农民熟练掌握建园管理技术。规范的建园管理使新建茶园迅速早产丰产，在实践中总结出"一年栽，二年采，三年过千元，五年五千元"的成功样板。无性系良种茶的种植使茶叶这一古老的产业焕发出新的生机和活力，它为种植户带来了极好的经济效益。

二是茶叶基地规模不断扩大。通过多年的艰苦努力，2010 年，恩施市无性系良种茶园面积达到 16.8 万亩，占全市茶园面积的 77.2%，居全省之首。2022 年，无性系良种茶园面积达到 35.5 万亩，占茶园总面积的 86.5%，居全国先进水平。

三是在业界获得多项荣誉。2001 年，芭蕉侗族乡被湖北省农业厅授予"湖北省十大茶叶名乡名镇"；2003 年芭蕉侗族乡被湖北省茶叶学会授予"全省无性系良种茶园第一乡"的称号；2003 年，恩施市被湖北省茶叶学会评为"全省无性系良种茶园第一市"；2009 年 1 月，恩施市被湖北省人民政府授予"茶叶大县"；2012 年，芭蕉侗族乡被中国茶叶学会授予"中国名茶之乡"；2013 年，恩施市荣获中国茶叶流通协会"2013 年度全国重点产茶县"称号；2014 年，恩施市被中国茶叶学会授予"中国名茶之乡"；2016 年，恩施市荣获中国茶叶流通协会"2016 年度全国重点产茶县""2016 年度全国十大生态产茶县"称号（图 2-28）。

● 图 2-28　恩施市茶叶产业部分荣誉

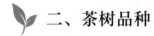 二、茶树品种

// 1. 群体品种

恩施茶树品种在 1992 年前基本上使用的都是本地群体种，即就地利用茶树上的种子进行繁殖。茶农对本地茶树按叶的大小、形状、叶色，习惯称呼大叶、园青、红影、香茶、铁叶、猪耳朵、胭脂茶、打卦茶、瓜米茶、豆瓣茶、大叶苔子茶、小叶苔子茶等品种（系）。其中的大叶苔子茶、小叶苔子茶统称恩施苔子茶，是恩施群体性良种，也是恩施茶叶生产历史上的当家种。在 20 世纪 70 年代以前，恩施基本上只有本地的地方群体种，后来由于交通条件的不断改善，恩施在种子需求大的年份也引进使用外地种，如鸠坑种、云南大叶种、安化中叶种、安化小叶种等。群体种是不同个体的自然杂交产物，个体差异大，茶树植株萌芽、生长不整齐，芽叶形状、大小不一致、叶片色泽有差异，这是群体种的共同缺点。

（1）本地群体种。

① 恩施苔子茶是本地群体种的统称。

恩施苔子茶是经自然选择保留下来的野生茶树，是栽植过程中，人工选择留存下来的恩施本地优良茶树品种，因其生长旺盛，芽叶萌发时抽薹形成嫩梢而得名。

可查的恩施苔子茶的介绍为："恩施大叶茶亦称恩施苔子茶。茶树有性系品种，灌木型，大叶类，中生种。原产湖北恩施马者、草子坝、石门、安乐屯等乡。树姿直立或半开张，叶椭圆或长椭圆，叶色绿，叶面微隆，叶质较薄软。芽叶呈绿色或黄绿色，茸毛多，持嫩性强，一芽三叶百芽重 45.4 克。花冠直径 2.3～4.0 cm，花瓣 5～7 瓣，子房多毛，花柱 3 裂。果径 2.3～3.3 cm，种径 1.3 cm。产量高，抗寒性强。春茶一芽二叶含氨基酸 3.4%、茶多酚 24.9%、咖啡碱 4.5%、儿茶素总量 9.5%，含硒较高。适制绿茶，品质优良。所制'恩施玉露'是湖北传统名茶。适宜在鄂西茶区种植。"

笔者认为这一介绍不够全面、准确，与恩施苔子茶的实际情况有较大出入。一是"恩施大叶茶亦称恩施苔子茶"的表述有误。恩施苔子茶不仅仅是恩施大叶茶，还包括中叶种甚至小叶种。恩施原生的茶树中，部分是大叶，还有很大一部分是中、小叶。二是恩施苔子茶原产地的表述不准确。恩施苔子茶原产地不限于介绍的那几个地方，应该是恩施市及周边地区，比资料介绍的范围要广得多。鄂茶 10 号就是从宣恩庆阳坝的恩施苔子茶中选出的。三是关于叶色的表述不准确。恩施苔子茶中的大叶种芽叶肥大，叶色暗绿，茸毛多，持嫩性强；中叶种芽叶适中，叶质稍薄软，叶色绿或黄绿，茸毛较多，持嫩性强。四是"含硒较高"不是恩施苔子茶的特性，恩施苔子茶与硒没有直接关系。五是适制茶类描述不准确，恩施苔子茶属红绿兼制品种，但大叶种更适合制作红茶（宜红工夫茶），而中小叶种则适制绿茶，恩施苔子茶制作的红茶多具有"冷后浑"现象，中小叶种是制作"恩施玉露"的优质原料。

② 恩施的特殊茶树资源介绍。

恩施茶树种质资源丰富，有许多具有特异性状的茶树单株，这些单株的特异性状如果得到应用，将对茶叶产业产生积极的影响。

——芭蕉不发酵茶树

芭蕉的不发酵茶引起人们注意是 1952 年，因出口需要，芭蕉大量制作红茶，收购人员在泡汤审评时发现红茶的叶底中，间或夹杂有鲜绿色叶片，最初认为是制作中存在缺陷造成的，后来该现象总会不时出现，才引起相关人员重视。后经努力，在当时芭蕉区寨湾乡金星农茶生产合作社的一片茶园中，找到了一丛不发酵茶单株，专家们以此做专门研究。研究发现，该茶丛的鲜叶按红茶工艺制作，根本不发酵变色，甚至将发酵时间延长数倍，还是不会发酵变红。于是称其为"不发酵茶"。

在未找到不发酵茶单株时，国内茶叶界对此很困惑，但找不出原因，而且国内外的茶叶专著中均无类似记载，苏联以扎姆哈杰为首的专家组访问老青茶基地时，湖北专家与之交流不发酵茶叶问题，没有得到答案。就连冯绍裘大师也否认有不发酵的茶叶存在，直到他1956年到芭蕉现场观察，才确认不发酵茶树的存在。

"不发酵茶"的发现是茶界的奇迹，这一资源对红茶加工不利，对绿茶加工却意义非凡，研究与保护迅速跟进。令人痛心的是，因当时的技术限制，保护工作成为毁灭行为，茶树移植武汉后死亡，无价之宝毁于一旦，这株约60年树龄的茶树本应享受乔迁之喜却成为乔迁之丧，永远地消失了，印证了"人挪活、树挪死"的古训。如果采用就地保护，扦插繁育移植的办法，这一稀有资源应该为茶叶产业造福良多。

对于这一珍稀资源的发现，现还可从网上查到一些信息。《茶叶》1958年第3期发表有邱荷生《"不发酵茶"调查试验的初步小结》；舒义顺在《茶趣》一文中有"不发酵茶树"的介绍（图2-29）。在资源丧失后，恩施茶界极其惋惜，曾派人在移植的植株周边寻找，可惜再无类似植株出现，珍稀资源就这样消失了，彻彻底底地消失了。

——白杨大茶树

位于白杨坪镇熊家岩村骆家屋场，茶树基围190 cm，从基部产生五个大的分枝，最大一枝粗达80 cm，在北纬30°区域非常罕见（图2-30）。

● 图2-29 《茶趣》截图　　　　● 图2-30 白杨大茶树

——碾盘大茶树

位于龙凤镇碾盘村，树高 650 cm，冠幅 500 cm，基围 110 cm，从基部产生三大分枝，分别粗 58 cm、57 cm、34 cm，一次可采鲜叶 3 公斤左右（图 2-31）。

——佐家坝大茶树

位于龙凤镇佐家坝村桐麻园水井坡，树高 710 cm，冠幅 350 cm，基围 58 cm，独立树干生长于山林岩石夹缝中，于 350 cm 左右处分枝，形成冠幅，因生长条件恶劣，树势较弱（图 2-32），是一棵野生小乔木茶树，对研究茶树起源有重大意义。

● 图 2-31　碾盘大茶树　　　　　　　　　　● 图 2-32　佐家坝野生小乔木茶树

——东挂片老茶苑

位于芭蕉侗族乡硃（朱）砂溪村境内，茶树苑中间腐烂变空，有一圈粗大的茶树根上着生茶枝（图 2-33）。通过观察走访和分析，这些茶树根原系一棵高大的茶树，人们为采摘方便砍伐茶树让其矮化。由于没有专业的砍伐工具，只能用斧头，砍伐后留下中间低四周高的树桩，树桩也没有作任何处理，因积水腐烂，裸露的根部长芽成枝，最终植株因腐烂相互分离，几条露出地面的树根上因有枝叶，分别成为单独的植株。这也是恩施现在难找到特别粗大的茶树的原因之一，对研究恩施茶园树形变化具有重大意义。

● 图 2-33 东挂片老茶蔸

——古茶丛群落

龙凤镇佐家坝村白蜡坪、白果乡冯家台、盛家坝镇大集场等多地发现成片树龄100 年以上的古茶丛群落。群落中的茶树经多次砍伐，基部直径 20 cm 以上的树桩清晰可见。这种茶丛一般在耕地中，成行分布，远看与普通茶丛无任何区别，近看可见老根盘错，树桩峥嵘，部分茶蔸因腐烂出现孔洞、疤痕。走访周边的老人，皆不知其树龄，在他们很小的时候茶树就是这么大，而且其爷爷、奶奶说他们小时候这片茶园就是这样。这说明茶园的形成年代很早，推断最迟也在清代中期。由于恩施的茶树多为灌木型，从基部就产生分枝，而地处北纬 30°的茶树年生长量有限，凭肉眼观察难以发现变化，特别是树龄较大的茶树，六七十年时间也难有肉眼可见的明显变化。一般的古茶丛，丛间差异极大，无论长势、叶形、叶色、叶片大小都存在明显差异，但白蜡坪的古茶丛与别处不同，整片茶丛无论长势、叶形、叶色、叶片大小都趋于一致，仿佛是无性系繁育的单一品种建成的茶园（图 2-34）。

● 图 2-34 白蜡坪古茶丛群落

——高寒茶树群落

太阳河乡白果树村与重庆交界的海拔 1500 米左右的石乳关，属高寒区，有一片茶园散落在山间，这是恩施市海拔最高的茶树群落。因地处高寒，茶芽萌发迟，一般 4 月底才开园，此时低山茶园春茶已结束。这一群落中最高的两株茶树位于海拔 1525 米处。

③ 形成有地域特征的优质茶园。

恩施苔子茶具有抗旱、抗寒、抗病虫害、耐瘠薄、品质好的特点，在恩施广大茶区有着旺盛的生命力。恩施市芭蕉侗族乡的蒋家坡、东挂片、三尖龙，屯堡乡的花枝山、沙龙，白果的冯家台、茶庄，沙地乡的鹤峰口、秋木，红土的小茶园，沐抚的搬木、盛家坝的天池堡、石门坝，白杨坪的大宝坪，太阳河的头茶园、白果树等地，都有品质特别优异的群体种茶园，这些茶园生产的茶叶具有特殊风味，成为恩施茶叶产品中的珍稀之物，多被爱茶群体私藏，外人难得一见（量产形成小众品牌在后面的章节中介绍）。

④ 本地茶树资源的利用。

丰富的种质资源为选育地方良种创造了条件，从恩施苔子茶中选择出优良单株，采用扦插繁殖，已培育出了省级地方良种鄂茶 10 号、鄂茶 14 号（玉露 1 号），还有多个单株正在选育试验中，必将从中产生多个适制恩施地方特色名茶的品种。试验表明，以地方良种（单株）的芽叶为原料，生产出的地方名茶，具有独特的品质特征。"恩施玉露"和"宜红工夫茶"均以其鲜明的品质特征著称。

（2）外调群体品种。

一是从浙江调入。除鸠坑种是作为品种引进外，其他都是在本地种子不足时调入。茶种的调入多发生在 20 世纪 80 年代，主要来源于绍兴、上虞、嵊州、新昌、龙泉、江山、开化等地。这些种子来自不同地区，构成极其复杂。浙江种建成的茶园单株间差异大，品质不一，抗寒、抗旱、抗病虫性能与恩施本地群体种相比，相对稍差。

二是从福建调入。福建群体种也是 20 世纪 80 年代因恩施本地种子不足调入。来源地主要是福安、松溪、政和、浦城等地。当时调种时是冲着福鼎大白茶去的，但福建的茶种并不是福鼎大白茶，即使从福鼎大白茶的植株上采的种子也是杂合体，不可能有真正的福鼎大白茶种子。福建种与浙江种相似却又在个别性状上有所区别。

三是从湖南、云南调入。1954 年，恩施专员公署茶叶试验场引进安化中叶、安化小叶群体种试种，表现较好。后又引进云南大叶种，因与恩施的以绿茶生产为主的策略相矛盾，没有产生好的效果。

群体种因茶树树枝生长不整齐影响采摘和加工，虽然其中也有优良的单株，但与无性系良种相比劣势明显，导致其逐步被无性系良种取代。外地调入的群体种因多种植于耕地中，淘汰比较彻底，而本地的群体种中的丛植茶因不占或少量占用耕地，尚有大量留存。

// 2. 无性系良种

（1）引进无性系良种。

恩施的茶树引种始于1954年，专署茶叶试验场引进外地品种7个，与本地品种7个一起进行试验，只是这时引进的品种为有性繁殖的群体种，后各县引进浙农21号、政和大白茶、楮叶齐、香波绿、英红1号、黔眉419号、安徽9号、黔眉502号等品种试验，无性系良种引进开始。

系统性观察试验是1985年，当时由市特产局在芭蕉成立茶科站，引进了福鼎大白茶、福云六号、福安大白茶、龙井43等无性系良种。福云六号因产量高，易采名优茶被茶农广泛认可，2005年前的无性系良种茶以福云六号为主；福鼎大白茶因综合性状好得到推广，但因产量和适采方面均不能与福云六号相比，推广面积相对较小；福安大白因芽叶太大，加工名优绿茶不理想未推广；龙井43因持嫩性差、生长量小、采摘期短未引起关注。

1998年3月，从安徽省东至茶树良种繁育场调入30万株福鼎大毫在芭蕉种植，综合表现较好，但与福云六号相比在产量上稍低，没有特殊表现，未推广。但恩施的部分乡镇区在2002—2003年有少量福鼎大毫被当作福鼎大白茶栽植，因茶农反映福鼎大白茶芽叶太大，加工厂拒收才被发现。

2001年，龙井43在芭蕉二台坪成片试种，此次引种面积20亩，投产后单独采摘、单独加工，因品质超群，成为一个时期的主推品种。

2002年，从浙江引进浙农117在芭蕉甘溪试种。该品种产量高，易采芽茶，适制性佳，品质较好，是加工高档名茶的好品种，在芭蕉等地有一定面积。

2002年，从省果茶所引进鄂茶1号、鄂茶5号在芭蕉木盆试种。鄂茶1号生长量大，持嫩性强，品质优良得到推广，只是因种苗有限，实际种植面积不大；鄂茶5号因抗病性差，生长不良被淘汰。

2006年，引进乌龙茶品种黄观音在芭蕉二台坪试种，投产后试制表明，该品种适制乌龙茶、红茶，制作绿茶表现一般，因恩施加工茶类与之不适应，未推广。

2006年，白果引进乌牛早试种，因开园早，适制名茶，在恩施茶区有一定面积。

2008年，恩施市丰茗圆茶叶有限公司引进春波绿在芭蕉、白果等地试种，表现较好，生长习性与鄂茶1号相似，品质各有千秋，列为推广品种，同时期还引进了金观音、金牡丹在白杨坪企业自有基地试种。

福云六号因制作的绿茶滋味较淡，对恩施这个以绿茶为主的产地来说不是很适宜。2007年，市茶办提出淘汰该茶种，福云六号不再是恩施市推广品种。但淘汰却是不容易的，福云六号丰产易采的特点对农民的吸引力太大。2006年，市茶办统一调运福云六号，价格为0.09元/株，2007年茶办不再调运，农户现金购买0.15元/株，最高的达到0.25元/株。虽然2007年后不再调运福云六号茶苗，茶农却自繁自用，内部销售，每年仍有一定的增量，政府也不作干预，只是加大了龙井43、鄂茶1号、鄂茶10号、春波绿等优质品种的推广力度，逐步实现淘汰福云六号的目标。

自2010年开始，恩施市提出限制龙井43种植。龙井43虽然品质极佳，但抗病性差是其致命的缺陷，茶界普遍认为，龙井43推广到哪里，炭疽病就会蔓延到哪里。从2005年到2010年恩施市龙井43种植面积已经有5万亩以上，全市所有产茶乡镇均有分布，造成全市茶树炭疽病普遍发生，严重威胁茶叶生产。同时龙井43采摘时期集中，茶园面积太大导致春茶采摘用工困难，鲜叶因不能及时采摘导致浪费，一些茶农为抢采春茶，晚上头顶矿灯采茶，造成安全隐患和健康问题。虽恩施市限制龙井43的发展，但限制效果差，各乡镇仍然以龙井43为主。

2011年，湖南省茶科所赠送碧香早、玉笋、福大61三个品种，在恩施市丰茗圆茶叶有限公司大宝坪基地试种。

2012年，因全国性种苗紧张，以白杨坪为主的部分乡镇从四川大量调入名山131，这一品种进入恩施是由于茶叶基地建设项目众多，苗木需求量过大，主推品种供应不足，各乡镇为完成项目建设任务而采用的有违品种引进原则的行为。研究试种后发现，名山131茶树叶间距大，不适宜制作恩施玉露，不利于大宗茶采摘，不是恩施市的理想品种。

（2）无性系良种繁育。

恩施市茶树无性系良种繁育始于1966年，太阳河在双河岭搞扦插试验，因技术不到位没有成功。

1985年，市茶树良种繁育站引进无性系良种茶试种，市特产局派黄辉驻站系统观察记载无性系良种和本地优选单株的性状，并学习福建技术，开始探索扦插繁殖茶树苗木，这是恩施茶树良种繁育的正式开始。

1991年，市特产局租赁芭蕉农户耕地40亩，建设无性系良种茶苗繁育苗圃，常年派驻3名以上特产技术人员，每年雇佣当地农民30人以上，年扦插600万穗左右，出圃茶苗200万株左右。

1995年，市特产技术推广服务中心因茶树良种繁育站育苗用地重复使用，导致茶苗成活率低、生长缓慢，加之当地农民认识到无性系良种茶的优势，茶苗被盗现象时有发生，决定在芭蕉以外建苗圃。市特产技术推广服务中心希望市林业特产局特产股支持，并实行茶园承包制。苗圃建设地点选择在市郊的耿家坪村，这次承包双方都没有在经济上得到收益，但在技术上的收获却是巨大的。这次承包，总结出如下经验。

① 恩施茶树的最佳扦插时期为8月中旬至9月上旬，这一时期扦插发根快，当年可形成强大的新根，可保证次年出圃，迟于9月上旬则当年发根难，足龄出圃难保证，且越迟越难出圃。

② 铺心土可省去。资料介绍的厢面铺心土，这是一项费工费钱的事，只要不重复育苗，这一工序完全可以省去。

③ 苗圃选地最重要。土地租金在育苗成本中比重极小，苗圃内以排灌方便，土层深厚疏松，周边有茶树或宜茶指示植物生长的水稻田为宜，河谷冲积地因易感病不可作苗圃。

1997年后，沿用承包模式，只是承包人由技术干部变为耿家坪村的自然人，育苗种类由茶苗扩大到果茶苗。

1997年，芭蕉为满足茶园建设需要，在灯笼坝村建良种茶苗圃285亩；1998年，芭蕉建良种茶苗圃455亩；1999年，扩大到612亩。茶树良种繁育从科研单位少量繁育变为芭蕉茶农繁育，从灯笼坝村扩展到全乡茶区，神秘高端的技术变为寻常农事活动。

// 3. 引进外地良种对恩施茶叶生产的影响

大量外地良种的引进对恩施茶叶产业发展具有巨大的推动作用，可以说恩施茶叶生产的成就有良种引进一半的功劳，但过多的引进外地品种也对恩施茶叶生产造成了伤害。

（1）导致本地优良种质资源的丧失。

大量的无性系良种茶种植使很多农民毁掉原有老茶园，使恩施特有的地方资源逐年减少，本地种质资源面临毁灭。

● 图 2-35　茶网蝽若虫

（2）导致病虫害入侵。

各茶区有各自的病虫害，品种引进有传播病虫害的风险，以前恩施的茶树极少有病害，引进良种后病害不断增多。过去茶树炭疽病在恩施极少发生，但随着龙井 43 的栽种，该病害在广大茶区广泛发生。茶网蝽在部分茶区成灾（图 2-35），木腐病等真菌侵染也相继发现。

（3）众多品种让农民无所适从。

农民都希望栽种好的品种，但品种太多，农民不可能弄清楚每一个品种的性状，品种选择反而变难。

（4）加工难度加大。

不同品种的茶叶应分别加工，但过多的茶叶品种让企业分品种加工难以执行，影响茶叶质量。特别是受自然灾害及移栽技术影响发生补植时，本应用同龄、同品种补植，因涉及众多茶农，一些茶农将品种混栽，成园后混采，加工企业无法分品种加工，产品质量受到极大影响。

 ## 三、茶园管理

茶园管理成为农事活动始于清朝，民国时期得到提倡；1949 年以后，计划经济时期有了长足的进步，21 世纪的标准化生产使茶园管理实现精细化、精准化。

// 1. 肥培管理

茶园施肥是提高茶叶产量和质量的重要措施，但唐宋时期的上层消费者追求天然，施肥被视为污损之举。

清中后期，恩施茶叶生产得到发展，茶丛广泛间作于耕地之中，为使幼龄茶树尽早投产，茶农将泥肥、土灰、人畜粪尿投放在茶树四周。伴随粮食作物施肥，成龄茶丛也或多或少得到肥料的滋养，茶园施肥逐渐得到认可。

民国时期基本上沿袭清代的做法。全面抗战时期，湖北省农业改进所在恩施推广茶叶生产技术，施肥是其内容之一，茶树的肥培管理从偶然为之变为普遍采用，由此促进了恩施茶叶产量的大幅增长。

1954 年，因条植茶的推广，有了给茶园施基肥和追肥的要求，茶园肥培管理的形式和内容都更加丰富。只是这一时期的条植茶面积很小，不能代表恩施整体茶叶的生产状况。1973 年，恩施开始开垦建设等高条植茶园，茶园对施肥要求更高，新建茶园的基肥要有渣肥、枯饼和磷肥，幼龄茶园要多施肥。然而此时建成的茶园多为社队集体茶园，受肥料供应限制，大多数茶园达不到要求。

1984 年后，随着联产承包责任制的落实，间作茶园随耕地分到农户，肥培管理得到加强，农民为增加茶叶产量，专门给茶树施肥，施肥是茶农增收的重要手段。同期的社队集体茶园则大部分陷入无人管理的困境，后来，部分茶园被承包经营，其余则荒芜废弃了。被承包的社队集体茶园虽然得到管理，但因承包者的经营理念和经济实力不一，肥培管理差距很大，大多数茶园缺肥，少数茶园因管理较好，成为恩施市的景观茶园。

20 世纪 90 年代，随着无性系良种茶的推广，农民种茶的积极性空前高涨，茶园的肥培管理受到空前重视，茶园施肥成为茶园管理的关键环节，绝大多数茶园得到充足的肥料滋养，新建茶园迅速投产、丰产，种茶获得前所未有的经济效益。

2010 年以来，由于农村劳动力外流，茶园管理出现人手缺乏的情况，速效的氮肥成为茶园施肥的主要肥料，替代了以农家肥为主的施肥方式，氮肥施用过多，导致土壤酸化、板结，肥料的增产效果不断下降。

// 2. 水分管理

历史上，恩施的茶园不需要水分管理。没有人给自然生长的茶树灌溉排水，直到新中国成立后的计划经济时期，种茶只限于坡地，排水不存在问题，恩施雨量充沛，茶树也不需要灌溉。1992 年，恩施开始将水稻田改种茶叶，茶园的水分管理出现，排除渍水成为茶园管理的一项重要内容。

恩施的水田多在深山峡川之间，地下水位高，渍水严重，汛期山水冲击漫流，影响茶树生长。水田或平地种茶必须开深沟，抬高栽植，降雨后需及时检查沟渠，发现壅塞及时疏通，确保茶园汛期不漫水，平时无渍水。渍水或地下水位高的地方不适合建设茶园，但受经济效益影响，少数农民通过抬高种植，建设茶园（图 2-36）。

● 图 2-36　峡沟冷浸水田改建的茶园

// 3. 茶园修剪

　　茶园修剪是茶农在生产实践中总结出的培育茶园树型，恢复茶树树势的窍门，经过长期的总结完善，形成当今系统的修剪方法。清代方以智《物理小识》"树老则烧之，其根自发"，这是刀耕火种时期采用的恢复树势方法。至 19 世纪中叶，茶树台刈技术成熟。1858 年，张振夔文："先以腰镰刈去（茶树）老本，令根与土平，旁穿一小阱，厚粪其根，仍覆其土而锄之，则叶易茂。"这种茶树复壮更新方法与现存的台刈技术极其相似。清代杞庐主人《时务通考》："种理茶树之法，其茶树生长有五六年，每树既高尺余，清明后则必用镰刈其半枝，须用草遮其余枝，每日用水淋之，四十日后，方除去其草，此时全树必俱发嫩叶，不惟所采之茶甚多，所造之茶犹好。"中国茶树修剪自台刈始，而后才有重修剪及程度不同的其他修剪。

　　新中国成立以前，恩施的茶园没有修剪茶树这一农事活动，但对衰老茶树进行砍伐，而后将树桩焚烧是存在的，这也许是古代恩施刀耕火种的落后生产方式在茶叶生产中的体现，现在的茶农采用台刈方法时，还有烧树蔸的习惯（图 2-37）。1954 年，开始推行条植茶，修剪技术才传播到恩施，但因当时的条植茶推广面积太小，修剪技术也没有得到全面推广。1973 年，推广等高条植茶，修剪技术再次提出，但因当时的社会经济条件限制，真正能执行的不多。1979 年，芭蕉提出老茶园改造，茶树的台刈、修剪是改造的重要技术措施，大量的丛植茶树恢复树势，修剪技术在芭蕉的部分区域得到茶农认可。无性系良种茶的发展使茶树修剪技术全面推广，由于芭蕉最早建设的无性系良种茶园由粮援项目直接管理 3 年，茶树修剪严格按技术要求进行，三年亩产值过千元，茶树修剪技术被灯笼坝村茶农接受。随后建设茶园都按此进行，修剪技术随良种茶的发展，逐渐传播到恩施所有茶区，成为茶园管理的常规动作。

● 图 2-37　火烧后的台刈茶园

// 4. 茶园中耕除草

中耕除草是茶园管理中最早采用的措施，即使在唐宋时期，除草也是茶园的农事活动内容。《四时纂要》"二年后方能耘治"，贯休《别杜将军》"伊余本是胡为者，采蕈锄茶在穷野"，孟郊《越中山水》"菱湖有余翠，茗圃无荒畴"。对茶园中耕除草，唐诗中是极其肯定的，说明中耕除草是当时茶园的一项必不可少的农事活动。

"六苑茶"是恩施早期的茶叶种植方式，中耕除草工作也很粗放，只是不让荆棘藤萝影响茶树生长。清代以后，茶树丛植于耕地之中，中耕除草随间作物的种植、管理进行。

等高条植茶的中耕除草是最难的，又是最需要的。因这类茶园多利用荒山荒坡开垦，园内土壤未经改良熟化，残存大量的树根、草根、蕨根、竹鞭，这些残存物生命力旺盛，在茶园中发芽生长，极难清除。中耕和除草才能使荒山荒坡转化成真正的茶园，否则这些茶园可能会成为种了茶的山林茅坡。

无性系良种茶的种植使中耕除草工作发生改变，中耕除草主要在定植三年内的幼龄期。茶树封行后，中耕受空间限制难以开展，杂草生长减少，除草的工作限于茶园四边和茶园空隙，工作量相应减少。2010 年后，由于劳动力大量外出务工，轻简栽培成为茶农的选择，幼龄茶园杂草生长快，除草剂成为农民除草的法宝。除草剂的大量使用导致茶树生长缓慢，叶片失绿、畸形（图 2-38），甚至死亡，同时也会破坏土壤结构和活性，更为严重的是对生态环境产生破坏，对动植物都造成不利影响。

● 图 2-38　除草剂危害的茶树芽叶

中耕是投产茶园的管理难题，因茶树枝条密，耕锄器具难以进入。耕锄不足，会造成茶园土地板结，土壤通透性变差，影响茶树生长。因此应克服困难，结合修剪清理操作道，对茶园进行定期耕锄。

// 5. 茶树病虫害防治

（1）始于无为而治。

恩施的茶园病虫害自古就有发生，只是发生情况和处理方法不一样。民国及以前，茶树以丛状散生于各处，病虫害不可能大面积出现，只会危害个别茶丛。而且病害和虫害的发生也具有其特殊性：因自然选择，病害严重的茶树被淘汰，留下的茶树具有较强的抗病能力，病害不易发生；虫害发生受到生态系统的影响，害虫与天敌保持动态平衡，严重灾害难以发生。清代以前，茶叶只是众多土特产中的一个种类，几丛散生的茶树出现的问题对农家的收入影响极其有限，人们对茶树病虫害是不会费心去处理的。清代末期，茶叶产业虽然有长足的发展，但仍然没有以茶为业的种植业者，病虫害防控不是茶园的农事活动，对于偶尔发生的病虫害茶农只会选择任其自然发展，对严重的虫害，则通过人工摘除的方法处理。

（2）行动于人工挑治。

茶树病虫害防治是新中国成立后才有的，计划经济时期恩施的茶树病虫害并不多，只有茶毛虫等几种大的害虫，病虫害发生极少，即便发生只要及时挑治是很容易控制的。

1956年，芭蕉全区大面积发生茶毛虫病虫害，对茶园造成危害并影响茶叶采摘，芭蕉区委、区公所根据吉宗元同志提出的人工挑治的方法，组织群众捉虫，虫情很快得到控制。这是恩施首次将病虫害防治纳入茶园管理，但这是偶发事件，并不是茶园管理的日常工作内容。

1975—1976年，芭蕉再次发生茶毛虫病虫害，吉宗元带领农技人员现场指导进行人工防治，仍然是偶发事件。在这次防治期间，发现了茶毛虫"核型多角体病毒"。

1983年，恩施市特产局通过人工饲养接种方式，制成茶毛虫核型多角体病毒制剂。1984年，恩施市茶园茶毛虫病虫害再次发生，茶毛虫核型多角体病毒制剂正好派上用场，防治取得超乎寻常的效果，不仅当年茶园中的茶毛虫先后死亡，而且随后5年未发现茶毛虫，10年全市无茶毛虫灾害发生。

（3）成型于综合防治。

进入21世纪，专业茶农规模不断扩大，茶叶地位上升，茶农精心呵护茶树，不会放任病虫为害的现象发生，遏制病虫害发生成为一项重要的农事活动。茶树的广泛种植并得到良好的培育也导致病虫害的发生风险加大：一是良种茶的引进种植造成外来病虫害入侵，使恩施本来很少的茶树病虫害种类增多；二是良种茶的管理很好，茶树叶片嫩绿，但茶园通风透光差，诱发病虫害发生；三是虫害由大虫（毛虫、尺蠖等）为主变为小虫（绿叶蝉、粉虱、橙瘿螨等）为主，防治难度加大。

20世纪90年代，随着无性系良种茶的种植，茶树病虫害种类增多，病虫害防治工作逐渐成为茶园管理的工作之一，农药开始进入茶园，成为病虫害防治的手段。

农药使用直接影响到茶叶质量安全，针对农药使用问题，恩施市积极应对，向茶农宣传正确的农药使用知识，引导茶农合理用药。2003年，恩施市启动无公害茶叶示范基地县（市）创建工作，茶园的病虫害防治得到重视。以防为主，综合防治成为茶园病虫害防治的主推技术，科学用药、合理用药成为主流，生物农药、物理防治技术在茶区推广。芭蕉侗族乡编成无公害茶叶生产"三字经"，悬挂于茶叶重点产地。

（4）升级为绿色防控。

2006 年，在"公共植保、绿色植保"的推动下，绿色防控技术开始在茶园运用，农业、物理、生物措施用于茶园病虫害防控，杀虫灯、黏虫板、生物农药在茶园中使用，减少了化学农药的使用量。

2014 年，全国农技推广中心提出茶叶生态栽培技术，主要是调控对茶树有影响的生物种群、茶园土壤和生态环境，达到保护生态、保护茶农健康、保障茶叶安全、提高茶叶效益的目的，是茶叶控肥、控药、提质增效的有效手段。主要技术有以下三项。

一是茶树病虫害生物调控技术。加强病虫监测，以采摘、修剪和保护茶园有益生物为基础，合理运用频振式杀虫灯、诱虫色板、性诱剂、捕食螨等绿色防控手段，示范应用植物源农药、矿物源农药及微生物源农药为主要防治措施，集成应用不使用（少使用）化学农药的病虫害防治预案。

二是茶园土壤调理技术。实施枝叶还田，应用绿肥、堆肥、生物有机肥，试验运用具有改良土壤、保水抗旱、增强肥效作用的土壤调理剂、保水剂及肥料增效剂。

三是茶园生态修复技术。在茶园四周种植乔木作为防护林，在梯级茶园的梯壁种草或留草，在幼龄茶园行间种植绿肥；加强茶林间作，在茶园干道、支道及地块间空闲处种植香樟、桂花等树木。恩施市作为全国首批示范区，在实施过程中总结出了适于恩施实际的茶园生态防控方法，将在后面的章节进行介绍。

新技术的运用使恩施市的茶叶病虫害从防治变为防控，由药物防治到生态栽培，使茶叶的质量安全得到保证。

// 6. 茶叶采摘

（1）统采。

陆羽《茶经》记载："凡采茶，在二月三月四月之间。茶之笋者生烂石沃土，长四五寸，若薇蕨始抽，凌露采焉。茶之牙者，发于藂薄之上，有三枝四枝五枝者，选其中枝颖拔者采焉，其日有雨不采，晴有云不采。"这说明唐朝采茶只采春茶，采摘方式是统采，在农历的 2—4 月间，将长成的嫩叶采下就行了。长四五寸的鲜叶应该是一芽三叶以上，这说明当时制茶并不追求鲜叶细嫩。

（2）分季采。

分季采是清代至 20 世纪 80 年代的采摘习惯，即分春夏秋三个季节采摘。恩施茶农习惯将春茶、夏茶、秋茶依次叫头茶、二茶、三茶。最初人们只采春茶（头茶），清中叶以后，红茶的俏销为夏秋茶的利用找到途径。夏秋季节充足的阳光和适宜的温度使红茶加工变得容易，于是，部分夏秋茶得以采摘利用，采摘由春茶一次变为春夏秋三次。清代茶叶地位提高后，部分茶园春茶的采摘次数增加，从一次提高到二至三次。新中国成立后，推进分批次采摘，春茶采摘提高到三至五批次，夏秋茶仍然各采一次。在茶价低迷时，春茶减少采摘批次，夏秋茶弃采。20世纪70年代提出"消灭一、二、三，确保四、五、六"，就是增加采摘批次，全年杜绝只采三次，保证采摘四次以上。采摘标准为"一芽二叶，一芽三叶"，留叶采摘，不采鱼叶和马蹄壳（鳞片）。采摘的鲜叶以数量和质量给予报酬。开始衰老的茶树要留梢采摘（又称留茶苔子），以恢复树势，永续利用。

（3）分级采。

鲜叶分级采，是适应名优茶生产的需要而形成的。名优茶生产要求鲜叶大小、嫩度一致，严格分级采摘才能达到加工要求，分级采摘是名优茶生产的前提条件。清代蓝氏在加工"玉绿"时，选用的鲜叶为一芽一叶初展到一芽二叶、三叶。20世纪80年代，名优茶生产在湖北全省全面开展，分级采摘与名优茶生产同步推进。20世纪90年代，恩施市名优茶生产发展迅猛，分级采摘技术也随之被茶农普遍掌握。制作高档茶叶必须精选鲜叶原料，不同等次的鲜叶加工出不同档次的产品，不同产品对鲜叶有不同的要求。单芽、一芽一叶初展和一芽一叶用于生产高档名茶，一芽二叶、三叶可加工中档名茶和优质茶。统采鲜叶只能生产低档茶，一芽三叶以上、单片、老叶、老梗不能出现在名优茶生产中。进入21世纪后，统采只在春茶结束时使用一次，茶农称之为"清树"，将茶树蓬面的新叶全部采下，以利于夏茶的萌发。

分级采因名优茶生产而普及，并促使鲜叶质量整体提升，茶叶生产的经济效益随之大幅增长。分级采摘、分级付制，同一片基地能创造更大的价值。同期统采鲜叶最高时不超过10元/公斤，而同期单芽、一芽一叶初展100元/公斤左右，一芽一叶80元/公斤左右，一芽二叶50元/公斤左右，一芽二叶的龙井43可达150元/公斤以上。即使统采鲜叶价格降至2元/公斤左右时，单芽仍然在45元/公斤以上。

分级采促进细嫩采。分级采把茶树芽叶按发芽、长叶的进度分成同一生长状态的产品，不同状态的产品不能混淆。分级采摘使鲜叶老嫩分开，总体更趋细嫩。细嫩采很早就有，五代蜀人毛文锡《茶谱》："蜀州……其横源雀舌、鸟嘴、麦颗，盖取其嫩芽所造。以其芽似之也。"宋赵佶《大观茶论》："凡芽如雀舌、谷粒者为斗品。"古之细嫩采不是分级采，只是针对某一茶品而采用的采摘标准，于整体仍然是统采，如"碧螺春"采摘标准为一芽一叶、"玉绿"采摘标准是一芽一叶初展到一芽二叶。但在20世纪末，细嫩采被推向极致，陷入以细嫩定优劣的误区，于是单芽茶品风靡一时，名茶采摘只取单芽，即使单芽还要比较大小。其实单芽制成的产品内含物并不丰富，饮用绝非上品。北宋沈括《梦溪笔谈》有："茶牙，古人谓之雀舌、麦颗，言其至嫩也。今茶之美者，其质素良，而所植之木又美，则新牙一发，便长寸余，其细如针。唯牙长为上品，以其质榦、土力皆有余故也。如雀舌、麦颗者，极下材耳，乃北人不识，误为品题。余山居有《茶论》，《尝茶》诗云：'谁把嫩香名雀舌？定知北客未曾尝。不知灵草天然异，一夜风吹一寸长。'"宋代是对茶叶品质过度追求的朝代，单芽茶品被沈括否定，说明采摘单芽不被当时主流社会认可，过度的追求细嫩，是商家的噱头，无益于品质。

（4）机械化采摘。

随着茶叶产业的发展，茶园面积不断扩大，农村劳动力不断转移，采摘工不足成为常态，严重困扰茶叶产业持续健康的发展，机械化采摘应运而生。最先的机械化是由手工加工具，芭蕉茶农在大宗茶采摘时为提高效率使用篱剪（当地称平剪）对茶蓬表面进行轻剪，剪子上带上袋子，收集剪下的叶片，虽然鲜叶质量较差，但工作效率有很大提高。为采摘更方便，茶农又改进工具，在剪子上装一块挡板，便于鲜叶收集（图 2-39），这是机械化采摘的前身。茶叶企业、茶叶专业合作社和种植大户则购买茶叶采摘机械，用于自有茶园的茶叶采摘，大大提高了劳动生产效率。

● 图 2-39　采茶剪

目前的机械化采茶只适用于大宗茶的鲜叶采摘，机械采摘的效率是人工采摘的10 倍左右，可节省大量劳力。名优茶采摘仍然依靠手工采摘，名优茶生产比重大的茶区机械采摘比重相对小，名优茶生产少的茶区机械采摘比重大。

机采的缺点是没有选择性，鲜叶老嫩不一，部分芽叶破损，完整性差。加工出的成品档次低。分级采摘机械是需要重点解决的难题。

第三节　恩施市茶叶生产中出现的特殊问题

恩施市在茶叶生产中遇到过许多技术问题，这里介绍的这些问题在恩施具有特殊性，解决问题也用特殊方式。

一、茶树冻害

茶树冻害是恩施市普遍存在的自然灾害，笔者经过长期观察发现，恩施的茶树冻害分冰冻、霜冻和降雪。恩施有"清明断雪，谷雨断霜"的说法，意思是说清明节前还有下雪的可能，谷雨节气前还有霜冻的风险。打霜和下雪都意味着低温，恩施的茶树冻害极少发生，即使极端年份，也只在部分区域少数茶树受到影响。恩施的冻害使部分茶树或不耐寒品种的表面枝叶可能枯黄坏死，基部仍然鲜活，气温稳定回升后，及时采取合理修剪、施肥等措施，可恢复树势。

// 1. 冰冻

冰冻是因低温结冰造成的冻害，由于恩施特殊的地理环境，极端低温难以出现，冰冻灾害30年以上才有一次，一般对茶树不会产生严重影响。

1976年12月下旬至1977年2月中旬的大冻害使恩施市的柑橘、慈竹大量死亡，茶树虽然大部分植株受冻造成枝叶枯死，但气温回升后各生产队迅速组织劳力砍掉受冻部分，基部大量萌发芽叶，树势很快恢复，没有整丛死亡现象。本地群体品种是经过长期自然选择和人工选择形成的，对当地自然环境有广泛的适应能力，抗旱、抗寒、抗病虫害能力强。

2008年1月南方冰冻灾害涉及面广，恩施也是受灾严重的区域，1月25日，海拔1020米的芭蕉火铺堂茶蓬被冰雪覆盖，海拔440米的头道水茶园也全部结冰，茶树叶面被覆上厚厚的冰凌（图2-40），由于水布垭水库淹没了恩施市最低的海拔区域，在恩施市郊，海拔440米已接近种茶的最低海拔高度了，由这里的茶树结冰可以推知这时恩施的茶园全部受冻。受冻不等于冻害，在气温回升后观察发现，这些茶园未发现有明显的冻害，这说明茶树在休眠时期抗寒性是很强的。这次冰冻灾害对特殊的地带和个别品种是有一定影响的，受灾最严重的

● 图2-40　冰冻茶园

是海拔940米的白杨坪穿心店，这里有一片约10亩栽植一年的平地幼龄茶园，品种为福云六号，受害情况为整株叶片枯黄，枝干失绿达植株基部，而相同地带的老茶树和周边坡地的同类茶树只表层叶片有枯黄，中下部保持正常。分析原因为该地

块为一小盆地，冷空气下沉堆积，而福云六号抗寒性不强，造成冻害；芭蕉火铺堂较穿心店海拔略高，福云六号成龄茶园表层叶片枯黄，枝干和内部叶片正常，风口处新栽茶苗整株死亡，背风地带正常，投产茶园则没有产生直接经济损失。

// 2. 霜冻

茶园霜冻灾害多发生于春季天气晴好的凌晨。冬季茶树休眠，霜冻对茶树没有影响，而春季气温迅速回升时，霜冻则会对茶树造成损害。恩施的气温在春季回升时波动较大，早春气温稳定回升至 10 ℃以上时，茶芽就开始萌发，天气晴好的时段，茶芽萌发加快，也是霜冻极易发生的时候。由于天空无云，地表辐射造成热量散失，高空的冷空气下沉，气温骤降，地表结霜，茶芽会因低温变成红焦状。"倒春寒"，在 3—4 月均有可能发生。"倒春寒"引起的霜冻，一般平地茶园比坡地茶园严重，山地茶园的冷空气过道和低凹地沉积处，以及有"回头风"侵袭的茶树受冻较重。冻害导致芽叶受损，芽叶片边沿或者整个芽叶呈现紫褐色，出现"麻点"，芽头和叶片中的花青素含量增加，严重的全园新芽先发红，后变黑，对春茶生产造成巨大的影响。用受冻的鲜叶加工的早春茶，茶的苦涩味更重，影响滋味，茶叶的品质下降。受冻严重时，茶芽死亡腐烂，导致开园推迟，春茶减产。

2006 年 3 月中旬，芭蕉野鸡滩新发茶芽芽尖变黑，茶农怀疑是附近瓦窑烧瓦产生的废气污染所致，乡政府求助于市茶办。经现场查看，受害茶园地处芭蕉河岸，地势平坦，原为水稻田。全园危害状态一致，相邻坡地茶园正常，与有害气体危害症状不符。再观察草子坝、黄连溪，平地水田茶园，也有芽尖变黑的情况，而较高的灯笼坝坡地茶园的茶树则表现正常，于是市茶办的技术人员得出结论，此症状为"倒春寒"霜冻引起的。

2015 年 4 月 14 日，刚好恩施高山下雪后一周，天气持续晴好，恩施市及周边县（市）纷纷发布冻害报告。当天清早，海拔 600 米以上地区的人们起床后发现，田间有霜冻发生，海拔 700 米以上处于平坝地带的茶农在上午 9 时前后发现部分品种的茶树新芽出现近似开水烫的症状，海拔越高的平坝越严重。经技术人员现场调查，本次冻害受害茶园位于海拔 700 米以上，低洼平坝地带严重，坡地基本无损失；不同品种受害情况不一，龙井 43 严重，春波绿、安吉白茶稍好，本地群体种无影响；茶树蓬面受损严重，侧面轻，茶树行间密的受灾重，行间距大的受灾较轻。笔者在海拔 760 米左右的白果乡长鹰坝看到，龙井 43 呈 2 级冻害，芽叶严重失绿，安吉白茶一级冻害，但山顶的鹿驻山，海拔达 1100 多米，安吉白茶虽也受冻，却比长鹰坝要轻，而且本地群体种没有丝毫受冻迹象。而在海拔 900 米左右的见天坝，也是一片峡谷平地，冻害极其严重（图 2-41），茶树蓬面芽叶变红发黑，茶农经济损失巨大。

● 图 2-41　见天坝龙井 43 受冻状

// 3. 降雪

降雪是冬季和早春的正常天气现象，不仅对茶树无不良影响，还会减少病虫害越冬基数，对生产有利。在北方冷空气的作用下，春季气温回升后也可能出现短暂的降雪，这种降雪不会持久，天气会迅速转晴，气温快速回升，对茶树影响很小。

2009 年 4 月 1 日，恩施降温降雨，当晚，海拔 800 米以上的地区降雪。4 月 2 日上午 9 时，海拔 1040 米的屯堡乡马者村花石板，群山白雪皑皑，茶蓬银装素裹，一片深冬的景象。而新发的茶树嫩芽雪中挺立，让人好不揪心（图 2-42）。好在不久就放晴了，仅两个小时积雪融化。令人意想不到的是，茶芽生长未受明显影响，在连续几个晴天后就开园采摘了。

● 图 2-42　雪中新芽

2015 年 4 月 6 日，恩施市气温骤降，6 日晚至 7 日清早降雨，海拔 1000 米以上的地区降雪，地处海拔 1100 米的屯堡乡马者村的恩施市大方生态农业有限公司的茶园被积雪覆盖，上午随着降雪停止，积雪迅速融化。经观察，除极少数茶芽有轻微冻伤，表现为叶边微红，芽尖有细小黑点外，整体并无大碍。这次降雪突破了"清明断雪"的极限。

恩施的茶园受冻事件表明，茶树在休眠期抗寒能力很强，只要不发生极端低温情况，一般不会产生冻害。积雪对茶树影响不大，即使春季茶芽萌发后降雪，只要时间不长，融雪迅速且升温快，茶芽可以正常生长。春季霜冻对春茶影响很大，常造成新芽受冻，严重影响茶叶产量和质量。冻害主要影响特早及早生品种，中晚生品种和群体种基本不受影响。

// 4. 日灼

日灼发生在陡然出现的晴热高温天气下，茶树叶片因无法承受高温强日照而产生损失。茶树日灼表现为直接暴露在阳光下的叶片呈褐色或铜褐色叶斑症状，严重时半叶乃至整叶焦枯。恩施市茶树受日灼多发于盛夏，地下水位高、氮肥使用多、排水条件差的茶园受影响较重。本地群体种茶园基本不发生日灼现象，无性系良种茶发生日灼与品种有关，生长迅速、持嫩性好的品种易发。恩施市最早发现日灼现象是在市茶树良种繁育站，每年 8 月份，良种茶扦插时剪取枝条，采穗圃在枝条剪走后如遇连日高温强日照，内膛叶片从光照不足突然受到高温强光照射，部分叶片受害产生枯黄。生产茶园在水稻田改种无性系良种茶后，也有日灼危害发生。

2010 年 8 月初，芭蕉侗族乡高拱桥村枫香坡茶园出现叶片枯黄症状，因这里是全国扶贫开发现场会的现场，引起领导极大关注。经技术人员现场观察确认是日灼造成的（图 2-43）。产生的原因是茶园地下水位高、氮肥施用量大，茶树根系分布浅、芽叶过嫩，在遭受高温暴晒时引起生理缺水，叶片因失水严重枯黄。会务人员要求及时解决问题，恢复茶园整体形象。当时乡里准备采用修剪办法剪除受害芽叶，环卫也调了洒水车给茶园补水，茶办否定了修剪方案，因修剪伤口会引起更大的伤害，洒水因车辆到达范围有限，只能沿公路进行，后确定人工摘除受损叶片，辅以夜间补水，补充追肥。到会议召开时，新芽长出，茶园基本恢复正常。

2014 年 3 月—6 月持续低温，春茶开园推迟 10 天以上，直到 7 月上旬都没有连续两天以上晴好的天气，长时间的阴雨低温寡照，使茶树根系生长不良。7 月中旬天气发生逆转，迅速变为高温、强日照天气。地下水位较高、氮肥用量大的平地茶园经受不了这种天气，大面积出现日灼危害。8 月上旬，许多茶园表层叶片焦

● 图 2-43　芭蕉乡枫香坡福云六号茶园日灼症状

黄，州市两级业务主管部门发出预警，并制定防治措施，引导茶农正确对待灾害，有效防控。

日灼发生时间在 7、8 月，此时不在茶叶收获旺季，造成的经济损失不大，发生时间也不长，只要管理得当，树势很快可以恢复。处理方法一是降低茶园地下水位，开深沟排除茶园耕作层积水；二是增施有机肥，减少速效氮肥用量，提高茶树对不良环境的抵抗力；三是在极端高温强日照时期采用遮阳网覆盖，减少危害；四是适当补水。

// 5. 茶树木腐病

2015 年 3 月 10 日，屯堡乡农业服务中心简锦碧在恩施茶业 QQ 群发了一张茶树受害照片，寻求解答，群内网友虽讨论热烈，但大家的见解与照片显示的症状相距甚远。为弄清真相，2015 年 3 月 12 日，恩施市农业局农艺师苏学章和恩施市特产技术推广服务中心农艺师王银香前往实地调查。

茶树受害地点位于屯堡乡罗针田集镇后的恩施市英杰生态农业有限公司旁，海拔 830 米左右。该茶园为水稻田改建，土壤黏性重，土壤 pH 值 5.6，通透性差，2003 年建设成园，栽植品种为福鼎大毫，无性系。茶树受害面积约 0.5 亩，不同病情的两片分属两家农户，面积相当。茶园管理差，严重缺肥，病情严重的一片近期有翻耕活动，轻微病害的茶园处于荒芜状态，植株瘦弱、黄化、叶片稀疏。

茶树受害状为茶树基部树干上树皮出现竖条状溃疡斑，有的腐朽脱落，木质暴露并附着黑色平滑如干沥青薄层，薄层上有黑色粗糙裂隙（图 2-44）。条状斑从根颈部发生，并按植株生长方向向枝杆和根部双向延伸，向上延伸至对应的枝干，向

● 图 2-44　茶树木腐病

下延伸至对应的支、侧根，漫延造成对应的枝干、树根枯死，未发现主干表皮为害横切面达到一半的植株，也没有发现死株现象，但发现有一株发生两处为害。为害处病、健部分界明显，为害部位木质呈暗褐色，病变根部见死亡的表皮残存。发病初，皮层和木质部间呈红褐色，发病时间长则为黑色。为害后形成的损害状态与机械损伤略有相仿，但仔细观察就会发现不同。机械损伤的为害面不规则，创面干净或多种菌感染颜色差异大，现场茶树为害创面规则，表面呈黑色。针对为害症状，经查阅相关资料，怀疑是茶树木腐病为害，但因查不到参考病例，于是以桃、苹果木腐病为参考，初步认为疑似茶树木腐病。

为准确诊断，选取完整的典型植株送国家茶叶产业技术体系恩施试验站会诊，在观察病株和现场调查后，基本认定系茶树木腐病为害，为确保准确，又请恩施州职业技术学院冯小俊教授做病原分离培养，结论也为木腐病。

针对病害发生成因，州、市专家提出的防治措施为加强田间管理，增施有机肥，密切观察后续发展情况。茶农根据这一要求，对茶园进行了中耕、增施有机肥等措施。在得到正常管理后，病情迅速好转，病斑停止扩张，周围皮层生长旺盛，两年后，茶树生长正常，无新的病株出现，受害植株为害部位只有老旧病斑，且因表皮生长而逐步缩小。

茶树木腐病是一种罕见的茶树病害，肯尼亚发生较多，当时恩施发现首例，国内未见正式报告。这种病害是在茶树生长环境特殊，又疏于管理的情况下发生的。这里作为特殊病例记载。

// 6. 龟蜡蚧

2005 年 8 月初，芭蕉侗族乡反映该乡灯笼坝村发现茶园中有不明生物附着于茶树上，请求市茶办现场诊断，作出结论并提供解决方案。

恩施市茶叶产业化领导小组办公室迅速前往现场处置，发生地位于灯笼坝村首次建成的无性系良种茶园中，品种为福云六号，目测为害仅 5 株。为害物附着于茶树枝干部位，圆形、色白，背部隆起呈半球状，通过观察，确定为龟蜡蚧（图 2-45）。

针对其为害范围极小的情况，市茶办建议采用物理方法，将已为害的茶树全部砍伐，枝叶就近在空地烧毁，并人工清除茶树基部为害物，次年继续观察。茶农按照上述方法处理后，虫害不再发生，全市至今也仅发现此例。

● 图 2-45 茶龟蜡蚧

 ## 二、耕地种茶以短养长

种茶要实现高产高效，就应该用良田种植。在恩施这个土地资源极其匮乏的地方，耕地是农民的命根子，要动它，必须要让农民解开一道"心结"，这道"心结"就是"粮食"。在茶叶未投产的时候，必须有粮食农民才安心。为适应这一现实需求，芭蕉在实施二、四、六目标时，探索了一套化解这一难题的以短养长模式，即单行单株玉米间作模式。玉米作为高秆作物，理论上不适合茶园间作。科技人员通过理论分析和实际试验，终于在理论知识和生产实际中找到结合点：幼龄茶树在第一年的上半年是成活的关键时期，适于在漫射光下生长。茶园大行间距在 1.2 米以上，合理遮阳对茶树生长有利；幼龄茶园根系尚弱，需要保护栽培。基于幼龄茶树的特殊需要，玉米成了很好的间作物。其一，玉米是恩施种植广泛的粮食作物，也是农家的主粮之一，农民高度认可；其二，玉米是直立型作物，生长过程中叶片方向可以预先设定；其三，玉米生长期与茶树对光照的需求形成错位，互不影响；其四，玉米秸秆是很好的茶园覆盖物。具体方法为深挖茶垄间，改善土壤条件，注意不伤茶垄；选择早熟玉米品种，适时育苗；科学移栽，每一茶垄间栽一行，单株栽植株距比大田玉米略小以增加基本苗，玉米苗叶片与茶行成 45 度夹角，叶片方向一致，增加垄间通风透光能力（图 2-46）；加强管理，及时除草施肥；及时采收，成熟后迅速采收，并砍伐秸秆顺茶行覆盖于茶垄之上。早熟玉米采收时正好茶苗已渡过成活期，进入需光的旺长期，秸秆砍伐后光照充足，满足幼龄茶树生长所需。

● 图 2-46　幼龄茶园套作玉米

实践证明新建茶园间作玉米，只要操作得当，完全可行。间作减少杂草生长，不会因为除草造成茶苗受损；春季玉米处于幼苗期，遮挡不了茶苗光照，茶苗生长基本不受影响；夏季光照强烈，新植茶苗适度遮光可提高成活率；8 月茶苗进入旺长期，玉米刚好收获，影响不了茶苗生长；玉米收获后将秸秆还田作茶园覆盖物好处很多，可以保水、保温、保湿、保肥，减少杂草生长，提高茶苗成活率。图 2-46摄于 2015 年 6 月 19 日，玉米已过授粉时期，7 月中旬可采收嫩玉米，7 月底到 8 月初可采收老玉米。

幼龄茶园间作玉米，是为了满足农民粮食需求而采用的办法，不是间作的最佳方法，一般提倡以间作豆科作物或矮秆作物为宜，有条件的茶园应间作绿肥，增加土壤有机质。

第三章

茶叶加工

茶叶加工是茶树芽叶转变成茶叶产品的过程，是茶树资源利用的重要环节。茶树芽叶通过加工形成符合消费者需求的产品，茶叶加工方法的发展变化，使茶的利用方法由简单到复杂，过程由随意变为工艺，茶叶产品从单一到多样。

第一节　茶叶加工的产生

茶叶加工源于茶叶的利用，自神农氏将茶的好处介绍给远古的巴人开始，茶就被人类利用，只是最初的利用非常简单直接，人们从自然生长的茶树上采集叶片、嫩梢，一开始生食，进而水煮芽叶而饮用茶汤。随着茶在人们生活中的地位提高，茶的需求不断增加，为随时有茶可供利用，晒干收藏茶叶出现。继续发展就有了"采叶作饼"，进而为提高品质、增加品类，六大茶类相继诞生，茶叶产品从随手取得演变为加工生产。

 ## 一、茶的利用始于鲜叶生食

茶叶利用始于直接生食鲜叶，没有加工环节。古人有时在感到身体不适时，会采摘几片茶树叶片放到嘴里咀嚼，嚼烂后吞下，一天嚼食几次，直到身体状况得到改善。茶树上的鲜芽叶直接入口，没有任何加工环节，简单易行。

生食茶叶能让人生津止渴、神清气爽，了解茶性的先民形成了随手采摘并生食茶叶的习惯，在遇到茶树时，采下几片茶叶放入口中咀嚼，茶叶成为调节生活的物品。生食茶叶的习惯存在于野生茶树资源丰富的地方，神农氏发现茶的湖北西部到云贵川一带恰好茶树分布广泛，可以轻松取得茶叶。

 ## 二、水煮羹饮使茶为更多的人所接受

生嚼茶叶虽然对身体有好处，但其味道却不是很好，成人尚可接受，小孩就有些难以接受了。古人经过探索发现水煮后茶叶更加适口。于是，古人逐步将茶叶用火煮成汤水饮用，就像今天我们煮菜汤一样。水煮羹饮可使茶树的老叶、嫩枝都得到利用，老人、小孩也方便饮用，而且饮茶比嚼茶舒服多了。茶汤不仅有益身体，更是一种消遣，于是用水煮叶片饮用的方法迅速传开，更多的人喜欢上茶叶，甚至人们在食用粗粝食物时，会伴着煮好的茶水吞咽。

 ## 三、晒干收藏是加工的萌芽

古代的巴人曾经将茶当药、做菜，但主要还是饮用。茶的药用功效并不显著，药用植物的治病效果使茶的药用价值变得不值一提，蔬菜走向餐桌后使茶的佐餐价值大减，茶真正的魅力还是饮用。茶叶的饮用普及促使人们寻求方便的饮用方法，煮茶首先要有茶叶，而茶叶在茶树上，每煮一次都要到树上去采集，很不方便，于是人们逐渐开始探索一次采集、多次使用的办法，晒干收藏茶叶的加工方式出现了。晒干的茶叶可以长期保存，取用方便。同时可选择在最佳季节采集，为平时生活提供足量、优质的茶饮原料。

晒干收藏的茶叶有几方面的好处：一是冬季是茶树的休眠季节，叶片粗老不堪入口，收藏的干叶不仅可满足冬季的需要，还能全年饮用品质最好的春季茶叶；二是外出随身携带方便，能随时饮用；三是可用于馈赠，人们可通过给亲友赠送茶叶，表达自己的情感。在茶叶原产地，因土壤、气候等原因，有部分区域不产茶，而且产茶区和不产茶区相互穿插，馈赠茶叶的习俗在民间广泛存在。由于人们对茶叶的饮用有广泛的需求，晒干收藏的茶叶加工方式得到普遍采用，这是茶叶加工的萌芽，虽然算不上真正的茶叶加工，但已经增加了茶叶的利用场景。

晒干收藏这种茶叶加工方式的出现，对于巴人的迁徙有重大意义。巴人从武落钟离山出发，于夷城建国，再向西开疆拓土，身上带着的应该就是晒干的茶叶，在路途之中发现有茶树时也会采茶叶晒干携带。就这样，饮茶之风随着巴人的迁徙在其涉足的区域内传开。

晒干收藏的茶叶加工方法在恩施长期流传。恩施有一种祖传的晒青茶，当地人称"白茶"，其制作方法为将采摘的鲜叶均匀摊放于晒席上，边晒边揉，雨天则置于室内通风处，直到充分干燥。为节省时间，农家自用的"白茶"少揉或不揉，商品茶则反复手揉，尽量成条。这种加工方法一直延续到新中国成立后的计划经济时期，其加工方法与六大茶类中的白茶极其类似，只是增加了手工揉捻的过程。由此笔者推断，白茶完全有可能是晒干收藏这种加工方式的延伸，是形成最早的茶类，但这一结论与现行教科书相悖。

四、采叶作饼是真正的加工

"采叶作饼"是早期的茶叶加工方式，人们将采来的茶叶先捣烂做成饼，晒干或烘干便于保存。大约是在汉代，人们将茶树叶片捣烂，制成饼茶收藏和携带。半制半饮的煎茶出现了，这是真正的茶叶加工，也是绿茶的萌芽。据三国魏张揖的《广雅》记载："荆巴间采叶作饼，叶老者饼成，以米膏出之。"这就是当时普遍采用的煎茶制作方法，可视为恩施一带茶叶加工制作最早的记载。

"荆巴间"的"采叶作饼"开茶叶加工之先河，自此茶叶加工不断创新，丰富完善，形成分门别类的初加工、再加工、精加工、深加工产品，极大丰富了人们的生活需要，茶叶用途也更加广泛。

第二节　恩施的茶叶加工随茶饮的兴盛而落伍

中国茶叶兴于唐，盛于宋，而恩施在茶叶加工方面自唐代开始，就逐渐失去引领地位，随着茶饮的兴盛，恩施的茶叶加工与全国其他地区相比，差距不断拉大。从宋代至清代前期，恩施茶叶加工落后，完全不在茶界的视野之中。

一、自唐代至清前期的中国茶叶加工

唐、宋时期，茶叶加工的总体发展情况是工艺要求更精湛，原料要求更精细，产品要求更精致，茶叶加工的要求不断提高。元、明时期，茶叶加工由繁变简，茶叶产品也从追求高端大气变为注重香气、滋味。

// 1. 蒸青制茶是中国制茶技艺的本源

隋唐时期，人们发现通过加热的方法制作茶，干燥后能长时间保持品质，而且更有利于茶的香气的散发，茶叶的加工工艺得到完善，真正意义上的绿茶出现了。

唐代，饮茶之风大盛，促进了制茶技术的发展，出现蒸青团茶制法，其方法是将鲜叶蒸熟、捣烂，放入木盒或石盒中紧压成团，再烘干、穿串、封存，以消除生叶青臭味，增加香气。陆羽在《茶经》中记载："晴，采之。蒸之，捣之，拍之，焙之，穿之，封之，茶之干矣。"茶叶加工到唐代已形成完整的加工工艺，蒸青团茶的制法也明确了绿茶加工的基本工艺流程：杀青—做形—干燥，后来的工艺改进都是在这一基本流程上进行改进和变化。蒸青制茶工艺是中国制茶工艺的本源，使唐朝成为茶饮兴盛的朝代。

// 2. 宋代的龙凤团茶制作方法使茶叶加工达到极致

宋代制茶技术发展很快，新品不断涌现。北宋年间，做成团片状的龙凤团茶盛行。由于皇家对茶的偏爱，茶叶加工追求极致，甚至皇家与民间的茶叶产品形成区别，不得混淆。宋代《宣和北苑贡茶录》记述"宋太平兴国初，特置龙凤模，遣使即北苑造团茶，以别庶饮，龙凤茶盖始于此"。

宋代因历代皇帝皆嗜茶饮，对茶的质量要求更高，对各环节要求非常严格，作为皇家饮用的龙凤团茶的制造工艺，自然极其繁杂严苛。据宋代赵汝励《北苑别录》记述，龙凤团茶的制造工序有拣茶、蒸茶、榨茶、研茶、造茶、过黄等。茶芽采回后，先浸泡水中，挑选匀整芽叶进行蒸青，蒸后冷水清洗，然后小榨去水，大榨去茶汁，去汁后置瓦盆内兑水研细，再入龙凤模压饼、烘干。

龙凤团茶的工序中，冷水快冲可保持绿色，提高茶叶质量，而水浸和榨汁的做法，由于夺走茶的原味，使茶香极大损失，且整个制作过程耗时费工，这为蒸青散茶的出现埋下伏笔。

龙凤团茶制作工艺复杂，对加工使用的器物也有特殊要求，研茶需以柯木为杵，以瓦盆为臼，使茶叶加工难度加大。这时的茶叶加工不仅费工费时，而且一般人难以掌握，需要专业人士从事这项工作，茶叶加工成为一种技术性很强的工种。皇室的喜好直接影响民众的行为，虽然皇家享用龙凤团茶，与老百姓用的茶叶产品区别开来，但民间的跟风模仿盛行，民间制茶除了不敢用龙凤模外，其余皆效仿贡茶工艺，制作难度加大，非专业人士难出上品。

// 3. 蒸青散茶是制茶技艺的回归

宋代末年发明的蒸青散茶制法，使得茶的制作方法得以增加，制作工艺得到简化，团茶、散茶制作方法并用，散茶渐增而团茶渐减。散茶制法产生于加工实践中，在蒸青团茶的加工过程中，为了改善茶叶苦味难除、香味不正的缺点，制茶工逐渐采取蒸后不揉不压，直接烘干的做法，将蒸青团茶改造为蒸青散茶，保持茶叶固有的香气。不揉不压制成的茶叶虽然能保存原味，但泡松又不成形，于是揉捻工序被加入。经揉捻的茶叶不仅条索紧结，香气和滋味也有很大改善，揉捻成为绿茶加工的重要环节。《宋史·食货志》载"茶有两类，曰片茶，曰散茶"，片茶即饼茶，由此可见，散茶成为与饼茶相提并论的重要茶叶产品。

元代，蒸青散茶因改朝换代得到长足发展，游牧民族不注重繁文缛节，茶叶加工和品饮不再以繁杂的过程来体现。元代王祯在《农书》中对当时制蒸青散茶的工序有详细记载："采之宜早，率以清明谷雨前者为佳……采讫，以甑微蒸，生熟得所。蒸已，用筐箔薄摊，乘湿略揉之，入焙，匀布火，烘令干，勿使焦。编竹为焙，裹箬覆之，以收火气。"这也是至今发现最早的中国有关散茶或蒸青绿茶采制工艺的完整记载，从中可以看出，茶叶加工过程已大大地简化，与现代的绿茶加工相仿。

散茶不仅加工工艺简化，其茶叶鉴赏方法和品质评价也变得直白明了。对于散茶的评价注重茶的真味，以香气、滋味为重。散茶饮用方法也改为撮泡法，相对于唐代的煮茶法和宋代的点茶法，无论是用具、操作、品饮，都简捷方便。茶从加工追求极致、产品力求珍贵、用具极尽奢华、过程如同表演，回归到饮品的本源。

由宋至元，饼茶、龙凤团茶和散茶同时并存，历经宋、元两代，饼茶在制作上越做越精细，向高端发展，散茶则逐渐扩大规模，适应大众消费。

到了明代，太祖朱元璋出身于社会底层，深知民间疾苦，为减轻茶户劳役，下诏令"罢造龙团，惟采芽茶以进"。废龙团兴散茶，使得蒸青散茶大为盛行，团茶全部改为"散形茶"。这一改革使茶叶加工变得相对简单，茶价也更加亲民，消费群体进一步扩大。

// 4. 炒青技术使香气、滋味更加彰显

炒青绿茶自唐代就存在。唐代诗人刘禹锡《西山兰若试茶歌》中言："山僧后檐茶数丛，春来映竹抽新茸。宛然为客振衣起，自傍芳丛摘鹰嘴。斯须炒成满室香，便酌砌下金砂水。……新芽连拳半未舒，自摘至煎俄顷余。"说明嫩叶经过炒制而满室生香，这是至今发现的关于炒青绿茶最早的文字记载。

经唐、宋、元代的进一步发展，炒青茶逐渐增多，到了明代，炒青制法日趋完善，在《茶录》《茶疏》《茶解》中均有详细记载。如明代张源的《茶录》中对"造茶"记述为："造茶。新采，拣去老叶及枝梗、碎屑。锅广二尺四寸，将茶一斤半焙之，候锅极热，始茶急炒，火不可缓。待熟方退火，撒入筛中，轻团那数遍，复下锅中，渐渐减，焙干为度。"至于"炒青"茶名，早在宋代陆游（1125—1210年）就有记述："日铸（浙江绍兴日铸茶）则越茶矣，不团不饼，而曰炒青。"其制法大

体为：高温杀青、揉捻、复炒、烘焙至干，这种工艺已与现代炒青绿茶制法一致。

在团茶改为散茶后，人们在加工时尝试直接用锅炒的方法杀青，结果发现这种方法比蒸青还要简单，大火翻炒用时短，快速操作让人感到酣畅淋漓，浓烈的香气使人振奋，生产效率得到大幅度提高，产品因香高味醇得到消费者的广泛认可，且炒青茶的香气对消费者的感官刺激更加直接有效，于是炒青工艺逐步取代蒸青工艺。明代是我国制茶技术继宋之后最为重要的一个发展时代，散茶的普及、炒青的推广，是制茶技术上的一大改革和进步。由于这种改变，间接地促进了红茶、黄茶、青茶的诞生。明景泰年间，青茶诞生；明隆庆年间，黄茶诞生；明末清初，红茶诞生。茶叶加工方法多样化致使茶类丰富完善，茶叶产品更加丰富多彩。

 ## 二、恩施茶叶加工在唐代至清前期的状况分析

// 1. 自唐代失去优势

陆羽介绍的加工方法是在"采叶作饼"的基础上进行丰富和完善。由于加工工艺有所改变，产品质量也相应得到提高。这时的茶叶加工不算复杂，制作难度不大，恩施在加工上也紧跟潮流，没有停留在"采叶作饼"的工艺上。但恩施在"蒸青团茶"的制作上并没有如此前在"采叶作饼"时期一般起到引领作用，而是跟着全国的发展步伐前进。在跟进的过程中，恩施茶叶加工的成效并不尽如人意，茶叶加工质量并不是很好，随着茶叶在唐代的全面兴盛，恩施失去了在茶叶加工方面的领先地位。

唐杨晔在《膳夫经手录》中有"施州方茶苦硬，……味短而韵卑"，指出施州茶在加工质量上与其他地区存在差距，饮用的口感不是十分理想。

// 2. 宋代跟不上趟

宋代由于皇家对茶的特殊嗜好，对茶叶加工要求极其苛刻，导致恩施在茶叶加工上跟不上时代的节奏，恩施当地虽有用独特工艺加工的茶叶产品，但得不到主流消费群体的认可，恩施茶的地位下降。

（1）加工技术跟不上趟。

从宋代到明代，恩施茶叶加工技术明显落后于全国平均水平，恩施茶叶在这一

时期没有正面的记载，这表明这一时期恩施的茶叶产业乏善可陈。《施南府志》记载："……产茶，而民拙于焙，香者绝少……"书中对当地的茶叶加工技术和产品质量极不认可，评价是"拙于焙"。宋代恩施茶叶加工技术的跟不上趟，造成恩施优良的茶树资源没有得到有效利用，优势资源被埋没。

（2）小众产品必然有部分人不适应。

黄庭坚撰《山谷老人刀笔》中《答从圣使君书》有："此邦茶乃可饮。但去城或数日，土人不善制度，焙多带烟耳。不然亦殊佳。今往黔州都濡月兔两饼，施州入香六饼……"的记载，这里黄庭坚对茶叶加工问题提出了自己的见解，"土人不善制度"是原因，"焙多带烟"是存在的问题，"不然亦殊佳"是对自然品质的肯定。

黄庭坚本是朝廷重臣，绍圣二年（1095年）被贬为涪州别驾、黔州安置，赴任途经恩施，施州知州张仲谋为黄庭坚任叶县县尉时的旧交。绍圣二年四月下旬，黄庭坚抵达现恩施城，张仲谋盛情款待。临走时，张仲谋以六饼"施州入香"相送，但"施州入香"却让黄庭坚觉得美中不足，他虽然认为恩施茶的自然品质很好，但对于"施州入香"的烟焙气味却不大适应，于是就有了《答从圣使君书》中的评价。

在恩施、湘西及川黔一带，烟熏食品深受当地人的喜爱，"施州入香"是宋代的恩施名茶。当时恩施人利用多种形成香气的植物果壳、枝叶作燃料，在茶叶干燥时以闷燃的方式产生烟气和热量，使茶叶形成特殊的香气、味道，产品深受当地人喜爱，但这只是一个小众产品，不被大众广泛接受。

// 3. 元代到清初没有建树

元代蒸青散茶的流行，为恩施缩小茶叶加工方面的差距提供了机会，但恩施的茶叶加工未能完全跟上时代的步伐。从元到明，散茶逐渐取代团茶，蒸青散茶在恩施大行其道。虽然史料中这一时期没有留下与恩施相关的记载，但是从恩施茶叶加工的后续发展中却可以寻找到蛛丝马迹。

明代恩施所产茶叶以探春、先春、次春等蒸青散茶为主，入香和研膏等团茶产品已处于次要位置。《湖广图经志书》对施州特产的介绍为"茶，品有探春、先春、次春，又有入香、研膏二品。"蒸青散茶制作技术得到普及，且茶名沿用全国各茶区相同的"探春、先春、次春"。茶之"入香"亦称入脑子，是宋代贡茶制作的一种工艺，在贡茶制作中，将龙脑、麝香之类的香料掺入茶叶中，称入香。宋代的贡茶制作有入香和不入香两种，入香茶不是民间凡物，施州当时乃蛮荒之地，制作不了高端的香茶，只能就地取材，以当地的一些芳香植物通过烟焙的方法让茶叶入香，制作具有地方特色的"入香"，其价值远不及贡茶"入香"，才可能成为黄庭坚的"漫送"之茶。

明代后期炒青散茶兴起，逐渐替代蒸青散茶，恩施因制茶方法的改变得到喘息的机会，茶叶加工水平与全国平均水平的差距有所缩小。明黄一正在《事物绀珠》中所记 96 种茶中就有"施州茶"。《事物绀珠》中的这些茶，有的是名茶，有的是普通茶，而且产量也有多有少，但不管怎样，这些都是在市场上能见到的茶叶产品。"施州茶"在这里没有品质评价，也没有产量的介绍。分析原因应该是恩施的散茶加工水平并不突出，仅能批量生产供应市场。明闻龙《茶笺》说："诸名茶法多用炒，惟罗岕宜于蒸焙。味真蕴藉，世竞珍之。"这里讲得很清楚，明代除宜兴和长兴之间的罗岕茶继续使用甑蒸外，高档茶一般都只炒而不用蒸来杀青了。蒸青工艺在恩施一直延续至今，这里未有提及，证明当时恩施茶档次不高，产量太少，外界无从知晓。

清代初期，恩施饱受战乱之苦，民众只求生存，哪里还有心思谋划茶叶生产，而政府只"教树桑柘，为衙茶茗"。茶业生产裹足不前，茶叶加工处于停顿状态。

 ## 三、唐代至清初恩施茶叶加工落后的原因

恩施茶叶加工从宋代到清初一直落后，是恩施的特殊环境所致，茶叶加工不是可以养家的手艺，茶只能是副业，这一领域自然也没有建树。

// 1. 从唐代到清初茶叶都不足以维持生计

清初以前，粮食问题导致恩施的茶叶生产不成规模，农民不可能以茶为生计。而在交通不便、商业不发达的时期，茶叶加工无法形成独立的行业，恩施没有专门从事茶叶加工的群体，茶叶加工是农民或商人的季节性工作，只是兼职或客串的角色。

// 2. 研究加工技术的条件不具备

茶叶加工季节性强，一年就两三个月时间，而这段时间也不是天天都能加工。下雨没原料不能加工，农活太忙没人采茶不能加工，原料太少也影响加工。一年之中能放开手脚加工的日子是不多的，谁会花工夫专门琢磨这种临时性手艺。缺少钻

研自然就没有进步，恩施人只能按祖传的办法来加工茶叶，落后成为必然，"拙于焙"就在所难免了。特别是宋代的茶叶加工太过复杂烦琐，恩施人哪有闲心侍弄那几片小小的树叶，跟不上潮流是自然而然的事。

// 3. 宋代制茶的过分奢华造成恩施难望其项背

宋代为迎合皇帝对茶叶的喜好，对质量要求极尽严苛，在茶叶加工上也无所不用其极，把加工环节拉长，把操作变难，把简单的工序变复杂。宋代贡茶制作是恩施人无法完成的。做不了贡茶本不是问题，问题是皇家的喜好必然引领时代的潮流，民间制茶也会跟风，这样一来，恩施的民间制茶也跟不上趟了。在宋代，要想制作符合潮流的茶品，没有专业的工匠是难以完成的。而恩施只有临时性的兼职制茶人，没有茶叶加工匠师，兼职制茶人在农事活动的同时，从事茶叶制作，如果按照当时的蒸青团茶工艺去做茶，就会把农事全耽误了，最终只能饿肚子。更要命的是要做好蒸青团茶，没有两三年跟师学艺是根本做不好的，这样的师傅恩施是没有的，即使有也生存不下去。到恩施以外的地方学习，光路费就不是一般人可以承受的，真正有钱的人只会去读书而不会学做茶。恩施的茶叶加工落后，是宋代皇家对茶的畸形重视造成的。这次的掉队掉得太远，掉得难以追赶，直到清代的中期才有所改变。

// 4. 政治体制导致恩施的发展落后

恩施作为施行羁縻州郡制和土司制的少数民族地区，人员往来不便，信息交流阻隔，难以获得与其他地区相同的发展平台。

第三节 清代中期至民国是恩施茶叶加工的中兴时期

清代是茶叶快速发展时期，茶叶加工也实现了空前的繁荣，六大茶类全部创制出现，恩施的茶叶加工也在茶类和工艺方面有所突破，这种繁荣的局面延续到民国时期。恩施茶叶的中兴是从清中期到民国时期，这一时期，恩施茶叶加工有长足的进步，制作出了全国有名的茶叶产品，并在中国茶叶加工历史上留下了值得称道的业绩。

一、清代到民国时期中国茶叶加工的总体状况

清代的康雍乾盛世下，民生得到恢复和发展，受国内外需求的刺激，茶叶产业得到长足发展，茶叶加工朝多元化方向发展，六大茶类的加工工艺全部形成，机械制茶出现，茶叶加工进入全新时代。

// 1. 清代的茶叶加工状况

清代的茶叶加工从康熙年间正式走向正轨，光绪二十五年（1899 年）政府奖励改进制茶工艺，茶叶产量和质量均得到提高。随着国际贸易的需要和国内需求的加大，茶叶加工也发生了重大变化。

（1）茶类齐全。

六大茶类和再加工的砖茶和花茶出现，形成丰富多彩的茶叶产品。这一时期已经可以通过加工给不同消费者提供不同类别的茶叶产品，茶叶加工已经上升到审美高度，许多外观精美的茶叶产品出现。加工不再是以皇家喜好和上层需求为目标，而是以各类消费者的需求为导向，产品丰富多样，能有效地针对不同的消费群体。多种茶类加工能够实现对原材料的合理使用，最大限度地发挥茶树鲜叶的作用，提高鲜叶利用效果。多种茶类的出现，也为消费者提供了更多的选择，人们可以根据不同的季节、不同的环境、不同的偏好选择不同的茶叶。

清代虽然六大茶类已经全部形成，但并未在全国茶区普遍传播，与当今的加工茶类分布有一些区别。如清代红茶加工技术就没有传到云南，云南没有红茶生产，青茶只在福建、广东、台湾一带加工，至于黄茶和白茶，产区更小，仅在少数省份的部分县加工；黑茶的生产区域也只有云南茶区、四川的雅安、湖南的益阳、湖北的咸宁、广西的梧州。虽然还有陕西咸阳的茯砖茶，但咸阳不是产茶区，其原料来源于陕南、四川和湖南。以当时府一级行政区划为单位（现地、市、州），全国没有一个六大茶类都加工的茶区，一般以加工两大茶类居多，三大茶类为限。

（2）大量名茶出现，茶叶品牌效应显现。

清代是名茶创制的高峰期，是众多名茶称谓定名和工艺定型的时期。现在在茶界耳熟能详的历史名茶大多是清代创制的，几乎各产茶区都有区域名茶。这些名茶具有鲜明的特点，色、香、味、形各具特色，既有其固有的品质特征，又有其地域特点，这些名茶大多为同类别或一定地域内的代表性产品。这些名茶只要听其名便知其来历、形状、滋味、产地。现在各地都希望当地的名茶历史久远一些，于是找出一些牵强附会的依据来证明，但如果深究会发现，名茶成名多在清代，"龙井""碧螺春"由乾隆背书，"六安瓜片"经诗人袁枚传播，黄山毛峰由清代光绪年间谢裕大茶庄创制，这些名茶无不留下清朝的印记。当然，每种茶都经过了历史的积淀和消费者的检验，是历代茶人长期打造形成的。

恩施在清代创制出"玉绿"，传入"宜红工夫"制作技艺。"玉绿"为"恩施玉露"前身，该茶为蒸青针形绿茶，创制于清乾隆年间，品质超群，在茶界独树一帜。恩施的红茶生产始于清道光年间，与鹤峰、五峰在时间上差距不大。

（3）茶叶加工体系形成。

一是花茶加工体系完备。茶叶中加入香料在宋朝就已出现，明朝出现"茶引花香，以益茶味"的制法。到清代，以茉莉花茶为代表的花茶生产形成规模，种花、窨制、运输、销售体系形成。

二是紧压黑茶形成新的茶叶商品类别。明朝永乐年间（1403—1424年），开始制作帽盒茶（蒸青绿茶），乾隆年间，羊楼洞茶庄始制茶砖；19世纪初，帽盒茶改制成青砖茶（黑茶）。"川"牌青砖茶畅销西北地区。清同治年间，晋商"三和公"茶号为方便运输，在当时统一小圆柱成捆包装的基础上，将每捆重量固定在老秤千两左右，此后便成"千两茶"；李文相于光绪二十六年（1900年）创办制茶作坊，用晒青毛茶作原料土法蒸压月饼形团茶，又名谷茶。两年后被下关"茂恒""永昌祥"商家仿制成"碗形茶"，沱茶诞生。

（4）茶叶加工的专业水平得到提高。

清代中叶以后，由于社会稳定，茶叶生产得到快速发展，茶叶已是"成家之法"，专业从事茶叶加工的作坊遍及茶乡，从事茶叶加工的人数逐年增加，茶叶加工水平不断提高，产品质量得到提升，这也是清朝出现大量名茶的重要原因。

// 2. 民国时期的茶叶加工状况

民国是一个动荡的时代，但茶叶加工却因国际、国内市场的旺盛需求得到长足的发展，茶叶加工专业化、规模化程度提高，机械制茶出现。

（1）专业化加工出现。

民国时期，专业化茶叶种植、加工机构出现。由于茶叶有利可图，各茶区的商人、官员、富户纷纷投资茶叶，或独资，或合伙开办茶厂（场），招收工人专门从事茶叶生产加工。官办的中国茶叶公司也在各重点茶区办厂（场），茶叶的专业化加工渐成体系。

（2）机械化加工开创茶叶加工新局面。

1915 年，安徽祁门模范种茶场自行制造了小型揉捻机，用于红茶加工；1917 年，湖南在安化筹办试验茶场，开始使用机械制茶；1925 年，浙江省余杭林牧公司首次引进日本茶叶揉捻机和粗揉机，用于绿茶的加工；1932 年，冯绍裘在湖南安化茶场设计出木质揉捻机和 A 型烘干机，同年，安徽祁门茶业改良场引进德国克虏伯式大型揉捻机、日本大成式揉捻机和印度烘干机，用于制造红茶。

中国茶叶公司分别于 1938 年建设恩施实验茶厂，1940 年建设顺宁茶厂、佛海茶厂，全部采用机械制茶。茶叶的机械化加工成为茶叶加工技术进步的标志。

（3）政府介入茶叶加工。

1937 年 5 月，中国茶叶公司成立，这是中国第一家由官方直接开办的茶叶企业，集中了全国的人才、技术、资金、物资、渠道，迅速成为全国最大的茶企。中国茶叶公司在全国主要产茶区布点，以加工为突破口，提升茶叶品质，形成产业规模。公司开业后不久，全面抗日战争爆发，由于上海沦陷，公司总部先迁武汉，又迁重庆。抗战时期中国红茶外销苏联，中国茶叶公司在东南基地沦陷的困境中，另辟蹊径，开辟西南茶区。1937 年至 1938 年开辟湖北恩施茶区，1938 年至 1939 年开辟四川、云南茶区，使中国西部茶区焕发了生机和活力。

二、恩施在清代、民国时期的茶叶加工

清代和民国时期是恩施茶叶加工迅速提升时期，茶类增加，名茶涌现，机械制茶技术得到应用，茶叶加工从落后一路赶超，全面抗战时期达到全国先进水平。

// 1. 清代恩施的茶叶加工

恩施的茶叶加工到了清代出现转机，呈现出旺盛的生机和活力，并取得令人瞩目的成就。

清初，恩施因战乱造成人口大减，茶叶生产无人理会。但经过康、雍、乾三朝的恢复发展，特别是改土归流的政治体制变化，使恩施的社会生产得到大幅提升。这一时期由于粮食问题得到有效解决，茶叶基地大幅增加，促使茶叶加工技术不断发展进步。茶叶内、外贸易繁荣，促进了茶叶加工质量的提档升级，茶商为适应消费者需求，投入精力和财力去研究、改进加工工艺，生产适销对路的产品，茶商成为茶叶加工技术进步的推动者。

清初恩施的茶叶加工主要是炒青、烘青、晒青等大宗绿茶和少量蒸青散茶。炒

青是产品的主体；烘青在恩施多用细嫩原料，是质量上乘的好茶，白毛尖是其中的精品；晒青因加工简单，香气欠缺而被视为低档产品，蒸青散茶多在本地销售或自食。随着生产的扩大，专营茶叶的商人出现，他们在经营中通过价格对加工量进行调节，使晒青茶产量减少，烘青茶产量增多，炒青茶仍然是主流，毛尖实现量产，蒸青散茶成为保留项目。

六大茶类在清代并未全部传入恩施，除传统的绿茶外，只有红茶得到推广，青茶、黄茶、白茶、黑茶在恩施没有实现量产。

（1）绿茶加工技术提高。

恩施是传统绿茶产区，其加工制作技艺历来受到重视。到清代更是得到长足发展，在品质提升的同时，还新创了具有地方特色的名茶。

白毛尖是主打产品。恩施茶区茶农都掌握了制作白毛尖的技术，因而产量占比极大，成为当时外销的主要茶叶产品。农家将采摘的春茶自行炒制，经烘焙干燥，加工成峰苗显露、白毫披被的绿茶，或出售或馈友或自饮，是农家的珍贵物产。

白毛尖的制作工艺为：杀青—揉捻—初干—烘干。杀青在做饭的锅中进行，在锅心平灶台处烫手时放入鲜叶，每锅2—3公斤，双手迅速翻炒，待青气消失，有茶叶香味出现时出锅。出锅等茶叶冷却后在簸箕中将它们手工搓揉成条，然后在锅中翻炒至刺手为初干，再在烘笼（烘焙）中用炭火干燥为成品。恩施的其他手工绿茶加工，基本上与白毛尖的工艺相近，只是最后的烘干步骤有在锅中炒干的，有用烘焙烘干的，还有利用阳光晒干的，其品质各异。高档白毛尖都采用烘焙烘干方式。白毛尖的加工使恩施绿茶加工水平整体得到提升。

"玉绿"开创恩施茶叶新局面。据蓝氏相关物证和家族传说分析，乾隆五十五年（1790年），蓝耀尚始创恩施"玉绿"，恩施有了自己的名茶。芭蕉在清代已成为茶叶重点产区，茶园面积相对增加，茶叶商贩已由临时收购走向专业经营，茶叶经营者从中获得了不菲的利润。提升品质是利润增长、经营扩大的必然选择，加工技术对经营者来说是制胜法宝，于是大家纷纷研制新茶，以图形成自家的独门绝技。蓝耀尚垒灶研制新茶，所制茶叶外形紧圆、坚挺、色绿、毫白如玉，故称"玉绿"。恩施"玉绿"及其传统制作技艺，成为茶商蓝氏的核心竞争力。

由于茶叶品质提高，恩施茶被官府选为贡品贡奉清廷。《大清一统志》有"武昌府、宜昌府、施南府皆土贡茶"的记载。"土贡"是指各地向朝廷进贡的土特产，施南府在这时已有作为地方珍贵特产贡奉清廷的茶叶，说明这时的茶叶加工水平已相当高了，这与恩施的名茶创制有直接关系。《大清一统志》于康熙二十四年

（1685 年）敕修，至乾隆八年（1743 年）始成，由此推知，恩施应该在清初甚至更早就有"土贡茶"了。

（2）红茶加工技术的传入。

据《鄂西农特志》载："嘉庆之后，茶叶国际市场扩大，英、美、俄等国大量从我国进口红茶，鄂西始转红茶生产。"恩施很快成为"宜红"的重点产区。红茶加工技术的传入使恩施告别了只单一加工绿茶的历史，茶叶加工从此可根据原料、季节和市场需求进行调整，增强了灵活性。在国际市场对红茶有巨大消费需求的背景下，红茶加工由茶商引导传入恩施，因此恩施加工红茶在时间上略晚于本省的咸宁、宜昌和本州的鹤峰。据推断，清道光年间，红茶生产从湖南传入湖北，广东等地茶商在鹤峰收购红茶出口，由于出口量增加，红茶加工技术很快由鹤峰传入恩施，使恩施也成为出口红茶的产地。另据李明义译编的《近代宜昌海关〈十年报告〉译编 1882—1931》载："与四川接壤的施南府出产一种红茶，据说口感和质量都非常好。"（说明红茶在 1931 年以前就有生产，到报告时才会"口感和质量都非常好"。）

红茶加工在恩施能很快被接受是基于两方面的原因：一是红茶俏销且利润较高；二是红茶加工技术简单易学。

由于红茶是出口商品，外地茶商到茶区收购，卖茶方便。更让人能接受的是红茶的制成率高于绿茶，加工 1 公斤绿茶需 4.2 公斤以上的鲜叶，而加工 1 公斤红茶需要的鲜叶不超过 4 公斤，加工环节的利润有所提高。

红茶加工没有绿茶加工复杂，技术也更容易掌握，而且不需要消耗燃料。传统的制作方法为鲜叶采回后，用晒席铺在场坝里用日光萎凋，待叶子晒蔫，叶面失去光泽，手握软绵，嫩梗折不断时，将其倒入容器中搓揉成条。普遍采用的容器是农家盛装粮食的"黄缸"。黄缸高约 1.5 m，缸底直径 1.5 m—2 m（图 3-1），搓揉成条多在黄缸中完成，先用脚在黄缸中踩揉叶子，先轻后重，将茶叶揉成条，踩揉过程中有茶汁流出。如制茶师傅认为自己体重不够，还要用背篓背上石头增加重量。当地茶农有"踩茶没得巧，只要屁股扭得好"的俗语。踩揉成条的叶子堆放于温暖且湿度大的地方，用湿布遮盖发酵，待芽叶变红后在太阳下晒干即可。清代《宁乡县志》（1867 年）记有："广人贩红茶，按谷雨来乡，不利雨而利晴，不须焙而须曝，乡园获小济焉。"这一记载说明红茶是广东商人经营，晴天对红茶加工有利，红茶的干燥不需烘焙，在太阳下晒干就行。红茶传入恩施后其加工沿用湖南工艺，至今芭蕉等地茶农自制红茶仍然沿用日晒的干燥方法（图 3-2）。恩施一带茶叶自然品质优异，生产的红茶获得消费者青睐，与本州其他县（市），省内宜昌及湖南石门、慈利、桑植、大庸（张家界）四县等地的红茶统称"宜红茶"，是中国著名的红茶之一。

● 图 3-1　黄缸

● 图 3-2　日光萎凋和日光干燥

// 2. 民国时期恩施的茶叶加工

（1）初期加工落后。

民国初期，由于战乱不断，交通阻隔，制茶设备落后，茶叶揉捻不够充分，采摘鲜叶老嫩不一，且常久置，脚踩手捻极不卫生，造成产品良莠不齐，加工是恩施茶叶产业的短板。

（2）全面抗战前后茶叶加工技术超常规进步。

民国时期是恩施茶叶生产空前繁荣的时期，特别是全面抗战时期，恩施作为绿茶生产的大后方，得到中国茶叶公司和国民党湖北省政府的重点关注，推动恩施茶叶加工技术向前发展。

① 恩施茶叶改良委员会新法制茶。

《鄂西农特志》载："民国二十四年（1935 年）冬，七区专员公署会商恩施各界谋划改良茶叶生产，成立茶叶改良委员会。民国二十五年春，聘请省建设厅技师伍凤鸣主持改良事宜，旋即于七区五峰山农场修建茶室，置办工具，雇请长工 11 人，于 4 月 1 日开工制茶，至 5 月中旬，共改制成白毫、瓜片、菊花、香花、茶毫、脚茶 3426 斤。所制之茶色香味各点及卫生上之要求，比之土法制茶，均有显著改进。民国二十六年，改良制茶继续进行，亦收显著效果。经两年改用新法制茶，恩施茶叶品质提高，引起国内茶叶界的关注。"

② 中国茶叶公司实行机械制茶并进行教学科研。

由于恩施新法制茶的出现，茶叶品质提高，中国茶叶公司对此极为关注。民国二十六年（1937 年）秋，公司派技师范和钧、代啸州来恩施调查，认定鄂西茶叶发展潜力大。对中国茶叶公司来说，1938 年是极其艰难的，基地沦陷，工人流失，产品缺乏，经营困难，公司必须尽快寻找新的基地，培训技术人才。在这种情况下，恩施的特殊地位就显示出来了。一是基础条件好，五峰山在七区茶叶改良委员会的几年努力下有了基地和茶室。二是交通相对较好，有巴石公路与川湘公路和长江、乌江水道相通，人员和产品进出较为方便。三是相对安全，恩施处于大山之中，日军进攻困难。于是中国茶叶公司派副总技师冯绍裘偕范和钧、戴啸州二人前往恩施筹划设厂制茶，由七区农场拨给隙地 5 亩，建厂房 10 余栋，采用机器制茶。此即为中国茶叶公司恩施茶厂，由冯绍裘任厂长，范和钧任副厂长，当年制成红绿茶 400 余箱。在恩施茶厂投产后，冯绍裘、范和钧、戴啸州受公司委派，于 1938 年 9 月，分别前往云南顺宁（凤庆）、佛海（勐海）和四川灌县（都江堰）筹办新厂。民国二十八年（1939 年），恩施茶厂业务扩充，改名为中国茶叶公司直属恩施实验茶厂。由中国茶叶公司总经理寿景伟兼任厂长，并在恩施芭蕉、砟（朱）砂溪、宣恩庆阳坝、鹤峰留驾司、五峰水浕司设立分厂。各地制茶工具渐臻机械化，检验试验力求科学化，规模独具，为全国之先。

中国茶叶公司把恩施实验茶厂作为样板厂来建设和经营，为公司进一步开拓云南、四川茶区提供范本；恩施实验茶厂还是中国茶叶公司的培训基地，公司委托茶厂举办茶叶技术培训班，为新建的茶厂提供技术人才支撑，恩施成为全面抗战时期全国茶叶技术人才的摇篮；恩施实验茶厂还是中国茶叶公司的岗前培训、实习场所，凡中国茶叶公司招收新员工，必须在恩施实验茶厂实习期满，考核合格才能正式上岗。

③ 湖北平价物品供应处（民生公司）在恩施制茶。

民国二十七年（1938 年）10 月，随着武汉沦陷，湖北省政府西迁恩施，为解决骤然涌入恩施的 30 余万军政机关撤退人员及学校员工的生活必需品问题，1942 年 7 月，由国民党湖北省政府投资 80 万元设立湖北省平价物品供应处，平价物品供应处设立茶叶部，管理茶叶产制运销事宜。由于当时国土沦陷，恩施茶区地位凸显，"尤以恩施新兴之茶区，因环境及需要之关系，成为后方茶叶之来源"。恩施茶叶加工得到高度重视，促使恩施茶叶加工机构猛增，场所、设备和技术得到全面提升。湖北平价物品供应处茶叶部设在恩施城南门外狮子岩，下设直属茶厂——恩施精制总厂。并设五峰山制茶所（恩施东郊）、芭蕉制茶所、砟（朱）砂溪制茶所、建始制茶所、鹤峰制茶所、五峰制茶所（五峰县）；后又增设黄连溪、古家坡（苦家坡）、蒋家坡、厚池（后池）、凶滩 5 个制茶所。其中的恩施精制总厂、五峰山制茶所、芭蕉制茶所、硃（朱）砂溪制茶所、黄连溪制茶所、古家坡（苦家坡）制茶所、蒋家坡制茶所、厚池（后池）制茶所、凶滩制茶所都在恩施县境内，恩施的茶叶集中产地都建有制茶所，茶叶加工技术在恩施茶区广泛传播，促进了恩施茶叶加工整体质量的提高。同时建始制茶所、鹤峰制茶所、五峰制茶所也"以加工玉露、银针、龙井……名茶为主，工艺精湛、品质优良，畅销外邑"，恩施玉露制作技术传播到周边产茶县。茶叶部每年加工红、绿名茶数千担，大部分销往重庆。

④ 茶农自制。

一是茶农自制红茶，由湖北平价物品供应处下设的交换站交换物资或货币收购；二是茶农自制玉露（绿）、毛尖等绿茶，由经营茶叶的商行、货栈收购，在本省和邻省销售；三是茶农自制白茶，由经营茶叶的商行、货栈收购，运销鄂北、豫西。

（3）后期的衰落。

① 恩施实验茶厂的退出。

1939 年年底，时任国民政府财政部长的孔祥熙以调整贸易机构为由，将茶叶产运销的业务交由中国茶叶公司办理，贸委会只负责行政管理工作。寿景伟不再兼任总经理，而由孔祥熙的亲信李泰初担任，并给予"帷幄上奏"般的权力。李泰初一上任就将要害岗位全部换成自己的亲信，便于上下勾结，大肆进行贪污。民国三十三年（1944 年），李泰初携巨款逃亡国外，中国茶叶公司业务近于停顿，公司在恩施的业务更是迅速萎缩，所属各厂全部停机，中国茶叶公司退出恩施。

② 湖北平价物品供应处变更。

1945 年，抗日战争取得胜利，湖北省国民政府回迁武汉。湖北平价物品供应处改建成湖北省民生茶叶公司，业务重心移至汉口，恩施原有制茶厂（所）逐渐停业，设备多遭破坏。只有恩施机制茶厂芭蕉分厂仍在运营。1948 年，恩施机制茶厂芭蕉分厂改为中华民国芭蕉茶厂，是恩施有史以来的第一个"国"字号茶厂。1949 年恩施解放前夕，茶厂加工设备撤走，厂房也卖给芭蕉集镇 8 户居民，中华民国芭蕉茶厂刚问世就夭折了，恩施茶叶的兴旺景象不复存在。

如今的五峰山，已不见当年的制茶痕迹。这里已是开发的热土，站在山上可见四周都是建设工地，仅有的一点土地也都种上了蔬菜，只有零星的茶树散漫地生长在田边、坎边或耕种不便的角落。除了几个年老的制作玉露的师傅被有实力的茶企请去制作手工玉露茶，五峰山已找不到茶叶加工的影子，只有一个叫"老茶场"的公交站牌，似乎可以证明这里曾经是加工茶叶的地方（图 3-3）。

● 图 3-3　老茶场公交站

第四节　新中国成立后的茶叶加工

新中国成立至今，恩施的茶叶加工紧跟时代步伐，随全国的形势变化而动，虽然各时期的发展状况有所不同，但总体与全国茶叶加工的步调保持一致。从中华人民共和国成立至今，茶叶加工经历了计划经济体制时期、计划经济向社会主义市场经济过渡时期和 21 世纪快速发展时期三个阶段。

 ## 一、计划经济体制下的茶叶加工

计划经济体制下的一切经济活动都在计划管控下进行，地方没有自主权，我国从 1953 年 10 月实行统购统销开始，茶叶属于国家一、二类物资，不能自由交易。到 1984 年国务院调整农副产品购销政策，茶叶取消派购，实行合同订购。这一时期的恩施茶叶加工是在计划经济体制下进行的。由于恩施茶叶基地面积大，茶叶品质优异，加之新中国成立前打下了好的基础，受到省茶叶公司的重视，恩施的茶叶加工处于全国先进水平。

// 1. 加工体系建成

计划经济体制下，恩施茶叶加工产品以红茶为主，茶叶加工工厂以国营为主体，集体为补充，私营被根除。

中华人民共和国成立初期，因中苏关系特殊，苏联是第一个和中华人民共和国建交的国家，随后签订了《中苏友好同盟互助条约》和《中苏贸易协定》，我国红茶出口苏联换回经济建设急需的物资，红茶因此成为极其重要的战略物资。恩施为湖北省红茶出口县，茶叶加工以红茶为主，产量占茶叶总产量的60％以上，高的年份达到80％左右。红毛茶大多由手工制作，统一收购后交宜都茶厂精制出口。后随着国营、集体茶叶加工厂的建设，机械制茶比重增加，手工生产比重缩小。芭蕉茶厂和恩施茶厂建成后，恩施所产红茶由这两大茶厂精制出口。

（1）国营茶厂是主体。

新中国成立初期，随着工商业的社会主义改造，本来就很少的私有茶叶加工企业和手工作坊都成为公有或公私合营。计划经济时期，供销系统是全民所有制性质，1958年全国供销联社改称第二商业部，其旗下的茶叶公司和茶厂都是国营性质，后来虽然名称多次变化，但其性质一直是国营。

1951年1月，中国茶叶公司组建宜都红茶厂，3月开始建厂，5月中国茶叶公司宜都红茶厂正式挂牌成立，恩施茶叶加工的红毛茶，交宜都红茶厂精制后出口。

1956年，由湖北省人民政府拨款修建国营芭蕉茶厂，这是湖北省第一座红茶初、精制一体的省管茶厂。1957年正式投入生产，机械化程度较高，主要生产红茶。1958年，芭蕉茶厂扩大生产规模，茶叶加工机械增加，加工能力增强，年生产能力1000吨，并成功试制红碎茶，从此芭蕉境内的绝大多数鲜叶交芭蕉茶厂加工，产品直接按省茶叶公司要求调出。

1957年在省供销社、省茶叶公司的支持下，湖北省恩施茶厂在恩施城关舞阳坝建成，这是全省首座宜红茶精制厂，年加工能力1500吨。恩施茶厂以红茶精制为主，后生产茶叶加工机械，1977年改为地区茶厂，设精制、机务车间，1983年后称州茶厂。恩施茶厂投产后，恩施境内的红毛茶在此精制出口，而不再由宜都红茶厂经营。至此，恩施的红茶加工由两家国营茶厂控制，恩施所有红茶都由这两大企业加工外销。

芭蕉茶厂和恩施茶厂虽然都是国营茶厂，但其加工方式不一样。芭蕉茶厂收购鲜叶，经初制和精制后外销，前期不收购毛茶，20世纪70年代增加了精制车间后才收购毛茶；而恩施茶厂因无初制设备，不收购鲜叶，只收购毛茶，精制后外销。

芭蕉茶厂的建设和管理直接归属省茶叶公司，管理人员及工作人员由省公司直接安排，崔保新为茶厂第一任厂长，厂名为湖北省芭蕉茶厂，其规格比恩施茶厂还高。1978年，芭蕉茶厂下放到恩施地区，称恩施地区芭蕉茶厂。1982年再下放到恩施县管理，改称恩施县芭蕉茶厂。1984年恩施县、市合并，名称也随之改为恩施市芭蕉茶厂。

两大茶厂在计划经济时期是恩施茶业的龙头老大，是当地人都想进入的单位。两大茶厂的建成投产，使恩施的茶叶加工，特别是红茶精加工实现标准化，全县（市）及周边的茶叶都归这两家企业加工、精制。特别是芭蕉茶厂，几乎囊括芭蕉及周边盛家坝、白果的所有茶叶，包括鲜叶和毛茶。芭蕉茶区与芭蕉茶厂密不可分，可谓一荣俱荣，一损俱损。

除两大茶厂外，供销系统也在重点区域设厂制茶，茶叶主产区由县供销社的下级机构茶叶公司（土产公司、烟麻茶公司或茶麻公司）直接设茶站加工、收购，非主产区则由当地供销社设厂加工。如芭蕉、砟（朱）砂溪、高拱桥、甘溪等茶站。

（2）集体茶厂作补充。

在两家国营大茶厂之外，还有社队集体茶厂，集体茶厂在这一时期逐步兴起，产茶的公社建起社办茶厂，茶叶主产区的一些大队也办起大队茶厂。20世纪50年代中后期，一些经济条件较好的产茶社队购买揉捻机加工红茶，虽然设备简陋，但可就地加工，既免于卖茶奔波，又增加社队收入。但这些厂规模小，只生产毛茶，产品全部交给茶麻公司（早期叫烟麻茶公司）。20世纪70年代，社队纷纷创办茶厂，添置设备，制茶机械增加，加工能力增强。到1975年，恩施全县有社队茶厂92个。这时的社队茶叶加工厂大多不是专业的茶叶加工厂，从业人员是抽调的农民，制茶技术力量不足，机械设备不配套，产品质量良莠不齐。而且很多茶厂与粮食加工厂是一体的，如芭蕉的黎明大队在高拱桥就建设有一个茶叶加工厂，这个厂平时加工面条、碾米、磨玉米面、榨油，在茶叶采摘季节兼制红茶，是一个综合性的加工厂。集体加工的毛茶交各地茶站，然后层层调拨，红毛茶由恩施茶厂精制出口，绿毛茶由茶站分级拣选后直接上调或交商业网点销售。

（3）手工作坊长期存在。

手工作坊在这一时期大量存在，随着时间的推移虽然被逐步淘汰，但到20世纪80年代还未完全退出。手工作坊除加工红茶外，很多还加工玉露、毛尖等绿茶。这种作坊大多由生产队或大队经营，也有茶叶经营部门设立的加工作坊。

在新中国建立之初，茶叶加工大多是手工制作，也是以作坊为主导的时期，但随着国营企业的建成，芭蕉这一茶叶主产地的作坊急剧减少，仅存的多为绿茶加工作坊。随着茶叶加工机械的改进，茶区社队在经济条件许可的情况下引进设备，进行机械化加工，作坊就升级为加工厂了。在芭蕉及城郊玉露产区和边远茶区，作坊有其存在的现实土壤。玉露在这一时期只能手工生产，并且不可能大规模生产，小作坊生产是最好的办法，因而在芭蕉及城郊的许多生产队都有作坊，硃（朱）砂溪、头道水、高桥坝、飞机（小渡船飞机村）等地都有一批小作坊生产玉露。现工农路与民族路交会的十字路口就是原飞机大队的玉露作坊，其玉露制作一直持续到20世纪90年代。

// 2. 加工设备改进

（1）推广制茶技术、设备。

20世纪50年代初，中国茶叶公司为适应全国茶叶恢复和发展的需要，提出利用机械，提高制茶生产能力，降低成本，以产定销的设想，采用"压资订机"的办法，由国家拨给一定资金，安排上海、杭州、无锡、济南等地机械厂仿制茶叶加工机械，并将这些机械投入华东和中南重点茶区使用，建成一批新颖的初、精制机械化加工茶厂，在全国起到示范作用。恩施先后建成芭蕉茶厂和地区茶厂，都是中国茶叶公司茶叶战略布局的成果，恩施在这一时期建成两座茶厂，足见恩施在中国茶界地位之重要。

1953年，茶叶界开始推广揉捻机，揉捻机有木制揉捻机和铁制揉捻机两种，动力采用人工推动及水力推动，后用柴油机带动，采用揉捻机后制茶工效、茶叶质量都有大幅提高。1954年，重点推广揉茶机，使用揉茶机能改善茶叶外形，提高精制率，节约劳力。

1957年，芭蕉推广南河乡余学润制造的烘干室，节省劳力和燃料；全面推行工具改革，推广木制、铁制揉茶机；有条件的地区建萎凋槽、发酵室，脚踩手捻的传统红茶加工方法逐步被取代。

（2）恩施自制的茶叶加工机械。

1958年4月，芭蕉茶厂为解决鲜叶收购过量、加工能力不足的问题，在冯绍裘的主持下，与恩施专署农具厂、恩施县农具厂合作，利用恩施的自然资源，因陋就简制造红茶加工设备。通过试验，成功制造竹、木结构的鲜叶萎凋机；参照已有机械，制造出木、铁结构的揉捻机，并用螺杆与原有揉捻机并联使用，称为联动揉捻机；翻造出解块分筛机和干燥机。这些设备制造方法在恩施茶区流传，被民间仿造，成为当时茶区的机械设备来源之一。

1958 年 5 月，由第二商业部茶叶局、湖北省商业厅茶叶处、恩施专署商业局茶叶采购批发站和恩施专署农具厂组成"红茶初制机器试制小组"，在冯绍裘的主持下，总结完善芭蕉茶厂应急机械的制作方法，利用恩施本地的竹、木、火砖资源和恩施专署农具厂的技术设备，试制成"恩施 58 型"红茶机械。"恩施 58 型"机械包括萎凋机、大型双动揉捻机、大型解块分筛机、万能干燥机（干燥机可用人力、水力、畜力、柴油、电力带动运转，故称万能干燥机）等红茶初制机械。这些机械试制成功，为恩施茶叶加工提供了设备保证，专署农具厂将试验机械批量生产，供红茶加工厂使用，恩施的红茶加工机械化程度得到提高（技术指标见表 3-1）。

表 3-1　"恩施 58 型"红茶加工机械技术指标表

机械名称	构成材料	动力（马力）	燃料	台时产量/kg
"恩施 58 型"萎凋机	木、竹、铁、砖	2—2.5	柴、草、煤	40—50
大型双动揉捻机	木、铁	3	—	嫩叶 80 老叶 32
大型解块分筛机	木、铁	1	—	450—540
万能干燥机	木、竹、铁、砖	1.5—2	柴、煤	烘发酵叶：75—90 烘初干叶：60—85

（3）土法制造揉捻机。

揉捻在茶叶加工中地位特殊，不论是红茶还是绿茶，在加工中都少不了这一工序，是茶叶产品外观条索形成的重要工序，操作简单但劳动强度大，手工制作费力费时且质量难以把控。采用机械揉捻则提高了劳动生产率，降低了劳动强度，产品质量也得到极大提高。人工揉捻采用脚踩手捻，茶条泡松形状不一，感观效果差；机械揉捻条索紧结，品质一致，感观效果得到很大提升。专业加工厂由国家调拨专用机械加工，茶区群众为摆脱制茶过程中的繁重体力劳动，仿制茶叶加工设备利用人力、畜力、水力、机械能、电能推动的木制、铁制揉捻机，甚至用石头、水泥等多种材料为底座的揉捻机相继出现，替代人工。木制揉捻机也分全木制和半木制，全木制的底盘和揉桶都是木头制作的，现在已没有保存完整的设备了，只有残存的底盘（图 3-4）。半木制揉捻机在恩施茶区还存在，大多底盘机座木制，茶桶则由金属制成（图 3-5）。更为简陋的还有由石头、水泥制作底盘的揉捻机，可惜实物现在已不可寻。随着社会生产的发展，各种不同规格的揉捻机出现，满足了茶叶加工的需要。

● 图3-4　全木制揉捻机底座

● 图3-5　半木制揉捻机

（4）加工设备数量不足且档次不高。

计划经济时期，恩施县虽然在加工机械设备方面做了大量工作，也取得了一些成效，但因当时的技术、经济条件限制，加之省管芭蕉茶厂承担了全县70％左右的鲜叶消耗量，县内茶叶加工机械总体变化不大，档次也很低。从1957年和1977年茶叶加工机械拥有情况（表3-2）可以看出：1957年的茶叶加工机械的数量是不少的，但只有揉捻机、解块机、筛选机三种机械，没有杀青和干燥的机械设备，只能制作红茶。在仅有的三种机械中，以揉捻机为主体，约占机械总量的92％，解块机约占6％，筛选机约占2％。而揉捻机大多为木头制成，占此机型的65％；1977年的机械设备总量比1957年少，但配套程度有所增强，杀青、揉捻、干燥设备齐全，不仅可机械制作红茶，还能机械制作绿茶。揉捻机仍然是主力军，占机械总量的81％左右，其中中型揉捻机又占揉捻机数量的80％，土法生产的木制揉捻机所剩无几。

表3-2　恩施县1957年与1977年茶叶加工机械数量对比表　（单位：台）

年代	名称							
	杀青机	揉捻机		解块机	筛选机	大中型自动烘干机	滚筒干燥机	小型手拉式烘干机	合计
1957年	—	123（木制）	66（铁制）	12	4	—	—	—	205
1977年	4	120（中型）	30（小型）	—	—	4	11	15	184

（5）部分成就。

1963 年，芭蕉茶厂机务组被湖北省财贸系统表彰为先进单位（班组），组长沈德培受到湖北省委第一书记王任重的接见。

1970 年后恩施县大部分茶厂基本配齐萎凋槽、揉捻机、烘干机等配套机械，精制茶厂以生产红茶为主。

1977 年，恩施县推广杀青机 4 台，揉捻机逐步更新换代。全县拥有中型揉捻机 120 台、小型揉捻机 30 台、滚筒干燥机 11 台、小型手拉式烘干机 15 台、大中型自动烘干机 4 台，茶叶加工机械化程度得到提高。

20 世纪 70 年代末 80 年代初，恩施地区茶厂生产 8210 型手动红茶加工机械，仍然采用木、铁结构，只是铁制的部分更多，木制的部分减少。该设备每 40 分钟加工萎凋叶 4.5 公斤，是典型的以人力为动力的家庭使用的微型机械（图 3-6）。

● 图 3-6 8210 型手动揉捻机

// 3. 加工技术的进步

1950 年，红茶加工按照东欧市场要求进行，恩施传统红茶加工技术有所改进；1951 年学习苏联红茶加工技术，改热发酵为冷发酵，在湖北省茶叶公司总技师冯绍裘的指导下，恩施经近五年的完善、发展，初步形成较为成熟的技术工艺；1957 年，推行冷发酵法，成茶外形、内质均有改进，红茶品质受到出口部门的好评。

1958 年，冯绍裘在芭蕉茶厂试制高级红碎茶获得成功，恩施红茶品类增加。

1962 年，恩施专署对茶叶主产区出台奖励政策；县特产局和茶叶公司也挤出资金添置加工机械，改进制茶技术，茶叶产量回升。

1964 年，专署农业局、茶叶公司在宣恩召开现场会，推广宣恩县干燥室制茶方法。并给恩施、建始、宣恩、咸丰、鹤峰等县各拨 800 元进行推广。改进制茶设备的同时，制茶工艺也得到改进。

// 4. 加工质量提升

1958 年，芭蕉茶厂试制高级红碎茶，质量接近世界最高水平，芭蕉茶厂被列为全国 6 个红碎茶生产重地之一。

20 世纪 60 年代中期，工夫红茶、红碎茶成为高档外销红茶。

机制绿茶技术的推广，使恩施生产的珍眉茶成为炒青绿茶的精品。

// 5. 能源发生变化

茶叶加工的能源分动力和热能，动能带动机械运转，热能则为茶叶的杀青、干燥、提香等环节提供热源。计划经济时期是茶叶加工能源结构发生变化的时期。机械的广泛使用和加工工艺的变化，促使动能和热能的使用需要也随之变化。

（1）动力。

恩施的茶叶加工最早是手工生产，人们脚踩手捻，非人力不可；1938 年，中国茶叶公司恩施实验茶厂首开恩施机械制茶之先河，动力仍然是人力。

新中国成立后，也少量使用过水力和畜力加工茶叶，但很快都被弃用，其原因是水力设施易毁，牲畜有严重的卫生问题。20 世纪 50 年代，柴油机进入茶叶加工的动力队伍，有用柴油发电机发电用电力作动力的芭蕉茶厂，也有直接用柴油机作动力的社队小加工厂。1972 年，以芭蕉茶厂安装 180 kVA 专用变压器为标志，电力正式成为茶叶加工的动力。20 世纪 70 年代中后期，部分有条件的茶叶加工厂使用电力为动力。

（2）热能。

热能用于萎凋、杀青、毛火和干燥。在绿茶加工中，人们用柴草作燃料或蒸或炒茶叶杀青，用火升温干燥。白茶制作要在阳光下萎凋、晒干，只在连续阴雨天气时才会用火烘干。红茶技术传入后，萎凋、干燥全部依赖日光，茶叶加工成本低廉。

计划经济时期，茶叶加工机械化受到重视并被强力推进，对热能的利用发生变化。为实现规模化、标准化生产，红茶的萎凋工序增加调温装置，干燥使用烘干机、烘房、烘干室。提供热能的燃料以柴草、木炭为主，煤炭只有芭蕉茶厂使用。绿茶加工需要的热能更多，杀青需要燃烧值高的燃料，木柴是可就地取材的燃料，因此成为绿茶加工的主要热能来源。

二、计划经济向社会主义市场经济过渡时期的茶叶加工

虽然 1978 年党的十一届三中全会就提出了改革开放，但由计划经济向社会主义市场经济转变需要一个过程。1982 年，党的十二大提出了计划经济为主、市场调节为辅的改革思想；1984 年党的十二届三中全会提出社会主义经济是在公有制基础上有计划的商品经济；1992 年，党的十四大提出建设社会主义市场经济体制的目标；1995 年，党的十五大报告指出非公有制经济是我国社会主义市场经济体制的重要组成部分；21 世纪初，我国初步建立了社会主义市场经济体制。茶叶产业从计划经济向市场经济过渡应该从 1984 年 7 月取消茶叶派购时算起，而对加工而言则应该从 1985 年算起，市场经济建立则以 1999 年恩施的两大茶厂改制为标志。

随着社会主义市场经济的发展，从 20 世纪 80 年代中期开始，恩施在交通、信息、资金、技术方面与发达地区的差距显现，到 90 年代，恩施的茶叶加工出现明显劣势，加工质量难以达到先进水平。

// 1. 茶叶加工主体发生巨大变化

（1）国营茶厂由盛而衰，最终消亡。

两家国营茶厂在 20 世纪 80 年代初还是处于领先地位，在大队集体茶厂全军覆没之际，芭蕉茶厂满负荷生产，恩施茶厂的红茶精制产量也呈增加的趋势，但这种红火状态却没有持续多久。从 1984 年开始，两大茶厂就慢慢失去了优哉游哉的好日子。随着供销系统整体改制，同属供销系统的两大茶厂在 20 世纪 80 年代中期都成为集体企业。1985 年内销茶和出口茶放开，实行议购议销，茶厂与主管单位茶麻公司由计划调拨变为买卖关系，原来的周转资金也变成银行贷款，茶厂一方面要找钱生产，另一方面又要找市场销售，这对过惯了安稳日子的两大茶厂来说是非常痛苦的。1988 年国务院下发《关于加快和深化对外贸易体制改革若干问题的规定》，国务院规定把茶叶作为关系国计民生的、大宗的、资源性的、国际市场垄断的特殊商品，被列为一类出口物资，实行指令性计划管理，统一经营。恩施的两家大茶厂都出口红茶，由中国茶叶进出口公司按计划物资定价调拨，而鲜叶和毛茶收购已经放开，实行"议购"，茶厂高进低出，亏损就在所难免了。

到了 1990 年，恩施的两大茶厂拖着计划经济体制留下的包袱，与轻装上阵的各类小厂竞争，其结果可想而知。两大茶厂生产逐渐萎缩，后来出租厂房设备，工人下岗。两大茶厂的领先地位在20世纪90年代中期终结。与芭蕉茶厂的每况愈下相对应的是，芭蕉的茶叶加工小厂蓬勃兴起，苗壮成长。

1999年，恩施市境内的茶叶加工两大主力同时谢幕退场。恩施茶厂和芭蕉茶厂都在这一年改制，从茶叶行业消失。恩施茶厂被整体开发成"金凤苑"商住小区，现在是舞阳坝的闹市，里面还有几个卖茶的门面，算是留下了一点茶的印记。芭蕉茶厂一部分卖给商户，成为芭蕉的农贸市场，精制车间卖给宜红茶叶公司，宜红茶叶公司以此建成宜红茶叶公司恩施分公司，收购红毛茶，精制后发往宜都总公司拼配出口。

两大茶厂几乎同时建厂又同时改制消失，原因是多方面的，这一点在介绍芭蕉茶厂时再叙。

（2）集体茶厂成为茶叶加工的主体。

20世纪80年代，随着联产承包责任制的施行，社队茶厂大部分停工，制茶设备或承包给个人，或闲置变卖。1981年，大队茶厂全部以"大包干"或"保本保值"形式承包给个人经营或折价变卖，社队经营的集体茶厂随着农村改革而消失。

社队集体茶厂停办后，茶叶初加工以芭蕉茶厂为主体，茶农手工制作为补充，加工能力出现明显不足。但这种不足没有持续很久，各区乡（公社）自办和直属部门兴办的集体加工厂相继投产，填补了加工能力不足的空缺。区乡（公社）兴办茶叶加工厂，是产茶区地方政府的现实选择，解决茶叶加工不足既是稳定的需要，也是发展的需要，更重要的是基层组织过日子的需要。于是茶区的政府部门纷纷筹资建厂，芭蕉、盛家坝等区公所办起了茶叶加工厂，区下辖的部分乡也办起了茶叶加工厂，区直的供销社、粮管所、财政所、水电管理站等单位也从事茶叶加工。此时的加工厂由于投资主体是政府部门，机械设备较为先进，茶叶加工机械化程度得到极大提高。据统计，1985年，机制茶产量达到茶叶总量的95％，木制的机械几乎全部淘汰，加工能力不足的问题很快得到解决。

这一时期兴办茶厂的最大动力是区公所的官方推动，当时的区公所虽然是市政府的派出机构，但拥有独立的经济大权。发展经济，改善落后面貌是其现实需要，作为处于农村的一个行政层级机构，只能从农业产业上入手才会有所作为，茶区建茶叶加工厂可以说是极好的选择。办茶叶加工厂有三个方面的好处：一是茶叶加工厂增加，农民可就近卖茶，安定民心，农民拥护；二是茶叶销售增加农民收入，带来地方经济繁荣；三是办加工厂可增加收入，得实惠，这种实惠包括税收和利润。

办茶厂要交税，而茶厂的运转又带动更多的农民种茶。种茶要交农业特产税，而农业特产税是比农业税税率高的税种，而且是种植和加工双环节征收，地方政府是乐于推动的。更重要的是，茶叶是商品，茶叶生产让农民有大量的现金收入，税收和"三提五统"的收缴也变得容易。

20世纪80年代末90代初，芭蕉茶厂时而承包时而租赁，经营一直不景气，造成芭蕉茶区的鲜叶滞销，芭蕉区动员区办茶厂和区直部门茶厂满负荷生产。当时先后担任区长、书记的杨则进蹲在几个茶厂，劝说各厂厂长敞开收购，保住茶叶产业。为保证集体加工厂正常运转，政府出面安排周转资金，企业的生产经营带有行政色彩。然而集体茶厂由于体制机制问题，经济效益普遍不理想，亏损厂家众多，经营者谋取私利现象也时有发生。但茶叶生产关系基层财政收入，各地尽力维持茶厂运行，并安排得力干部，引进社会能人经营茶厂，使茶叶产业得以渡过产能不足的危难期。

1996年底，恩施撤区建乡，原区公所变为乡政府，原乡政府变为管理区，政府部门的茶叶加工厂也随之改变称谓。据1997年对芭蕉、盛家坝、白果、白杨坪、六角亭辖区茶厂的统计，在40家茶叶加工厂中，乡办12家、村办22家、私营6家，集体性质占85％，当时集体茶厂是恩施茶叶加工的主体（表3-3）。

表3-3　1997年部分茶叶加工厂统计

厂名	代表人	主体	总产值/万元	绿茶/吨	红茶/吨	名优绿茶/吨	人数	资产/万元		厂房面积/m²
								固定	流动	
芭蕉乡鸦鸣州茶厂	万贵山	乡办	97.58	10	10.2	10.6	8	64.49	14.50	1200
芭蕉乡草子坝茶厂	舒隆清	乡办	102.7	8.2	11.8	13.1	6	67.51	42.5	1900
芭蕉乡金星茶厂	毛英和	乡办	59.34	7	10	8.8	6	26.48	13.2	1287
恩施市粮援茶厂	曹光明	乡办	510.43	10	1.2	7.2	10	51.33	42.3	1020
芭蕉乡芭蕉管理区茶厂	曾宪维	乡办	36.5	7	6	5.03	6	4.5	2.95	300
芭蕉乡高拱桥管理区茶厂	金增润	乡办	68	5	10	9.45	4	1.5	4.3	381
芭蕉乡朱砂溪茶厂	刘自兵	乡办	75	5.5	12	11.1	6	8.8	5.6	546
芭蕉乡南河管理区茶厂		乡办	28	6.5	7	2.66	4	6.5	4.8	570
芭蕉乡㟖口管理区茶厂	唐德彦	乡办	81	9.2	10	13.64	7	5.3	6.9	300

续表

厂名	代表人	主体	总产值/万元	绿茶/吨	红茶/吨	名优绿茶/吨	人数	资产/万元		厂房面积/m²
								固定	流动	
芭蕉乡灯笼坝村茶叶加工厂	向兴提	村办	25	7	5	2.5	6	4.5	5	400
芭蕉乡苦竹笼村茶叶加工厂	龙显茂	村办	47.5	9	5	5	5	5.88	3.1	300
芭蕉乡小红岩村茶叶加工厂		村办	12.8	8	3	0.3	5	6.5	3.09	297
芭蕉乡大鱼龙村茶叶加工厂		村办	85.4	5.5	22.5	9.7	4	8	1.75	479
芭蕉乡寒婆岭村茶叶加工厂	温仁义	村办	36.64	10		5	4	1.1	3.6	374
芭蕉乡龙阳敏茶叶加工厂	龙显高	私有	21	5.5	9.5	1.5	8	3.5	4.2	300
芭蕉乡夏先益茶厂	夏先益	私有	148	25	55	14.6	10	6.5	42	400
芭蕉乡庠口茶厂	李绍禄	私有	15	6	9	—	6	8.5	3.5	600
芭蕉乡黄连溪茶叶加工厂	邹国春	私有	25	9	6	2.5	8	2.5	6	600
芭蕉乡李书池茶叶加工厂	李书池	私有	15	5	10	—	9	2	2.5	250
白果乡姚元林茶叶加工厂	姚元林	私有	25	25		—	9	15.5	6.4	120
白杨坪乡白沙铺村茶厂	梅孝富	村办	5.9	3.7		—	5	0.5	0.08	200
白杨坪乡麂子渡村茶厂	施泽云	村办	3.49	2.6		—	5	0.7	0.1	200
白杨坪乡大湾茶厂	陈圣木	村办	6.15	3.1		—	4	0.6	0.1	300

厂名	代表人	主体	总产值/万元	绿茶/吨	红茶/吨	名优绿茶/吨	人数	资产/万元		厂房面积/m²
								固定	流动	
白杨坪乡九根树茶厂	陈香林	村办	5.13	3.2		—	3	0.3	0.12	200
白杨坪乡大沙坝村茶厂	陈沛皇	村办	8.27	6		—	4	1.2	0.15	200
白杨坪乡麻竹园村茶厂	代宗连	村办	8.5	5.5		—	7	1	0.09	300
白杨坪乡沈金塘村茶厂	陈珍权	村办	7.4	5.4		—	7	0.9	0.12	300
白杨坪乡马石坝村茶厂	谭海跃	村办	4.06	2.8			3	0.3	0.08	150
白杨坪乡獐角坝茶厂	牟启泽	村办	4.34	3			3	0.6	0.06	200
白杨坪乡羊角坝村茶厂	朱永照	村办	5.01	3.5			4	0.7	0.5	200
白杨坪乡桥头坝村茶厂	叶云生	村办	5.35	3.6			4	0.8	0.08	150
白杨坪乡大宝坪村茶厂	谭子玉	村办	11.34	7.6			11	1.2	0.15	300
白杨坪乡白草池村茶厂	于永金	村办	7.09	5.2			5	2.8	0.22	300
白杨坪乡四耳湖村茶厂	吴华成	村办	4.88	3.4		—	4	0.8	0.1	200
白杨坪乡石楼门村茶厂	姜生	村办	3.38	2.5			3	0.5	0.08	150
白杨坪乡撒毛湾村茶厂	文世兵	村办	4.37	3.3			4	1.1	0.1	200
六角亭办事处巴公溪茶厂	王强	乡办	212.4	80	40	—	25	40	67	280

续表

厂名	代表人	主体	总产值/万元	绿茶/吨	红茶/吨	名优绿茶/吨	人数	资产/万元		厂房面积/m²
								固定	流动	
六角亭办事处黄土坎茶厂	田兴宇	村办	23	10		—	4	4.8	5	150
盛家坝乡富硒茶厂	欧天华	乡办	35.95	11	—	—	14	7.6	8.12	200
盛家坝乡石门坝云雾茶厂	邓丙章	乡办	61.76	22.65	—	—	26	12.41	20.39	200

（3）个体私营茶厂崛起。

茶叶加工业是计划经济向社会主义市场经济转变过程中，民营资本进入较早并且发展较快的行业，在茶叶统购统销政策取消后就开始萌芽。虽然因资金不足导致一些个体私营茶厂实力不强、规模偏小、档次不高，但因灵活的经营方式而呈现出顽强的生命力。

1985年，芭蕉的少数茶农在夏秋茶期间将自家的鲜叶萎凋后，以给付加工费的方式委托集体茶厂进行揉捻，揉捻后拿回家发酵，晒干后出售，以获取比卖鲜叶更好的收益。这种委托代加工的方式到1986年大幅增加。代加工表明茶农有了自办茶厂的想法，代加工是前奏，是没有实力时的权宜之举，随着收入的增加，一些家庭有了积累后就付诸行动开始办厂。

1987年，芭蕉集镇通往灯笼坝的路口边，蓝绍直购买了一台揉捻机，他和吕经山合伙，在吕经山家中办起了茶叶代加工作坊，代茶农揉捻红茶，恩施私营茶叶加工厂初现雏形。

1988年，距吕经山家不过百米的夏先益和其妻侄龙宗华用一台揉捻机开始代加工红茶。1989年开始，他们不仅代加工，还收购茶农加工好的红茶，走上了茶叶收购、加工、销售一体化的路子。1990年冬，夏先益、龙宗华各贷款5000元，在夏先益的住地新建厂房。1991年春茶期间，茶厂添置一台复干机后，正式投产，两人靠一台复干机和一台揉捻机踏入茶叶加工行业，恩施市第一家私营茶厂诞生。

几乎在夏先益、龙宗华办茶叶加工厂的同时，龙显高于1989年在芭蕉灯笼坝香树林自己家里开始加工茶叶；1990年，李绍清租赁芭蕉区供销社茶厂加工茶叶；1993年，向子友在屯堡向家坝自己家中办起了以手工加工为主的简易茶叶加工作坊。到20世纪末，恩施私营茶厂不断涌现，与集体茶厂争夺市场。

// 2. 茶叶加工产品结构发生变化

1984 年至 1999 年是恩施茶叶加工产品大变化的时期，红茶逐渐被绿茶取代、名优茶异军突起，主导加工领域。

（1）红茶、绿茶地位转换。

20 世纪 80 年代，恩施市以加工红茶为主，红茶产量占总产量的一半以上。1980 年至 1987 年，红茶产量占总产量的 60％以上。

1991 年，苏联解体，红茶失去主要外销市场；东欧政局变化，造成了世界经济的滑坡，消费动力不足；东南亚的经济危机加上茶叶进口国设置"绿色壁垒"，致使我国茶叶出口受阻；同时由于国家外贸政策的变化，取消了对红茶出口的补贴，茶厂的利润空间大为压缩，红茶生产举步维艰。在外销难以为继的情况下，内销市场却因改革开放使国人的消费能力得以提升，活力增强，而国内消费以绿茶为主，于是各茶叶加工厂家纷纷调整加工方向，增加绿茶产量，绿茶比重上升。到1990 年，虽然当年的红茶比重仍然高达 56.8％，但这一年的红茶却出现积压。

1991 年是红茶、绿茶产量变化的分水岭：全市红茶比重降至 33.22％。由于1990 年红茶积压，1991 年新茶与陈茶累加后数量仍然很大，红茶积压持续，许多加工厂都有卖不出去的红茶放在仓库中，恩施茶界已是谈红茶色变，由此直接导致1992 年红茶比重降至 9％，此后一直在 20％左右徘徊。绿茶从 1991 年上升到主要地位后，比重稳定在 80％左右。这一时期春茶基本加工绿茶，不适合加工绿茶的粗老叶加工红茶；夏秋茶粗老鲜叶加工红茶，好一点的鲜叶都加工绿茶。在恩施茶区，好鲜叶加工绿茶，粗老鲜叶加工红茶，绿茶档次高于红茶。

（2）名优茶异军突起。

这一时期是名优茶的兴起期，各种名茶、优质茶不断创制，争奇斗艳，为茶界增添了光彩。名优茶不是一个茶类，而是各茶类中的精品，所有茶类都可按照其工艺加工名优茶。

湖北省名优茶开发于 20 世纪 80 年代初提出，1983 年，省农业厅举办全省名优茶鉴评，共评出恩施玉露、远安鹿苑、车云山毛尖、玉泉仙人掌、天台翠峰、竹溪龙峰、双桥毛尖、柏墩龙井、熊洞云雾、龙泉茶、容美茶等 11 个地方名茶，恩施玉露获第一名，同时还评出 6 个优质炒青绿茶。

恩施的名优茶加工源于玉露，从清代开始，玉绿走俏市场，民国定名玉露，新中国成立后计划经济时期一度成为国礼。从 20 世纪 80 年代末开始，名优茶生产力度加大，各种名优茶应运而生。

　　恩施市的名优茶生产技术推广始于 20 世纪 80 年代中期，随着红茶改绿茶的推进，各地纷纷在已有名茶的基础上改进工艺，不断创新。将"玉露"工艺变动、简化制作绿针，利用单芽原料制作贡芽、玉毫，引进扁茶加工技术制作龙井、云观玉叶，精选原料制作优质炒青、烘青，形成丰富多彩的名优绿茶系列产品。同时在鲜叶采摘上下功夫，从传统的不分级的统采变为一芽二叶、一芽一叶、一芽一叶初展甚至单芽分级采摘。嫩采细制，加工出来的产品脱胎换骨，成为消费者追捧的高端消费品。这一时期各地纷纷创制名茶，一时之间，新名茶纷纷出现，成为茶叶加工的潮流。

　　业务技术部门把名优茶加工作为工作重点，推动名优茶加工技术的推广和普及。恩施市特产局茶叶专家吉宗元带领技术干部推广"玉露"制作技术，并开发优质炒青、烘青；州农校杨胜伟老师在屯堡传授名优茶制作技术，恩施市特产技术推广中心的吕宗浩、刘云斌、张建新、龚志军等参加学习，这批学员后来成为恩施市名优茶生产的中坚力量；杨胜伟老师带领市特产局干部刘云斌等在屯堡参考"龙井"制作工艺，创制"云观玉叶"，成为恩施市扁形茶的公共品牌。

　　20 世纪 90 年代初，名优茶全面兴起，各地纷纷采制名茶，也创制新的名茶，名茶生产成为茶叶加工的亮点，也是茶叶经济效益的增长点。这一时期名优茶生产全面铺开不是偶然的，从 1985 年以来，茶叶流通逐渐步入社会主义市场经济轨道，红茶陷入"价低卖难"的困境，红茶改绿茶成为必然。绿茶消费以国内市场为主体，平淡之物已得不到消费者青睐，名特优新产品成为市场宠儿，各厂家为抢夺国内市场，在名茶领域展开比拼。

　　这一时期，恩施市各产茶区竞相生产名优茶。1995 年，恩施市林业特产局组织名优茶鉴评，全市各地的大小茶厂踊跃参加，很多参评茶样连茶名都没有，只标明茶叶样品的来源，在评审结束后，当时的分管副局长黄辉和特产股的同志一起为品质优异的名茶起名，这样颁奖时才有称呼。如芭蕉区选送的两种茶因原料产于金星坡，扁形，就命名为"金星剑毫"，白毫披被的命名为"金星玉毫"；沐抚搬木村在七渡制作的扁形茶命名为"七斗剑"，芭蕉粮援茶厂的茶样原料来源于"龙潭观"，被命名为"龙潭碧峰"等。这些临时命名的名茶加上产于屯堡马者的"云观玉叶"被选送州、省参评，均获得了好的名次。1996 年，芭蕉粮援茶厂制作的"金星剑毫"和"金星玉毫"，在省农业厅评审中，"金星玉毫"获金奖，"金星剑毫"获银奖。1999 年芭蕉乡农贸公司制作的"金星玉毫"也在省农业厅的"鄂茶杯"评审中获金奖。

　　在名茶纷呈的同时，传统的炒青、烘青、毛尖等也因鲜叶分级采制、制茶工艺改善，产品质量得到提升，可以制作出适销对路的优质茶叶产品。这种茶叶具备好看又好喝的特点，且价格为普通消费者所接受。

名优茶一般以销售价格为标准区分，名茶价格肯定高，优质茶介于名茶和普通茶之间。20 世纪 90 年代，15—30 元/公斤为优质茶，30 元/公斤以上为名茶，15元/公斤以下为普通茶。

20 世纪 80 年代初，恩施的名茶只有"恩施玉露"，但随着市场放开，"玉露"逐渐受假冒伪劣产品的摧残，倒是在"恩施玉露"工艺基础上简化制作的"绿针"大受欢迎，不仅恩施大量生产，而且在宣恩全面推广，几乎成为宣恩名优茶的代名词。而"恩施玉露"却因工艺复杂，加工量不断萎缩，到世纪之交，几乎退出市场，这是恩施名优茶加工技术普及中的一大恨事。

// 3. 加工设备的变化

1984 年至 1999 年，是茶叶加工机械更新换代的时期，各种新的茶叶加工机械投入加工领域，使茶叶加工操作更简便，产品质量也得到提升。

（1）加工设备整体提升，茶叶加工机械化程度提高。

20 世纪 90 年代以前，恩施市绿茶加工普遍使用复干机杀青。形成这一状况的主要原因是加工厂规模小，无力购置专用设备，复干机既可杀青，又可用于滚炒和干燥，一个加工红茶的茶厂只要添置一台复干机，就能实现红茶、绿茶兼制。一个小厂只要一台复干机和一台揉捻机就能生产，复干机加揉捻机成为当时许多小茶厂的标配。

随着茶叶加工技术的进步和市场对茶叶加工质量要求的提高，各种针对茶叶加工特殊需要的机械相继问世，为茶叶加工质量提升创造了条件。恩施从 20 世纪 90年代中期开始改变以复干机加揉捻机办茶厂的方式，茶叶加工机械设备逐步完善。

滚筒杀青机是我国茶叶加工中应用最普遍的杀青机类型，后几经改进，并被广泛用于杀青作业，小型滚筒杀青机则用于名优茶的杀青。恩施广泛使用滚筒杀青机是在 20 世纪 90 年代中期以后。这是因为茶叶加工企业的实力增强，产能扩大和市场对绿茶产品质量的要求提高，加工业者被迫作出改进。

烘干机是茶叶加工的重要机械，恩施茶厂和芭蕉茶厂在建成投产时就开始使用，20 世纪 80 年代后期各初制厂开始安装使用，代替复干机对茶叶进行干燥，现在已是恩施制作红茶、绿茶的必备干燥设备。

解块机是解决茶叶揉捻后结块成团问题的机械，20 世纪 50 年代，恩施开始在初制厂使用，使揉捻后的茶团得以解散，条索展开，利于加快烘干速度，提高茶叶品质。由于解块机不是必备机械，20世纪60年代至80年代茶厂很少配备，以手工代替。进入21世纪后，解块机的使用又开始增加，成为红茶、绿茶加工的必备机械。

（2）名优茶加工设备的改进。

名优茶加工设备在初期与大宗茶加工是有区别的，不同的名优茶需要特殊的加工设备，而这类设备多利用当地自然资源制造，虽然要求高但总体简陋，是手工制茶的辅助工具；机械制茶推广后，名优茶加工机械和大宗加工机械没有本质的区别，只是名优茶加工机械的规格、型号偏小，同等时间内产量低；全国名优茶生产全面兴起后，名优茶加工机械专用性增强，形成了名优茶加工的专用机械。

① 传统的名茶加工设施。

——加工玉露的整形平台。整形平台也称焙炉，是制作"玉露"的装备，以砖、砂、水泥（三合泥）做成长1.8米、宽0.8米、高1.2米左右的台子，台子下部是烧火的灶膛。台子上用木框将台面包围，木框高6厘米。台面用绵纸裱底，需裱糊6层，后改用铁板上覆高标号水泥。在这种台子上可进行杀青叶的手工揉捻，更多的是进行手工理条，是做成"恩施玉露"紧圆挺直外形的关键装备，同时也可用于茶叶的干燥，是恩施人制作名茶的常用自制设备。

——制作扁形茶的锅。这种锅叫龙井锅。龙井锅是随着龙井茶加工技术传入恩施的，全面抗战时期恩施就开始加工龙井茶，后虽一直有生产，但直到1984年，才开始在恩施大量制作。制作龙井茶，先是打灶，在灶上安放龙井锅，灶的高度最好适于人坐在凳子上制作。1987年，电炒锅出现，只要有电的地方都能使用，且安装简便，不择场地，人们纷纷采用，制作龙井的土灶和锅逐渐被淘汰。扁形茶也因加工设备简单、操作方便，迅速风靡全国各茶区。

——制作毛尖的灶。恩施制作毛尖历史悠久，清朝、民国时期即大量生产，茶农制作毛尖多用做饭的锅灶进行杀青。后信阳茶商到恩施采购茶叶，信阳的毛尖灶也逐渐成为恩施制作毛尖的灶具。

② 名茶加工机械。

——扁茶机。1994年，按压式扁茶机在恩施出现，恩施市特产开发公司在茶机展示会上首次展示了扁茶制作机械。这台机械以柴、煤为燃料，当温度达到200℃以上时投入鲜叶，叶片在锅内由机械手扫动，使茶叶循环运动，达到杀青目的。杀青后温度降到100℃左右，通过机械臂按压，机械手翻扫，做成的成品扁平紧直，龙井特征明显。这一机械在当时得到了观摩者的广泛认可，然而这台机械却没有推广开来，其原因是1995年推出的名茶多功能机比这台机械操作更简单方便。

——名茶多功能机。名茶多功能机是恩施名茶机械制作的开端，一时成为名茶加工者的首选。名茶多功能机的代表机型是浙江富阳茶机总厂（现浙江春江茶叶机械有限公司）生产的 6CDM-42 名茶多功能机，这种小型茶叶加工机械具有杀青、做形、干燥的多种功能。特点是价格低，操作简单，能加工多种名茶，特别适合以单芽为原料的名茶加工。当时芭蕉灯笼坝无性系良种茶相继投产，这一机械为无性系良种茶所采单芽原料加工名茶提供了便利。6CDM-42 名茶多功能机可使用多种燃料，有柴煤式、炭式和电热式三种，可加工多种单芽名茶，直接理条，生产条形名茶，在做形阶段加上加压棒就可生产扁形茶，还可用于针形茶的理条。名茶多功能机因尺寸小、投资少、使用单相电、操作简单，被茶农广泛接受。1995 年，灯笼坝的吴庭千、肖孚炳、杨则高、尹英红等多人购买使用，这一机械刚好与灯笼坝的无性系良种茶投产相契合，茶园面积较大的茶农在 1995 年春茶期间就有数千元收入，而名茶多功能机只要 3000 多元，农民购买机械自己加工，能获得更大的收益。1996 年，灯笼坝村名茶多功能机达 10 余台，机制名优茶从灯笼坝推广开来，全市各地茶农纷纷购买，加入名茶加工队伍。购置名茶多功能机的茶农除加工自家鲜叶外，还收购附近农户的鲜叶，加工后卖给市内的茶商，不仅增加了种茶收入，还获得了加工收入。一时有条件的茶农纷纷效仿，恩施市境内茶区名茶多功能机的身影随处可见。部分使用者后来逐步做大，建成茶叶加工企业，如芭蕉灯笼坝村的尹英红建成了芭蕉侗族乡永红茶厂，杨则高与人合作创办了溢馨茶叶公司。

（3）能源结构发生变化。

在计划经济向社会主义市场经济转变的过程中，茶叶加工的机械化程度提高，机械对能源的要求更高，由此带来能源结构的变化。

① 动力。

这一时期除名茶手工制作外，人力不再是常用的动力，水能和畜力也不再使用，柴油机是普遍使用的动力来源，随着农村通电区域的扩大，电能逐渐替代燃油动能（柴油机）。但由于电能的保障性差，加工厂大多保留柴油机作为备用动力，复干机配备手摇装置，在停电时人工操作，人力也成了应急动力。

③ 热能。

这一时期的热能因机械设备的变化而变化。滚筒杀青机和热风炉的广泛使用，对燃料提出更高的要求，普通柴草的燃烧值难以达到要求，只有硬质、上好的杂木才能满足设备需要，茶厂成了毁林的"黑手"。在这种情况下，停止烧柴，改用其他燃料提上议事日程，煤成了不二选择。20 世纪 90 年代，柴改煤是茶叶加工厂的一项重要技术改造工程。

名优茶加工使电能成为重要的热能选择。采用电热的名优茶加工设备（含电炒锅、多功能机等）使用方便、整洁卫生，被广泛使用。20世纪90年代，电能在茶叶加工中的热能占比快速增长。

柴改煤是茶叶加工的能源革命

恩施市第一次依靠行政手段强势推动柴改煤，改变了茶叶加工以柴草为燃料的历史习惯，燃料由就地解决变为外地采购。

在茶叶加工厂不断增加的20世纪90年代，因茶叶加工而毁林的情况时有发生，烧柴造成的卫生问题严重影响茶叶品质，市人民政府决定实行柴改煤。1996年，利用富硒茶项目资金，将柴改煤作为茶叶加工厂技术改进项目实施，项目配套茶叶加工机械全部使用燃煤炉灶，名优茶加工设备用电热式。恩施市与浙江富阳茶机厂签订技改项目合同，由浙江富阳茶机厂提供机械设备，恩施市财政配套工作经费，项目实施企业采用分期付款方式给付机械款，市财政为项目实施企业提供担保，市特产技术推广服务中心具体执行。项目于1997年正式执行，芭蕉、六角亭、屯堡、沙地、盛家坝都有茶厂实施此项目。这批新机械的投入使用，使恩施市茶叶加工档次和加工能力都得到极大的提升，燃煤设备改善了卫生条件、降低了烟尘污染、减少森林砍伐、有效保护生态环境，同时也降低茶叶加工成本，对整个茶叶加工行业的提质增效起到了决定作用。由于有项目支撑，柴改煤进展顺利，各加工厂对改造效果非常满意，后续加工厂的建设、改造都以燃煤为主，虽有部分小作坊在杀青环节烧柴，于茶叶产业而言，烧柴占比呈逐年下降趋势。恩施市的柴改煤一次成功，而周边一些县（市）在21世纪仍把柴改煤作为重要工作。

恩施市的柴改煤很快取得成效，茶叶加工厂受益匪浅，但项目的设备提供方和执行单位却付出了巨大代价。由于当时的茶叶加工厂实力太弱，许多厂拿不出启动资金，于是所在区（镇）、街道办事处出面担保，先拿机械后付款。那时的区（镇）连干部工资都发不出去，担保也就成为一句空话，市特产技术推广服务中心后来四处讨债却总是空手而归，最后以市财政负担一部分，浙江富阳茶机厂减免一部分了结，市特产技术推广服务中心倒贴差旅费。

（4）厂家在恩施设点销售，为用户提供方便。

恩施的茶叶加工机械大多从浙江、江苏、湖南等省和本省的五峰采购，也有很多是本地工匠用土法制造的仿制机械。外购机械质量好但采购运输都不方便，仿制机械购买方便但性能不是很好，这一状况从 1987 年开始发生改变。

1987 年，浙江富阳茶机厂进驻恩施，最初与恩施市特产局合作，在恩施设立茶机代销站，后特产局将业务交恩施市特产技术推广服务中心。由于恩施提货非常方便，运费比自己采购低，售后服务及时，代销站又是业务部门操作，得到用户信赖，产品迅速占领恩施市场，并辐射全州及重庆的黔江地区和万县地区，几乎独霸恩施茶机市场。

1999 年，浙江衢州上洋茶机厂与恩施合作，开始在芭蕉销售茶叶加工机械，从恩施第一大茶区开始进驻恩施。

五峰县天池茶叶机械有限公司是在恩施经营最长的茶叶加工机械制造企业。从 20 世纪 70 年代至今都是恩施重要的茶叶加工机械供应商，由于距离较近，该公司未在恩施设立销售点，但与恩施茶机销售商建立了合作关系。

三、 21 世纪的茶叶加工

21 世纪的茶叶加工以民营经济为主体，这一时期恩施的茶叶加工虽然在技术上处于国内先进水平，但因企业规模和从业者素质的限制，在更新改造、产品升级、技术研发上仍显乏力，有被带着跑的感觉。

// 1. 民营经济是茶叶加工的主体

1993 年 11 月 11—14 日，中共十四届三中全会通过了《中共中央关于建立社会主义市场经济体制若干问题的决定》，这是民营经济健康发展的前奏，随后民营经济得到快速发展。在世纪之交，集体茶叶加工厂纷纷谢幕退场时，民营茶厂迅猛发展，接管了集体茶厂的地盘。20 世纪 90 年代，个体茶叶加工厂如雨后春笋般不断涌现，遍布茶区，几乎所有产茶乡（镇）、办事处都有民营茶叶加工厂，只是规模、档次不同而已。进入 21 世纪，茶叶加工成为民营经济的天下，2000 年至 2016 年全市茶叶加工企业（厂）数量见表 3-4。

表 3-4　恩施市 2000—2023 年茶叶加工企业（厂）数量统计表　　　（单位：家）

年代	数量	年代	数量	年代	数量
2000	80	2008	183	2016	361
2001	90	2009	193	2017	431
2002	110	2010	221	2018	451
2003	135	2011	261	2019	454
2004	137	2012	250	2020	452
2005	109	2013	257	2021	505
2006	181	2014	294	2022	478
2007	177	2015	341	2023	486

数据来源：恩施市茶办年终统计。

民营茶厂的大量出现，使集体茶厂的退出变得波澜不惊，更为确切地说是民营茶厂的大量兴起挤占了集体茶厂的生存空间，迫使集体茶厂退出。在民营经济强势进入茶叶加工行业的时候，公有性质的茶叶加工主体因体制机制束缚，生产经营每况愈下，不是被民营资本接管，就是破产倒闭。民营加工厂逐渐成为主体，不同所有制性质的茶叶加工厂兴衰交替，推动恩施茶叶加工事业前进。在 21 世纪到来之际，芭蕉是集体茶厂最多的乡镇，在集体茶厂退出的时候，不仅没有出现鲜叶难卖的现象，更是出现了加工厂争抢鲜叶的局面。

世纪之交的几年是民营茶厂取代集体茶厂的高峰期。乡镇集体茶叶加工厂大多数没能挺到 21 世纪。在民营茶厂蓬勃发展的时候，乡镇集体茶厂却因机制不灵活和行政干预缺乏活力。厂长由组织安排，管理水平良莠不齐，在与民营经济竞争中实力悬殊，纷纷败下阵来，好点的被民营企业接管，差的直接关门。据 2005 年市茶办统计，全市共有茶叶加工厂 109 家（含名优茶加工作坊 16 家），具体地域分布如下：芭蕉侗族乡 77 家（含名优茶加工作坊 16 家）、六角亭办事处 10 家、屯堡乡 7 家、白果乡 3 家、红土乡 3 家、白杨坪乡 2 家、太阳河乡 2 家、龙凤镇 2 家、舞阳坝办事处 2 家、沙地乡 1 家。在这 109 家茶叶加工厂中仅清江茶叶公司为恩施州农科院投资建设的集科研、加工、销售于一体的国有企业，其余 108 家均为民营性质，此时已无集体性质的茶叶加工厂的身影。到 2015 年，全市有茶叶加工厂 341 家，其中省级农业产业化龙头企业 2 家，州级农业产业化龙头企业 12 家，市级农业产业化龙头企业 19 家，获 QS 认证企业 36 家，获小作坊认证 86 家，除清江茶叶公司是国有性质外，其余 340 家均为民营性质。

在这一时期，私营茶叶加工厂的发展是无序的，规模小、卫生条件差是通病，产品质量参差不齐，茶厂是年年有新增，年年有倒闭，只有实力较强、产品质量较好的厂才能存活下来并得到发展。2005 年，芭蕉乡强力推动茶叶加工企业优化改造工作，促使企业实现标准化、规模化、无害化加工，提高产品质量和市场竞争能力。这一举措的执行使一批竞争力弱的小厂纷纷与大厂联合，茶厂数量明显减少，全市较上年减少茶厂 28 家，这是 2000 年至 2016 年茶厂数量的唯一下降的一年。然而这种靠行政推动的联合是脆弱的，次年一切照旧，茶厂数量呈爆发式增长，优化改造以失败告终。资本不足、积累缓慢，导致本土靠种田起家的茶叶加工厂家在发展中步履维艰，一般的厂家只能满足厂房维修、设备更新换代，情况好的也只能扩建一下厂房，增添一些设备，建设标准化的加工车间只能是梦想。最早从事茶叶加工的夏先益、龙宗华发展至 2016 年，只是两人联合办厂变为各办一厂，厂房还是 2003 年购买的供销社茶厂，分开后一人一半，虽然二人的茶厂都还算红火，小日子都过得滋润，但茶厂如果要扩大规模、再上档次，就有些力不从心了。而恩施市润邦国际富硒茶业有限公司 2005 年进入恩施，利用的是外来资本，注册资本 500 万元，2006 年就成为恩施市茶叶企业中的龙头老大。

// 2. 茶类有所增加

新中国成立以来，恩施加工的茶类主要是红茶和绿茶，进入 21 世纪后，为拓展茶叶销售渠道，恩施也开始探索增加茶叶加工类别，于是有了青茶（乌龙茶）和黑茶加工的尝试。

青茶和黑茶加工是在省农业厅的统一安排部署下进行的，其目的是通过增加茶类产品开拓茶叶销售渠道，提高原料利用率和夏秋茶的经济效益。

2006 年，恩施市引进乌龙茶品种黄观音，在芭蕉二台坪试种，是乌龙茶加工的前奏。2010 年，《湖北省农业厅关于推进我省乌龙茶产业开发的意见》出台，明确 2011 年在恩施实施乌龙茶产业布局，这是恩施乌龙茶加工的起点。恩施市润邦国际富硒茶业公司和恩施市丰茗圆茶叶公司率先开发乌龙茶，分别建成乌龙茶生产线，当年生产乌龙茶 1 吨，产值 20 万元。

恩施市丰茗圆茶叶公司还进行不同品种茶叶加工对比试验，用黄观音、龙井 43、本地群体种恩施苔子茶进行对比，结果这些品种均可加工制作乌龙茶，品质以黄观音为优，龙井 43 次之，本地群体种恩施苔子茶最差。对比表明：加工乌龙茶需要适制的品种，恩施本地品种不适宜制作乌龙茶。

2012 年 6 月 14—16 日，湖北省乌龙茶开发暨茶叶板块基地建设现场会在竹溪召开。在讨论中，与会代表纷纷表示湖北要立足本地优势，摆正茶类位置。在代表们充分表达意见的基础上，湖北省确定茶叶加工按"一主三辅"布局，即以绿茶为主，红茶、黑茶和乌龙茶为辅，并且三辅的顺序为红茶、黑茶、乌龙茶。全省的乌龙茶开发现场会最后成为乌龙茶的"降温"会议。在这次会议后，恩施市明确了以绿茶为主，红茶为辅，黑茶、乌龙茶为补充的茶叶加工新格局。恩施市润邦国际富硒茶业公司黑茶生产线于2013年建成，下半年成功获得了黑砖茶QS认证，并推出黑茶系列产品金花茯砖；恩施市大方生态农业有限公司、恩施市凯迪克富硒茶业有限公司等企业开展黑毛茶加工，为本省及湖南黑茶企业提供初加工产品；恩施亲稀源硒茶产业发展有限公司生产富硒黑茶，满足黑茶爱好者补硒的需求。

多茶类开发的道路也是不平坦的，青茶和黑茶加工虽然在恩施已有突破，但因其加工各有其特殊要求，并未全面推广开来。从2012年开始的铁观音农残问题持续发酵，到2015年达到高潮，铁观音价格大幅下滑，恩施的乌龙茶生产线停产。黑茶加工也未快速推广开来，只有少数厂家进行探索性加工。白茶只有极少企业少量生产，也没有形成品牌，只是恩施茶人的自娱性节目。

目前为止，湖北"一主三辅"的格局在恩施并未实现，恩施市加工的茶类有绿茶、红茶、青茶、黑茶和白茶，暂时还未引进黄茶加工技术。茶叶产品以绿茶和红茶为主，且绿茶产量大于红茶，青茶、黑茶极少，白茶却呈现增长趋势。

// 3. 名优茶地位提升

名优茶作为跨茶类的强大茶叶消费新宠，在茶叶加工中的地位十分重要。进入21世纪后，名优茶加工得到长足的发展，为推进名优茶生产，恩施市多次组织名优茶鉴评活动。

（1）无性系良种茶为名优茶加工提供了充足的原料。

名优茶的原料是通过分级细嫩采摘获得的，20世纪初，恩施大量的茶园种植的是群体种，茶芽生长不均衡、不整齐，名优茶原料只能在春季少量采摘。无性系良种茶生长均衡、发芽整齐，适制名优茶，但恩施从20世纪90年代才开始推广种植，投产的无性系良种茶园很少。进入21世纪后，恩施的无性系良种茶园逐年大幅增加，投产的良种茶园也逐年递增，使名优茶原料随处可取，可大批量地收购，充足的原材料刺激了名优茶的加工。

（2）名优茶加工技术进步，提升了名优茶加工质量。

在恩施市茶叶工作者和相关茶叶加工企业的共同努力下，全市名优茶加工在21世纪得到长足进步。一是加大了对传统名茶"恩施玉露"的生产和传承，使恩施玉露的传统制作技艺和现代机械制作都取得重大突破。传统工艺更加规范，产品更加优质；机械制作实现标准化、连续化，实现量产。二是在参考传统名茶的基础上结合鲜叶生产实际和市场需求，创制出了具有地方特色的新名茶，如云观玉叶、恩施绿针、金星剑毫、金星玉毫、恩施贡芽、红庙翠峰等。三是参照传统大宗绿茶加工工艺，研究出优质炒青、优质烘青、优质毛尖等优质茶的加工技术规程。四是把名优茶加工拓展到红茶类，名优红茶迅速走红。

（3）名优茶在整个茶叶产业中处于主导地位。

从 2003 年有行业统计数据以来，到 2016 年为止，根据恩施市茶叶行业数据分析，恩施市名优茶产量连年大幅上升，占总产量的比重也呈总体上升态势，名优茶产量占茶叶总产量的比例都在 1/3 以上，2012 年以来连续 5 年超过 40％，名优茶是恩施茶叶产业的重要组成部分。茶叶产值较产量的上升趋势更加显著，2005 年和 2015 年数据比较，名优茶产量增长 5.4 倍，而同期名优茶产值增长 7.5 倍。名优茶产值在茶叶总产值中处于绝对优势地位。2005 年到 2015 年间，名优茶产值占比均在 80％ 左右，即使在高档名茶产量比重下滑的 2014—2016 年，名优茶产值仍然呈上升趋势，产值比重仍处在 78％ 以上的高位（见表 3-5），名优茶的重要性可见一斑。在 21 世纪的恩施茶叶产业中，名优茶主导加工、增加了效益、撑起了持续发展的这片天。

表 3-5　名优茶行业数据表

年份	产量			产值		
	总产量（吨）	名优茶（吨）	比重（％）	总产值（万元）	名优茶（万元）	比重（％）
2003	2586.29	1039.75	40.20	8627	未统计	—
2004	3303	1132	34.27	13400	未统计	—
2005	3884	1450	37.33	18065.18	14795.9	81.9
2006	4035	1592	39.46	21888.43	18857.2	86.15
2007	4489	1646	36.65	25321.22	21607.5	85.33
2008	11613	3723	32.1	45760	3776	82.55
2009	11429.6	4366.98	38.21	49087.17	41183.43	83.9
2010	12223.6	4692.85	38.39	63585.6	54518.9	85.74
2011	12810	4753.5	37.11	69403.4	58841.9	84.79
2012	13741.41	5737.91	41.76	86271.2	72881	84.48
2013	16002.5	6586.5	41.16	102858.5	84758.4	82.4
2014	17655.3	7338.6	41.57	120624.9	95471.9	79.2

续表

年份	产量			产值		
	总产量（吨）	名优茶（吨）	比重（%）	总产值（万元）	名优茶（万元）	比重（%）
2015	19109.5	7891.8	41.30	138123.7	109558.3	79.32
2016	21104.3	8499.6	40.27	157658.26	123276.4	78.19
2017	22170.1	8692	39.21	171721.4	125283.4	72.96
2018	23009	9683.4	42.1	195161	161802.1	82.9
2019	24363	10233.9	42	227220	180533	79.5
2020	24800	11023	44.4	243120	198680	81.7
2021	25500	11500	45.1	262000	206600	78.9
2022	25800	11600	45	284830	227500	79.9
2023	26989.8	13260	49.1	355074.6	284959.8	80.3

（4）名优茶界定。

21世纪的名优茶仍然是以价格为标准界定的，开始是20—50元/公斤为优质茶，50元/公斤以上为名茶，20元/公斤以下为普通茶；2006年调整为40—100元/公斤为优质茶，100元/公斤以上为名茶，40元/公斤以下为普通茶；2011年调整为60—140元/公斤为优质茶，140元/公斤以上为名茶，60元/公斤以下为普通茶，从2011年开始统计名优红茶，标准与绿茶一致。

// 4. 茶叶加工机械

进入21世纪后，为适应生产需要，茶叶加工机械更加专业化。各机械制造企业为适应各地各种茶叶产品的加工需要，研制出有针对性的机械设备，使茶叶加工机械的适用性增强。

（1）机械设备改造升级。

21世纪是一个创新发展的时期，茶叶加工设备不断推陈出新，一些专业性、适用性强的设备被研制出来，应用在茶叶加工的各个环节。包括鲜叶处理、杀青、做形、回潮、干燥、提香的茶叶加工全过程，都有新设备在恩施普遍使用。如鲜叶分级机、鲜叶储青机、摊凉回潮机、各类杀青机、名茶理条机组、各种揉捻机组、动态烘干机、各种烘焙提香机等，这些设备从鲜叶处理到毛茶制成，使茶叶加工企业有了多种选择，无论制作什么茶，都有可供选择的机械设备。

① 杀青机械。

杀青机械是绿茶加工的必备机械，到了 21 世纪，杀青机的研发和生产实现多样化。滚筒杀青机是使用量最大的杀青机械，在炒青绿茶生产中广泛使用，不同厂家生产的机械规格型号不一，总的说来，有从 30 型到 110 型多种型号，各茶叶加工企业可根据自己加工的茶叶品类选择不同型号的杀青机。

——高热风杀青机。高热风杀青机使杀青时间缩短、茶叶香气更好、色泽更鲜。在大量推广使用滚筒杀青机的同时，为增加茶叶香气生产出高热风杀青机。这种机械通风排湿性好，杀青后的茶叶含水量较滚筒杀青机少，且杀青后的茶叶不会产生焦边、爆点现象，所制茶叶品质好。

——蒸汽杀青机。蒸汽杀青机为"恩施玉露"的量产提供了保证。为适应蒸青绿茶加工，国内茶机生产企业模仿日本技术生产出蒸汽杀青机，为"恩施玉露"机械化生产打下基础，现"恩施玉露"生产厂家都使用国产蒸汽杀青机。

——微波杀青机。微波杀青机是新技术在茶叶加工上的运用。微波杀青机是一种新型的杀青设备，杀青速度快、效率高、效果好。在杀青的同时，还可以除去约 10％ 的鲜叶水分。微波杀青机的原理主要是利用迅速升温来钝化鲜叶的活性氧化酶，抑制鲜叶中的茶多酚等酶加速氧化，防止在后续烘干过程中色泽发生严重改变，同时挥发鲜叶的青草味，能更好地形成茶香。也有专门对滚筒杀青机杀青叶进行补杀作业的微波补杀机，达到茶叶原叶杀青杀透的目的。

——电磁波杀青机。电磁波杀青机是最新产品，为克服微波杀青机水分散发困难而设计制作的杀青设备。

② 做形机械。

随着科技进步，茶叶做形设备呈现专业化、精细化发展趋势，各种专用设备出现。揉捻机是条形茶的主要做形设备，已从人工投料、加压变为智能投料、加压；扁茶机从多功能机发展为半自动、全自动机械，加压方式也由棒式加压发展成板式加压；针形茶加工设备也日益成熟。

③ 干燥设备。

茶叶干燥主要是烘干，机械从链板式烘干机扩展到斗式、箱式的烘干（焙）机，这些设备不仅能使茶叶干燥，还能提升茶的香气和滋味。随着技术进步，新的干燥方式也在茶叶加工中得到使用，干燥方式从在加热条件下，采用烘、炒方法干燥，扩展到微波干燥、冷冻干燥、真空干燥等多种方式，为茶叶生产提供更多选择。

④ 精选设备。

茶叶的精选设备从拣选、风选发展到色选，不仅提高工效，也提高精度。

（2）连续化、自动化程度提高。

21 世纪，中国经济高速发展，一方面农村劳动力从大量剩余变为紧缺，人工成本逐年走高，提高了茶叶加工成本；另一方面茶叶作为食品，其加工过程的卫生安全要求极高。为应对这一变化，连续化、自动化就成为茶叶加工的必然选择。

① 机组。将相同的设备联成机组，多机联动，提高生产效率。如理条机组、揉捻机组等。

② 传送设备。利用提升、抖动、传送带等将加工的各个环节串联起来，实现连续化生产。由于是不落地加工，既保证茶叶卫生安全，又减少人工的使用。

③ 自动化生产线。最先进的是使用自动化生产线，每条线按其加工能力配备设备，自动称量投料、自动运行，从鲜叶到成品完全由程序控制，把人工使用量降到最低。

茶叶加工的自动化是历史发展的必然。消费者对茶叶产品质量的要求迫使企业在加工时采用连续化、自动化生产技术，确保产品质量；人力成本提高促使茶叶加工企业减少用人成本，而机械的连续化、自动化能有效解决这一问题。

连续化是自动化的基础，先有连续化才有自动化。茶叶加工的连续化就是利用传送系统将茶叶传送到各加工环节的设备中，茶叶通过传输而不是人工搬运，这种方式不仅节省劳力，还提高了准确性和及时性，卫生条件也得到有效保证。现代茶叶加工都采用连续化生产方式。

恩施市茶叶加工因地制宜地采取连续化生产线，一厂一策。生产线宜连则连，需连必连，不搞为连而连，各厂家的生产线使用同机联组，先在每道工序联合成机组，条件具备后再进行工序间的连接，实现全自动。以恩施市润邦国际富硒茶业有限公司的"恩施玉露"自动化生产线为例，这条生产线从杀青、揉捻到毛火都实现连续化，而整形上光工序则未完全实现连续化，其原因是工艺特殊暂不适宜连续化操作。

（3）能源向清洁化转变。

21 世纪的茶叶加工在能源上又有新的突破。动力全部使用电力，热能随着农村电网改造、生物质能源的开发、燃气的利用有了更多的选择。

① 电能。电能是茶叶加工厂的普遍选择，这种清洁能源使用方便，零排放。在通过两轮农村电网改造后，农村用电得到保障，分布在农村的茶叶加工厂也充分

享受到这一便利，不仅机械运转使用电能，而且许多机械设备运行（热、光、波、制冷、真空）也使用电能，电能已成为茶叶加工的主要能源。

② 生物质能源。生物质燃料是将农作物秸秆、木屑、锯末、花生壳、玉米芯、稻壳、树枝、树叶、干草通过压缩成型直接利用的燃料，使用专用燃烧设备，具有气体排放无害、操作方便，温度高且可控性强，成本低的特点，是煤的理想替代品，可有效减少 SO_2 排放，降低粉尘污染。恩施市于 2014 年引进生物质能源用于茶叶加工，主要用于茶叶的杀青设备和干燥设备。

③ 燃气。燃气是环保的燃料，在茶叶加工中使用的有液化石油气和天然气两种。液化石油气主要用于名优茶加工中的理条机、精揉机，也有在自动化加工生产线使用的，液化石油气在燃气使用中占主要地位。天然气是环保又经济实惠的能源，在民生天然气和忠武天然气管道开通后，恩施部分地区具备使用条件，位于施州大道的清江茶业公司和柏杨坪集镇的茗道茶叶公司因加工厂在天然气供气范围内，茶叶加工设备的燃料以天然气为主。

④ 燃油。以石油作为燃料在茶叶加工中使用较少，恩施亲稀源硒茶产业发展有限公司的两台燃油烘干机以柴油为燃料。

21 世纪恩施茶叶加工燃料已形成煤、电、气、油、生物能源结合的格局，柴、炭逐渐淡出茶叶加工领域，在电、气进入茶叶加工后，煤也将逐步淘汰。

第四章

茶叶贸易

贸易是商品通过交换实现其价值的过程。在封建社会，商业是一个不可或缺但又长期不受尊重的行业，逐利的商业行为被社会主流所不耻，商业受到束缚，商人受到歧视，从"士农工商"的排序就可以看出古代商人地位低下。唐朝诗人白居易在《琵琶行》中就有"商人重利轻别离"的句子，对茶商极为轻视。茶叶贸易在政策打压和利益驱动的双重作用下艰难而又顽强地生存、发展。茶叶贸易的历史与中国商业发展的历史密切相关，又有自身的特殊性。于恩施，茶叶作为土特产，受自然环境限制，茶叶贸易也有自己的特殊性。恩施的茶叶贸易随朝代更迭和环境改变发生变化。

第一节　清代以前的茶叶贸易

茶叶贸易与国家政策相关，茶叶是特殊的生活必需品，产区有限而销区广阔，要了解一个地方的茶叶贸易历史，只有理清国家的行政、经济管理状况，再结合当地资源、环境进行分析，才能有所收获。恩施的茶叶贸易是在茶叶生产形成一定规模后才开始繁荣的，清朝是分水岭。在清朝以前，恩施由于茶叶产量小，交通不便，未能直接参与茶马互市、榷茶专卖的大事件，但各时期的茶叶贸易也受到国家政策的影响。

恩施的茶叶贸易最初是从换取生活必需品开始的，处于大山之中的恩施，由于群山阻隔，交通不便，生产生活物资力求自给，但也有一部分是无法自给的。如棉花、布匹、食盐、铁器等，恩施人要获得这些物资，就得用山里特有的产品去交换，茶叶是恩施农副土特产品的重要组成部分，由经营土特产品的商人组织贸易，虽量不大，但地位极高。

一、消费增长使茶叶贸易纳入国家管控

贸易的核心是交换，茶叶是中国南方的物产，却是人间烟火的精华，为大众饮食的高雅物品。随着饮茶习惯的形成和传播，茶叶消费不仅是国人的需要，也成为邻邦的刚需，甚至成为中亚和欧洲人的生活必需品。消费需求带动贸易发

展，茶叶贸易从小到大，从不足挂齿到举足轻重，因此，在主产区和消费区之间，形成了茶商这一专业性的群体，也形成了茶道这一茶叶从产区到销区的专业贸易通道。

// 1. 茶叶贸易管控的形成

早期的茶叶贸易是自由贸易，直到唐朝初期都没有任何限制，因为那时的贸易量少，没有引起朝廷的重视。但随着茶叶贸易量增大，朝廷对茶叶贸易中的巨大利益产生了兴趣。据封演《封氏闻见记》记载，唐玄宗开元年间（713—741 年），饮茶渐成北方风俗，"自邹、齐、沧、棣渐至京邑，城市多开店铺煎茶卖之，不问道俗，投钱取饮。"唐德宗建中元年（780 年）开始征收茶税，以增加财政收入。于是，当地政府在产茶州县的商贸要道设关抽税，税率为"十取其一"，我国历史上最早的茶税从此开征，当年始收入 40 万贯。中唐时期，饮茶之风更普遍，"茶为食物，无异米盐"。周边少数民族也与茶结下了不解之缘，回纥商人经常"大驱名马，市茶而归"，吐蕃地区也由川、滇、陕运入茶叶。茶已成为当时人们日常生活的必需品，也成为国内外市场上的重要商品。因此，贩茶也就成为有利可图的行当，茶税也随茶商和贸易量的增长而增长。随着茶税开征，朝廷开始了对茶叶贸易的管控，将茶叶贸易置于官方控制之下，茶叶成为朝廷的聚宝盆，茶商成了官家的摇钱树，只是不同时期采用的手段各有不同。

朝廷对茶叶贸易的管控体现在税收政策上，交替出现税茶、榷茶、茶引等不同管控方式，使不同时期的茶叶贸易具有不同的特点。

// 2. 茶叶贸易管控的作用

朝廷管控茶叶贸易主要是为了增加税赋收入、易马强军和对少数民族地区进行战略控制。

（1）税赋收入。

任何一个朝代的统治者要维护其统治，都要有雄厚的经济支撑。在茶成为人们生活的必需品后，消费量是巨大的，统治者看中其中的利益，通过税收参与利益分配，使国库获得稳定的大额收入。一些时期，茶税甚至可与盐、铁税相提并论，足见其税收数额巨大，茶税于国家财政的重要性不言而喻。

（2）易马强军。

在冷兵器时代，马匹是重要的战略物资，维持强大的国防需众多良马，而西北少数民族地区才是出产好马的地方，要获得这一重要物资，必须要有对方离不了又无法自产的物资，通过互换各得其便。"招商榷茶，羁番易马"，茶的地位凸显，成为交换战马的战略物资。茶叶贸易不仅能满足军队的战马需求，也能在政治和经济上达到控制边疆少数民族的目的，"彼得茶而常怀向顺，我得马而益壮边戎"。

（3）控番治边。

茶是游牧民族必需的生活用品。《明史》记载："番人嗜乳酪，不得茶，则困以病。故唐宋以来，行以茶易马法，用制羌、戎，而明制尤密。"西北方游牧民族饮食以牛羊肉、奶等燥热、油腻、不易消化之物为主，茶中大量的芳香物可以溶解动物脂肪、降低胆固醇、增强血管壁韧性。茶叶富含维生素、单宁酸、茶碱等，能弥补游牧民族饮食结构中缺少的营养成分。饮茶，改变了游牧民族喝生水的习惯，带来了卫生方面的好处，滚开的热茶，可以杀灭部分病菌、虫卵，也就减少了肠道疾病以及寄生虫感染的机会。因此，中原民族调剂生活、提升品位的茶叶，对于北方少数民族就像粮食和食盐一样，成为一日也不可缺少的生活必需品，以至于"宁可一日无食，不可一日无茶"，其需求超过汉人。茶成为边疆少数民族的"七寸"，有时茶叶是边疆稳定的缩影，象征着友好互惠；在双方关系紧张时，茶叶是威胁外族，制衡夷狄的手段，此乃"以茶治边"策略。

 ## 二、清代以前的茶叶贸易状况

随着茶叶消费的普及，特别是茶叶成为边疆、牧区的生活必需品后，茶叶贸易受到国家管控，茶叶经营活动受到种种限制，以榷茶法为主的国家垄断经营抑制了茶商的正常发育。这里简要介绍全国的茶叶贸易状况，恩施的茶叶贸易在清代以前少有记载，这里只能作大致分析、推断。

由于恩施茶叶生产规模小，农家的茶叶产量有限，收购大多由小商小贩走乡串户一点一点地积聚，交易多采用物物交换的办法，"燕儿客"带着食盐、针线、棉花、布匹等生产生活必需品向茶农换取茶叶，在物物交换不能达成时才采用货币交易方式，当然茶叶只是"燕儿客"的经营物品之一。《恩施县志》（清嘉庆十三年）载"今乡村担贸者不拘何家，饭时则饭，宿时则宿。贸者走街串巷，咸以此为利，盖深山无市，借此招客，亦犹然也"。这里的"担贸者"被当地人称为"燕儿客"，意指小商贩像燕子一样靠自身的力量搬运商品进行交易（交换）。"燕儿客"将收购的茶叶及其他土特产交给货栈、商号，"燕儿客"和货栈、商号有较为稳定的供销关系，货栈、商号给"燕儿客"提供生产生活物品，"燕儿客"给货栈、商号带来土特产品，双方互利互惠，共同发展。在外地客商进入后，"燕儿客"统一行动，把持货源，以获得更大的利益。

货栈、商号是茶叶经营的主体，其茶叶经营分收购和销售两部分。除"燕儿客"的广泛收购外，还有设点收购，收购点可在货栈、商号内，也可在集镇，还可在集中产地临时设立。收购的茶叶，部分供应本地民众消费，大量的产品运输到外地销售。受社会经济条件限制，恩施外销茶叶的总量有限，一般不单独出货，多由商家与其他山货一道出货交易，销售只限宜昌、荆州、襄阳等周边城市。货商往返皆有货物，赚取两边的差价。

// 1. 唐代以前的状况

茶叶的饮用在产区很早就有，在非产区则是逐渐传播开的。黄河流域在秦朝才逐渐了解茶叶，当时要品饮茶叶也不容易。以当时的交通条件，茶叶运输费用就是极大的负担，不是一般人能承受的，因而饮茶习惯的传播不是很快。在唐代以前，茶叶贸易量都是很少的，非产茶区的饮茶习惯还未普及，普通民众不知道茶为何物。

恩施在唐代以前的茶叶贸易规模极小，西部的巴蜀一带是产茶区，对恩施的茶没有需求，东部江汉平原不产茶，是恩施茶的销区，以当时的生产水平和交通条件，产量极小的恩施茶仅在宜昌、荆州一带销售。

// 2. 唐代的状况

唐代是我国历史上一个全盛时期，社会、经济、文化得到迅猛发展，茶饮得到普及，因而茶"兴于唐"为茶界共识。唐初的茶叶贸易还未兴盛，量也不大，实行的是民间贸易，茶叶交易不受限制。但大唐经济发达，国力增强，人民生活水平提高，茶叶从富贵人家普及到寻常百姓，需求量大增，茶叶贸易快速增长，成为商家的一大财富源泉。同时茶叶为边疆少数民族所喜爱，以马换茶开始实行。巨大的利益引起朝廷的关注，朝廷自然而然地要从中分享利益，建中元年开始实行税茶制，商家须纳税才能交易茶叶，但不久废除，贞元九年恢复。大和年间将茶之制造权收归国有，禁止民间买卖，榷茶法开始实行。

唐代时恩施茶的销区有所扩大，已经从宜昌、荆州延伸到襄阳一带。唐人杨晔在《膳夫经》中有"施州方茶……，唯江陵、襄阳，皆数千里食之"。说明江陵、襄阳是恩施茶的主要外销市场，恩施茶最远已销往襄阳。

// 3. 五代时的状况

五代承唐之后，十国先后割据，竞以卖茶专利，例如楚国马殷，自京师至襄唐郢复等州，皆置邸务以卖茶，和市十倍，又令民自造茶，以通商旅，而收其税，岁入万计（《五代史》卷六十六《楚世家》）。又如卢龙节度刘仁恭下令：江南茶商不得入境，自采山中草木为茶鬻之，以专其利（《资治通鉴》卷二百六十六《后梁纪一》）。这一时期的茶叶贸易为各割据势力掌控，内部实行专卖，以获取利益。此时的恩施茶叶应该是"民自造茶，以通商旅，而收其税"，茶农采摘加工，商人上门收购运销，税收由商家支付。

// 4. 宋代的状况

宋代是茶叶兴盛的朝代，茶业是皇帝极其重视并且亲自研究的产业，茶叶贸易自然也高度发达。但这一时期的茶叶贸易却不为商家掌握，而是官办，实行榷茶法，由国家专卖以营利和易马，为国家带来巨额财富和大量战马。宋初至仁宗晚年百余年，"国家利源，茗居半"，茶叶对国家的税收贡献处于无可取代的地位。宋仁宗晚年至宋徽宗初年，四十余年，行税茶法，许民间买卖，国家收税。这一改革减少了朝廷的经营利润，国库支付压力剧增，宋徽宗以后，恢复榷茶法。

不久北宋灭亡，南宋继起，仍用旧章，施行国家专营制。北宋榷茶法，大约起于太祖乾德二年八月。《续资治通鉴长编》卷五云："乾德二年……辛酉初，令京师、建安、汉阳、蕲口并置场榷茶……令民茶折税外悉官买，民敢藏匿而不送官及私贩鬻者，没入之。"这一时期禁园户（茶农）"毁败茶树"和卖"伪茶"，官吏私贩者同罪。另外，又在淮南设立十三场，在其管辖区内的园户隶属于山场，山场是征收茶租、收购茶叶和贩卖茶叶的场所。这样，形成了"天下茶皆禁，唯川峡广南听民自买卖，禁其出境"的局面。尔后，于嘉祐四年（1059年）弛禁，崇宁元年（1102年）复禁。

恩施在这一时期茶叶产量少，加之交通不便，朝廷未将茶叶管理机构延伸到恩施，恩施内部的茶叶交易环境宽松。由于施州地属川峡四路的夔州路，是茶叶贸易有别于他处的特殊地带，采用的是"听民自买卖，禁其出境"的贸易方式，只要不出境，内部交易环境相对宽松，但运出的茶叶则需遵守销区政策，受到一定的制约。恩施茶多运销荆州、襄阳等地，产、销地分属不同的府、路，为出境茶叶，贸易受到一定限制。

// 5. 元代的状况

元代是空前大统一的朝代，广大西北地区尽入版图，战马云集，故宋代十分重视的茶马互市已无意义，茶叶贸易失去了对少数民族的战略控制作用，"惟听边疆民族自由贸易"。对于统治者，茶叶就只有提供税赋的职能了，于是统一实行茶引法。官府在产茶地区设置榷茶转运使司、榷茶提举司、榷茶批验所和茶由局等机构，主管榷茶事宜。

元代的茶叶虽不是战略物资，却是朝廷搜刮民脂民膏的渠道，其间茶法变革频繁，管理混乱，不断地增引加课，最大限度地榨取茶农、茶商利益。元初时茶课税率尚轻，元世祖至元十三年（1276年），全国征茶课不过1200余锭，以后逐年加重，至仁宗延祐七年（1320年）已达289211锭，40多年间，茶课增长迅速，对茶农、茶商肆意盘剥，以满足统治者对财富的需求。

元代贡茶地域和数量都比宋代有很大增加。官茶征课在茶引法施行后，曾划归本道宣慰司，后又有所反复，但大致是种茶的"茶户"及加工茶叶的"磨户"要向官府交租赋，"产茶地面有茶树之家，验多寡物力贫富均辨（办），有司随地租门摊，一年两次催敛起解，既已抱纳听民自便，不得因而将无文引茶货偷贩出境"。

这一时期恩施的茶叶交易情况没有查到具体的文字记载，根据当时的生产水平推断，应该与宋代相近，官府不可能为散生于山间地角的茶树到茶农家逐户核实收税，因为收取的茶税不足官差的支出。只能采用由商人与茶农交易，商人在外销时向官府集中办理纳税的办法。此时的贸易限制没有宋代严格，只要缴纳茶税就可运销，恩施茶的销售范围仍然是本地和宜昌、荆州、襄阳一带。

// 6. 明代的状况

明代已没有元代的版图，产好马的地方也不归朝廷管辖，茶马互市又成为获得战马的主渠道，朝廷设立茶马司，以便以茶易马。明朝对于茶叶贸易实行内外有别的两种体系。对内实行"茶引法"，由朝廷设专门机构发放引票，通过引票对茶叶运输销售进行管理并收取捐税；对外实行"榷茶法"，由政府操持，服务于"市马"和"制番"的需要，并明令禁止私茶出境，犯者斩。明代的茶叶贸易总体是商家经营境内贸易，国家经营出境贸易。恩施在这一时期的茶叶贸易没有实质性变化，量小质平的恩施茶仍然由山货商收购，运销宜昌、荆州、襄阳一带。

第二节 清代、民国时期的茶叶贸易

恩施的茶叶贸易从清代才逐渐繁荣，清中后期才有大批量茶叶贸易，晚清和民国时期是恩施茶叶的大发展时期，茶叶逐渐成为恩施独具特色还能量产的本土商品，茶叶贸易受到商家的重视。

 一、清代、民国时期的茶叶管理制度

// 1. 清代

清代茶法管理上相对松弛。由于清代盐税和关税的征收迅速增加，相对轻视了对茶税的征收，清政府对茶课不够重视，一些省份多年不增茶引数量，茶叶专卖制度被逐年增长的茶叶产量冲击，大量引外私茶充斥市场。

清代茶法的一大特点便是种茶园户无课税。乾隆《大清会典》记载"凡山乡宜茶之地土，人树艺为业者，无征。惟商贾转运而售之民者，征其商，曰茶课"。清代基本取消了对园户的课征，这一变化对清代茶业发展具有十分重要的意义。清代正值人口剧增的时期，人均耕地相对减少，朝廷鼓励民众向人口稀少的地方迁移，"湖广填四川"就是其重大举措，大量人口涌入四川寻求发展。恩施虽地处蛮荒，却在湖广前往四川的迁徙通道上，一批人见此处地广人稀，就落地生根，定居于此，跟着土著种植粮食、茶树等维持生计。清代茶法正好适应了当时人口发展的实际情况，茶叶产业发展得到政策的推动。

清代的茶叶运销实行茶引制度，持引贩运。据《清代茶法初探》《湖北茶史简述》，清代按照省区发放茶引，每省均有定额。茶引发放给主要产茶省，各省引数不一，其中浙江茶引数居全国第一；四川、安徽两省紧随其后；甘肃产茶极少但贸易量大，茶引数也多；江苏领上万引；云南、江西领数千引；两湖、贵州只领几百引。湖北省实领茶引248引，分发咸宁、嘉鱼、蒲圻、崇阳、通城、兴国、通山等七州县，然而这七县产茶自销尚不足，只能由本地园户坐销230引，剩下的18引由建始县给商户行销。由此可知，湖北在清代光绪年间的茶叶贸易量太少，248引就是对248担茶叶颁引，这点茶引是朝廷针对鄂南的老青砖使用的，恩施县生产的茶叶在省内销售，不使用茶引，恩施仍然没有受到国家茶叶贸易政策的影响。

随着商品经济的发展，这种由官府包办茶叶贸易的方式越来越不适应形势的需要，因而不得不转型。表现在茶法上就是对东南外销市场进行规范，对西北边销市场放松，放开广大内销市场，这些改革措施促进了恩施茶叶贸易的发展。

鸦片战争后，在列强的逼迫下，茶叶贸易市场的管理出现不平等现象。"子口半税"就是具体体现，洋行在中国享受超国民待遇，税收能得到优待，而民族贸易处境相对艰难。

清代恩施茶叶以绿茶为主，销往传统的荆州、襄阳、南阳等地，并在汉口形成抱团发展的"施南邦"，恩施茶通过汉口销往全国各地并出口海外。道光年间，红茶制作技艺传入恩施，红茶出口使恩施融入国际茶叶贸易之中。宜昌关署理事务司巴尔（W. R. MD. Parr）在《1897 年度宜昌贸易报告》中记载："《1896 年度宜昌贸易报告》中提到，自本埠开放以来首次装运 172 担红茶一事。这批红茶是几位富于开创精神的广东商人在施南县烘焙和包装，并准备出口到国外的。可是那年春天，由于连续下雨，致使运来的茶叶品质不尽如人意。因此，这单生意在财务上以失败而告终。"这里记载的是宜昌海关的情况，表明至少在 1896 年，恩施红茶有从宜昌海关出口国外。

// 2. 民国时期

民国初期，财政部接手茶叶市场行政管理职责，实行了千余年的茶引管理制度被废除。这是茶叶市场管理制度和手段的重大转变，标志着唐宋以来的茶引制度终于寿终正寝，结束了历史使命。1919 年，茶叶出口关税废除，但茶叶税负并未消失，各种苛捐杂税多如牛毛。虽在抗日战争时期实行过一段时间的国家统管政策，但大体上此时期的茶政管理仍以民间自由贸易为主。1942 年 4 月，国民政府颁布《征收统税暂行章程》，茶叶由官方管制变为民间自由贸易，茶马司完全退出历史舞台。因此，茶法管理走过了由严趋松、由繁到简的转变过程。

二、清代、民国时期的茶叶经营

清代的茶叶贸易仍然沿袭明代，对外榷茶实行官卖，由政府操持，服务于"市马"和"制番"的需要；对内是"茶引"管控下的商茶，以征税为目的。

从清中期开始，恩施的茶叶经营开始发生变化，贸易量逐渐增大，商家在茶叶上投入的精力和财力也有所加大。到清末，茶叶一改从前山货经营者附带收购销售的形式，成为部分商家的主营商品。特别是春茶期间，经营茶叶的商家更是集中人力、物力、财力进行收购、运输、销售。各商家有的与生产加工户实行预购，先交定金，交货结算。实力雄厚的商家自建生产加工场所，自产自销。茶叶成为恩施商家经营的大宗商品。

// 1. 清代

清初，恩施的茶叶贸易一如前朝，作为普通的土特产由山货商收购，除供城内消费外，也有一部分随其他山货运到宜昌、荆州、襄阳等地销售，无专门经营茶叶的商户。商人仅靠茶作为生计的条件尚不成熟。其原因是恩施本地需要购买茶叶的人极少，乡间都是自产自用，城市人口太少，为数不多的城里人支撑不了茶商的生计。商人只能多种经营，茶只是其中一个经营品种。茶叶仅为山货的一种，农家生产的量很小，在收购土特产时附带收购，积少成多，也算是一个经营品种，与生漆、桐油等主营商品不可同日而语。鸦片战争后，茶叶专卖制度被废除，行商制度不复存在，茶叶外销完全自由化，通商口岸变成茶叶出口的前沿阵地，湖北境内形成了以汉口、宜昌等内河运输码头为主体的出口茶埠。

于恩施而言，清代则是一个巨大的变革时代，改土归流使恩施纳入朝廷统一政治管理体系。在"江西填湖广，湖广填四川"的移民大潮推动下，大量移民迁入恩施落户，参与茶叶的生产经营。来自贵州的蓝氏在黄连溪西北面山上生产经营茶叶。蓝氏创制"玉绿"，后又创立蓝义顺商号、同福茶行，经营茶叶产品；来自江西的吴兹虎率四个儿子到恩施定居，其玄孙吴光华从小本经营开始，几经磨难，于1862年在芭蕉创立吴永兴商号，成为恩施土特产经营的大商号，旗下有28家分号分布于全国各地，成为恩施实力最强的商号；高安人刘采云，为躲避太平天国西征军引起的战乱，投亲到恩施，先当饭馆学徒，后创立"刘亦生"商号，将恩施的茶叶等土特产贩运到汉口出售并从汉口贩绸缎、布匹等生活必需品到恩施销售。恩施城的茶叶经营一片繁荣，"吴永兴"商号在恩施城北关内丁字街口设分号，开设"建华茶庄"，主营绿茶（图4-1）；周家在北正街建"福兴和"商号，开设"华中茶庄"，经营红茶、砖茶；胡家（武汉人）在大阳沟设"胡祥泰"商号，开设"一口香"茶庄经营伍家台茶；党家在南城门开设"万胜"茶庄，经营绿茶、红茶；吕家在珠市街设"吕福记"商号，经营绿茶、红茶。

● 图 4-1　建华茶庄茶叶盒

（宋麒麟收藏）

　　清中叶，茶叶生产得到超常规发展，茶叶产量和质量得到极大提高，茶叶成为恩施商人竞相经营的商品。商人们为了维护共同利益，成立会馆、帮会。晚清在恩施城区逐渐形成汉阳帮、四川帮、河南帮等帮会。1906 年，吴永兴、福和、信孚、福兴和、甘益太、刘亦生等一批有恩施背景的商号在汉口抱团经营，称为"施南帮"。它们将生漆、茶叶、桐油等销售到武汉，为恩施土特产在汉口打下了一片天地。此时恩施的茶叶属于土特产之一，商家经营品种较多，茶叶是其中的重要组成部分，还未实现专业化经营。

　　芭蕉作为茶叶主产地，茶商云集，除前面介绍的商家外，还有其他家族开设店铺，在芭蕉经营茶叶。因在芭蕉经营的茶商祖籍多为江西，而居住于芭蕉的吕、吴、唐、张、黄五姓祖籍也是江西，于是在光绪二十八年（1902 年）芭蕉集资修建起了"万寿宫"（江西会馆），供天下所有到芭蕉经商会友的江西人暂住，免除一切食宿费用。如此大气的做派，若不是大商家支持是难以为继的，吕、吴、唐、张、黄五姓不仅是会馆修建的主要出资者，也是会馆运行的主要捐助者。而以蓝氏为首的有四川印记的商家则在芭蕉上街修建川主庙，与江西会馆相对应。

　　鸦片战争后，恩施红茶主要通过汉口、宜昌外销欧洲，恩施茶的销售范围扩大，恩施的红茶以"宜红"品牌运销海外。

// 2. 民国时期

民国时期的茶叶贸易全面放开，茶叶在国家层面的地位和作用有所弱化。茶马互市已失去意义，由于印度、锡兰茶叶的兴起，冲击中国茶叶市场，原本紧俏的茶叶出现了难卖的现象。

（1）民间贸易。

民国时期，恩施的私营茶叶经营机构继续增加，如大西公司、华中公司、江南茶庄、建华茶庄、北平茶庄在恩施经营茶叶，陈和顺、吕永顺、吕义顺、谭和顺、李玉太、蓝义顺等店号和同福茶行在芭蕉经营茶叶。这一时期是恩施茶业的活跃时期，茶叶销售进入专业化经营，恩施茶有了不小的名气，也有了自己的品牌。

民国初，恩施城关、芭蕉、砵（朱）砂溪是恩施境内的重要茶叶集散地，以绿茶为主、红茶为辅，白茶也是重要的茶类。茶商收购后用麻袋、布袋或篾篓包装，极其简陋，绿茶除供本地市场外，大量运销本省襄阳、老河口，河南南阳，四川云阳等地，谓之"芭蕉茶"。红茶也有一定产量，全部外销，谓之"宜红工夫茶"，出口欧美，抗战时期则运往重庆。

1914 年第一次世界大战爆发后，茶叶外销受阻，茶叶市场逐渐萧条，鄂西南红茶区改制绿茶内销，故鹤峰、恩施等地绿茶产量增加，恩施绿茶运销鄂北豫南一带，因芭蕉茶叶商号众多，恩施茶多由芭蕉运出，统称"芭蕉茶"。"芭蕉茶"曾一度取代湖南茶和陕西紫阳茶，占据鄂北豫南市场，成为当时襄阳到南阳一带的名牌产品。

全面抗战时期，物资极度匮乏，恩施成为重庆后方茶叶基地。在东部茶区沦陷，下江（长江下游的江、浙、沪、皖）人云集重庆时，恩施绿茶受到上层人士和商贾巨富的欢迎，一时重庆茶市为恩施茶所把持。原销之沱茶，几居不重要之地位。

（2）全面抗战时期的政府经营。

① 中国茶叶公司。

当时恩施的茶叶从规模和名气来说都难入中国茶叶公司法眼，但因日寇入侵，导致其中意的茶区尽数沦陷，中国茶叶公司在无米下锅的时候，把目光聚焦到恩施。为应对危局，范和钧、戴啸洲于 1937 年到恩施考察，1938 年进驻恩施设立直属的恩施实验茶厂，成为恩施茶叶外销的主渠道。1939 年，中茶公司扩大业务，在恩施主要产茶区设立了芭蕉、砵（朱）砂溪、庆阳坝等分厂。所产茶叶作为重要战略物资出口，换取抗战物资。

② 湖北省平价物品供应处。

1942 年 7 月，湖北省平价物品供应处茶叶部成立，强势进入茶叶贸易行业。平价物品供应处在恩施产茶区广泛设置制茶所，与中茶公司打起了擂台。时任国民党第六战区司令长官兼湖北省政府主席的陈诚在其所著的《陈诚回忆录》中记载，"毛茶：交由平价物品供应处茶叶部加工制成龙井、香片及各种红茶，运销各处，或交各交换处所换取毛茶、茶油、菜油、燃料、黄豆等物品"；"芭蕉砾（朱）砂溪交换站：芭蕉砾（朱）砂溪产茶甚盛，特设交换站换取毛茶，加工制造后供应市面，计值约达七十七万四千余元"。

1945 年抗日战争胜利后，平价物品供应处改建成湖北省民生茶叶公司，业务重心移至汉口，恩施的茶叶购销业务留用，恩施的茶叶经营以湖北省民生茶叶公司占主导地位。

三、清代、民国时期的茶叶交易和运输

清代、民国时期，恩施的茶叶由茶商用人力、骡马运至宜昌、襄阳、光化、南阳、云阳一带出售，换回盐、布匹、棉纱、石油等，也有茶商通过巴东走长江水道将茶叶运到汉口、荆州、宜昌等地出售。

// 1. 收购

一开始，收购主要是物物交换，以茶叶兑换食盐、棉花、棉纱、棉布等。兑换比价视茶叶的质量而定，也有部分茶叶实行货币交换。外销也有物物交换，但随着时间的推移，逐渐以货币结算为主，物物交换的方式逐步淡出商家之间的贸易往来。

商号是茶叶经营的主力军，恩施城内的山货行多经营茶叶，更有一批商号以茶叶为主营品种。

外地客商在春茶时期到恩施收购茶叶，往往一行十多人或数十人。这一时期的"燕儿客"已经垄断了恩施的茶叶货源，由于势力强大称为"燕帮"，外地茶商只有通过他们才能做成生意。据《芭蕉侗族乡志卷》载，外地客商收购茶叶少则十几担，多则成百或上千担。如河南茶商安代权，每年要购千担以上的茶叶。

茶农的茶叶大多由"燕儿客"上门收购，方式多为物物交换。"燕儿客"带着茶农需要的日常生活必需品（如针线、食盐、布匹）在茶区一路吆喝，有茶叶需要

出售的就会回应，双方看货谈价，以货换货，如果"燕儿客"带的货与卖方需求不符，则用货币结算。收购的茶叶用包袱打包，老秤10市斤一包。"燕儿客"与本地人交易时如有外地客商在场，就使用暗语讨价还价，把数字换成外人听不懂的话，以免外地客商掌握实底。在芭蕉，一称表里、二称赶行、三称合老、四称苏老、五称令官、六称天里、七称造老、八称扁行、九称勾老、十称大表里。

恩施及附近宣恩、咸丰、利川等地的茶叶也大多由"燕儿客"收购后运到芭蕉或恩施交易，在茶叶集中产区的芭蕉、硃（朱）砂溪等地也逐渐形成了季节性的茶叶自由交易场所。

// 2. 茶叶运输

人畜运输是古老的运输方式，恩施没有水运，人畜一直是物资运输的主要载体。茶叶全凭人们肩挑背驮或使用骡马搬运。

（1）人力运输。

清末随着商业发展，以下力为手段的谋生者增多，有力气的青壮年受雇当挑夫，运送茶叶到巴东、宜昌、荆州、襄阳、光化、南阳、云阳等地。"力行"是人力运输的组织机构，负责承揽人力运输业务、组织运输行动、交接承运货物、结算运输费用。力行在接货后，按货物多少派给"带梢"（领队），20担以上派大带梢空手押运，10担以下者派小带梢带货押运。茶叶人力运输按人头计，每人负重量为老秤100斤（16两制），用麻袋踩紧打包，一包50斤，也就是说，茶叶出山都是每人两包老秤50斤的标准件。在未使用国际通用单位时，茶叶统计一直用"担"作计重单位，一担就是100斤。带梢的职责是保证货物按时安全运达，途中安排食宿。货主给付的力资是需要进行再分配的，力行抽力资一成作"佣金"（俗称空头子），带梢抽力资一成作报酬，真正出力的人只能得到八成。

单人挑茶到宜昌、樊城（襄阳）、云阳的是极少数，但也有人去。据芭蕉侗族乡硃（朱）砂溪村寒婆岭组的何恕佑老人介绍，他18岁时（1944年）因哥哥被抓去宜昌当兵，家人临时要他去宜昌寻找，于是他在硃（朱）砂溪集镇买了一担茶带到宜昌销售。当时茶叶收购也很容易，硃（朱）砂溪是个茶叶集散地，附近山民逢场都要带上自家生产加工的毛尖茶上街出售，多的50斤以上，少则数斤。

运送到云阳的茶叶不多，基本上由蓝氏掌控。恩施到云阳运盐的挑夫很多，一般是空手去云阳，能带货过去是求之不得的事，因而茶叶运到云阳很容易。

（2）畜力运输。

畜力运输出现很早，大户人家饲养骡马用于乘骑、驮挽，帮助出行，商家则根据自身的需要和能力养骡马用于货运。民国元年（1912年），恩施已有长途骡马运输队。货物运输量大时一般都用骡马运输，这样比人力更廉价也更快捷，大的商号也有自己的骡马队（马帮）。骡马队领头人称撑梢人，是一队的灵魂人物。恩施茶出山（到巴东、宜昌）大量使用骡马是在晚清，在这以前巴东境内的部分道路不适合骡马通行。最难行的是野三河一带，"山势甚陡，凡八上八下，人烟稀少；侯家垭石梯共五百级，一路直线"，山势陡峭，崎岖险阻，人行走都困难，骡马就更加不易。光绪十四年（1888年）、光绪二十三年（1897年）和二十四年（1898年），民国三十年（1941年），民国三十六年（1947年）恩施至宜昌、巴东的人行道经历了四次大的整修和扩建改造，道路通行条件得到极大的改善，骡马可顺畅出山，成为茶叶外运的重要工具。

骡马运输为茶叶外运提供了便利，大一点的商家纷纷使用。吴永兴商号就组建有两支马帮，由于业务量大，还是经常出现运力不足的状况。贺龙元帅在参加革命前就以赶马谋生，11岁（1907年）就和乡里人结伴在湘鄂川黔边界地区赶马跑运输，直到1914年参加中华革命党。

（3）水运。

恩施虽然没有直接水运线路，但可由巴东水运至宜昌、荆州、汉口等地，经宜昌向北可由人畜运输至宜城，再上船水运至襄阳、南阳、光化等地。清末恩施茶大量行销汉口后，长江水运是茶叶运输的重要组成部分。

（4）汽车运输。

民国二十五年（1936年）10月，巴东到恩施的公路建成通车，民国二十七年（1938年）1月始有货运车来往。这时的汽车是木炭车，运能小、速度慢、故障多。有人戏称此车"一去二三里，抛锚四五回，上下六七次，八九十人推"。由于公路只通巴东，路况差，运能有限，汽车运输并未取代人畜运输。特别是当时的湖北省政府撤回武汉，恩施的各种物资设备全部随撤，恩施的运输车辆大幅减少。临近恩施解放，汽车几乎全部撤走，汽车运输荡然无存，直到解放初期人畜运输仍然在茶叶外运中发挥作用。

（5）运输的在途时间。

巴东、宜昌是恩施出山的必经之路。巴东的货物可由水运到达汉口、荆州、宜昌，宜昌再向东、向北可到达多个城市。在途时间因距离和道路的通行条件而不同，人力和骡马运输，从恩施到宜昌直接陆路到达，一般不经巴东，单程约7天，恩施到巴东约 5 天，恩施到云阳约 4 天。挑夫和骡马一天走大约 60 里，这是由路途的店子决定的，大约每 60 里设有供饮食、饲马和住宿一体的店子，路边的鸡毛小店只能提供茶水、饮食，错过则需再走 60 里，"过了这个村"可真的"就没这个店"。挑夫上路后也不一定每天都赶路，如果感觉体力不足可以在店里休整一天再走，身体真有问题则雇请"背老二"帮忙。挑夫们路途辛劳不需言表，但沿途也有一些趣事。清后期由于商业兴盛，道路通行条件改善，路边店铺增多，为客商和运输队伍提供了方便，在行程安排上有了相对自由的选择。恩施与巴东间公路贯通后，汽车正常行驶，恩施到巴东单程一般两天到达，往返需要五天，多的一天是装卸货物和维护车辆的时间。

// 3. 销售

茶叶运到宜昌、襄阳等地后有三种交易方法：第一种是与已联系好的销售商交易（包括自己的分号），负责运输的带梢或掌梢人将货物交给收货方，收货方出具收货凭证，结算是老板们的事，这是长期经营茶叶的商号采用的方法。第二种是货到后找买家，这是想开拓市场的商人采用的办法，很少有人愿意这样做，太费时间和精力。第三种是交茶行代售，货主定价，货物销售后给茶行一定费用，优点是货主有定价权，缺点是需要等待，什么时候能卖出去是未知数。第四种是直接卖给茶行，由茶行销售。宜昌、襄阳都有固定的茶行，茶叶随到随收，依质定价，随时结算，信誉度高，缺点是价格不高，茶行需要给自己留下盈利空间，这是最简单的办法，多数散客都选择直接交给茶行结算，如此能尽快返回。

// 4. 回程

回程又是一场辛劳，茶商在宜昌卖茶后是不会带着现银空手走的。采用交换方式交易肯定有回头货，采用货币交易的茶商也会组织回头货，而且送货的人、马也不能空回，路途的耗费太大。而棉纱、布匹、棉花、洋油、铁器等都是恩施的紧缺物资。宜昌是进山的门户，各类物资充足，恩施商人多在此批发货物，宜昌的茶行服务也周到，会根据客人要求代为采购所需物资。凡在宜昌茶行交易的商人，在留足回程的盘缠后，全部换成恩施紧缺的物资，这些物资运回恩施后都能及时变现，一场茶叶运销赚的是两份钱，商家和承运者都是赢家。宜昌茶行的茶叶交易虽然是货币交易，其结果倒像是物物交换。云阳则只挑盐巴，恩施的食盐都从云阳运入，运茶到云阳的挑夫本是为去云阳挑盐，回程自然是挑盐，这里不缺回头货。

第三节　新中国的茶叶贸易

新中国成立后的很长一段时间，恩施的茶叶贸易基本上只有国内贸易，对外贸易极少，虽然大宗红茶全部用于出口，低档绿茶也有出口，但不是直接出口，只是提供产品，恩施茶企只是出口企业的下级机构或供货商，并未涉及出口环节。所以这里仅从国内贸易来介绍恩施的茶叶贸易。

新中国成立后，国内茶叶贸易从计划经济开始，经历统购统销、征购派购，改革开放后茶叶贸易逐步开始市场化。不同时期的不同贸易方式对茶叶产业的影响也各不相同。

一、恩施的茶叶经营主体的变化

// 1. 计划经济条件下以国营为主体

1950年，中国茶叶公司汉口分公司直接发放无息贷款，组织生产、收购茶叶。

1951年1月5日，中国茶叶公司宜都红茶厂正式挂牌成立，在恩施设一级站，下设芭蕉、硃（朱）砂溪、五峰山、茅坝、庆阳坝、建始、巴东7个工作站。恩施红毛茶由宜都红茶厂收购经营。

1951年，中国茶叶公司汉口分公司变为湖北省茶叶公司，在恩施设收购处，由恩施收购处负责恩施茶叶经营，在芭蕉等地设立收购站点。

1954年，恩施收购处改为恩施支公司，下设收购站点改为收购办事处。

1957年，芭蕉茶厂建成，是湖北省茶叶公司在恩施的直属经营机构。

1975年，恩施支公司改为恩施地区烟麻茶公司，恩施县成立县烟麻茶公司，负责恩施县的毛茶购销。

1984年，恩施县、市合并，烟草实行专卖，恩施县烟麻茶公司分设为恩施市茶麻公司和恩施市烟草公司，茶叶经营由恩施市茶麻公司负责。

// 2. 改革开放后多种经营主体并存

1982 年前后，茶叶小商贩开始在车站附近以"打游击"的方式经营。

1985 年前后，各地开办集体茶厂，从事茶叶经营。

1988 年前后，从事茶叶经营的私营经济萌芽。

1991 年前后，私营业主公开从事茶叶经营。

（3）21 世纪以来民营经济为主体

1999 年，芭蕉茶厂改制；2001 年，恩施市茶麻公司改制，公有制茶叶企业退出恩施茶叶经营，民营企业成为恩施茶叶经营的主体。

 二、统购统销政策下的茶叶贸易

新中国成立后，中国学习苏联模式实行计划经济，在全国范围内对农业、手工业和商业三个行业进行社会主义改造，实现了生产资料私有制向社会主义公有制的转变。茶叶贸易由国家统一经营，统购统销是中华人民共和国成立初期的一项控制粮食资源的计划经济政策。1953 年 10 月 16 日，中共中央通过《关于实行粮食的计划收购与计划供应的决议》，"计划收购"被简称为"统购"，"计划供应"被简称为"统销"，这一政策改变了原有的农产品市场，包括茶叶在内的农产品由国家统一购销。1955 年 8 月，国家颁布了《农村粮食统购暂行办法》，对统购统销作出了分类管理的详细规定。茶叶划分为第二类"派购"商品。

1956 年茶叶收购执行中商部、外贸部的提价政策，红茶收购价（中准价）由 1953 年每担 48 元上调到每担 80 元；同年 10 月，茶叶定为国家一类物资，实行统购统销；1961 年 10 月 15 日，湖北省政府将茶叶列为二类物资，实行派购。1973 年开始，茶叶每担奖售贸易粮 14.5 斤，布票 2 丈。1984 年 7 月 19 日国务院调整农副产品购销政策，茶叶取消派购，实行合同订购。

// 1. 统购统销时期的茶叶购销业务

统购统销时期的茶叶购销由茶叶公司及其下设机构负责，基层茶站或收购组收购各社队生产的毛茶。在统购统销时期，1957 年前恩施县的茶叶经营由省茶叶公司恩施支公司负责，恩施县无专业的经营机构。恩施支公司的茶叶购销较为特殊，茶叶经营业务的大头不在茶叶（茶麻）公司，而是芭蕉茶厂。芭蕉茶厂是初、精制一体的大型茶叶加工厂，由省政府投资建设，产品不经过恩施支公司，直接收购鲜叶加工后由省公司出口。芭蕉茶厂承担的不仅仅是茶叶加工职能，还兼具生产发展职能，向基地发放周转金，鼓励发展茶叶生产。芭蕉茶厂占据全县大多数原材料，产量占全县 70％以上。

茶站是恩施县集中产茶区的特殊存在，一般产茶区由供销社下设土产收购部收购毛茶，恩施县在茶叶产量大的地方由恩施支公司设立茶站，特别是芭蕉产区设立多个茶站。茶站专业从事茶叶收购，在收购旺季，还在茶叶集中产区设立临时站，以便及时交售。具体分布见表 4-1。

表 4-1　恩施县茶站设置表

站名	业务负责人	站址
芭蕉中心站	商仕树	芭蕉集镇
桅杆站	何昌荣	桅杆堡集镇
硃砂溪站	王前周	硃砂溪集镇
高拱桥站	向诗华	高拱桥居民点
甘溪站	童世文	甘溪集镇
明星临时站	临时选派	黄连溪
九道水临时站	临时选派	九道水

这些茶站都有站长，但站长普遍不懂茶叶也不管业务，当地人都不是很清楚站长是谁，只知道负责业务的人，验级定价才是茶站的主要工作。

站里管业务的个个都是"叫鸡公"，茶叶一看一闻，便可给出几等几级，价格几何，如有不服，他便通过器具，让茶叶显出真容，然后一一点评，让人心服口服。

1984 年前后，芭蕉茶厂和基层茶站下放至恩施市茶麻公司管理。结束了地、县交叉管理的局面。

// 2. 茶叶销售的茶类变化

20 世纪 50 年代，由于中苏关系密切，茶叶成为出口苏联的重要物资，欧洲人喜红茶，因而外销以红茶为主。恩施是"宜红茶"和红碎茶的重点产区，当时生产的红茶由芭蕉茶厂和地区茶厂精制后交省茶叶公司出口。绿茶则生产"恩施玉露"、白毛尖和珍眉茶，多为内销产品。

"恩施玉露"是高档绿茶，供出口和国内高端消费需要。1960 年，商业部、对外贸易部联合调查组 11 人对恩施地区及恩施县茶叶生产加工进行了为期半个月的考察，考察后决定恩施玉露由"中茶"公司外销。

毛尖茶是恩施的传统绿茶产品，社队组织手工生产，主要供本地及省内市场。

炒青是机械制茶技术普及后，湖北省推出的绿茶产品。珍眉茶是炒青经滚炒后的绿茶上品，除供国内销售外，还是主要的出口绿茶品类。

整个计划经济时期，恩施的茶叶销售都以红茶为主，绿茶为辅，20 世纪 60 年代中期，中苏关系恶化，红茶出口受阻，部分茶厂红改绿，加工红茶的材料改加工成炒青及坯茶（供制作花茶用），珍眉茶地位有所上升，但红茶仍处于主导地位。

// 3. 茶叶的销售方式

统购统销时期的茶叶销售方式特殊。茶叶逐级向上调拨，交货是指定的仓库货场，茶叶和资金都在体制内划拨，只有品名、等级和数量，没有价格、没有结算，也没有亏盈，交货者只要得到收货的回单对账即可。

// 4. 茶叶收购量

《恩施县志》中有 1951—1982 年恩施县茶叶收购数据（表 4-2），这里统计的茶叶收购量为国营单位收购，私营者收购的茶叶不在其中。

表 4-2　1951—1982 年恩施县茶叶产量和收购量统计表

年份/年	产量/吨	收购量/吨	年份/年	产量/吨	收购量/吨	年份/年	产量/吨	收购量/吨
1951	275	110	1962	295	223	1973	425	389
1952	310	190	1963	330	308	1974	450	399
1953	295	222	1964	315	309	1975	465	392
1954	320	260	1965	305	298	1976	490	440
1955	345	303	1966	345	338	1977	460	388
1956	310	297	1967	330	308	1978	465	378
1957	295	266	1968	370	360	1979	625	398
1958	350	318	1969	405	361	1980	560	465
1959	315	282	1970	460	394	1981	595	554
1960	325	340	1971	405	353	1982	640	589
1961	330	282	1972	410	397	—	—	—

新中国成立后，国营单位茶叶收购量比重总体呈上升趋势。1951年茶叶产量275吨，收购量110吨，约占40%；1952年产量310吨，收购190吨，约占61%，从1953年开始，国营收购比重增加，1953年产量295吨，收购222吨，约占75%。其后继续上升，收购比重稳定在80%以上，最高达到96.8%（1972年），唯1979年，收购比重仅63.68%。

// 5. 茶叶价格

据《恩施县志》介绍，当时恩施主要收购宜毛红和鄂毛青，宜毛红每百斤收购价（中准，三级中等），1952年110元，1954年138元。1956年均价调为158.66元，1958年调为170元，1964年调为204元。1973年，推广茶叶等级改革，每百斤宜毛红收购价由中准三级204元调整为新中准三级六等210元。1979年，中准价改为新四等八级，每百斤264元。鄂毛青每百斤收购价（中准，三等三级），1952年85.5元，1979年调为青毛茶200元，绿毛茶240元。

 三、计划经济向社会主义市场经济过渡时期的茶叶销售

茶叶经营的变革以1984年国务院调整农副产品购销政策，茶叶取消派购，实行合同订购开始，到1999年茶叶购销机构改制消失为止。

改革开放后，茶叶销售从国家单渠道经营逐步过渡到市场多渠道经营，在这一过程中有个体私营经济的兴起，国营经济、私营经济的市场争夺两个阶段，最终以私营经济成为恩施茶叶市场的主体，国家通过税收调节市场。这里从恩施市内销售和市外销售两方面做介绍。

// 1. 市内茶叶销售

改革开放后的市内茶叶销售是从满足城市居民生活用茶开始的，一部分茶叶生产者将自制茶叶偷偷卖给城里人，后逐步公开化，最终形成市场，不仅对本地市民销售，还供应外地客商。

（1）市场经营的兴起。

20世纪80年代初，由于政策放宽，农村实行联产承包责任制，农民对土地有了支配权，产生追求财富的冲动。在统购统销末期，城郊部分茶叶生产者将自家制作的茶叶偷偷卖给城市居民，这样可以取得比卖给国家更多的收益。随着统购统销逐步取消，茶叶收购、销售由茶麻公司独家经营变为议购议销、合同订购，自古就有的"燕儿客"（小商贩）如惊蛰后的虫子感受到春天的气息，迅速复苏。大宗的红、绿茶生意还是属于茶叶公司，小商贩们无力争抢，但内销茶和名优茶则是一个很好的市场。开始是"提篮小卖"，后逐步发展为"聚集交易，隐现无常"，最后是"聚集而市，公开交易"。

"提篮小卖"是改革开放初期极少数人的行为。他们走街串巷，欲露还遮，这时无论是买方还是卖方，都因计划经济形成了定式思维，还不太适应这种交易方式，人们有获得需求的愿望却又不愿与私人打交道，"国营"才是正统。但"国营"的商店商品有限，且不能议价，不能选品，服务态度还差，小商贩灵活机动，笑脸相迎，在茶叶的经营中具有优势。春茶是消费者极其喜爱的，国营店要经过收购、调拨、分级、包装、配送才能上市，小商贩则可直接从加工车间拿来送到消费者手中，并且能根据消费者的喜好和要求提供商品，由于没有中间环节，也不纳税，价格比国营商店要低，很快得到消费者认可，贩卖茶叶的商贩队伍不断发展壮大，特别是恩施城郊有制茶手艺又有商业头脑的一批人，利用地理优势和技术优势，投身茶叶经营。

"朝聚晚散，时聚时散"存在于20世纪80年代中后期，此时统购统销政策取消，茶叶可以公开交易。流动的茶叶商贩在车站附近、集贸市场等人流集中的地方活动。这时的小商贩大多既制茶又卖茶，很多人是城郊加工"恩施玉露"的一把好手，他们经营茶叶自然有先天优势。由于小贩提供的茶叶新鲜又可讨价还价，市民逐渐选择与小贩交易。但这种交易场所鱼龙混杂，掺杂使假、以次充好、短斤少两时有发生，商贩往往打一个枪眼换一个地方。精明的消费者在这里能买到理想的茶叶产品，普通消费者上当受骗的大有人在。

统购统销取消后，恩施市茶麻公司的茶叶收购业务萎缩，重点茶区的茶站改为收购组（图4-2），并与其他业务合并。芭蕉茶厂同样陷入困境，1986年以后产量和效益逐年下滑，逐渐难以为继，工厂陷入承包、停产状态，工人下岗、失业。最终无论是芭蕉茶厂，还是市茶麻公司，都以改制而结束，国营茶叶的主渠道荡然无存。

（2）市场经营的形成。

● 图 4-2　基层茶叶收购点牌子

"聚集成市"在恩施是20世纪90年代才形成的，这一时期，小商贩出现分化，一批经营能力强、诚信度高的商贩已有自己的回头客，拥有进货和销售渠道，他们相继建成自己的门店成为坐商，靠"掺杂使假、以次充好、短斤少两"为生的"游击队"逐渐失去生存空间。而且这一时期由于事业单位经费紧张和供销系统经营困难，导致恩施市特产部门的工作人员离岗创收，州、市茶麻公司职工下岗，仅市特产部门就有 20 余名自收自支技术人员停薪留职自谋生路，市茶麻公司就有 50 余名茶叶技术人员下岗。这些技术人员中的一部分人利用自己的知识技能求生存，在自己原工作、居住地附近开始从事小本买卖。由于有技术支持，提供的商品货真价实，同时还可以根据顾客需要提供商品，慢慢有了自己忠实的消费群体，也形成了稳定的供货渠道和市外合作伙伴，生意逐渐做大，民族路、东风大道两处形成了分别以特产干部和茶麻公司职工为主要经营者的两个茶叶交易场所。当然在其他地方也分布有茶叶经营门店，为附近地区消费者提供方便，恩施茶叶市场经营格局形成。

民族路和东风大道两处茶叶交易场所形成于 1995 年前后，由于经营者具有专业知识和良好的个人素养，很快成为茶叶经营的核心场所，不仅是恩施人的购茶场所，同时也成为恩施茶叶的集散场所，恩施的茶叶经营者开店时，也尽量在这两处市场附近选址。各茶叶加工厂则到这两处茶市寻找买主，有的加工厂委托门店代为销售，外地客商来恩施购茶也到这里寻找货源或委托门店代为采购。由此自然形成了民族西路和东风大道两处茶叶集散中心，茶叶加工厂和各地茶商都聚集在这两处交易，经营商户名单见表 4-3、表 4-4。春茶上市时，这两个市场车水马龙、生意兴隆。但恩施一城两市也给购销双方造成不便，他们往往顾此失彼，耗费了宝贵的时间和精力。

表 4-3　民族路茶叶市场经营客商名单

店名	地址	代表人
民族茶庄	民族西路恩施茶市	陈金轩
春归茶庄	民族西路恩施茶市	杨杰云
㞏口茶店	民族西路恩施茶市	梁忠树
新源茶庄	民族西路恩施茶市	王银香
永芳茶庄	民族西路恩施茶市	罗永芳
怡茗有机茶	民族西路小渡船中学	杨先富
红江茶庄	民族西路小渡船中学	柳维春
三绿茶庄	民族路汽车站旁	江元仕
碧绿春茶庄	民族路汽车站对面	刘小英
华智茶庄	民族西路小渡船中学对面	谭明智

表 4-4　东风大道茶叶市场经营客商名单

店名	地址	代表人
富硒茶庄	东风大道清江大厦旁	刘勇
一壶春茶庄	东风大道清江大厦旁	龚志军
香归茶庄	东风大道清江大厦旁	吴长江
鹤峰茶店	东风大道清江大厦旁	王小满
富硒茶店	东风大道清江大厦旁	邱家珍

（3）大宗茶交易。

20 世纪 80 年代至 90 年代初，市内的大宗茶交易主要由州、市两家茶麻公司承担，基层网点收购，公司利用系统内的销售渠道销售。20 世纪 90 年代，私营经济发展迅速，市内的大宗茶交易市场不再封闭，私营茶企逐渐做大，州市茶麻公司经营陷入困境，业务不断萎缩。国营企业在难以为继的时候实行私人承包，承包者利用国营企业的场地和设备以公司名义经营，但承包经营也解决不了国营企业的深层次问题，下岗群体与承包者的冲突在所难免，无法与轻装上阵的私营经济竞争，承包最终只能偃旗息鼓。在世纪之交，私营经济成为恩施大宗茶经营的市场主体。

// 2. 市外茶叶销售

改革开放后，恩施茶叶对外销售是议购议销，由于价格偏低，引起集体、私营茶厂不满，这些厂家在与茶（麻）公司这一主渠道打交道的同时，又另寻销售渠道，以得到更多的话语权和经济利益。茶厂在主渠道外的确获得了很好的收益，这就使其向这一方向发展，各厂纷纷在外寻找市场，大的自设销售窗口，小的与人合作，逐步形成固定的市外销售渠道。

（1）生活茶市场。

从 20 世纪 80 年代中后期开始，恩施的茶叶加工业者对本地茶叶价格不满意，于是按照恩施历史上的销售线路寻求突破，一些集体茶厂首先到本省武汉、襄樊（今湖北襄阳）和河南南阳等地卖茶。这一地带为清朝、民国时期"芭蕉茶"的销售区域，市民对恩施的茶叶认可度较高，茶叶销售基础较好。

恩施茶在豫西和鄂北地区销售的是中档生活用茶，消费对象为普通市民。恩施茶到豫西和鄂北地区销售必须抢早，因这一地区本身产茶，恩施茶比当地茶早上市 10 余天，这段时间是恩施茶的旺销期，各厂加工的茶叶纷纷赶制抢运快销，时间一过，茶叶销售不仅缓慢，价格也大打折扣。改革开放后的个体茶厂基本上都有到河南和鄂北地区销售茶叶的经历。每年春茶上市时，恩施的卖茶者齐聚襄樊的樊城宾馆，襄樊及附近的茶叶采购商也聚集到这里，形成购销两旺的态势，恩施茶商在襄樊留下人马后，一部分人转战南阳，两地以电报、电话相互联系，关注价格的涨跌，在行情不利时及时转场或低价脱手。恩施在这一带卖茶的虽然不少，却是群龙无首，未能形成合力，早茶优势没有得到有效利用。在量少时大家还能统一价格，一旦货源充足，各厂纷纷降价，只求迅速脱手。豫西和鄂北地区的茶商抓住恩施茶商的弱点，在春茶开始上市的时候采用少量多次的办法进货，一旦货源充足就压价，压缩恩施茶的利润空间。

恩施的茶叶加工厂在外出卖茶的过程中，与武汉、鄂北和豫西地区的茶商建立了一定的合作关系，有的与人合作，逐步形成固定的市外销售渠道，有的合建销售窗口，市外销售成为恩施茶叶的重要销售渠道。

（2）名优茶市场。

20世纪80年代，随着名优茶生产的兴起，茶叶产品种类增加、档次提高，茶叶消费旺盛，茶叶市场空前繁荣，恩施的产品以销往河南、浙江、江苏、安徽和本省的武汉为主。

恩施的名优茶对外销售是从外地茶商在恩施进行代加工开始的。第一个到恩施的是河南南阳的茶商丁义文，芭蕉人都叫他"丁老汉"。1990年，丁义文到当时芭蕉的水电管理站所属香花岭茶厂，利用该厂场地、设备制作信阳毛尖。丁老汉到恩施做茶是打时间差，恩施茶比信阳早。他在恩施指导当地人打毛尖灶，教工人按信阳毛尖工艺做茶，与厂家结算时以当日鲜叶成本为基础，加上工时燃料费再加点利润。芭蕉人都说给丁老汉做茶稳当，赚不到大钱也不会亏本。后来河南的客商、江苏的客商、浙江的客商都来了，合作的方法差不多，只是做的茶不一样。各地的茶商带来各种茶叶加工技术，没几年，恩施的茶叶加工厂各种茶都会做了，与各地的茶商也有了联系，对于茶商和厂家都有了更多的选择，市内商家集中的地方就成了双方交易的场所。外地茶商一般各自找一家或几家本地茶商为合作伙伴，凡看上的茶由本地茶商收购、保管、发货，外地茶商在付足茶叶款后还付一笔佣金。市外茶商只会在恩施茶开园初期亲自出马收购，后期则交合作方代为收购、发货，双方按发货单据结算，由于是定向合作，信誉极好，发生纠纷的情况极少。这种方式使恩施茶销往省外，也造成恩施人极少外出卖茶，因而恩施名优茶产量很大却难在市面上看到，消费者对恩施茶也知之甚少。

外地客商到恩施收购当地适销的茶叶，用自己的包装，恩施茶就变成销售区本地茶叶进入市场。所以恩施名优茶外销也有规律，向浙江茶商卖扁形茶，向河南客商卖毛尖茶，向江苏茶商卖的茶则依客商需求而定，向武汉市场卖单芽茶。茶市和茶店虽然卖的是恩施茶，但打的是当地有名气的品牌标签，作为销售区名茶提供给消费者。恩施成了外省名茶的生产基地和代加工厂，只得到微薄的报酬，没得到应得的名誉和利益，完全是为他人作嫁衣。

（3）大宗茶销售。

恩施的大宗茶销售主要集中在本省和湖南、上海、浙江、广西等地。

省内销售主要是面向武汉，湖北省茶叶公司一直是大宗茶销售的主渠道，20世纪90年代还承包芭蕉茶厂生产红茶出口，由孙冰负责现场组织加工调运；其次是宜都，恩施的红毛茶多由宜都茶厂（湖北宜红茶叶有限公司）精制出口，该厂一直在恩施收购红毛茶。1998年在芭蕉茶厂改制时，湖北宜红茶叶有限公司购买了精制车间设立恩施分公司，在芭蕉收购红毛茶，精制后运往宜都拼配出口；红安、麻城也是恩施大宗茶的省内销售地。

湖南省是恩施大宗茶的主要销售省份，特别是20世纪90年代后，恩施的大宗茶在湖南的销量持续增长。益阳地区是一个精制出口茶叶的老基地，对毛茶需求量大，恩施大量的绿毛茶销往益阳的精制茶厂；桃源的个体精制厂也是恩施茶的重要客户，芭蕉的部分茶厂与桃源的精制厂有固定的合作关系；长沙的猴王茶业有限公司是湖南一家大型内外贸兼营的茶叶企业，恩施是其原料供应地之一。

上海、浙江是茶叶出口企业集中的地方，恩施的大宗红、绿茶产品通过不同渠道销售到这些地区的出口企业，如芭山茶叶公司收购毛茶，精制后销售给浙江省茶叶进出口公司，由该公司出口外销。

广西的横县也是恩施大宗茶的一个流向地，这里不是茶叶销售地，而是代加工地，恩施的大宗绿毛茶在这里窨制茉莉花，制成茉莉花茶销往北方市场。

（4）茶叶的运输。

这一时期的茶叶运输全部为汽车运输，由买卖双方点对点安排。有发货方运到收货方指定交货点，也有采购方从恩施发货到自己需要的地点。大宗茶叶由货运车辆运输，名优茶多由供货方送货或采购者自带。这一时期的茶叶运输成本是较高的，除大宗茶可整车运输，名优茶只能找车随带，虽有零担货运车辆，但起止点不可能完全一致，在途时间也不确定。名优茶运输，量大的拼车，派人随车押运，在方便的地方中转；量小的客车带货，货随人走，也可委托司机运输。

// 3. 市场管理及市场乱象

从改革开放之初到21世纪初，恩施茶叶市场是无序的，鱼龙混杂，令恩施的茶叶消费者对茶叶真假难辨，以次充好、以假充真的情况时常涌现，上当受骗、被抢被盗现象时有发生，令各方利益受到严重损害。

（1）市场的管理不到位。

20世纪80年代至90年代是一段变革时期，市场较为混乱。茶叶市场的放开使管理部门无所适从，旧的方法不能用，新的方法又没有，对茶叶市场出现的各类问题无法应对。于政府层面，不仅没有市场规划，就连市场的配套服务也没有。职能部门对市场行为不做规范，对市场主体也无服务。这一时期唯一严格的是税收征管，凡茶叶运输必须凭税票放行，无税票者一律罚款或没收。

（2）市场乱象横生。

① 缺斤少两、掺杂使假损害消费者利益。

改革开放之初，茶叶市场刚刚放开，位于舞阳坝的恩施汽车站附近就有人提着袋子卖茶。春茶刚上市时生意极好，普通市民也愿意买上一二两尝鲜，有人在3月早茶季节动上歪心思，在秤上做文章是小商贩的常用伎俩，将柳叶、火棘等发芽早的细嫩树叶制成外形如茶的赝品，充当茶叶是一些制茶者的"妙招"。玩秤的伎俩被常用，"燕儿客"大多是玩秤的高手，而造假的"妙招"受时间限制，一旦茶叶批量上市就会自动消失，因为此时"制假"的成本比"制真"还大，所以干这事的只是极少数人。能让人赚更多钱的则是"恩施玉露"这块金字招牌，少数"能工巧匠"改制针形茶冒充"恩施玉露"，让消费者大上其当，也让"恩施玉露"蒙羞。

② 上当受骗事件层出不穷。

20世纪80年代至21世纪初，由于供销系统的整体改制，茶叶经营的主渠道逐渐弱化，最终退出市场，集体、个体茶叶经营主体进入市场经营，其中有一批系统内的从业人员或承包或自己办厂，依靠自己掌握的经验和渠道开展经营，是这一时期茶叶经营的中坚力量。同时还有很多人是行政干部、技术人员和有头脑的农民，这些人没有经营经验、没有市场渠道，只能到市场上凭直觉去闯荡，而在那个没有市场规则的年代，出问题也是很自然的事。

1993年，芭蕉区委书记杨则进到湖南卖茶，茶运到后对方要求卸茶后付款，杨则进相信了对方，然而茶卸下后即被对方运走，对方一分钱不付，与抢劫没有两样。

1995年，恩施市特产技术推广服务中心一职工见襄樊茶叶销售有利可图，向单位要求到襄樊卖茶，到襄樊后，经熟人介绍将茶叶卖给宜城一企业，由于该企业经营困难，无资金支付货款，这位职工不仅未收回茶叶款，连路费都没有，最后由单位派人到襄樊接回。

1998 年，经浙江一茶机企业的销售科长王某介绍，芭山茶叶公司与浙江某公司达成茶叶销售协议。王某与芭山茶叶公司负责人是多年茶机经营的合作伙伴，两人决定共同出资、联合经营，王某不仅牵线搭桥，自己也投了部分资金参与经营，以期获得较大的利益回报。然而在交货时，打前站的王某发现对方不是进行正常交易。在这种情况下他本应迅速向合作伙伴通报情况并商讨对策，然而他出于自保，把自己押运的茶叶临时处理后就躲了起来，算是把自己的投资保住了，但芭山茶叶公司对发生的变故毫不知情，公司送货人员把茶叶交给了骗子。等交货人员发现情况不对时，王某已联系不上，让人怀疑他就是骗子的同伙。芭山茶叶公司在找寻王某无果的情况下只好找其所在的公司，而该茶机企业在得知这一情况后便将王某开除，王某自此失踪。芭山茶叶公司为此与该茶机企业对簿公堂，但因没有该企业委托王某经营茶叶的证据，只好撤诉，然后把人力、物力和财力放在搜寻王某上。在公安部门的努力下，数年后王某在广西被抓获，芭山茶叶公司算是挽回了部分经济损失，但其中所费的精力和财力也是巨大的，这一次能挽回部分损失还是由于王某处理失当，真正的骗子仍然逍遥法外。

（3）茶叶市场价格仍然受计划体制的干预。

据《恩施州志》（1983—2003 年）记载，1983 年至 1992 年，州物价部门对全州茶叶的收购和销售价格都有干预（见表 4-5、表 4-6）。

表 4-5　1983—1992 年茶叶收购价格表　　　　　　（单位：元/50公斤）

品名	等级	年度									
		1983	1984	1985	1986	1987	1988	1989	1990	1991	1992
玉露	一级二等	291	291	291	335	335	335	610	480	480	480
珍眉	一级二等	266	266	266	260	260	260	455	400	400	400
炒青	一级二等	—	—	—	—	—	—	—	370	370	370

表 4-6　1983—1988 年茶叶销售价格表　　　　　　（单位：元/0.5公斤）

品名	等级	年度					
		1983	1984	1985	1986	1987	1988
玉露	一级	4.17	4.17	4.17	4.17	4.17	5.04
	二级	3.56	3.56	3.56	3.56	3.56	4.33
	三级	3.04	3.04	3.04	3.04	3.04	3.68
	四级	2.35	2.35	2.35	2.35	2.35	2.84

品名	等级	年度					
		1983	1984	1985	1986	1987	1988
珍眉	一级	3.24	3.24	3.24	3.24	3.24	3.92
	二级	2.67	2.67	2.67	2.67	2.67	3.24
	三级	2.18	2.18	2.18	2.18	2.18	2.63
	四级	1.56	1.56	1.56	1.56	1.56	1.88
炒青	一级	3.36	3.36	3.36	3.36	3.36	3.92
	二级	2.8	2.8	2.8	2.8	2.8	3.29
	三级	2.27	2.27	2.27	2.27	2.27	2.71
	四级	1.81	1.81	1.81	1.81	1.81	2.18

从计划经济开始直到 1985 年，茶叶价格由政府控制。到 1984 年茶叶统购统销结束，茶叶虽然以体制内机构经营为主体，但放开的政策为体制外经营打开了突破口，紧俏产品价格上扬，大宗产品暂无影响。1986 年，茶叶价格由定价变为指导价，玉露（一级二等）收购价格由 1985 年的 291 元/50 公斤上涨为 335 元/50 公斤，增幅 15%，珍眉（一级二等）由 1985 年的 266 元/50 公斤降为 260 元/50 公斤，降幅 2.3%；体制外的突破快速蔓延，茶叶价格整体大幅上涨，1989 年调整收购价格，玉露（一级二等）收购价格由 1988 年的 335 元/50 公斤上涨为 610 元/50 公斤，增幅 82%，珍眉（一级二等）由 1988 年的 260 元/50 公斤上升为 455 元/50 公斤，增幅 75%；茶叶的大幅调价让体制内经营无法承受，1990 年茶叶价格下调，炒青也列入价格干预之中。

这一时期的茶叶销售价格成为体制内经营机构的大敌，从 1983 年到 1987 年 5 年茶叶价格不变，购销差价小，经营利润极低，个别品类甚至亏本。到 1996 年，州物价局规定，茶叶销售价格以毛茶平均收购价格为基础，加进批差 7%，零售价格以批发价格为基础，加批零差 12%，由各县市按规定执行。

从这一时期的茶叶购销价格可以看出，名优茶价格严重压缩，相同级别，玉露价格比珍眉、炒青的购销价格最多高出 50%，个别年份的收购价甚至仅高 20%，压价，对恩施玉露造成极大伤害。

四、社会主义市场经济时期的茶叶销售

进入 21 世纪后，我国的社会主义市场经济体制逐步完善，茶叶销售也从群雄奋战、乱象环生转变为遵循市场规律，以市场为导向开展经营活动。

// 1. 茶叶贸易管理

21 世纪以来对茶叶贸易的管理是以服务为宗旨，社会主义市场经济体系逐步完善，政府的管理职能主要是创造宽松的市场环境，维护市场秩序，规范市场行为，宣传推介产品。具体来说有以下方面。

（1）建设和维护茶叶交易场所。

恩施市自然形成的民族路和舞阳坝两处茶叶交易场所都可以算茶叶市场，但都存在严重缺陷。2000 年以后，随着茶叶产量的不断增加，茶叶交易场所的短板问题日益凸显。舞阳坝茶市分布在州政府门前、原茶麻公司巷内、金凤苑小区，虽地处闹市但空间狭小，车辆进出不便，停放更是困难，年成交量小。位于民族路的茶叶市场是交易最活跃的市场，成交量占总交易量的 70％以上。但因场地狭小，功能不全，商户的门店与仓库、冷藏库不在一处。每到旺季，车无处停，茶无处放，人无处聚，致使部分商户在南门外另租民房收茶。同时因民族路茶市紧靠小渡船中学，该校是恩施市重点中学，招生人数增长迅速，校舍严重不足，2008 年市人民政府决定将市特产技术推广服务中心场地划归小渡船中学，全市最大的一处茶叶交易场所不复存在。

为应对民族路茶市拆除后茶叶交易无处可去的问题，2009 年 4 月，市委市政府决定将恩施市体育运动中心改造建设为茶叶专业市场，阶段性缓解恩施茶叶交易场地困难的情况。体育运动中心具有交通便利、场地大、后续发展空间广阔、产权明确的优势。体育运动中心出口即是旗峰大道，直接连接城市主干道；离绕城公路不到 1 公里，上高速公路快捷；无过境道路，自成体系并且环形道路宽敞，可通行停放各类车辆，便于茶叶集散运输。沿体育场馆环形建筑外围共有 36 个可供使用的单元，使用单元大小、形状、高低不一，朝体育馆外侧开门形成经营门店，单个面积 60—70 m²。外围还有大量的可利用空间，在交易旺季还可设立临时交易摊位，扩大规模。体育运动中心为国有资产，市人民政府有支配权，无任何产权地界纠纷，投资小见效快。

体育运动中心虽有很大优势，但资产管理使用是文体部门负责，体育与茶叶是不搭界的，在政府内部也分别由两个副市长分别管辖，协调难度可想而知。时任市委副书记的李国庆同志非常清楚市场在茶叶产业中的地位和作用，他亲自出马协调，明确体育运动中心的权属不变，物业管理方式不变，经营协调由市茶办在茶市设立办公室，安排专人负责协调，解决了权属争议，同时明确这一市场是一个过渡市场，市政府将规划建设茶叶专业市场，力争5年建成。在统一认识后，市茶办拟定茶市建设方案，并按方案开展工作：5月20日前组建工作专班向外推介茶市，组织部分客商现场考察；6月30日前拿出店面装修方案，接受客商报名；7月5日前出台市场管理办法，拟定门店租赁合同；7月20日确定入住商户；7月30日签订租赁合同交付门店；8月经营者进入装修阶段；10月装修完毕，具备开业条件。但商户提出在年底开业影响力太小，产品少且外地客商也不愿意来参加，要求改在春茶上市之际举行开业仪式，于是开业仪式定于2010年3月18日举行。

恩施市将体育运动中心作为茶叶交易市场只是权宜之计。体育运动中心是举办体育活动和市民休闲健身的场所，加之体育运动中心后面相继建成了小学和幼儿园，人流量急剧增长，茶市场建于此处不仅造成交通拥堵，还有安全隐患。茶市开市后，每到春茶上市，客商纷至沓来，车来人往，熙熙攘攘。为满足交易需要，市场内搭建起临时交易摊位，市委、市政府协调各相关部门齐抓共管，市农业局组织专班在现场值班，确保市场正常运转。直到2020年，体育运动中心所设茶市因场地使用违规，同时附近新建成硒都小学和孝感幼儿园，已不能继续为市，才在华硒物流园附近建成武陵山茶叶交易中心，现已成为集茶叶集散、茶文化展示、旅游休闲、康养地产为一体的硒茶小镇。

（2）举办和参加茶事活动。

恩施市组织市内茶事活动，提高恩施茶的影响力，同时组织企业到武汉、北京、上海、济南、西安、杭州、广州等大城市参加茶事活动，丰富企业阅历、增长企业见识、扩大企业影响。恩施市举办和参加茶事活动众多，后面将作专门介绍。

（3）举办培训。

举办茶艺培训、评茶员培训和生产经营培训，为企业培养各种人才，满足企业对茶叶专业人才的需要。同时引导企业领导人参加全国、全省性的业务研讨活动，拓展他们的视野，以便从更高的层次谋划企业的发展。

（4）抓茶叶质量安全。

茶叶质量安全是影响茶叶销售的重要因素，也是整个茶叶行业面临的问题。恩施市从政府层面抓茶叶的质量安全，从农业投入品抓起，从源头入手，严控有毒有害物进入茶园。业务部门做好监控，乡镇有速测设备，每年还从茶叶生产经营的不同环节抽样检测，根据检测结果有针对性地开展工作，杜绝茶叶质量安全事故的发生。

（5）抓市场检查。

对茶叶流通市场进行定期和不定期的检查，杜绝三无产品、无认证的产品上市上架销售，打击假冒伪劣、商标侵权等行为。

（6）抓品牌建设。

恩施玉露和恩施富硒茶是恩施市的两大公用品牌，市委市政府和市直相关部门通力协作，打造两大品牌，两大品牌的影响力逐年提升，助推全市茶叶产业的持续健康发展。

// 2. 茶叶销售

茶叶销售分市内销售和市外销售。

（1）市内销售。

恩施市内的茶叶销售主要满足四个方面的需求：一是把恩施的茶叶产品卖出去，实现其价值，这是本地茶叶生产经营者的需求；二是来恩施的茶叶采购商采购到需要的茶叶产品，满足其经营需求；三是为本市居民提供茶叶消费品和人际交往所需的茶叶礼品，满足本市居民需求；四是恩施有大量的游客和因公、因商、因私的人士进出，他们会将恩施的茶叶产品作为纪念品、礼品带给亲人、朋友，满足商旅人士的需求。

① 茶市交易。

茶市交易是批量销售的场所。恩施茶叶的大宗交易大多是在茶叶市场进行的，特别是名优茶的大宗交易都是在市内的各个市场中进行，毛茶都到市场交易，买卖双方各得其所。外地茶商可以直接在市场上采购到中意的商品，而在市场中经营的本地茶商除买进卖出外，还充当毛茶生产者和外地茶商的中间人。外地茶商以市场中的坐商的店面为阵地，委托坐商收购自己所需产品，结算时给坐商一定佣金。茶叶市场作为茶叶产品的集散中心，是恩施茶叶的主要销售渠道，众多的茶叶加工从业者清早到市场卖茶，下午到茶园收鲜叶，晚上加工，第二天清早又到市场卖茶，如此周而复始，维持茶叶产业的生存并推动茶叶市场的发展。

② 零售。

2000 年以来，恩施茶叶零售业发展迅速，店铺遍及城乡和旅游景区沿线。恩施茶叶零售在这一时期有了重大变化。

——专营店是主体。传统的茶叶零售主要是杂货店，茶叶只是销售生活资料的店铺里的一个商品类别，2005年前后开始出现只销售茶叶的专营店，店内茶叶商品丰富，销售人员具有一定的茶叶专业知识，能够回答消费者提出的专业性问题，而且每一个茶店都或多或少地起到宣传茶知识、传播茶文化的作用。专营店由茶企建设或茶叶零售商加盟，每一家店都有主打品牌，越是大的茶叶企业建的专营店越多且越上档次。企业自建形象店，合作建专卖店。这种店的消费群体主要是爱茶人士，每个店都有自己的忠实消费者。

——土特产店是茶叶零售渠道的重要组成部分。恩施特殊的气候环境条件孕育了众多的地方特色商品，药材、食品、工艺品、茶叶等恩施产品本来就具有特殊的魅力，再加上富硒、少数民族元素，产品更受消费者青睐。随着恩施旅游业的兴起，外地游客的涌入，对恩施土特产市场起到助推作用，经营土特产的商店大量出现，为游客和市民提供了一个采购恩施地方特色产品的平台。土特产店提供的地方特色产品种类繁多、规格齐全，不同厂家的产品集中在同一店内销售，给消费者很大的选择空间。茶叶是土特产店销售的主打产品，富硒茶、玉露茶、花枝茶等众多的恩施茶在这里接受消费者挑选。这类店的消费者主要是商旅人士。

——超市是销售品牌茶叶的渠道之一。随着超市进入市民生活，其强大的市场消费能力吸引着商品经营者进入。茶叶作为食品类商品，进入超市必须要有一定的实力。营业执照、税务登记证、食品生产许可证、食品流通许可证、食品标准和食品标签等证明文件缺一不可，同时还需承担进场费、条码费、端架费、店庆费、节庆费、广告费、促销费等各种费用，恩施市只有各大品牌茶叶经营企业进入超市销售。超市的消费者消费水平不一，但就笔者观察，在超市选购茶叶的消费者以收入稳定、时间紧张、注重品牌的人群为主。

③ 低档毛茶交易。

2000年以后，恩施的茶叶生产有了长足发展，夏秋茶生产普及，每年有大量的低档毛茶供应市场。这种茶叶不是直接面向消费者，而是经过再加工后用于出口、内销或用作工业原料。低档毛茶量大价低，生产者和经营者都靠批量挣钱。为了方便交易，低档毛茶的经营者纷纷在南门外一带租赁场地经营，交易点分布在高桥坝—南门大桥—芭蕉的公路沿线。大宗毛茶交易场所选择在这一地带交易是由其特殊性决定的：一是由于大宗毛茶进出靠大型车辆运输，必须紧邻公路干线，否则不仅运输受阻，还会造成交通拥堵；二是由于大宗毛茶交易量巨大，需要大的仓储空间，同时这些经营者中还有茶叶加工商，要使用干燥、色选等设备，对场地的选择不仅是宽大，还有高度和空间距离的要求；三是方便货源进入，芭蕉是恩施市茶叶最大的货源地，宣恩、咸丰也有很大的产量，所以市郊至芭蕉一线交易场所分布最多。2014 年以来，有不下 30 家大宗毛茶收购商在此设点，高桥坝一线则为收购白果和利川毛茶而设。由于这些原因，市区内不管是自然形成的交易场所还是体育运动中心的茶叶交易市场，都不适应大宗毛茶经营。要使恩施茶叶完全入市交易，必须建设大型茶叶专业市场。

④ 鲜叶交易。

恩施的茶叶鲜叶交易方式一直是生产者将鲜叶送到加工厂销售，伴随茶园的面积扩大，鲜叶交易量增加，2005 年前后，在鲜叶集中的产区形成鲜叶交易市场。在芭蕉集镇、厔口、高拱桥、黄连溪等茶叶集中产地先后自发形成鲜叶交易场所，被称为鲜叶市场。鲜叶市场的形成与茶叶基地建设和茶叶加工厂布局有关，芭蕉茶叶基地迅速扩大，鲜叶产量逐年大幅增长，而茶叶加工厂分布却极不均衡，于是各厂纷纷到鲜叶集中产地收购茶叶，由于茶农卖鲜叶是在傍晚，收购者就在傍晚于农户集中、交通方便的地方设点交易。茶农也愿意到这里交易，因为多家竞争可以卖出好价钱。茶农卖茶后需要购买生产生活用品，商家也看到商机，于是经营粮食、蔬菜、日用百货的商店在附近应运而生，从事餐饮的、摩托维修的、话费充值的纷纷加入，茶叶鲜叶市场演变为乡村夜市。芭蕉乡形成了芭蕉集镇、高拱桥、黄连溪、厔口、南河等五个夜市，这些夜市都是由鲜叶市场演变而成，这些地方白天就是一个人口相对集中的村落，店铺开门者寥寥，傍晚时则人声鼎沸、讨价还价之声不绝，夜幕降临时灯火通明、生意兴隆。高拱桥集镇的鲜叶市场于 2005 年在政府引导下，由 48 户茶农在半年时间内建成，成为一个名副其实的乡村集镇（图 4-3）。

● 图 4-3　因茶而建的高拱桥集镇

随着茶叶加工能力的增长，各加工业主为争抢鲜叶，纷纷开车到地头收购，凡鲜叶有一定量的地方都有人到地头收购。2010 年后，鲜叶市场再不是人口集中的地方，而是茶园集中、交通便利的田边。交易时间极短，收购车辆一到，茶农迅速聚积，完成交易后双方立即散去。

⑤ 茶叶制作体验成为茶叶销售的新方式。

2007 年 4 月 30 日，侗寨枫香坡正式开寨迎客，枫香坡的"恩施玉露"传统制作技艺的展示点也开始营业，恩施市的茶叶制作体验由此开始。但这个展示点由于位置较偏，建成后鲜有人光顾，后不了了之。

恩施亲稀源硒茶产业发展有限责任公司将"恩施玉露"传统制作技艺体验与商品营销有机结合。2014 年，该公司以全新的理念打造恩施玉露展示体验馆，以体验推介"恩施玉露"特殊的制作技艺和精美的商品，公司采用合作方式，在统一风格、统一经营方式、统一产品供应的前提下由合作方独立经营，先后建成土司城、女儿城、硒都茶城、枫香坡、奥山世纪城五处恩施玉露展示体验馆，同时还研制成便携式焙炉，在各地参加会展时使用。由于这些展示体验馆都处于人流量大的旅游区，对恩施玉露的文化传播起到了推动作用，不仅丰富了景区内涵，也为游客提供了优质产品，成了恩施玉露茶的重要销售窗口。恩施玉露展示体验馆的成功，为全市茶叶体验提供了借鉴样板，形成了一股体验馆建设热潮。

恩施市花枝山生态农业发展有限公司是以体验促销售起步最早的企业，2010年左右，利用企业位于恩施市区至大峡谷旅游路线上的优势，在公司总部设立花枝茶体验馆，免费为游客提供茶饮，让游客在品饮中了解花枝茶，以体验促销售，许多游客在体验馆品饮或购买茶后成为花枝茶的忠实消费者。这一模式现已被恩施大峡谷沿线茶企广泛采用，全线免费品茶点不下 30 处。

恩施市润邦国际富硒茶业公司在沐抚木贡村七渡建设"硒茶生态园"，该园由有机硒茶园、硒茶馆、国家级非物质文化遗产恩施玉露传承基地、硒知识科普厅、名优硒茶产品展厅等部分组成，展示了硒茶文化和养生文化，是恩施大峡谷景区重要的人文景观，可同时接待 500 余人，是游客休闲、观光、养生的理想之地。游客在园内可免费品茶，也可住宿、享受美食，感受恩施土家族、苗族、侗族等民族的特色文化和民俗文化。

恩施市凯迪克富硒茶业有限公司于 2015 年在恩施大峡谷旅游沿线的田湾村建设恩施玉露技艺传承馆（图 4-4）。馆内建有恩施玉露生产线和恩施玉露传统制作车间，配备了介绍文字、图像等资料，向客人介绍恩施的茶叶资源、恩施玉露的传承发展、恩施硒资源的分布和作用、恩施少数民族的历史文化，让游客实地了解恩施玉露、恩施富硒茶，体验恩施玉露的制作，品饮恩施玉露、富硒茶，从而达到宣传恩施的作用，为发展恩施助力，为恩施旅游添上一道更加亮丽的风景。

● 图 4-4　恩施玉露技艺传承馆

（2）茶叶外销。

恩施人恋家，在外地卖茶的人极少，完全不像福建茶商遍布全国。临时外出卖茶的人不少，长年在外设点卖茶的人极少，个人主动出去卖茶的屈指可数。茶叶外销以企业自建窗口销售、合作销售、固定渠道销售等方式进行。

杨昌国是改革开放后最早出去卖茶的恩施人之一，1989 年，他和另外 5 个恩施茶贩在汉口新华路文明旅社里卖恩施茶，因旅社对面是长途汽车站，人流量大，很多茶商都聚集于在此卖茶。人一多就相互杀价，茶叶利润微薄，其他 5 人先后离开，杨昌国坚持了下来。到 1996 年，已小成气候的杨昌国却因受骗陷入困境，然而他并未消沉，而是从头再来。2000 年，杨昌国进入汉口香港路茶市经营恩施茶，业务量越来越大，名声也逐渐响亮起来，虽然历经磨难，但终于打下了一片天下。第一个在北京打出恩施招牌卖茶的是何光友，2008 年前后，何光友夫妻二人在北京的马连道茶城与人合开了一个茶庄，打的是"恩施玉露"的品牌，店内经营的商品多由巴人诚和茶叶有限公司提供，以"恩施玉露""恩施富硒茶"为主打品牌。可惜他并未坚持下来，2011 年到咸丰县从事茶叶加工，倒是小有成就。

① 企业自建窗口。

茶叶企业为了拓展销售渠道，在各大大中城市设立销售窗口，树立企业形象和品牌形象，服务所在地的消费者。如润邦国际、花枝茶业、硒露茶业在武汉，芭山茶业在济南，分别设有自己的销售窗口。

② 合作销售。

恩施的茶叶企业或茶叶加工厂与外地茶商合作，恩施茶企提供茶叶商品，外地茶商负责销售，双方约定销售价格和结算办法，以合同约定双方的权利义务。合作可以是加盟，也可以是代销，恩施茶企提供的是茶叶商品，不是毛茶，销售方没有定价权，也不能换包装。

③ 固定渠道。

恩施茶叶经营者在长期的经营过程中，通过试探、筛选、发展、巩固，各自找到了一批较为紧密的合作伙伴。在相互信任的基础上形成稳固的供销关系，恩施茶叶经营合作伙伴有零售店、茶叶精加工或深加工企业，还有出口企业。固定渠道提供的可以是商品茶，也可以是散茶甚至毛茶，名优茶是包装好的商品茶，生活茶多为散茶，低档茶以毛茶为主。单从量的角度看，固定渠道是恩施茶叶外销的主要渠道。

（3）茶叶运输。

2000 年以来，茶叶运输以汽车运输为主。汽车运输又分货运和客车托运两种方式。低档茶通过大型货车运输，批量茶叶用中小型货车运输，名优茶多通过客运班车托运。2004 年前后，恩施开通多条长途汽车客运线路，北京、上海、广州、济南、南京、杭州等班线将沿途城市纳入恩施客运班车的直达范围。客运班车不仅为出行提供方便，也开辟了恩施与茶叶销售区的快捷通道，茶商利用客运车辆代为运送货物，由司机负责交货，是省钱省事的运输方式，为众多名优茶经营者采用。客车代运这一运输方式在前期是茶商与客车司机的私人行为，茶叶交付运输时无任何凭证。由于司机素质参差不齐，运输环节发生离奇货损，货物在路途中被调包的情况多次发生，经营者损失很大。恩施客运站针对这一状况，于 2008 年左右推出长途客车货物托运服务，由客运站提供单据，注明商品名称、数量等信息，还可提供保价运输服务，使恩施名优茶外运有序进行，也增加了客运站的收入。三、四月是客运的淡季，却是名优茶加工销售的旺季，每天都有大量的茶叶被带到上海、江苏、浙江和本省的武汉等地，此时的长途车乘客不多，行李箱却是满满的，司机的收入比满载乘客时还高。这种服务在 2012 年后因铁路开通和恩施物流业的发展而改变，长途汽车货运退出，快递直接送货到客户手中，运输更加快捷方便。

2010 年 12 月 22 日，宜万铁路建成通车，铁路运输加入茶叶运输行业。

紧接着空运进入茶叶运输行业。空运是名优茶、礼品茶选用的运输方式之一，既有乘客随身携带，也有航空托运，空运量与恩施的航班数量成正相关。2005 年，恩施机场航班增加，机票第一次打折，大飞机投入使用，茶叶空运量快速增长。

2010 年，由于"两路"开通，航班锐减，茶叶空运量急剧下降。2013 年，恩施机场新航站楼投入使用，机场航班增加，茶叶空运量随之增加。在航班逐年增加的同时，恩施机场还出台货运便捷措施，促进了茶叶空运量的增长，恩施茶叶企业发往通航城市的高端茶叶商品多选择空运。

（4）新的销售方式形成。

随着科技进步和人们生活习惯的变化，商业活动也随之发生改变，一些新的商业形式和操作平台不断出现，消费者可以通过新的消费方式获取自己需要的商品，而新的销售方式不像传统的方式一个门店服务一个地方，它们能够实现全覆盖。

① 电商成为茶叶新的营销渠道。

2008 年，恩施茶叶电商萌芽，恩施市润邦国际富硒茶业公司的企业网站开通，网站有企业介绍、主营精品、商机信息、企业证书和联系方式，商家和消费者通过该网站可以实现交流合作和商品采购。恩施的茶叶企业开始使用互联网进行茶叶交易，但这时的企业网站只是一个辅助性平台，并不直接交易。2012 年，恩施市晨光生态农业有限责任公司开设淘宝网店，是恩施的第一家茶叶网店。2013 年，硒露茶叶公司、润邦国际富硒茶业有限公司、花枝山生态农业股份有限公司等也相继开设网店，开启恩施茶叶销售新渠道。其后，电商如雨后春笋般迅速兴起，成为名优茶销售的生力军。

② 微商。

随着微信进入普通人的生活，人们的社交变得简单快捷，众多的交流圈形成。朋友圈中有海量人群，于是不少茶商在朋友圈中进行产品展示和销售。2015 年是微商暴发期，朋友圈中的产品推介随时出现，恩施的茶叶成为微信朋友圈的热捧商品，恩施玉露、恩施富硒茶是主打品牌。

// 3. 茶事活动

随着茶叶产业的不断发展壮大，恩施市为推介恩施茶叶品牌，培植恩施茶的消费人群，拓展茶叶销售渠道，组织举办和参加各类茶叶茶事活动。

（1）恩施州、恩施市举办的茶叶相关活动。

2003 年 4 月 23 日，由中国茶叶学会、恩施市人民政府联合主办，由芭蕉侗族乡党委、乡政府，湖北华龙村茶叶集团公司，湖北宜红茶业有限公司承办的首届中国硒都·芭蕉茶文化节在芭蕉侗族乡举行。中国工程院院士、中国茶叶学会名誉理事长、博士生导师陈宗懋题写了"富硒茶之乡芭蕉侗族乡"，并进行了以"富硒茶和人体健康"为主题的学术讲座；中国茶叶学会副理事长、博士生导师、湖南农业大学教授施兆鹏应邀出席并题写了"恩施玉露 茶中极品"。

会上还进行了茶王评选和茶王现场拍卖，湖北华龙村茶叶集团公司选送的"华龙银毫"被评为茶王，400克茶王茶样以7万元的高价被内蒙古科左后旗甘旗卡人民茶庄的吴嘎日迪总经理现场拍得。

2006年4月16日，为庆祝芭蕉侗族乡成立20周年，由湖北省茶叶学会和恩施州人民政府主办，恩施市人民政府、恩施州农业局、恩施州商务局、恩施州工商局、恩施州质量技术监督局承办的恩施富硒绿色茶叶交易会在州城风雨桥举办。

在活动正式开始前进行了茶叶和茶叶包装评审，并在开幕式上给获奖产品颁发奖牌。活动期间还举办了技术讲座，中国茶叶研究所研究员鲁成银、华中农业大学教授倪德江、湖北省农科院果茶所副研究员陈福林分别做了学术报告。活动期间组织企业在硒都广场开展茶叶展销活动（图4-5）。

● 图4-5 茶叶专家和州市茶叶技术人员合影

2007年9月23日晚，恩施市润邦国际富硒茶业有限公司在富源国宾酒店举办恩施玉露中秋品茶会，州、市领导，州、市直单位和部门领导，州城茶界、文艺界知名人士，企业代表和新闻媒体嘉宾共228人参加活动。

2010年3月18日上午10时，恩施茶叶市场开市庆典仪式在恩施市体育运动中心举行，副州长董永祥同志宣布开市，位于恩施市体育运动中心的恩施茶叶市场正式开市营业。

2014年5月1日至3日，由恩施市商务局、恩施市茶业协会主办，土家女儿城承办，邀请恩施茶业各大品牌厂家参与，选择五一黄金周假期，在土家女儿城举办恩施首届踏春观景品茶会，全市有24家参展茶企及经销商、1个大学生团队和5个茶艺表演队参加本次活动。本次活动有茶叶展销、茶艺表演、大众品茶评茶及游园活动。

2015 年 5 月 2 日，由州茶产业协会主办，恩施市茶业协会与恩施众森绿色产业投资发展有限公司承办的"'硒都杯'恩施硒茶首届茶王大赛"在中国硒都茶城举行，全州百余家茶叶企业参与"茶王"角逐。恩施市润邦国际富硒茶业有限公司选送的芭蕉牌恩施玉露成为绿茶"茶王"，恩施馨源生态茶业有限公司选送的馨源咸丰帝茶成为红茶"茶王"，另有 18 家茶叶企业选送的样品获得金奖，20 家茶叶企业选送的样品获得银奖。

2016 年 7 月 5 日，由恩施州农业局、州人社局主办，市农业局和硒艺农牧业有限责任公司承办的"'女儿城杯'恩施硒茶第二届茶王和首届茶艺大赛"在女儿城开幕。本次大赛主要开展茶王大赛（名优茶评比）、茶艺大赛和产品展示展销活动。茶王大赛按绿茶、红茶分别设茶王 1 名、金奖 5 名、银奖 10 名；茶艺大赛设一等奖 1 名、二等奖 3 名、三等奖 6 名。全州共计 65 家企业、89 支茶样和 18 支茶艺代表队参加本次大赛，大赛内容丰富，包括评茶、茶艺大赛、展示展销等环节，同时有 40 家茶叶企业参加茶叶展销活动。恩施亲硒源硒茶发展有限公司选送的恩施玉露摘得绿茶"茶王"桂冠。

（2）全省性茶叶相关活动。

武汉农业博览会是农业领域的大型会展活动。恩施市从 2004 年首届开始，即组织企业参展，市人民政府每年都安排专项资金用于此项活动。恩施茶叶企业参展数量逐年增多，成为恩施茶企的主要活动之一。

2006 年 10 月 27 日至 29 日，由文化部、国家广电总局、国家新闻出版总署和山西、河南、安徽、江西、湖北、湖南六省及武汉市人民政府联合主办的首届中国中部（武汉）文化产业博览交易会在武汉市国际会展中心开幕。恩施市组织恩施市润邦国际富硒茶业公司、恩施清江茶叶公司、恩施市怡茗有机茶科技开发有限公司、恩施市硒露茶叶公司、恩施市溢馨茶业有限责任公司参加。

从 2006 年开始，市农业局组织企业参加省农博会，当年只有怡茗有机茶科技开发有限公司参展，此后恩施市参展的茶叶企业逐年增加，参展企业以茶企居多。

2008 年开始，恩施市组织茶企参加在武汉国际会展中心举办的武汉茶业博览会。从 2012 年开始，会展改为春秋两季举办，由于恩施以生产绿茶为主，企业以参加春季茶业博览会居多。

2009 年 3 月 28 日上午，由湖北省农业厅、恩施州人民政府主办的湖北第一历史名茶"恩施玉露"授牌仪式暨新闻发布会在武汉市举行，时任省委常委、副省长汤涛出席并讲话，时任省人大常委会副主任罗辉、省政协副主席陈柏槐等领导出席授牌仪式。省农业厅、商务厅等多部门领导出席会议。为配合新闻发布会举办，湖北日报、恩施日报分别以整版篇幅刊登湖北省农业厅《挖掘历史文化内涵 打造中国知名品牌》，恩施土家族苗族自治州人民政府《关于支持"恩施玉露"茶叶品牌建设的意见》，恩施市委书记谭文骄、市长秦斌《打造"恩施玉露"名片 再创历史名茶辉煌》，恩施市润邦国际富硒茶业有限公司董事长张文旗《香绝玉露茶》四篇文章，全方位宣传推介"恩施玉露"。会上还聘请鲁成银、李传友、宗庆波、倪德江、龚自明五位专家为恩施市茶叶产业顾问。

2009 年 6 月 18—21 日，市茶办组织润邦、硒露、怡茗、绿羽、乌云冠、岸云溪、溢馨等茶叶加工企业，参加了在武汉国际会展中心举办的 2009 年第二届华中（武汉）茶叶博览会暨茶文化节。展位由市茶办统一预定和装修，企业只负责展品和参展人员费用。

2009 年 11 月 9 日，由湖北省农业厅、湖北省农业科学院、湖北日报联合主办的湖北绿茶首届高峰论坛在楚天传媒大厦举行。会上省农业厅公布"湖北绿茶第一方阵"，宜昌萧氏集团、湖北采花茶业、湖北龙王垭茶业、鹤峰县翠泉茶业、恩施市润邦国际富硒茶业、湖北圣水茶场、湖北邓村绿茶集团、恩施州伍家台富硒贡茶公司、大悟寿眉、悟道茶业、汉家刘氏公司、英山绿屏公司、湖北荆山锦茶业、竹溪县梅子贡茶业等 14 家龙头企业入选。

2012 年 5 月 6 日至 8 日，恩施土家族苗族自治州人民政府在武汉国际会展中心举办恩施硒茶文化节，恩施市共有 14 家茶叶企业参展。此次活动同时举行了名茶评比，对 59 支参评茶样进行审评，评出 6 个金奖、11 个银奖。由恩施市硒露茶业有限公司选送的 0846 牌恩施玉露、恩施众森公司选送的恩茶红·功夫茶获得名茶评比金奖。恩施市润邦国际富硒茶业有限公司和恩施富之源茶业公司选送的恩施玉露均获银奖。

（3）省外茶叶相关活动。

2004 年 10 月 21 日至 24 日，恩施市茶办参加了在北京中国国际贸易中心举办的首届中国国际茶业博览会。这次活动由市委宣传部部长郭银龙带队，市茶办组织了 4 家企业送样品参展。由于企业未派人参加，每家企业送 2—3 个产品的商品样参展，每个样品只有一份。为避免样品被买走，样品价格标注奇高，即便如此，硒都茶厂生产的恩施玉露样品仍然被人按标注价买走。

2009 年 5 月 6—9 日，第三届中国（西安）国际茶叶文化博览会在西安曲江国际会展中心举行，恩施市茶办带领乌云冠富硒茶有限公司参加，恩施富硒茶亮相古都西安。本次会展的摊位费、宣传费由市财政安排专项资金，企业只承担参展人员差旅费并提供展销产品。

2010年5月21—24日，经上海市商务委员会批准，由中国茶叶流通协会、中国长三角茶业合作（上海）组织暨上海市茶叶行业协会、江苏省茶叶行业协会、浙江省茶叶产业协会、安徽省茶叶行业协会共同主办的2010年中国（上海）国际茶业博览会在上海国际展览中心举行。为促进恩施州茶产业健康可持续发展，加强恩施玉露茶品牌的宣传推介，进一步提高恩施茶叶的知名度，拓展销售市场，州政府决定组织湖北恩施玉露集团初选成员企业参加2010中国（上海）国际茶业博览会（图4-6）。本次活动由副州长瞿赫之带队，州、市农业局负责组织。恩施市润邦国际富硒茶业有限公司、恩施市怡茗有机茶科技开发有限公司、恩施市硒露茶业有限公司、恩施市壶宝茶厂、恩施市晨光生态农业有限公司、湖北金果茶业公司、恩施州清江茶叶有限公司等7家企业以恩施玉露集团成员身份参加。

● 图4-6　恩施玉露集团参加2010年中国（上海）国际茶业博览会

2012年5月11—15日，上海国际茶文化旅游节（上海茶叶产品交易会）在上海帝芙特国际茶文化广场举行。本次活动由湖北省农业厅组织，经作处和果品办具体负责，是引导湖北省品牌茶叶产品开拓销售市场战略的组成部分，目的是让湖北茶走出去。省农业厅与活动组委会达成一致，特别包装搭建占地面积400平方米的"湖北品牌茶叶展区"，充分展示湖北品牌茶叶产品和龙头企业形象。湖北省15家重点茶叶企业参展，恩施市花枝山生态农业开发有限责任公司、恩施市硒露茶业有限公司、恩施市富之源茶叶有限公司三家重点茶叶企业参展。

2012 年 5 月 11—13 日，第二届中国国际茶业及茶艺博览会在北京全国农业展览馆隆重举行，恩施市组织企业参加活动并参与中国名茶评比。恩施市花枝山生态农业开发有限责任公司生产、北京华康硒源生物科技有限公司选送的"花枝山"牌恩施富硒茶和"花枝山"牌恩施玉露从 118 支茶叶样本中脱颖而出，获得了评委会的一致认可，双双摘得金奖，排名居 18 支金奖产品的第 7 位和第 8 位，同一企业生产的茶叶产品在同一评比中获得两金，实属罕见。

2012 年 5 月 11—13 日，恩施市花枝山生态农业开发有限责任公司和恩施市富之源茶叶有限公司自主参加了第六届中国宁波国际茶文化节，两企业选送的"花枝山"牌恩施玉露、"连峰山"牌恩施玉露均荣获金奖。

2014 年 5 月 16 日，湖北恩施土家族苗族自治州硒茶博览会在北京民族文化宫展览馆举行，全州各县市共有 46 家茶企携硒茶产品参加博览会。恩施市共有恩施市朱砂溪茶叶专业合作社、湖北仙芝堂生物科技有限公司、恩施市硒露茶业有限责任公司、恩施市润邦国际富硒茶业有限公司、恩施亲稀源硒茶产业发展有限公司、恩施龙头湫茶业有限公司、恩施金果茶业有限公司恩施分公司、恩施市花枝山生态农业开发有限责任公司、恩施市飞涵茶叶有限责任公司、恩施市大方生态农业有限公司、恩施州聪麟实业有限公司、恩施晨光生态农业发展有限责任公司等 12 家茶叶生产经营主体参展。

中国绿色食品博览会由中国绿色食品发展中心主办，每届与举行地联合主办，自 2006 年开始，恩施市均组织茶叶企业参展，参展产品多次获奖。

第四节　恩施的茶道

茶道是连接茶叶产销区之间的运输通道，各茶区都在研究挖掘自己的茶道。恩施作为茶之源头，茶道的存在是非常久远的，但因茶的产量有限，茶道依托于官道、驿道、商道，并无单独存在的通道。清代及清以前，以现恩施州城为中心，先后形成了施巫古道、施宜古道、施万古道、施夔古道、施云古道、施巴古道、施鹤古道、施黔古道等，这些古道源于巴人迁徙繁衍时期开辟的原始小道，此后，因军事活动、行政管理、商旅往来等，一些曾经的山野毛路渐成人员往来的通道，最终成为集官道、驿道、商道等功能于一体的交通要道。茶道于茶叶集中产地开始汇入这些道路，并以水陆交通要地为节点与其他道路汇合，成为路程长远，覆盖广阔的道路体系，成为连接中外的万里茶道的一部分。恩施的茶叶运输通道形成很早，是中华万里茶道的源头之一，但有规模的茶叶运输在清代中后期才开始形成。

 # 一、恩施茶外运的古道

恩施茶叶出山的途径在不同时期有所不同，但大致方向较为一致。主要有以下几条。

// 1. 施巫古道

唐宋时恩施走向山外借助的是施巫古道，亦称南陵山道。因恩施当时属夔州，与巫山同属一州，故此道为当时对外的主要通道，较走归州的巴东线路更受重视。施巫古道从今恩施经龙凤坝、白杨坪，至奇羊坝入建始境，经业州、陇里（长梁），由二仙岩达天鹅池入巫山境，经红椿、铜鼓、双庙子至大岩岭驿（仙掌岭），走下南陵山一百八盘，过长江即达巫山，此道是巫山通往湖北恩施建始的大路。南宋著名诗人陆游在《入蜀记》中写道："（乾道六年十月）二十四日，早抵巫山。县在峡中，亦壮县也。市井胜归峡二郡。隔江南陵山极高大，有路如线，盘曲至绝顶，谓之一百八盘。盖施州正路。"从施巫古道为施州正路可以看出，此道为恩施与外界联系的主要通道。然此道自乾隆年间建始由四川划归湖北施南府管辖后地位下降，让位于施巴古道。于茶叶运输而言，施巫古道在唐、宋、元时期为主要道路，茶叶运至巫山后通过水运到达目的地。明代的恩施管理体制变为施州卫指挥使管理，属湖广都司，恩施和巫山分属湖广和四川，恩施外出的通道也变为以行省内的巴东和宜昌为节点，施巫古道虽然仍是一条通道，但已不是首选，只在特殊情况下选用。

// 2. 施宜古道

施宜古道为恩施出山的重要通道，也是施州蛮荒连通外地的最早最长最具传奇性的一条政治线、经济线、军事线和文化线，这条通道是古时政令传递的渠道（驿道），也是物资运输的通道（商道），更是人员往来的要道（官道）。此道形成久远，到底何时、何人兴建已不可考。但早在战国时，巴蜀联军攻楚滋方（今松滋）之战，即从该路线通过，算起来，这条古道至少有 2000 多年的历史了。其后，历代战争及官民避三峡之险从陆路入川，多经该路。

古道最初沿清江而行，基本走向为从今恩施老城出发，经莲花池、和湾，过老渡口到达清江边，沿清江北岸的柳池、偏南、花厂、野三口、城垭、渔峡口、资丘、鸭子口、龙舟坪，沿丹水到偏岩，翻咬草岩，经百步梯到达夷陵（宜昌）。历代战争及官民避三峡之险从陆路入川，多经该路。如去荆州、常德，则可继续沿清江而行，利用清江航道经陆城（宜都），前往目的地。这条线路穿行于清江北岸，临水临崖，异常凶险。且江水蜿蜒，为避开江边绝壁需攀崖而行，通行异常艰难，但好在沿途尚有人烟，野兽侵害较少，安全感稍强。

这条通行不便的道路因地位重要，被不断完善，去险取近加宽，但因地理环境太过恶劣，成效不佳。到了明代，为改善施宜古道的通行条件，将沿清江而行改为翻山抄近道而行。邹均《方舆纂要》载，"明隆庆五年，湖广抚臣言：荆州去施州，道里险阻，不便巡历，夷陵以西，有国初颍国公傅友德所辟取蜀故道，名百里荒者，抵卫仅五百余里。请移巴东之石柱巡检司于野三关，施州卫之荆门驿于河水铺，三会驿于古夷铺。俾闾井联落，而于百里荒及东卜陇，仍创建哨堡，各令千户一员，督夷陵、长宁二所，班军各百人，更番戍守，庶无险远之虑。"在官方推动下，百里荒打通，虽然"登涉之险"仍然"倍于蜀道"，但相较于先前沿清江而行的道路，通行里程有所缩减，凶险程度有所下降，通行能力也有所加强。这次改道，将恩施至宜昌的道路走向与地理条件有机结合，在当时条件下最为科学合理，此古道与后来的318国道、沪渝高速公路和宜万铁路的走向基本一致。明代改道后的施宜古道走向为：恩施—莲花池—鸦沐羽——桶水—南里渡—滚龙坝—崔坝—红岩寺—石垭子—高店子（高坪）—大支坪—野三关—榔坪—贺家坪—高家堰—宜昌。

// 3. 施巴古道

施巴古道是恩施利用长江水道远距离运输货物的一条运输通道。其走向最初为：恩施—红庙—龙凤坝—白杨坪—罗家坝—建始—长梁子（陇里）—茅田—龙潭坪—绿葱坡—三尖观—茶店子—马鹿池—巴东。这条线路还有另一种走法：恩施—红庙—龙凤坝—白杨坪—罗家坝—马水河—河水坪—三里坝—高店子—石门河—鹞鹰坪—绿葱坡—三尖观—茶店子—马鹿池—巴东。后随着施宜古道的建设完善，施巴古道与其融合，形成新的走向：恩施—莲花池—鸦沐羽——桶水—南里渡—滚龙坝—崔坝—红岩寺—石垭子—高店子（高坪）—大支坪—耀英坪—绿葱坡—茶店子—巴东。通过施巴古道的货物到达巴东并不是终点，巴东只是一个水陆中转场所，借长江水运之便运往长江沿线城市。

明代以来的施巴古道约有三分之二与施宜古道是同一条道路，从恩施到大支坪的路径是相同的，过大支坪后在界碑垭才分开，往北到巴东，往东到宜昌。

// 4. 施云古道

施云古道也称西路盐茶古道，由恩施经头道水、板板桥、硃（朱）砂溪、枫香河、沙子门，经乌池坝、九拐子、油竹坪、馨口，到达利川团堡寺，再经柏杨坝，翻过齐岳山，越过神龙坳（当时的川鄂交界处）到达云阳所辖的耀灵集镇，过老屋槽、篁草（现存遗迹，当地人称"古长城"）、龙角集镇（当时的必经之路，也是涉税关卡之一）、宝坪、水磨集镇、凤凰镇，到达张飞庙附近的渡口，渡过河就抵达了目的地——云阳县城。当时在云阳县城大桥沟建有湖北会馆，内设仓库、客房，供商队使用。馆内还有人专门负责帮忙联系购买茶叶的商家，以及帮忙联系回头货物。回头货物主要是盐巴，也有皮草、桃片糕、牛肉干等，当然也要向会馆缴纳一定的费用。

二、早期的恩施茶道

// 1. 唐宋时期

唐宋时期恩施产茶量小，茶与其他土特产一道带出山外，主要通过施巫古道运至巫山，从巫山经长江水道运至夷陵（宜昌）或荆州。在宜昌上岸的茶叶部分就地销售，部分由陆路运至襄阳销售，运至荆州的茶叶则在荆州销售。

// 2. 明代至清中期

明代恩施从川峡四路的夔州路的施州变为湖广行省湖广都司所辖施州卫，施州卫的对外交通通道以行省内部为主，施宜、施巴两条通道受到重视，成为恩施茶叶的主要运输通道。此时的茶道从恩施开始，经宜昌，止于荆州、襄阳。沿古道而行，沿途有固定的休息、食宿点。其中恩施至宜昌段因山高沟深，行路异常艰难。建始县高坪董家垭古道上的《拟修巴东建始恩施三邑山路记》（清道光丁酉十有七年）碑，碑文记云："自宜昌至施南千有余里，山高寻云，溪肆无量，登涉之险，倍于蜀道……"说明恩施的古道通行条件差，恩施人出行极其不易，物资运输极其困难。茶道从一个侧面客观地反映了一个地方的交通和对外经济往来的状态。恩施茶叶外销山外都要经过宜昌这一重要节点，宜昌本来就是茶叶销售地，同时又是前往荆州、襄阳的中转地。

施宜古道和施巴古道其实是一条通道的两种走法。施宜古道和施巴古道都是方便恩施与山外沟通的通道，出山后的第一个节点都是宜昌。由巴东可走长江水道到宜昌，也可直接到荆州、岳阳、汉口等地。在宜昌则可根据需要到达的城市选择水路或陆路，从宜昌到荆州有陆路和水路两种走法，都经枝江到达，宜昌到襄阳为陆路，经当阳、荆门、宜城。两种走法选择的一般规律是：到宜昌则走施宜古道，如到襄阳、南阳、荆门、宜昌；水路远于宜昌则走巴东，如到岳阳、汉口。其原因是两种走法到宜昌的时间差不多，如到宜昌从巴东走水路需要换船，等候和转运很麻烦，而且西陵峡的凶险也让人生畏，不如直接走陆路，而到岳阳、汉口等地必须乘船，走巴东比走宜昌要便捷。目前，古道久已荒废，然仍有残留（图 4-7），成为徒步爱好者的好去处。

● 图 4-7　恩施东郊大垭口至洗爵溪古道

 ## 三、清中期至民国的茶道

清中期的茶道已成为商道的重要组成部分，道路走向定型，通行条件和在途服务大为改善，为茶叶运输和人员往来提供了便利。

// 1. 茶道两端延长

从清中期道光年间开始，恩施的茶叶随着红茶生产销售进入汉口市场，并带动绿茶在汉口的销售，同时鄂北、豫西绿茶市场也有大幅扩展，南阳、光化也成了恩施茶的集散地，纳入恩施茶的市场范围。与市场端延伸相对应的是，茶叶的来源端也在扩张，恩施将周边茶叶汇集起来并运往销售区。利川的毛坝，咸丰的清坪、小村，宣恩的万寨、长潭河等地的茶叶汇入芭蕉。芭蕉本身又是恩施最大的茶区，这里茶商云集，大量茶叶从芭蕉启运，除去云阳直接从芭蕉出发外，运往其他各处的茶叶又在恩施城区汇集，形成浩大的队伍。

// 2. 恩施境内改道

由恩施出发，东门外官坡至南里渡段于 1877 年改建，由原来经七里坪、茅坝、莲花池、鸦沐羽到南里渡改为经金子坝、向家村、鸡心笼（吉心）、熊家岩到南里渡，工程于 1888 年完工。

// 3. 茶道的整体变化

施宜古道在这一时期仍然是恩施茶叶外运的主要通道，南里渡以东的路线走向未发生大的变化，施宜古道在 1888 年、1939 年、1941 年、1947 年先后进行了四次整修和扩建。路面增宽了，平整了，通行条件得到极大改善，人走起来通畅，骡马也能正常通行，于是路上挑夫成群、马队云集。马帮的铃声，挑夫的号子声在山间交织。

山区的茶叶、桐油、生漆、苎麻、药材、兽皮等山货不断输出山外，山外的盐巴、布匹、针线等百货运进山里。挑夫马队逐渐增多，又推动了餐饮等的发展，呈现出"五里一小店，十里一大店"，"灶里不熄火，路上不断人"的繁荣景象。

在施宜古道繁忙的同时，经巴东转运的长江水道也成为恩施茶叶的便捷通道。运往汉口的茶叶只要在巴东上船，一路顺水而下，很快便能运抵汉口，比单纯的陆路运输省时省心，而且费用还低，是商家无法拒绝的选择。

恩施茶销往鄂北、豫西的茶叶从襄阳到光化（今老河口）、南阳主要依靠水运，襄阳、光化均有汉江可通航，由汉江转入唐白河到南阳的航运在民国时期也十分繁荣。南阳是"南船北马"的转换要地，也是茶马古道的重要节点，南方的茶叶通过水运到南阳，换成骡马驮运到西安，再向北、向西与少数民族交换马匹。然而随着时代的发展，京汉铁路和陇海铁路相继通车后，经由唐白河的货物逐渐减少，水运逐渐减少，在 1954 年以后唐白河水位逐渐下降，1958 年鸭河口水库修建后，唐白河水位进一步下降，水运消亡。

// 4. 增加了施云盐茶古道

施云盐茶古道亦称西路盐茶古道，由恩施经头道水、板板桥、硃（朱）砂溪、枫香河、沙子门，进入恩施白果乡两河口到乌池坝。这一段也可由恩施经高桥坝、三岔口、白果坝、新街，翻山岳溪到乌池坝。从乌池坝经九拐子、油竹坪、馨口，到达利川团堡寺，再经柏杨坝，翻齐岳山，过神龙垴（当时的川鄂交界处）到达云阳所辖的耀灵集镇，由老屋槽、篾草（现存遗迹，当地人称"古长城"）、龙角集镇、宝坪、水磨镇、凤凰镇，到达张飞庙附近的渡口，渡过长江就抵达了目的地——云阳县城。恩施茶运销云阳源于芭蕉蓝氏，因蓝氏家族蓝朝轩（又名蓝朝桢）在云阳为官（勅授承德郎），见当地茶叶极少而盐商众多，认为可通过盐商销售茶叶，于是将家族茶叶运到云阳试销，一举成功。盐商对蓝氏生产的茶叶高度认可，将其带到各地。施云盐茶古道恩施至板板桥（约6公里）与恩施至芭蕉大道重合，蓝氏销往云阳的茶叶大多直接从芭蕉启运，在枫香河与施云盐道汇合。因盐运兴盛，当时云阳县城大桥沟建有湖北会馆，内设仓库、客房，为商队提供方便。馆内还有人专门负责帮忙联系购买茶叶的商家，以及帮忙联系回头货物。回头货物主要是盐巴，也有皮草、桃片糕、牛肉干等。自此，施云盐道亦兼有茶道的职能，称为盐茶古道。

// 5. 抗战时期的特殊茶道

抗战时期，恩施茶叶的走向也发生变化，由东运变为西运，产品运往重庆。具体路线为：

线路一：茶叶由施云古道人畜运输至云阳或万县，再从云阳或万县由长江水运至重庆。

线路二：茶叶由汽车运输直达重庆。

线路三：茶叶由汽车运输至彭水县郁山镇，通过郁江用小木船运至彭水县城，再换大船由乌江顺流而下至涪陵，入长江溯江而上至重庆。

第五节 茶叶税收

商业与税收密切相关，国家通过税收对国民收入进行再分配。茶税自唐德宗建中元年开征，经过宋朝的进一步发展，元、明、清三代一直沿袭下来。到民国时期，仍然有茶税。新中国成立后，旧茶税制度废除，茶税成为货物税——工商税的一个税目。恩施自古就是茶叶产区，茶叶税收在不同时期按照当时当地相关规定执行，这些规定中，以国家的规定为主，一些时期也存在地方规定。这里讨论的茶叶税收是大环境下的共性，没有仅限于恩施的个性。

 一、茶叶税收制度的建立

// 1. 贡茶

从茶的赋税制度来说，在唐大历（766—779 年）以前，我国茶叶还只有土贡而没有赋税。贡茶，实质上也是一种赋税，是一种无偿征用或定额实物税。贡茶起源于周武王时期，当时作为贡送礼品进献。我国目前现存文献中最早的《新唐书》记载的税茶法和记及的贡茶，就是一种实物税；而顾渚贡茶，则是带有一种劳役性质的赋税。唐代贡茶分为两类：① 专设官焙（官办的制茶工场）所制造的御用珍品。② 规定特定的地区进贡的茶，是一种实物纳税制度。自唐代起，贡茶成为定制。宋代茶园多为民间经营，仅福建、江西设有官茶园和官焙制造贡茶。元朝的贡茶始于武夷置场官工员。明洪武二十四年（1391 年）诏天下产茶之地，岁有定额，以建宁为上。清代在杭州西湖龙井设有御茶园等。

// 2. 税茶法

税茶法是一种以实物或货币纳税的制度。唐代后期，财政困难，因此在德宗建中元年（780 年）实行茶税。《食货志》载，唐德宗建中元年（780 年），唐德宗采纳户部侍郎赵赞的建议开始征收茶税，以做朝廷常年之用。兴元元年（784 年）罢茶税。贞元九年（793 年）复茶税，以代水旱田租，化为常税。诸道盐铁使张谤也向李适奏明，凡出茶州县和茶山，就地征税。茶商往来要道，收运销税，以三等定估，十税其一。长庆元年（821 年），茶税率增为 15％。武宗会昌年间，茶税除正税之外，又加一种"塌地钱"，实为过境税。唐宣宗大中初年立茶法，取消横税，保护纳正税商人。自唐代起，茶税成为国库的主要收入之一。宋代，茶叶实行官买官卖，既榷茶又征税。元承唐宋，强征茶税，自元世祖至元十三年（1276 年）后的近 40 年，茶税增长了 360 倍。明代茶政以榷茶易马为主，收税为辅。清朝亦征重税。

茶税是茶叶经营者按规定以货币形式缴纳的，有的时期茶商在关口等指定地点缴纳，有的时期则是需要茶商购买茶引。

// 3. 榷茶法

榷茶法是一种官营专卖制。唐文宗大和九年（835 年），改茶税为榷茶，并设榷茶史，规定茶的种植、制造、销售全部归官府掌握，旋即夭折。宋初实行榷茶制，与唐代比较，更为具体完备，比唐代茶税的剥削更为残酷。自宋太宗雍熙年间至仁宗至和二年（984—1055 年），茶法屡变。宋徽宗崇宁元年（1102 年），罢通商法，恢复荆湖、江淮、两浙、福建七路的榷茶制度。崇宁四年（1105 年），行茶引法，即商人高价买茶引，凭引向园户购茶（自付茶价）。严密的卖引制度由此开始，元明清三代皆行卖引制。自咸丰（1851—1861 年）以后，普遍改为厘金税，这样榷茶之制改为允许民间自由经营。榷茶法具有增加国库收入、保证茶马互市和抑商三大历史作用。

二、封建社会的茶税

茶税是古代官府重要的财政收入。茶之纳税源于唐。茶税自唐开始，到清朝晚期，都是封建王朝的敛财渠道，虽然征收方式和征收额度有所变化，结果都是增加朝廷收入。恩施在清代以前因为自然、地理环境和政治体制等原因，茶叶贸易量小，无法执行国家统一规定的税收政策，即使到了清朝恩施茶叶产业有大的发展，也只是清末产量才有明显增加，而此时传统的茶税征收制度在西方殖民主义的冲击下已逐渐瓦解，所以说恩施在封建社会时期与茶税的关联极小，只有极少量的茶叶运出时，需要按当时的税收制度缴纳税收。下面简要介绍各朝代国家层面的茶叶税收制度。

// 1. 唐代

唐德宗建中年间开始实行税茶法，税率为十分取一，但不久就取消了。到贞元九年（793 年）又恢复执行，每年约收税四十万贯。唐文宗时，王涯建议将茶生产经营收归国有，禁止民间买卖，这是榷茶法的起源。茶叶从收取十分之一的税变为官府专营，国家收入大增。

// 2. 五代十国

五代时期因诸侯混战，茶叶既有官府专卖，也有商家贩卖。但各国各用其法，各自封闭运行。

// 3. 宋代

自宋初至仁宗晚年百余年，行榷茶法，由国家专卖以营利，"国家利源，茗居半"，朝廷获得巨大利益。仁宗晚年至徽宗初年，约四十余年，行税茶法，许民间买卖，国家收税。徽宗崇宁元年（1102 年）始行"茶引法"，即商人向官府申请领"引"，交纳税款后持"引"入茶山购茶，运到指定地点销售，这是一种官府控制下的商人专营办法，茶引是官府发给茶商的茶叶运销凭证，凡商人运茶贩茶，须纳税领引，备关卡验照以裁角放行；后又恢复榷茶法。不久北宋灭亡，南宋继起，"茶引法"继续施行，为偏安的南宋朝廷提供经济支撑。宋朝的茶税盘剥十分残酷，其间采用"三税法""贴射法""通商法"等，都是为了盘剥茶农和茶商的利益。

// 4. 元代

元代不需要茶马互市，榷茶法就没有必要存在了，税收是茶叶被朝廷重视的唯一理由。元代废除了榷茶制，改为引票制。除官营贡茶、官茶征课（即生产者所交课赋）以及卖引外，还设"茶由"发给卖散茶的商贩和茶农。收税获得的真金白银是官方关注茶叶贸易的动力，引票制是茶叶税收征管的方式，"茶引"是纳税凭证也是通关文件，零星的茶叶交易通过"茶由"征税，朝廷对茶税可谓是"颗粒归仓"。元代茶法变革频繁，管理混乱，不断地增引加课，肆意剥夺，以满足统治者的财富需求。自世祖至元至文宗天历的 70 年间，茶课增加 240 倍，至元二十三年（1286 年）和至元二十六年（1289 年）对比，三年间茶税从 5 贯/引增加到 10 贯/引，翻了一番。茶叶赋税的不断提高导致茶价上涨，社会购买力跟不上，销售受限，也加重了种植、加工和经营者的负担，由此造成私茶泛滥，民众反抗。

元代贡茶地域和数量都比宋代有很大增加。官茶征课在引票制施行后，曾划归本道宣慰司，后又有所反复，但大致是茶户及加工的磨户要向官府交租赋，"产茶地面有茶树之家，验多寡物力贫富均办，有司随地租门摊，一年两次催领起解"，称作抱纳。此外，余茶即可自由与商人交易。恩施的茶叶交易情况没有查到文字记载，根据当时的生产水平推断应该与宋代相近，官府不可能为散生的几棵茶树到茶农家核实，只能由商人与茶农交易，商人向官府办理赋税事宜。

// 5. 明代

明代是榷茶、引税两制并行。以榷茶易马为主，收税为辅。从大体上说，明代的茶叶专卖制度，在主体上继承了宋元时期的引由制度，同时又在四川、陕西等地实行严格的榷茶制，由此形成了东南折征区和川陕本征区两种不同的税制。

明代将茶叶区分为官茶和商茶。用来易马的茶叶称之为官茶，设置茶马司来管理其政务。明初在四川、陕西茶区征收的茶叶实物，便是所谓的官茶。官茶征收以后，要运至各茶仓收贮，再运至边境和少数民族交换马匹。商茶主要行于江南地区，官府向园户征收茶课，向商人征收引税。政府卖引，商人纳钱请引，政府由此获取了大量的引价收入。

明代茶税行茶引制，由政府发给茶商引票，以征收课税。引票分腹引、边引和土引三种，名称不同，但实际性质相近。腹引限销内地，边引运销边疆，土引专销土司所领地区。引票由户部印发，写明条款，由产销茶叶的省份预期请领，当年办理，当年经销。大的商户可直接到户部领引票经销，小贩也可在本地州县领引票行销，有的州县把引票按规定发给种茶园户经销。每百斤茶叶为一引，不够百斤的称为畸零，另给护帖，领取引票时按规定交纳课银。朝廷令商人到产地买茶，商人要缴清"钱引"才能运茶贩卖，没有茶引的，视为私茶，官家还要"告捕"。在一些特殊地区，茶税征收方式也有不同，如陕西、四川十取其一。明代各朝始终遵行茶引制度，但在运用方式上各有不同。如在有些时期实行以米易茶、以茶易盐、以茶易马等。

// 6. 清代

清代承继明制，茶税管理机构在京师的户部。清代茶引票，依照明制，茶引仍由户部发行，铸造铜板，刊上引目、价格、茶商姓名、钤盖部印。茶商照引买茶，每百斤为1张，每10斤为1篦。有大引（即正引）、小引（即余引）、边引（分南路边引、西路边引、邛州边引）、内引（即腹行）、土引之分。清朝所定各省发行茶引均有定数，清政府通过严密的茶引制度来控制茶叶流向、市销规模、市场发展，垄断茶叶经营。

清朝后期，随着鸦片战争爆发，英国迫使腐败的清政府签订了中国历史上第一个不平等条约《南京条约》。咸丰元年（1851年）又爆发太平天国运动。由于战争赔款及军费开支庞大，清政府财政极度困难。在这种情况下，政府企图通过征收苛捐杂税来缓解危机，茶税也因此大大加重，征收茶税的重心遂由川陕转向东南，但四川仍实行引票制，只是压缩腹引、土引，通过增加边引来扩大税源。道光以后，四川不少州县把腹引的税额摊入地丁项下征收，如道光二十九年（1849年）规定，每丁粮一两，摊征腹引课税四十文，随同盐税归丁征收。原发行边引、土引的茶叶产区，商人系大宗经营，牟利较丰，茶税仍由商人负担。此外还巧立名目敲诈勒索，如光绪三十四年（1908）各州县先后被征收"茶桌捐"，据《四川官报》载："每方桌一张，抽六十文；条桌一张，抽五十文。"有的县竟以家庭为对象，按户征收"茶桌捐"，茶成为统治者攫取财富的载体，茶税成为民众的一大负担。

东南各省与四川有所不同，仍继续推行茶引制，商人请引纳税。除正税外，还有地方杂税，且税种税率极不统一。咸丰三年（1853年），刑部右侍郎雷以诚率军在扬州镇压太平天国起义军。是年，常州、苏州为太平天国起义军占领，漕粮、丁役不济。为筹措军饷，于扬州仙女庙创办厘捐，设厘局于上海。此后各省也相继设厘金总局，下再设分局、子卡、巡卡，征收货物通过税。起初只是战地长官临时筹措军饷的权宜之计，后成为定制。这样，商人买引后还要抽厘，税收负担沉重。

鸦片战争后，茶叶专卖制度被废除，茶叶外销完全自由化，通商口岸成为茶叶出口发货窗口。于是硬性规定的茶叶流通行政命令和市场管理办法不再起作用，茶叶运输路线骤变，以西北为主的陆路通道变为以沿江沿海为主的水路通道，形成了以出口茶埠为中心的新的茶叶运输路线。清政府主要通过茶票征收茶税，对外口岸则征收茶叶出口关税。

// 7. 恩施县的茶税状况

恩施县所属地域的茶叶贸易，从唐到清初，一直弱小，量小而质平，国家对茶叶产地的税收政策无法执行，只能按零星产地的政策在销售环节征税。清道光年间罗德昆编《施南府志》，全书记载了施南府的所有税收情况，其中杂税中有"茶税银六两七钱五分"的记载。茶税银记入杂税是当时朝廷对茶叶零星产区税收的明文规定："惟茶商到境，由经过关口输税，或略收落地税，附关税造销。或汇入杂税报部。"

《钦定大清典事例》记载："湖北额行茶248引……建始县给商行销18引。每引额征纸价银3厘3毫，坐销者征税银1两，行销者税银2钱5分，课银10钱2分5厘，共额征税银234两5钱，课银2两2钱5分。"恩施县根本就不存在茶引一说，和建始县无法相比。《清朝通典·食货八·赋税下》记载，依户部则例，湖北行230引，额征银230两，湖南行240引……湖北茶引系咸宁、嘉鱼、蒲圻、崇阳、通城、兴国、通山等7州县请领……乾隆八年（1743年），四川建始县改隶湖北施南府，旧行茶18引，随带湖北，每引征税银2钱5分，课银1钱2分5厘。建始县的18引茶引由四川带到湖北，使湖北茶引增加，恩施县不具备请领茶引的条件。

三、民国时期的茶税

进入民国时期，实行了千余年的茶引管理制度被废除。这是茶叶市场管理制度和手段的重大转变，标志着唐宋以来的茶引制度完成了自己的历史使命，退出历史舞台。1919 年，茶叶出口关税完全废除，但国内茶税仍然存在。同时由于地方割据，军阀混战，各地关卡林立，不同地方的捐税名目花样百出，茶叶重复收税达到了骇人听闻的程度。其名目有"照票""胥役费""挂号费""抒手钱""灰印钱""印子钱""削划钱""草鞋钱""酒钱""检查费""保安捐""学捐""工会捐""证书费"等多种。直到 1942 年国民党政府才统一茶税，颁行"统税"，但各茶叶产销省除统税外，仍保留一些杂捐。抗战期间，国民党政府一度对茶叶外销实行统制，以换取武器支撑抗战。抗战结束前，茶叶统制已经随茶叶出口的断绝而结束，茶叶外销管理手段又回到自由贸易状态。

恩施县从民国时期开始按国家统一规定执行茶税政策，此时恩施茶商众多，茶道繁忙，茶叶已经能够提供一定的税收，而各商号、货栈则是纳税主体，照章纳税是正常不过的事。中茶公司的进入，湖北省平价物品供应处的设立，使恩施有了官办的茶叶经营主体，茶叶经营更加规范，税收政策的执行也更严格。

 四、新中国成立后的茶税

新中国成立后，恩施的茶税完全纳入全国统一模式。新中国成立之初，旧茶税制度废除，茶叶成为货物税——工商税的一个税目。1984 年 10 月，工商税分解为产品税、增值税、营业税和盐税以后，茶叶税收属产品税的征税范围。但茶叶是一种特殊商品，在一定时期，还有其他形式的税赋。

// 1. 农业税

在工商税之外，茶叶在不同时期还有其他形式的税赋，计划经济时期是农业税。1958 年 6 月 3 日，全国人民代表大会常务委员会第九十六次会议通过了《中华人民共和国农业税条例》，1958 年 6 月 3 日中华人民共和国主席令公布施行。条例第三条明确规定："下列从事农业生产、有农业收入的单位和个人，都是农业税的纳税人，应当按照本条例的规定交纳农业税。"第四条规定棉花、麻类、烟叶、油料、糖料和其他经济作物的收入征收农业税。此条例于 2006 年 1 月 1 日起正式废止，农民种田终于不再需要交税。

// 2. 农业特产税

在农村联产承包责任制全面施行后，经济作物种植面积扩大，单位面积收入大幅提高，为调整农民和国家的利益分配，农业特产税应运而生。

（1）开征阶段。

1983 年 11 月 12 日，国务院发布《关于对农林特产收入征收农业税的若干规定》，决定对农业特产收入单独征收农业税，标志着农业特产税的诞生。从 1983 年到 1988 年，全国只有福建、广西等少数省（自治区）开征了农业特产税。

（2）全面征收阶段。

1989 年 3 月 13 日，国务院发布《关于进一步做好农林特产税征收工作的通知》，要求各地全面开征农业特产税。农业特产税进入了全面征收阶段。当年，全国除西藏、台湾外，均开征了农业特产税。

同年，鄂西土家族苗族自治州财政局规定，对农业特产税，单独分配任务，列入县级财政预算收入。为调动区乡一级的积极性，确定在完成省下达农业特产税任务的前提下，超收的税款，实行区乡两级分成，分成比例由县市自定。

（3）双环节征收阶段。

1994 年 1 月 30 日，国务院发布《关于对农业特产收入征收农业税的规定》，规定并入农业特产税征收的原产品税应税产品继续在收购环节向收购者征收。由此，农业特产税形成了对水产品、茶叶、原木、原竹、生漆、天然树脂等产品既对生产者征收，又对收购者征收的双环节征收格局。

（4）合并废止阶段。

2000 年全国开始农村税费改革试点，对农业税和农业特产税政策进行了重大调整。一是合并征收环节。二是规范农业特产税的征收。三是下调农业特产税税率，合并有关应税项目。2004 年，国务院决定暂停征收除烟叶以外的农业特产税。2006 年 2 月 17 日，农业特产税被宣布废止。

// 3. 取消农业税和农业特产税后的茶叶税收

在农业税和农业特产税被废止后，茶叶已无特别的税赋，与其他普通货物一样，在经营中只征收增值税和所得税。于生产环节而言，茶叶无任何税赋。

（1）农民种茶不纳税。

在农业税和农业特产税被废止后，农民已无任何税赋，不需要向任何机构交纳钱、物，种植茶叶也不例外。

（2）加工自己种植的茶叶免税。

茶叶初制企业投资种植茶叶，拥有自己的茶园，对自产茶园的茶叶进行初加工、生产毛茶的初制加工厂，这类企业销售自产农产品，属于增值税暂行条例上规定的"农业生产者销售的自产农产品免征增值税"范畴，按规定不应缴纳增值税。

（3）非自产茶叶缴纳增值税。

茶叶初制企业是没有种茶，向外收购茶青（茶叶鲜叶）进行初制加工，生产各类初级农产品毛茶的初制加工厂。这类初制企业销售生产的茶叶农产品不是自产，而是收购后加工生产，应缴纳增值税。

（4）卖茶交纳商业税和所得税。

经营茶叶的商业企业缴纳商业企业税，税率 4％，同时还须缴纳企业所得税，所得税有优惠和减免政策，符合条件者可享受。

第五章

恩施玉露

恩施玉露是我国历史上唯一保存流传下来的蒸青针形绿茶。其加工工艺沿袭唐代的蒸青制茶技法，创制于清代，定名于民国。新中国成立后，计划经济时期是紧俏商品、国家级名茶。20 世纪末，随着市场开放和众多新创名茶的兴起陷入沉寂。21 世纪初恢复创新，再铸辉煌。

第一节　恩施玉露的创制与传承

杨胜伟老师经过长期的调查研究，对恩施玉露的创制与传承历程进行了归纳总结，得出科学的结论，为进一步研究挖掘恩施玉露的历史奠定了坚实的基础。杨胜伟老师仅通过搜集茶界传说和蓝氏微乎其微的公开信息，就将恩施玉露的创制与传承的脉络系统地展现出来，分析总结精准，足见其功夫深厚。

杨胜伟在撰写《恩施玉露》一书时，虽然与蓝氏有所交流，但蓝氏家族成员不善言辞，也不愿与人交流蓝氏的过往，特别对曾经给蓝氏家族带来伤痛的茶叶，更是讳莫如深，让人难探其究竟。好在后来蓝氏的蓝龄江老师开始研究蓝氏及其与茶叶相关的历史，蓝绍成广泛收集家族与茶相关的历史资料，使蓝氏和"玉绿"的历史有了较为丰富的第一手资料。笔者是芭蕉人，家族与蓝氏有数代姻亲关系，与蓝氏家族交流较为顺畅融洽，因而对蓝氏家族秘辛也有所了解，加之是恩施玉露传统名茶恢复创新的参与者，能够为读者展现一些历史原貌。

一、芭蕉蓝氏

杨胜伟老师所著《恩施玉露》一书对芭蕉蓝氏的前身做了介绍："蓝氏家族祖籍江西省，谱系原由'志、集、仲、兴、芳、宪、恢、显、荣、耀'十个字组成，其始祖蓝志选一生以经营茶叶等商贸活动为业。因商务需要经常外出奔波，后在原四川大足汶水乡会龙桥蓝家坝（现属重庆市大足区）落了户。在嫡派第五世孙'宪'字辈（名字不详）时，又迁居贵州省思南府应江县蛮夷司汝南郡（现蓝氏家族'神龛'上供的就是'汝南堂上'，'神龛'在当地习惯性地称作'香火'），则以粮茶并举，农商兼顾，繁衍发展。在这里，又经过五代后，蓝志选的第九世孙中的蓝荣长，育三子。"

蓝耀尚为蓝荣长的小儿子。生于清乾隆十五年（1750 年），与邻家文姓人家小女（生于清乾隆十七年，即 1752 年）年龄相仿，自小就是文家女的护花使者，两人形影不离，日久便互生情愫，进而私订终身，两家虽关系极好但双方父母却对儿女的小动作毫不知情。《芭蕉向阳坡蓝氏家族族谱补充资料》中有《始祖婆墓碑修复》一文，其中对始祖婆的生卒年份，墓碑的立、毁和修复作了介绍。文中明确"孺人生于乾隆十七年（1753 年），系贵州省应江县，蛮夷司，土门庙王生长人氏。"（图 5-1，只是乾隆十七年实为 1752 年）。后来，文家因家境拮据，恰好遇恩施南乡牛客到应江贩牛，牛客谈及施南府地广人稀，鼓励客民迁入，文家听后心动，遂随牛客到施南府现场考察，发现恩施确好于贵州，于是举家遥迁湖广施南府恩施县芭蕉油茶沟定居。一对小恋人从此山高路远，音信杳无。恩施此时人烟稀少，文家在此挽草为记，虽"刀耕火种"，却因勤奋劳作，节俭持家，很快就成为吃穿有余的富裕之家。蓝耀尚在文家迁走后，忍住对文家小妹的思念，苦练生存本领，跟父亲学习耕作经商技能。乾隆三十五年（1770 年），蓝耀尚 20 岁，他觉得自己已经有了在社会上打拼的本领，同时非常担心 18 岁的文家小妹会成为别人的新娘。开春不久，蓝耀尚鼓起勇气给母亲讲了自己要到施南府找文家小妹的打算，父亲得知后极力反对，儿时好友也来劝他，都觉得山高水远、祸福难料，希望他谨慎行事，守业成家，安稳度日，可是备受相思煎熬的蓝耀尚不愿放弃自己的初恋。儿子的执着让父母由阻拦变为理解和支持，他们不仅准备好盘缠，还请先生看了一个吉日送他出发。一个从未出过远门的年轻人就这样走上了追求幸福的道路。在贵州境内，他们偶遇一操中原口音的落魄茶商（传说姓彭），蓝耀尚听其谈吐不凡，分手时将所带盘缠分出一半相赠。后面的路就充满坎坷了，他遭遇洪水、野兽、毒蛇的袭扰，又被土匪打劫，还差点被土匪抢去当了女婿。因此蓝耀尚进入施南境时，盘缠已尽，从土匪窝里逃出来后，只得乞食露宿行进。历经数月，终于走到芭蕉油茶沟，找到文家。当他怀着渴求的心情登门向文家小妹的父母道明他（她）俩早已"私定终身"的真相后，文家父母却犹豫了。蓝耀尚衣衫褴褛，身无半文，为了女儿一生的幸福，老两口矢口否认了这门本来就没有依据的亲事。而文家小妹则是对蓝耀尚的到来既欣喜又感动，却囿于封建礼教的束缚不敢吱声，父母的决定让她心碎。

文家虽不承认女儿私下的婚约，但也念及两家在贵州的交情，让蓝耀尚在文家的山上去开荒种地。蓝耀尚就在一个叫屙屎堡的地方依岩壁搭起一个"狗照棚"（类似于看家狗住的勉强可遮挡风雨的小偏棚），文家不仅为其提供了劳动工具，每天还给他一碗干粮果腹。草草安顿下来后，蓝耀尚每日开荒不止，凡雨天不能下地则到文家请安，顺便干些推磨舂米的杂活，文家对这个心灵手巧的勤快小伙渐生好感，文家小女则时时关注蓝耀尚，暗中送水送食，蓝耀尚虽苦犹甜。

始祖婆墓碑修复

朝字派后，孺人跨越了六十四个春秋，于嘉庆二十一年（公元1817年）在蔽阴沟去世，葬于祖宅挖屋基时发现一群小白鸡不见之处。

孺人生于乾隆十七年（公元1753年），系贵州省应江县，蛮夷司，土门庙王生长人氏。去世三年，后裔们为孺人树立墓碑，墓碑七镶抱鼓，高大雄伟，字迹清晰，字体艺术性强。坟墓及其周围采用人工条石砌筑，坟园周围有条石围栏。在一百多年中都保护完好，后裔们每逢佳节都来上坟祭祀，不料在20世纪60年代的文化大革命期间，坟园及墓碑都遭到破坏，墓碑锤烂，条石拆走。

故此，遭受很多人（包括外姓人）的议论纷纷，极大地影响着蓝氏后裔的声誉。半个世纪以来，后裔们曾几次准备修复，均未成功。2014年蓝氏家族再次修谱后，在众多族人的推动下，再次发起倡议，并提出修复始祖婆的墓碑势在必行，蓝氏后裔都有应尽职责。

2015年，蓝氏家族第七、八、九代后裔中，以蓝绍永为倡导者组成了蓝庆旦、蓝绍永、蓝绍凯、蓝绍忠等人为筹备小组，经过了半年多的努力（在此期间，蓝绍永先后去到三尖嵩、柿子坪、黄莲溪等地走家串户，组织发动），得到家族很多人的点赞，他们是：蓝庆仁、蓝庆莆、蓝庆纪、蓝庆绪、蓝庆理、蓝庆学、蓝庆鸪、蓝庆义、蓝庆友、蓝庆贤、蓝庆朋、蓝庆旦、蓝庆度、蓝绍永、蓝绍禄、蓝绍铁、蓝绍权、蓝绍政、蓝绍本、蓝绍泽、蓝绍高、蓝绍友、蓝绍明（丁家坡）、蓝绍存、蓝绍光、蓝绍猛、蓝绍云、蓝绍尧（龙洞坪）、蓝绍明（蔽阴沟）、蓝绍群、蓝绍仔、蓝绍贵、蓝绍韬、蓝绍凯、蓝绍书、

● 图5-1　始祖婆墓碑修复原文（部分）

　　"精诚所至，金石为开"，蓝耀尚的勤劳善良、坚韧不拔打动了文家父母，加上自家女儿与蓝耀尚的感情已是难舍难分，只好顺应"男大当婚，女大当嫁"的风俗，答应了他们的婚事。文家决定让他俩在腊月三十晚举行婚礼。这天吃过团年饭后，文家将女儿梳妆打扮，设案焚香，关上大门，一对心仪已久的人儿拜堂成亲。一对青梅竹马的恋人历经波折，有情人终成眷属，成就了一段传奇婚姻。自此芭蕉的蓝氏家族都是下午或傍晚团年，并要关一下大门。

　　蓝耀尚由贵州到恩施定居是蓝氏的大事，因无文字记载，只能从蓝氏遗迹中找答案。蓝耀尚的墓碑虽严重损毁，但"自黔来此"却极其清晰（图5-2）。蓝耀尚之孙蓝朝栋的墓碑上的文字也有记载："城南庇阴之溪有吉士焉，曰蓝玉山，讳朝栋，田芳，其别字也。先世黔人，乾隆年间，太公耀尚公访旧入施，奠厥居焉……"（图5-3）。表明蓝耀尚于清乾隆年间寻访旧好文家女到恩施定居。芭蕉蓝氏始祖婆文氏葬于蓝氏老宅背阴宫旁，其坟墓在"文化大革命"期间被毁。2015年，蓝氏家族修复其墓碑，按原墓碑内容复制一座七镶抱鼓墓碑立于文氏墓前。此碑对文氏的出生时间有明确记载"清乾隆十七年岁次壬寅二月十八日子时受生"（图5-4）。乾隆十七年为公元1752年，表明文氏生于公元1752年农历二月十八日。

● 图5-2　蓝耀尚墓碑一角

● 图5-3　蓝朝栋（玉山）墓碑局部

● 图 5-4　修复后的文氏墓碑

 二、蓝氏有茶名"玉绿"

// 1. 蓝氏制茶始发家

婚后小两口虽然还是以农为生，但人却更加勤奋辛劳，每天起早摸黑，开荒种植，勤于稼穑，收获颇丰，加之岳丈眷顾，家资渐长，几年后就在向阳坡盖起蓝氏家族的第一座新房。尔后，买田置地，扩大农耕，不仅种粮糊口，而且捡起祖传的老本行，种茶增加收入，蓝氏蔽阴宫老屋不远处有一颗大茶树，至今枝繁叶茂，相传为蓝耀尚亲手栽植（图 5-5）。

由于蓝氏家族祖祖辈辈制作、销售茶叶，对茶有着特殊的感情，蓝耀尚充分利用当地丰富的野生茶树资源精心焙制茶叶，并开辟茶园以保证茶叶产量和质量。产品以毛尖、银针为主。

蓝氏制茶极其讲究，每年春分这天是茶神节，必须祭祀神农（神农即茶神），每五年是大祭，全族参加。祭品、器物、仪程都有规制，礼毕后还摆龙门阵、吃茶食，最后是开茶宴，茶宴中有数道茶叶制作的美食，蓝耀尚将此习俗带到恩施南乡并传承下来。蓝氏对茶叶的原料要求极其严格，黑蒂、红筋、烧叶、残破、枯焦、

● 图 5-5　相传蓝耀尚亲手栽植的茶树

湿润、色晦、不净、品类混杂、参差不齐、壳空质轻等不符合标准的鲜叶一律不用。蓝氏对制茶环境也大有讲究，制茶工坊远离厕所、畜禽圈舍等不洁之地；茶工必须沐浴更衣之后才允许进入工坊做茶；不允许小孩、女人、病人、邋遢人等进入茶坊；做茶前还严禁吸烟、喝酒。蓝氏制茶的这些讲究与现在的清洁化生产高度契合，现在许多茶厂还达不到这样的要求。蓝氏制作的茶叶因质量上乘，深受消费者喜爱，在恩施及周边颇有名声。蓝耀尚农商并进，收益满满，虽是白手起家，却因茶而迅速变得殷实起来。

// 2. 应急制茶用古法

乾隆五十七年（1790 年），蓝耀尚 40 岁。这一年的春天来得特别早，接连大半月的晴朗天气使气温一路飙升，茶叶出奇的好。蓝耀尚在春分这天祭过茶神后就正式开始做茶，不仅采摘自家的鲜叶，还派人收购周边人家的鲜叶。让蓝耀尚想不到的是无论是自家采摘的还是外面收购的鲜叶都超出预估，多得让工坊无法及时付制，损失似乎无法避免，严峻的考验摆在蓝耀尚的面前。

晚饭时，蓝耀尚面对"丰收"景象愁肠百结，然而当眼光落到饭甑时却是灵光一闪。祖辈做茶都采用蒸的方法，只是当时已不普遍，仅少数人还在使用，蒸过的茶叶直接晒干或在锅里烘干，形状和滋味都很平常，多为农家自己饮用。为避免损失，蓝耀尚决定把做饭的工具利用起来，先用蒸的办法杀青，让鲜叶不致变色损坏。晚饭后工人们都在加工坊加工，厨房经过清洗打扫，把粑粑折、甑子都用于蒸茶，因鲜叶太多，只蒸到青草气消失就出锅。蒸好的茶叶薄摊在借来的晒席上降温、散失水分，让鲜叶不致萎蔫变质。夜半过后，工坊的茶叶加工结束，厨房已备好夜宵，工人们简单地吃完这餐饭就该休息了。但此时蓝耀尚却给工人们说，今天晚上还要麻烦大家，这些多出来的鲜叶虽然蒸了，如果不做干还是会坏掉，今天晚上无论如何要制成干茶，最好能保住本钱。由于蓝家平时对工人很是仁义，工人们二话不说，吃完饭就又忙开了。为了揉捻快，他们将门板卸下来做揉捻平台；为干燥快，他们用火盆生好柏炭火，上面架上木架子，架子上放上篾折，篾折上铺纱布，将揉捻好的茶叶均匀摊放于纱布上，四周用挡席围住，让热气集中。在所有茶叶都进入干燥环节时，已是日上三竿，蓝耀尚让工人吃了早餐后去休息，他一人完成最后的工作。待将所有茶叶干燥完毕后，蓝耀尚才有时间评估这次危机的最终结果。他对刚做好的成品进行了简单的感观评价：外形毛糙、杂乱，色暗如墨，对此蓝耀尚一脸苦涩。面对看相一无是处的产品，蓝耀尚还是决定用茶碗冲泡品评，看一看这茶到底会差到什么程度，没想到泡开后却见汤清叶绿、清澈明亮，入口滋味清香甘醇，蓝耀尚心中转喜。此茶虽卖相不佳，饮用却属佳品，冲泡后特别能体现绿茶的"绿"。对这样的结果，蓝耀尚有了一丝特殊的想法，他要把自己偶然所得的"绿"利用起来。他将这批用蒸青工艺制作的茶叶精心分包，分头送给老主顾和当地有头有脸的人物，说是特意用古法制作的失传珍品绿茶，因尚处于试验之中，请大家免费品尝并提意见，以作改进。大家一致认为此茶好喝，汤色、滋味上佳，唯外形难入眼，需要突破，才能与内质匹配。对于不花钱的好茶，得到赠品茶的人纷纷拿出一部分送给自己认为最重要的人。蓝耀尚准备开发的新茶产品在工艺未完善，茶名还没考虑的时候，就已经成为众多饮茶者的期盼。

// 3. 悉心研制成"玉绿"

蓝耀尚在送出初制品后，就一头扎进工坊，研究改进工艺，他想让自己万般无奈时的发现，成为特殊的制茶技法，制作出一款全新的茶叶产品。

杀青自然采用蒸青古法，只是不再是用应急时的饭甑、粑粑折，而是专门建蒸青灶。开始仿照蒸粑粑的办法，把鲜叶撒在篾折上放入锅中，盖上锅盖蒸，但锅盖的开启会使蒸汽散失，效果不好。于是在锅台上加装木质框，使锅内产生的蒸汽封存于框内，框一旁是活动的挡板，用于鲜叶进出，鲜叶用抽屉式的竹质网格承载，2—3个网格屉循环投叶、蒸杀，提高了蒸汽杀青效率。

做形是重点，蓝耀尚觉得在门板上操作很是方便，应该加以利用，于是他请木匠专门仿照门板选用硬杂木制作制茶板。硬木刨制后表面很光滑，搓茶时芽叶滑动使不上劲，就在木板上刻上细纹增加摩擦力。在这样的木板上经过一番摸索，也许是木板上细纹的作用，蓝耀尚把茶条搓制得紧直细圆，风格独具。但完美的茶条在干燥时却不能很好地保留，特别是直的问题，茶条一经烘焙，随着水分减少，逐渐弯曲。

这种茶极具特色，成茶弯曲显锋苗，汤色嫩绿明亮，滋味醇爽。蓝耀尚送行家品饮后，大家觉得要是能把茶再做直，就更好了，产品可达到极致。

做形只能在有一定水分时才能进行，水分一低就再无办法，干燥是保持外形的大敌。蓝耀尚决定采用降低茶胚水分的办法解决茶叶变形问题，然而无论水分怎么降，干燥时都会引起形状改变，当水分降至略有刺手时，做形已经非常困难，而且碎茶，干燥时同样会变形。面对干燥变形的难题，蓝耀尚一筹莫展。是到此为止还是另辟蹊径，蓝耀尚苦思无果。正在蓝耀尚即将放弃的时候，一个偶然的发现带来了转机。

这天，苦思良久的蓝耀尚觉得在工坊内想不出结果，不如不再考虑，干脆出门转一转放松一下心情。于是他顺着大路朝火铺堂走去，火铺堂是过路客商歇脚、打尖的地方，也是周边山民换取生活必需品的地方。这里有杂货铺子、食宿店子和铁匠铺子，是芭蕉和桅杆堡之间最有人气的地方。蓝耀尚希望在这里放松一下自己，熟人之间的寒暄表达人情世故，偶有客商歇脚讲述外面的新鲜事，乡间店铺没引起蓝耀尚的关注，只有铁匠铺"钉铛""钉铛"的打铁声让他若有所思。

铁匠铺打铁的过程引起蓝耀尚的关注，他看到烧红的铁块在铁匠的敲打下渐成铁器，铁器随着温度的逐渐下降被定形。在铁器打造完成后，铁匠还将其浸入水中骤冷降温，一件可以交付顾客的物件就做成了。看着看着，蓝耀尚陷入沉思：铁在炽热时敲打成形，在敲打的同时也降温固形，最后的淬火起提质作用；自己在茶叶做形时，茶叶水分含量高，如果在加热的条件下做形，水分会逐渐散发，茶叶的形状因水分的减少而固定。茶在做形中干燥，也在干燥中固形，把做形和干燥结合在一起就能很好地定形。这一下蓝耀尚如醍醐灌顶，大笑着朝家里跑去，让周围的人一头雾水。

回到家里，蓝耀尚一头扎进工坊，按照心得继续试验。加热做形必须改进设备，木质的做形板肯定不行了，于是他用砖、铁、三合泥做成专用焙炉，下面烧火升温，上面的平台上做形，为符合卫生条件，把多层皮纸裱于台面。平台做好后，蓝耀尚反复试验，茶叶水分含量太高，不适合揉捻和整形，于是在揉捻前增加了炒毛火的工序（炒头毛火），整形上光前增加了毛火，使茶叶的水分含量达到最适合整形的状态，在温度、手法的协调配合下，制出的产品紧细圆直，达到理想境界。

蓝耀尚将这款新产品推出，让芭蕉的同行品鉴。大家被蓝氏的全新产品折服，一致认为这款茶叶外观条索紧、细、圆、直，色泽墨绿，形似松针；汤色嫩绿明亮，叶底嫩绿明亮、匀齐；香气清鲜，滋味醇爽，实乃茶中妙品，巧夺天工。蓝耀尚决定给这个自己费尽心血创制的茶叶取个好名字。"绿"（恩施方言读 lóu）是茶的显著特点，与其他茶叶的绿不一样，这款茶是接近鲜叶的自然绿，是鲜活的绿，"绿"字必须在茶名中，但必须再用一个字来显示"绿"的与众不同。当他看到文氏佩戴的玉佩时，眼睛一下就亮了，"玉"与这支茶的绿相得益彰，既高贵典雅，又温润自然。"玉绿"就这样诞生了。

// 4. 精心改进质更高

在制作中蓝耀尚发现常温下已经干燥的茶叶摊凉后再加热会变软，于是他对新创茶叶手工制作的要求是：茶叶用手可碾成粉末为干燥充分。但这样的茶还不能让蓝耀尚满意，他很看重打铁的"淬火"作用，决定对茶也用一下看看效果。"淬火"是打铁的骤然降温，茶则应该升温，蓝耀尚决定在茶叶制作后，增加一道高温提质工序。利用炭火烘焙，严格控制温度和时间，这样做成的茶香气扑鼻，未品饮便先知其味，这道工序后称为焙火提香，所用木炭为硬质杂木烧制，火温高、持续时间长、无异味。

// 5. 追求品质逐茶居

玉绿的诞生为蓝氏家族带来巨额财富，蓝氏迅速成为当地的富户，其财富逐渐超过先到的文氏、刘氏甚至土著向氏。蓝氏家族为居住和茶叶加工的需要，走上了扩张之路，蓝氏家族的居住地也因财富增加和家庭成员的增加而扩大，而且每一个新的住地的建设都与茶有特殊关联，逐茶而居是蓝氏独特的定居选择。

（1）因茶发家建大屋。

伴随玉绿的诞生，蓝家财发人兴，成了一个富贵的大家庭。文氏在生了三个女儿后，又如愿生下三个儿子，一家人加上佣人、长年（工）、茶工，已是人口众多的小社会了，向阳坡的住宅已显得太过拥挤、狭小，茶叶作坊无论怎么腾挪也无法适应茶叶加工的需要了。于是蓝耀尚决定在蔽阴沟建多用途住房，选址在自己最早开辟茶园的地方，这里不仅地势相对平坦，而且视野开阔，具备修建大屋的条件。而且传说这里曾凭空跑出一群雪白的小鸡，人们认为这里很有灵气，是一块风水宝地。

建成后的蔽阴沟大屋，规模宏大，三进堂屋，四水归池，六合天井，东头是粮仓、茶坊，坎下是小木房、鱼塘，西头是猪、马、牛等牲畜栏圈，后面是花园，屋后是放马场，正前方是石场坝，场坝边是槽门，四周都是用大青石砌成的围墙，要到主人家去，除走槽门外别无去路。正房整体共三十多大间，七十多小间。蓝氏茶叶加工的工坊有了专门的场所，不再与住房相混，加工质量得到提升。至此，蓝耀尚自贵州来此亲手建设的蓝氏家族的第一栋标志性建筑，矗立在蔽阴沟的土地上。整个屋场形似一座宫殿，因此蔽阴沟从此改名为蔽阴宫，地名延续至今，讲到蔽阴宫，人们无不感叹当时蓝氏的辉煌。如今老屋已不复存在，原来的地基上还有几栋新建的房屋，但从残存的石坎和通道可以看出当年主人家的阔绰（图 5-6）。

● 图 5-6　蔽阴宫大屋遗迹

（2）追求好茶建新居。

清代中期，玉绿制作技艺由蓝朝绪、蓝靖廷掌舵，他们叔侄二人发现，位于蔽阴宫附近的三尖龙一带所产的茶叶品质优异，比蔽阴宫旁边马园子坡一带的茶叶更胜一筹。于是特意派人到三尖龙一带采购了一批鲜叶，又从蔽阴宫一带采购了一些同等质量的鲜叶，然后由蓝靖廷亲自制作，用同样的工艺分别精心制作成玉绿。通过行家仔细品尝、评比，最终达成共识，三尖龙的茶叶品质从汤色、滋味、香气、叶底几方面都要优于马园子坡的茶叶。对一次试验结果不放心，又接连试验了好几次，结果仍然如此。于是家族做出决定：再建新居，建造一处以茶叶加工经营为目标的居住场所，将与茶叶相关的工坊、仓库、族人和加工管理人员迁至三尖龙。这时的蓝家已经是多业并举，在蔽阴宫大屋以外已建有酒坊、榨坊、染坊等，只不过茶叶是蓝家最大也最赚钱的一行，所以迁居被格外重视。

以提高茶叶生产品质需要为契机的建房计划被纳入家族的大事之中，蓝靖廷用重金请来川上（四川重庆一带的统称）的五老先生，在三尖龙一带探察龙脉，经过几个月的勘察，最终五老先生看中的是聂家废弃的一个老屋场。蓝家对风水的看重被聂家拿捏，对蓝家看中的这块风水宝地，聂家就是不卖，并以祖传下来的老业是不能卖的、卖老业是可耻的败家行为，会被人指点为由拒绝售卖。实际上聂家人很聪明，知道蓝氏家族极其看中这块地，如果卖，只能按地价算账，就是比当地最高价高几倍也卖不了多少钱，而且会被人说贪财，不卖实际上就是想得到比卖更大的利益。蓝家为得到这块地想尽办法，最终蓝家以"调"的办法与聂家达成协议，用大片坡近五十亩茶地调换聂家两三亩地的废弃老屋及周围荒地，此后大片坡又叫聂家坡。蓝家得到了想要的地，聂家则赚大发了。"调"和"卖"只是说法不同，聂家赚取的远超蓝家，只不过财大气粗的蓝家根本不在乎。

三尖龙大屋场建筑大部分承袭了蔽阴宫大屋场风格，后厅主体总体面貌变化不大，但前厅面貌却是焕然一新，一是前厅一楼修建的是工坊（茶叶生产制作间），面积相当大，附属建有账房、技工住房，并有走马转角长廊，方便骡马出入运茶，具有专业茶厂的雏形。二是前厅二楼结构改为循环楼，是茶叶仓库，成品从一边上楼入库，从另一边出库下楼装货，如鱼贯式操作，互不影响。至此蓝氏家族有了第一栋专门为茶叶服务的住地，此屋被称为蓝家新屋。

（3）三迁只为质更高。

此后蓝氏家族在不断地发展探索中，又发现位于三尖龙附近的黄连溪坝子两边的茶树长势要比三尖龙好得多，芽叶青翠碧绿，重实饱满。蓝家人出于对茶叶的偏爱，追求茶叶品质的理念再次被激活。

他们再次进行对比试验，将三尖龙和黄连溪所产鲜叶同时用相同工艺加工，为防止人工操作出现误差，专门挑选两个技术相当的茶工用两种鲜叶同时制作，制作完毕后进行审评，次日则将两种鲜叶的加工顺序颠倒进行制作，再进行审评。在反复对比试验后，最后发现黄连溪坝子周边所产鲜叶质量更优，这里的鲜叶制成的玉绿，色泽更显绿润，汤色也同样清澈明亮，叶底尤其翠绿，最为重要的是黄连溪所产茶叶制作的玉绿茶香气绵长，滋味回甘，让人饮后难忘。

咸丰八年（1858年），蓝氏家族决定建设新的以茶叶为中心的居所，将茶叶大本营和与茶有关的族人迁居黄连溪。此时刚好当地土著向氏家族没落，要将其拥有的寨子（当时还有寨门，所以后来叫寨门口）整体出售。蓝家这次捡了现成，花钱买下，粉刷整修，同时在寨门两旁增设制茶工坊，左边加工毛尖、龙井，右边加工玉绿。两边的工坊在管理上有显著不同，左边工坊只有门却无锁，加工季节虽不能随便进出，靠近窗户却是可以观看的；右边的工坊就不同了，不仅门窗紧闭，门口有数条恶狗看守，除蓝氏家族的成年男丁，其他人一概拒入，就是蓝家最调皮的小孩也不敢靠近半步，这里是蓝家的禁地，蓝家对玉绿这一独门绝技严格保密。

（4）大屋旁伴皂角树。

蓝氏的茶坊要求茶工制茶前必须净手更衣，这是蓝耀尚始开茶坊就立下的规矩，代代相传。蓝家净手用的是烧熟的皂角，皂角是天然洗涤剂，无任何气味，对人体也无刺激，因而蓝氏加工茶叶的地方都栽有皂角树，每年农历九、十月打下皂角，备下年使用。蓝家三栋大屋都附设加工车间，屋旁自然都有皂角树。可惜皂角这一具有特殊意义的洗涤品现完全被工业品取代，失去其价值，除三尖龙大屋遗址还有一棵半枯的大皂角树在公路边缘苟延残喘（图 5-7），其余皆被毁掉。

● 图 5-7　三尖龙的半枯皂角树

 三、玉绿的传承

玉绿的制作技艺是蓝氏的家传绝技，是蓝氏在茶叶领域中的核心竞争力，是家族的衣食源泉。玉绿为蓝氏家族争得了更大的市场份额和利润空间，技艺的传承肯定要符合家族利益，家庭内部传承才能不致利益外泄。但随着社会的发展变化，机缘巧合的事件也会发生，传承也会脱离初衷，走向社会传承。

// 1. 家族传承

蓝氏家族为确保自家衣食饭碗能世代相传，形成了家族世袭传承，"艺不外传"的铁律，"传男不传女"是规矩。同时，在一代一代的传承过程中，根本没文字可供参阅，传授凭"口诀"，靠"言传身教，手把手教"代代相传。所以，外人不仅很难学到，连看到都难。即使偶然看到，也是雾里看花，不得要领。蓝家的茶坊与众不同，远远就能看到屋旁的皂角树，近看有蒸青灶、焙炉、烘焙，只看物件就知道是蓝家茶叶加工工坊。"玉绿"作为蓝家的金字招牌，是无法仿造的。

玉绿的家族传承因年代久远又无文字记载，现已不可能完全展现，但根据其家族的发展轨迹和当地流传的故事，可以大致归结如下：

蓝家的成年男丁，除读书做官和改做其他行业外，都要拜长辈为师。正式的师傅必须是父辈，可以是父亲，也可以是叔叔、伯伯，祖辈或同辈甚至晚辈都可以指点或传授技艺，但不能称师傅，否则会乱了家族辈分。由于蓝家的家业不断扩大，又重视教育，所以家族中也不断有人离开茶叶行业，入仕、经商、行医、酿酒、榨油、纺织、印染等行业分流了一大批家族成员。在家族不断扩大的时候，只有部分族人是玉绿技艺的传承者。以下是蓝氏家族传承过程中的代表性人物。

第一代：蓝耀尚。

第二代：蓝洪志、蓝才志、蓝廷志。

第三代：蓝朝升、蓝朝绪、蓝朝阳、蓝朝顺、蓝朝明、蓝朝喜。

第四代：蓝宪廷、蓝靖廷、蓝仪廷、蓝凤廷、蓝盈廷、蓝焕廷。

第五代：蓝盛璋、蓝盛瑶、蓝盛芗、蓝盛文、蓝盛松、蓝盛邦。

第六代：蓝书鉴、蓝书训、蓝书存、蓝书化、蓝书太、蓝书告。

第七代：蓝庆珍、蓝庆惠、蓝庆恕、蓝庆武。

蓝氏玉绿制作技艺嫡传有以下几条线：蓝耀尚—蓝才志—蓝朝绪—蓝靖廷—蓝盛瑶—蓝书告—蓝庆武；蓝耀尚—蓝才志—蓝朝绪—蓝焕廷—蓝盛芗—蓝书存—蓝庆惠、蓝庆恕；蓝耀尚—蓝才志—蓝朝升—蓝盈廷—蓝盛邦—蓝书化；蓝耀尚—蓝才志—蓝朝升—蓝仪廷—蓝盛文—蓝书太—蓝庆贤；蓝耀尚—蓝才志—蓝朝阳—蓝凤廷—蓝盛松。而嫡传至今的蓝耀尚—蓝才志—蓝朝绪—蓝靖廷—蓝盛瑶—蓝书告—蓝庆武已传七代，第三代蓝朝绪传第四代蓝靖廷是叔传侄，其他均为父传子，其第七代传人蓝庆武出生于1962年，能讲解包括玉露茶在内的多种茶品的加工方法和技术要领，并运用祖传技艺制作玉绿。在整理出的几条传承路线中，没有一条是完整的父子嫡传，中间都有叔伯传侄子的情况，这是因为蓝氏把读书求取功名放在第一，而求得功名的人不会同时成为玉绿制作的工匠。如蓝耀尚长子蓝洪志育有三子，均有官身，长子蓝朝琨（寶山）例赠修职郎（正八品），次子蓝朝轩敕授承德郎（正六品），三子蓝朝栋（玉山）例授承德郎（正六品），长房一脉传承玉绿制作技艺只能师出其他两房。

// 2. 社会传承

（1）社会传承的诱因。

蓝氏家族在"盛"字辈后，铁板一块的家族传承出现了隙隙，为社会传承的出现埋下伏笔，其诱因是蓝氏家族分家。蓝氏自耀尚公只身到恩施，经数代繁衍已发展壮大，成为当地首屈一指的富贵家族，数百人的大家族分住三大屋和众多的住所，家族中举人、秀才一大堆，在恩施有自己的势力，在芭蕉更是左右一方。如此一个大家族不可避免地存在一些问题，欺男霸女者有之、摸牌赌博者有之、贩毒抽鸦片者有之，极少数害群之马将蓝家推向毁灭。为走出困境，蓝氏家族召开会议，一致决定分家。光绪初年，蓝氏家族以盛字辈族人为基础（50人左右），每人分一份家产，从此各自谋生，各产业作价，以股份分配到各个家庭。

分家后的蓝氏在各自擅长的领域发展，"玉绿"制作技艺在居住于三尖龙、寨门口为主的部分家族成员中继续传承。大家变小家，各有小算盘是正常现象，而分家后在茶叶行业的只有几个小家庭了，其他的族人学会了玉绿制作也不一定继续做茶。

（2）社会传承的萌芽。

玉绿制作技艺传承的特例在分家后开始出现。蓝氏的分家打破了家族在玉绿传承中一致对外的局面，其中的个别小家庭因种种原因与传承的祖训产生了些许偏离，出现向家族之外的人传授技艺的极个别现象。

通过对蓝氏家族的技艺传承和玉绿外传地域分析，目前已知的有以下渠道导致技艺外传。

① 蓝盛松与吴永兴商号。

蓝盛松是蓝耀尚的嫡亲玄孙，也是玉绿制作技艺的传承者，经蓝耀尚—蓝才志—蓝朝升—蓝凤廷传到他为第五代。作为大户人家的儿子，娶妻自然讲究门当户对，吴永兴商号创始人吴光华的女儿吴大姑与蓝盛松正好般配，两大家族联姻也是双赢的选择，婚事顺理成章达成。吴永兴商号是恩施的商业巨擘，然而吴光华的两房妻妾却只生育了这么一个女儿，这桩婚事，注定有故事发生。

吴光华对独生女吴大姑自然无比疼爱，对女婿蓝盛松也是关爱有加，完全把他当儿子看待。吴光华本有心招蓝盛松为上门女婿，但作为大家族的蓝家是不可能答应的，而吴家是六房一体的大家庭，也不可能在家族子嗣繁荣（吴光华有十多个亲侄子）的情况下招上门女婿，吴光华只能将女儿嫁入蓝家。

蓝盛松结婚后不久就遇到家族分家，吴光华不愿意女儿女婿操心柴米油盐，就将他们接到吴家，安排蓝盛松管理吴永兴商号戽口茶山。蓝盛松在管理中把"玉绿"制作技艺用到吴家的茶叶加工中，"玉绿"制作技艺传承队伍第一次出现了非蓝氏家族成员。

玉绿加工技术传到吴家只是社会传承的萌芽，并不是真正意义上的社会传承，学习这门技艺的人都是吴家精挑细选的可信赖之人，又是在蓝盛松的直接管理下进行，确保绝技不会外传，吴家也不想给自己找竞争对手，这时的"玉绿"技艺传承只是在家族传承的大原则下开了一个侧门，一个由蓝氏严格把守的侧门。

② 蓝氏与少数姻亲。

因蓝氏家族兴旺，姻亲众多，大家对蓝氏的玉绿都是有想法的，只是碍于蓝家的规矩无法下手。到了光绪十七年（1892年），蓝盛文的女儿嫁到宣恩庆阳坝闫家，而闫家是庆阳坝的名门望族，与蓝氏家族实力相当。闫家与蓝家虽然分属两县，实际却只一山之隔，闫家所在的宣恩也盛产茶叶，闫家同样经营茶叶。自蓝氏分家之后，各自的小家庭对祖先传下来的绝技也把持得没那么严了，且有了蓝盛松在吴家做了"玉绿"的先例，外甥求舅舅学艺，舅舅认为传亲外甥也不是外人，也就教了。就这样，"玉绿"制作技艺传到了庆阳坝。后来蓝氏因姻亲关系导致"玉绿"制作技艺外传更为严重，这其中有求着明学的，也有偷偷剽学暗仿的，蓝氏家族对玉绿制作技艺的控制出现了漏洞。

姻亲导致的技艺外传并未对玉绿的家族传承形成大的冲击，由于工艺复杂，又讲究精搓细焙，费时费力，玉绿产量很低，而蓝家对亲戚在技艺传授上极其保守，并不像家族内部悉心传授，所以学了"玉绿"制作技艺的姻亲们生产了一段时间，大多因似是而非，效益不佳而偃旗息鼓，改弦更张，仅有极个别坚持的。

③ 同福茶行的用工。

光绪三十四年（1896），蓝家的茶叶专营机构同福茶行在芭蕉上街成立。由蓝庆慧、蓝庆恕两兄弟在黄连溪生产加工茶叶，蓝书鉴统一收购，运到同福茶行拣选、分级、关堆、提香、打包，再通过代销发运销售地。随着同福茶行生意越做越大，不仅要有巨额资金支持，还要有强大的人脉资源，于是同福茶行网罗社会资源，实行股份制经营，八大股的加入，使同福茶行成为芭蕉茶叶经营的中坚力量。

在八大股的共同努力下，同福茶行不仅买茶卖茶，还加工茶叶，玉绿自然也是同福茶行加工的高端茶叶产品，在茶行的后面建有加工坊，"八大股"都派自己信任的人在作坊从事加工经营活动，玉绿的制作技艺也开始向八大股中的非蓝氏族人传播，如龙显禄就是八大股股东刘子让（时任芭蕉乡乡长，蓝家门婿）的外侄，他在此学成玉绿制作技艺并成为制作名师。

（3）社会传承的开端。

玉绿制作技艺真正走向社会传承是因吴永兴商号倒闭造成的。1929年，吴永兴商号停业倒闭，制作玉绿的工匠们自谋生路。因吴家的厗口茶山所在地与庆阳坝处于一山的两边，制作玉绿的工匠们也都是厗口、庆阳坝等地的茶农，制作玉绿的技艺没有因商号倒闭而消失，茶园也没有随着商号倒闭而损毁。工匠们只是换个地方制作玉绿，卖给芭蕉或恩施的茶商。这些工匠制作的茶叶不再为独家所有，自然成为茶商争抢的商品。没了商号的束缚，玉绿制作技艺也不再保密了，在这种情况下，吴家茶山出来的工匠和闫氏等蓝氏姻亲中极少数坚持下来的玉绿制作师傅就开始公开交流，于是在厗口和庆阳坝，玉绿制作技艺被公开，掌握玉绿制作技艺的人逐渐增多，但这时的社会传承还没完全放开，因为传承只存在于小地域的熟人之间。

（4）玉绿到玉露的升华。

恩施玉露的完善是民国时期。1938年，中国茶叶公司建成恩施实验茶厂，1939年，宣恩庆阳坝设立分厂，湖南长沙人杨润之出身行伍，打仗受伤后不便继续留在部队，被同乡王垫（恩施实验茶厂技术主任）推荐担任庆阳坝分厂厂长。杨润之到庆阳坝后，看了当地加工的玉绿后大吃一惊，他见到过在日本被称作玉露的茶叶，这里的玉绿竟然与日本的玉露几乎一模一样。

原来杨润之曾在国民党的部队任连长，腿部受伤后被送到日本疗养，在日本见到一个叫"天下一"的做玉露茶，觉得很好，就想学习制作方法。但日本人对他保密，不让他学，他想偷着学却因日本人管得太严无法接近。日本人的玉露制作技艺对一个伤兵可以不设防，但对一个动心学艺的中国人则是高度设防。杨润之再也看不到玉露的制作过程了，只能在茶店看成品，日本人没给他学习的机会。他只能将日本的玉露当作梦中情茶，想想也罢，亲密接触是不可能的。

庆阳坝的玉绿让杨润之惊呆了，这里的茶叶加工工艺与日本的玉露制法高度一致，成品也是针形，问茶名，当地人称玉绿，由于恩施人把"绿"读成"lóu"，杨润之听了误认为是"玉露（yù lóu）"（方言读音），更加惊讶，不仅茶一样，连名称也一样。杨润之和庆阳坝的人，都是用方言交流，不像现在说普通话，湖南话本来就难懂，只能听个大概，而"玉绿"和"玉露"听起来非常接近，双方都认为是同一名称，没想到实际却并不相同。杨润之发现这里的玉露成品颜色比日本的玉露稍深，而香气和滋味比日本玉露更好，大喜过望。便与当地的制茶师傅交流，由于有日本经历留下的遗憾，杨润之很快学会了玉绿制作，而且回想在日本看到的技法，相互印证之下，明白了二者的相同点和操作中的差异，使自己的制作水平产生质的飞跃，连当地的一些有名的师傅都反过来向他讨教、交流。玉绿的加工制作技艺由杨润之归纳、总结、完善，形成准确的工艺流程。杨润之对工艺的研究起到了去伪存真、去芜存菁的作用。如庆阳坝个别工匠制作玉绿时为图方便，居然改蒸青为锅炒杀青，杨润之认为蒸青是根本，必须坚持，以致后来有人误认为是杨润之改锅炒为蒸青，实际上是杨润之纠正了庆阳坝个别人的错误，正本清源，使其回到正轨。

从 1939 年开始，杨润之在自己管理的茶厂培训授徒，恩施玉露制作技艺开始了正规传授。恩施玉露从藏于芭蕉蓝氏家族的技艺，变成庆阳坝一带的茶叶加工方法，制作技艺完全公开，传承面向社会。

虽然茶叶的名称因方言发音好像一样实际却不一样，但玉露的茶叶名称却随着中国茶叶公司入库和调拨的单据的品名填写被固定下来，从此玉绿改称为玉露。

（5）庆阳坝到五峰山，恩施玉露价值再提升。

1940 年，中国茶叶公司高层发生变化，恩施实验茶厂的生产经营受到影响，庆阳坝又新增更生茶厂（该厂 1942 年被湖北省平价物品供应处收编为庆阳坝特约制茶所），庆阳坝分厂处境艰难。

在这种情况下，一技在身的杨润之萌生独自经营的想法，他开始谋划起来。按常理在已经熟悉的庆阳坝办厂是熟门熟路，但庆阳坝却不是理想之地，其原因有二：一是鲜叶竞争激烈，更生茶厂肯定会与自己争抢，而且玉露茶的原料要求特别高，收购难度更大；二是庆阳坝距恩施城将近 50 公里，产品如不能及时销售，资金回笼时间长，以个人的财力无力承受，这比原料问题更严重。

新址的选择关乎成败，只有茶叶自然品质好，基地面积大，离城近的地方才符合杨润之的要求。恩施城郊被杨润之纳入重点考察区域，因城郊茶叶品质好，茶园分布广泛，在此加工的茶叶能当天销售，资金回笼快。五峰山是最佳选择，但因有实验茶厂，杨润之不敢奢望。然而这不敢奢望的地方却有一个大机遇等着他，原来当时的第七行政督察区在民国二十四年（1935 年）成立茶叶改良委员会，在五峰山农场修建茶室，置办工具，营建样板茶园，然而国民党湖北省政府于 1939 年在恩施重建湖北省农业改进所，下设茶叶组，恩施有了高档次的科研机构，当时的第七行政督察区成立茶叶改良委员会的试验场所被闲置，还需要一名小吏负责管理，正想出手处理。杨润之对这一场所非常满意，将茶园和茶室一并接管，改造加工设备，建成专业生产恩施玉露的场所。

1941 年，杨润之正式在五峰山制作恩施玉露。由于五峰山的土壤、气候条件优越，生产的恩施玉露在品质上较庆阳坝有很大提升。恩施玉露声名鹊起，得到同行和消费者的共同认可，恩施实验茶厂的行家们也经常前往交流，生产的产品成为湖北省军政要员们和恩施达官显贵争抢的高端生活品，产品供不应求，经常需要先交订金才能保证供货，恩施玉露奇货可居。大家对杨润之所制之茶称赞有加，纷纷向其讨教，学做玉露，杨润之也欣然接受，于是五峰山掀起学做玉露的热潮。五峰山一带许多人学会了玉露制作，学徒又带学徒，玉露制作技艺传播到城郊的头道水、高桥坝、小渡船，仅几年时间，恩施玉露制作技艺传遍恩施城郊，成为城郊茶叶的主打品牌。

杨润之在五峰山将恩施玉露制作技艺公开传播，并扩展到恩施城郊，技艺传承实现社会化。玉露这一茶叶名称也取代玉绿，除了芭蕉和庆阳坝民间仍叫玉绿外，其他地方都称作玉露，后来成立的湖北省平价物品供应处也将它称作玉露。在杨润之的推动下，玉露制作技艺全面进入社会传承。杨润之不仅将玉绿定名为玉露，并流传下来，成为最终的茶名，而且将其加工工艺固定，使其得以保存和传承。

因杨润之的总结推广，玉露制作技艺很快在恩施茶区传开，进而传播到周边的建始、鹤峰、五峰等地。恩施玉露制作技艺已由家族传承演变为社会传承，而且社会传承打破了家族传承的陈规陋习，技艺传承者数量呈几何级数增长。

为恩施玉露作出特殊贡献的杨润之的后续故事却被迫中断，据汤仁良先生介绍，1941 年下半年，日寇轰炸恩施城，造成严重的人员伤亡和财产损失，杨润之的妻子胡氏在轰炸中不幸罹难。1942 年，杨润之不知所踪。

（6）社会传承脉。

社会传承的谱系是不明晰的，有时一位传承人师承数人，而且师傅可能分属几代，每代的传承人也无法调查清楚，在研究恩施玉露社会传承过程中，笔者只将自己了解或被人介绍过的传承人列入其中，还有众多优秀的传承人没有列入。笔者所知恩施玉露传承脉络可见表 5-1，就其人物数量，只是实际人数的一部分。

表 5-1　恩施玉露社会传承谱系表

年代	师傅及代数	徒弟及代数	代表性传承人
1880—1900	蓝盛松（5 代）	吴永兴商号庠口 茶山茶工（6 代）	不详

续表

年代	师傅及代数	徒弟及代数	代表性传承人
1900—1920	庠口茶山工匠（6代）	庠口茶山茶工（7代）	不详
	蓝书太（6代）	庆阳坝闫家（7代）	不详
1920—1940	庠口、庆阳坝7代传人	庠口、庆阳坝茶工（8代）	杨润之
	蓝庆惠、蓝庆恕（7代）	同福茶行茶工（8代）	不详
1940—1950	杨润之（8代）	中茶公司恩施分公司茶工、五峰山茶工（9代）	肖执政、汤仁良
	同福茶行茶工（8代）	同福茶行茶工（9代）	龙显禄
	庠口、庆阳坝茶工（8代）	庠口、庆阳坝茶工（9代）	不详
1950—1970	蓝书告、肖执政、龙显禄	城郊、芭蕉茶工；地、县业务骨干，教学和技术推广人员（10代）	吴康寿、杨胜伟、吉宗元、陈光兴、蒋作均、雷远贵、李宗茂等
1970—1990	杨胜伟、方尔国、王忠德、蒋作均、陈光兴、吉宗元、吴康寿、焦达玉等	恩施产茶区茶工、大中专特产专业学生、特产技术干部（11代）	吕宗浩、刘云斌、张强、苏学章、吴建群、邓顺权、蔡运松、何远武、张建新、王银香、黄姚、焦大权等
1990—	吕宗浩、刘云斌、张强、苏学章、吴建群、邓顺权、蔡运松、何远武、张建新、王银香、黄姚等	茶企员工、茶叶加工人员、茶叶技术人员（12代）	梁金波、吕伟、谭显林、戴居会、何远军、张文旗、刘小英、苏方俊、杨凡、王雪云、黄勇、徐凌、朱诗华、姚本成、苏家振、郑远华、张长俊、宋麒麟、蔡贻顺、周江奔、范锦武、于军、于本翠、蓝龄龙等

社会传承具有开放性，师徒关系不紧密，没有正规的拜师仪式，只有熟手教生手，老人带新人，一代一代通过传、帮、带传承技艺。特别是计划经济时期，大家从事集体劳动，制作玉露被当作一项基本的劳动技能，人人可学。悟性好的成为师傅，做茶为生产队增加收入。

悟性差的则无缘这门手艺，只能到田间从事体力劳动。当师傅的人劳动强度小得多，又可免受日晒雨淋，挣得的工分却很高，极具成就感。至于授徒，是分内的事，拿队里的工分就该教年轻人，而且师徒并不是一一对应的，往往是几个师傅教一群徒弟，一个徒弟有多位师傅，只是每一个徒弟都会有一名自己最认可的师傅。

// 3. 吴永兴商号与日本玉露

据吴光华三弟吴光国的嫡重孙、继吴光华执掌吴永兴商号的吴彩瑶的嫡孙吴成仪介绍，吴永兴商号是清末民国时期恩施最大的茶商，其汉口分号从事对日的生漆、桐油贸易，吴光华安排其小弟吴光辉在此主持。吴光辉经常前往日本，日本客商也常来中国，不仅到汉口谈生意，也到芭蕉看货源。玉绿是吴永兴商号经营的高端商品，也是其待客佳品，日本客商到汉口和恩施，玉绿是必备饮品，特别是在恩施，日本人还能到工坊去参观。蓝雅臣是蓝盛松的大儿子，其外公吴光华对其宠爱有加，他从小受到良好的教育，吴光华为培养信得过的商业人才，曾送蓝雅臣到日本学习，学习期间由其小舅带领，与日本商界接触。学成后被吴光华安排在汉口分号协助吴光辉负责对日贸易，在吴光辉去世后，蓝雅臣遂走向前台，主持汉口分号的经营活动。蓝雅臣从赴日学习到贸易经营，与日本方面联系紧密，玉绿是其向日本客商示好的物品，日本人对此也十分喜爱。在长期交往中，日本的茶商也接触了玉绿制作，加之蓝氏与吴氏既是亲戚，又是生意伙伴的关系，日本人也看到了蓝氏的玉绿制作。至于日本玉露是否源于玉绿，因未找到任何事实依据，这里不做讨论。

1985—1987 年，西南大学教授、西南大学茶叶研究所所长刘勤晋曾在日本静冈大学农学部做访问学者，与香川大学食品加工学教授清水康夫先生交好，并长住清水康夫家。在双方密切交往的过程中，刘勤晋老师得知，1937 年，清水康夫的父亲清水俊二曾携带了一批日本玉露制作器具到恩施，与恩施茶商交流，却因战乱只开了个头就夭折。1972 年，中日邦交实现正常化，两国民间交往则是中国改革开放以后，此时清水俊二已离开人世，当年他与恩施的交往成谜。清水康夫曾两度到恩施寻访，试图重续其父与恩施的茶事情缘，却因时间太久，物是人非，故人踪迹全无，均无功而返。

恩施玉露与日本玉露的制作技艺和品质特征几乎完全一致，二者肯定有一定的关联，日本茶界人士多次来恩施访古寻根，没有对二者的关系作出权威的结论，而恩施却无专业人士到日本调研，对二者的关系没有发言权。恩施玉绿创制于1790年，1939年才叫"玉露"；日本的玉露诞生于1835年江户茶商山本嘉兵卫德翁（山本山6代）之手。一样的玉露，不同的国度，若说没关系，让人难相信，若说有关系，谁能说得清，这一公案，留待进一步调查、研究、挖掘，希望终有还原历史本源的一天。

// 4. 家族传承和社会传承不对称

（1）蓝氏家族技艺传承的单向性。

自社会传承出现至21世纪初，玉绿制作技艺只从蓝氏向家族以外传播，而没有外界向蓝氏传播的情况。

玉绿制作技艺由蓝氏家族向外传播，这种传播方式有婚姻造成的（蓝盛松、蓝书太），也有自身发展造成的（向同福茶行的员工传授技艺），还有生存造成的（蓝书告接受茶麻公司聘请传艺）。

家族外的社会传承与蓝氏家族传承不产生交集，其原因有三：一是蓝氏有自己的传承，不需要社会传承；二是蓝氏对于社会传承一直不予承认，认为只有蓝氏才是正宗，社会上传承的技艺是窃取，是投机取巧，而且蓝家根本就不承认玉露这一称呼；三是新中国成立后蓝氏后来逐步退出茶叶行业，无人参与传承。

这一状况直到2015年后才发生改变，蓝氏开始有人重返茶叶行业，从事茶叶加工销售，他们迫切需要进入恩施玉露技艺传承队伍。在家族传承中断的情况下，只能借助社会传承，通过培训，获得这一技艺。蓝龄龙是蓝氏通过社会传承（新型职业农民培训）加入恩施玉露制作技艺传承的第一人，为恩施玉露制作技艺第十二代传承人，如果蓝氏家族传承没有中断，蓝龄龙通过家族传承则属于第十代。

在家族传承和社会传承并存的情况下，家族传承与社会传承的代数悬殊。1978年，家族传承的第六代传承人蓝书告才向蓝庆武传授基本技法，勉强算是家族传承第七代的最后一人，而这时的社会传承已经是第十代向第十一代传授技艺了，两种传承方式有4代的差异。

（2）蓝氏家族的技艺传承迟缓。

技艺在家族中传承的代数与辈分是对应的，传承代数由传承人在家族中所处辈分决定，每辈中第一个长大成人且参与技艺传承标志新一代的开始，家族成员的繁衍状况直接影响技艺传承。蓝氏的家族繁衍却有其特殊性。

一是蓝氏家族繁衍迟缓。蓝耀尚 23 岁与文氏结婚，婚后连生三女后才有男丁，此时蓝耀尚已年过三十，而且一代又一代重现这一情况，男孩均在生育两至三个女孩后才姗姗来迟。这样一来，代与代的时间差拉大了。更为意外的是蓝耀尚的长房男孙蓝朝琨不仅生子迟，还只一根独苗，蓝朝琨的下一代又是单传，老来才生蓝宪廷。让人匪夷所思的还在后面，蓝氏长房人丁单薄，蓝宪廷又是老来得子，才有蓝盛镕。为解决这个问题，蓝宪廷从家族内人丁兴旺的一房中过继蓝盛策为次子，看似摆脱了独子的泥淖。然结果却是残酷的，不仅蓝盛镕没有给蓝宪廷诞下嫡孙，过继的蓝盛策也只生育了一个儿子。蓝盛镕只好又从家族内过继一个儿子继承香火，但在子嗣方面一如前辈，蓝盛镕和蓝盛策均代代单传至今。蓝氏家族大房的人丁单薄，致使蓝氏大房相同辈分成员的年龄明显小于二房。蓝氏的繁衍特殊性使玉绿制作技艺的传承更加迟缓。

二是蓝氏家族世代重叠严重。蓝氏家族因为家大业大，追求享乐是自然不过的事，古代男人三妻四妾很正常，有的人家五六十岁还在纳妾，七八十岁还在生子，因此蓝家有"三代比着生娃娃，重孙还比儿子大"的奇观。世代的重叠导致家族在技艺传承时每一代的时间拉得很长，蓝氏在技艺传承中又有偏重幺儿的习惯，每一代的传承会延续很多年。以蓝庆武的家族传承为例，其祖父蓝盛瑶生于 1845 年，73 岁（1918 年）时才有了蓝书告，在年近 90 的时候将玉绿制作技艺传给蓝书告，而蓝书告 44 岁（1962 年）生蓝庆武，蓝庆武学习玉露制作技艺是 1978 年。

（3）社会传承加快了传承进度。

社会传承按师承关系来确定，代与代之间在时间上的跨度缩短。在社会传承开始时，这种传承少而且不公开，只在与蓝氏有密切关系的少数非蓝氏人员中传播，一般也是父子相传，代与代间相差 20 年以上，但是第八代的杨润之让传承发生根本改变。杨润之在学到玉绿技艺后广泛传播，使玉绿生产范围从芭蕉黄连溪至宣恩庆阳坝一线扩大至城郊，其弟子又将技艺传播到恩施县全境甚至鹤峰、五峰等县。技艺传承以师徒为代，按辈分为代的划分标准被终结。由社会传承的第八代与第九代的时间间隔也就数年时间，完全区别于蓝氏家族不紧不慢的传承。蓝氏家族第五代传承人蓝盛瑶在学习玉绿技艺时，其家族其实以第六代为多，他因辈分高而居第五代，家族传承到第六代蓝书告时（1935 年前后），社会传承已是第八代，家族传承到第七代蓝庆武时结束（1978 年），社会传承已进入第十一代。新中国成立后，蓝氏的传承基本上停止下来了，而社会传承却是不断推进，家族传承和社会传承间的"代"已不能相提并论。两者的差距巨大，两种传承方式中，相同代数的传承人可能根本就不是同一时代的人。

四、蓝氏退出

新中国成立后，蓝氏茶叶经营机构被没收，蓝氏家族除蓝书告被烟麻茶公司聘请指导茶叶加工，传授玉露制作技艺外，再无其他公开从事茶叶行业的人员。

新中国成立后蓝氏的家族传承目前发现的仅有一例，就是蓝书告传给蓝庆武，而这是秘而不宣的家庭秘密，如不是蓝龄江老师的深入挖掘，此事还不会被人知晓。蓝氏的退出，造成家族公开传承中断，社会传承成为唯一公开的传承方式。

蓝庆武这一特例也存在严重的传承缺陷。因其技艺传承无法公开进行，在当时也只能由蓝书告口述技艺，在做饭的灶台上做演示，无专业的设施操作，家族的"手把手教"的传承也大打折扣。蓝庆武虽然学了点皮毛，却因环境条件限制无法实际操作，技艺不熟练，无法得到提高，只学不练让传承名不符实，由此导致在恩施玉露焕发新生机时，蓝庆武在强势的社会传承面前只能沉默，蓝氏家族无力发声。

第二节　恩施玉露的成名

 一、清朝

《大清一统志》有"武昌府、宜昌府、施南府皆土贡茶"的记载，"土贡"是指各地向朝廷进贡的土特产，这时施南府将茶叶作为地方珍贵特产贡奉清廷，说明当时茶叶加工水平已相当高了，这应该有玉绿的功劳。

1862年前后，玉绿由吴永兴商号销往汉口，成为大都市的消费新宠。

二、民国时期

1939年开始，恩施玉露由中国茶叶公司销往重庆等地，成为战时重庆达官贵人的高级饮品。后销往襄樊（今襄阳）、光化、豫西等地。

1939 年是恩施玉露的新起点，一是总结归纳出其特殊的加工工艺并定名，恩施玉露全新登场；二是技艺传承公开，杨润之授徒是公开进行的，不但中国茶叶公司恩施实验茶厂的员工可以学，周边茶农也可以学，凡愿学的他都教，恩施玉露市场极好，学的人越多，产量越大，生意就越兴旺；三是市场竞争使生产由一家变为多家，一处成为多处，再不是独家垄断也不是一地生产，中国茶叶公司率先经营，湖北省平价物品供应处迅速跟进，众多的商号也加入经营队伍。

三、新中国成立后

新中国成立后，恩施玉露更为风光，国家每年下达恩施县生产计划 200 担，各茶区组织生产，芭蕉和恩施城郊周边的社队都有手工作坊，全力赶制，限时上缴，及时调拨，但每年实际完成只有 170—180 担。恩施玉露因其特殊的工艺、极具个性的外形和别具一格的品质特征，在全省独树一帜，多次在湖北省茶叶评审中获得第一。

1954 年，五峰山生产的玉露茶出口到苏联、日本、匈牙利等国。

1960 年，商业部、对外贸易部联合调查组对恩施考察，决定恩施玉露由中茶公司外销。

20 世纪 60 年代，恩施玉露跻身中国十大名茶之列。虽然茶界对中国十大名茶有许多种说法，各种说法又有所差别。各种中国十大名茶的说法基本上都没有权威的认定，只能算是茶界对中国名茶的一个归纳，能列入其中的都是在全国非常有名的品牌，而这些品牌远不止十个。不同年份会排出不一样的十大名茶，但湖北省只有恩施玉露是唯一进入中国十大名茶的茶叶品牌。

当时，恩施玉露在中国十大名茶中排第六，具体排位为：① 杭州龙井；② 苏州碧螺春；③ 黄山毛峰；④ 庐山云雾；⑤ 六安瓜片；⑥ 恩施玉露；⑦ 白毫银针；⑧ 武夷岩茶；⑨ 安溪铁观音；⑩ 普洱茶。

据称在 20 世纪 50—70 年代，恩施玉露是作为国礼赠送国际友人的茶品之一。2005 年 2 月，江苏省建湖县一位叫李时贺的离休老干部写信给恩施市人民政府领导，推荐恩施把玉露茶作为农民致富的手段。信中还提到他 20 世纪 50 年代初曾受命急赴恩施收购玉露茶，总公司急电赶制 500 斤玉露速送北京，证明"玉露"茶是重要物资。老人还将加工玉露的条件、设备做了介绍，建议在芭蕉生产。当时的市长程贤文做了批示，要求市茶办"代拟回复表示感谢，若方便可寄赠一斤茶叶"（图 5-8）。市茶办及时回复并希望与他长期联系，可惜的是，信函寄出后却再无回音。

1983 年，恩施玉露在湖北省农业厅组织的茶叶评审中，获得名茶第一。

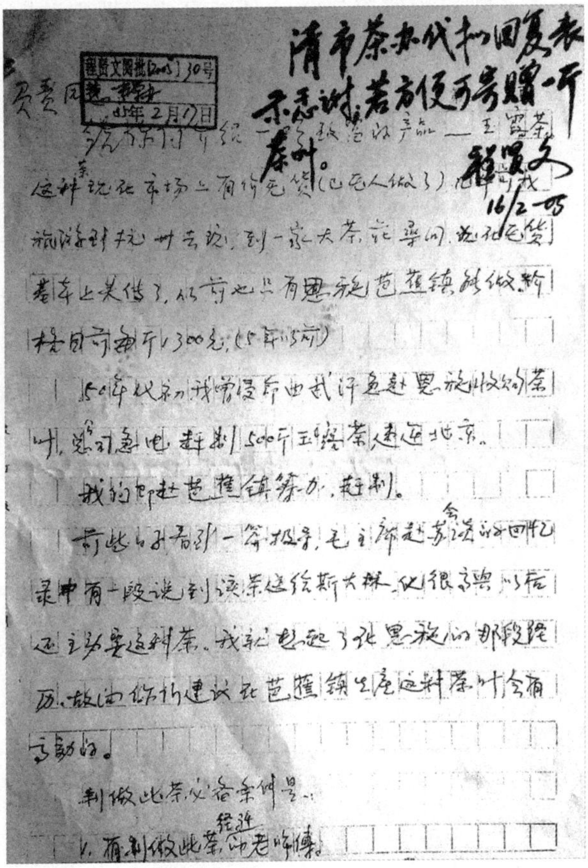

● 图 5-8　李时贺信件复印件

第三节　恩施玉露的工艺和品质特征变化

一、恩施玉露原材料变化

　　恩施玉露创制初期的原叶为统采叶，从一芽一叶到一芽三四叶甚至对夹叶。工艺定形后，高档产品采用一芽一叶鲜叶，中档用一芽二叶鲜叶，大众产品为一芽三叶。杨润之到五峰山制茶时，采用一芽一叶初展鲜叶生产特等品，一芽一叶至一芽二叶为主打产品，一芽三叶为普通商品，一直沿用至计划经济时期。进入 21 世纪，更加注重原叶的细嫩，恩施苔子茶（本地群体种）、福鼎大白、浙农 117、鄂茶 1 号、鄂茶 10 号、鄂茶 14 号等品种单芽也成为玉露制作原料，同时恩施苔子茶一芽一叶初展和龙井 43 一芽一叶鲜叶是加工玉露茶的高端原料，一芽一叶和一芽二叶鲜叶是恩施玉露的主要原料，除龙井 43 等小叶品种外，很少用一芽三叶加工恩施玉露。

恩施玉露的生产要求是鲜叶分级采摘，但在 20 世纪 90 年代以前不严格，只是采摘要求更加细嫩整齐，因茶树品种为群体种，芽叶生长不一，采摘时大叶小采，小叶大采，保持鲜叶大小相近，嫩度相当。无性系良种茶的推广普及和名优茶生产技术的推广使恩施玉露的加工生产流程更加标准，鲜叶分品种、分级采收，为加工质量提高奠定了基础。

采摘后的鲜叶处理变化极大。自创制到 20 世纪末，均随采随制，采摘后的鲜叶及时送加工厂，立即蒸汽杀青。进入 21 世纪后，增加了鲜叶摊放工序，并将风机用于水分散发，成品的香气、滋味得到提升。

 ## 二、恩施玉露的工艺变化

恩施玉露的加工工艺相对固定，但在其传承过程中也有些许变化。

蓝耀尚创制玉绿的工艺为：蒸青—摊干水汽—打毛火—揉捻—打二毛火—整形上光—烘焙提香—筛簸。这是蓝氏家族玉绿一直沿用的加工工艺。

在吴永兴商号倒闭后，屯口、庆阳坝一带的茶工自行加工"玉绿"，他们嫌蒸青麻烦，难以掌控，部分工匠改为锅炒，将筛簸简化为用风车或簸箕车簸去除片末。其工艺变为：蒸青（锅炒）—毛火—揉捻—毛火—整形上光—烘焙足干—车簸。

1939 年，杨润之在庆阳坝正本清源，采用蒸青工艺，将毛火明确为头毛火和二毛火，并分别以炒和铲来区分动作，足干提香后除筛簸外还拣除果、梗、杂物。恩施玉露的工艺为：蒸青—扇干水汽—炒头毛火—揉捻—铲二毛火—整形上光—烘焙提香—拣选。

计划经济时期，各社队加工恩施玉露毛茶，由茶麻公司收购，统一足干提香和拣选。恩施玉露的毛茶加工工艺为：蒸青—扇干水汽—炒头毛火—揉捻—铲二毛火—整形上光。以致后来许多加工人员误认为恩施玉露是在手里做成成品，没有提香和拣选工序。

21 世纪以来，恩施玉露加工工艺恢复历史本源，不仅完善了手工制作工艺，还成功研究出机械制作工艺。工艺中增加了鲜叶摊放工序，恢复了由茶叶公司完成的烘焙提香和拣选工序。

传统工艺为：鲜叶摊放—蒸青—吹干冷却—炒头毛火—揉捻—铲二毛火—整形上光—烘焙提香—拣选。

机械制作工艺为：鲜叶摊放—蒸汽杀青—脱水—摊凉回潮—揉捻—解块—动态初干—回潮—做形—固形—烘干—提香—拣选。

拣选是恩施玉露的最后一道工序，成品的级别通过拣选确定。最早的拣选是车簸，用风车、簸箕去除片末，提高产品档次。为进一步提升档次，在车簸的基础上，用茶筛筛分粗细，进行分级，并拣出肉眼可见的非茶杂物。

21 世纪以后，在传统方法的基础上，加入色选工序，减小色差，提高品相。同时为适应人们追求极致的需求，还从高端产品中通过人工挑选，精选出少量艺术级别的奢侈茶叶产品。

三、恩施玉露的品质特征变化

恩施玉露自创制开始就有其特有的品质特征，正是特有的品质特征使消费者能够认识恩施玉露、认可恩施玉露、喜爱恩施玉露，成就了恩施玉露的品牌价值。

恩施玉露的品质特征不是一成不变的，在不同时期，根据消费者的喜好进行调整，与时俱进，只是其品质灵魂得到了很好的保持。

// 1. 恩施玉露的品质特征

恩施玉露的品质特征是外形条索匀整、紧圆、光滑、挺直如松针；色泽绿润；内质香气清高持久、汤色嫩绿明亮、滋味鲜醇回甘、叶底绿亮匀整。其灵魂为紧直如针和"三绿"（干茶翠绿、茶汤莹绿、叶底嫩绿）。

要实现"外形条索匀整、紧圆、光滑、挺直如松针"，就只能运用恩施玉露的特殊做形工艺；要达到"色泽绿润，内质香气清高持久"就只能使用蒸汽杀青工艺，唯有蒸青才能形成恩施玉露清高持久的独特香型；"汤色莹绿明亮、滋味鲜醇回甘、叶底绿亮匀整"则是恩施玉露在从杀青到成茶的整个制作过程中形成的，任何一道工艺操作不当，都会影响品质特征。

// 2. 恩施玉露品质特征的变化

陈宗懋、杨亚军主编的《中国茶经》对蓝氏玉绿的品质特征表述为："所制茶叶，外形紧圆、坚挺、色绿、毫白如玉，故称'玉绿'。"对恩施玉露的品质特征表述为："外形紧圆光滑、挺直有毫，色泽苍翠油润，茶汤嫩绿清澈明亮，香气清爽持久，滋味甘醇，叶底嫩绿明亮匀齐。"杨润之改进玉绿定名玉露时，绿茶以多毫为上。

1983 年，湖北省农牧业厅组织地方名茶和优质炒青鉴评活动，恩施玉露获第一名。随后编印了《湖北名茶（一）》，对恩施玉露的品质特征描述为："其外形特征是色泽苍翠润绿，条索紧圆光滑，纤细挺直如针，故外贸出口时被日商誉为'松针'；沸水冲泡，茶叶复展如生，沉降杯底，平伏完整，其色嫩绿明亮，茶汤清澈见底，碧绿而显萤光，香如紫菜，味甘厚深长。"陆启清 1994 年在《湖北名优茶》一书中对恩施玉露品质描述为："其茶香鲜味爽，外形色泽翠绿，毫白如玉，格外显露，改名'玉露'。"

20 世纪 90 年代以来，绿茶追求自然色泽，恩施玉露品质特征也以绿为优。1991 年 5 月，湖北省茶叶学会聘请全国知名茶叶专家刘祖生等，在湖北省农业厅进行全省名优绿茶评审，专家们对恩施玉露总的品质特点所作的描述是："外形白毫显露，色泽苍翠润绿、艳如鲜绿豆，条索紧圆、光滑、纤细挺直如松针；汤色嫩绿明亮而显萤光；香鲜味爽；叶底绿亮匀整。"

20 世纪 90 年代中期以来，伴随着消费者不断变化的消费需求，恩施玉露的特点变化成"外形条索匀整、紧圆、光滑、挺直、色泽翠绿油润，内质香气清高持久、汤色嫩绿明亮、滋味醇厚鲜爽回甘、叶底匀整嫩绿明亮。"

从恩施玉露的品质特征变化可以看出，干茶的色泽和是否显毫是其主要变化因子。

色泽从"墨绿"到"翠绿"进而"苍翠"再到"翠绿"，是人们对恩施玉露的极致追求再回归理智要求的过程。玉露创制时对鲜叶的要求并不苛刻，一芽一叶至一芽二叶均可，成品的本色是墨绿。为适应消费者喜好而在不同时期有所改变，对鲜叶嫩度要求越来越高，加工细节得到重视，色泽也更加诱人。成品颜色从墨绿提升为翠绿，然而人们似乎并不满足，又以苍翠为标准，但这种绿是难以实现的，于是这种理想化的绿只能作为行业天花板，真正量产的只能是翠绿的恩施玉露，当然，墨绿的恩施玉露也是好产品。

对茶毫，蓝氏创制玉绿时，用的是本地群体种恩施苔子茶，鲜叶有毫者居多，产品带毫却未作表述，表明毫在当时不被消费者看重。而抗战时期到计划经济时期，消费者却极其重视茶毫，于是"毫白如玉""白毫显露"成为恩施玉露的品质评语，此时"茶毫"是恩施玉露的品质特征之一。21世纪的茶叶消费者对茶毫已无好感，毫又从评语中消失，而生产上更是以无毫为上，有毫品种制作时还要加入脱毫工序，满足无毫的消费需求。茶毫不是恩施玉露的品质特征，而是消费者的好恶、市场的要求。

进入21世纪，由于茶树品种变化，栽培管理措施改变，加工机械化程度提高，恩施玉露产品的"紧圆""光滑"特征受到一定影响。茶条虽紧直，圆度却存在不足，有欠圆略扁现象；光滑也变得光而不滑，以前的恩施玉露极其光滑，手抓会"飙"，茶从指间滑出，根本抓不住，可惜这种恩施玉露已经很难做出来了。

 ## 四、恩施玉露的冲泡和品饮

// 1. 恩施玉露的冲泡

（1）恩施玉露冲泡器具。

恩施玉露冲泡的器具为玻璃杯、茶碗、盖碗、陶瓷杯，不宜用茶壶。

（2）恩施玉露冲泡方法。

恩施玉露冲泡可采用上投法、中投法和下投法。

① 上投法。

上投法冲泡时最好用玻璃杯。

先一次性向杯中倒入充足的饮用水（一般为七分满），水温以个人喜好为准，凉水、温水、热水均可，但不宜用滚开水，水温控制在70℃左右为宜。注水后直接将备好的恩施玉露投入杯中。

茶叶入杯后，迅速下沉到杯底，随着茶叶吸水，逐渐舒展开，呈现鲜叶的嫩绿，茶的芽叶复活了。恩施玉露入水后的变化也是检验恩施玉露品质的方法之一，茶叶入水，可能会因水的表面张力有几颗浮于水面，水温越低相对略多，但下沉的茶叶会在杯底舒展，绝无上浮现象。如茶在杯中沉浮，必是赝品。上投法是恩施玉露的最佳冲泡方法，冲泡过程可完整展现恩施玉露的优良特质，不仅能品尝茶的韵味，还能欣赏其美妙的变化过程。

② 中投法。

中投法适用玻璃杯、茶碗、陶瓷杯。

先注入三分之一热水（70 ℃左右），再投入茶叶，待茶叶吸足水分，舒展开来后，再注热水至适量，注水时动作要轻，不能让水流搅动茶叶。

③ 下投法。

下投法是广泛采用的茶叶冲泡方法，恩施玉露同样适用。冲泡器具为玻璃杯、茶碗、盖碗、陶瓷杯等。

先投放茶叶，然后用 65—70 ℃热水将茶叶淹没一分钟左右，待茶叶舒展开来再注水至适量，注水时动作要轻，不能让水流搅动茶叶。

// 2. 恩施玉露的品饮

茶的品饮是品和饮的结合，恩施玉露的品饮始于冲泡之前，先欣赏干茶的色、香、形。取一杯之量的茶叶，置于茶则中，观看茶叶紧直如松针状的形态、光滑绿润的色泽，闻清雅的香气。注水后观茶叶的复活，感悟恩施玉露"山中生，汽中死，杯中活"的情怀。

第四节　恩施玉露制作技艺理论体系的建立与传播

一、恩施玉露制作技艺理论体系的建立

1972 年 3—9 月，杨胜伟将恩施玉露民间零散的制造方法，整理成文，制定出了操作技术规程，由此确立了恩施玉露的理论体系，这是第一篇关于恩施玉露的文献资料，为恩施玉露的传播打下了理论基础。

1979 年，恩施玉露被编入安徽农学院主编的全国大专院校茶学专业通用教材《制茶学》。恩施玉露的制作技艺理论成为大学教材的一部分，具有了权威性。

1992 年 2 月 3 日，恩施玉露被收编入杨胜伟主编的全国农业中等专业学校茶学专业通用教材《制茶学》，恩施玉露制作技艺成为茶叶加工学科的一部分。

2015 年 3 月，由杨胜伟编著的《恩施玉露》一书由中国农业出版社公开出版发行，恩施玉露制作技艺理论体系更加丰富和完善。

二、理论的传播

// 1. 通过技艺传播

湖北省是恩施玉露传播最广泛的地区，20 世纪 60—70 年代，全省各地纷纷举办恩施玉露加工培训班，恩施玉露制茶技术传播到宜昌、咸宁、黄冈等地。

// 2. 通过教材传播

1974 年 8 月，恩施玉露的系统理论和操作技术规程被编入湖北省《茶叶生产与初制》，由湖北人民出版社出版，新华书店公开发行，恩施玉露的制作方法向社会公众公开传播。

《制茶学》，安徽农学院主编（全国大学茶学专业通用教材），1979 年 10 月第 1 版，第 170—172 页、186 页详细记录了恩施玉露在茶类中的地位、恩施玉露的产地及制作方法。这本教材是安徽农学院茶学系的专业课教材。

《茶叶栽培与茶叶制造》，湖南农学院编，1980 年 12 月第 1 版，1981 年 9 月第 2 次印刷，湖南科学技术出版社出版。书中介绍了恩施玉露的品质特征和制作方法。这本教材是湖南农学院茶学系的专业课教材。

《制茶学》，恩施农校杨胜伟主编（全国中等农校茶叶专业通用教材），1996 年第三次印刷，农业出版社出版。书中介绍了恩施玉露的品质特征和制作方法。这本教材是全国中等农业学校茶叶专业的专业课教材。

《名优茶加工技术》（农村实用技术教育丛书），重庆教育委员会编，刘勤晋主编，1990 年 8 月由高等教育出版社出版。书中介绍了恩施玉露的制作方法，是全国培训茶农的教材。

// 3. 茶叶专著传播

《中国名茶》，1979 年版，第 71—73 页系统介绍恩施玉露。恩施玉露对外公开传播。

《中国名茶志》，俞寿康主编，农业出版社出版，1982 年 2 月第 1 版，第 69—70 页介绍恩施玉露。

《中国茶经》，1991 年版，第 337 页记载清代名茶恩施玉露。

《中国名茶志》，王镇恒、王广智主编，中国农业出版社出版，2000 年 12 月第 1 版，第 486 页介绍历史名茶恩施玉露。

《中国名优茶选集》，农业部全国农业技术推广总站编，中国农业出版社出版，1994 年第 1 版专门介绍恩施玉露。

《中国茶叶词典》，陈宗懋、杨亚军主编，上海文化出版社出版，2013 年第 1 版，恩施玉露为其中的词条。

三、恩施玉露制作技艺的运用

恩施玉露制作技艺在传播中，被各地茶叶科技工作者消化吸收并进行衍化，成为新的名茶，这些衍化多采用简化手工工序，加入机械制作工序，降低感官审评的外形要求，使操作变得简单。省果茶所一些知名茶叶专家常常谈起恩施玉露与湖北省新创制的一些名茶间割舍不掉的渊源。这些内容因涉及隐私，在此不便透露消息来源，但作为茶界趣闻，分享出来以飨读者。

// 1. 金水翠峰与恩施玉露

1975 年，湖北省果茶所吴汉谟主持创制新名茶，其团队借鉴恩施玉露加工工艺，改蒸青为复干机杀青；手工搓揉为揉捻机揉捻；改炒毛火为复干机初干；整形改土灶为电热整形台，且降低平台高度，改站姿操作为坐姿操作；整形手法改"搂、搓、端、扎"四大手法交替进行为"搂、搓、掷"三种手法交叉使用；后期合并干燥、提香工序为烘干。其做形工艺就是半机械化简化版的恩施玉露工艺。这一工艺生产出的茶叶取名金水翠峰，是湖北省 20 世纪 70 年代的新创名茶，1980 年通过鉴定，1982 年获省政府科技成果三等奖；1982 年在商业部召开的全国名茶评比会上，被评为全国名茶之一；1985 年由农牧渔业部选送，参加全国优质农产品展评会展出。金水翠峰成名后在湖北风靡一时，一般人是买不到的。简化后的金水翠峰工艺制茶有效率高、劳动强度小的特点，很受茶界欢迎，宜昌、襄樊、咸宁、黄冈等地竞相仿制。

// 2. 峡州碧峰与恩施玉露

1980 年，宜昌县（现夷陵区）开始创制峡州碧峰，工艺大致为复干机杀青、揉捻机揉捻，复干机初干，在水浴平台导热箱上采用"抓、拢、理、搓、抖"等手法整形，最后是烘干。峡州碧峰创制投产后，产品受到消费者高度认可，1985 年，峡州碧峰茶在南京召开的农牧渔业部、中国茶叶学会全国名茶展品会上获"部优"称号，1988 年获湖北省人民政府科技进步三等奖。

据湖北省农科院果茶所副所长介绍，峡州碧峰在 1988 年湖北省人民政府科技进步奖评审时，有位评审专家认为峡州碧峰是剽窃金水翠峰的加工工艺，并拒绝在专家评审意见上签字。理由是峡州碧峰采用的复干机杀青、揉捻机揉捻，复干机初干和最后的烘干工艺全部是金水翠峰的加工工艺。只是在整形上略有改变，将金水翠峰的电热整形台改成水浴平台导热箱，将金水翠峰的"搂、搓、掷"三个手法变为"抓、拢、理、搓、抖"等手法。另一评审专家认为应该调整心态，正确对待工艺的模仿。

// 3. 采花毛尖与恩施玉露

采花毛尖在宜昌乃至全省范围内都有一定影响，但其加工工艺是在峡州碧峰的创制人员的指导下形成的，借鉴了峡州碧峰的工艺，其根源还是恩施玉露，只是更加简化，从茶叶的品质特征上已难找到恩施玉露的风韵，但因带有恩施玉露的些微气息，便有不同一般的反响。

// 4. 绿针与恩施玉露

绿针是华中农业大学教授、博士生导师倪德江借鉴恩施玉露工艺在宣恩伍家台创制的，成为恩施市、宣恩县一带普遍加工的名优绿茶。宣恩、恩施一带的茶叶加工人员大多知晓恩施玉露的制作方法，但觉得恩施玉露的制作太过复杂，倪德江教授的绿针简化了工艺，制作较为简单，很快为众多茶叶加工者掌握。成茶的色香味形均胜毛尖一筹，被视为简洁版的恩施玉露。

第五节 恩施玉露的低落

 一、大环境的影响

恩施玉露的低落是茶叶市场放开引起的。1984 年，茶叶市场放开，茶叶收购、销售由茶麻公司独家经营变为自由经营，恩施玉露的加工销售开始走向混乱。这一时期农村土地承包到户，茶园为私人掌握，城郊是恩施玉露主产区，有众多的恩施玉露制作高手，他们自立门户加工销售恩施玉露，晚上在家里制作，一大早到汽车站出售。许多乘车的人都带一点恩施玉露给远方的亲朋好友，车站附近成了一个茶叶早市，恩施玉露的金字招牌让一批人体验到了赚钱的快乐。但由于城郊茶园面积小，且不是所有制作玉露的高手都有自己的茶园，于是部分人到周边购买鲜叶，有些特别"聪明"的人嫌这样麻烦，干脆就买市场上的炒青、珍眉改制，当地人俗称"改剑"，这种改制的玉露只有玉露的形，其实根本不是玉露。更有甚者用红茶乃至用茶渣改制，充当恩施玉露，让外地客商和消费者大上其当。大量"燕儿客"看到恩施玉露的良好市场，纷纷加入经营队伍，他们朝起晚散，沿街叫卖，以次充好、以假充真，得手后马上撤走。这些人流动性大，单日经营量小，管理和打击困难，导致恩施玉露身价大减。1983 年还在湖北省组织的地方名茶评比中获第一，到1995 年前后却在市场上销声匿迹，要买真正的恩施玉露只能找熟悉的师傅定制，市场上不管真假都没货。

20 世纪 90 年代的名优茶生产大潮，使名优茶生产、消费成为茶业的热点和亮点，名优茶为茶叶产业带来生机和活力。然而在这一波潮流中，名优茶以嫩、细、毫作为评判依据，原料以单芽为上，产品以显毫为优，并且出现"嫩香""毫香"的审评术语。恩施玉露不仅未能重振雄风，反而每况愈下，人们竞相追逐新创名茶，恩施玉露仿佛已被遗忘于江湖。

二、恩施玉露自身的原因

一个大的品牌出现巨大的波折不可能仅仅是外因的影响，恩施玉露自身也存在缺陷。

// 1. 恩施玉露的工艺缺陷

传统的恩施玉露制作是手不离茶，茶在手中搓揉逐步成形干燥，到茶叶水分含量降至将近 10％的时候，茶已变硬，会因刺手使加工者无法继续，同时茶也会从手中滑出不受控制。这就是说手工恩施玉露是不可能达到足干的，达不到足干的茶叶会变质，无法长期保存。如烘焙则出现变形，茶叶紧直的外形特征受到影响，因而很多制茶的师傅不使用焙火提香这道工序，导致恩施玉露形美而汤黄的情况出现。

// 2. 恩施玉露断碎率高，成品率低，完整度差

长时间搓揉导致恩施玉露极易断脆，产生大量的茶末、茶片，筛选后成品率低，同时成品茶冲泡后芽叶完整度差。成品率低导致成本增加，完整度差，影响品相。

// 3. 未及时适应新形势

20 世纪 90 年代的名茶以嫩为贵，单芽是最好的，但恩施玉露最好的也只能是一芽一叶，没人用单芽去做。所以茶叶生产者都生产芽茶去了，消费者也跟风追求细嫩，以致市场上"玉露"难寻，"贡芽"遍地。

三、 20 世纪末恩施玉露境况

下面以 20 世纪 90 年代发生的几件事例来说明恩施玉露的衰败过程。

// 1. 经营主渠道致力推广恩施玉露品牌

1989 年，恩施市茶麻公司选送的恩施玉露获评省优产品。作为茶叶销售主渠道的茶麻公司仍然在经营恩施玉露。

1991 年，恩施市茶麻公司与恩施市红庙区供销社合办头道水玉露茶初制加工厂。市茶麻公司还在为恩施玉露的生产而努力。

1992 年，恩施市茶麻公司选送的"连珠"牌恩施玉露被评为湖北省名茶"十二佳"之首。恩施市茶麻公司仍然在为恩施玉露增添光彩，恩施玉露雄风不减。

// 2. 业务技术部门谋划恩施玉露振兴

1996 年，恩施市特产技术推广服务中心申报恩施玉露名茶加工厂建设项目，形成可行性研究报告。但因投资困难未能实施。恩施市茶麻公司已经营困难，技术部门开始成为谋划恩施玉露振兴发展的主角。

1997 年，为参加湖北省农业厅名优茶评审，恩施市特产技术推广服务中心找遍全市，都未找到合适的茶样，只得专门从五峰山聘请师傅到茶科站，手工制作恩施玉露茶样送省参评。这次茶样虽然获奖，但因样品汤色偏黄欠亮名次不显，只能说在湖北茶界露露脸而已。

// 3. 外地商家投资恩施玉露

1998年，广东客商丁洪山在恩施考察后，看中了恩施玉露的品牌价值，决定投资打造恩施玉露。1998年7月，注册湖北恩施玉露茶叶有限公司，注册资金200万元，据称实际投资300万元，专业从事恩施玉露的加工销售。公司租用芭蕉乡草子坝茶厂和屯堡乡马者茶厂作为生产车间，在市区租了一栋办公楼，招收大量管理人员和制作技师，印制了大量包装袋，并在武汉长江二桥做了一块广告牌，准备大干一场。但因市场未能有切实的反馈，只一年时间，300万元投资全部用完，剩下的是一堆未售出的茶叶、一屋子未使用的包装袋和一块立在武汉长江二桥的广告牌。300万元在当时是一个很大的数目，只是企业未从市场入手而贸然闯入，虽然看准了品牌，但忽视了市场，结果是血本无归。这一结果令人嘘唏，但实事求是地说，丁老板对"恩施玉露"品牌的判断是正确的，只是他不懂茶，更不懂经营茶，只凭一腔热情投资，认定恩施玉露很有前途，对资金雄厚的他来说，投资两三百万元并不是多大的事，但对于恩施玉露品牌的恢复却影响巨大，此后五年内再没有人敢投资恩施玉露。

从以上情况分析，恩施玉露在20世纪90年代前期还有不错的表现，但很快走向沉寂，好在恩施茶人对恩施玉露的拳拳之心、殷殷之情始终如一，精通真谛的大师雄心犹在，掌握这一技艺的匠师也宝刀未老。

第六节　恩施玉露品牌恢复

 一、恩施玉露品牌恢复的契机

// 1. 湖北茶界对恩施玉露寄予厚望

恩施玉露曾是湖北省唯一跻身"中国十大名茶"的茶叶品牌，做大做强恩施玉露品牌是振兴湖北茶叶的希望所在。湖北省农业厅经济作物处、湖北省农业科学院果茶所、华中农业大学都把恩施玉露作为湖北名茶的典型代表，陆启清、李传友、宗庆波、龚自明、倪德江等湖北茶界大咖无时不为恩施玉露摇旗呐喊，即使在恩施玉露处于低谷的时候，他们仍然在不断建言，恩施的茶叶一定要把"玉露"作为重点，凡省农业厅评茶，必要求恩施送"玉露"参评。在恩施谋求"玉露"品牌恢复的时候，他们多次深入恩施的茶叶生产第一线调查研究、出谋划策，与恩施茶人一道身体力行，共同奋斗。

// 2. 企业的努力

恩施市的茶叶企业一直在为恢复恩施玉露品牌做出努力。他们在不同的时期、不同的场所，用不同方式，做出了自己的贡献，正是这些企业的奉献，使恩施玉露在逆境中得以生存、恢复，并发扬光大。

（1）恩施市芭蕉富硒茶业有限公司和恩施市润邦国际富硒茶业有限公司。

恩施市芭蕉富硒茶业有限公司成立于2003年，2004年正式注册。公司着力于恩施富硒茶和恩施玉露品牌的打造，公司从成立开始就将恩施玉露作为高端产品生产。2005年5月10日，公司发布了《恩施玉露加工技术规程》（Q/EFX0012005），这是恩施玉露的第一项标准，也是恩施市茶企的第一项企业标准。2005年12月31日，公司通过重组，组建了恩施市润邦国际富硒茶业有限公司，倾力打造恩施玉露，从此恩施玉露走向了全面复兴。

恩施市润邦国际富硒茶业有限公司自成立之日起，就把恩施玉露历史名茶的恢复和品牌打造作为企业发展的第一要务。2006年开始专业化生产恩施玉露，并在传承传统技艺的同时进行机械化制作试验，公司参与了恩施玉露湖北省地方标准起草和恩施玉露地理标志产品保护评审工作。2007年4月，由公司主持的"恩施玉露新工艺、新技术研究"项目通过湖北省重大科技成果鉴定，加工技术已达国内先进水平。2008年，公司主持实施"恩施玉露茶机械化与连续化加工技术研究与示范"项目，建成中国第一条蒸青针形绿茶连续化生产线。2015年7月，公司在恩施玉露的发祥地——恩施市芭蕉侗族乡新建了恩施玉露博物馆，并于当年9月被授予国家级非遗项目恩施玉露制作技艺传承基地。可以说恩施市打造恩施玉露品牌与恩施市润邦国际富硒茶业有限公司密不可分，公司在恩施玉露传统名茶的恢复和创新上的成就，加快了恩施市打造恩施玉露品牌的步伐。

（2）恩施市硒都茶厂。

恩施市硒都茶厂为恩施硒都农业发展有限公司的前身。恩施市民族茶庄于2002年在城郊头道水租赁场地，建设一个茶叶加工车间，车间内设玉露传统制作车间，每年都有用传统工艺制作的玉露茶供应市场，这是硒都茶厂的起源。茶厂负责人何远武还通过族侄何光友在北京开设的茶庄，将玉露茶销往北京市场。21 世纪初，在展销、评审时，恩施市选送的恩施玉露茶样大多由硒都茶厂无偿提供。恩施市硒都茶厂在恩施玉露最艰难的阶段做出了无私奉献。

（3）恩施市怡茗有机茶科技开发有限公司。

恩施市怡茗有机茶科技开发有限公司成立于 2001 年，是集有机茶种植、加工、技术开发推广应用、销售为一体的股份制企业，主要产品有恩施玉露、毛尖、玉毫、龙井、烘青、炒青等高中档优质绿茶。公司在武汉设有销售窗口，生产的"申杰"牌恩施玉露销往日本和欧洲，是在恩施玉露品牌低潮时期一直坚持加工、销售传统恩施玉露的企业。

// 3. 市领导的远见卓识

2006 年 11 月，恩施州财政局局长谭文骄调任恩施市委书记，这位对恩施茶叶产业倾注大量心血的领导主政恩施市，给恩施市的茶叶产业带来了新的突破。此时的恩施茶叶产业已成恩施市第一大农业支柱产业，茶叶基地面积达 14.91 万亩，产量 4397 吨，茶叶基地建设在全市茶区蓬勃展开，恩施市润邦国际富硒茶业有限公司的恩施玉露传统制作技艺恢复工作取得成效，恩施玉露机械化自动化制作的研究取得重大进展，茶叶产业呈现欣欣向荣景象。谭文骄通过调研并听取专家建议，最终确定把恩施玉露作为城市名片打造，使其成为恩施市的产业亮点。

// 4. 省农业厅的支持

2007 年 12 月，时任湖北省农业厅厅长陈柏槐到恩施视察，市人民政府以恩市政文〔2007〕137 号，向省农业厅呈报《恩施市人民政府关于支持我市茶叶发展的请示》，恳请省农业厅从四个方面支持恩施市茶叶产业发展："一、将我市的恩施玉露茶叶作为继五峰县采花毛尖茶叶之后的又一茶叶品牌来打造，并将其纳入全省优势特色农产品板块项目范畴。二、致函国家工商总局、国家农业部注册恩施玉露证明商标。三、继续支持和指导我市开展各项茶事活动。四、将我市纳入省农业厅对口支持县（市）范围，并作为省农业厅种植业处、经作处联系点。"

陈柏槐于 2007 年 12 月 7 日签批两条意见："① 请李传友同志即到恩施同市里同志研交一个可行方案；② 可在板块专项中重点扶持，争取打造一个以富硒为特色的茶品牌来。请思华同志阅。"从批示内容可以看出，省农业厅是支持的，但当时支持的重点还是突出富硒茶，这与恩施市的想法不完全一致。好在当时厅长立即安排厅经作处处长李传友率专家到恩施调研。当时李传友同志正应邀在长阳县参加椪柑节，于是他安排宗庆波、龚自明两位专家于 12 月 9 日乘飞机从武汉到恩施，自己由恩施市农业局派车接到恩施。

12 月 9 日至 12 日，李传友一行在恩施与市领导和农业局同志座谈，形成初步意见，回武汉后进一步修改，形成了《关于发展恩施茶业 整合恩施玉露茶叶品牌的方案》。方案确定分三步实施：第一步，立足恩施市，做实做强；第二步，面向全州，扩展辐射；第三步，面向武陵山区，做强做大。并确定了八条措施：加强组织领导，部门全力协作；成立恩施玉露茶叶技术攻关协作组和专家顾问组；推行标准化生产；建标准化加工厂；培植龙头企业，打造知名品牌；提高技术创新能力；加强营销策划，提高知名度；进一步挖掘茶文化内涵，提高美誉度。方案还提出三条建议与要求：为了加强对茶叶产业的领导和指导，加大恩施玉露品牌的整合力度，建议及时变更成立恩施玉露茶产业协会；建议从 2008 年起，省厅从农业板块项目资金中每年安排 100 万元，用于恩施玉露茶叶板块基地建设，进一步提升和打造恩施玉露茶叶品牌；建议恩施州和恩施市政府每年从财政支农资金中加大对恩施玉露茶叶品牌建设的扶持力度，并协调相关部门在农业综合开发、扶贫、退耕还林等项目和资金安排上向茶叶产业倾斜。专家形成的方案由厅长批示的"富硒为特色的茶品牌"变成了"恩施玉露"，既符合湖北茶界的期望，也体现了恩施人民的愿望。方案交陈柏槐阅后，批示组织专家论证。由此恩施玉露进入"湖北第一历史名茶"认定程序，拉开了恩施玉露品牌打造的序幕。

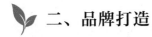

二、品牌打造

// 1. 恩施玉露成为恩施市的产业名片

由于谭文骄书记的倡导，恩施玉露成为恩施市茶叶产业的第一大品牌，但这还不能彰显恩施玉露的特殊地位。能够充分反映当地文化、经济特色，代表城市品牌形象和文化内涵的优质地方特色产品、特色景致、标志性建筑等被称为城市名片，把恩施玉露当作恩施市的城市名片推出，大手笔打造茶叶产业，这才能显示出恩施玉露的卓尔不凡。然而仅推出恩施玉露作城市名片，知晓者有限，效果不一定很好，必须要有映衬才能彰显恩施玉露的高贵、神奇。于是"三张名片"一起打的想法出现了。恩施大峡谷震撼世人，是恩施的旅游名片；"土家女儿会"是恩施独有的婚恋习俗，是恩施的文化名片；恩施玉露则是产业名片。三张名片一起打造，名牌的内涵就不一样了，显得格外大气、珍贵。

2007 年 6 月 7 日，谭文骄同志在支持润邦国际加快发展现场办公会上的讲话中正式提出，坚定不移地把恩施玉露作为全市的"名片"来打造，打好"三张名片"，即恩施大峡谷、恩施玉露、土家女儿会。此后，"三张名片"由中共恩施市委、恩施市人民政府正式推出。

// 2. 成立恩施玉露茶产业协会

2008 年 1 月 13 日，恩施玉露茶产业协会成立，时任市人大常委会常务副主任李明东当选为会长，市农业局局长张自树、恩施市润邦国际富硒茶业有限公司董事长张文旗等当选为副会长，市农业局副局长苏学章当选为秘书长，市人大农工委副主任滕松柏及相关企业负责人任副秘书长。恩施玉露品牌有了自我约束、自我管理、共同发展的机构，品牌打造有了载体。

// 3. 湖北第一历史名茶的认定

恩施玉露茶产业协会成立后，市人民政府决定由协会负责认定恩施玉露湖北茶叶品牌的具体工作。协会从 2008 年 3 月开始搜集资料，撰写成文字材料初稿，经几次修改后，5 月委托湖北融智商亮广告公司设计制作成恩施玉露宣传册。与此同时，安排恩施市润邦国际富硒茶业有限公司制作审评茶样。6 月协会完成恩施玉露湖北茶叶品牌认定材料准备，并提交省厅相关专家预审；7 月 18 日，由湖北省农业厅组织省内外科研、教学、农业、工商、财政和流通等方面的知名茶叶专家及相关专家组成评审论证委员会，对恩施市人民政府和恩施玉露茶产业协会共同申报的，"打造湖北第一历史名茶'恩施玉露'"进行了审查和论证。经鲁成银、李传友、宗庆波、龚自明、倪德江、徐能海、王承能、殷晓东、郭衍槐、张岳峰、肖火胜、杨胜伟、吕宗浩等 13 名专家认真科学的质量鉴评和充分讨论，一致同意推荐认定恩施玉露为"湖北第一历史名茶"。2008 年 7 月 23 日，湖北省农业厅以鄂农函〔2008〕297 号下发《关于认定湖北第一历史名茶恩施玉露的通报》。2009 年 3 月 28 日，湖北第一历史名茶"恩施玉露"授牌仪式暨新闻发布会在武汉隆重举行，时任省委常委、副省长汤涛出席并讲话，省人大常委会副主任罗辉等人为恩施玉露授牌，中国茶叶研究所副所长鲁成银介绍恩施玉露独特的品质并接受记者专访（图 5-9）。

● 图 5-9　鲁成银介绍恩施玉露

// 4. 恩施玉露商标

恩施玉露的商标注册很早就有在准备和申请，只是没有成功。恩施玉露商标注册的真正启动是恩施市全面启动恩施玉露品牌打造后。

（1）不成功的注册。

1997 年 12 月，恩施市茶叶生产领导小组办公室意识到恩施玉露商标注册的重要性，向市人民政府申请资金，由该机构注册并进行商标管理，时任市委书记十分重视，副书记吴武元做了批示（图 5-10），但最终因资金未能落实，商标注册工作胎死腹中。

1998 年，恩施市特产技术推广服务中心在市茶叶生产领导小组办公室注册商标无望的情况下，决定启动恩施玉露商标注册工作。当时恩施玉露作为一个普通商标通过工商部门申请上报，申请后被告之该商标与已注册商标有冲突，不能注册。基于当时的条件无法查询到商标注册人的信息，恩施市特产技术推广服务中心只好另选商标名称，由于恩施又被称为"硒

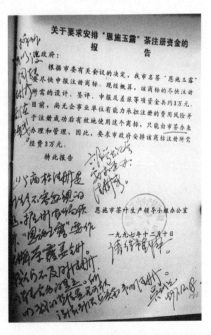

● 图 5-10　恩施玉露商标注册报告

都"，于是就将"硒都"作为商标注册，获得通过，并顺利注册。只是"硒都"商标注册后未能发挥品牌作用，该商标先是许可恩施市硒都茶厂使用，后转让给恩施硒都农业发展有限公司。

（2）证明商标注册。

2007 年 6 月，恩施富硒茶地理标志证明商标成功注册，为恩施玉露品牌保护提供了借鉴，对恩施玉露实行商标保护，进而打造成中国驰名商标，是恩施玉露品牌做大做强的重要手段。因为对商标知识的缺乏，有人认为恩施市茶业协会刚刚注册了恩施富硒茶地理标志证明商标，一个县级市同一类型的商品注册两个地理标志证明商标不大可能，此事因此不了了之。

2007 年 11 月 20 日至 21 日，湖北省工商行政管理局在鄂州召开全省地理标志工作研讨会，时任国家工商行政管理总局（后简称国家工商总局）商标局地理标志审查处处长姚坤到会作业务培训。各市州工商局商广科科长和已注册及正在申报地理标志的行业协会负责人参会，作为恩施富硒茶地理标志证明商标所有人恩施市茶业协会的代表苏学章和恩施州工商局商广科科长文平一道参加了这次会议。在培训的互动交流环节中，苏学章将"恩施玉露"的情况作了介绍，并咨询能否申请注册保护。姚坤处长的答复是商标注册没有数量的限制，如果介绍的情况属实，能在相关典籍中查到相应记载，完全可以注册。

回到恩施后，两人立即将这一答复向市领导作了汇报，市领导指示迅速搜集相关证据，请州工商局支持，到国家工商总局商标局作进一步确认。2007 年 12 月，恩施市茶叶产业化领导小组组织相关人员到国家工商总局商标局，找到地理标志审查处姚坤处长。姚坤处长看了证明材料后，又在他的书柜中找到相关书籍查看，很高兴地说恩施玉露是很好的地理标志产品，理应进行商标保护。得到权威答复，恩施玉露地理标志证明商标注册正式进入申办日程。

2008 年 5 月，恩施玉露茶产业协会正式向国家工商总局商标局提出"恩施玉露 ENSHIYULU 及图"地理标志证明商标注册申请。

2008 年 7 月，"恩施玉露 ENSHIYULU 及图"地理标志证明商标被商标局受理。

商标注册进入程序，照常理应该极其顺利，然而珍宝总有人觊觎，这就使注册过程历尽波折。直到 2013 年 7 月 5 日，北京市高级人民法院做出终审判决后商标归属问题才尘埃落定，商标才开始使用，这一曲折过程在后面将详细讲述。恩施玉露商标注册证见图 5-11。

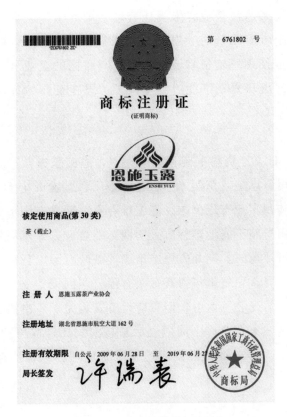

（3）商标使用。

恩施玉露地理标志产品证明商标在走完全部法律程序后才算是受商标法保护的品牌，恩施玉露茶产业协会作为恩施玉露地理标志证明商标所有权人，理所当然地担负起恩施玉露品牌的打造、保护、管理、许可使用的职责，此时距商标有效期起始时间（2009 年 6 月 28 日）已过了 4 年有余。恩施玉露茶产业协会于 2013 年 9 月起草恩施玉露地理标志证明商标使用管理实施方案，11 月接受企业提出的商标使用申请，12 月完成初步审核。

① 首次许可。

2014 年 1 月 7 日和 1 月 24 日，恩施玉露茶产业协会两次组织恩施市农业局、恩施市食品药品监督管理局、恩施市质量技术监督局、恩施市工商局专家，对申请使用恩施玉露地理标志证明商标的 20 家茶叶企业进行了形式审核和现场审查。2014 年 2 月 25 日，恩施玉露茶产业协会发布公告：恩施市润邦富硒茶业有限公司、恩施市硒露茶业有限责任公司、恩施市硃砂溪茶叶专业合作社、恩施市凯迪克富硒茶业有限公司、恩施晨光生态农业发展股份有限公司、恩施亲稀源硒茶产业发展有限公司、恩施清江茶业有限责任公司、湖北金果茶业有限公司恩施分公司、恩施市富之源茶叶有限公司、恩施首领玉露茶业有限公司共 10 家公司（合作社）为第一批获准使用恩施玉露地理标志证明商标的企业（合作社）。这 10 家公司（合作社）与恩施玉露茶产业协会签订了"恩施玉露地理标志证明商标"许可使用协议。

② 第二次许可。

2014 年 4 月 20 日，经资料审核和专家评审，恩施玉露茶产业协会许可恩施市龙头漱茶业有限公司、恩施芭蕉侗族乡香花岭茶厂、恩施市花枝山生态农业开发有限责任公司、湖北施州实业有限公司、恩施维春农业开发有限责任公司等 5 家企业成为第二批获准使用恩施玉露地理标志证明商标的企业，并现场签订商标许可使用协议。在第二批许可评审时，湖北省恩施市康美茶叶有限责任公司、湖北省金贝嘉天然农业股份有限公司、恩施市华智有机茶有限公司因设备安装未完工，评审专家对这 3 家企业的整体情况表示认可，但需待设备安装完工后由协会核实才能签订商标许可使用协议，这三家企业在一周内先后被核实完工，取得商标许可使用资格，并签订许可使用协议，第二批获准使用恩施玉露地理标志证明商标的企业实际为 8 家。

③ 第三次许可。

2016 年 4 月 6 日，恩施玉露茶产业协会组织恩施职业技术学院、恩施市农业局、恩施市食品药品监督管理局、恩施市工商局相关专家对申请使用恩施玉露地理标志证明商标的白杨春生态农业发展有限公司、恩施市春归商贸有限公司、恩施市茗道茶业有限公司、恩施大方生态农业有限公司、恩施市莲花思归茶业有限责任公司、恩施市紫竹茶业有限公司、恩施十大名吃实业有限公司、湖北汉先生茶业有限公司等 8 家茶叶企业进行了评审，专家组一致同意许可这 8 家企业使用恩施玉露地理标志证明商标。同时对已获得许可的 18 家企业进行复核，其中 17 家符合继续使用的条件，1 家不符合继续使用的条件。恩施玉露茶产业协会与新许可的 8 家企业签订商标许可使用协议，与通过复核的 17 家企业（合作社）续签了许可使用协议，撤销了恩施首领玉露茶业有限公司的商标使用许可。

至此获得恩施玉露地理标志证明商标许可使用的企业达到 25 家。

（4）中国驰名商标认定。

恩施玉露商标自申请注册开始，就致力于打造中国驰名商标，虽然商标注册历经磨难，中国驰名商标的争创工作却从未停止。

2010 年 8 月，恩施市人民政府致函国家工商总局，请求核准恩施玉露地理标志证明商标注册，并认定恩施玉露为中国驰名商标。

2010 年 9 月 3 日，恩施玉露茶产业协会对长沙玉露营销策划有限公司的第 1387674 号"恩施玉露 ENSHIYULU 及图"注册商标提出质疑时，请求撤销第 1387674 号"恩施玉露 ENSHIYULU 及图"商标，并认定第 6761802 号"恩施玉露 ENSHIYULU 及图"为中国驰名商标。

2011 年，恩施市人民政府再次向国家工商总局专项报告，请求支持、协调、关注恩施玉露品牌建设，加快恩施玉露地理标志证明商标注册和中国驰名商标审查认定。

2012 年 4 月，恩施市人民政府、恩施州工商行政管理局、恩施玉露茶产业协会相关负责人专程到国家工商总局商标局和商标评审委员会，汇报恩施玉露品牌建设和茶产业发展情况，并与商标评审委员会当面沟通恩施玉露中国驰名商标认定事宜，何训班主任表示商标评审委员会十分重视恩施玉露品牌，希望恩施完善申报资料。

由于恩施玉露商标注册争议未结束，商标无法正常使用，导致恩施玉露商标使用方面的证据无法形成，商标评审委员会就算看好恩施玉露品牌，要认定其为中国驰名商标还是于规不符、于法无据，恩施玉露要成为中国驰名商标，还有障碍需要排除。

2013 年 1 月 28 日，国家工商商标委员会作出裁定，争议商标予以撤销。但这次裁定对恩施玉露认定中国驰名商标的主张则是"应当另案提出，不属于本评审范畴，我委不予评述"。

2014 年，恩施玉露茶产业协会加大对恩施玉露申请中国驰名商标的争取力度，组织专班搜集整理资料上报。由于商标已注册并使用，这次组织的材料内容丰富，数据完整，证据充分。

2015 年 6 月 5 日，"恩施玉露 ENSHIYULU 及图"商标被国家工商总局商标评审委员会认定为中国驰名商标。

（5）商标转让。

2000 年，恩施土家族苗族自治州人民政府决定，将恩施玉露、利川红作为全州茶叶品牌打造，恩施玉露地理标志证明商标（第 6761802 号）转让给恩施土家族苗族自治州茶产业协会。2022 年 1 月 20 日，国家知识产权局核准第 6761802 号商标受让人为恩施土家族苗族自治州茶产业协会。恩施玉露正式成为全州公用品牌。截至 2024 年 5 月，全州取得恩施玉露地理标志证明商标许可授权企业达 117 家。

// 5. 地理标志产品保护

恩施玉露知名度和美誉度提高，伴随而来的是生产厂家增多，产量增加。然而其品质并未随厂家的增多和产量的增加而提高，市场上以次充好、以假乱真的现象时有发生。恩施市质量技术监督局征得恩施市人民政府同意，于 2006 年启动申报《恩施玉露国家级地理标志产品保护》。申报工作由恩施市质量技术监督局组织，恩施市润邦国际富硒茶业有限公司具体执行。申报资料的搜集整理、送审样品茶叶、经费支出都由恩施润邦国际富硒茶业有限公司负责。恩施土家族苗族自治州职业技术学院高级讲师杨胜伟参与申报材料的搜集整理，并多次修改形成初稿，送北京请专家审阅后继续修改完善，最后形成完整资料，呈报中国国家质量监督检验检疫总局审批。

2006 年 12 月 22 日，中国国家质量监督检验检疫总局在北京召开恩施玉露地理标志产品保护专家审查会，邀请原商业部茶叶集团高级工程师于观亭、中国茶叶流通协会秘书长吴锡端（茶叶项目评审专家组组长）、中国人民大学教授王海平、中国人民大学副教授李祖明和战吉窑、中国中医科学院中药研究所副研究员郭立萍等组成专家组。专家组通过茶叶样品审评、观看相关影视资料，听取恩施市汇报和申报方专家答辩后，经过讨论，一致通过对恩施玉露实施国家地理标志产品保护。

2007 年 3 月 5 日，国家质量监督检验检疫总局发布《关于批准对恩施玉露实施地理标志产品保护的公告》（2007 年第 48 号），批准对恩施玉露实施地理标志产品保护。

// 6. 恩施玉露非物质文化遗产管理保护工作

恩施玉露作为茶中的一朵奇葩，历史悠久，文化底蕴深厚，是发源于恩施本土的不可多得的宝贵非物质文化遗产，在利用的同时，保护工作也同等重要。

（1）恩施玉露非物质文化遗产保护。

恩施玉露非物质文化遗产保护工作始于 2010 年春末夏初，当时恩施玉露品牌打造已初见成效，产业名片已基本形成。恩施市文化体育局下属单位恩施市文化馆组织一班人，在恩施职业技术学院高级讲师、恩施茶界泰斗杨胜伟的参与下，在恩施市农业局的支持配合下，搜集、整理、制作关于恩施玉露传统制作技艺的历史资料、文字材料、影像资料，形成完整的申报材料。

2010 年 12 月 18 日，恩施市文化体育局将"恩施玉露传统制作技艺"向湖北省文化厅正式申报"湖北省第三批非物质文化遗产名录项目"，经专家考核论证，2011 年 6 月 9 日，《湖北省人民政府关于公布第三批省级非物质文化遗产名录的通知》（鄂政发〔2011〕33 号）中，恩施玉露传统制作技艺被列入第三批省级非物质文化遗产保护名录。同时，恩施市润邦国际富硒茶业有限公司被列为恩施玉露传统制作技艺非物质文化遗产省级保护单位。

2012 年 5 月 15 日，在《州人民政府关于公布第三批州级非物质文化遗产项目代表性传承人的通知》（恩州政发〔2012〕12 号）中，蒋子祥被恩施州文化体育局命名为州级非物质文化遗产项目恩施玉露制作技艺代表性传承人（图 5-12）。

● 图 5-12　代表性传承人证书

2013 年 12 月，恩施市非物质文化遗产保护中心在经过充分准备后，向国家文化部申报了《恩施玉露传统制作技艺非物质文化保护》国家级项目（第四批）；恩施玉露茶产业协会为恩施玉露传统制作技艺非物质文化国家级保护单位。

2014 年 4 月，恩施市非物质文化遗产保护中心、恩施玉露茶产业协会根据国务院办公厅《关于加强我国非物质文化保护工作的意见》、文化部《国家级非物质文化遗产项目代表性传承人认定与管理暂行办法》的精神和恩施市人民政府公布的市级非物质文化遗产项目，采用个人申请、单位推荐、考试考核的办法，认定恩施玉露传统制作技艺的市级代表性传承人。专家组对申请人进行考试、考核，并评分，由恩施市文化体育局审核批准，认定杨胜伟、刘正权、李宗茂、陈昌文、王友祥、雷远贵、向书兰、谢昌琼、徐凌、何洁和周江奔等 11 人为恩施玉露传统制作技艺的市级代表性传承人。

2014 年 5 月 22 日，根据《恩施土家族苗族自治州人民政府关于公布第四批州级非物质文化遗产项目代表性传承人的通知》，杨胜伟为恩施玉露传统制作技艺州级代表性传承人。

2014 年 9 月 28 日，湖北省文化厅公布第四批省级非物质文化遗产名录项目代表性传承人名单，杨胜伟为恩施玉露制作技艺省级代表性传承人。

2014 年 11 月 11 日，《国务院关于公布第四批国家级非物质文化遗产代表性项目名录的通知》颁布，恩施玉露制作技艺列入第四批国家级非物质文化遗产代表性项目名录扩展项目名录（图 5-13）。

● 图 5-13　国家级非物质文化遗产牌匾

2015 年 9 月，恩施市非物质文化遗产保护传承展演中心、恩施玉露茶产业协会按《关于开展国家级非物质文化遗产代表性项目名录"恩施玉露制作技艺"传承基地评审命名工作方案》，经组织考核、评审组评议、市文体局批准，认定恩施市润邦国际富硒茶业有限公司、恩施亲稀源硒茶产业发展有限公司、恩施市凯迪克富硒茶业有限公司为第一批"恩施玉露制作技艺"传承示范基地。

2016 年 11 月 10 日，根据《恩施州人民政府关于公布第五批州级非物质文化遗产项目代表性传承人的通知》，陈昌文、刘正权、向书兰被认定为恩施玉露制作技艺州级代表性传承人。

（2）中国重要农业文化遗产。

2014 年按照《农业部办公厅关于开展第三批中国重要农业文化遗产发掘工作的通知》要求，依据《重要农业文化遗产管理办法》和《中国重要农业文化遗产认定标准》，由恩施市农业局申报，经过省、州级农业行政管理部门遴选推荐、农业部组织专家评审，确定"湖北恩施玉露茶文化系统"为第三批中国重要农业文化遗产。2015 年 10 月 10 日，《农业部关于公布第三批中国重要农业文化遗产名单的通知》正式公布，授予"湖北恩施玉露茶文化系统"中国重要农业文化遗产牌匾（图 5-14）。

● 图 5-14　中国重要农业文化遗产牌匾

根据《农业部办公厅关于开展全球重要农业文化遗产候选项目遴选工作的通知》精神，2015 年 12 月 22 日，《恩施市人民政府关于申报"恩施玉露"茶文化系统为全球重要农业文化遗产的请示》，特恳请农业部将"恩施玉露"茶文化系统纳入全球重要农业文化遗产预备名单，并申报为全球重要农业文化遗产。

2016 年 3 月 16 日，据《农业部办公厅关于公布中国全球重要农业文化遗产预备名单的通知》，湖北恩施玉露茶文化系统列入中国全球重要农业文化遗产预备名单。

// 7. 恩施玉露公用品牌价值评估

2009 年 8 月，浙江大学 CARD 农业品牌研究中心发函征集茶叶公用品牌相关数据，邀请恩施市的恩施玉露、恩施富硒茶两大品牌参与品牌调查。当时，因恩施市对这两个品牌的管理未纳入正轨，提供不了完整的数据资料，苏学章作为恩施市农业局分管茶叶产业的副局长，对此很纠结：想参与但无法按要求提供数据，不参与又错过了一个难得的机遇。怀着复杂的心情，苏学章通过电子邮件回函说明两大品牌的现状，并因不便参与致歉，对方再次来函表示遗憾，并说明品牌评价工作刚开展，调查内容也不尽合理，各地提供的资料都不是很完善，希望恩施玉露和恩施富硒茶能在首次评价时参与，资料能提供多少就提供多少。有了这一说明，就有参与信心了，全国性的评价活动首次就能参与是再好不过的事，于是苏学章连夜填表，在网上报送数据（见表 5-2）。当年，恩施玉露品牌价值竟达 1.87 亿元。

表 5-2　2009 年首次报送的恩施玉露品牌信息表

品牌简介	恩施玉露		
品牌创立时间	清康熙年间	获得哪些荣誉	多次获评湖北十大名茶，2008 年 7 月被评为湖北第一历史名茶，20 世纪 60 年代获评中国十大名茶
有哪些检测体系		通过哪些认证体系	QS
参与标准制订情况	恩施玉露地方标准	专利申请情况	无
近 3 年本产业从业人数（单位：人）	2006 年	2007 年	2008 年
	2000	5000	10000
品牌使用范围	2006 年	2007 年	2008 年
	无许可	无许可	无许可
	注：指许可或授权本品牌产品的种/养殖或生产加工的范围		
品牌使用范围内农业总人口	2006 年	2007 年	2008 年
	1 万	2 万	3 万
近 3 年种/养殖面积或数量	2006 年	2007 年	2008 年
	2000 亩	5000 亩	10000 亩
近 3 年产值（单位：万元）	2006 年	2007 年	2008 年
	500	1000	2000
近 3 年产品销售额（单位：万元）	2006 年	2007 年	2008 年
	800	1500	3000
近 3 年产品平均单价	2006 年	2007 年	2008 年
	300 元/公斤	500 元/公斤	600 元/公斤
近 3 年原料平均单价	2006 年	2007 年	2008 年
	50 元/公斤	60 元/公斤	80 元/公斤
近 3 年品牌宣传与推广投入（单位：元）	2006 年	2007 年	2008 年
	100000	200000	300000
近 3 年产品销售区域	□省内	□国内	□国外
	2 个城市	5 个城市	4 个国家和地区

产品市场占有率	省内		国内	国际
	1％		0.5％	微小
产品经营费率	75％		注：产品经营费率指生产、经营本品牌产品的年度全部投入占年产值的比重	
本产业在区域经济中的重要程度	☑重要　□较重要　□一般　□较不重要　□不重要			
联系方式	联系人	苏学章	传真	0718-8224565
	电话	0718-8224048	电子邮箱	Suxuezha@126.com
	地址邮编	湖北省恩施市航空大道 162 号恩施市农业局		

2010 年 3 月初，浙江大学 CARD 农业品牌研究中心与《中国茶叶》杂志联合开展 "2010 中国茶叶区域公用品牌价值评估" 课题研究，2010 年 4 月，在 "中国名茶之乡" 浙江新昌县举行茶叶公用品牌价值评估会，恩施市应邀出席。会上宣布评估结果，"恩施玉露" 品牌价值为 2.9 亿元。自 2009 年起至 2016 年，恩施玉露品牌价值连年攀升（见表 5-3）。

表 5-3　恩施玉露区域公用品牌价值表

年份	2009	2010	2011	2012	2013	2014	2015	2016
品牌价值/亿元	1.87	2.90	4.06	5.00	6.81	7.86	10.82	13.28
年份	2017	2018	2019	2020	2021	2022	2023	—
品牌价值/亿元	15.27	18.07	20.54	23.07	25.21	27.07	32.63	—

2010 年 4 月，恩施玉露获得 "中国茶叶区域公用品牌最具发展力品牌" 称号；2011 年 4 月，恩施玉露获得 "2011 消费者最喜爱的中国农产品区域公用品牌" 称号；2012 年 4 月，恩施玉露获得 "2012 最具影响力中国农产品区域公用品牌" 称号。

// 8. 标准体系建立

2005 年，恩施市芭蕉富硒茶业有限公司提出并起草了《恩施玉露加工技术规程》，2005 年 5 月 10 日由恩施市芭蕉富硒茶业有限公司以企业标准发布，6 月 10 日起实施。

2006 年，由恩施市茶业协会提出并归口，恩施市质量技术监督局、恩施市茶业协会、恩施市润邦国际富硒茶业有限公司为起草单位，起草了恩施玉露湖北省地方标准，经评审后于 2006 年 6 月 28 日以 DB 42/351—2006 发布，2006 年 7 月 28 日起实施。

2010 年，由恩施玉露茶产业协会提出并归口，修订《恩施玉露湖北省地方标准》（DB 42/351—2006），标准起草单位为恩施市农业局、恩施市质量技术监督局、恩施玉露茶产业协会、恩施市润邦国际富硒茶业有限公司。标准名称由《恩施玉露》修改为《地理标志产品 恩施玉露》，此标准增、删、修改了原标准的部分内容，经评审后于 2010 年 3 月 22 日以湖北省地方标准（DB 42/T 351—2010）发布，2010 年 4 月 15 日起实施。

2010 年，由恩施玉露茶产业协会提出并归口，恩施市茶叶生产领导小组办公室、恩施市农业局、恩施市质量技术监督局、恩施玉露茶产业协会、恩施市润邦国际富硒茶业有限公司为起草单位，起草了《恩施玉露生产技术规程》和《恩施玉露加工技术规程》，经评审后，2010 年 3 月 23 日，发布《恩施玉露生产技术规程》湖北省地方标准（DB 42/T 610—2010），《恩施玉露加工技术规程》湖北省地方标准（DB42/T 611—2010），自 2010 年 4 月 15 日起实施。由此，恩施玉露建立起标准体系。

第七节　恩施玉露的商标争议

商标是恩施玉露品牌的核心，恩施玉露是公用品牌，以地理标志证明商标注册，不是普通商标。商标注册的准备工作在恩施玉露茶产业协会成立前已经展开，协会一成立即向国家工商总局商标局提出申请，并报送相关证明材料。但让人意想不到的是，本来是一件只需要走程序的工作却历尽艰辛，波折不断，不仅穷尽了商标争议的全部法律程序，还引出了对争议方商标的反争议。这一过程是一宗商标保卫战经典案例。

一、商标注册申请

恩施玉露茶产业协会成立后即正式开始恩施玉露地理标志证明商标注册工作，协会组织专人将已搜集到的相关资料、证据进行整理，组织专家制定了《"恩施玉露"地理标志证明商标使用管理规则》《"恩施玉露"地理标志证明商标使用申请及审查办法》，与恩施土家族苗族自治州产品质量监督检验所签订服务协议，搜集了《中国名茶》《中国名茶志》《中国茶史散论》《中国茶经》《世界茶业 100 年》《中国名优茶选集》《恩施州志》《恩施市志》《中国名茶之旅》（日本）等文献、著作中与"恩施玉露"有关的内容，湖北省农业厅出具证明函。这一系列资料和其他相关资质证明一道形成了翔实的申请材料。2008 年 5 月，恩施玉露茶产业协会正式向国家工商总局商标局提出"恩施玉露 ENSHIYULU 及图"地理标志证明商标注册申请。2008 年 7 月，"恩施玉露 ENSHIYULU 及图"地理标志证明商标申请被商标局受理。2009 年 3 月 27 日，"恩施玉露 ENSHIYULU 及图"地理标志证明商标初审公告，商标专用期限为 2009 年 6 月 28 日至 2019 年 6 月 27 日。几乎在恩施玉露茶产业协会提出"恩施玉露 ENSHIYULU 及图"地理标志证明商标注册申请的同时，重庆市一家公司也提出"恩施玉露"商标注册申请，恩施玉露茶产业协会及时提出异议，该公司的注册申请被驳回。

二、曲折的争议过程

恩施玉露作为地理标志证明商标注册，因其悠久的历史、深厚的文化、特殊的地域性和商品的独特性是毋庸置疑的，况且还有恩施市人民政府授权，根据《商标法》及相关法律法规，应该是板上钉钉的事，不应该有争议。然而事与愿违，由于恩施玉露的品牌价值巨大，不良者视之如唐僧肉，梦想据为己有，寻机提出争议，并死缠烂打。

恩施玉露商标注册的波折，与恩施玉露茶产业协会成立时的天气刚好对应。协会成立当天，少见雪花的恩施市城区银装素裹，与会者都开心地认为是"瑞雪兆丰年"的兆头，品牌会步入发展快车道，但后来事件的发展却注定与美好的期待背道而驰。协会成立后的恩施玉露商标注册陷入旷日持久的争议之中，"好事多磨"似乎是成功的标配。

// 1. 异议

恩施玉露地理标志证明商标的注册没能按正常流程在初审公告（图 5-15）结束后进入注册公告。2009 年 6 月 22 日，距初审公告期满还有 5 天，湖南岳阳市北港茶厂以"恩施玉露 ENSHIYULU 及图"地理标志证明商标与引证商标"玉露"近似为由向国家工商总局商标局提出异议。恩施玉露茶产业协会收到商标代理机构转来的《商标异议答辩通知书》时，才知道湖南岳阳市北港茶厂已注册"玉露"商标。

● 图 5-15　商标网公示的恩施玉露商标注册信息

（1）异议方的理由。

岳阳市北港茶厂在提交的《商标异议理由书》中提出异议的理由有五条。

一是"玉露"商标和"玉露及图"注册商标为异议人所创，并早已成为行业内所熟知的商标。异议人在茶叶商品上使用"玉露"商标长达 30 年，其生产的"玉露"牌茶叶在岳阳市的茶叶评比中多次获奖，"玉露及图"于 2000 年获得国家工商总局商标局第 1387674 号商标注册，"玉露及图"商标图形于 2008 年 8 月 4 日取得国家版权登记。

二是被异议人所申请的证明商标不符合现行《商标法》第三条第三款及《集体商标、证明商标注册和管理办法》第七条的规定。恩施市人民政府 2006 年向国家质量监督检验检疫总局申请对恩施玉露实行地理标志产品保护，保护范围为芭蕉侗族乡、舞阳坝街道办事处现辖行政区域，而在向国家工商行政管理总局商标局申请注册证明商标的文件中，将保护范围扩大到十六个乡镇、街道办事处，同样是对恩施玉露申请地理标志产品保护，保护范围差距巨大，因而不能证明恩施玉露具有地理标志产品所要求的特定质量、信誉或其他特征，不具备注册为证明商标的条件。

三是异议人在注册商标"玉露及图"完全具有识别商品来源的显著特征，不属于现行《商标法》第十一条第一款（一）项规定的不得作为商标注册的本商品通用名称。"玉露"不是茶叶类商品的通用名称，异议方2000年"玉露及图"商标注册时在公告期内，被福建省福州市文武雪峰农场有限公司以"玉露"为该公司独创为由提出异议，而在此期间恩施市根本不存在"玉露"这一茶叶商品。

四是被异议人申请注册的被异议商标是在有意识的淡化异议人所专用的"玉露及图"注册商标。被异议人成立时间为2008年1月，其成员企业使用"恩施玉露"商标的时间是2007年，而岳阳市北港茶厂"玉露"商标使用达30年之久，被异议人恶意使用异议人专用商标大肆进行广告宣传，杜撰"玉露"与恩施的关系，被异议人及恩施市政府、相关企业的行为已严重侵犯了异议人的合法权益。

五是被异议人申请已注册的被异议商标，违反诚实信用原则和现行《商标法》及相关司法解释的规定。异议人所有的"玉露"和"玉露及图"商标在市场上已经使用数十年之久，并因质量优异屡获殊荣，被异议人作为同行不可能不知晓。

（2）对异议理由的分析评判。

对《商标异议理由书》中的内容进行客观公正的分析评判，第一条算是一个理由，但这个理由于熟悉《商标法》的人来说不是问题，"玉露及图"和"恩施玉露ENSHIYULU及图"是两个不同性质的商标，这一条在恩施玉露的相关证明材料面前不值一提。但对于一般人来说则是很严重的问题，"玉露及图"商标早已注册是事实，这是异议的依据。第二条是被对方抓住的漏洞，恩施市人民政府在向国家质量监督检验检疫总局和国家工商行政管理总局商标局申请地理标志保护时，分别划定保护范围，这两个范围的差距的确巨大，对范围不同进行解释需要大量的专业知识，但工商部门只会对自己的职权范围负责。第三条和第四条纯属胡搅蛮缠，第五条则是拿大帽子压人。

（3）异议答辩。

在明确异议内容后，2009年8月，恩施玉露茶产业协会向国家工商总局商标局提交异议答辩材料，对异议方的异议理由逐条提出证据进行驳斥。

（4）客观公正的裁定。

2010年3月15日，国家工商总局商标局裁定：异议理由不成立，第6761802号"恩施玉露ENSHIYULU及图"商标予以核准注册。

// 2. 异议复审

2010 年 4 月 19 日，岳阳市北港茶厂不服国家工商总局商标局裁定，向国家工商总局商标评审委员会提出异议复审申请。

（1）异议复审理由。

在《商标异议复审申请书》中，岳阳市北港茶厂的理由从五条变为四条，第一、二、四条基本没有变化；第三条除原有内容外，还着重说明"玉露及图"组合商标具有显著性，其一，文字部分"玉露"起主要识别作用，其二图形设计与文字更具关联性；原来的第五条则没有出现。

（2）蹊跷出现。

2010 年 7 月 12 日，长沙玉露企业营销策划有限公司向国家工商总局商标评审委员会声明，"玉露及图"已由岳阳市北港茶厂转让给长沙玉露企业营销策划有限公司，岳阳市北港茶厂 2010 年 4 月 19 日申请的第 6761802 号"恩施玉露ENSHIYULU 及图"证明商标异议复审由长沙玉露企业营销策划有限公司承担一切权利及义务。

（3）答辩。

2010 年 12 月，恩施玉露茶产业协会对长沙玉露企业营销策划有限公司提起的商标异议复审进行复审答辩，只是这时的资料基本上是现成的。

（4）意料之中的裁定。

2012 年 3 月 2 日，国家工商总局商标评审委员会下达《关于 6761802 号"恩施玉露 ENSHIYULU 及图"异议复审裁定书》裁定，被异议商标予以核准注册。

// 3. 诉讼

2012 年 4 月 28 日，长沙玉露企业营销策划有限公司对商标评审委员会裁定不服，向北京市第一中级人民法院提起诉讼。国家工商总局商标评审委员会为被告，恩施玉露茶产业协会为被告第三人。2012 年 7 月 4 日，恩施玉露茶产业协会接到北京市第一中级人民法院寄来的《行政举证通知书》和长沙玉露企业营销策划有限公司的诉状。

（1）原告诉求。

原告长沙玉露企业营销策划有限公司在行政起诉状中对国家工商总局商标评审委员会提出三方面的认定事实错误和两方面的适用法律错误。即"恩施玉露"与"玉露"使用在茶叶商品上不构成近似商标是明显错误的；未查明"恩施玉露"出处和起源；对"玉露"是否为茶叶或某一类茶叶的通用名称不予查明，对这一关键问题予以回避；商标法第三条规定，商标注册人享有商标专用权，"恩施玉露ENSHIYULU及图"与原告"玉露及图"的商标专用权产生冲突；商标法第十条第二款、第十一条适用不当，"玉露"并非茶叶的通用名称，而是原告受法律保护的使用多年的注册商标，注册"恩施玉露"为证明商标严重违反《商标法》的立法宗旨。

（2）反驳依据。

恩施玉露茶产业协会对于起诉状中原告提出的依据没有太大压力，除将异议时的所有证明材料重新梳理外，又将对原告（包括岳阳市北港茶厂）的实际调查内容进行分析整理，形成证据。好在恩施玉露茶产业协会感觉对手诡异，于2011年5月下旬对长沙玉露企业营销策划有限公司和岳阳市北港茶厂作了调查，弄清了对方底细。更为有利的是，省农业厅经作站调研员、推广研究员宗庆波提供的安徽农学院主编的《制茶学》中有"我国的蒸青绿茶，分为玉露和煎茶。玉露茶产于湖北恩施和四川巴岳等地……"的论述，证明玉露是茶叶的通用名称。同时也有不放心的地方，恩施市人民政府在向国家质量监督检验检疫总局和国家工商总局商标局申请地理标志保护时，分别划定保护范围，这两个范围的差距的确很大。在国家工商总局这不是问题，无论是商标局还是商标评审委员会都不会理会，但到了法院就不一样了，法院必须对原、被告双方的证据进行判定，只要原告提出来，被告就应该进行答辩。解释不是问题，只是从业务角度解释太复杂。对于涉及两大国家机关的专业问题，也必须做好准备。在异议和异议复审中对此问题也有陈述，但那时是资料对资料，双方并不见面，因而仅仅只对两个地理标志产品保护的定义做了描述，把两个地理标志产品保护范围不同的合法性表达出来太难了。这次是双方在法庭上当面对质，必须要有一个通俗易懂的解释。苏学章作为协会秘书长，必须要对法官作出解释。通过反复学习相关地理标志产品保护内容，终于有了一个大致的脉络：国家质量监督检验检疫总局的地理标志产品保护是基于产品的发源地，而且在2005年7月15日前就叫"原产地域产品保护"，保护的是源头、老产区，也就是说保护的对象是"古董"；工商部门的地理标志产品保护所保护的范围是生产合格商品的区域，商标保护的对象是商品；同时还有农业部的地理标志产品保护，它所保护的范围是能够生产合格产品的区域。

2013年7月11日，恩施玉露茶产业协会向北京第一中级人民法院提交了《关于6761802号"意见陈述书"》和《制茶学》的相关摘页复印件。

（3）担忧。

恩施玉露茶产业协会在做好充分准备的情况下，仍有一个担忧，就是同样作为被告的国家工商总局商标评审委员会是否会认真对待庭审，因为这场"官司"的输赢关系到"恩施玉露"的生死存亡。于是在开庭前，恩施玉露茶产业协会秘书长苏学章和湖北联信律师事务所鲁诚律师先行到商标评审委员会沟通，得到的答复是"已准备充分，全力应对"，这一下就让人完全放心了。

（4）庭审。

2012年9月14日是北京市第一中级人民法院通知的开庭时间。苏学章和鲁诚律师以被告第三人代理人身份提前到达指定的二区二法庭，随后商标评审委员会代理人尤丽丽也到达。在审理"恩施玉露"过程中，原告拿出了几件他们认为很有分量的证据：一是将商标局领导到恩施指导地理标志证明商标工作定义为"上下勾结，用不正当手段注册"；二是《恩施日报》报道恩施市为"恩施玉露"商标注册，前后总费用为上百万元，是非法操作；三是湖北省工商局分管商广的领导和商广处干部因违纪被查，说明湖北省商标注册存在问题。审判长一一核实：商标局与商评委有关系吗？被告是商评委还是商标局？恩施将注册商标的费用用于非法操作的证据是什么？请提交。湖北省工商局被查处的事件与本案有什么关系？请提供证据。原告对这三个问题都是臆想，何谈证据，但在法庭上还想争辩，审判长迅速制止，表示有新的证据请出示，没有新的证据则将现有资料收入卷宗。接着审判长向被告提问，商评委的代理人尤丽丽作答，但问到商标与国家质量监督检验检疫总局的地理标志产品保护范围为什么不一致时，尤丽丽被问住了，于是由苏学章作答。由于已见识了审判长干净利落的作风，苏学章只能改变回答方式，不用专业知识去解释两个地理标志有什么区别，而改以常识作答。于是回答："国家工商总局商标评审委员会和国家质量监督检验检疫总局是两个履行不同职能的国家机关，他们只会对职责范围内的事件作出行政行为，两家的地理标志产品保护只是名称近似，内容根本不同，保护范围自然也不一样。"审判长听了答复后又问尤丽丽对两种地理标志产品保护的看法。尤丽丽说："不是一码事。"针对两种地理标志产品保护的范围不同的问题，用"本就相同"回答"为什么不同"，看似答非所问，实则否定所问，既然问题本身错误，问题就不是问题了。庭审很快就结束了，从审判长的提问和双方答辩可知，恩施玉露茶产业协会已胜券在握。

（5）判决。

2012年12月15日，北京市第一中级人民法院做出判决，维持国家工商总局商标评审委员会做出的商评字〔2012〕第09875号关于第6761802号"恩施玉露ENSHIYULU及图"商标异议复审裁定；案件受理费100元由原告长沙玉露企业营销策划有限公司负担。

// 4. 再当被告

2013 年 1 月 20 日，长沙玉露企业营销策划有限公司不服一审判决，向北京市高级人民法院上诉。2013 年 5 月 7 日，北京市高级人民法院受理并组成合议庭。

2013 年 7 月 2 日，北京市高级人民法院公开开庭审理此案。湖北联信律师事务所鲁诚律师作为恩施玉露茶产业协会的代理人应诉，商标评审委员会未到庭，原告方也只委托律师到庭应诉。这次原、被告和被告第三人的出庭情况表达了各方此时的心态：国家工商总局商标评审委员会认为自己的裁定无懈可击，没有必要继续耗费时间和精力；原告方是不甘，虽屡战屡败已再无斗志，但已到最后一步也不愿主动认输，上诉本来就只是表明态度，并不抱希望；恩施玉露茶产业协会则是胸有成竹，通过多场较量已知对手黔驴技穷，而通过调查已完全掌握对手底细，更重要的是通过反制措施，原告方商标已被撤销（后文将介绍），胜利毫无悬念，律师代理出席只是表示对法庭和对手的尊重。由于被告的缺席，法庭上只有两个律师对阵，原告也没有什么新的证据可提供，而恩施玉露茶产业协会当庭提交了国家工商总局商标评审委员会商标争议裁定书。但原告对这一证据表示不认可，称已对该裁定提起行政诉讼。这一信息表明争端还将继续，只是角色发生转换。

2013 年 7 月 5 日，北京市高级人民法院做出终审判决，驳回上诉，维持原判；一审、二审案件受理费各 100 元，均由长沙玉露企业营销策划有限责任公司负担。

恩施玉露商标争议历时五年，至此走完了全部法律程序，恩施玉露茶产业协会完胜。

 三、疑问和真相

恩施玉露商标注册工作艰难曲折，对手狡黠异常，行事手法老道而对恩施又了如指掌，一度让恩施玉露茶产业协会感到巨大的压力。被动挨打的局面不能再继续，只有了解对手，知己知彼，才能主动出击，取得胜利。

// 1. 疑点

（1）异议的针对性强。

2009 年 3 月 27 日，"恩施玉露 ENSHIYULU 及图"地理标志证明商标注册公告，公告期三个月，即 6 月 26 日完成。然而在只剩 5 天的时候，即 6 月 22 日，岳阳市北港茶厂向国家商标局提出异议，在引证商标"玉露"注册之后、"恩施玉露

ENSHIYULU 及图"地理标志商标注册之前，相继有包括恩施州所辖区域在内的多件有"玉露"标识的商标被公告，如"咸丰玉露"等，对方都没有提出异议，而仅仅只对恩施玉露提出异议。

（2）异议人对恩施和恩施玉露太了解。

在应对异议复审的过程中，相关人员始终感觉对方有一双眼睛在盯着，恩施市内做的广告，本地报刊的相关报道，市内组织的相关活动对方都作为证据罗列。同时异议理由书中将恩施市人民政府对国家质量监督检验检疫总局和国家工商总局所出的文件内容都一字不漏地作为证据罗列出来，这件事在恩施都少有人知晓，即使是从事茶叶行业的人也不会知道得如此详细，连时间、文号和内容都非常清楚，连专门从事此项工作的人都自愧不如，可见对方神通广大，完全不像是一个外省企业的作为。

（3）异议复审产生的疑点。

2010 年 4 月 19 日，长沙玉露企业营销策划有限公司提出异议复审申请。恩施玉露茶产业协会在接到国家工商总局商标评审委员会寄来的通知和资料后有点疑惑，与我方有争议的是岳阳市北港茶厂，怎么变成长沙玉露企业营销策划有限公司了？从后续对方提供的资料得知，"玉露"商标于 2009 年 4 月 3 日转让给了长沙玉露企业营销策划有限公司。岳阳市北港茶厂为什么要把一个自己正在发起争议的商标转让出去，企业对商标看得很重要才会发起异议，无关紧要的商标才会转让，这太反常了。而长沙玉露企业营销策划有限公司通过转让得到一个存在争议的商标，其价值何在？意义何在？

（4）联系地址和联系人的诡异。

在商标异议申请书中，异议人为岳阳市北港茶厂，而异议人通信地址却是湖南省长沙市天心区暮石路新田 999 号田心桥空军航院，邮编和电话也是长沙市的，联系人和缴纳争议费用的人都是胡××。岳阳市的事由长沙人来办理，这本身已经不太合常理了。更让人匪夷所思的是，在商标持有人变更后，联系人和联系地址却毫无变化。

// 2. 查明真相　知己知彼

面对众多的疑团，恩施玉露茶产业协会决定发起反击，调查对手，查明真相，做到知己知彼，有的放矢。恩施玉露茶产业协会组织相关人员成立调查组，前往湖南一探究竟。

（1）长沙调查。

2011 年 5 月 24 日，经过在长沙实地调查，得出意想不到的调查结果：

对方注册地"长沙市开福区马栏山分场四组"是一个宽泛的地方，就像北京的王府井、武汉的汉口北一样，现在的马栏山分场四组地处长沙市的开发区，高楼林立。因无详细经营场所地址，经与当地居民和商户交谈，无人知道有这么一个公司存在，企业经营状况调查无法进行。

在现场调查无果的情况下，调查小组一行来到了长沙市开福区国税局，经国税局查证无该企业税务登记记录，于是找到开福区地税局，亦无该企业税务登记记录。调查人员经多方打听，查到该企业负责人联系方式，通过长沙当地土特产品经销商与负责人联系，询问其经营场所地址和经营产品时，该负责人却百般搪塞，不提供地址，只称其基地在恩施太阳河，调查小组发现其中猫腻。

多番打听无果，调查小组又来到长沙市工商行政管理局开福分局，工商局的工作人员也不清楚其详细经营地址，在调查小组出示恩施州工商局介绍信后，该局办公室负责人带领调查小组到档案室调出该企业相关登记的档案资料，有了意想不到的收获：

① 长沙玉露企业营销策划有限公司股东异常。

该企业股东共 4 人，公司由章×（身份证 43011119×××××4011）、罗××（身份证 42280119×××××0812）、黄××（身份证 42280119×××××321X）、胡××（身份证 42280119×××××3216）四人每人出资 2.5 万元组建，法定代表人章×。其中有 3 个股东身份证以"422801"开头，这正是恩施市户籍居民身份证号码的前六位数，由此确定有 3 人系恩施人，该 3 人股份之和占该公司股份的 75％。

② 长沙玉露企业营销策划有限公司成立时间蹊跷。

长沙玉露企业营销策划有限公司于 2009 年 3 月 26 日注册，"玉露"商标转让信息在国家商标局进入待审状态时间为 2009 年 4 月 3 日，从公司成立到商标局受理转让只有短短 8 天时间，按代理行业常规，在无任何耽误的前提下，其邮寄和录入时间就接近 6 天，如果不是事先预谋，按程序是根本完不成的，从时间差可见其具有针对性。

③ 企业未年检。

从长沙市工商行政管理局开福分局信息中心了解到，长沙玉露企业营销策划有限公司自公司注册截至取证时未参加企业年检，按照常规推断，该企业在此期间没有开展经营活动，更进一步说明该企业法律意识淡薄，其成立的目的就是针对"恩施玉露"。

（2）岳阳调查。

2011 年 5 月 25 日，调查组前往岳阳调查。"玉露"商标原持有人岳阳市北港茶厂，注册地洛王，其地址与长沙玉露营销策划有限公司一样，洛王是一个大致方位，且现在已是岳阳的经济开发区，这里高楼林立，交通繁忙。调查组在开发区转了一圈，不仅不见茶园，也不见茶厂。询问多位当地人都不清楚该茶厂，就连当地辖区工商部门也不知其经营场所，当地城区的主要茶市也无该企业产品出售，更无与玉露相关的茶叶产品，由此说明该商标并未使用。

（3）资料分析。

调查组回到恩施后对调查获得的信息进行整理和检索，从中找到关联。

① 从公安部门核实：章×，长沙人；罗××，恩施市区户籍；黄××，男，户籍地址恩施市太阳河乡；胡××，男，汉族，原籍恩施，现户籍所在地长沙。

② 从恩施市工商部门的资料中发现，长沙玉露企业营销策划有限公司一股东疑似恩施某商标事务所负责人。

③ 经资料核对发现，争议的联系人胡××，姓名和身份证号码与长沙玉露营销策划有限公司股东之一的胡××完全一致。此人本是恩施人，现住湖南省长沙市天心区。岳阳的企业联系地址在长沙，而且商标持有人变更后，联系人和联系地址毫无变化的原因就真相大白了，此人正是整个事件的联络人。

④ 综合判断。

通过获取的资料综合分析，对事件的来龙去脉有了大致的勾画：恩施市在打造恩施玉露品牌的过程中，一些别有用心的人打起了歪主意，当他们得知恩施玉露茶产业协会启动恩施玉露地理标志证明商标注册时，具有商标知识的人通过国家工商总局商标局网站查到相关信息，当他们发现湖南岳阳北港茶厂已注册与"恩施玉露"同属 30 类的"玉露"商标时，认为机会来了。于是就导演"异议"的闹剧：他们找到岳阳市北港茶厂，但这个厂已没有正常生产经营，于是他们就全部包揽，为掩人耳目，由身在长沙的胡某负责联系，身在恩施又有商标知识的人负责搜集所谓的证据。考虑北港茶厂状况和自身利益需求，在异议开始动议时即着手把北港茶厂的"玉露及图"商标转到自己手上。为使事情做得合乎逻辑又便于操作，他们在长沙注册了一个长沙玉露企业营销策划有限公司，以真正的长沙人章某当法定代表人；胡某负责联系和操作。

⑤ 时间节点。

2009 年 3 月 26 日，长沙玉露营销策划有限公司成立。

2009 年 4 月 3 日，第 1387674 号"玉露及图"商标转让中。

2009 年 6 月 22 日，国家工商总局商标局收到岳阳市北港茶厂《商标异议理由书》。

2010 年 6 月 22 日，商标转让完成。

2010 年 7 月 12 日，国家工商总局商标评审委员会收到长沙玉露营销策划有限公司关于"玉露及图"商标转让及异议复审声明。

由此看出，所谓异议就是几个别有用心的人自导自演的一出闹剧，事件的主体岳阳市北港茶厂只是一个幌子，仅利用其残存的名称。而在商标转让完成后，闹剧的组织者自己粉墨登场了。

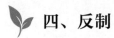 四、反制

2010 年 8 月，针对长沙玉露企业营销策划有限公司的恶意争议，恩施玉露茶产业协会决定启动反制措施，变被动为主动，以其人之道，还治其人之身。

// 1. 向对方"玉露及图"注册商标发起争议

2010 年 9 月 3 日，恩施玉露茶产业协会委托湖北正扬商标事务有限公司代理，对长沙玉露企业营销策划有限公司的第 1387674 号"玉露及图"注册商标发起争议。以对方商标注册不当为由，请求国家工商总局商标评审委员会撤销第 1387674 号"玉露及图"商标。同时提交第 6761802 号"恩施玉露 ENSHIYULU 及图"商标驰名的证据，并请求同时认定第 6761802 号"恩施玉露 ENSHIYULU 及图"为"中国驰名商标"。2010 年 9 月 3 日，形成《注册商标争议裁定申请书》，送交国家工商总局商标评审委员会，在完成对长沙玉露企业营销策划有限公司和岳阳市北港茶厂的调查后，有针对性地补充资料，将资料提交国家工商总局商标评审委员会。2011 年 9 月 9 日，国家工商总局商标评审委员会正式受理第 1387674 号"玉露及图"注册商标争议案。

2013 年 1 月 28 日，国家工商总局商标委员会做出《关于第 1387674 号"玉露及图"商标争议裁定书》（商评字〔2013〕第 02639 号），裁定争议商标予以撤销。这就意味着恩施玉露茶产业协会取得商标维权的又一重大胜利，长沙玉露企业营销策划有限公司在这次商标争夺战中，落得鸡飞蛋打的结局，不仅没占到丝毫便宜，还失去了花钱买来的商标。但这次裁定对"中国驰名商标"的主张以"不属于本评审范畴"未得到支持。

// 2. 三当被告轻松应

2014 年 7 月 16 日，恩施玉露茶产业协会收到北京市第一中级人民法院通知，长沙玉露企业营销策划有限公司对国家工商总局商标评审委员会做出的《关于第1387674 号"玉露及图"商标争议裁定书》（商评字〔2013〕第 02639 号）不服，提出行政诉讼，恩施玉露茶产业协会为被告第三人。只是争议的商标发生了变化。

对于这次的应诉，恩施玉露茶产业协会毫无压力，因为理在我方，结果不言而喻。退一万步说，即使输了，也不失去什么，更不会影响"恩施玉露"商标，应诉就是表达对国家工商总局商标评审委员会的感谢和对法律的尊重。

2015 年 1 月 29 日，长沙玉露企业营销策划有限公司诉国家工商总局商评委《关于第 1387674 号"玉露及图"商标争议裁定书》一案开庭，恩施玉露茶产业协会安排苏学章和律师鲁诚参加应诉。开庭时间定于 2015 年 1 月 29 日，当时华中地区正是降温降雪的恶劣天气，飞机、火车等交通都受影响。为确保按时参加诉讼，1 月 28 日二人乘最有把握的高铁到达北京，也因大雪冰冻晚点两小时。1 月 29 日下午 3 时二人提前到达应诉地点，却被告知原告因大雪导致飞机延误推迟到 17 时开庭，到了 17 时又说原告所乘飞机还未到，最后等到 19 时才说原告到了，19 时零7 分才正式开庭。这次原告仍然只有一名代理律师到庭，被告由国家工商总局商评委审查员黄会芳代理出庭，恩施玉露茶产业协会则由秘书长苏学章和律师鲁诚出庭。在法庭上，原告声称对第 1387674 号"玉露及图"商标争议裁定不知情，是2013 年 7 月 2 日才从恩施玉露茶产业协会提供的证据中得知消息。被告代理人黄会芳出示了邮寄裁决书的邮政快递退回原物和在商标网上的送达公告，表示未收到是原告原因，原告认为寄送地址应该是联系人而不是公司地址，商标网是内部网站，不能视为送达。庭审进行了大约 40 分钟。

2015 年 10 月 20 日，北京市第一中级人民法院做出"驳回原告长沙玉露企业营销策划有限公司诉讼请求"的判决。判决书的总结性结论为："综上，被告商标评审委员会做出的被诉裁定程序违法，但结果正确。"

// 3. 四当被告方，结局圆满

2016 年 3 月，长沙玉露企业营销策划有限公司不服一审判决，向北京市高级人民法院上诉。恩施玉露茶产业协会第四次作为被告第三人应诉。

2016 年 5 月 30 日，北京市高级人民法院公开开庭审理此案。原告方委托律师到庭，被告方由委托代理人黄会芳出庭，恩施玉露茶产业协会由湖北联信律师事务所鲁诚律师为委托代理人出庭，苏学章虽然到庭，却没有坐到被告第三人的位置上，而是以旁听者身份出席。

这次庭审原、被告和被告第三人都没有新的证据提供，只是原告在陈述中认为第 1387674 号"玉露及图"商标中的"玉露"不具有显著性，而"图"才是商标的主要部分，起主要识别作用，与其在对"恩施玉露及图"的争议中的说法完全相反，稍有常识的人都会认为其说法是牵强附会、胡搅蛮缠。

2016 年 6 月 23 日，北京市高级人民法院做出终审判决：驳回上诉，维持原判。在判决书的总结性结论为："综上，原判决认定事实清楚，适用法律虽有不当，但其裁判结论正确，本院在纠正其相关错误的基础上对其结论予以维持。长沙玉露公司的部分上诉理由虽然成立，但其上诉请求不能成立，本院不予支持。"

恩施玉露茶产业协会向长沙玉露企业营销策划有限公司"玉露及图"商标发起的反制行动虽然逢战必胜，但作出裁决或判决的机关在裁决或判决时都存在瑕疵。商标评审委员会做出的裁定"程序违法"，北京市第一中级人民法院做出的一审判决"适用法律不当"。这些"瑕疵"反证恩施玉露品牌无懈可击，"瑕不掩瑜"，任何"瑕疵"都不会影响结果。

围绕"恩施玉露"和"玉露"的商标之争，自 2008 年 5 月"恩施玉露"地理标志证明商标申请注册始，至 2016 年 6 月"玉露"商标二审终审判决止，历时 8 年有余，可谓历尽艰辛，走过愤怒、痛苦、迷茫、思考、求索、振奋和欢笑的过程，最终以喜剧性的结局落幕，意愿达成、善恶有报，这才是理所应当的结局。

五、恩施玉露商标之争成为商标争议的经典案例

在恩施玉露品牌之争结束后，人们对这场旷日持久的争夺战进行分析，无不认为恩施玉露茶产业协会组织的证据翔实充分，诉求有理有据。而国家工商总局商标局、商标评审委员会裁决结论准确无误，法院判决精妙，是不可多得的经典案例。专家学者就恩施玉露商标之争又形成了一轮理论讨论，相关网站都能找到相关的论文，中国法院网的文章中也将"恩施玉露 ENSHIYULU 及图"商标争议案作为案例介绍。

第八节 恩施玉露品牌整合和品牌使用权之争

一、恩施玉露品牌整合

恩施玉露品牌整合是 2009 年提出的，整合的依据是《中华人民共和国商标法》《中华人民共和国工商行政管理总局关于证明商标集体商标管理办法》《恩施玉露茶产业协会章程》《"恩施玉露"地理标志证明商标使用管理规则》，以及省农业厅专家组拟定的《关于发展恩施茶产业 整合恩施玉露品牌的工作方案》。在恩施玉露被认定为"湖北第一历史名茶"后，恩施玉露地理标志证明商标注册工作有序开展，恩施玉露作为恩施最有文化底蕴、最有社会价值的品牌，其管理使用是一个必须认真对待的课题。为此恩施玉露茶产业协会和恩施市润邦国际富硒茶业有限公司于 2009 年底分别拟定了《恩施玉露品牌整合方案》《恩施玉露品牌整合意向协议》。

恩施玉露茶产业协会的《恩施玉露品牌整合方案》明确"恩施玉露品牌整合围绕证明商标，实行稳步推进"，"商标使用由协会进行监管，对有问题的企业限期整改，整改不合格的企业则取消许可，退出使用。鼓励品牌使用好的企业实行强强联合，组建企业集团"。整合按"六统一"的原则进行，即统一商品名称、统一加工工艺、统一质量标准、统一包装、统一宣传推广、统一价格体系。方案建议以恩施市润邦国际富硒茶业有限公司为龙头，联合现有具备加工恩施玉露能力的企业组建恩施玉露集团，对外统一打造恩施玉露品牌，集团下各加盟企业作为分厂，实行独立核算，扶持政策由分厂享受，政府奖励按税收核算分配到分厂。恩施玉露集团在证明商标正式注册前就开始运作，并参与标准修改、技术规程制定。

恩施市润邦国际富硒茶业有限公司是恩施玉露的领军企业，牵头从企业入手的品牌整合工作。据中国硒都网 2009 年 3 月 17 日报道：2009 年 3 月 16 日，润邦公司负责人与 9 家合作企业负责人就如何保护恩施玉露品牌、做大做强企业进行座谈。恩施玉露茶产业协会会长、恩施市人大常委会常务副主任李明东、副市长何慧出席座谈会。当日恩施市屯堡乡华智茶厂老板谭明智与恩施市润邦国际富硒茶叶有限公司董事长张文旗签订合作协议，至此，恩施市已先后有 9 家茶叶加工企业以合作方式并入润邦公司旗下。此举是恩施市整合恩施玉露品牌的第一步。

恩施市润邦国际富硒茶业有限公司起草了《恩施玉露品牌整合意向协议》，规定了合作企业的条件、合作双方的权利义务，并明确违约责任。在品牌整合方案和品牌整合意向协议讨论稿出台后，市委市政府高度重视，多次组织企业和相关部门讨论、修改，使参与企业、市直相关部门和恩施玉露茶产业协会在依法依规的前提下达成共识。

2010 年州委 1 号文件明确将"思乐""恩施玉露""大山鼎"和"清江源"分别作为恩施州的畜物产业、茶叶产业、蔬菜产业和烟叶产业的品牌给予重点支持。

2010 年 3 月 7 日，副州长董永祥主持召开茶叶品牌整合专题会议，相关县（市）分管茶叶（农业）的领导和企业负责人，州农业局、工商局领导参加，恩施市农业局张自树和苏学章列席。会议第一个议程是李国庆副书记汇报恩施玉露品牌建设情况及品牌整合意见。然后是恩施市润邦国际富硒茶业有限公司董事长张文旗汇报恩施市企业合作整合情况，州内茶叶重点企业和县（市）分管领导也作了发言，州（市）相关部门作表态发言。副州长董永祥拍板：一是整合打造品牌势在必行；二是明确基本方向和路线图，即恩施州茶叶品牌高举恩施玉露旗帜，按现代企业制度组建湖北恩施玉露集团有限公司；三是明确工作时间表，3 月 20 日前锁定加盟企业名单，4 月 10 日前全部运作到位；四是加强领导，组建专班。

2010 年 3 月 8 日，工作专班进行分工，章程起草由恩施市润邦国际富硒茶业有限公司董事长张文旗负责；子公司、参与企业资质审查由州农业局经作科科长吕宗浩、市农业局副局长苏学章负责；公司注册由州农业局副局长吕世安、州工商局副局长于礼安负责。3 月 9 日至 23 日，吕宗浩、苏学章、胡兴明一道赴恩施、咸丰、利川、巴东、宣恩审核相关茶叶企业，对企业的厂房、设备进行现场核定。4 月 28 日，向州委、州政府提交了《恩施玉露集团建设情况》汇报材料，其主要内容如下。

// 1. 集团公司成立的软硬件准备

（1）明确恩施玉露集团是以恩施润邦国际工贸有限公司为母公司，地址在湖北省恩施市体育路恩施茶市 12 号，母公司注册资本 1000 万元人民币。

（2）成立控股子公司。

恩施市润邦国际富硒茶业有限公司，公司地址：湖北省恩施市芭蕉侗族乡居委会，注册资本：500 万元。

恩施市清雅茶业有限公司，公司地址：湖北省恩施市体育路茶叶市场 12 号，注册资本：10 万元。

恩施市玉绿茶业有限公司，公司地址：湖北省恩施市芭蕉侗族乡灯笼坝村，注册资本：10万元。

（3）拟定了集团公司章程，章程经州、市农业局、工商局修改，只待加盟企业会议讨论通过。

// 2. 加盟企业状况

（1）设备齐全、有生产恩施玉露能力的企业4家：恩施市润邦国际富硒茶业有限公司、恩施市怡茗有机茶科技开发有限公司、恩施市硒露茶业公司、恩施市壶宝茶厂。

（2）有一定规模且厂房面积达标，但缺少蒸汽杀青机，暂无"恩施玉露"生产能力的企业9家：恩施市华智有机茶有限公司、恩施晨光生态农业发展有限责任公司、恩施市花枝山生态农业开发有限责任公司、恩施清江茶业有限责任公司、利川市飞强茶业公司、恩施馨源生态茶业公司、咸丰县人头山茶叶公司、湖北金果茶业有限公司、湖北康乾贡羽茶业有限公司。

（3）完全不达标企业5家。

// 3. 提出建议

（1）集团成立时将有规模、符合茶叶生产条件的企业作为子公司，先进入，再完善提高，即将第一类和第二类的企业纳入集团，成为恩施玉露集团的首批成员企业。

（2）对具备生产恩施玉露的企业实行生产许可，由集团向恩施玉露茶产业协会申请使用"恩施玉露"证明商标。恩施玉露品牌管理委员会核准恩施玉露生产资格文件。

（3）对进入集团还不具备生产恩施玉露能力的企业限期整改，2010年12月底必须达到生产"恩施玉露"的要求和标准，否则勒令退出集团公司。

2010年4月30日，恩施润邦国际工贸有限公司更名为恩施玉露集团有限责任公司，恩施玉露集团成立。

// 4. 集团挂牌

2010年5月17日，恩施玉露茶业集团和恩施玉露茶叶集团有限公司挂牌，省农业厅副巡视员徐泽清、副州长董永祥、州政协副主席陈晓燕、市委书记谭文骄参加揭牌仪式。恩施玉露品牌在政府支持下，进入集团化运作，品牌整合貌似进入佳境。

// 5. 无疾而终

恩施玉露集团成立后，由于企业的内在合作能力弱，企业管理人员认识不一，而政府又不便于介入企业的具体商业运作，企业加盟谈判进入拉锯战，虽然动作频频，但均有花无果，至今无一家真正加盟的企业，轰轰烈烈的品牌整合无疾而终。

二、品牌使用权冲突

// 1. 恩施市润邦国际富硒茶业有限公司是冲突的核心

作为恩施玉露品牌恢复的重要参与者，恩施市润邦国际富硒茶业有限公司对恩施玉露成为公共品牌的结果无法接受，冲突自然在所难免。按当时人们对恩施玉露的了解，它就是恩施市润邦国际富硒茶业有限公司的品牌，该公司参与了品牌建设的全过程，润邦与恩施玉露已密不可分。但法律必须遵守，《商标法》规定证明商标和集体商标不能独家使用，就必须严格执行。

在这种情况下，政府肯定要依法依规对品牌进行管理使用，再不谈独家使用；恩施市润邦国际富硒茶业有限公司很憋屈，领导表态、政府发文、公众认知、自身努力都是冲着独家使用，最后却迈不过法律这道坎。

// 2. 媒体的推波助澜

推动冲突的不是政府，不是润邦公司，也不是协会，而是媒体。这里摘录几个2011年媒体报道片段。

（1）长江日报消息：三家“恩施玉露”打擂茶博会，商标权争执不清。

在第四届茶博会上，记者发现三家“恩施玉露”同台打擂，究竟谁拥有“恩施玉露”商标权，商家各执一词。

走进茶博会的大门，润邦茶业打出的“恩施玉露”的牌子格外显眼。没走两步，记者却又看见一家“御景恩施玉露”，不远处还有一家“金果恩施玉露”。

（2）湖北日报讯：迷路的恩施玉露——地理标志产品之困。

恩施玉露茶，因特有的蒸青工艺闻名，是我省“第一历史名茶”。地方政府多年前曾谋划，将这个地理标志产品打造成重要的区域名片。然而，人们发现，有着百年传承的恩施玉露，愿景至今未能变成现实。

（3）湖北日报讯：“恩施玉露”打起官司，润邦诉巴人诚和侵权。

第四届中国武汉茶业博览会暨茶文化节刚刚落下帷幕，一场关于参展品牌"恩施玉露"的侵权官司，已经拉开序幕。17日，恩施州中级人民法院正式下达通知书，受理恩施市润邦国际富硒茶业有限公司诉讼湖北恩施巴人诚和茶业公司产品外观专利侵权一案。

恩施玉露一时间被炒得沸沸扬扬，读者、消费者、商家都犯糊涂。玉露到底是谁的，谁家的玉露才是正宗的，玉露到底有多乱，玉露还可信吗？其实这都是记者不知道恩施玉露是恩施市的公用品牌所致。《长江日报》发现三家"恩施玉露"打擂台实际是恩施有三家"恩施玉露"生产企业参展，是非常正常的事；《湖北日报》的文章则把恩施玉露市场管理问题与恩施玉露品牌使用权混为一谈；《湖北日报》另一篇"恩施玉露"打起官司的报道算是客观的，说的是一件涉及恩施玉露产品包装外观的争议，与恩施玉露品牌无关，但在媒体大肆进行负面报道时出现，极易被误认为是恩施玉露的品牌乱象。

面对媒体的炒作，当时恩施市农业局采用避而不见的处理方式，使得事态更加复杂，本来可借机宣传恩施玉露公用品牌，却变成一团乱麻。活动结束后，为平复负面影响，《恩施晚报》于2011年7月1日C1版刊登了记者王世平的《谁的玉露——恩施玉露商标权之争带来的思考》，客观公正地对恩施玉露品牌作了介绍，端正了恩施玉露品牌的视听。

第九节　恩施玉露商标侵权案

一、恩施大峡谷某农家乐侵权案

2014年8月，恩施大峡谷所在地的恩施市沐抚办事处营上村（大峡谷景区）个体经营者向某在景区边开办恩施玉露山庄，抄袭模仿"恩施玉露及图"商标作为餐厅菜单、广告宣传。其使用范围虽与茶不属同类但均被频繁用于日常生活。

2014年8月7日，恩施玉露茶产业协会以"会员企业的产品与茶馆、餐馆等这两种形式有共同的消费群体和消费渠道，产品之间存在很大的关联性，极易使相关公众消费者产生误认，并误导公众，严重影响'恩施玉露ENSHIYULU及图'商标的品牌形象，损害了会员企业的合法权益"为由，向恩施土家族苗族自治州工商行政管理局申诉。

恩施州工商行政管理局迅速组织调查，固定证据。经查，向某在大峡谷核心景区旁开办农家乐，从事餐饮、住宿业务，为了吸引顾客，使用了恩施玉露作为店名，业主认为自己不经营茶叶，对恩施玉露应该不存在侵权，而在恩施大峡谷建一个恩施玉露山庄，对宣传恩施的三张名片还有帮助。

恩施州工商行政管理局针对业主的解释，运用《商标法》的规定进行宣传教育，使其明白了"恩施玉露 ENSHIYULU 及图"商标一经注册，就受法律保护，未经许可不能使用。业主承诺立即改正并接受处罚。鉴于业主态度很好又无主观恶意，而且及时改正，恩施州工商行政管理局对其从轻处罚，恩施玉露茶产业协会也认为业主本意是好的，只是对法律知识不知晓造成错误，可以和解。

二、巴东某公司非法使用恩施玉露案

2015 年 4 月初，恩施一家获得授权使用"恩施玉露"证明商标的企业在市场上发现，巴东县某茶叶企业将"恩施玉露"标注在其茶叶商品包装上销售（该企业未取得商标授权），于是购买有完整包装的商品两份，并开具注有恩施玉露商品名称的发票，迅速将取得的证据交恩施玉露茶产业协会处理。

2015 年 4 月 7 日，恩施玉露茶产业协会致函恩施市工商行政管理局，投诉巴东某公司的商标侵权行为。恩施工商行政管理局迅速致函巴东县工商行政管理局查处。巴东县工商行政管理局现场调查取证。结论为：巴东某公司在未经"恩施玉露"商标所有权人许可的情况下，于 2013 年 12 月擅自将"恩施玉露"印制在茶叶包装上，作为商品名使用。经查，该企业包装物包括外包装盒 479 个、手提袋 1200个、马口铁罐 4880 个。2014 年至 2015 年 3 月共用上述包装灌装茶叶 91 盒，以 40元/盒的价格投放市场。至案发时已出售 14 盒，余下 77 盒责令当事人召回，后被巴东县工商行政管理局扣押，违法经营额共计 30940 元。巴东县工商行政管理局认为，恩施玉露茶产业协会作为第 6761802 号"恩施玉露 ENSHIYULU 及图"证明商标的注册人，依法对该证明商标享有商标专用权，巴东县某茶业公司侵犯"恩施玉露"注册商标专用权情况属实。该公司的行为构成了《中华人民共和国商标法》第五十七条第（二）项"未经商标注册人的许可，在同一种商品上使用与其注册商标近似的商标的"侵犯注册商标专用权的行为。该局根据《中华人民共和国商标法实施条例》第七十八条和参照最高人民法院、最高人民检察院《关于办理侵犯知识

产权刑事案件具体应用法律若干问题的解释》第十二条关于本解释所称非法经营数额的计算方法，认定当事人生产销售上述侵犯"恩施玉露"注册商标专用权的"某某牌恩施玉露"茶业的非法经营额为 30940 元。2015 年 4 月 28 日，巴东县工商行政管理局依法向当事人送达了《巴东县工商行政管理局行政处罚听证告知书》（巴工商听告字〔2015〕61 号）。当事人在签收告知书后申明不要求听证，但向该局提出了书面申辩意见和请求。

鉴于在该案发生后，当事人积极配合，主动进行整改并充分认识到该行为的严重性。经案件审理委员会研究，当事人具有法定可从轻处罚的情节，故对其从轻处罚的请求予以采纳。2015 年 5 月 5 日，巴东县工商行政管理局向当事人下达了《行政处罚决定书》（巴工商处字〔2015〕100 号），责令湖北巴东某某茶业有限公司立即停止侵权行为，并对其做出如下行政处罚：一、没收销毁侵犯注册商标专用权的带有"恩施玉露"字样的茶叶外包装盒 383 个、手提袋 1050 个、马口铁罐 4605 个，恩施玉露防伪标签 385 枚，××牌恩施玉露茶叶 77 盒。二、罚款人民币 60000 元整。2015 年 5 月 6 日，巴东县工商局向恩施市工商局发出了《关于湖北巴东××茶业有限公司侵犯恩施玉露注册商标专用权案件的处理情况的函》。同日，恩施市工商局向恩施玉露茶产业协会通报了该案办理情况，并转达了该处理决定。

恩施玉露茶产业协会还同时接到了侵权企业法人代表送达的致歉信。恩施玉露茶产业协会认为巴东县工商行政管理局对该案件的处理公平公正，对处理结果表示满意。

第六章
宜红茶

宜红茶是宜红工夫茶的简称。工夫茶，是因为在茶叶初制过程中特别注意条索的紧结完整，精制过程又颇费工夫而得名。"宜红"属红茶类，产于武陵山系和大巴山系境内的湖北宜昌市、恩施土家族苗族自治州和湖南常德市、张家界市、湘西州的二十多个县（市）。宜红工夫茶的品质特点为红汤红叶，具体地说，外形条索紧细，色泽乌润匀调，毫尖金黄。内质香气高锐持久，滋味醇厚鲜爽，汤色红艳明亮，叶底红明，香气馥郁，略带特殊的"甜花香"，类似祁红的高香茶，且茶汤常有"冷后浑"现象，畅销欧美，誉满全球。

宜红茶是湖北西南部、湖南西北部的红茶公共品牌，是我国传统工夫红茶品种之一，同祁红、宁红、滇红一起并称为我国四大外销红茶。随着消费需求的变化，宜红茶为适应市场需要，增加商品种类，现已形成宜红工夫茶、宜红红碎茶和宜红名优茶三大商品类别。

第一节　宜红茶的历史

 一、宜红茶的起源

// 1. 红茶的起源和制作技艺的传播

红茶起源的确切年代已不可考，明朝中期成书的《多能鄙事》在介绍酥签茶的内容中有"红茶末"的记载，然此中记录的酥签茶同明代宋诩所著《竹屿山房杂部》完全一致，但"红茶末"却是"江茶末"，"江茶"是江南诸茶的统称，"江茶末"有出处，故"红茶末"可能为引用刊刻之误，不能作为红茶起源的佐证。清代刘靖在《片刻余闲集》中记载："山之第九曲尽处有星村镇，为行家萃聚所。外有本省邵武，江西广信等处所产之茶，黑色红汤，土名江西乌，皆私售于星村各行。"王国安在其所著《茶与中国文化》一书中说我国最早的红茶生产是从福建崇安的小种红茶开始的。由此说明红茶发源于福建、江西交界之所，福建武夷山为红茶发源地应该是可信的。最初红茶不叫红茶，以其乌黑而称乌茶。

红茶制作技艺的传播是贸易促成的。据有关资料记载，1557年，葡萄牙侵占

澳门后，开始将中国茶带回国。1559 年，威尼斯人拉穆斯奥在《航海旅行记》中记载了中国茶。1610 年，荷兰东印度公司开始将中国茶叶运销欧洲，初期中国茶经由荷兰进入英国。

1662 年，葡萄牙公主凯瑟琳嫁给英国国王查理二世，她把红茶和茶具当作嫁妆，并在婚后推行以茶代酒，掀起英国王室贵族饮中国红茶的风潮。英国人赋予红茶优雅的形象并新创出符合当地习俗的华美品饮方式，经发展变化形成了内涵丰富的西方红茶文化。

红茶初创时称为"乌茶"，到欧洲后英文为"Black tea"，直译应该是"黑茶"，中西方名称的差异太大，这是茶名源于茶叶状态确定的。"乌茶"和"Black tea"是以干茶的颜色定义，因茶叶颜色乌黑而得名。而在生产地，人们以茶汤颜色来确定茶名，称其为"红茶"（图 6-1）。

● 图 6-1 红茶干茶和茶汤

欧洲的红茶需求带来红茶贸易的繁荣，广州成为红茶出口大港。红茶加工技术也以发源地和出口港为中心向周边茶区不断扩展。我国著名茶学家吴觉农先生分析："当时（指 19 世纪）湖南有了红茶，湖北和湖南邻近，这个时期红茶制法可能已传入湖北。"《湖北茶业贸易志》记："19 世纪以后，大批广东商人到鄂南采制出口红茶，进一步促进了鄂南茶叶生产的发展。到鸦片战争前夕，羊楼洞不仅成为国内著名的边销茶区，而且成为著名的出口红茶产区。在鄂南茶叶蓬勃发展的同时，由于广东茶商到鹤峰、五峰一带改制红茶，也促进了鄂西地区茶叶生产的发展，五峰、鹤峰、长阳生产的红茶，很受英商欢迎，成为国内著名出口红茶产品。"

// 2. 宜红茶的起源

《鹤峰县志》（清光绪十一年续修本）记："邑自丙子年广商林紫宸来州（容美土司改土归流建鹤峰州）采办红茶。清道光年间（1821—1850 年），广东商人钧大福在五峰渔洋关传授红茶采制技术，设庄收购精制红茶，运往汉口再转广州出口。高炳三（咸丰甲寅年，1854 年）、林紫宸（光绪丙子年，1876 年）等广东帮茶商，先后到鹤峰县改制红茶。泰和合、谦慎安两号设庄本城五里坪，办运红茶载至汉口兑易，洋人称为高品。"这里只对红茶的传入作了说明，而对宜红茶究竟如何诞生，没有作出说明。宜红茶应该是红茶加工技术传入后，因环境条件和茶树品种的特殊，加工技术的改进而形成的地方特色产品。

（1）典籍对"宜红"的介绍不准确。

宜红的宜昌说广为流传。百度百科和360百科对宜红的定义为："宜昌红茶称宜红，又称宜昌工夫茶，是我国主要工夫红茶品种之一。"2013年版《中国茶叶词典》中收录了"宜红功夫"，其表述为：宜红功夫（yihong congou），亦称"宜红"，1951年在宜都县建立国营宜都茶厂，收购各县红毛茶进行精制加工，经汉口口岸出口，故名"宜红"。

"宜红"因由宜昌集散、加工、出口而得名的观点得到广泛认同，但事实却并非如此。五峰、宜都相关人士针对宜红茶"历史上因由宜昌集散、出口而得名"进行深入研究，寻找证据。他们在宜昌档案馆查阅了"宜昌海关"自1877年设关到1940年6月贸易活动停止的资料，未查到"宜红""宜昌红茶"的相关信息，只在出口商品种类中查到有"茶"的记录。据宜都市农业局高级农艺师曹绪勇介绍："2015年8月，在湖北省图书馆看到民国十年版《湖北通志》，在22卷《物产》章节'茶类'中，介绍了湖北省有名称、起源清楚、产地明确的27支茶和只有茶名没有产地和其他信息的近40支茶，没有'宜红茶'。"

（2）宜红源于宜市。

据翁寿楠在1985年第四期《茶叶通讯》上发表的《宜红茶初考》介绍：光绪元年（1874年）有广东香山县客商卢次伦先在鹤峰开矿失利。见鹤峰一带茶甚多，因此，开设泰和合茶号，在鹤峰、湖南石门县泥沙一带教茶农做红茶，开始做有红茶七八千斤。首批茶运往广州出口，每箱售价高达160两银子，比当时市场红茶价高出一倍左右。以此推断1874年为"宜红"诞生的时间。

马先立在《宜红茶史初探》中介绍，卢次伦开矿失利后一直在宜市（也称泥沙，后称泥市，现壶瓶山）闲住。1889年春（光绪十五年），正是清明茶上市，他所住的那家旅店的老板，给他沏了杯清明茶（白茶），使他由此而得到启发，并于1889年（光绪十五年）4月中旬回广东香山县集资，在当年5、6月份就回到宜市了。回来后他先后考察了安徽祁门的红茶加工，湖南石门县和湖北宜昌、鹤峰、五峰一带的茶区，尔后，他开始组建宜红茶厂和培训技术人员。1891年（光绪十七年）始试制出第一批毛茶，共八十包。每包二十五公斤，用三只小木船从宜市运往汉口，由于宜市渫水河水急河窄，其中一只木船在黄虎港触礁沉入河底，只有两船运至汉口。1892 年，卢次伦开始正式制红茶精品。卢次伦将茶名以产地在"宜市"和加工的茶类为红茶而命名该茶为"宜红"。马先立认为，这就是"宜红"的起源，时间为 1892 年。

另据《卢次伦传》载："卢先生的红茶事业，到第三年（1892 年）已经奠下根基，……这所竹苞松茂的大楼，就是'宜红'诞生的摇篮。"这个记载印证了马先立先生的观点，"宜红"诞生的准确时间为 1892 年。

（3）宜市和泰合和的变故。

民国初年，官府因湖南石门的宜市易与湖北的宜昌市混淆，将宜市改名泥沙，宜市不存，宜红与宜昌的关联因后人不知宜市而被误认。

1917 年 10 月，卢次伦在国内同行竞争激烈，国外印度、锡兰抢占红茶国际市场的不利情况下，关闭泰和合茶号，厂房设备交吴习斋保管，分庄转给手下门生，自己回故乡养老，宜红成为众多茶商共同使用的牌子。

宜市改名和泰合和红茶号歇业，导致湖南与宜红关系淡化。而湖北宜红产区大、产量多，成为宜红茶的主导者。

● 图 6-2　刘安群墓碑碑文一角

// 3. 恩施生产宜红的历史

要知道恩施生产宜红的历史，必先了解恩施生产红茶的历史。恩施红茶生产源于何时，暂未找到文字依据，然恩施市芭蕉侗族乡有一个叫"红茶园"的地方，以前为红茶园村，后来红茶园村并入楠木园村，现为楠木园村红茶园组。红茶园何时有此称谓，当地人语焉不详，难以定论，然刘氏先人刘安群的墓碑上的一段文字应该能说明问题。刘安群父辈于清乾隆年间由湖南安化迁入恩施，他属于在恩施出生的第一代，生于乾隆辛亥年（1791 年，乾隆五十六年），亡于咸丰庚申年（1860 年，咸丰三十年），墓碑（图 6-2）立于光绪二年（1876 年）。墓碑上有"生于乾隆辛亥年正月初一吉时，红茶园人氏……"的表述。碑文中的园字上有一草字头，应为"蕑"的简化，与今红茶园音、义相同。

由碑文推断，红茶园地名肯定早于立碑时的光绪二年（1876 年），墓主生活的年代就有红茶园，他在红茶园出生、生活，才会被称为"红茶园人氏"。从另一个层面分析，能刻上碑文的地名肯定已使用多年且为人们所广泛认可，这是需要很长的时间才能实现的，至少需要十几年甚至几十年时间。红茶传入鹤峰、五峰等地在清道光年间（1821—1850 年），恩施的红茶传入时间应该与鹤峰、五峰相近，也在道光年间。

红茶传入恩施并非宜红传入恩施，恩施生产宜红茶应该在 1917 年泰合和茶号歇业，宜红品牌为众多商家使用以后，因泰合和茶号所属分庄各自经营，均主打宜红品牌，商家将经营范围扩大到恩施，也以宜红相称，恩施也由生产红茶变为生产宜红茶，成为宜红茶产区。

二、宜红的成名

宜红因毫尖金黄的色泽、高锐持久的香气、醇厚鲜爽的滋味、红艳明亮的汤色、馥郁的香气受到国内外客商青睐，成为我国重要的出口红茶。1888 年汉口口岸出口茶叶达 86 万担，占当时全国茶叶出口量的 40%，宜红为其重要组成部分。此时宜红茶成为外贸出口的主打产品，众多茶叶商号在茶叶产地展开材料争夺战，宜红茶名声大振。

三、宜红的发展

由于其品质独特，深得欧洲客商喜爱，需求不断扩大，客商纷至沓来。于是生产范围逐步扩大，由宜昌、鹤峰、五峰、长阳、石门向周边的恩施、宣恩、建始、利川、慈利、桑植、大庸（现张家界）扩散，进而扩大到整个恩施、宜昌茶区和湖南西北部茶区。

宜红茶主销英国、俄国及西欧等国家和地区，品质稳定，声誉极高。抗战时期，受战争影响，宜红茶由中国茶叶公司负责生产加工，中国茶叶公司恩施实验茶厂及其分厂是宜红茶的生产加工主力军，宜红茶由国家管控。随后湖北省平价物品供应处茶叶部也介入恩施的茶叶生产加工和销售，宜红是其中的重要组成部分。抗战胜利后，随着国民党湖北省政府回迁武汉，全面内战爆发，茶叶产业陷入困境，宜红一落千丈。至 1949 年，恩施茶园荒芜，茶厂倒闭，满目疮痍。

1950 年，汉口茶厂成立，它是一家以宜红茶出口为主的精制茶厂。同时设立宜红收购处（渔洋关）、宜都转运站、恩施收购处，收运宜红茶。

1951 年，是宜红茶加工、销售机构建立完善的时期。一是中国茶叶公司宜都红茶厂于 9 月建成投产，负责宜红的精制加工。宜都红茶厂设恩施、五峰、渔关、鹤峰、泥沙 5 个一级站（处），恩施收购处下设巴东、庆阳坝、砕（朱）砂溪、五峰山、建始、茅（毛）坝、芭蕉七个工作站。二是湖北省茶叶公司成立，在鄂西、鄂南两大茶区扩大收购网点，鄂西红茶区在五峰、鹤峰、长阳、宜昌、恩施、宣恩、利川及湖南石门设点，收购宜红，毗邻鹤峰的湖南石门、慈利、桑植、大庸四县成为宜红生产区。三是石门县在原"泰和合"茶厂基础上成立国营石门茶厂并扩大生产规模。

1954 年至 1956 年，宜昌、建始、巴东、秭归、兴山等地全面推行绿茶改制红茶，宜红茶得到突破性的发展。宜红成为宜昌、恩施两地区的主要土特产品之一，产量约占湖北省茶叶总产量的 1/3。

1956 年和 1957 年，在恩施分别新建芭蕉茶厂和恩施茶厂，其中芭蕉茶厂初精制一体，恩施茶厂为精制厂。这一时期根据国家对外贸易的需要，发展了大量新茶园，建立起国营茶场，鼓励支持发展集体所有制的社队茶场，与国营茶场形成紧密的生产网络。

1958 年，在冯绍裘的主持下，宜红红碎茶在芭蕉茶厂试制成功，宜红茶增添了新的茶叶商品类别，也使宜红有了更适合欧洲人消费习惯的茶叶商品。

2005 年以后，随着金骏眉的火爆推出，名优红茶在茶界声名鹊起，成为高端茶叶消费的生力军。宜红名优茶也应运而生，成为宜红家族的新成员。

利川市在名优红茶的基础上，将宜红茶冷后浑的优良品质特征作为突破口，生产出以冷后浑为特质的利川工夫红茶，简称利川红，成为红茶中的一匹黑马。2017 年，利川红被国家质量监督检验检疫总局批准为国家地理标志保护产品；2018 年 4 月 28 日，中印两国领导人在武汉东湖举行非正式会晤，会晤在茶叙中进行，茶叙中的一红一绿分别为利川红和恩施玉露。

 四、宜红茶的衰退

20 世纪 90 年代，宜红茶生产伴随全国红茶销量下滑出现衰退。这一时期，湖北省的宜红茶加工企业先后改制，汉口茶厂、恩施茶厂、芭蕉茶厂因经营困难停产、改制，不再从事茶叶加工，宜都茶厂在改制时组建公司，即现在的湖北宜红茶业有限公司，继续加工销售宜红茶，这是全省唯一留存的专业从事宜红茶加工出口的企业。

在全省层面，茶界也为宜红的振兴作出了努力。1993 年，湖北省茶麻公司更名为湖北省茶麻总公司，宜红茶为其经营的主打商品；省茶麻总公司 1997 年更名为湖北归真茶业集团公司，2002 年 6 月 3 日变更为湖北归真茶业公司，宜红茶仍然是其经营品种；2012 年 2 月，省供销社将其所属湖北归真茶业公司和湖北锦合国际贸易有限公司重组，建立宜红茶业股份有限公司，宜红茶是该公司的主打产品，这些努力虽然取得了一些成效，但因受价格因素影响，出口不具优势，业绩不尽如人意。

值得欣慰的是，宜都茶厂改制成立的湖北宜红茶业有限公司一直坚持生产加工宜红茶产品并外销，拥有自己稳定的销售渠道，是湖北红茶的标杆企业。

五、湖南淡出宜红

// 1. 宜红销售中心转移

发源于湖南石门县宜市的宜红迅速在湖南、湖北两省的石门、鹤峰、五峰大量生产，卢次伦在这一区域设庄收购，在"泰和合"茶号精制外销，其他红茶商也竞相收购，两省边界各县呈现产销两旺的局面。

由于湖北的茶叶生产地域广、产量大，在湖北采购宜红茶的客商和交易规模逐渐超过湖南。因卢次伦的泰和合茶号设在宜市，宜红原以宜市为主要集散地，1917 年 10 月，随着卢次伦退出，泰和合茶号关闭，宜红茶的集散场所转移到五峰渔洋关。据 1942 年版《石门县志》记载："明时置泥沙塘，附近山地故饶好茶。清末，粤商卢月池设泰和合红茶号于此，建筑崇杰为全邑冠，售茶年达三十万斤，合其余各号计之可达百余万斤，为售茶之最盛时期。近来茶叶衰落，年仅达数万斤，而售茶中心地北移于鄂境之渔阳关矣。"宜红茶在湖南式微，而在湖北兴盛。

// 2. 放弃宜红改湘红

1953 年 10 月，湖南石门县的泥沙手工厂划归湖北省茶业公司管理，宜红茶完全成为湖北红茶，湖南失去经营权。

1956 年 8 月，湖南石门县的泥沙手工厂交湖南省采购厅，湖南重新获得宜红经营权。然而此时的湖南面对湖北茶业的强势，采取了主动避让的策略，重新谋划自己的红茶品牌。据《石门县志》记载："1958 年茶厂迁石门县城，1959 年建成投产，改'宜红茶'为'湘红茶'。"湖南在宜红兴盛之时退出宜红阵营。自此，宜红茶成了湖北宜红茶，虽然宜红茶产区仍然包括湖南的部分县（市、区），但湖南已弃用宜红品牌。

第二节　宜红茶的生产

一、宜红茶的产地范围

宜红茶茶区位于东经 109°—112°，北纬 29°—31°31′，包括湖北省恩施土家族苗族自治州下辖的恩施市、鹤峰县、宣恩县、咸丰县、利川市、巴东县、建始县、来凤县，宜昌下辖的宜都市、五峰县、长阳县、夷陵区、兴山县、秭归县、远安县，神农架林区；湖南省常德市下辖的石门县，张家界市下辖的武陵源区、永定区、桑植县、慈利县，湘西土家族苗族自治州下辖的古丈县、永顺县、龙山县。

二、宜红茶的适制品种

宜红茶茶区具有当地特有的茶树品种资源，如宜昌大叶种、宜红早、恩施大叶种、鹤峰苔子茶、恩施苔子茶、恩施苔子早、巴东苔子茶、五峰大叶种、五峰柳叶种等。恩施州生产宜红茶的传统品种为恩施苔子茶、恩施大叶种、鹤峰苔子茶、恩施苔子早、巴东苔子茶等；在无性系良种推广种植后，福鼎大白、浙农 117、楮叶齐、福云六号等红绿兼制品种也用于制作宜红茶，但产品品质特征与宜红茶的固有品质特征略有差异。

第三节　宜红茶的品质要求

宜红茶包括宜红工夫茶、宜红红碎茶、宜红名优茶三大类。宜红工夫茶、宜红红碎茶是传统宜红茶的统称，宜红名优茶是近年为适应茶叶消费结构变化而新开发的高端产品。

 ## 一、传统宜红茶的品质特征

// 1. 传统宜红茶的外形

条索紧细有毫，色泽乌润。用中小叶种为原料生产的宜红茶，条索细紧匀直带金毫，色泽乌润，净度高。

传统的高档宜红茶要求外形紧细匀直、身骨重实、金毫含量高、色泽乌润。

// 2. 传统宜红茶的内质

香气甜纯、滋味鲜醇、叶底红亮，尤其因多酚类和咖啡碱含量高，络合形成的"冷后浑"乳凝现象而独具特色。

 ## 二、宜红茶的感官指标

湖北省地方标准《湖北宜红茶》（DB42/T 916—2021）对宜红茶的感官指标作出规定。

// 1. 宜红工夫茶感官指标

宜红工夫茶分六个级别，各级别感官指标见表 6-1，其外形和茶汤颜色可参见图 6-3。

表 6-1　宜红工夫茶感官指标

等级	外形				内质			
	形状	整碎	净度	色泽	香气	滋味	汤色	叶底
特级	细秀显毫	匀齐整	净	乌黑油润	鲜嫩甜香浓郁持久	醇甜鲜爽	红艳明亮	红匀明亮、细嫩多芽
一级	紧细显毫	较匀齐整	净	乌润	嫩甜香浓郁持久	醇厚鲜爽	红亮	红匀亮、显芽
二级	紧细	匀齐	较净、稍含嫩茎	乌较润	甜香持久	醇厚鲜爽	红较亮	红亮较匀嫩
三级	紧结	较匀齐	尚净、稍有筋	乌尚润	甜香较持久	醇和	红尚亮	红亮尚匀
四级	较紧结	较匀	尚净、稍有筋梗	尚乌稍灰	纯正	尚醇	尚红	尚匀尚红
五级	尚紧稍粗	尚匀	有红筋梗	乌泛灰	尚纯正	尚醇、稍粗	红稍暗	尚红、稍粗硬

● 图 6-3　宜红工夫茶的外形和茶汤

// 2. 宜红红碎茶感官指标

宜红红碎茶各等级感官指标见表 6-2。

表 6-2　宜红红碎茶感官指标

等级	外形	内质			
		香气	滋味	汤色	叶底
碎茶上档	颗粒紧实、重实、匀净、色润	香高持久	浓厚鲜爽	红亮	嫩匀红亮
碎茶中档	颗粒紧结、较重实、较匀净、色润	香高	鲜浓	红亮	红亮
碎茶下档	颗粒较紧结、尚重实、尚匀净、色尚润	纯正、尚高	尚鲜浓	红明	红尚明
片茶	片状褶皱、匀齐、色尚润	纯正	平和	尚红明	尚红
末茶	细砂粒状、匀齐、尚润	纯尚正	尚浓	深红尚亮	红稍暗

// 3. 宜红名优茶感官指标

宜红名优茶感官指标见表 6-3。

表 6-3　宜红名优茶感官指标

级别	外形				内质			
	形状	整碎	净度	色泽	香气	滋味	汤色	叶底
特一级	造型有特色	匀齐	净	乌润，金毫显露	鲜嫩甜香，有花果香	鲜醇甘爽	红或橙黄明亮	红匀明亮，细嫩多芽
特二级	造型有特色	匀	较净	乌尚润，有金毫	嫩甜香，持久	鲜醇，回甘	红亮	红匀亮，显芽
特三级	造型有特色	尚匀	尚净，稍含嫩茎	乌，带金毫	甜香	尚鲜醇	红尚亮	红亮，较匀嫩

第四节　宜红茶的加工

宜红茶选用春、夏、秋三季的一芽二叶、三叶和同等嫩度对夹叶制成，高档极品宜红茶以春季单芽或一芽一叶初展为原料，大宗宜红茶以夏、秋季鲜叶为主。初制工艺分为萎凋、揉捻、发酵、干燥。

一、宜红工夫茶

宜红工夫茶因在茶叶初制过程中特别注意条索的紧结完整，制作工艺复杂，技术性强，精制过程颇费工夫而得名。

// 1. 宜红工夫茶的品质特点

宜红工夫茶的品质特点为红汤红叶。具体地说，外形条索紧细匀直，色泽乌润，毫尖金黄。内质香气高锐持久，滋味醇厚鲜爽，汤色红艳明亮，叶底红明，香气馥郁，略带特殊的"甜花香"，属于类似祁红的高香茶，且茶汤常有"冷后浑"现象。

// 2. 宜红工夫茶的初制

宜红工夫茶的初制程序：鲜叶—萎凋—揉捻（包括筛分、复揉）—发酵—干燥。

// 3. 宜红工夫茶的精制

传统的宜红工夫茶精制程序分为筛分、拣剔、成品 3 个工段 13 道工序。筛分工段包括毛筛、抖筛、分筛、紧门、套筛、撩筛、切断、风选；拣剔工段包括机械拣剔和手工拣剔；成品工段包括补火、并堆、装箱，其中具体包括整理外形、划分品级、剔除劣异、充分干燥、发展香气，并调剂品质，统一规格，便于贮运，从而成为合格商品。随着技术创新、机械设备更新，精制工艺变为筛分、切细、风选、拣剔、补火、拼配、匀堆、装箱等 8 道工序。

二、宜红红碎茶

// 1. 宜红红碎茶的发展历程

红碎茶是国际茶叶市场上的大宗产品，有百余年的产制历史，而在我国则是 20 世纪 60 年代才开始正式生产。

早期中国的红碎茶是工夫红茶的副产品，即在工夫红茶加工过程中由于筛切工序，自然产生的芽尖、片末茶。

1958 年，中央商业部、对外贸易部联合湖南采购厅、湖南农学院等单位，在湖南安化采用传统制法试制红碎茶获得成功，为中国发展红碎茶生产开创了先例；同年冯绍裘在芭蕉茶厂也成功试制出红碎茶，被称为宜红红碎茶。所以中国红碎茶始于湖南安化，宜红红碎茶始于湖北恩施的芭蕉茶厂。

1964 年，对外贸易部、农垦部、农业部等单位根据国际贸易的需要，决定并发文在云南勐海、广东英德、四川新胜、湖北芭蕉、湖南瓮江、江苏芙蓉六个茶场（厂）布点，开始大规模试制红碎茶。同时红碎茶专用机械、制造技术、品质规格等也逐步形成体系，为中国发展红碎茶生产奠定了坚实的基础。恩施是湖北省红碎茶生产发源地。

1967 年，对外贸易部根据国际市场对红碎茶品质规格的要求，结合中国广大茶区的具体情况，制定并颁发了四套红碎茶加工统一标准样，供各地区对照标准加工和验收之用。第三套样适用于贵州、四川、湖北、湖南部分地区中小叶种制成的红碎茶，共计 19 个花色，设 19 个标准样。1980 年中国土畜产进出口总公司根据出口需要和国内制法的发展所引起的品质上的变化，在维持原有品质水平的基础上，对四套样进行了简化改革，适用湖北的第三套样由 19 个标准样减为 7 个标准样。

// 2. 宜红红碎茶的加工

宜红红碎茶的加工工艺流程为：萎凋、揉切、发酵、毛火、足火、精制。

 ## 三、宜红名优茶

宜红名优茶是传统工艺适应当代市场需求的产物，是利用"宜红"这一地方特色产品进行高端商品开发的成果。

// 1. 宜红名优茶的鲜叶要求

宜红名优茶的鲜叶要求细嫩、匀净一致，一般选用单芽、一芽一叶初展或一芽一叶的鲜叶为原料。

// 2. 宜红名优茶的加工

宜红名优茶加工有萎凋、揉捻、发酵、毛火、做形、足干、筛选等工序。

第五节　宜红茶品牌

宜红茶作为形成于湖北、湖南两省的历史名茶，历史悠久，文化底蕴深厚，应该是这一区域的公共品牌，但在其使用过程中，由于历史的原因，并未在两省间达成共识，形成合力，而湖北省虽然从茶叶区域面积上占据绝对优势，也未将其做成区域公共品牌，倒是内耗严重，品牌已风光不再。

 一、宜红茶诞生 100 年来没有对品牌实行保护

// 1. 清朝没有品牌保护概念

自红茶加工技术传入鄂西南、湘西北，到卢次伦以"宜红"为泰合和茶号的红茶商品命名，"宜红"成为有别于其他人的商品识别符号。当时的红茶用于出口，经营者都是有实力的商家，都有自己的商号和牌子，不会打别人的牌子，而小商小贩不需要牌子，收购的产品交大的商家。泰合和茶号关闭后，产业大多被卢次伦的手下低价购得，二三十个分庄遍布宜红产区，大家都沿用"宜红"标识。后来扩展到宜红茶产区，非泰合和分庄也使用，因卢次伦本人对泰合和处置没有涉及"宜红"品牌的产权归属，实际是对权利的放弃，使宜红标识被广泛使用也无人提出异议，反而形成共识，认为鄂西南湘西北一带生产的红茶都是宜红。直到 20 世纪末，没有人想到品牌使用权的问题，更没有人产生过保护它的意识。在没有知识产权保护意识的年代，众多的茶商也将这片土地上生产的红茶叫"宜红"，一定程度上对"宜红"品牌的传播起到了促进作用。在武陵山的东北部，红茶加工技术传播到哪里，哪里就有"宜红"，从而使"宜红"从武陵山系跨过长江传到大巴山系的宜昌（夷陵）、兴山、秭归、神农架一带。

// 2. 民国约定俗成使用

"宜红"因其自然品质的卓越而成为商家的共同招牌，这个招牌具有使用的地域性和产品的特殊性。地域性是指在宜红茶产地的产品可以打"宜红"的牌子，市场上必须是来自"宜红"产地的红茶才能用"宜红"的牌子；产品的特殊性是指用

"宜红"招牌的产品，必与"宜红"茶要求的外形和内质特征相符。"宜红"品牌虽然越来越响亮，代表的只是一个区域范围内的红茶产品，并没有具体的产权所有者。

// 3. 计划经济时期不需要品牌保护

新中国成立后的计划经济时期，宜红茶由国家经营，恩施、宜昌生产的红茶都称"宜红"，由省公司统一外销。省公司的名称多次变化，其前身是 1949 年 9 月成立的中国茶叶公司汉口分公司，之后随着机构的分设、合并，以及企业内部业务的增设、分离等因素的变化，其名称也多次发生变化，1972 年 1 月更名为湖北省烟麻茶公司、中国土产畜产进出口公司湖北省烟麻茶分公司（两家公司实际是一家，两块牌子一套班子），1991 年更名为湖北省茶麻公司、中国土产畜产湖北省茶麻进出口公司，1993 年湖北省茶麻公司更名为湖北省茶麻总公司，为省供销合作总社直属企业，中国土产畜产湖北省茶麻进出口公司逐渐淡化。这些经营机构都属国营，没有私营。

在 1991 年前，宜红茶的经营都是在体制内进行的，这一时期的茶叶经营没有竞争，一切都在计划之中。宜红茶产区的红茶就是"宜红"，也不会有争议，没有冒牌，计划内的物资调拨不会出现在体制外。计划经济时期没有品牌侵权的发生条件，也就不需要品牌保护。

二、市场经济时期商标注册和商标争议

// 1. 商标注册

随着市场经济的发展，品牌的地位日益显现，首先是企业开始培植自己的品牌，商标保护是品牌保护的最有效的办法，商标注册逐渐为企业所重视。

（1）宜红商标注册的出现。

1996 年 7 月 15 日，中国土产畜产湖北省茶麻进出口公司申请第 1078217 号"宜红 YIHONG 及图"商标注册（图 6-4），1997 年 8 月 14 日获准注册。2002 年，湖北宜红茶业有限公司申请注册宜红商标，被告之该商标已注册。由于当时的商标注册较少，业务也是各级工商局层层上报，省工商局与湖北宜红茶业有限公司商议，"宜红"已经注册，可以注册类似的"宜"商标（图 6-5），湖北宜红茶业有限公司虽心有不甘，也只好答应。2004 年 4 月 22 日，湖北宜红茶业有限公司成功注册"宜"牌普通商标。这是宜红茶的第二件商标，也是一件没有"宜红"内涵却用在宜红茶上的商标。

● 图 6-4　"宜红"商标图案

● 图 6-5　"宜"商标图案

（2）涉及"宜红"的商标注册情况。

在前面两件商标注册后，针对宜红的商标注册沉寂了，仅有 2004 年潘学明"宜红功夫"和 2010 年彭中舜"宜红金毫"两件商标注册申请。从 2011 年开始，一轮针对宜红的商标注册浪潮出现。2011 年 4 件，2012 年 8 件，2013 年 1 件，2014 年没有，2015 年 6 件。为直观了解与"宜红"相关的商标注册情况，根据中国商标网发布的公开信息，笔者将 1996—2015 年与"宜红"相关的商标注册情况列表如下（表 6-4）。

表 6-4　与宜红相关的部分商标注册情况表（截至 2015 年底）

申请人	商标式样	申请时间	商标状况	商标类型
宜红茶业股份有限公司	宜红 YI HONG	1996.7.15	宣告无效（2015.4.6）	一般商标
湖北宜红茶业有限公司	宜YI	2002.10.8	已注册（2004.4.23）完成续展（2014.4.9）	一般商标
潘学明	宜红功夫 yihonggongfu	2004.12.13	驳回	一般商标
彭中舜	宜红金毫	2010.7.15	驳回	一般商标
宜红茶业股份有限公司	宜红红碎茶	2011.12.27	异议、转让。注册未完成	一般商标
宜都市宜红茶协会	宜红工夫茶	2011.12.27	异议复审待审中	证明商标
宜红茶业股份有限公司	宜红工夫茶	2011.12.27	异议、转让。注册未完成	一般商标

续表

申请人	商标式样	申请时间	商标状况	商标类型
宜都市宜红茶协会	宜昌红茶	2011. 12. 27	核准注册	证明商标
湖北宜红茶业有限公司	宜	2012. 4. 27	已注册	一般商标
石门县泰和合茶叶 专业合作社	泰和宜红	2012. 7. 5	已注册	一般商标
宜红茶业股份有限公司	宜红 YIHONG	2012. 11. 7	异议	一般商标
宜红茶业股份有限公司	宜红 YIHONG TEA	2012. 11. 7	异议	一般商标
宜红茶业股份有限公司	宜红 YIHONG	2012. 11. 7	异议	一般商标
萧氏茶业集团有限公司	才品宜红	2012. 11. 28	申请完成	一般商标
深圳市三联通国际 货运代理有限公司	冷后浑宜红	2012. 12. 7	申请完成	一般商标
深圳市三联通国际 货运代理有限公司	利川宜红	2012. 12. 7	驳回	一般商标
宜都市安明有机富锌 茶业有限公司	饮博士宜红	2013. 5. 15	申请完成	一般商标
湖北省齐云春 茶业有限公司	宜红硒施	2015. 2. 2	申请完成	一般商标
利川市焱鑫茶业 有限责任公司	毛坝宜红	2015. 2. 5	驳回	一般商标
利川市焱鑫茶业 有限责任公司	胡家宜红	2015. 5. 5	驳回	一般商标

续表

申请人	商标式样	申请时间	商标状况	商标类型
利川市焱鑫茶业 有限责任公司	红宜氏胡	2015. 5. 5	驳回	一般商标
长阳县廪君土地 股份专业合作社	清江宜红 QING JIANG YI HONG	2015. 7. 1	驳回	一般商标
湖北康生茶叶有限公司	三峡宜红	2015. 11. 11	受理	一般商标

从商标网公开的信息看出，由企业或个人申请的一般商标只要有"宜红"二字的都没有成功，连已经注册的也被宣布无效；而协会、合作社申请的商标成功注册的可能性大，但如果直接注册宜红茶、宜红工夫茶、宜红红碎茶等宜红茶名也是无法通过的。这是受《中华人民共和国商标法》相关条款限制的结果，《中华人民共和国商标法》第十一条规定，下列标志不得作为商标注册：① 仅有本商品的通用名称、图形、型号的；② 仅直接表示商品的质量、主要原料、功能、用途、重量、数量及其他特点的；③ 其他缺乏显著特征的。

宜都市宜红茶协会一直在为注册与"宜红"相关的商标而努力，在充分理解《中华人民共和国商标法》的规定后，于 2016 年 5 月 24 日申请注册 **宜都宜红茶** 集体商标。

// 2. 宜红 **宜都宜红茶** 的商标争议

2011 年 12 月 27 日，宜都市宜红茶协会向国家工商总局商标局申请注册第 10356049 号"宜红工夫茶"和第 10356050 号"宜昌红茶"两件证明商标。在宜都市宜红茶协会的商标注册过程中，拥有第 1078217 号"宜红 YIHONG 及图"商标的宜红茶业股份有限公司提出异议，商标争议从此展开。宜红茶业股份有限公司是湖北省供销合作总社直属企业，其前身可追溯到 1949 年 9 月成立的中国茶叶公司汉口分公司，企业随着国家政策的变化多次更名，"宜红"商标也随着企业名称的改变最终归宜红茶业股份有限公司所有。湖北宜红茶业有限公司的前身是中茶公司宜都茶厂，1998 年 4 月因宜都茶厂改制成立湖北枝城市宜红茶业有限公司，1998 年 10 月更名为湖北宜都市宜红茶业有限公司，2009 年 11 月更名为湖北宜红茶业有限公司。两个宜红公司名称相似，在计划经济时期曾经是上下级关系，在市场经济条件下则既是竞争对手又是合作伙伴，因为商标，双方不得不为公司利益互不相让了。

（1）宜红茶业股份有限公司发起争议是维权。

宜红茶业股份有限公司的争议行为是维护自己对"宜红"商标的产权，是维权行为，其理由是该公司合法拥有"宜红"商标近 20 年，使用宜红品牌时间更长。宜都市红茶协会申请注册的两件证明商标明显与"宜红"商标有冲突，如果注册成功，必然影响宜红茶业股份有限公司的相关权益。而宜都市红茶协会的主要成员是湖北宜红茶业有限公司，协会会长由湖北宜红茶业有限公司的法定代表人担任，湖北宜红茶业有限公司的前身曾经是宜红茶业股份有限公司前身的下属单位，商标的注册还影响到企业的地位，如不维权，无论对上对下还是对历史都无法交代。

（2）宜都市红茶协会是主张自己的权利。

宜都市红茶协会申请注册第 10356049 号"宜红工夫茶"和第 10356050 号"宜昌红茶"两件证明商标是为了取得宜红茶的商标保护，作为全省宜红茶经济的龙头企业，湖北宜红茶业有限公司更是希望能够成为"宜红"的代言人，无论是宜都市红茶协会还是湖北宜红茶业有限公司，对申请该商标是志在必得。

21 世纪到来后，扛起宜红茶经营大旗的是湖北宜红茶业有限公司，如果没有一个与"宜红"相关的商标，不仅对湖北宜红茶业有限公司的生产经营不利，对整个宜红茶的产业发展也有不良影响。

在宜红茶业股份有限公司发起争议后，宜都市红茶协会也被迫还击，在提出自己申请商标注册依据的情况下，也向宜红茶业股份有限公司拥有的第 1078217 号"宜红 YIHONG 及图"商标发起争议，主张"'宜昌红茶'简称'宜红'，其作为红茶的重要代表之一，经过多年发展，早已成为宜昌及鄂西周边地区红茶的通用名称，宜红茶业股份有限公司对茶叶等商品注册'宜红'商标违反了修改前的《商标法》第十一条之规定，应予撤销注册"。在争议过程中，宜都市红茶协会为了增加获胜的把握，2012 年 12 月又以"宜红 YIHONG 及图"商标停止使用 3 年以上为理由，提出撤销"宜红 YIHONG 及图"商标的申请，使商标的争议更加复杂。

（3）争议结果是湖北茶之殇。

2013 年 7 月，国家工商总局商标局裁定第 10356050 号"宜昌红茶"准予注册。宜红茶业股份有限公司提出异议复审，2016 年 3 月，国家工商总局商标评审委员会依法对"宜昌红茶"商标异议复审进行了审理，认为异议复审理由不成立，核准宜都市红茶协会"宜昌红茶"地理标志商标注册。第 10356050 号"宜昌红茶"准予注册是因为宜昌市政府为宜都市红茶协会出具文件，使该协会拥有了宜昌这一区域的政府授权。

第 10356049 号“宜红工夫茶”未能注册，其原因是宜红工夫茶并非仅宜昌市所有，宜昌市政府的授权不够。

2015 年，第 1078217 号“宜红 YIHONG 及图”商标被国家工商总局商标评审委员会宣告无效。“宜红 YIHONG 及图”被宣告无效是其将“宜红”这一茶叶通用名作为商标注册，与修改前的《商标法》相违背。这一商标争议案成为 2015 年国家工商总局发布的商标评审典型案例（图 6-6）。宜红茶业股份有限公司因维权丧失商标，“宜红”的第一个商标就这样没了，这对于“宜红”品牌的打造并非好事，对湖北茶界来说，将自己手中的金字招牌玩丢了。“宜红”商标之争，给湖北茶人上了一堂《商标法》的普及课，也对湖北茶叶品牌保护提出了新的课题。

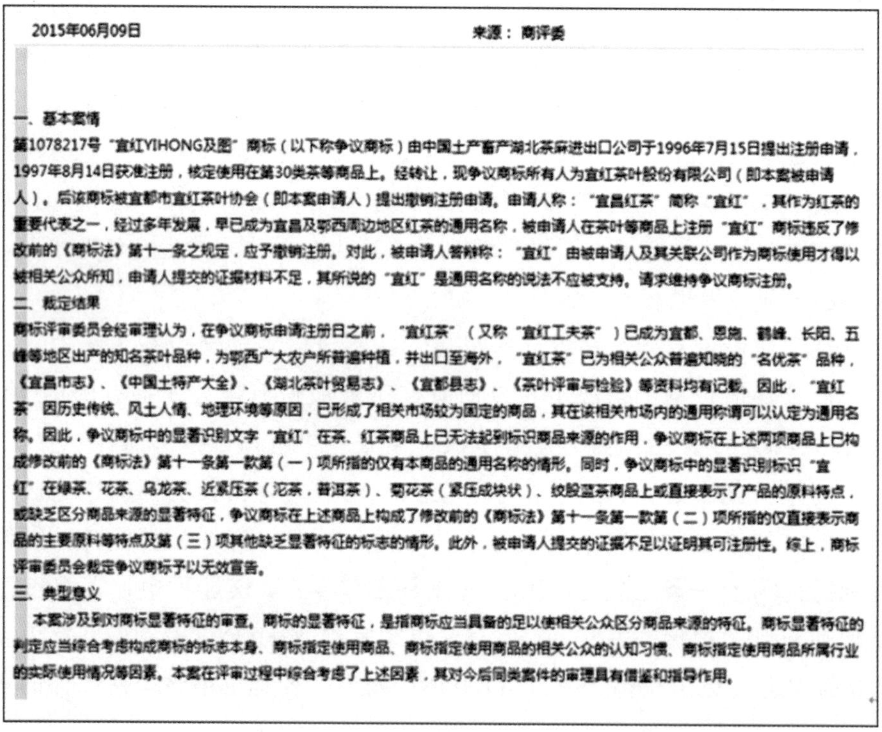

2015年06月09日　　来源：商评委

一、基本案情

第1078217号“宜红YIHONG及图”商标（以下称争议商标）由中国土产畜产湖北茶麻进出口公司于1996年7月15日提出注册申请，1997年8月14日获准注册，核定使用在第30类茶等商品上。经转让，现争议商标所有人为宜红茶叶股份有限公司（即本案被申请人）。后该商标被宜都市宜红茶叶协会（即本案申请人）提出撤销注册申请。申请人称：“宜昌红茶”简称“宜红”，其作为红茶的重要代表之一，经过多年发展，早已成为宜昌及鄂西周边地区红茶的通用名称，被申请人在茶叶等商品上注册“宜红”商标违反了修改前的《商标法》第十一条之规定，应予撤销注册。对此，被申请人答辩称：“宜红”由被申请人及其关联公司作为商标使用才得以被相关公众所知，申请人提交的证据材料不足，其所说的“宜红”是通用名称的说法不应被支持。请求维持争议商标注册。

二、裁定结果

商标评审委员会经审理认为，在争议商标申请注册日之前，“宜红茶”（又称“宜红工夫茶”）已成为宜都、恩施、鹤峰、长阳、五峰等地区出产的知名茶叶品种，为鄂西广大农户所普遍种植，并出口至海外，“宜红茶”已为相关公众普遍知晓的“名优茶”品种，《宜昌市志》、《中国土特产大全》、《湖北茶叶贸易志》、《宜都县志》、《茶叶评审与检验》等资料均有记载。因此，“宜红茶”因历史传统、风土人情、地理环境等原因，已形成了相关市场较为固定的商品，其在该相关市场内的通用称谓可以认定为通用名称。因此，争议商标中的显著识别文字“宜红”在茶、红茶商品上已无法起到标识商品来源的作用，争议商标在上述两项商品上已构成修改前的《商标法》第十一条第一款第（一）项所指的仅有本商品的通用名称的情形。同时，争议商标中的显著识别标识“宜红”在绿茶、花茶、乌龙茶、近紧压茶（沱茶，普洱茶）、菊花茶（紧压成块状）、绞股蓝茶商品上或直接表示了产品的原料特点，或缺乏区分商品来源的显著特征，争议商标在上述商品上构成了修改前的《商标法》第十一条第一款第（二）项所指的仅直接表示商品的主要原料等特点及第（三）项其他缺乏显著特征的标志的情形。此外，被申请人提交的证据不足以证明其可注册性。综上，商标评审委员会裁定争议商标予以无效宣告。

三、典型意义

本案涉及到对商标显著特征的审查。商标的显著特征，是指商标应当具备的足以使相关公众区分商品来源的特征。商标显著特征的判定应当综合考虑构成商标的标志本身、商标指定使用商品、商标指定使用商品的相关公众的认知习惯、商标指定使用商品所属行业的实际使用情况等因素。本案在评审过程中综合考虑了上述因素，其对今后同类案件的审理具有借鉴和指导作用。

图 6-6　“宜红”商标争议成为国家工商总局商标评审委员会典型案例

// 3. 宜红商标争议的思考

宜红商标的争议在湖北省茶界不是一件幸事，而争议的结果却阐明了一个道理：“宜红”不是哪家的，不是宜昌的，也不仅仅是湖北的。这一品牌的打造要靠众多的企业参与才行，任何一个县（市）、一家企业都代表不了“宜红”，商标争议和商标注册的结果可以证明这一点。

第 1078217 号"宜红 YIHONG 及图"商标被宣告无效是因为宜红茶已经是通用名称，不能作为一般商标注册。第 10356049 号"宜红工夫茶"证明商标未成功注册也是同样的道理，宜红工夫茶是宜红的别称，宜都市红茶协会代表不了。即使省级协会都嫌不足，除非鄂、湘两省组建跨省行业协会，再经两省业务主管部门共同发函，才有可能。而更多的冠有"宜红"的商标注册申请被驳回，都是基于同一道理。

"宜昌红茶"能成功注册是因为有宜昌市人民政府的同意，其范围只在宜昌，而且不是宜红全部产区，更不会超过宜昌辖区。同时湖南省石门县泰和合茶叶专业合作社申请的"泰和宜红"成功注册。

"宜红"作为传统品牌，依附者众，有希望发扬光大者不少，觊觎者也有，从前面《与宜红相关的部分商标注册情况表》中可见一斑。利川市毛坝的胡氏家族是从江西贸迁而来的，家传的红茶制作技艺与宜红工艺一样源于宁红。其后人从事茶叶加工贸易，办起了利川市焱鑫茶业有限责任公司，确实想在宜红茶上有所作为，该公司申请的胡家宜红、胡氏宜红、毛坝宜红均被驳回。宜红茶的商标保护，还需各级各部门和茶界共同谋划，才能将品牌发展和保护有机结合起来。

第七章

恩施富硒茶

恩施富硒茶是恩施市丰富的硒资源与品质优异的茶叶资源相结合的产物，是硒资源造福人类的健康产品，也是"世界硒都"献给世人的稀世珍品。恩施富硒茶是恩施市的两大茶叶公共品牌之一，是恩施市茶业协会注册的地理标志证明商标。

第一节　恩施富硒茶的定义

一、富硒茶的定义

湖北恩施、陕西紫阳、贵州开阳等地都产富硒茶。《富硒茶》农业行业标准（NY/T 600—2002）定义：富硒茶是指在富硒区土壤上生长的茶树新梢的芽、叶、嫩茎，经过加工制成的，可供直接饮用的，含硒量符合本标准规定范围内的茶叶。富硒茶含硒量范围为 0.25 mg/kg—4.00 mg/kg。这一定义将富硒茶赋予天然形成的特征，富硒茶必须生长于富硒土壤上，硒源于土壤，任何补充和添加硒元素生产的产品都不是真正的富硒茶。

二、恩施富硒茶的定义

恩施富硒茶是富硒茶中特殊的一员，其特殊性为茶叶硒含量高于其他富硒茶，且恩施还有硒含量大于农业行业富硒茶标准最大值数倍乃至数十倍的高硒茶。湖北省地方标准《恩施富硒茶》（DB 42/342—2006）定义：恩施富硒茶是采用恩施地域含硒土壤里生长的茶树新梢的芽、叶、嫩茎，按照无公害茶生产、加工、包装上市，含硒量在 0.3 mg/kg—5.0 mg/kg，可供直接饮用的茶叶。

恩施富硒茶只能是恩施特殊地域生产的茶叶，硒含量高于中华人民共和国农业部的部颁标准。最关键的是，生产恩施富硒茶的茶园土壤天然富含硒元素，土壤含硒量高，土壤下是硒元素含量更高的石煤（煤矸石），茶树根系由土壤向下扎入石煤中，茶树吸收大量的硒元素，使树体组织内积累大量硒元素，在树体中通过生化反应结合形成有机硒。而施肥、添加措施会使无机硒进入茶叶产品中。因此恩施富硒茶与通过施肥、添加措施生产的富硒茶有天壤之别。

第二节　硒的作用和恩施硒资源的发现

硒是人体必需的微量元素，与人体健康密切相关，而硒资源的分布极不均衡，据统计，中国有 72％的县（市）缺乏硒资源，补硒是多数人的需求。但恩施却曾因硒的富集对人畜造成危害而引起地方病。

一、硒的作用

// 1. 硒元素

硒是一种化学元素，元素符号 Se，中文名称硒，英文名称 Selenium，元素周期表中原子序数 34，介于砷与溴之间，位于第四周期，属于第Ⅵ A 族非金属元素。硒是瑞典化学家、化学元素符号首倡者、量子化学大师永斯·雅各布·贝采利乌斯（Jöns Jakob Berzelius）（1779—1848 年）在发现铈（Ce）后，发现的又一个化学元素。

// 2. 硒对人体健康的影响

1973 年，WHO（世界卫生组织）和国际营养组织确认硒为人和动物体内必需的微量元素。硒的营养主要是通过蛋白质特别是与酶蛋白结合发挥抗氧化作用。研究表明当缺乏硒的时候，很容易导致人体免疫力下降，威胁人类健康和生命的四十多种疾病都与人体缺硒有关。

二、恩施硒资源的发现

恩施丰富的硒资源因发生地方病被发现。恩施少数地方在特殊时期发生严重的地方病，却找不到病因。新中国成立后，这一问题引起政府高度重视，卫生部门开始深入调查研究。随着调查研究的深入，结果发现恩施是一个硒资源富集区（图 7-1），当地人因长期食用高硒食物、饮用高硒地下水，造成硒在人体中过量积累而患病。

据湖北省卫生志记载，1958—1963年，恩施沙地、双河一带发现一批原因不明的人畜脱发（毛）、脱甲（蹄壳）症，在国内尚未见报告，相继有省、地、县各级医疗队深入调查研究，当时怀疑是麻风病、重金属中毒或某种传染病。其中，1961 年 3—4 月，原恩施县沙地区秋木公社金星大队 4 小队发病 102 人，发病率为 32.3％，相继又有丰收大队 4 小队、7 小队和金星大队 4 小队、6 小队 181 人发病。当时未弄清发病原因；1963 年 9—10 月，原恩施县新塘区双河公社大风暴大队 10 小队（即渔塘坝）又暴发本病，全队 23 人中有 19 人发病，发病率达 82.6％，并出现幼禽畜生长发育障碍，小猪出生后出现类似盲癫的症状，原地转圈，钻草窝，母鸡不能孵化小鸡，大牲畜脱毛、掉蹄、消瘦，严重者甚至造成畜禽死亡。

● 图 7-1　恩施富硒茶生长地层剖面

直到 1966 年，中国预防医学科学院卫生研究所从省卫生防疫站送检的病区玉米中发现其硒含量高达 44 mg/kg，并证实脱发、脱甲症是摄入高硒粮食（主要是玉米）而引起的地方性硒中毒，发病与当地煤系有密切关系。实验室分析证实，粮食中的硒主要来源于土壤和石煤，这种煤属含碳硅质页岩。据当时调查，双河公社渔塘坝煤的含硒量为 235.0—3632.0 mg/kg，平均为 1009.0 mg/kg，土壤的含硒量为 0.78—12.88 mg/kg，平均为 6.32 mg/kg，玉米的含硒量为 23.0—43.95 mg/kg，平均为 34.89/kg，洋芋含硒量为 8.32 mg/kg，大米含硒量为 3.85 mg/kg，油菜籽含硒量为 268.10 mg/kg，在野生植物中以青苔（738.0 mg/kg）、紫云英（132.5 mg/kg）和鹅儿肠（115.0 mg/kg）含硒较高；水中硒含量为 0.075 mg/L；据 5 例患者头发硒检查发现，硒含量为 27.60—100.60 mg/kg，平均为 64.38 mg/kg。1981 年，杨光圻研究员在《中国医学科学院学报》上发表研究成果，并称恩施高硒区是"中国第一高硒区"，1984 年第三届"硒在生物学和医学中的作用"国际讨论会议上，杨光圻关于恩施高硒区和地方性硒中毒的报告引起与会者极大关注，会后不少专家先后来恩施现场考察。硒中毒被证实以后，当地政府相继采取了移民搬迁、封山育林、关闭"五小工业"、改变耕作方式与生活习惯等措施，到 1969 年前后，地方性硒中毒得到有效控制，1987 年后再无硒中毒病例发生。

 ## 三、硒的研究和富硒茶开发

// 1. 硒的研究

恩施市的高硒区是难得的研究现场，自恩施发现硒资源后，先后有美国、英国、厄瓜多尔、墨西哥等国的科学家到恩施市进行调查研究。国内外 10 多家科研机构的 10 多个学科专家到恩施市进行专题研究，取得大量成果并应用于各个领域。如杨光圻研究员主持的卫生部"七五"攻关项目——"硒安全摄入量研究"获卫生部科技进步一等奖、国家科技进步二等奖，研究成果被 FAO/WHO/IAEA 采用，并向全球推荐。

20 世纪 80 年代至 90 年代，中国预防医学科学院营养与食品卫生研究所、环境卫生与食品工程研究所，中国科学院地球化学研究所、地理研究所，中国农科院畜牧研究所、原子能研究所，湖北省地质二大队以及有关大专院校等国内数十家研究机构，美国、英国等国的研究机构相继到恩施，与恩施州科技人员一道，从医学营养、地质、环境、畜牧营养等多方位开展了广泛的研究。大量的调研数据和实验结果证实，恩施高硒区内的岩石、土壤、生物、地下水等环境中含硒量之高，为世界罕见。还首次发现了我国独立的硒矿床。

研究表明，恩施市硒矿主要贮存于硅质岩段地层中，硒矿储量达 53 亿吨，含硒品位为 230—6300 克/吨，双河渔塘坝拥有世界上唯一的独立硒矿床（图 7-2），已探明储量 64 万吨，纯硒平均含量 3637.5 mg/kg，改写了"硒不能形成独立工业矿床"的传统结论。全市含硒碳质页岩和石煤出露面积为 850 平方千米，含硒量 500—5500 克/吨，最高达 85000 克/吨。土壤硒含量最高 178.8 mg/kg，平均 19.11 mg/kg，矿泉水含硒量 0.006—0.76 mg/kg。以硒矿为中心的乡、镇均为高硒区，占全市总面积的 73%。恩施独特的地理环境和丰富的硒资源造就了恩施丰富的硒产品，富硒农作物、山野菜、中草药及畜禽等遍及全市硒资源富集区。

● 图 7-2　双河渔塘坝硒矿洞

// 2. 富硒茶开发

在对硒的作用有了正确认识并摸清恩施生物资源含硒量后，硒资源的开发利用就提上议事日程，茶叶作为恩施的大宗特色农产品，同时是硒富集能力很强的作物，又是富硒地区存量较多的经济作物，开发利用自然走在前面。

（1）茶叶硒含量界定。

在富硒茶开发初期，学术界对富硒茶中硒含量界定表述不一，专家学者们都有各自的观点。

1982 年，程静毅提出硒含量 5 mg/kg 为高硒茶；陈良斌等提出≥5 mg/kg 为高硒茶，0.35—5 mg/kg 为富硒茶，0.10—0.35 mg/kg 为中硒茶，＜0.1 mg/kg 为低硒茶。

1988 年，陈宗懋提出硒含量 0.5—2.0 mg/kg 为高（富）硒茶。

1989 年，肖永缓提出硒含量 1.5 mg/kg 为富硒茶最低限量。

1990 年，陕西省颁布富硒茶地方标准，标准认为富硒茶硒含量为 0.4—4 mg/kg。

1991 年，方兴汉提出等级建议：硒含量＜0.2 mg/kg 为低硒茶，0.2—1.5 mg/kg 为富硒茶，1.5—5 mg/kg 为高硒茶。

1999 年，毕坤等建议硒含量 0.086—0.430 mg/kg 可作为贵州省含硒茶地方标准，硒含量 0.049—0.248 mg/kg 为国家标准。

2001年，湖北省建议硒含量 0.10—0.29 mg/kg 为含硒茶，0.30—5.0 mg/kg 为富硒茶，＞5.0 mg/kg 为高硒茶。

（2）恩施富硒茶论证。

1991年1月20日，中国农业科学院在北京主持召开了"恩施富硒茶"论证会。中国农学会会长卢良恕、中国微量元素学会理事长杨光圻、中国茶叶学会理事长程启坤、中国营养学会理事长顾景范、中国茶叶研究所所长陈宗懋等专家认为，恩施茶除含硒外，还具有无污染、自然品质好、内含物丰富等特点。建议依靠科技进步，有组织、有计划、保质保量地开发富硒茶及其他富硒系列产品。论证会后，为了充分发挥富硒茶的自然品质优势，促进茶叶产、供、销一体化，恩施市人民政府确定了以开发恩施富硒茶为突破口的方针。在总结传统"玉露"茶经验的前提下，借鉴先进制作工艺，改手工制作为机械制茶，摸索了一套炒、烘结合的绿茶工艺流程，大大提高了茶叶的质量，改善了风味。同时发挥宜红茶作用，总结出富硒红茶加工工艺。恩施生产的富硒茶产品以绿茶和红茶两大茶类为主。

第三节　恩施富硒茶品牌建设

一、品牌的培育

// 1. 富硒茶品牌的确立

20世纪90年代初，随着恩施硒资源的发现，硒对人体的重要作用被医学和营养学界认可，茶树作为强富集硒的植物，率先纳入利用范围，恩施富硒茶应运而生。

恩施富硒茶率先作为恩施富硒产品推出是基于以下三点：一是茶树对硒的富集能力强，产品硒含量符合富硒产品的要求；二是恩施市在20世纪90年代初还处于自给自足状态，农产品商品率低，只有茶叶是恩施传统经济作物，种植面积大，能提供批量商品，而其他富硒产品大多只有样品，没有商品；三是恩施茶叶产业有较强影响力，恩施是宜红工夫茶的主产区，恩施玉露为国家级名茶，富硒茶可以成为恩施更具魅力的茶叶品牌。

// 2. 恩施富硒茶的面世

1991 年 4 月 17 日，新华社播发通稿：恩施硒资源富集世界罕见。1992 年 7 月 2—4 日，"恩施生物硒资源开发利用项目鉴定会"在恩施举行，中国科学院院士徐冠仁、中国工程院院士卢良恕分别发来贺信。徐冠仁的贺信是"恩施所开发的以名茶为首的一系列富硒产品，有利于人民的健康和保健，具有重大的社会效益和经济效益，前景非常美好"。卢良恕的贺信是"开发恩施硒资源为国内外缺硒地区开辟经济有效的补硒途径乃科技领域之大事"。于若木、杨光圻、顾景范、陆启清、程启坤等 13 位专家与会。于若木同志为恩施富硒茶题字"物以稀为贵，茶以硒为珍"；原农业部部长刘中一题写"恩施富硒茶"茶名；著名茶叶专家，中国农科院茶叶研究所原所长程启坤题词"恩施富硒茶是大自然和茶人对人类的美好奉献"。

1991 年 4 月 20 日，第一次大批量"恩施富硒茶"投入北京市场，参加了北京亚运村首届购物节展销会。4 月 22 日，在北京国际会议中心举办了"恩施富硒茶"信息发布会，陈丕显、王平、陈锡联出席。在京期间，北京茶叶总公司一次性接收了仅有的 160 担恩施富硒茶，销售额达 40 万元。北京茶叶总公司与恩施富硒茶签订了北京地区总经销的协议书。

1991 年 4 月，恩施富硒茶被列入湖北省星火计划。

// 3. 以恩施富硒茶为首的恩施硒产品推介

1992 年 8 月 18 日，《科技日报》第四版整版篇幅以《开发恩施硒资源 造福全人类》为通栏标题，刊发卢良恕、徐冠仁、于若木、杨光圻、顾景范等专家的署名文章、谈话、题字等，系统介绍恩施硒资源和硒的价值（图 7-3）。

// 4. 恩施市对富硒茶重新认识

2004 年 4 月 2 日，恩施市农业局茶叶产业办公室、恩施市质量技术监督局、芭蕉侗族乡人民政府、恩施市茶业协会组织相关人员对全市茶叶第一大乡——芭蕉侗族乡进行调查后，撰写了《从芭蕉茶叶现状看恩施富硒茶标准化

● 图 7-3　《科技日报》1992 年 8 月 18 日专版

生产》的调查报告，报告指出，品牌整合势在必行，恩施茶叶打什么牌，怎样整合品牌？这些问题务必慎重决策。

报告认为，要重点抓好以下六个关键环节。

（1）抓好品牌选定。

目前，恩施市茶叶品牌较多，不能草率地从中挑选一个品牌进行开发，要从恩施的地域特色和发展战略出发，选好品牌。建议以恩施茶的共同特色——"恩施富硒茶"为公共品牌。同时，市政府要出台《恩施茶叶品牌整合工作方案》，明确茶叶品牌整合工作的总体思路。

（2）抓好"恩施富硒茶"原产地证明商标注册申请。

恩施市茶业协会要与市工商局联合制定《"恩施富硒茶"原产地证明商标使用管理规则》和《"恩施富硒茶"包装使用管理办法》，使"恩施富硒茶"品牌整合有章可循。

（3）抓好"恩施富硒茶"标准化体系建设。

恩施市茶业协会协助市质量技术监督局、市茶办等部门制定《"恩施富硒茶"质量标准》和《"恩施富硒茶"生产加工技术规程》两个地方标准。

（4）抓好品牌授权经营、企业质量管理和技术服务。

恩施市茶业协会可以联合市工商局、市质监局共同制定《"恩施富硒茶"品牌授权使用合同细则》。

（5）抓好品牌市场拓展。

制定"恩施富硒茶"宣传、营销策划方案，要做到"三统一"：统一宣传和广告策划、统一质量标准和工艺流程、统一质量检验。

（6）抓好品牌产品提质增量上档次。

着手编制恩施富硒茶技术培训辅导教材，做好科技推广和技术创新。

二、恩施富硒茶的品牌打造

// 1. 相关的标准

1992年3月1日实施的中华人民共和国 GB 13105—91《食品中硒限量卫生标准》，规定了食品中硒最大允许限量标准，适用于粮食、豆类及制品、蔬菜、水果、肉类、鱼类、蛋类、乳类等食品。国家对茶叶硒含量没有提出要求，恩施州、市两级业务部门为掌握话语权，决定从标准入手，抢占"富硒茶"制高点。恩施土家族苗族自治州农业局发起《富硒茶行业标准》的起草，恩施市农业局发起"恩施富硒茶"湖北省地方标准的起草。

（1）《富硒茶》中华人民共和国农业行业标准。

2002 年初，恩施土家族苗族自治州农业局向湖北省农业厅提出请求，共同申请农业部制定"富硒茶"部颁标准。此请求得到支持，湖北省农业厅经济作物处、农业部茶叶质量监督检验测试中心、恩施土家族苗族自治州农业局共同组成标准起草班子，形成规范文件，经修改完善和专家评审，2002 年 11 月 5 日，中华人民共和国农业部发布《富硒茶（Rich-selenium tea）中华人民共和国农业行业标准》（NY/T 600—2002）。

（2）《富硒食品标签》湖北省地方标准。

2002 年，湖北省颁布了湖北省地方标准《富硒食品标签》（DB 42/211—2002），规定了标注富硒名称的食品硒含量要求，茶叶为 0.3—5.0 mg/kg。

（3）《富硒食品含硒量标准》。

1993 年，《富硒食品含硒量标准》，由湖北省恩施市硒资源研究开发检测中心提出，由恩施市卫生监督执法处归口并负责解释，由恩施市卫生防疫站负责起草，恩施市标准局发布实施。标准中对富硒产品含硒量作出规定，茶叶为 0.3—5.0 mg/kg。

（4）《恩施富硒茶》湖北省地方标准。

2005 年，《恩施富硒茶》湖北省地方标准由恩施市茶业协会提出并归口，恩施市茶叶领导小组办公室、恩施市质量技术监督局、恩施市茶叶学会、恩施市茶业协会起草。此标准将恩施富硒茶的硒含量设置高于农业部富硒茶部颁标准，下限由 0.25 mg/kg 提高到 0.3 mg/kg，上限由 4.0 mg/kg 提高到 5.0 mg/kg。在附录 A 中，划定了恩施富硒茶的产地范围，主产区为芭蕉、屯堡、新塘、沙地，一般产区为白果、盛家坝、白杨坪、崔坝、太阳河。标准规定，恩施富硒茶包括恩施富硒名优茶、恩施富硒大宗茶（普通天然富硒绿茶、红茶）。该地方标准经湖北省质量技术监督局组织评审，于 2006 年 3 月 9 日以 DB 42/342—2006 发布，2006 年 3 月 18 日实施。

（5）《食品安全国家标准 预包装食品营养标签通则》。

《食品安全国家标准 预包装食品营养标签通则》（GB 28050—2011）属于强制执行的标准。标准实施后，其他相关规定与本标准不一致的，均按此标准执行。在这一标准中，硒的营养素参考值（NRV）为 50 μg；硒的营养成分含量数值"0"界限值为≤1.0 μg/100 g 或 1.0 μg/100 mL；矿物质（不包括钠）每 100 g 的含量≥

15％NRV 或 100 mL≥7.5％NRV 可使用"含有"的含量声称，每 100 g 含量≥30％NRV 或 100 mL≥15％NRV 可使用"高或富含"的含量声称。由此标准得出，茶叶中硒的含量≤1.0 μg/100 g 即可视为不含硒，硒的含量≥7.5 μg/100 g 可称"含硒茶"，硒的含量≥15 μg/100 g 可称"富硒茶"或"高硒茶"。

// 2. 恩施富硒茶证明商标

恩施从开始利用富硒资源时就有了富硒茶的概念，不少商家把"富硒"作为茶叶销售的噱头来炒作，一时之间，"富硒茶"铺天盖地，厂家随意标注"富硒茶"，包装生产商印制各种"富硒茶"通用包装向茶叶生产者销售，让消费者无所适从。有较真的消费者将从恩施市场购买的"富硒茶"送检，结果硒含量差别巨大，甚至有硒含量极低，根本不是富硒茶的茶叶也标注为富硒茶，大量劣质产品充斥市场，恩施富硒茶声誉大受影响。

为了有效保护恩施富硒茶品牌，恩施市人民政府授权恩施市茶业协会，向国家工商总局商标局申请注册"恩施富硒茶"证明商标，对恩施市境内的富硒茶进行保护。

● 图 7-4　恩施富硒茶商标注册证

（1）商标注册。

2004 年 7 月 2 日，恩施市茶业协会向国家工商总局商标局申请注册恩施富硒茶证明商标。

在经历两年多的审理后，2006 年 11 月 7 日，下达部分驳回通知书。

恩施市茶业协会补充材料，提交商标局。2007 年 1 月 4 日，注册申请部分驳回，同日注册申请初步审定。

2007 年 1 月 14 日，注册申请再次驳回。恩施市茶业协会针对商标驳回意见再次补充材料。2007 年 5 月 21 日，商标成功注册（图 7-4），恩施富硒茶开始得到商标保护，品牌的开发、利用有了保障。

（2）恩施富硒茶证明商标的使用。

在恩施富硒茶证明商标成功注册后，相关职能部门加大宣传、巡查力度，并对滥用富硒茶和恩施富硒茶标识现象进行了处理，富硒茶标识的使用情况向好的方向转变。同时，职业打假人的出现，让商家意识到滥用富硒标识会引发法律纠纷和经济赔偿，随意使用"富硒茶"字样的现象有所好转。

但恩施富硒茶证明商标的使用却不尽如人意，仅恩施市沙地乡乌云冠茶叶有限公司申请使用。2007年12月28日，经许可取得商标使用权，期限从2007年12月28日至2010年12月28日（图7-5）。在商标使用许可证到期后，恩施市沙地乡乌云冠茶叶有限公司未申请续展，恩施富硒茶证明商标处于不规范使用状态。

● 图7-5 恩施富硒茶证明商标使用许可证

企业对恩施富硒茶证明商标使用消极，其原因有二：一是茶叶硒含量难把控，不是高就是低，每一批都要检测，费钱费时，检测结果滞后，跟不上市场节奏；二是消费者和企业对硒含量高的茶园都有一定的认知，定点采摘、加工、供货，不打恩施富硒茶的商标照样有销售市场，省去很多麻烦。

// 3. 大型活动造势

2003年4月23日，在芭蕉举办首届中国硒都·芭蕉茶文化节。中国工程院院士、博士生导师陈宗懋为芭蕉题写了"富硒茶之乡湖北恩施芭蕉侗族乡"（图7-6），并进行了"富硒茶和人体健康"的学术讲座。

2006年4月16日，恩施富硒绿色茶叶交易会在州城风雨桥举办。恩施市为了增添活动的内涵，专门组织编写了《恩施富硒茶》一书，此书由中国工程院院士、中国茶叶学会名誉理事长陈宗懋题写书名（图7-7）。全书由市情篇、学术篇、名茶篇、茶艺篇、名乡篇和企业篇构成，全面系统地介绍了硒、富硒茶、恩施富硒茶的相关情况，作为会议资料发给每一位参会人员，以扩大恩施富硒茶的影响力。

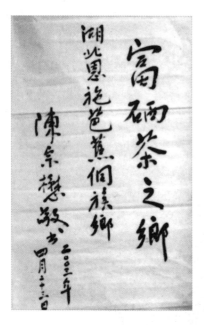

● 图 7-6　陈宗懋院士题字　　　　　● 图 7-7　陈宗懋院士题写书名的《恩施富硒茶》

// 4. 恩施州推出恩施硒茶公共品牌

　　恩施硒茶为全州公共品牌，2013 年由州人民政府委托恩施土家族苗族自治州茶产业协会管理并许可使用。恩施硒茶几可囊括所有茶叶产品，让恩施含硒量不一的含硒茶、低硒茶、富硒茶和高硒茶都可纳入品牌，不同含硒量的茶叶适应不同的消费群体。"恩施硒茶"由恩施土家族苗族自治州茶产业协会推出品牌标识

及 LOGO（图 7-8），并申请注册证明商标，国家工商总局商标局于 2015 年 8 月 26 日受理。恩施硒茶品牌自推出后在全州广泛使用，推介活动不断。

● 图 7-8　恩施硒茶 LOGO

　　在恩施州推出恩施硒茶品牌后，恩施富硒茶品牌受到一定影响，毕竟恩施富硒茶有硒含量标准，而恩施硒茶还没有制定出相应标准，参照《食品安全国家标准 预包装食品营养标签通则》（GB 28050—2011）执行，两者对硒含量要求差距巨大。恩施富硒茶的硒含量要求 0.3—5.0 mg/kg，恩施硒茶的硒含量≥7.5 μg/100 g 可称"含硒茶"，硒含量≥15 μg/100 g 可称"富硒茶"或"高硒茶"，也就是说按标准的最低要求，只要达

到恩施富硒茶硒含量的 25％就可称恩施硒茶，达到恩施富硒茶硒含量的 50％就可称富硒茶或高硒茶。真正能达到恩施富硒茶标准的产品有限，而达到恩施硒茶产品要求的产品众多，恩施富硒茶显得曲高和寡，仅有部分有富硒茶基地的龙头企业因底气十足，坚持做"恩施富硒茶"品牌。恩施富硒茶是恩施茶产品中的高端产品，是补硒佳品。

三、恩施富硒茶的特殊性

硒对人体健康的巨大好处使人们争先恐后购买硒产品，富硒茶成为补硒的首选，全国各地茶区纷纷推出富硒茶，一些补充、添加硒元素的富硒茶也充斥市场，让消费者真假难辨。作为世界硒都的恩施，生产的富硒茶具有鲜明的特点。

// 1. 天然富硒

恩施富硒茶中的硒元素是茶树吸收土壤中的硒元素形成的有机硒，硒是大自然给予的，没有任何补充或添加成分。

// 2. 分布广泛

恩施硒资源分布广泛，富硒茶生产区域极其广泛，所有产茶乡镇都产富硒茶，随着茶叶产业的发展，《恩施富硒茶》湖北省地方标准附录 A 中所划定的产地范围已与恩施富硒茶的实际产地有很大出入，以前种植粮食作物的富硒土地不断建成茶园，富硒茶的产地不断扩展。

// 3. 硒含量稳定

相同地带的富硒茶园生产的富硒茶硒含量稳定，虽然因季节、采摘标准有所变化，但同一茶园相同季节相同标准的茶叶硒含量在不同年份差距极小，具有稳定性。

// 4. 有多个超标高硒茶产地

恩施市的高硒区生产的茶叶硒含量超过富硒茶标准，现已发现的有沙地的鹤峰口、秋木，沐抚的营上和居委会，已知的检测数据分别为 66.4 μg/100 g、283.2 μg/100 g、730.3 μg/100 g、242 μg/100 g，低的超标 32.8％，高的超标 1360.06％。

四、恩施富硒茶的品牌价值

恩施富硒茶公共品牌价值评价与恩施玉露公共品牌价值评价是同时进行的，其经历也一样，只是恩施富硒茶没有恩施玉露那样厚重的历史文化底蕴，品牌价值自然也没有恩施玉露高，但其品牌价值也在显著增长（见表7-1）。2020年，恩施硒茶取代恩施富硒茶参加品牌价值评定。

表7-1　"恩施富硒茶"区域公共品牌价值表

年份	2009	2010	2011	2012	2013	2014	2015	2016	2017	2018	2019
品牌价值/亿元	0.12	0.21	1.22	4.45	6.01	7.01	9.43	11.32	12.92	18.48	16.44

第四节　恩施富硒茶主要产地

恩施富硒茶广泛分布于恩施茶叶产区，但由于硒的分布不均衡，造成不同茶区所产茶叶含硒量不一致，不是恩施所有茶区生产的茶叶都是富硒茶。

 一、硒资源分布

恩施市硒资源分布极不均衡，呈带状和点状分布，这些带或点有宽有窄，有大有小。新塘、红土、沙地相对集中，屯堡乡的马者也有一片大的分布区，其余均以不规则的带状分布。土壤含硒情况与硒资源分布相对应，硒资源分布广的地方富硒土壤丰富，硒含量高的地方土壤含硒量也高。表7-2为恩施市2014年已检测土壤硒含量前十三的取样点的位置和硒含量。

表7-2　2014年恩施市硒取样检测表

名次	乡	村	硒含量/（mg/kg）
1	屯堡乡	大庙村大石包组	56.4596
2	屯堡乡	沐抚居委会榨房组	27.2063
3	芭蕉乡	白岩村盖上坪组	23.7949

续表

名次	乡	村	硒含量/（mg/kg）
4	屯堡乡	营上村枫香组	22.2828
5	太阳河乡	马林村	19.1656
6	屯堡乡	沐抚居委会三组	16.1934
7	屯堡乡	沐抚居委会八组	15.5324
8	屯堡乡	沐抚居委会八组	14.656
9	崔坝镇	刘家河村王家槽组	13.8364
10	盛家坝乡	龙洞河	13.8011
11	屯堡乡	大庙村大石包组①	13.4346
12	崔坝镇	茅田坪村茅田坪组	13.202
13	屯堡乡	沐抚居委会十组	12.6844

二、富硒茶产地分布

根据恩施市硒资源分布情况和茶叶检测数据分析，恩施富硒茶产地主要分布于芭蕉、盛家坝、红土、沙地、白杨坪、屯堡、沐抚、太阳河、三岔等乡镇（办）的部分产地（表7-3）。富硒茶分布与硒资源分布并不完全一致，这是地理、气候环境和种植习惯不同造成的，如新塘乡的富硒区茶叶极少，且硒矿所在的鱼塘坝因海拔高不产茶，所以新塘乡富硒茶产量极小。当然，这里列出的富硒茶分布区也不是很准确，一是有的硒分布点因为茶叶产量小尚未发现，二是茶叶种植区域在不断发展变化，富硒茶分布区域也随之发生变化。同一茶区内也会因山势、坡向导致含硒量出现大的差异，要知道真正的含硒量，只有送样检测，茶叶是否达到富硒茶标准，只能以检测结果为准，分布区域仅供参考。

表 7-3　恩施富硒茶主要产地分布表

乡镇（办）	主要分布地
芭蕉	苦竹笼、仙人桥、大树子，白果树至九道水 209 国道沿线
盛家坝	占田坝—龙洞河—小溪—安乐屯—梨树坝一线，枫香河—圣孔坪—坝竹园一线，石门坝—蓼叶坪—大茅坡—灯草池一线

---

① 因硒是点状分布，与表中名次 1 为同一个小组的两个抽样。

乡镇（办）	主要分布地
红土	天落水、乌鸦坝、稻池、平锦一带
沙地	花被、秋木、鹤峰口、居委会周边，柳池—偏南清江河谷一线
白杨坪	找龙坝—三溪口—奇阳坝一线
屯堡	马者—田凤坪—鸦丘坪—韩家湾一线
沐抚	大庙—沐抚镇—营上一线
太阳河	头茶园、柑树垭
龙凤坝	椿木槽—喻家河—七里沟—新桥一线，杉树湾—茶园片—周家店子—古堰一线，五谷庙—向家村—三龙坝—竹园坡—饶家坪一线
新塘	峁山、龚家坪、保水溪、居委会一带
三岔	沙子坝—三里坊—青峰寺—响板水库一线
崔家坝	龙潭坪—柴家岭—水坪一线

三、恩施市的茶叶含硒量状况

据安徽农业大学顾谦、赵慧丽、童梅英、周桂珍在《茶叶中总硒含量及其影响因素的研究》一文介绍，土壤含硒量的高低直接影响茶叶中硒的总量。茶树根、茎、叶、果中均有硒元素，叶片是茶树硒积累的主要器官，尤其是老叶，其硒含量是嫩叶的几倍。茶树品种间硒含量的差异显著，最大差异达 10 倍以上。吴航、倪德江、余志在《加工工艺对茶叶含硒量影响的研究》一文中提出，随着叶片嫩度的降低，总硒含量呈现先降后升的趋势，往年老叶高于当年老叶，茎梗的总含硒量较低；制茶工艺对绿茶、红茶、青茶的总硒含量没有显著影响，但黑茶在加工过程中总硒含量呈增长趋势；茶叶有 27%—40% 的硒被浸出，第一次浸泡浸出率最高，绿茶、红茶、青茶、黑茶分别为 32.38%、24.22%、23.83%、25.61%，第二次和第三次都低于 5%，不同茶类无显著差异；加工中的发酵和后发酵显著影响有机硒含量，随着发酵程度的加深，有机硒含量下降。

恩施市的茶叶硒含量受多种因素影响也有很大差异，土壤硒含量的高低对茶叶硒含量影响最大，二者成正相关；鲜叶的老嫩也影响茶叶硒含量，相同土壤里的鲜叶采摘越粗老硒含量越高，因而名优茶的硒含量低于大宗茶；不同茶树种类的硒含量也不一样，种子直播的茶树含硒量高于无性系良种；不同茶树品种、不同季节的茶叶硒含量也有差异。

　　要想对恩施茶叶产区的茶叶产品硒含量进行界定是不现实的，同一茶园在不同时期生产的茶叶，检测结果不一样，不同的茶园就更不同了，全市检测出的数据虽多，但每个地方的检测报告中的硒含量都不一致。要得到一个固定数据是不可能的，这里提供一个恩施市各企业统一送检的检测结果，供大家比较参考。

　　恩施土家族苗族自治州茶产业协会 2014 年在北京举办硒茶博览会，参展产品必须经过恩施土家族苗族自治州产品质量监督检验所统一检测，符合硒含量标准的产品获得参展资格，检测结果见表 7-4。

表 7-4　2014 年硒茶博览会参展产品硒含量检测结果

生产单位	编号	品名	规格	商标	硒含量/(μg/100 g)
恩施市砾砂溪茶叶专业合作社	SH20140504143	绿茶 1#	250 g/袋	硒都	10.8
	SH20140504144	绿茶 2#	250 g/袋	硒都	12.3
	SH20140504145	绿茶 3#	250 g/袋	硒都	12.6
恩施市硒露茶业有限责任公司	SH20140504082	恩施玉露（二级）	150 g/袋	846	23.1
	SH20140504083	恩施玉露（一级）	250 g/袋	846	121
恩施市润邦国际富硒茶业公司	SH20140504027	恩施玉露（特级）	100 g/袋	RUIBOM	261.6
	SH20140504026	恩施玉露（一级）	100 g/袋	RUIBOM	283.2
恩施亲稀源硒茶产业发展有限公司	SH20140504084	恩施玉露（一级）	200 g/袋	亲稀源	24.2
	SH20140504085	富硒茶（二级）	100 g/袋	亲稀源	20.6
	SH20140504086	恩施玉露富硒茶	120 g/袋	亲稀源	36.4
恩施龙头㳇茶业有限公司	SH20140504065	绿茶（炒青 1#）	250 g/袋	龙头㳇	13.6
	SH20140504066	绿茶（炒青 2#）	250 g/袋	龙头㳇	18.3
	SH20140504067	绿茶（韵香）	160g/盒	龙头㳇	13.9
	SH20140504069	恩施玉露（一级）	250 g/盒	龙头㳇	13.9
恩施金果茶业有限公司恩施分公司	SH20140504162	金果毛尖	50 g×4 罐	金果	3.9
	SH20140504163	恩施玉露（云雾留香）	50 g×4 罐	金果	19.8
	SH20140504164	恩施玉露（云雾留香）	45 g×4 罐	金果	12.8
	SH20140504165	绿茶（云雾涧）	150 g×2 盒	金果	29.6
	SH20140504166	绿茶（一枝独秀）	50 g×4 盒	金果	9.4
	SH20140504167	烘青茶	180 g/袋	金果	10.9
	SH20140504168	蒸青茶	180 g/袋	金果	5.6

生产单位	编号	品名	规格	商标	硒含量/ (μg/100 g)
恩施市飞涵茶叶有限责任公司	SH20140504094	富硒绿茶	200 g/盒	火峰口	66.4
恩施市大方生态农业有限公司	SH20140504146	恩施玉露	240 g/盒	马者沙龙	13.5
	SH20140504147	绿茶（炒青）	250 g/袋	苔子香	11.2
恩施市花枝山生态农业开发有限责任公司	SH20140504055	花枝山·毛尖	100 g/袋	花枝山	614.4
	SH20140504056	花枝山·香茶	100 g/袋	花枝山	730.3
	SH20140504057	花枝玉露	50 g/袋	花枝山	12.2
	SH20140504058	富硒茶·峡谷翠峰	250 g/袋	花枝山	47.4
	SH20140504059	花枝茶·毛尖	100 g/袋	花枝山	9.7
	SH20140504060	恩施玉露	100 g/袋	花枝山	374.6
	SH20140504061	富硒茶·峡谷翠峰	100 g/袋	花枝山	41.5
	SH20140504062	花枝茶·忠信	50 g×4 罐	花枝山	18
	SH20140504063	花枝茶·仁义	50 g×6 罐	花枝山	8
	SH20140504064	恩施玉露·心静	50 g×4 罐	花枝山	9.2
恩施州聪麟实业有限公司	SH20140504150	黄金白茶（贵宾）	250 g/盒	聪麟	18.3
	SH20140504151	黄金白茶（尊品）	250 g/盒	聪麟	13.1
	SH20140504152	黄金白茶（普通）	250 g/盒	聪麟	27.4
	SH20140504153	珍硒白白茶（贵宾）	180 g/盒	聪麟	37
恩施晨光生态农业发展有限责任公司	SH20140504014	恩施玉露	250 g/盒	峡谷沙龙	19.5
	SH20140504016	恩施玉露	50 g/盒	峡谷沙龙	21.5
	SH20140504017	绿茶（峡谷毛烘）	150 g/袋	峡谷沙龙	10.7
	SH20140504018	绿茶（峡谷炒青）	250 g/袋	峡谷沙龙	17.1
	SH20140504019	富硒绿茶	58 g/袋	峡谷沙龙	14.4
	SH20140504020	恩施绿茶	68 g/袋	峡谷沙龙	8.7
	SH20140504021	恩施富硒茶	100 g/袋	峡谷沙龙	15.8

从检测结果可以看出，不同企业的不同产品硒含量不同；同一企业的同类产品差异较小，不同类产品差异大。这一结果客观地反映了各企业的茶叶产品实际硒含量情况，也说明恩施市的茶叶产品均不同程度含硒，但含量差异巨大。送检产品硒含量均达到恩施富硒茶标准的最低要求，是真正的富硒茶，但也有部分产品远远超过恩施富硒茶标准规定的最大含量，产品硒含量严重超标，不宜直接作为商品出售，这类产品应该与低硒茶拼配成达标产品后出售，既保证饮用安全，又可发挥更大的经济效益。

 ## 四、恩施富硒茶的合理利用

恩施富硒茶是恩施天然硒资源的利用途径之一，利用方法直接关系利用效果，找到最佳利用途径，就能实现资源效能的高效发挥。

// 1. 合理采摘

富硒茶园的鲜叶与普通茶园一样，也要及时分级多批次采摘，加工企业要规划好每批次鲜叶生产的富硒茶品类。对于普通茶园而言，夏秋茶的采摘不是重点，可以顺其自然，但富硒茶不同，所有鲜叶都珍贵，要做到应采尽采，即使修剪下来的枝叶也要加以利用。

// 2. 生产适宜产品

加工企业对富硒鲜叶要合理利用，加工成适宜的产品。细嫩的早期春茶加工高端的名茶，后期的细嫩鲜叶可加工优质茶，夏秋茶加工中档红茶、绿茶，粗老叶和修剪枝叶加工黑茶，硒超标的茶叶用低硒茶拼配，嫩度稍差的初制产品加工成超微茶粉或进行深加工，形成适应各种消费需求的富硒茶产品。

 ## 五、消费者应选择适宜的富硒茶

不同的消费群体有不同的消费需求。高端人群需要的是名茶，一杯富硒"恩施玉露"是身份的象征；对于希望饮用恩施富硒茶起到保健作用的普通消费者而言，富硒优质炒青、富硒优质烘青、富硒优质红茶是不错的选择，富硒毛尖也是完全可以消费的；而缺硒人群以补硒为目的，可以从三个方面考虑：一是利用不可多得的恩施高硒茶，饮用这种茶能迅速给人体补硒，但此种茶不能作商品销售，只能到产地寻找，也不可长期饮用，避免硒中毒现象发生；二是选用富硒茶做成的食品，如富硒油茶汤、富硒茶粉或富硒抹茶，这些产品不是饮用茶汤去掉茶渣，而是全部进入肠胃，硒的利用率大幅提高，补硒效果也更加明显；三是大众补硒，为节省费用，建议使用档次稍低的富硒茶，如炒青、香茶、红茶、花茶、黑茶等富硒茶，这类茶内含物丰富，硒含量也高于同厂家的名优茶，补硒作用相对同类产品强，价格却更具亲和力。

第八章

茶叶经营组织

支撑恩施茶叶产业的生机和活力来源于经营机构，如商号、茶行、公司、茶厂、专业合作社等。这里介绍的茶叶经营组织不讲级别、不按大小、不论强弱，只选择部分对恩施茶叶产业作出贡献、具有一定影响的代表，来诠释它们对恩施茶产业起到的重要作用。本章内容和相关数据截至 2016 年，后来的发展变化少有涉及。

第一节　吴永兴商号

一、吴氏的起源

据《吴氏宗谱·三让堂恩施支流》记载，在清乾隆年间，吴兹虎率吴惟进、吴惟存、吴惟匡、吴惟夺四子和江西同乡张、吕、康、黄等四姓人一道，由江西高安县客游于湖北省恩施县芭蕉一带，吴家人各自在万树柏、南河山湾（吴家湾）及宣恩庆阳坝的水田坝等处置地务农。

居芭蕉万树柏的是吴兹虎的三子吴惟匡，他在此置地务农，单传吴子林、吴烈灿两代，仍以稼穑为业，所幸春种秋收，所获尚如人意，家道日渐殷实。随后吴氏家族人丁走向兴旺，吴烈灿生养六子：长子吴光华、次子吴光全、三子吴光国、四子吴光祚、五子吴光祥、六子吴光辉。由于吴家家境良好，子孙也受到启蒙教育，为吴家的兴盛打下基础。

二、吴氏发迹

吴氏发迹于经商，乱世中，吴氏靠智慧赚取了第一桶金。有了强大的资金支撑，吴氏迅速扩大经营规模，成为恩施商界的一匹黑马。

// 1. 初入商路

距万树柏约 2 公里的硃（朱）砂溪是一个边界集镇，每逢场期，这里摩肩接踵，附近山民在此出售土特产，购回生活必需品。这里的土特产主要是茶叶、苎麻、生漆、五倍子等，外地客商每逢场期，纷纷到硃（朱）砂溪采购山货，吴家也有苎麻等物出售。在交换中，吴家与这些商人也有一些交往，经常在街上碰到也就成为熟人。

吴烈灿见经商有利可图，加之子嗣众多，需要开辟新的生存之道，就决定在种地务农的同时在芭蕉开一间小店，卖些日常生活用品，收购当地山货，赚取中间差价，给家庭带来一点额外的收入。作为家中长子的吴光华责无旁贷，担当起经营的重任。

1854年，吴家的小店在芭蕉集镇开业，小本微利和同质性经营并不可能获取理想的收益，吴氏的生意时好时坏，并没有为吴家带来多大财富，反而面临亏本的情况。要讲收获，就是吴光华积累了较好的人脉资源，困难时也有人出手相助，生意得以维持。

// 2. 风险带来大机遇

1860年，石达开率太平军在川东鄂西一带活动，人心惶恐，恩施商旅断绝。到1861年，恩施的茶、麻、生漆、桐油等土特产严重积压，价格极低也无人问津。吴光华找准机会，低价收购数担"白毛尖"茶到汉口试行情，不想获得大利，赚到了第一桶金。1862年，吴光华以第一桶金作"盘缠"，以"跳楼价"赊走芭蕉所有积压的土特产品，运到汉口销售，这些积压产品在汉口却是紧俏商品，吴家一下子赚得盆满钵满。

三、商号创立

资金雄厚的吴氏开始绘制自己的商业蓝图，经营要扩大、管理要规范、市场要开拓，再靠一个人去独闯天下已不适合，必须要实行组织化管理。于是吴氏决定开设吴永兴商号，竖起了对外经营的大旗，规范经营。由于经营规模很大，一家人全部投入商号经营，吴家从此弃农经商，土地出租收取租谷，不再过问稼穑。

为便于商号的经营管理，吴氏在芭蕉置地建房，于1862年在芭蕉下街建成两栋三进三堂构造的木质瓦房，芭蕉人称"吴家大屋"。所建房屋共有店铺、住房、客房、库房、粮仓、厨房、马厩、猪栏等四十余间，并在后栋楼两端分别造四角亭、六角亭，靠河沿建造花园、鱼池，临街房屋用作经商，楼下房屋作货物仓库、粮仓、厨房，后栋为家人居住。1862年年底，吴家举家从万树柏搬到芭蕉居住。可惜大屋在20世纪90年代因学校改建被毁，"吴家大屋"只能从档案资料中寻得一角（图8-1）。

● 图 8-1 档案资料中的吴家大屋一角

(郑从本摄)

发迹后的吴家已不满足于在芭蕉经营，恩施是吴光华的经营重要节点。在芭蕉建房结束后，吴光华又在恩施城北关内丁字街口修建经营用房，房屋共九进，后门抵达珠市街。吴永兴商号以此为据点，将周边县的土特产经营纳入业务范围，并开设建华茶庄主营绿茶。此时的吴永兴商号不再限于由吴家人自己经营，而是请"管事"执掌具体事务。吴家将自己信得过且有经营能力的人安排在重要岗位，实行分工合作，各司其职，各负其责，共同实现吴氏家族制定的发展目标。

吴光华凭借过人的胆识由农民成为商人，从小商贩做起，在创建吴永兴商号后，随着经营规模的日益扩大，为了充分利用不同城市的商业优势，吴永兴商号在各地创分号 28 家，各分号将恩施的土特产销售出去，也将恩施需要的各种物资采购回来，形成有进有出、大进大出的商业格局。

1901 年，吴永兴商号在汉口设立分号，是 28 家分号中的一家，只是这一分号的地位和作用极其特殊。吴永兴商号的对外贸易几乎全部由汉口分号操办，是吴家的商业命脉，地位特殊，吴光华派其幺弟吴光辉负责。吴光辉与日本斋藤洋行合作，经常前往日本，吴光华又增派侄子吴彩瑞到汉口打理分号。后吴光辉和吴彩瑞先后病故，吴光华将自己的唯一亲外孙蓝雅臣（按蓝家谱系为蓝书芹）派到汉口，主持分号的经营。

1905 年，吴光华因年事已高，将吴永兴商号交给侄子吴彩瑶（三弟吴光国之子）执掌，自己退居幕后。吴彩瑶萧规曹随，汉口分号由蓝雅臣经理，恩施由蹇文卿、刘镜若经理，芭蕉由蓝宪皋（蓝雅臣长子，按蓝家谱系为蓝庆銮）、张明凤经理，土地租谷由吴彩碧、吴应文经理。

吴永兴商号虽然强大，但对同行同乡极其关照。1906 年，同样来自鄂西南商户的甘益太、刘亦清等在汉口先后设立同福和、信孚、福兴等商号经营，吴永兴商号联合大家抱团经营，成为汉口商界一股强大势力，被称为"施南帮"，大家共同闯荡市场。

吴家是从土地里走出来的商家，在经商发达后仍然不忘土地，吴光华在商业资本充裕时买田置地，土地出租的收益又用于商业经营。在吴永兴商号极盛时期，吴家共有 3000 多担课，据传从芭蕉到恩施南门沿路都是吴家的田产。真实情况是吴家在万树柏有 2000 多担课，高桥坝 700 多担课，桅杆堡 200 多担课，厍口 100 多担课，租谷按每担课 160 斤收取，年收稻谷 50 多万斤，为南乡第一大地主。

 ## 四、经营茶叶

吴永兴商号对茶叶有着特殊的感情，吴家由贩茶起家，芭蕉又是产好茶的地方，吴永兴商号把茶叶作为主要经营商品，吴家也将茶叶生产作为家族的重要产业。吴永兴商号除在恩施县境内收购茶叶外，还在宣恩庆阳坝、长潭河和利川毛坝、咸丰小村等地设点收茶。由于吴家做生意诚实守信，童叟无欺，与人为善，芭蕉及宣恩庆阳坝、长潭河、利川毛坝、咸丰小村等地的茶农都喜欢与吴家交易，至今这些地方八十岁以上的老人说起卖茶，还会提起老辈人留传下来芭蕉吴家收茶的事。吴家除收购农户所产茶叶外，还在厍口经营茶山，雇人管理采收、制作，并带动周边的茶叶发展。当年吴家自建茶园的地方现在仍然是连片茶园（图 8-2），只是茶树由丛植变为条植，稀植变为密植，但其中仍有一些茶丛存在，让人窥见往日的景况。

● 图 8-2　位于厍口的吴家茶山

吴永兴商号的茶叶业务集中在芭蕉，其原因有三：一是芭蕉是当地最大的产茶区，此地茶叶产量占商号贸易量的大半，没有可与之相比的产地，并且有声名远扬的玉绿；二是芭蕉距离宣恩庆阳坝、长潭河和利川毛坝这些较为集中的茶叶产区近，芭蕉往来这些地方比恩施要方便得多；三是芭蕉是商号的本部所在，吴家的人都住芭蕉，茶叶是吴家经营的老本行，质量监管、价格评定、包装运输等业务骨干都是芭蕉人。因而商号的所有茶叶都在芭蕉集并、筛选、复火、拼配、定级、包装，然后发往销售区。

吴永兴商号的茶叶销售集中在汉口、襄阳、当阳、老河口及河南南阳一带，内销茶基本上是玉绿、毛尖等绿茶，因此商号经营的茶叶大多是绿茶，仅汉口分号有红茶出口到欧洲，但出口红茶不是吴永兴商号的重要业务，仅是利用汉口商埠顺带经营而已。

1914 年，第一次世界大战爆发后，红茶外销受阻，吴永兴商号因红茶销售量小未受多大影响，倒趁机集中精力培育绿茶内销市场，把鄂西北、豫西南一带茶叶市场牢牢掌握在自己手里，吴永兴商号因经营组织严密，销售的"芭蕉茶"质量有保障，产品深受消费者喜爱。在周边县纷纷将红茶改制绿茶时，吴永兴商号却把重心放在巩固和扩大规模上，利用"芭蕉茶"已有的声誉扩大销售领地。恩施及周边地区绿茶产量普遍增长，销售成为难题时，纷纷依托吴永兴商号，以"芭蕉茶"名义运销鄂北豫南一带。"芭蕉茶"一度取代湖南茶和陕西紫阳茶占据鄂北豫南市场，"芭蕉茶"是当时襄阳到南阳一带的名牌产品，是消费者的普遍选择，吴家在这次茶叶危机中又大赚了一笔。

 ## 五、吴永兴商号与恩施玉露

吴光华对于茶叶的特殊感情与其发家史密切相关，而芭蕉蓝家的玉绿又好生了得，汉口、襄阳等地的达官显贵都十分青睐，因蓝家的技术保密，产量较少，吴永兴商号虽然是玉绿的销售商，但玉绿产量却实在太少，吴光华希望突破，然而蓝家只可求不可逼，让吴光华不能畅意发展。

随着吴永兴商号生意发展壮大，吴光华的独生女儿吴大姑也长大成人，婚嫁之事就提上议事日程。以当时吴光华的身家，在芭蕉挑女婿，谁家儿子能成为吴光华的女婿就是撞大运了。吴光华对女儿的婚事却有自己的打算，他有心与蓝家结亲，既给女儿找一个门当户对的夫家，又实现茶叶经营的利益交换。蓝家的蓝盛松刚好与吴大姑年龄相近而且八字相合，同时还是制作玉绿的一把好手，这场婚事完全按照吴光华的意图进行。

蓝盛松结婚后不久，蓝家分家，蓝盛松由大家庭的阔少爷变为自立门户的一家之主，虽然经济宽裕，但柴米油盐的琐事却让他不胜其烦。吴大姑在这种情况下也常住在芭蕉集镇的娘家，蓝盛松也常跟着妻子住在丈人家里。特别是在儿子蓝书芹出生后，基本上常住吴家，这是吴光华所乐见的事。吴光华在征求女婿意见后，干脆将女婿安排在自己的商号做事，管理吴永兴商号的茶山和加工作坊。由于吴光华对女婿关爱有加，商号上下也对他格外尊重，蓝盛松主动提出在吴家的作坊中制作玉绿，吴光华的目的达到了。于是吴家的茶叶加工作坊专门制备工具，制作玉绿，如此一来，蓝家的独门绝技成了蓝家和吴家两家的绝技。蓝家的绝技虽然传到了吴家，但吴家内部却有不和谐的声音，有人认为吴光华这样做是想让女儿女婿成为吴家人，目的是争吴家的财产。吴光华为安抚家人，只好将幺弟吴光辉的二儿子吴彩瑚过继为子，以承一门香火，从而免除了一场家庭纷争。

蓝盛松在吴家受到吴光华的礼遇是超过常人的，由于吴光华的处处维护，商号从掌柜到伙计都因敬重吴光华而尊重蓝盛松，而虽有极个别吴家人对蓝盛松有点小意见，但碍于吴光华也不敢当面表达。蓝盛松是一个懂得感恩的人，他在戽口的茶山垒灶搓制玉绿，并教授吴家茶山上可靠的茶工制作"玉绿"，使吴家的茶园收益倍增。从此，吴永兴商号的玉绿茶除蓝家提供外，还能自家生产，完全可以按市场需求供货了，商号的茶叶生意更加顺当。吴永兴商号不仅在本省销售"玉绿"茶，还将玉绿销售到上海、重庆等地，并且通过吴光辉将玉绿带到日本，受到日本爱茶人士的追捧。

蓝盛松对吴家的感恩之举使"玉绿"的传承历史发生了重大改变。由于吴永兴商号对茶叶的需求量增大，生产加工雇用更多的人员，玉绿加工技艺突破了蓝氏家族内部传承的体系，芭蕉有许多人在为吴永兴商号做工时学会了加工玉绿。

玉绿制作技艺的异姓传承，成就了恩施玉露。1929 年，吴永兴商号倒闭后，制作玉绿的工匠们散布戽口周边，继续为茶商们加工玉绿，玉绿没有因为吴永兴商号的倒闭而停产，有价值的商品总是有出路的。到了 1939 年，中国茶叶公司恩施实验茶厂在庆阳坝设分厂，分厂厂长杨润之在戽口茶山背面的庆阳坝发现、总结并传播了玉绿的制作技艺，并将玉绿定名为玉露，蓝氏家族传承的玉绿成为社会传承的玉露。

六、票号经营

吴永兴商号自汉口分号开张后，大量资金的回笼是件极其麻烦的事，当时市面流通的货币是银元、铜元，笨重难以携带，特别是大量钱财远距离转移费力而又有被盗抢的风险。好在此时已有钱庄、票号经营，吴永兴商号通过票号回笼资金，倒也方便快捷。然而随着商号分号的增加，贸易量的不断增大，吴永兴商号有了新的打算——自己开票号。吴永兴商号开票号在当时是顺理成章的事，商号总号与各分号的资金往来巨大，通过别人要给付"汇水"，这是一笔不小的支出，自己做就省了。以吴永兴商号的实力开票号完全不是问题，当时有一定实力的商号或富人都开票号，吴永兴商号的实力比有些票号的实力大多了。

吴永兴商号的票号顺应潮流，毫无悬念地开张了。由于商号实力雄厚，深得商人和民众信任，大家纷纷通过吴永兴票号设在各地的钱庄从事资金汇兑和借款业务。在票号业务成熟后又发行钱票（纸币），吴永兴发行的钱票较现在流通的十元人民币略长略宽，长方形、黑色、直板，四边印花纹框，上半部从右到左是"吴永兴"，下半部从上到下是"凭票发铜元一串整"。每张票兑换铜元一串，即十个当百的铜元（俗称铜壳子）或小铜钱（俗称眼眼钱）一千文。当时一块银元可兑换小铜钱一千二百文，钱票（纸币）相对于银元还是有一点差别。由于吴永兴商号信誉度高，它的票号发行的钱票流通范围很广，西到重庆，东到武汉，南到湖南永顺、保靖、龙山、桑植、常德等地，在恩施及周边县则是硬通货。吴永兴票号生意做得风生水起，异常红火，芭蕉老辈人描述此事说："不晓得吴家有好多钱，只是常看到吴家的马帮整队驮的都是钱，往钱库里倒钱的声音一响半天。"

 七、吴永兴商号的繁荣

吴永兴商号自吴光华几担茶叶闯汉口起家，一路顺风顺水，生意越做越大，省内做到武汉、宜昌、荆门、襄阳等地，省外达四川（重庆）、湖南、河南等地，出口主要是日本。吴永兴商号通过自己在恩施的各土特产收购部将恩施及周边地区的茶叶、生漆、桐油、苎麻、五倍子、药材等物产收购集并，通过设在各地的分号销售，由于恩施的土特产资源丰富，品质超群，因而商号利润可观。吴永兴商号在组织恩施土特产外销的同时，又从外地组织恩施不生产的物资进行内销，如从荆州、宜昌等地组织棉花、棉纱，从四川富顺组织黑锅巴盐（富巴），从武汉等地组织洋油、洋布，这些物品多为人们的生活必需品，也有时尚商品，吴永兴商号通过恩施和芭蕉两处批发，赚取差价。吴永兴商号货款回笼通过票号和钱庄，免去携带的不便；而与供货方结算则使用自己票号发行的"钱票"；而吴家真正的"钱"——银元、铜元则由其钱庄以借贷方式放债，赚取利息。此时的吴永兴商号几乎不需要本钱经营，而是用别人的钱赚钱。商号收购、进货用自己的"钱票"支付，而"钱票"其实就是以吴永兴商号的信誉作担保的凭证纸张，本身不是钱也不值钱，而用这种"钱票"购进的物资是卖钱的，卖出后收到的是真金白银，这些真金白银进入钱庄又会生钱。吴永兴商号成了恩施为数不多的商业巨头。

吴永兴商号当时到底有多少资产已无从考证，仅从老人留传的一些见闻可略知当时的繁华：吴永兴商号因业务量大，雇用的人员也多，仅用餐就是一个大场面，在平常时段就餐，每餐芭蕉设 13 桌，恩施设 5 桌；每年吴光华过生日，都要在恩施城的万寿宫和水府庙大摆筵席招待宾朋，并请戏班子唱戏助兴，为使宾朋饮酒看戏两全其美，吴家开的是每席只坐 6 人的开口席（方桌四面可坐 8 人，将戏台一方空出不坐人，便于看戏）；1908 年吴光华去世，前往悼念者络绎不绝，芭蕉集镇全是祭帐挽联，凡到场者都可领一身孝衣，据说芭蕉连乞丐都因到灵堂叩了个头而穿上了新衣，满街皆白。

八、吴永兴商号破产

吴永兴商号在极尽奢华的背后，也隐藏着巨大的危机，一旦诱因出现，就会产生连锁反应，面临灭顶之灾。

// 1. 吴永兴商号的危机

用人机制存在的缺陷是吴永兴商号最大的危机。吴永兴商号是吴光华一手经营起来的，他在商号内是绝对的权威，他的意志就是商号的意志，在用人的时候，吴光华用的基本上是自己的近亲：自家亲兄弟及子孙，自己的外孙及后代，自己的连襟及后代，吴家的恩人及后代，与吴家没有关系的人是不可能在吴永兴商号主事的。这种靠关系而不是靠能力的用人方式在吴光华亲自掌舵时是行之有效的，但在吴光华去世后，其弊端就逐渐显现出来了。汉口分号是吴永兴商号的命脉所在，地位特殊，吴光华先是派幺弟吴光辉负责，后又增派其侄吴彩瑞主理，以便吴光辉有精力加强对日本的出口贸易。在吴光辉、吴彩瑞先后病故后则派其亲外孙蓝雅臣经理汉口分号，正是蓝雅臣这枚摆在吴永兴商号最重要的战略节点的重要棋子，成了吴永兴商号土崩瓦解的引爆者。蓝雅臣因是吴光华唯一亲孙辈，受到良好的教育，颇具经营头脑，被吴光华极为看重，可以说吴光华对其宠爱有加，在吴永兴商号中，除了吴光华，再也无人能制约他。吴光华去世后，蓝雅臣没了任何束缚，他本是吴永兴商号汉口分号的经理，自己却另开了一家商号，利用吴永兴商号的资源为个人赚钱，还讨了一个上海女子做二房，依靠吴永兴商号过自己的神仙日子。

吴永兴商号的票号、钱庄为吴家带来滚滚财源，但也埋下祸根。吴家因财大气粗，在外经营的货款都由外地票号、钱庄汇单到恩施的票号、钱庄兑付。这种状况在一般情况下没问题，然而一旦遇上特殊原因导致兑付中断，资金就打了水漂。同时因自己发行"钱票"，所以对有政府和军队背景的其他票号的"钱票"也作现银对待，这在动荡时期是最难掌控的。

吴家的大家庭模式导致权责不明，吃公攒私，贪图享受之风蔓延。由于吴光华无子，过继吴光辉家的二儿子吴彩瑚为嗣。吴光华去世后，吴永兴商号由吴彩瑶主事，吴彩瑶为吴光华三弟吴光国之子，虽然能力很强，但在吴家没有一言九鼎的威望。家族中既有大伯的年轻嗣子，又有二伯的年长亲子，而商号又非自己打拼得来，而是坐享大伯的成果，吴彩瑶需要顾及全家六房人的感受，对各房的一些小问题多采用容忍的方式处理。而对商号和田产的单项事务也充分相信经办人，自己尽量是抓大放小，以致在管理上出现漏洞。而各房在一个大家庭生活，虽然家务由各房轮流掌管，但支出都从柜上走，做事不忘给自己一点好处。由于吴家子孙众多，生活在金钱包围的环境中，难免养成恶习：抽大烟者有之，赌博者有之，在外养小者有之。这些现象严重败坏着吴家的风气。

// 2. 危机暴发

1921 年，靖国军被孙传芳的部队赶走，吴永兴商号手中大量由靖国军发行的"恒南票""保和票"无法兑换、流通，成了废纸，但财大气粗的吴永兴商号面对这样的危机还能从容应对，吴家还幻想靖国军翻盘，钱票能够变现。

1929 年是吴永兴商号的大限，大的危机毫无征兆地来临，而且就好像多米诺骨牌，倒下一块就引起连锁反应，一步一步把吴永兴商号逼向绝境。这一年，吴永兴商号一如往常地租用一艘大木船，将 50 担茶叶、80 捆苎麻、50 梢生漆运往汉口，然而这次却出现意外，船在西陵峡翻沉，货物全部损失。这一损失看起来很大，但对吴永兴商号来说也只算受损而已。然而对此事的处置却出现了偏差，当时汉口分号的负责人蓝雅臣本应该积极应对，但他却在事发前几天陪他的姨太太到上海游玩，根本不知道这一情况。客户按约定到分号提货，伙计因没货只能赔小心，说等两天就到，两天后仍然无货，伙计无法交代只好关门躲避。等蓝雅臣回到汉口，商号因无货可供又无人主持已关门十多天了。外界看到商号闭门谢客，认为吴永兴商号倒闭了，人们纷纷到吴永兴商号要求结清货款，兑付现银。好在汉口是吴永兴商号出货的主要场所，蓝雅臣还是有真本事的商人，他将应收货款回收，兑付了欠款，然后回到恩施总部商议应对之策。但因为汉口分号处置的延误，吴永兴商号倒闭的谣言很快传回恩施，消息经过发酵，恩施持吴永兴商号"钱票"者纷纷涌向恩施和芭蕉的商号店面要求兑付现款，而商号很大一笔资金是军票，吴家面对这一冲击无法抵挡，只得变卖田产，以结算往来，3000多担课田卖出大部分，只剩下960多担。吴永兴商号于1929年倒闭，其辉煌的商业历史至此戛然而止。

吴永兴商号破产，并非实力不足，纯属信息不通，处置不当造成的。在处理完所有债务后，吴家还有近千担课田，芭蕉和恩施的两处大宅子仍然是吴家财产，大难过后的吴家还是一方的大财主。只是在经历这次严重打击之后，吴家丧失了斗志，大家庭也解体了，六房人将960多担课田平分，每房160多担。分家后吴彩瑶和吴美锦又合开了吴永兴昌记货栈，但风光不再，不久便夭折了。

第二节　同福茶行

一、同福茶行创建

同福茶行成立于 1896 年，是蓝氏族人蓝书鉴开办的茶叶经营机构，茶行位于芭蕉上街川主庙旁，蓝义顺商号对面。同福茶行建于上街是因为上街是蓝家地盘，以蓝家为首的有四川印记的富人在上街建起川主庙，与以吴姓为主的江西人所建的万寿宫（江西会馆）既相互映衬，又相互攀比，川主庙和万寿宫既是实力的彰显，也是势力的象征。在川主庙旁建茶行，表明其是川派体系核心成员，实力非同一般。蓝书鉴在此开办同福茶行还有一个原因，就是族叔蓝盛德在上街开办蓝义顺商行已成气候，茶叶、旅店、饭铺、屠宰、医药、代捎等生意都做得风生水起。同福茶行开设于蓝义顺商行对面，两家相互照应，客商的饮食起居也便于安排。

二、同福茶行的经营

同福茶行从成立起就将"玉绿"作为主打产品，大门左右悬挂一副对联"普洱老茶早知寒暑，玉绿新茗正问春秋"。为提高产品质量，茶行建有生产加工基地，形成精选、包装车间，运输、销售体系完备。

茶叶的生产加工由蓝盛瑶负责，下设加工和收购两个小组。蓝庆慧、蓝庆树两兄弟是加工组负责人，在黄连溪寨门口加工以"玉绿"为主的绿茶，年产量约120担；蓝书鉴是收购组负责人，统一收购黄连溪、戽口一带的成品茶叶。同福茶行在川主庙后面建有精制加工车间和包装车间，将各处茶叶在此集并、分级、拣选、筛簸、拼配、关堆、打包。销售主要在襄阳、当阳、云阳三处，这三地被称作"三阳开泰"，当时"三阳"地区流行一句话：浑身茶香者，必定芭蕉人！同福茶行在"三阳"一带形成了稳定的销售体系，拥有众多的消费群体。

三、同福茶行扩张

由于生意越做越大，同福茶行资金开始周转不灵，无钱囤茶，于是蓝书鉴打起家族和亲戚的主意，吸收靠得住的资本，实行股份制经营，由蓝书鉴本人任董事长兼总经理，负责收货发货，审核账簿，结算资金。除他之外，共有八大股份，当时人称"八大股"，具体如下：

刘子让，蓝家门婿（女婿），负责后勤理事，时任芭蕉乡乡长；

蓝书化，负责税收关卡，时任恩施县参议；

宋大炮，真名不详，是蓝盛德之孙蓝绍清的老师，担任董事，时任芭蕉区区长；

蓝书灏，时任桅杆乡乡长；

蓝庆禧，时任桅杆区区长；

罗伯恒，蓝家门婿，兼做生意，桐车坝任保长；

谢宏斋，蓝家门婿，人称谢跛子，兼做生意，任保长；

谢先玖，蓝家门婿，兼做生意，任保长。

以上人员如今均有后嗣生活于芭蕉、恩施市等地。

另外还有时任恩施县县长的明福玖，人称"明师爷"，县丞出身，与蓝书化要好，作为蓝家的后盾，参有一份干股，只分红利不出本钱，不在八大股之内。

蓝氏在晚清民国以前主要以茶叶加工、批发的模式经营，自民国十五年（1926年）以后，蓝盛瑶、蓝书鉴开始自己拓展市场，采用零售与批发相结合的模式经营。

四、家族的帮忙

同福茶行的兴盛，有一位蓝氏族人做出了重大贡献，即蓝义顺创始人蓝盛德之孙蓝绍清（字楚屏）。蓝绍清生于宣统二年（1908年），伟岸英俊、敏而好学，十六岁时通过县里考试，谋得芭蕉团政（相当于现在的乡武装部部长、派出所所长双重身份）一职，这是掌握枪杆子的最低武职。其父"波老爷"不愿意得罪人，极力反对他在当地做事。于是蓝楚屏约自己的老师"宋大炮"一起参加省政府的用人招考，谋得枝江县税务局局长一职，当年他尚不满十八岁，几年后由于政绩突出，又被提拔为省财政厅田粮处处长，后来调任枝江县县长。抗战时期国民党湖北省政府南迁，蓝楚屏随迁到恩施，抗战胜利后随省政府财政厅回迁武汉。自1926年起，一直到1949年新中国成立，在这二十多年的时间里，蓝楚屏为同福茶行在疏通关系、笼络人脉、引荐客商、税收路条等各个方面给予了很大的帮助与扶持。当时蓝氏家族都说有了蓝楚屏的一张条子，走到哪里都好办事！

五、同福茶行的茶叶运输

由于当时没有公路，外销全靠人力挑运，蓝家组织了好几套挑茶的班子，班子里领头的人叫"代捎儿"，挑茶担子的叫"挑夫子"。茶叶外运由代捎负责交接和路途管理。操作模式如下：首先由蓝家开好出售的茶叶清单，包括名称、品类、等级、斤两、收货商号等，还附有结算信函，信函上有"同福"印戳及蓝书鉴的亲笔签名；接着代捎按照清单点货，核对准确后，代捎将茶叶打上封条分发给挑夫，由挑夫自己保管，出错由挑夫自己负责赔偿。分发好茶叶，代捎统一安排挑夫在蓝义顺商号食宿，然后由蓝家预付给代捎路途所需费用，包括住宿费、伙食费、医药费、预留费等。次日清晨，代捎带着队伍吃过早早饭（芭蕉习惯一日两餐，早饭一般上午10点前后，早早饭则天一亮就吃）就出发，如果路上不出意外，远的一个多月才能往返一次，近的也要半个月时间。茶叶送达后，商户依据结算信函与代捎结算付账，并以商号的名义给同福茶行回函，若有退货、欠款、压价等情况，一律在回函中详尽叙述。代捎回来后再与蓝书鉴对账、结算工资。

在那个时期，同福茶行业务十分繁忙，往往这一套班子才挑着茶叶出门，那一套班子又来接货了，像张兴茂、向复基、蓝庆泽这些既灵性（聪明）又负责任的代捎，一年到头没有几天空闲的日子，同时也反映了当时同福茶行的生意异常兴隆！

同福茶行与蓝义顺商号共同投资修建了一条芭蕉上街至黄连溪垭口的捷径，沿途用几千块青石板铺就而成。虽历经一百二十多年的风雨沧桑，如今这条石板路依然闪烁着黛青色的光芒（图8-3）！

● 图8-3 石板大路

 六、同福茶行的消亡

新中国成立标志着剥削制度被消灭，同福茶行也必须进行社会主义改造。1952年，同福茶行成为芭蕉农业机械制造厂职工宿舍；川主庙（禹王庙）被完全拆毁，用于兴建芭蕉农业机械制造厂的生产车间。封建地主剥削阶级开始接受社会主义改造。

同福茶行，随着新中国的经济体系建立而消亡。如今，同福茶行仅剩一块门框石支撑着残垣断壁，寨门口的老屋尚有没有拆尽的木头房子残存，依稀可见完整时期的布局，然物不是，人全非，破烂的老宅已不是蓝氏的财产，较为完整的几间正房被拆得四面通透，现在成为张姓人家的茶叶初制作坊。残存的老宅，承载着时代的沧桑，与周围现代民居形成鲜明的对比（图8-4）。

● 图8-4 现代民居包围中的寨门口残存老宅

第三节 芭蕉茶厂

芭蕉茶厂是恩施市乃至湖北省的重点茶叶加工企业，在计划经济时代，左右着恩施茶叶的命脉，它一头关联茶叶种植，一头关联茶叶的出口，芭蕉茶厂可决定一方农村的经济收入，又影响外贸出口计划的执行。然而在社会主义市场经济的冲击下，芭蕉茶厂未能跨入新世纪，于1999年改制。笔者想介绍这一昔日独具风采的茶企时，在网上居然一个词条都搜索不到，而且相关文献中也没有任何可查的资料，这更激发了笔者挖掘、整理的兴趣。

在芭蕉侗族乡政府和乡农业服务中心的配合支持下，笔者找到了曾任芭蕉茶厂党委副书记的沈德春老人：父子两代在芭蕉茶厂工作的茶人龚家绪、曾任芭蕉茶厂厂长的田胜炎，他们提供了芭蕉茶厂的一些情况。

沈德春老人从芭蕉茶厂建厂开始，长期担任机务组组长，后担任芭蕉茶厂党委副书记，他提供了建厂初期的详细情况；龚家绪不仅提供了当时的情况，还带笔者寻找茶厂的遗迹、旧物，又通过询问他的父亲龚厚金，找到老厂长田胜炎。同时芭蕉侗族乡的文化名人郑从本老师也提供了大量他搜集的史料，从而构成了芭蕉茶厂的历史脉络。

 ## 一、芭蕉茶厂的前身

芭蕉茶厂的历史可追溯到民国时期。1939年，中国茶叶公司因业务扩大在芭蕉设分厂，厂址位于芭蕉中街桥头河沿边，是芭蕉有史以来第一家官办茶厂。新中国成立前夕，芭蕉茶厂设备撤走，茶厂撤销。

这里介绍的芭蕉茶厂（曾用名芭蕉初制厂）始建于1956年，由湖北省人民政府拨款修建，厂址位于芭蕉街桥头东侧，与民国时期的茶厂隔河相望。茶厂占地40余亩，厂名为湖北省芭蕉茶厂，直接归省茶叶公司建设和管理，管理人员及工作人员由省公司直接安排。建厂工作由湖北省茶叶公司派封明卿负责，朱家俭协助，杨善初负责生产管理，还有几名工作队员一起组成工作组，全面负责茶厂建设工作（图8-5）。芭蕉茶厂建成后，由南下干部崔保新担任茶厂第一任厂长。茶厂于1957年正式投产，机械化程度较高，主要生产红茶，年生产能力在1000吨左右。

● 图 8-5　芭蕉茶厂（初制厂）工作组成员合影

（杨善初提供）

二、芭蕉茶厂的建设

芭蕉茶厂的建设在当时属于省重点工程，时间紧，任务重，工人们加班加点赶工期，常常是前一道工程未完工，后面的工序就开始了，茶厂的第一批机械安装时连地坪都没有做，机械安装的位置原来是一片麻园，机务组的工人在正发芽的麻苑之中打坑做基桩，设备安装后才做地面工程。

三、芭蕉茶厂的厂房、设备、能源

// 1. 厂房

芭蕉茶厂的厂区面积一直未变，一次征地 40 亩多一点，规划是统一的，厂房建设是分期进行的，随着加工能力的扩大进行扩建。厂房按当时的标准厂房建设，空间大，宽敞明亮。

// 2. 设备

芭蕉茶厂的设备在当时是一流的。设备是分批采购的，由上海、杭州、南京等地厂家提供。

建厂之初，只有三台加工机械：一台揉捻机、一台解块机、一台干燥机。芭蕉虽然在 1956 年就修通了公路，但车辆难找，于是向恩施监狱求助，狱方安排服刑犯人用肩膀将笨重的机械抬到芭蕉。为扩大生产，1957 年冬，芭蕉茶厂增加设备，将揉捻机增加到 4 台（三大一小）。在增加设备后，芭蕉茶厂决定敞开收购鲜叶。因茶厂对芭蕉丰富的茶叶资源估计不足，1958 年鲜叶开秤收购后无力消化，不能及时付制，损失眼看就要发生。幸好省茶叶公司总技师冯绍裘及时赶到，亲自设计制造了三台木质揉捻机，仿制出茶叶干燥机，发明鲜叶萎凋机，才解决燃眉之急。

1959 年，芭蕉茶厂再次扩大产能，按年生产 1000 吨的生产能力配备设备，包括工夫红茶、红碎茶的粗制、精制机械，此时设备与原料才匹配，芭蕉茶厂进入稳定生产状态。以后又根据生产需要陆续添置补充机械设备，包括部分绿茶加工设备，使设备配置更加合理。

1978 年，芭蕉茶厂引进自动化精制生产线，红茶精制实现不落地生产，不仅实现机械连续生产，还安装除尘设备，是恩施最早的清洁化生产车间。

// 3. 能源

（1）动力。

芭蕉茶厂的加工机械多以电力为动力，电力从芭蕉茶厂建厂时就是主要的动力。

1957 年，配备了 12 kW 柴油发电机一台，12 马力和 15 马力的柴油机各一台，利用柴油机发电提供电能。

1958 年，从湖南购进两台 50 kW 的柴油发电机，茶厂又在老凉桥边（靠上游）建了一个小型发电站（1962 年被洪水冲毁），解决因机械增加造成的电力不足问题。

1959 年，芭蕉引入月亮岩电站电力，芭蕉茶厂的照明问题得到解决，动力仍然靠自己发电解决。

1972 年，茶厂安装 180 kVA 变压器，加工动力得到解决，柴油发电机成为备用电源。

1979 年，购进 120 kW 日本产汽油发电机一台作为备用电源。

（2）热能。

芭蕉茶厂的热能来自煤炭。因茶厂以红茶加工为主，只有干燥环节有大的热能消耗，萎凋槽虽有热能消耗，但消耗量小。1984 年后，绿茶加工逐渐替代红茶加工，热能消耗增大，仍然使用煤炭，茶厂生活也用燃煤锅炉。

四、芭蕉茶厂的生产经营

// 1. 生产经营方式

计划经济时期：收购鲜叶、加工毛茶、毛茶精制、分级调拨。

社会主义市场经济时期：收购鲜叶、加工毛茶、毛茶精制、对外销售。

// 2. 技术、工艺的改进完善

芭蕉茶厂的生产技术是由我国茶叶大师冯绍裘直接指导的。1957年茶厂建成，冯绍裘即到芭蕉茶厂指挥设备调试，产品试制，评审改进，使全厂所有员工都掌握自己岗位的操作技能；1958年，冯绍裘原计划到芭蕉茶厂试制红碎茶，但一到芭蕉就因茶厂加工设备严重不足被迫应急研制机械，等解决机械问题后，才开始红碎茶加工试验，虽然取得成功但还未完善，也没能把这项技术完全传授给工人；1959年，冯绍裘又到芭蕉茶厂，完善了所有试验并将红碎茶加工技术传授给工人，从此全部红茶加工技术完全被工人掌握，加工的产品始终优良，是省茶叶公司出口茶叶的骨干企业。

1959年，芭蕉茶厂加工能力达到2万担左右，机械化制茶水平更高，该厂初制、精制一体化，直接发货到口岸，省公司负责结算。建厂初期茶叶干燥用日光晒干，后改用干燥机焙干。冯绍裘自芭蕉茶厂建成投产，每年都要到芭蕉茶厂驻厂2个月左右，了解茶叶生产加工中的痛点、难点，及时解决存在的问题。

1964年，遵照对外贸易部、农垦部、农业部要求，芭蕉开始大规模试制红碎茶，红碎茶成为芭蕉茶厂的主打产品。

伴随红碎茶加工，芭蕉茶厂有了一种对本地人来说性价比高的衍生品——茶筋。这是红碎茶加工时被撕出的叶脉组织，水煮形成红亮茶汤，有红茶的香气，办喜事时用来待客有喜庆气息。民众还有人将"茶筋"理解为"茶精"，说这是茶的精华，不然不可能这么漂亮。茶筋一毛钱一斤，在那个贫穷的年代，大家也消费得起。

 五、芭蕉茶厂的基地扶持

芭蕉茶厂自建厂至1984年，一直将基地扶持作为生产经营的重要内容。每年冬天，茶厂安排专人到产地发放预购款，集体经营时期发放到生产队，联产承包后改为发放到农户。预购款的多少根据生产者的需要和生产能力确定，次年交售产品时抵扣。这项措施只针对芭蕉及周边区域，对稳定茶叶基地、促进茶叶生产具有极其重要的作用。

 ## 六、芭蕉茶厂的产品变化

芭蕉茶厂是红茶加工厂，建厂即按红茶初精制一体化设计施工，在生产经营过程中受市场影响，加工产品也发生相应变化，其茶叶加工经历了从红转绿的过程。1984 年前主要是红茶初制和精制，同时加工少量绿茶。红茶主要加工宜红工夫茶、红碎茶；绿茶加工炒青、珍眉、玉露、龙井等，炒青、珍眉为机械化加工，玉露和龙井为手工制作。1984 年后逐渐转为以绿茶加工为主，到 1990 年全部转为绿茶加工。

 ## 七、芭蕉茶厂的地位变化

芭蕉茶厂的茶叶销售在 1984 年前为计划经济，茶厂只管生产，产品按上级安排直接发货外销；统购统销政策取消后仍沿袭旧制，产品按上级调拨，但随着改革开放的深入和社会主义市场经济的发展，茶麻公司整个系统的经营出现问题，芭蕉茶厂伴随茶叶经营体制的变化而发生变化。

1978 年，芭蕉茶厂下放到恩施地区，称恩施地区芭蕉茶厂，由恩施地区外贸局管理。

1983 年，恩施地区芭蕉茶厂下放到恩施县，称恩施县芭蕉茶厂，由恩施县供销社代管。1984 年县市合并后称恩施市芭蕉茶厂，由恩施市供销社管理。1988 年后并入恩施市茶麻公司。

20 世纪 90 年代，芭蕉茶厂经营陷入困境，工人下岗，工厂对外承包。

 ## 八、芭蕉茶厂取得的部分成就

芭蕉茶厂有过许多荣誉和成就，但因历史资料不全，这里只将座谈时了解到的作简单的介绍。

1958 年，在红茶初制的基础上建成红茶精制车间，精制红碎茶，经鉴定，内质和外形均接近印度、锡兰的茶叶产品。

1959 年，厂保卫干事唐元登因自制竹质灭火器功效显著，出席全国公检法先进工作者大会。

1963 年，芭蕉茶厂机务组获得湖北省财贸系统先进班组称号，沈德春代表机务组参加在武汉举行的表彰大会，领取了奖牌并受到王任重同志接见。

1967 年，外贸部根据国际市场对红碎茶品质规格的要求，结合中国广大茶区的具体情况，制定并颁发了四套红碎茶加工统一标准样，供各地区对照标准加工和验收之用。第三套样适用于贵州、四川、湖北、湖南部分地区中小叶种制成的红碎茶，共计 19 个花色，设 19 个标准样。芭蕉茶厂负责第三套样制样工作。

1978 年，因业绩突出，省公司奖励芭蕉茶厂吉普车一辆，崔保新厂长未接受，转赠给了恩施县政府。

1981 年，生产红碎茶 5000 公斤，运往美国俄亥俄州展销。

芭蕉茶厂自建成至 1984 年，年外销茶叶占全县总量的 70% 以上。

九、芭蕉茶厂改制

1999 年，恩施市芭蕉茶厂整体改制。厂房设备分割变卖，变卖所得资金部分用于安置职工，部分用于冲抵银行贷款。现湖北宜红茶叶有限公司整体购买芭蕉茶厂的精制车间，组建恩施分公司，这是芭蕉茶厂目前仅存的生产车间，里面的绝大多数设备仍在正常使用。

芭蕉茶厂从兴到衰，有体制的原因，也有茶叶产业自身的弱点，但一个全省有名的大厂轰然倒下，是值得深思的。

改革开放以前，茶叶是统购统销的物资，茶厂按样生产，按级调运，不需要直接面对市场，也不允许企业自己去组织销售，企业在加工上有优势，在销售上是短板。随着改革开放的深入，计划被市场取代，企业无法适应这一转变，既无营销人才，也无营销渠道，越是大的企业改变越难，最终走向破产。茶叶产业从根本上来说是一个农产品加工营销的行当，农产品既受政策支配，又受气候和季节因素影响，不确定因素很多。

// 1. 不适应资金运行方式的改变

计划经济时期，资金靠拨款，茶厂不需要考虑资金来源和生产成本，只提供计划，审批后就可申请拨付、使用。

社会主义市场经济时期，茶厂独立核算，资金来源是贷款，生产经营是要成本的。茶厂资金占用大，周转慢，利润率低，使得企业难以靠自身积累发展壮大。按芭蕉茶厂的生产销售状况，鲜叶收购和加工初制在 4—9 月，以 4、5 两个月为主；精制在 4—12 月；销售在 4 月至次年 2 月。资金回笼最快要 3 个月，资金周转平均不足 2 次/年。

// 2. 机制不灵活

社会主义市场经济的发展让社会资本进入茶叶领域，其灵活的经营方式使公有的大厂无法抗衡。小厂的随行就市是芭蕉茶厂无法实现的，芭蕉茶厂的产品价格很难调整。

// 3. 包袱太重

小厂无经营以外的成本，而芭蕉茶厂却要养活一批管理人员和离退休职工。体制、机制是芭蕉茶厂倒下的主要原因。芭蕉茶厂在芭蕉茶叶产业快速发展壮大的时候消失，看似匪夷所思，实乃历史必然。

第四节　恩施市茶树良种繁育站

恩施市茶树良种繁育站是恩施市良种茶的发源地和科普基地，这一机构的设立，使灯笼坝村成为湖北省无性系良种茶生产的典型，芭蕉侗族乡成为湖北省无性系良种茶园第一乡。恩施市成为湖北省无性系良种茶园第一市。

 ## 一、初期组建

恩施市茶树良种繁育站是在恩施市加大特产作物发展力度的情况下开始组建的。1983 年年底，恩施市县合并工作启动，增设特产局，茶、麻、果、药为主抓作物，恩施县政协副主席吉宗元负责特产局筹建工作。吉宗元是茶叶专家，长期在芭蕉工作，对恩施的茶树资源和茶叶生产方式了如指掌，对茶叶在农村经济中的地位和作用更是了然于胸，组建茶叶科研机构成为特产局筹建的大事，率先执行。吉宗元同志亲自选址，确定利用芭蕉灯笼坝牌楼附近的一处集体茶园和管理用房，此处为20世纪70年代的知青场，面积约50亩。知青返城后，芭蕉公社财政所租赁该地办茶厂经营。

商议之后芭蕉区财政所决定整体将原知青场的土地、房屋转让给特产局，用于建设茶叶科研站，财政所聘请的管理员谭世品也一同转为特产局聘请的农民技术员（后转正为事业编制），成为茶叶科研站的管理人员。

1984年1月1日，恩施县、恩施市正式合并为恩施市，恩施市特产局随之宣布成立。

茶叶科研站的建设工作在市特产局的指挥下全面展开，最先启动的是房屋整修。因知青已全部回城，房屋数年未维护，已天穿地漏，解决工作人员的栖身之所是当务之急。

经过半年努力，住房和加工厂房维修一新，科研场所基本具备，茶叶科研工作逐步展开。由于特产局初建，人员严重缺乏，吉宗元亲自主持工作，谭世品因是灯笼坝人，距科研站住得很近，被任命为站长，负责处理日常事务，同时借调芭蕉区特产站蒲长忠参与建设。

1988年，恩施市茶科站更名为恩施市茶树良种繁育站，由市特产局直管变为由市特产局二级单位恩施市特产技术推广服务中心管辖。

 **二、科研工作**

// **1. 品种试验**

1984年11月，茶科站派蒲长忠前往福建，引进福鼎大白、福安大白、福鼎大毫、福云六号、福云七号、龙井43等无性系茶树良种和茉莉花进行试验观察。茶科站引进无性系良种茶试验，开恩施无性系良种茶种植之先河。

1985—1987年，市特产局黄辉同志主持茶树品种、单株观测对比试验。

1986年，全州在恩施、宣恩、鹤峰三地进行地方优良单株试验，共有19个优良单株在茶科站栽植观察。吉宗元通过私人渠道增加金星18号、毛坝8号和鹤科40号在茶科站进行试验。茶科站以本州地方茶树优良单株为基础，建成地方茶树品比园（图8-6）。

● 图 8-6　地方茶树品比园

试验结果如下。

（1）引进无性系良种。

福鼎大白：发芽早，分枝密，育芽力强，产量高。

福云六号：发芽特早，生长旺盛，产量极高，茶芽饱满易采。

福安大白：发芽早，芽叶肥大，产量高。

福云七号：中生种，芽叶肥壮，叶质硬，产量高。

龙井 43：发芽特早，分枝密，生长量小，产量低。

福鼎大毫：发芽早，芽叶肥壮，树形直立，节间距大，产量高。

（2）地方优良单株。

综合恩施、宣恩、鹤峰三地的品比、区试，筛选出 5 个州级地方茶树良种。1993 年 1 月 6 日，鄂西土家族苗族自治州①农作物品种审查小组对筛选出的 5 个地方茶树良种进行评审。

// 2. 良种繁育

1984 年 9 月，茶科站开始进行茶树短穗扦插试验。从本地早芽种母树采当年生长的健壮枝条，剪成 3 厘米左右的短穗，顶端留一片完整叶片，叶基部有饱满芽。扦插后将泥土压实，浇足水后用竹帘遮阴，并及时补充水分。此次试验扦插 7983穗，成活 5837 株，次年 10 月出圃合格苗 4381 株，成活率 73.1％，出圃率 54.9％，

———————————————

① 1993 年 4 月，鄂西土家族苗族自治州更名为恩施土家族苗族自治州。

试验结果虽不理想，但可以算一次成功。

1985 年扩大试验，共扦插 23481 穗，成活 20846 株，次年 10 月出圃合格苗 17962 株，成活率 88.8%，出圃率提高到 76.5%。

1987 年做春季繁育试验，扦插 5210 穗，成活不到 10 株，茶科站得出恩施不适宜春季扦插的结论。通过试验总结出茶树短穗扦插以秋插为宜，最佳时期在 8 月中旬—9 月上旬。采穗茶园春茶可正常采摘，春茶结束后培肥并修剪蓬面，促发枝条。

1992 年，租赁灯笼坝村村民水田 50 亩繁育茶树种苗；1993 年，租赁芭蕉村位于茶树良种繁育站附近的水田 26 亩用于繁育茶树种苗；1996 年，因茶树良种繁育站附近的土地已不适宜繁育茶苗，加之芭蕉农民常到苗圃偷茶苗，管理困难，育苗基地搬迁至市郊耿家坪。

// 3. 加工试验

1985 年，茶科站维修加工厂房，采购安装加工设备。设备除普通的红茶、绿茶加工机械外，还建有制作"恩施玉露"的蒸青灶和焙炉，并配备一台专门用于试验的 15 型揉捻机，各种加工需要的器具也一应配备齐全。

1986 年，茶科站的无性系良种茶已可打顶采摘，试验也开始进行。试验以制作大宗绿茶和名优绿茶为主，分品种按单芽、一芽一叶、一芽二叶、统采进行。制作试验分别将芽形茶、扁形茶、玉露茶、炒青茶和烘青茶作为目标产品，粗老叶则制作红茶。从 1986 年开始，每年进行各品种、单株适制性试验。

经过 1986—1988 年三年的连续试验得出结论：福鼎大白适制各种茶，不论名优茶还是大宗茶（包含红茶、绿茶）；福云六号制作单芽名茶特别漂亮，色泽和外形让人赏心悦目，制作的大宗红茶、绿茶也有极好的条索和色泽；福安大白因芽叶过大，杀青难杀透，干燥难足干，除单芽做扁形茶外，其他茶品均有制作难度；福云七号揉捻成形差；龙井 43 断碎率高；福鼎大毫白毫多，宜制芽茶，做大宗茶则茶条粗大，品相较差。

三、对茶叶产业的贡献

恩施市茶树良种繁育站将试验的成果用于指导茶叶产业的生产发展。将表现优异的品种在茶区推广，茶园管理、茶叶采摘、茶叶加工和无性良种繁育技术得到推广运用，为恩施市茶叶产业发展作出了巨大贡献。

// 1. 良种的推广

20 世纪 80—90 年代，农作物品种优先考虑的是高产，于茶叶还要考虑早芽和适制性。因而根据试验结果，恩施市把引进的高产、发芽早的福鼎大白、福云六号作为主推品种，品质极优的龙井 43 却未引起重视。地方良种的推广因种苗来源困难无实际成效。

// 2. 生产加工技术得到推广应用

恩施市茶树良种繁育站的茶叶生产用工来自周边茶农，这些人将茶树良种繁育站的生产管理和鲜叶采摘技术用于自家的茶园，除草、科学施肥、分级采摘、合理修剪等技术在灯笼坝村率先传开。茶叶加工开放式进行，名茶加工受到茶农重视，微型的名茶多功能机被茶农掌握并使用，名茶加工技术得到有效的推广应用。

// 3. 良种繁育为普通茶农掌握

恩施市茶树良种繁育站在育苗试验成功后，开始大量繁育良种茶苗，用工同样会用周边茶农，茶苗扦插技术被周边茶农掌握。因茶苗扦插用工集中，灯笼坝及附近村的农民都有参与，掌握茶苗扦插技术的农民众多，为后来芭蕉侗族乡良种茶苗自繁自用打下基础。

// 4. 培育了一批茶叶技术人才

恩施市茶树良种繁育站是恩施市特产局的下属机构，大中专院校新分配的技术干部大多被安排到这里锻炼，生产繁忙季节还安排一批技术人员到站突击，这里是恩施市茶叶科技人才的摇篮。

第五节　恩施市润邦国际富硒茶业有限公司

恩施市润邦国际富硒茶业有限公司是恩施市招商引资企业，成立于 2005 年年底，是恩施市芭蕉富硒茶业有限公司经资产重组后，重新登记注册成立的茶叶生产经营企业。公司占地面积 92 亩，厂房面积近 20000 m²，加工设备 1500 余台（套），拥有目前国内最先进的蒸汽杀青恩施玉露自动化生产线、富硒绿茶精制、名优红茶、乌龙茶生产线各一条，有专业技术人员90多人，公司下设原料部、生产部、质检部、企管部、营销部、财务部、外贸部、行政办公室等部门和武汉办事处、北京办事处、上海办事处、江苏办事处等外驻销售单位，年生产、加工、销售绿茶、红茶、乌龙茶、白茶、黑茶、花茶等多系列名优茶和精制茶3000吨。公司现有300多家经销商及专卖店。

企业已通过有机食品、绿色食品以及ISO9001：2008国际质量管理体系认证。2006年，公司起草并制定了"恩施玉露"生产湖北省地方标准。2007年3月，"恩施玉露"正式获得国家地理标志产品保护，公司获准使用该地理标志；4月，"恩施玉露新工艺、新技术研究"项目获得湖北省重大科技成果鉴定，加工技术已达国内先进水平。2008年，为了实现生产上的第二次跨越即机械化与连续化加工，润邦公司主持实施"恩施玉露茶机械化与连续化加工技术研究与示范"项目，投资1600余万元建成中国第一条蒸青针形绿茶连续化生产线，并通过了湖北省科技厅组织的省级重大成果鉴定。在无现成经验借鉴的情况下，公司引进和消化日本茶叶整型机械的核心技术，与国内高校科研机构和设备生产厂家合作，自行开发定制了适合恩施玉露的加工设备，使恩施玉露的人均日生产能力比过去提高了50倍，项目的实施为产业规模和质量的提升奠定了坚实的基础，同时大大改善了工人的生产环境和条件，为恩施玉露的标准化生产积累了丰富的经验，使恩施玉露的加工生产进入了标准化、规模化、连续化的崭新时代。2014年2月25日，公司获恩施玉露茶产业协会首批"恩施玉露"地理标志证明商标许可使用权。

"芭蕉"牌"恩施玉露"茶先后被评为"湖北省茶叶学会金奖产品""湖北省第三届十大名茶""湖北省名牌产品"。2008年8月，公司被评为"湖北茶业十强企业"，同年10月公司被评为湖北省第九届"守合同重信用"企业。"芭蕉"商标被评为"恩施州第三届（2009—2013年）知名商标""湖北省第六届著名商标""2011年中国农产品消费者最受欢迎产品""2012年湖北十大品牌茶""2013—2014湖北最受欢迎的十大茶叶品牌"；2012年，公司被评为"湖北十大成长型企业"。2014年，公司被评为"高新技术企业"。2015年5月2日，芭蕉牌恩施玉露获"硒都杯"恩施硒茶首届茶王赛绿茶"茶王"。

2015年7月，公司在恩施玉露的发祥地——恩施市芭蕉侗族乡新建了恩施玉露博物馆，并于9月被授予国家级非物质文化遗产代表项目名录"恩施玉露制作技艺"传承基地。

2016年，公司在沐抚办事处建起恩施硒茶生态园。该园区位于恩施市沐抚办事处木贡村七渡，是恩施大峡谷景区重要的人文景观，交通便利，停车方便，可同时接待 1000 余人，是游客休闲、观光、养生的理想之地。该园由有机硒茶茶园、硒茶馆、国家级非物质文化遗产代表项目名录"恩施玉露制作技艺传承"基地、硒知识科普厅、名优硒茶产品展厅等部分组成，展示了源远流长、博大精深的硒茶文化和养生文化，游客可在园区享受美食、免费品茶，感受恩施土家族、苗族特色文化和民俗文化。

恩施市润邦国际富硒茶业有限公司以恢复恩施历史名茶恩施玉露，打造恩施玉露品牌为己任，已成为湖北省农业产业化重点龙头企业和湖北省茶叶十强企业。

第六节　恩施蓝焙茶业股份有限公司[①]

恩施蓝焙茶业股份有限公司（原恩施亲稀源硒茶产业发展有限公司）位于恩施市白杨坪镇洞下槽村大宝坪组，成立于 2012 年 8 月，注册资本 1000 万元，主要从事茶叶种植、加工、销售和茶旅融合发展。公司现已成为国家高新技术企业、湖北省农业产业化重点龙头企业和湖北省扶贫龙头企业，2018 年被湖北省经信委评为湖北省支柱产业细分领域隐形冠军培育企业，2021 年入选湖北省茶叶产业链重点支持龙头企业。

公司是"恩施玉露"核心生产企业，现有白杨坪洞下槽、沙地秋木、白果龙潭坝三个产区，建有加工厂房 2 万平方米，发展茶叶核心科研基地 761 亩，链接 8000余农户种植茶叶 3 万余亩，年产能突破 600 吨。公司现有员工 88 人，其中专业技术人才 16 人，恩施玉露非遗制作技艺州、市代表性传承人 7 人。公司现已取得"蓝焙""亲稀源""硒妃""蒋家坡"等 55 个注册商标，取得 1 项发明专利、2 项适用新型专利、4 项外观设计专利。公司茶园绿色食品认证面积 1000 亩、有机食品认证面积 665 亩。公司在白杨坪大宝坪的茶园基地先后被认定为"中国茶叶学会茶叶科技示范基地""湖北省特色产业科普示范基地""全国农业科技示范基地""恩施州最美茶山"。

公司生产的"蓝焙"牌恩施玉露 2015 年、2017 年入选农业部优农中心"全国

---

①　2019 年，恩施亲稀源硒茶产业发展有限公司正式更名。

名特优新农产品目录",在恩施州四届茶王大赛上夺魁"恩施玉露茶王"两届,被评为"中国十大富硒品牌""第四届中国农业(博鳌)论坛上会产品"。在连续四届硒博会中获得 4 项"中国名优硒产品"和 2 项"中国特色硒产品"称号;2018 年 5 月,蓝焙恩施玉露被选为联合国粮农组织政府间茶叶工作组第 23 届会议用茶;2021 年 10 月,蓝焙恩施玉露入选"中国茶叶科技年会品鉴用茶"。公司先后在恩施女儿城、硒都茶城等地建了 6 家恩施玉露展示体验馆,与中茶集团、陆羽集团、中韩石油等大企业建立了长期产品供应关系。

第七节 恩施市凯迪克富硒茶业有限公司

恩施市凯迪克富硒茶业有限公司成立于 2009 年 7 月 10 日,注册资本 500 万元,是一家专业从事茶叶栽培、加工、销售、科研和茶文化传播的综合性州级农业产业化重点龙头企业。已注册"立早""硒窗"商标,并通过 QS 食品生产许可认证、有机食品认证。公司严格按照现代企业的经营管理理念经营发展,并逐步向集团化迈进。

一、玩进茶行

恩施市凯迪克富硒茶业有限公司是股份制企业,以章开普为首的一群在恩施发展的中青年企业家,在恩施从事酒店、商贸行业,伴随恩施旅游业的蓬勃发展,他们成为先富起来的一批人。

在事业顺风顺水的情况下,章开普等人也有了享受生活的闲暇时光,去追求具有情趣的生活,游历、聚会、饮酒、品茶自然成为生活常态。恩施本是茶叶主产地,各地具有鲜明特色的小众名茶也能得到成功人士的认可,自饮或送朋友分享,都是非常快乐的事,不经意间,一群人每年也有数十万元的茶叶消费。

屯堡是恩施市第二大茶叶产地,境内有名气的茶叶产品也不少,当然值得一看的自然风光也多,章开普等常到屯堡游玩、品茶,沙龙茶、花枝茶、搬木茶,各具特色的茶中妙品让人迷恋。2009 年,章开普等得知马者有一个茶厂因为没有人经营,想低价承包,这一茶厂不仅有加工厂房设备,还有茶园。得知这一消息,大家觉得可以进一步了解，在与乡政府商谈时，乡政府非常希望有人投资，承包费以最优惠的价格执行，并一度承诺不要承包费，只要完成 50 万元以上投资就行。大家在邀请专业人员现场考察并咨询办茶叶初制厂的基本条件后，有了一个大致的结论：承包此厂，大概投资 50 万元就能生产。把买茶的钱用在办厂上，自己需要的茶可以自己制作，还开拓了新的经营项目，是非常划算的事情。于是大家一合计，决定按 500 万元注册资本，注册一个茶叶公司，章开普认购 175 万元，占 35％的股份，赵志红、杜爱国各出资 43.75 万元，各占 8.75％的股份，王雪云出资 80 万元，占 16％的股份，谢百勇出资 70 万元，占 14％的股份。至于公司名称，这群时尚的人自然想用一个别致的，"凯迪拉克"是大家喜欢的座驾，于是给公司命名为"凯迪克"。

二、入行才知水多深

茶厂由股东王雪云负责经营，这个从事酒店管理的年轻人因为大家的信任懵懵懂懂入了茶行。没想到等待他们的却是荆棘遍布的迷雾丛林，处处充满危机。

// 1. 现成的厂房不好用

按照大家的计划，厂房是现成的，稍做整修就行了；机械维修一部分，更换一部分；工人可就近找几个，到别的企业挖几个；原料就近收购，屯堡的茶园面积大，鲜叶是不愁的。然而在实际操作时发现，计划和现实是有差距的。厂房仅简单的维修是不能满足生产要求的，茶叶加工车间必须取得 QS 认证，人流、物流、燃料三条通道要分开，车间的环境卫生要达标，检测室、净手间、更衣室、贮青间、包装车间、仓库要规范，不动"大手术"是不可能达标的。机械设备的差距更大，原有的设备只有几台破烂不堪的复干机、揉捻机，维修后也只能加工普通炒青，要生产名优茶，必须配备名优茶专用设备，即使做炒青茶，也需要添置杀青机、解块机、烘干机，揉捻机还须更换。在实际操作时，王雪云发现 50 万元的预算得不到他们需要的结果，那只能建一个加工小作坊，而不是加工企业。要真正能加工上档次的茶叶产品，原有设备基本用不上，必须根据相关要求改造厂房、配备机械设备。股东们都是明白人，王雪云一说就知道是怎么回事，50 万元整修一个厂可以加工茶叶，但不是大家需要的厂。要加工质量上乘的产品就要有技术过硬的制茶师傅，凯迪克请的师傅虽然是经过挑选的，但真正的好师傅都是"名花有主"，一般是不会跳槽的。为找到有真功夫的制茶师傅，章开普出面找杨胜伟老师帮忙推荐，杨老师通过其学生从宣恩找到曾经自己办厂加工茶叶的一对父子，加工厂的掌舵师傅才算有了。但因不是顶尖人物，加工的茶叶产品总不能让人如意，在市场上一比较就能发现差距。更为严重的是，这父子二人脾气还大，听不进任何人的意见，我行我素不与人交流，弄得厂内气氛紧张，王雪云焦头烂额，股东们也为之伤神。

// 2. 收购鲜叶受欺负

凯迪克富硒茶业开秤收购鲜叶时，就有人故意为难。加工厂本在茶园中，周围都有茶叶，但到收鲜叶时，就有人在茶厂大门口和侧门附近各设一个收购点；同时茶厂派出的收购人员设点时，也总有人在他们的两旁要道上设点堵截。而堵截之人都是当地的鲜叶贩子，茶农见有熟人收购，就顺理成章地卖给熟人，凯迪克富硒茶业公司的原料采购极其艰难。

// 3. 从业人员不识茶

凯迪克富硒茶业公司的从业人员多从城中花园大酒店和凯迪克商务宾馆调用，大家基本不识茶。工厂加工的产品由加工师傅定级、入库，当包装进入市场后才发现产品不对，甚至把毛尖和炒青混淆，级别出错成了家常便饭。

// 4. 茶叶销售无出路

凯迪克富硒茶业公司因是新成立企业，产品无人知晓，从业人员和股东也初入茶界，在业内毫无影响力，茶叶销售从零开始。销售人员在推销产品时，顾客听都不愿意听，更别说买了。公司曾在恩施广场做活动，每天从超市借一块牌子写活动内容，到了第三天，超市工作人员不干了，说你们三天都没开张，一分钱货没有卖，牌子一天还要给两块钱租金，你们还是算了吧。公司业务人员到茶叶店推销茶叶，希望能在茶叶店内寄卖产品，得到的答复基本上都是没地方放。

三、经受磨砺入正轨

恩施市凯迪克富硒茶业有限公司刚诞生就面临巨大的挑战，厂房不能用，加工一团糟，原料收不进，产品销不出，可谓愁云惨淡，虽然股东们没有抱怨，但也影响心情，员工则有些扛不住了。面对这一状况，章开普这个大股东决定把精力放到茶叶上。

// 1. 稳定人心

面对浮动的人心，章开普首先是稳住自己，坚定信心，以大股东的沉稳影响其他股东，承诺若有股东退出，他出资收购股份，同时也告诫股东们：5 年内茶叶公司不分红，让大家有心理准备。股东们平时都信得过章开普，大家做生意时相互周转都是数百万元的量级，对百万元内的资金也没有任何压力，除杜爱国因其他原因退出，其 14％的股份由王雪云收购 10％、章开普收购 4％，其他股东没有异议。股东赵志红还担任副总，亲自参与经营管理。

此时只有几个负责仓库和销售的员工，章开普给不了高薪，也作不出承诺，只是让员工们看他的行动，看企业发生的变化，同时在生活上给予员工们关心，让他们感受到公司的温暖和老板的诚意。

// 2. 建好厂房

对于厂房问题，股东们一合计，决定建规范化的茶叶加工厂，好在大家都不差钱，500 万元的注册资本放在账上，大家在弄明白茶叶厂的建造标准和规范后决定追加对厂房、设备的投资。

经过建设改造，2012 年 3 月，恩施市凯迪克富硒茶业有限公司茶叶加工车间正式投产。生产车间一尘不染，达到食品生产标准，机械摆放有序，三条通道畅通；茶厂外观装饰一新，院内地面硬化，四周装铸铁围栏，一个精致大气的名优茶加工企业展现在人们面前。

// 3. 寻访能人

厂长是茶叶企业的关键人物，原来的父子俩不是当厂长的料，只能另请高明。2010 年春茶结束后，章开普与杨胜伟老师沟通后，将原来的师傅辞退，开始了求贤之路。他找熟人，托朋友，访茶企，希望找到一个有本事的师傅，其心情比刘备当年求诸葛亮还要急迫。

有一天，章开普到芭蕉找到付氏茶业的老总付玉科，想让付总帮忙介绍、引见有能耐的制茶师傅。付玉科在芭蕉从事茶叶行业时间长，为人豪爽，朋友众多，是值得信赖的茶人。在付氏茶业，付玉科热情接待章开普，因付氏茶业建有规范厂房，章开普一行想参观学习，付玉科就带领大家参观工厂。这时加工厂正在加工，却只有一个工人在操作，忙得不可开交，连跟他们打招呼的时间都没有。然而这位师傅却是忙而不乱，手在处理眼前的事，脚却已开始迈向下一环节，只见他轻车熟路，成竹在胸，各环节严丝合缝，如行云流水，毫无拖沓和差错，让章开普一行长了见识。章开普暗想："若得此人，则大事定矣。"可惜"名花有主"，自己怎可夺人所爱。回到付玉科家里，章开普对其厂里的师傅赞不绝口，连夸付总好眼力、好运气，得到如此好师傅。付玉科听了就问："你是不是想要？"章开普说："我再想要也不能从你手里抢呀，如果那样的话，我人品就有问题了。"付玉科说："他不是我的员工，是我的一个亲戚，今天在我这里帮忙。你想要请他可直接跟他谈。"通过进一步了解，章开普知道这个让他心仪的师傅叫向书兰，是付玉科妻子的表哥，是原茶麻公司的职工，从小跟着父亲学习并从事茶叶加工收购，有加工和精制绝活，不仅熟悉红茶、绿茶加工，还是制作玉露的一把好手。茶麻公司改制后，向书兰在父子二人工作了几十年的高拱桥茶站自办茶厂，虽然制茶是强项，但经营管理的事情太过繁杂，让他感到压力巨大，正好在武汉经营茶叶的杨通国想盘下他的茶厂，他就答应下来。此时刚办理完相关手续，正在一边休整一边考虑今后如何发展，表妹夫因需要临时加工秋茶，他就主动前来帮忙，不想被章开普看到，或许这就是缘分。这场邂逅的结果是向书兰成为恩施市凯迪克富硒茶业有限公司茶叶加工厂厂长。

// 4. 以品牌提升知名度

恩施市凯迪克富硒茶业有限公司创立时间短，想创品牌不是一时能见效果的，对于此，股东和管理层都有清醒的认识，于是他们决定双管齐下，在借用大品牌的同时打造企业品牌。

（1）借助公共品牌发展。

恩施的茶叶企业是幸运的，恩施市拥有"恩施玉露"和"恩施富硒茶"两大区域公共品牌，是注册的证明商标，其中"恩施玉露"被认定为"中国驰名商标"。恩施市凯迪克富硒茶业有限公司使用这两大品牌也有自身的有利条件：一是公司茶叶加工厂所在地正好处于屯堡、沐抚富硒带，特别是沐抚，是少有的高硒区。二是厂房经改造后符合食品生产条件，只需添置相应的蒸青、做形设备即可满足使用公共商标的条件。三是厂长向书兰是手工制作恩施玉露的一把好手，而且在恩施玉露精选中还有其绝活，他筛茶时双手微动，而筛子里的玉露茶却做圆周运动，细茶通过筛眼起到分级作用，一把筛子就能将玉露茶筛分出等级，其娴熟的姿势让人赞叹不已。于是公司申请并获得"恩施玉露"商标使用许可，依靠大品牌寻求发展。产品重点突出"恩施玉露"。

为确保"恩施玉露"的质量，凯迪克富硒茶业有限公司决定两条线联动。一条是以传统制作技艺手工制作"恩施玉露"，让高端消费者买到传统的"恩施玉露"商品；另一条是机械制作，让普通消费者能品饮到高端的历史名茶。

（2）创建自有品牌，彰显个性。

在使用公共品牌的同时，公司也注重培养自有品牌，经过市场分析，大家认为饮茶都有尝鲜求早的心理，于是将大股东章开普的姓拆开，注册"立早"商标，以此彰显个性，突出与众不同的品质特征，让消费者清楚识别品牌产品。

// 5. 严管质量

质量是企业生存的保证，凯迪克富硒茶业有限公司把质量控制细化到从原料到销售的每一个环节。

（1）鲜叶按等级收购。

鲜叶收购实行严格的等级管理，分级收购、分级交付。鲜叶质量由收购人员负责，出现问题实行严格的追究制度。公司曾经出现过一次降级收购鲜叶事件，造成近 10 万元损失，因收购人员初犯且另有原因，处罚当事人 4000 元，从此公司再无此类事件发生。

（2）分级付制。

车间对入库鲜叶进行数量和质量验收，按公司生产计划确定加工茶叶产品种类和数量，及时分级付制，制作中出现问题，由当班人员承担责任。

（3）产品分级入库。

加工后的茶叶产品需当场验收数量和质量，入库后出现差异，由仓库保管人员承担责任。

（4）包装严格按商品等级执行。

每款茶叶都有固定的品质特征和等级要求，包装时必须认真核对，出现错误由包装车间当班人员负责。

（5）商品配送按配送单执行。

商品配送时，必须附配送清单，配送人员按单清点，配送到指定地点，并由指定收货人员签收确认。出现问题由配送人员负责。

// 6. 开拓市场

茶叶市场的开拓是很难的，一家新的企业要进入，必然要经过一个痛苦的过程。

公司销售人员的推销困境并没有因生产的改变而发生很大的变化，但业务员仍然锲而不舍地去争取，他们把目光放在销售业绩好的茶叶店上，带上几盒公司生产的最好的茶叶，身上还带一条毛巾，进店后不管店里人理不理睬，都不厌其烦地介绍产品，看到柜台上有茶水或灰尘就用毛巾帮着擦掉，有的老板见他们如此示好，抹不开情面就把茶留下了。积少成多，公司也就有了一批能够接纳其产品的店铺，货能铺开，总能卖出去一些。

建设窗口，展示商品。公司 2011 年在城中花园大酒店设点，客人有了一个品饮选购的场所，但酒店内只有住店客人光顾，影响力太小。次年公司在航空大道建成直营店，虽然卖茶不多，但凯迪克富硒茶业有限公司的产品有了一个对外展示的窗口。

做促销活动是公司销售的常用方式。凯迪克富硒茶业有限公司经常在市内热闹的商场、超市前进行外场销售，这种销售以低价吸引顾客，以此带动销量。虽然经历过三天不开张的极度惨淡，但这一方式却仍然保留，虽然销量不大，但聊胜于无。直到销售人员的一次冒险，这种状况才得以改变。

这天，正是做活动的日子，享买乐超市因进行消防大检查，外场不能摆摊，销售人员自作主张进内场销售，没想到当天就卖了 1200 多元，比外场销售强多了，人也轻松许多。这次成功让决策者改变了销售方式，进驻超市内场销售。很快，恩施各大超市都有了凯迪克富硒茶业有限公司的产品上架，销路一下就打开了。

培育外地市场。公司在本地寻求销售渠道的同时，注重培育全国各大中城市的茶叶市场，通过合作，与知名茶叶流通企业和茶叶市场营销能力强的店铺建立广泛的联系，形成代理销售关系。

// 7. 开展业务培训

公司为提升从业人员素质，加强对员工的学习培训，组织员工参加恩施市农业局组织的新型职业农民培育，系统学习茶叶生产加工技术，并提升经营管理素质。公司还组织员工外出考察学习，先后派员工到四川、贵州、湖南、浙江、江苏、福建等地学习茶叶生产、加工和营销经验，开阔员工的视野。

在培训员工的同时，公司还对茶农和鲜叶贩子进行培训。对茶农主要培训鲜叶采制和茶园管理技术。引导茶农正确采摘茶叶，提高鲜叶等级，增加茶农的茶叶收入。对鲜叶贩子的培训主要是帮助他们识别茶叶品种和等级，避免品种混杂和以次充好。

// 8. 改善环境

企业经营必须要有一个良好的周边环境，凯迪克富硒茶业有限公司从开业就深受"欺生"之苦，被同行"围剿"。种种不快，如鲠在喉，让人极度难忍，章开普等决策者决定改变。

首先要改变的是同行的"围剿"。章开普决定向堵在茶厂大门口收鲜叶的人"开刀"，因为这个人影响最大，且他也是加工茶叶的，家里有一个茶叶加工作坊。章开普了解到这个人是自己的一个亲戚的老表，就让这个亲戚通知这个挑衅的人，要他到凯迪克的茶厂面谈，对方害怕不敢到茶厂面谈，章开普带着几个人去了对方家中，一见面章开普就开门见山说明来意，并要求其停止挑衅行为。对方不承认挑衅行为，还要狡辩，章开普不容对方说完，丢下一句："你如果继续这么做，我就到你场坝里来收鲜叶。"说完就走了，由其亲戚留下与对方沟通。因对方也觉得自己手段卑劣，行事直白，也就偃旗息鼓，不再生事。然而也还不时有拦路围堵的现象发生，凯迪克富硒茶业有限公司的收购人员就按照章开普所说，把收购点摆到对方家门口，让对方退让。在对方退让后，凯迪克富硒茶业有限公司的收购人员也不再为难，及时撤离，自此茶叶收购各凭本事，没有直接冲突。

明面上的问题解决了，暗战却并未停下来，算计终于发生了。一天，马者的茶厂和鲜叶贩子都不收鲜叶，只有凯迪克富硒茶业有限公司的加工厂收购。傍晚，茶叶全部涌向凯迪克富硒茶业有限公司的加工厂，几百人把茶厂围得水泄不通。见此情景，茶厂负责人马上向公司报告，公司迅速做出决定：鲜叶敞开收购，不准压级压价，但也依质论价。同时指示：这是一个不正常的现象，应该有人操纵，要密切注意事态发展，对茶农要有耐心，凡卖鲜叶者，必须遵守秩序，排队卖茶，对破坏者，盯住一人，由其承担全部责任。由于部署得当，鲜叶收购忙而不乱。操纵者见阴谋不能得逞，就出面阻挠收购。茶厂负责人当面指出阻挠收购者是有意破坏收购，如不停止，由其承担全部责任。见事已败露，操纵者们领着部分不明真相的群众到屯堡乡政府告状。片刻后，章开普接到乡长电话，问他为什么不收茶，章开普说："我们公司一直在收，你现在还可以到厂里来看。"乡长知道事情真相后，对凯迪克富硒茶业有限公司更信任。此事件后，茶厂风平浪静，无人再来兴风作浪。

解决了鲜叶收购方面的问题，接下来是周边的地痞小混混，公司对这批人则是软硬兼施、恩威并济。对于强行接管工程的地痞，通知施工方提前开工，并通知地痞到公司详谈。地痞见无机可乘，便改为主动示好，从此不再与公司为敌，并真正为公司提供一些服务，地痞也开始务一些正业了。而小混混本是欺软怕硬，公司的强硬使其不得不缩手，但公司对这类人也本着与人为善的理念，对其不歧视，不招惹，来了笑脸相迎，泡茶续水，双方自然也相安无事。

 ## 四、面对挑战谱新章

恩施市凯迪克富硒茶业有限公司一路艰辛，走出了一条充满希望的道路，然而茶叶太普遍了，茶企又太多，大家都在进行同质化经营，要想突破，必须有自己的独到之处。

// 1. 尊重传统又追求现代

（1）守住恩施玉露的灵魂。

恩施玉露传统制作技艺是国家级非物质文化遗产，受到国家保护，是恩施玉露的灵魂。凯迪克富硒茶业有限公司自做出以恩施玉露品牌为公司主打品牌的决定开始，就把恩施玉露传统制作技艺（图8-7）作为企业的本源。除向书兰外，公司先后吸收雷远贵、李宗茂、徐凌、朱诗华等加入手工制作团队。雷远贵、李宗茂是制作恩施玉露的名师，徐凌、朱诗华则是杨胜伟老师亲自带出来的高徒，且二人是残障人员，做茶非常专心。这些恩施玉露制作的师傅在凯迪克得到重视并受到充分的尊重，经济待遇也高，大家有了归属感，有企业想出比他们工资高几倍的钱挖人，但师傅们不为所动，他们认为只有在凯迪克才能实现自己的真正价值，而这种价值不是仅仅用钱可以衡量的。2013年，徐凌被中央电视台选中，参与文化纪录片《茶，一片树叶的故事》拍摄。这位失聪青年因潜心"恩施玉露"的传统制作，成为恩施玉露和恩施茶的代言人，恩施市凯迪克富硒茶业有限公司也成为拍摄点之一。随着这部纪录片在央视1台和9台热播，恩施玉露名声大噪，徐凌和凯迪克也为人熟知。公司将《茶，一片树叶的故事》作为宣传素材，客户一看就知道凯迪克是一家正宗的恩施玉露生产企业。

（2）以现代加工方法适应市场。

固守历史而不与时俱进，企业会走进死胡同。恩施玉露如果只按传统技艺生产，产量极少，根本不能满足消费者的需求，同时还会因手工制作的高成本，让大批消费者望而却步。恩施市凯迪克富硒茶业有限公司在遵循传统技艺的同时，开展"恩施玉露"的机械化生产，并不断提高自动化程度，以此提高生产效率，节本增效，生产适合大众消费的恩施玉露商品。

● 图 8-7　传统工艺手工制作恩施玉露

（章开普提供）

// 2. 把安全作为质量的基础

恩施市凯迪克富硒茶业有限公司是生产销售名优茶的企业，对鲜叶有特殊的要求，而茶农的采摘随大流，茶园中的茶叶能采什么就采什么，公司在很多时候收不到想要的原料，加工也就无法正常进行。屯堡的茶园虽然极少使用农药，但因粮茶间作和粮茶用地相互穿插，农民在粮食生产中有使用农药的现象，茶叶鲜叶的农药残留问题在所难免。在产地收购的鲜叶来源广泛，存在农药残留超标隐患。为避免质量安全事故发生，公司从两方面入手解决了这一难题。

（1）企业建设自有基地。

2012 年，公司租赁恩施大峡谷游客中心附近的营上村搬木茶场 300 余亩茶园。2016 年，公司通过竞标，又获得位于茶厂附近的马者村沙子坝 300 亩茶叶基地的经营权。对自有基地，公司严格按有机茶标准管理，不用任何农药（包括生物农药），不放一粒化学肥料。2017 年，沙子坝茶叶基地通过中国绿色食品发展中心的有机食品认证。

（2）引导茶农走绿色发展之路。

凯迪克富硒茶业有限公司自开业之日起，就致力于与茶农共同打造安全的原料生产基地。收购人员通过收购中获得的信息进行分析，确定公司关注的重点区域，对可信赖的区域则重点突破。茶叶基地的各个生产环节，公司派人指导，引导农民合理使用茶园投入品，尽量避免禁限用农药的使用，减少化学肥料施用。鲜叶收购时，对严格按要求管理区域的鲜叶实行优质优价，让茶农得到实惠。通过这种方法，公司有了一批信得过的茶叶基地，质量安全有了保障。

// 3. 走茶旅融合之路

凯迪克富硒茶业有限公司的茶叶加工厂坐落于恩施大峡谷旅游公路旁，距离大峡谷景区 21 公里。此地背靠大山顶，下临清江河；高山耸立，绝壁千仞；山溪淙淙，草木葱茏；农家田园，茶林成片。公司决定利用环境优势，打造一处集茶叶休闲观光，茶叶生产、加工体验，茶知识普及，茶文化推广于一体的茶叶旅游景区。

公司计划在距茶叶加工厂 300 米处的茶叶基地建茶叶观光园，园内保留传统茶园的生产方式，让游客了解恩施茶叶生产历史，让游客对栽培方法、品种情况、采摘方式和硒资源的广泛存在等有直观的认识，游客因生态环境的优美、生产过程的无害、原料的可信，对恩施茶自然而然产生亲近感。此处还建生态酒店一家，为旅客提供饮食和居住场所。

加工厂内已建成恩施玉露技艺传承馆，其中包括恩施玉露历史文化区、恩施玉露传统技艺生产车间、恩施玉露现代化生产车间、茶叶鉴赏品饮区。恩施玉露历史文化区展示恩施茶叶产业的历史演变，恩施玉露创制、成名、辉煌、衰落、再创辉煌和其制作技艺由家族走向社会的发展变化过程。恩施玉露传统技艺生产车间是国家非物质文化遗产恩施玉露制作技艺传承基地。游客在这里可以参观国家非物质文化遗产恩施玉露的手工制作过程，也可参与制作过程，领略恩施玉露的历史文化，体会一杯"恩施玉露"茶的制作不易，制茶大师那一双粗糙的手（图 8-8）往往会让游客发自内心的震撼。恩施玉露现代化生产车间是恩施玉露机械制作车间，供游

● 图 8-8　茶叶加工季节制茶大师的手

（雷远贵提供）

客参观，让游客了解恩施玉露的现代化生产过程，知晓恩施茶叶企业标准化生产流程和严格的质量管控措施，坚定其消费恩施茶的信心。茶叶鉴赏品饮区是供游客及商旅人士深入体会恩施玉露和恩施茶的场所，主客双方可以在此对众多茶品进行品鉴，交流各自观点，最终达成共识，以此结交朋友、改进工艺、提升品质、增长知识、实现交易。无论达到何种目的，对企业都大有裨益。

// 4. 多管齐下占市场

生产企业要实现价值，必须依赖销售，实现商品交换，价值才能实现。凯迪克富硒茶业有限公司创立时间短、企业规模相对小，仅靠自身步步为营建立销售体系，开拓市场，很难快速突破。于是公司决定多管齐下，在扩大产品知名度的同时，利用各类茶叶销售模式实现市场的快速扩张。

（1）打大牌。

公司在获得恩施玉露地理标志证明商标使用许可后，搭上了公共品牌的顺风车，但怕还不够，因为这个牌子是公共的，不能代表自身实力。要把自己的牌子打响，还得借助其他平台。中国茶叶博物馆是以茶文化为专题的国家级专业博物馆，分设茶史、茶萃、茶事、茶缘、茶具、茶俗6大相对独立而又相互联系的展示空间，从不同的角度对茶文化进行诠释，是中国顶级茶叶收藏、展示平台。2014年，公司通过客商郭敏在中国茶叶博物馆展示、销售恩施玉露，取得很好的效果。2017年5月下旬，中国茶叶博物馆启动"中国茶叶博物馆茶萃厅茶样征集令"主题活动，恩施市凯迪克富硒茶业有限公司积极参与，选送的恩施玉露茶样成功入选中茶博·名茶样库、中茶博·茶萃厅茶样。茶样的入选，标志着企业生产的产品得到权威部门认可，成为名副其实的大品牌。

（2）联大企。

公司为扩大销路，在全国各地寻求合作商、代理客商。在这一过程中，执行总经理张巍宁愿跑路求人，也要找大商户、大公司；对主动联系公司合作的客户做细致的调查，谨慎选择合作对象。在市内销售则选择大型商场、超市和有影响力的销售商。这样做，既可体现公司实力和产品档次，同时又能快速夺取市场份额。

（3）尊大咖。

茶界大咖众多，但恩施玉露以杨胜伟老师为尊。公司每年都请杨老师到公司指导，遇到不明白的事，随时上门请教，杨老师有什么想法、要求，公司尽力满足。凡杨老师到公司，必由总经理亲自带车接送并陪同，杨老师也乐于与公司交流，指导茶叶生产加工，必要时为公司加油鼓劲，献计献策。

五、破蛹化蝶终有成

恩施市凯迪克富硒茶业有限公司是一批不懂茶叶的人创办的，历经艰辛，由计划投资 50 万元用于基建到实际投资过千万元，投产 5 年连年亏损，股东不仅没有分红还要不断追加投资，直到 2015 年公司才开始真正盈利。如此状况，股东们从无怨言，但作为公司负责人的王雪云却压力巨大。2016 年，他离开公司，其股份由章开普收购。王雪云虽然离开凯迪克，但并未离开茶业，他在沙地投资 265 万元开办恩施硒印象农业发展有限公司，在高硒区专心研制恩施富硒茶。

恩施市凯迪克富硒茶业有限公司则渐入佳境，茶叶基地初具规模，加工车间改造一新，生产加工全部改为使用清洁能源天然气和电。销售由求商变为选商，全国除四川和台湾外都有公司的合作销售网点，电商、微商也是销售的重要渠道，线下体验线上购买成为新的销售模式。员工待遇大幅提高，无论是加工工人还是业务人员，对公司都有归属感。目前，公司正在向省级农业产业化龙头企业迈进。

第八节　恩施市花枝山生态农业股份有限公司

恩施市花枝山生态农业股份有限公司起源于恩施市民族路碧绿春茶庄，经过近 20 年的奋斗，现已成为省级农业产业化龙头企业，是恩施市茶叶产业的一面旗帜，企业的发展过程充满传奇。

 一、恩施市花枝山生态农业股份有限公司的前身

碧绿春茶庄原是干洗店兼卖茶叶的场所，店主刘小英从代卖丈夫李忠文加工的茶叶开始接触茶叶，在琢磨茶叶后，对茶有了自己的想法，于是她决定进入茶行，并与弟弟刘港一道，于 2000 年，租赁龙马猫子山厂房设备和茶园，注册了恩施市龙凤缘工贸有限责任公司，创建了以生产高端绿茶为主的茶叶企业，实行标准化生产、规模化经营。

二、抢抓机遇到花枝

随着恩施大峡谷的开发，恩施至大峡谷旅游公路沿线成为投资热土，龙马猫子山的鲜叶、交通、市场都不如屯堡，公司当时正处于扩大规模、新建自己的加工车间和经营场所的时期，屯堡成为公司新址的首选地。2005年，恩施市龙凤缘工贸有限责任公司进驻屯堡，租用屯堡粮店厂房作为加工厂，开始了新一轮的扩张。

恩施市龙凤缘工贸有限责任公司有意借旅游开拓销路，这时屯堡乡也有意引进企业，做强茶叶产业，于是双方达成意向，在屯堡新建茶叶加工厂，并在全乡选点，马者是屯堡茶叶品质好面积大的茶叶产地，但已有多家企业在此，竞争十分激烈，而屯堡至市区一线却没有企业落户，更令刘小英感兴趣的是这一区域有一个叫花枝山的村子，花枝山上出产的"花枝茶"在恩施小有名气，但这个村自然条件极差，主要为坡地，海拔高度从不足500米到1100米以上，没有一片像样的平地，是一个贫困的山村。

2009年，刘小英和刘港姐弟俩将猫子山茶厂转给亲戚经营，全身心在花枝山经营茶叶企业，在大峡谷旅游公路旁建成了四层经营用房，专业生产经营"花枝茶"。"花枝茶"不仅是一个好看好喝的茶叶品牌，而且还有"三蔸半"奇曲生长的"花枝茶"单株。于是刘小英决定在花枝山落户办厂，公司也由恩施市龙凤缘工贸有限责任公司更名为恩施市花枝山生态农业股份有限公司。"花枝"是地名，是企业名，是茶树名，是茶叶品牌，恩施市花枝山生态农业股份有限公司让这些名称统一起来，"花枝招展"地展现在世人面前。

 ## 三、打造品牌有实招

品牌不是取一个好听的名字就成的，而是需要消费者认可，主动购买才行，真正的大品牌是消费者经长期选择而一致认可的牌子。花枝茶有一个好名字，但要让消费者认可却不容易，恩施市花枝山生态农业股份有限公司从基础工作做起，一点一滴积累，逐渐形成自己品牌的核心价值。

// 1. 基地是做品牌的基础

做好茶必须要有好的鲜叶，原材料是产品质量的基础，公司决定建立自己的茶叶基地。然而建基地是很难的事，不仅要大量的资金，还要有一批管理人员，从整个茶叶行业看，没有几个企业的茶叶基地能赚钱。姐弟俩决定另辟蹊径，利用花枝山无茶叶加工厂的现状，与村合作，与茶农建立紧密的联合。2009 年 10 月，公司支持组建的恩施市屯堡乡花枝山村有机茶专业合作社正式成立。合作社为茶农免费提供技术，以成本价给茶农赊化肥、农药等投入品，组织病虫害统防统管和分级采摘；公司则对符合标准的鲜叶按略高于市场价的价格收购。对茶农最有说服力的是合作社在年底会按贡献大小分红，这笔分红金额与赊用的投入品费用大致相当，贡献大的还有盈余，少的也添不了多少钱。茶农尝到甜头后，种茶采茶都听合作社指挥，鲜叶也不向外出售。花枝山的茶园都成了公司的茶园，公司有了按自己产品定位生产的原料，企业最头痛的农残问题也得到有效解决，每天的鲜叶采摘都按加工需要进行，原料与产品对接，品牌建设的基础打牢了。

企业与基地的紧密利益联接也给农民带来了实惠。花枝山村有机茶专业合作社覆盖整个花枝山村，茶叶已成为该村经济支柱，全村能种茶的土地全部种上茶树，人们靠茶实现了脱贫致富，如今的花枝山一片欣欣向荣的景象，漫山遍野的茶树，仿若人间仙境。

// 2. 加工是质量的保证

产品质量的最终形成在加工环节。刘港亲自把关，由于他聪明好学，本是加工茶叶的一把好手，遇到问题，他向专家和同行请教，不时还与姐夫李忠文这个怪才切磋，硬是把质量死死盯住。当一款产品受到消费者关注，他就将其工艺固定，确保每批次产品质量一致，不同年份的产品质量没有偏差，让消费者记住这款茶，由这款茶记住这家企业。

// 3. 营销沟通品牌和消费者

好的产品必须与消费者亲密接触才能产生共鸣，好的茶叶需要消费者喝到才能得到被认可的机会，营销是花枝茶品牌始终离不开的课题。公司高层深知营销的重要性，想方设法让自己的产品提高知名度。

花枝山生态农业股份有限公司利用一切机会宣传推介花枝茶，各项茶事活动，特别是各种会展活动，每次都积极参加，在活动中结交茶友，寻求合作，花枝茶得到专家、同行的高度认可，也为客商所青睐，销路大开。

花枝山生态农业股份有限公司地处恩施大峡谷旅游线上，公司利用这一优势做营销，公司三楼因地势原因与公路平齐，于是将其用于旅游接待，这里有免费的花枝茶品饮处、免费的加水点、免费的公厕、免费的停车场，还有购物中心，茶叶是主打产品，同时兼卖恩施土特产。多数人因对旅游购物乱象排斥只是品尝，部分游客会因花枝茶优异的品质买上一点，而这一买，就会在对比中发现花枝茶真的与众不同，于是会有消费者按照包装上的信息联系购买茶叶，这批人成为花枝的老主顾，而且这一群体正逐年扩大。花枝山的山水、茶园、民居皆可入画，公司建起体验中心、传统制作技艺展示区、现代加工区，并争取有关部门的支持。花枝山在有关部门的支持下硬化了公路、开辟了游步道、建起了观景台和停车场，茶农建起了民宿、农家乐，花枝山成为休闲游乐的好去处。

开创体验销售新模式。花枝茶的销售主要靠店面销售，公司在北京、上海、武汉等城市设有专营店或合作销售店。凡花枝茶门店，都有顾客体验的地方，让消费者先了解花枝茶的来历、品尝花枝茶的滋味，再决定是否买，买哪一款，买多少。每一位顾客都是在明明白白的情况下购买，而不是浅尝辄止。

电商销售。为适应新的消费方式，电商销售渠道是必不可少的，公司有一支专门的团队打理电商业务，这也是回头客购买花枝茶的便捷渠道。正是电商的加入，一些游客在花枝山喝了花枝茶后感觉不错，只是怕价格偏差，而上网查询后发现店内价与网上价一样，也就成为购买的人群。

 ## 四、艰辛努力终有成

恩施市花枝山生态农业股份有限公司从一家名不见经传的微型企业成长为集茶叶等农副产品种植、加工、研发、销售和旅游产品开发为一体的综合型企业，年销售收入5000万元以上，成功跻身于规模企业之列，并逐步发展壮大成省级农业产业化重点龙头企业。公司先后被评为"恩施茶产业优秀企业""恩施市重合同守信用企业"等。公司注册的"花枝山"商标被评为"湖北省著名商标"，其品牌价值达近亿元。2016年1月，公司生产的"恩施富硒茶"入选"2015年度全国名特优新农产品目录"。

第九节　恩施市硒露茶业有限责任公司

恩施市硒露茶业有限责任公司的成立和成长是机缘巧合，2001年，公司现任董事长朱群英女士因恩施市舞阳商场改制下岗，决定自己创业。因其丈夫吕宗浩是湖北省茶叶技术推广"十大名人"，在茶叶生产加工上颇有建树，于是她决定投身家里有明白人的茶叶产业。吕宗浩戏称她是在搞一个下岗工人的"三餐工程"，意思是朱群英以此为自己挣生活费。

创业是从艰难中开始的，初期资金不足，厂房设备投入大，不找省钱的门路是行不通的。这时刚好地处芭蕉灯笼坝的恩施市茶树良种繁育站因经费困难处于闲置状态，朱群英以每年一万元的价格租赁了站内约 30 亩茶园和一个小型茶叶加工厂，在维修厂房、添置设备后就正式开业了，取名恩施市绿坊茶厂。这个茶厂规模较小，以生产名优绿茶为主，注重消费者的高端需求，产品上市就主打高档次名优绿茶。

通过一段时间的发展，市茶树良种繁育站的茶园和厂房已不适应生产的需要了，建自己厂房的计划提上议事日程。由于企业只生产名优茶，不追求规模，因而厂房建设也要求上档次又不张扬，只要求设施完备、功能齐全、经济适用，选址需在交通便利的核心茶区。在多个方案对比后公司选择在芭蕉乡的草子坝建设厂房，这里处于芭蕉茶叶核心产区，原料充足，紧靠恩芭公路交通方便，地势开阔，有良好发展空间，水电、通信设施齐备，是一个较为理想的建厂之地。2006 年，一座精致的现代化标准厂房建成，这是恩施州第一座标准的茶叶加工车间，虽然占地面积只有 1300 多平方米，建筑面积只有 1200 多平方米，但人流、物流、燃料通道分开，摊青、加工、包装、仓储、生活分区，消毒、除尘、质检设施齐备，2006 年公司被湖北省农业厅授予"湖北省茶叶标准化加工示范厂"。

恩施市绿坊茶厂在开发产品的同时，也注重品牌的培育，2005 年开始公司将"绿坊"作为商标注册，然而因已有类似商标注册没能如愿。为了商标与企业有关联，公司决定变更企业名称再注册，恩施市的茶叶品牌有"恩施玉露"和"恩施富硒茶"，公司将二者结合，准备注册"硒露"商标，在查询后未发现有类似商标注册，于是公司改名为恩施市硒露茶业有限责任公司，并申请注册"硒露"商标，但"硒露"商标因"硒"是一种元素不能注册，商标申请被驳回。得到这一消息后公司管理层很沮丧，忙活了这么久，产品也得到消费者认可了，可就是没有一个合适的品牌名，不免让人伤神。朱群英、吕宗浩夫妇发动身边的朋友一起想办法，一个不行再想一个，直到 2008 年春茶结束，注册商标仍然没有着落。大家只能继续想，不管怎么样，下一年的包装上一定要打上自己的商标。

正当吕宗浩因为商标几乎崩溃的时候，一个重大机遇降临。2008 年 4 月，恩施山区万木新绿，百花争艳，人们正忙着采摘加工茶叶，欣闻时任中央政治局常委、国务院副总理的李克强同志将到恩施视察，当地政府立马开始准备接待工作，茶叶作为恩施的农业支柱产业，必须得到很好的展示。对接待所用茶叶的选择，恩施州的领导们进行了一番周密策划，最终确定了"三次筛选，择优使用"的方案。第一次筛选是由农业主管部门从州级农业产业化龙头企业中选定 10 家茶叶企业送样评审；第二次筛选是由当地党政主要领导和相关专家组成评审组，从第一轮初选的 10 家企业选送的样品中，采取密码对样评审的方式选出前 3 名；第三次筛选是由国家视察组专家从入选的前 3 名中选定一个产品。4 月 6 日上午，硒露茶业接到州政府通知："你公司送审的'恩施玉露'茶样品被选为本次接待用茶，请立即对样组织产品，送到宾馆。"同时通知："从现在起，你公司现有该款产品一律停止对外销售，留作接待专用。"为了铭记 2008 年 4 月 6 日这个美好的日子，公司于当年 8 月向国家商标总局申报用"0846"注册商标，2010 年 8 月，国家工商总局商标局核准"0846"注册商标，"0846"正式成为恩施市硒露茶业有限责任公司的注册商标。

恩施市硒露茶业有限责任公司经过十多年的发展，已不再是为谋生活的"三餐工程"了，公司已成为拥有总资产 600 余万元，年加工能力 50 吨以上，年产值过 1000 万元，年利税过 100 万元的恩施土家族苗族自治州农业产业化重点龙头企业。公司自有无性系良种茶园 100 亩，与茶农联合建立了硒露茶业专业合作社，拥有茶园 1200 余亩。公司在恩施、武汉和石家庄设有三个办事处，销售网点覆盖武汉、石家庄、北京、沈阳、成都、兰州、上海、广州等城市，并开通网上销售平台。

公司属技术创新型企业，湖北省茶叶学会是公司的技术支持单位，公司有近 20 人组成的研发团队，从事产品开发、标准化生产、清洁化加工、质量检测、环保包装、保质储运等试验研究，为公司产品质量提供技术保障。公司 2013 年和 2014 年相继研究开发了橘花茶和茶叶菜两个茶叶新产品，并已获得国家发明专利证书。

第九章

茶人故事

社会发展离不开人的作用，杰出的人物起着至关重要的作用。恩施的茶叶产业亦然，各个时期都有为茶奋斗的人。这批人或为名、或为利、或为个人爱好、或为履行职责，他们劳心劳力，每一个个体都为茶叶产业的发展起到积极作用。不同的人起到的作用有大有小，小的可能只做了一件顺势而为的事，大的则做出了具有划时代意义的事情。遗憾的是，恩施茶叶发展史上的许多人物，因第一手资料缺乏，很多只能找到只言片语，无法描述其事迹，不能成文，而已成文的人物故事也仅展现其贡献的片段，不代表其全部功绩。这些人包括恩施茶叶产业的生产经营者、技术人员和政府工作人员。面对众多个性鲜明的茶界人物，笔者心存敬畏，非常想写又特别怕写。受原始资料的限制，能写的少，写不了的多；资料不完整，有的是道听途说，恐多有谬误，有违实情。但为不使有限的资料湮没，笔者仍怀着敬畏之心整理资料，尽量留下一份文字资料，即使有误，也要留下后人评说的话题。需要申明的是，这里写的人物故事，仅限于茶，不是立传，故不论古今，有距今年代久远的前辈，也有还在继续关心、关注以及从事茶业的今人。有的当事人还可以寻访求证，故让人不敢杜撰丝毫。这里还要申明的是，内容只论于茶事，请读者不要用道德、法理和现在的价值观去评判，更不要以茶事之外的常理去衡量。

第一节　吴　光　华

据《吴氏宗谱·三让堂恩施支流》载，吴光华（1836—1908年），恩施人，清末民国初年恩施大商号吴永兴商号创始人。同治元年，吴光华在恩施芭蕉创办"吴永兴号"，经营生漆、茶、苎麻、盐、药材等，生漆、苎麻远销日本，盛极一时。吴光华发迹后，乐于修桥补路、扶弱济贫，创办"朗山义校"免费供穷人子弟读书。

一、家庭需要始经商

吴光华（图9-1）祖籍江西，祖父和父亲皆单传，到吴光华这一代，人丁兴旺，有亲兄弟六人。其父吴烈灿为家庭的前途计，决定农商并举，拿出家中积蓄，让大儿子吴光华入市经商。1854年，吴光华在芭蕉开起了一间小店，做些针头线脑、土布纱子、棉麻山货的买卖。18岁的吴光华从此挑起家庭重担，独自经营起小本买卖，个中苦楚也只有自己知道。

吴光华为人活络，买卖公平，讲究诚信经营，虽然年纪不大，但在经营中结下不少人缘。然而经商光靠人缘是不够的，得从小本经营开始积累。本钱不足，吴光华只能与众多小店一样，从人们的日常用品和本地的特产入手，微利的同质性经营使年轻的吴光华在经商之路上举步维艰。

据传有一年吴光华做生意亏了本，到年底把账还完竟然一文钱也没剩下，家里的所有家底都投到生意上了，过年却什么都没有，父亲吴烈灿气得大骂儿子无能。吴光华被逼无奈，只好到硃（朱）砂溪街上卖了床竹席买了个猪头回来，一家人才吃了一顿有荤腥的年夜饭。自古有"肥田不如瘦店"的说法，吴光华所有家产都投到店

● 图9-1 吴光华画像

里，店却亏得连老本都没有了，让人无法承受。团完年，一家人不知如何是好，伤心得直哭，吴烈灿甚至闹着要逃回江西老家。同是由江西过来的张姓邻居听到吴家的哭声前来劝解："我们都是从江西过来的，到这里已几辈人了，就这样空着手回去太没面子了，必须要坚持下去。"见吴家有困难，张家将暂时用不上的一包棉花借给吴光华作继续经商的本钱，使吴家的生意得以惨淡维持，并渐有起色。张家的一包棉花使吴光华渡过了难关，此事后来在当地被传为佳话。吴家后来成为当地巨富，对张家极其关照。

二、逆境拼搏

吴光华继续小本经营，凭借诚信经营也有了自己的固定客户，生意逐渐有了起色，虽然离发财还远，但在芭蕉也算是站稳了脚跟。1860年，太平天国的石达开因遭洪秀全猜忌，率兵出走，转战赣、湘、云、贵、川等地，川东鄂西一带受战乱影响，民心紊乱，百业萧条，商家们为保全性命，龟缩家中，不敢外出经营，恩施与山外的商路断绝。到1861年，芭蕉的茶、麻、生漆、桐油等土特产即使价格低得离谱也无人收购，本地的小商贩也举棋不定。苎麻在本地尚可作编织用，而茶

叶、生漆、桐油等靠本地人消费不了，商贩们绝望了，吴光华也急得跳脚。面对巨大的生存压力，不甘于现状的吴光华开动了他那活络的脑筋，产生了"危机"与"商机"的深度思考：战乱使恩施商界出现巨大的危机，恩施产出的茶、麻、生漆、桐油等土特产出不去，外面的物资进不来，那么在销售区，这类物资应该紧缺，如果能把恩施的物资运到销售区去，一定会大有收获。"危机"中蕴藏着巨大的"商机"，只要谋划得当，出奇就能制胜。常言道"富贵险中求"，25 岁的吴光华觉得值得奋力一搏。于是他选择战乱中相对安定的时机，低价收购数担"白毛尖"茶，运往汉口。到汉口后，吴光华发现汉口的茶叶行情果然与他推断的无二，茶叶迅速以高价脱手。这单生意获利颇丰，是平常经营几年的赚头。吴光华此次在汉口卖茶后并没有马上返回，而是在汉口认真考察了一番土特产市场，他发现恩施的茶叶、生漆、苎麻、桐油、药材等在此都很俏销，价格诱人。将汉口市场行情摸透后，吴光华在宜昌采购了一批恩施俏销的物资，运回恩施，又小赚一笔，而他的大脑中却在谋划下一次更大的行动。

1861 年至 1862 年，是恩施民众饱受苦难的时期，却给了吴光华走向辉煌的机会。因石达开与清军在鄂西、川东往来厮杀，民不聊生。商家虽然不敢出门，但看到便宜得近乎白送的山货，逐利的本性促使其有所行动，加之战乱时间已经够长了，也到了该停歇的时候，于是大胆的商家开始积攒山货。然而战乱却出人意料地加剧，太平军 1861 年冬进入来凤，1862 年正月分兵直取恩施，清军四处堵截，沿途兵荒马乱，鸡犬不宁，恩施的民众异常紧张，人们惶惶不可终日，商家们慌了，山货都积压到了手里无法脱手。这时的吴光华感到谋划已久的商业行动可以付诸实施了。他分别与各山货收购商探讨库存情况，在摸清库存和商家心理状况后，召集大家一起商议如何破局。在众商家心急如焚却又无计可施的情况下，吴光华提出自己的想法：大家把砸在手里的货物以合理的价格赊给他，他愿意将上次冒险赚来的钱作"盘缠"，再冒风险将货物运出去销售。众商家正为货物出不去焦头烂额，吴光华肯拿生命作赌注出去销售，大家自然乐意，纷纷表示愿意低价把压在手里的货物赊给他。于是吴光华把芭蕉众商家手里的茶叶、生漆、苎麻、桐油、药材等库存物资悉数赊走，以上次汉口卖茶赚的银钱作一路的开销，同时以身家性命博取人生的转折。吴光华敢下这次赌注是经过深思熟虑的，因为对汉口市场了然于胸，只要货物运到就有大钱可赚，而战事也是有规律的，官兵由东向西追剿，石达开的部队总体是向北和西的，虽然恩施非常危急，向东走反而是越走越安全。据传这次他在芭蕉仅生漆就赊了五梢，一梢是二十五担，一担是八十斤，五梢生漆就是一万斤。加上茶叶、苎麻、桐油、药材，仅运输的人力和骡马就是一支庞大的队伍，可惜当时的壮观场景已无法再现。因为谋划周密，这支大型商队既没有遭遇太平天国的部队，也没碰上追剿的清兵，货物顺利运抵汉口。而且行情比上次还好，这次可真是赚得盆满钵满。以他赊的生漆为例，在芭蕉每斤只花几个铜板，运到汉口以两个多银元一斤出手，仅此一项净赚近两万银元，加上其他货物，吴光华真的数钱数到手抽筋。回来时他又在宜昌买了些棉花、棉纱、洋油等带回芭蕉。回到芭蕉后，吴光华大摆宴席，宴请给他赊货物的商户，并逐户付清赊欠款项。

 ## 三、创立商业帝国

资金雄厚的吴光华开始绘制自己的商业蓝图，有了资本就着手做大买卖，经营场所和经营班底很重要。

// 1. 建场所

1862 年，吴氏在芭蕉和恩施城内各建一处经营用房。芭蕉的房屋建设先于城内，房屋建于芭蕉下街（现芭蕉卫生院至河沿），为两栋三进三堂构造的木质瓦房，前面一栋为经营店铺，后栋为家人居住。芭蕉的建房结束后，吴家又在恩施城北关内丁字街口修建经营用房，房屋共九进，后门抵达珠市街。

// 2. 立商号

芭蕉房屋建成后，吴氏成立商号，号名吴永兴，意为"吴氏商号永远兴旺"。商号以芭蕉为总部，吴氏也以此为根据地，家庭成员居住于此，便于管控家族产业。城内房屋建成后，作为商号的据点，将周边县的经营纳入业务范围，同时也是对外交流的场所，商业和家族的重大活动也在城内举办。

// 3. 建分号

吴光华凭借过人的胆识由农民成为商人，从小商贩做起，在创建吴永兴商号后，随着经营规模的日益扩大，为了充分利用不同城市的商业优势，在各地创分号28 家。各分号将恩施的土特产行销当地，将当地物产运销恩施。汉口分号是重要的对外窗口，将生漆、桐油等远销日本；富顺分号则是以采购为主，通过官方许可，将"富巴"（四川自贡的富顺盐巴）运销恩施；南阳分号以茶叶销售为主，将恩施茶叶运到当地，以"芭蕉茶"为品牌占领豫西市场。

// 4. 用亲信

规模宏大的吴永兴商号仅靠家庭成员已无法管控，必须有更多的管理者才能运行，吴光华决定请管事执掌具体事务。对于管事的选择，吴光华则是眼睛向内，用自己放心的熟人。吴永兴商号在恩施的大管事由吴光华的亲姨侄蹇文卿担任；副管事由吴光华的连襟刘镜若担任；芭蕉是商号本部，由吴光华直接管理，日常事务由张明凤（万树柏的邻居，曾在经营最困难时借一包棉花给吴光华做本钱的张家人，有过命的交情）负责；最重要的汉口分号由么弟吴光辉（其子过继给吴光华为子）掌管，后又增派侄子吴彩瑞到汉口坐庄。后吴光辉和吴彩瑞先后病故，吴光华将自己的唯一亲外孙蓝雅臣（按蓝家谱系为蓝书芹）派到汉口，主持分号的经营。吴光华根据各处机构的重要程度，分别派驻亲疏程度不同的人员执掌事务。吴永兴商号到此已形成专业的商业格局，吴光华负责谋划布局，管事落实执行，分工明确，各负其责，在统领者强大的情况下能保持商号的有效运行，但任人唯亲的指导思想为事业的衰亡种下了祸根。

// 5. 设票号

大约在 1906 年，吴光华为满足资金大量流动的需要，也为自己的产业增加新的渠道，决定开设票号。票号开业后不仅为自己商号的资金流动提供方便，还为客户提供汇兑业务，获取利润，更重要的是利用手中的资金放贷，获取利息，票号成为吴永兴商号的一大财富来源。吴永兴商号因资金实力雄厚，很快得到市场认可，在此情况下，又发行钱票，吴家自己印钱。票号将收到的货币用于放贷，花出去的是自家的纸钱。吴家实际上是将自己的信誉作为货币，印刷的纸币只是一个符号，吴家赚钱已不需要本钱。

四、隐退幕后

清光绪三十一年（1905 年），69 岁的吴光华因年事已高，将吴永兴商号交给侄子吴彩瑶（三弟吴光国之子）执掌，自己退居幕后。

// 1. 热心公益

吴光华自创立吴永兴商号发家后，注重公益事业，以多种方式济苦救难，造福桑梓，其事迹在芭蕉广为流传。

// 2. 乐善好施

发迹后的吴光华十分注重自己的名声。每到年关，他就会在家庭住地芭蕉集镇的吴家大屋为穷困者施舍过年米、御寒衣和过冬棉被。对租种其土地的佃户，如遇天灾人祸，不仅不逼租，还主动减免田租。对无钱安葬者，则送米购棺使其入土为安。热天在门口放置茶水稀粥供人随意享用。

清光绪二十二年（1896 年）秋季，芭蕉淫雨三月，稻谷、苞谷在田中发芽腐烂，许多农民颗粒无收，饥民遍地。吴光华命万树柏和芭蕉集镇两处开仓济民，照市价减半向每人售大米一升（4 斤），给无钱或乞讨者每人大米一碗（1 斤）。

// 3. 捐资建馆

清光绪二十八年（1902 年），由江西迁居芭蕉的吴、吕、黄、康等家族共同商议在芭蕉集镇建江西会馆，用以祭祀神灵，又为江西来芭蕉寻亲访友、经商置业者提供食宿便利。吴光华积极推动，并以其父吴烈灿的名义捐资建设会馆。会馆很快建成，取名"万寿宫"，是江西籍人士聚会、商务、信息交流和客商食宿的场所，成为芭蕉的标志性建筑。

// 4. 创办义校

清光绪三十二年（1906 年），退隐的吴光华决定开办学校，为芭蕉青少年提供求知的场所。校址选在万寿宫，这里的产业是祖籍江西的芭蕉人所共有的，房屋众多，是理想的办学场所。吴光华购置了桌椅板凳、黑板纸笔等物，请好先生，学校就正式开学了。由于学校由吴光华出资兴办，取名朗山义校，免费收学生读书。据传该校还教出了几位秀才（如龚询梓），民国时期该学校由当地政府接管，改为国立小学。因办学的功绩，吴光华获封"登仕郎"，其父吴烈灿被清朝赠封"登仕郎"，相当于文官正九品。

// 5. 保护耕牛

相传有一天，一屠夫要宰杀一头体壮膘肥的大黄牛。在屠夫做准备工作时，黄牛似乎明白自己大难临头，它使劲挣脱牛绳，跑到吴家大屋堂前跪下。此时吴光华正在午睡，听到吵闹声急忙起身，见黄牛双目流泪，凄然又带乞求地望着他。屠夫凶残的眼睛直视黄牛，只是在吴家大屋前不敢动刀，否则黄牛已命丧黄泉。吴光华见状，顿生怜悯之情，迅即命屠夫放开黄牛，付给屠夫购牛资金，并另给屠牛者一笔钱，劝其改行，不再做屠杀耕牛的营生。此牛由吴家喂养，直到老死，吴家将其掩埋。吴光华定下规矩，好生对待耕牛，家中自此不食牛肉。

第二节 冯 绍 裘

　　冯绍裘（1900—1987年），别名冯鼻子，湖南省衡阳市西渡人，机械制茶之父、滇红创始人，中国著名的红茶专家。他一生潜心茶叶研究，功勋卓著。作为滇红创始人，冯绍裘对云南茶叶产业的贡献为世人注目，但这位茶界前辈对湖北茶叶的贡献却少有记载，对恩施茶叶的贡献更是鲜为人知。为尊重历史，尊重事实，在充分走访调查的基础上笔者得知：冯绍裘在湖北的工作时间最长，对湖北茶叶产业的贡献最大，然而湖北却没有给他一个应有的名分，湖北更没有很好地把冯大师的成果和影响运用到茶叶产业中，不仅埋没了大师的功绩，也影响了湖北茶的声望。这里仅对大师在恩施的业绩作一个简要介绍，见证大师对湖北茶做出的贡献。这里列举的事例，也仅仅是从大师所做的寻常工作中提取的几个片段而已，根本不能完全展现大师的功绩和情怀。

 一、冯绍裘与恩施实验茶厂

　　冯绍裘与恩施结缘于1938年。起因是恩施的茶叶经改良之后品质得到极大提高，引起国内茶叶界关注，加之日寇侵略导致中国茶叶公司所属茶区沦陷，恩施得到重视。1937年秋，中国茶叶公司派技师范和钧、戴啸州前来恩施调查，二人认定恩施茶叶品质超群，发展潜力巨大，中国茶叶公司决定将恩施作为茶叶发展的重点，组织精干力量开展工作。

　　1938年，中国茶叶公司总经理吴觉农为了在恩施组建茶叶加工厂，邀请因战争沦陷而流散的原祁门茶叶改良场的冯绍裘加入中国茶叶公司，负责在恩施建设茶厂，担任技术专员并兼任厂长。茶厂选址在恩施城东五峰山小垭口。冯绍裘亲自规划茶厂的车间布局、工艺流程、产品定位，并直接指挥工程建设。由于是大师直接操持，厂房建设顺利，十余栋厂房迅速建成。在厂房建设的同时，冯绍裘已按机械制茶要求将设备采购到位。当时机械制茶是新生事物，恩施没有人见过，机械安装调试工作就由冯绍裘亲自进行，他指挥工人将机器移至指定位置，自己先亲自安装，同时教工人安装。机器安装到位后又亲自调试，机器运转正常后就进行作业调试，直到投产运行。在这期间，冯绍裘除吃饭睡觉外，全部时间都在现场，解决可能出现的各种问题。在冯绍裘的亲自指挥下，茶厂当年建成投产，产出成品茶叶400余箱，全部交中国茶叶公司销售。

冯绍裘在恩施除了组织茶叶加工外，还培训学员，为中国茶叶公司培养新生力量。受中国茶叶公司委托，恩施茶厂举办茶叶技术培训班，培训了一批懂得茶叶栽培管理、茶叶加工和茶叶贸易的全方位人才。这些人作为中国茶叶公司开拓西部新茶区的中坚力量，在中国茶叶公司需要的时候人人都可以独当一面。在极其简陋的条件下，冯绍裘将基地、车间作为课堂，自己和厂内的技术骨干当授课老师，一边讲理论，一边进行实际操作，学员们在此系统地学习到了茶叶生产、加工和贸易知识，大多数学员在新中国成立后成为各地茶叶界的担纲人物。

1938年9月，经中国茶叶公司董事长周诒春同意，为了开辟新的茶叶出口产区，冯绍裘、范和钧被派往云南调查茶叶产销情况。实际上在恩施的茶厂建成投产、后备力量培育合格后，冯绍裘就踏上了去云南的茶叶拓荒之旅。

虽然冯绍裘走了，但恩施茶厂却兴旺起来，1939年，茶厂更名为中国茶叶公司恩施实验茶厂，业务扩大，并在芭蕉、砟（朱）砂溪、庆阳坝等地设立分厂。

二、冯绍裘与芭蕉茶厂

很幸运的是，恩施与冯绍裘的缘分在新中国成立后又续上了。1954年，冯绍裘任湖北省茶叶公司总技师，恩施在他的业务指导范围内。1956年春，冯绍裘到建始茶区改制红茶，增加外销红茶货源。从1957年起，至20世纪60年代中期，冯绍裘几乎每年都到芭蕉茶厂长时间驻厂指导（每年1—3个月），研究解决生产中出现的问题。

// 1. 指导芭蕉茶厂生产

1957年春，湖北省茶叶公司直接在恩施县芭蕉集镇投资建设的芭蕉茶厂投产。该厂是初、精制一体的茶叶加工厂，机械化生产，就地收购鲜加工红茶，直接调拨出口。芭蕉茶厂是省茶叶公司的直属厂，冯绍裘作为公司总技师，亲自组织机械设备，亲自安装调试，现场培训工人。1957年3月，冯绍裘从武汉出发前往芭蕉。当时恩施的交通不便，他率领有审评经验的李元哲和姓王的年轻人，带着洗漱用具和换洗的衣服就上路了。他们一行先到宜都茶厂，然后从宜都赶赴宜昌转乘轮船到巴东，从巴东乘汽车，经两天颠簸到恩施，从恩施再坐一个多小时汽车到芭蕉。冯绍裘到芭蕉茶厂后就对工人进行红茶机械制茶的培训、指导。

芭蕉茶厂初建时只有一台揉捻机、一台解块机、一台干燥机。冯绍裘到厂后就给工人讲课，讲茶叶生产加工技术，讲茶叶的市场需求形势，讲红茶换取外汇对国家建设的重要性，既传授了知识又鼓舞了士气，还亲自召集车间、班组负责人安排生产，逐项明确技术要领，由这些负责人落实到位。

在工作安排就绪后，冯绍裘经常到车间检查设备运转情况，发现问题及时解决，遇到工人有不明白的就现场讲解并手把手地教。当时工人两班倒，每班 12 小时，冯绍裘工作起来就没有时间概念，每天除了吃饭睡觉，全在车间里，在检查没有发现任何疏漏后才上床睡觉。冯绍裘对每批茶叶质量都进行审评，在审评中寻找问题，以问题为导向，对加工过程中的具体操作进行调整，使产品质量达到完美。产品出口到苏联，获得一致好评。

这一年，冯绍裘在芭蕉茶厂一住就是三个月，把芭蕉茶厂的机械设备调试到最佳状态，将加工技术传授给了全体工人，使每一名工人都能熟练使用自己岗位的机器设备。

// 2. 危难之际造机械

芭蕉茶厂顺利投产后，为扩大生产规模，1957 年冬又增加设备，仅揉捻机就由一台增加到四台（含一台微型机）。1958 年，芭蕉茶厂在产能扩大的情况下，对外宣布对鲜叶敞开收购。然而芭蕉茶厂低估了芭蕉的鲜叶产量，开秤不久，送到茶厂的鲜叶就大大超过茶厂的加工能力，鲜叶摊放逐渐从厂区扩大到街道，最后芭蕉满街都是鲜叶，而且事态还在不断扩大。冯绍裘与上年一样，3 月从武汉到宜都茶厂，再辗转到芭蕉茶厂。让他没有想到的是，一到芭蕉，看到的是满街的鲜叶，他这次面临的不是技术问题，也不是质量问题，而是生产能力问题，这完全不在工作计划之内。

面对如此严峻的局面，冯绍裘不推、不等、不靠，而是迅速行动，因陋就简，利用自己的知识和能力想尽办法化解难题。

加工能力不足涉及三个环节：一是萎凋，二是揉捻，三是干燥。每一环节都同等重要，想解决问题，三个一起解决才有效，缺一不可。

萎凋首当其冲，鲜叶已严重积压，损失正在扩大。自然萎凋需要大场地和较长时间，芭蕉茶厂所有场地都用上了，连街道上都是鲜叶，无法再扩大场地了，鲜叶不及时付制就会腐烂，必须找到新的萎凋方法才能化解危机。

揉捻和干燥机械是配套的，一种设备不足则全部不足。芭蕉茶厂现有产能与鲜叶量有很大的缺口，想增加设备只能到浙江去买，而且光有钱不行，得提前预订，采购设备没半年以上交付不了，采购也行不通，不就地设法还真解决不了这个问题。

面对如此严峻的形势，冯绍裘只能拼了。他带领芭蕉茶厂机务组的员工，依靠恩施的现有条件，就地取材解决加工能力不足的问题。三个环节虽然解决方式不同，但在时间上却是同时推进的，大师显示真本事的时候到了。

针对萎凋问题，既然不能扩大场地，就只能缩短萎凋时间。冯绍裘设计采用鼓风、加温、鼓风＋加温三种方法试验缩短萎凋时间，最后鼓风＋加温的方法最好。在此基础上，又对温度和风速进行调整试验，得到最佳的萎凋温度和风速参数，试制出萎凋机。萎凋机分为萎凋腔、鼓风机、热气发生炉、调速器四个部分。萎凋机的萎凋速度比自然萎凋快 4—6 倍，占用室内空间面积只有室内自然萎凋方式的10％，鲜叶萎凋问题得到有效解决。

针对揉捻问题，则土法上马制造揉捻机。底盘、茶桶、加压盘都用硬杂木制作，连接和传动装置用农具厂翻砂铸造铁件。木工活则特招临时工龙阳新，由他负责揉捻机的木质部件制作。在冯绍裘的设计指挥下，三台自制的揉捻机很快制成。冯绍裘又组织机务组将三台土法制作的揉捻机与三台正规厂家生产的揉捻机用螺杆一一并联，两台一组，正品机械带自制机械，实现产能翻番。由于冯绍裘的亲自设计指挥，联机试车一次成功。

干燥机是最难的，土法上马也解决不了，只能求助于当地的机械厂仿制。当时的恩施专署农具厂和恩施县机械厂成了芭蕉茶厂的协作企业，冯绍裘组织机械厂的技术人员和茶厂机务组员工一起，将茶厂现有的干燥机拆解，取得设备参数，并亲自绘成图纸，由机械厂按图生产。茶厂机务组还要及时将拆开的干燥机组装，不误生产。当时的恩施，连铁件都紧俏，而仿制干燥机不仅要用铁件，还需要不生锈的钢材，这种材料机械厂是没有的，好在恩施有个广兴厂（国营 711 厂），因其是军工企业，紧俏的材料都有。芭蕉茶厂向广兴厂求援，广兴厂满足了茶厂的要求，使仿制工作顺利进行。各种部件制作后，机械厂的技术人员和茶厂机务组员工一起在芭蕉茶厂组装，组装好的机器也一次试运行成功。

芭蕉茶厂的巨大危机在冯绍裘手中很快得到化解，这应该是一件大事，但实际情况却波澜不惊，大家都认为这就是冯绍裘应该做的事。而这场危机就像是一个人受到一次意外的惊吓，过去了也就淡忘了，芭蕉茶厂的人还偶尔说起，省公司不了解其中的艰辛，冯绍裘只是出了一趟差，如果不是"恩施58型红茶加工机械"产生一丝涟漪，要想探寻其中的真相也找不到踪迹，也就无法知道大师平凡中的伟大。

// 3. 研制红碎茶

红碎茶的制作试验本来是冯绍裘在1958年的工作重点，却因芭蕉茶厂产能不足的危机耽搁了。在问题得到解决后，冯绍裘即开始进行相关试验。他利用芭蕉本地鲜叶和芭蕉茶厂设备，结合传统红茶加工方法制作出高级红碎茶，品质接近世界最好水平，但完成时间迟于由商业部、外贸部联合湖南采购厅、湖南农学院等单位组成的团队。该团队在湖南安化采用传统制法试制红碎茶一举成功，成为中国红碎茶诞生的标志。冯绍裘因解决芭蕉茶厂的突发情况，红碎茶研制被迫推迟，结果与中国红碎茶首创之功失之交臂。

因为芭蕉茶厂于1958年试制出红碎茶，1964年，对外贸易部、农垦部、农业部等单位根据国际贸易的需要，决定在云南勐海、广东英德、四川新胜、湖北芭蕉、湖南瓮江、江苏芙蓉六个茶场（厂）布点，开始大规模试制。同时，红碎茶专用机械、制造技术、品质规格等也逐步形成体系。冯绍裘为中国红碎茶生产做出了巨大贡献，芭蕉茶厂也因为冯绍裘的成就成为全国红碎茶加工重点企业。

三、研制恩施58型红茶加工机械

1958年5月，由第二商业部茶业局、湖北省商业厅茶叶处、恩施专署商业局茶叶采购批发站、恩施专署农具厂等单位组成红茶初制机器试制小组，根据冯绍裘在解决芭蕉茶厂加工机械设备不足的过程中积累的红茶加工机械制造经验，使用木、竹、铁混合部件，试制成恩施58型萎凋机、双动揉捻机、解块筛分机、万能干燥机等整套红茶初制设备。这些设备因材料易获取，造价低廉，实用性强，为当时的红茶加工提供了机械保障。这些机器设备不仅在芭蕉及周边的宣恩、利川、咸丰一带广泛使用，还推广到宜昌茶区。直到现在，在乡间还能偶尔看到木、铁结合的揉捻机用于红茶加工。其实恩施58型红茶加工机械就是将芭蕉茶厂的应急设备加以完善、提升，形成设备的固定参数和使用规范，使其能够工业化生产，满足红茶加工的需求。

四、冯绍裘与恩施茶厂

1958 年，在省供销社和省茶叶公司的支持下，位于恩施城区舞阳坝的恩施茶厂建成投产。从这一年开始，冯绍裘每年春茶期间都要到恩施茶厂指导生产加工，恩施茶厂和芭蕉茶厂两边兼顾。1962 年，冯绍裘针对红茶精制存在的问题，在恩施茶厂进行红茶分级试验，建成"初分精分"的作业方式，首创初分定级粗分定型的"初分精分工艺"。产品出口到苏联，获得专家的好评。

 五、冯绍裘的重大功绩

冯绍裘对茶叶界的贡献是巨大的，在恩施的业绩虽然极其耀眼，但也只是其对整个茶叶界的贡献中的点滴。

// 1. 机械制茶

冯绍裘是中国机制茶之父，他是中国茶叶机械的最早接触者、实践者、改造者，进而成为适应中国国情的茶叶加工机械的设计者、制造者。1936—1937 年，冯绍裘调祁门茶叶改良场任技术员，从事祁门红茶机械加工试验。在他的努力下，利用从日本引进的烘干机和从德国引进的小型揉捻机试制祁红获得成功，从而改变了祁红脚踩、日晒的落后加工方式和祁红茶区不采夏茶的习惯，大大提高了祁红的产量和效益。1938 年，受吴觉农邀请，冯绍裘赴湖北恩施地区筹建恩施茶厂，当年建成机械制茶工厂。1939 年，在云南建机械化制茶的顺宁茶厂。当时，国内所有机器制造厂从没有设计制造过滇红茶所要的制茶机器图纸，他自行设计；油料缺乏，他设计增加脚踏功能，使机器可以动力与脚踏两用；承造厂不知机械用途不敢承造，他亲自交涉、讲解；制造中配件不齐，他在全国各大工业市场寻找。他用非凡的智慧与技能，创制了绍裘式三筒式手揉机、脚踏与动力两用之揉茶机和脚踏与动力两用之烘茶机，结束了我国不生产制茶机械的历史，为中国茶叶加工机械化奠定了基础。1958 年，冯绍裘在汉口茶厂主持设计组装"一条龙"外销茶生产线顺利投产，机械制茶更上一层楼。至于在恩施研制的恩施 58 型红茶加工机械，只是冯绍裘的顺带之作。

// 2. 创制滇红

1938 年 9 月中旬，为了开辟新的茶叶出口产区，中国茶叶公司派冯绍裘、范和钧到云南调查茶叶产销情况，冯绍裘被分到顺宁（今凤庆县）。10 月，冯绍裘到达昆明，再从昆明乘汽车沿滇缅公路颠簸了三天到达下关，又用一双脚走了 10 天，11 月上旬到达顺宁。顺宁出产的大叶茶引起了冯绍裘极大的兴趣。大叶茶树高达丈余，此时其他茶区的芽叶早已进入越冬状态，而此地茶树仍然生长旺盛，芽壮叶肥，白毫浓密，是制茶的理想原料。冯绍裘组织采摘鲜叶 10 斤，均分两份，分别制成红茶和绿茶各 1 斤，现场品评觉得红茶比绿茶更好，于是将试制的红茶送到香港茶市，得到茶界一致好评。最初，冯绍裘拟将这种红茶定名为"云红"，与安徽祁门红茶"祁红"、江西宁州红茶"宁红"相区别，云南茶叶公司接受香港富华公司的建议，"滇"为云南简称，更能代表云南，故改"云红"为"滇红"。从此滇红诞生，冯绍裘被称为"滇红之父"。

// 3. 创新红茶加工技术工艺

1935 年，冯绍裘去祁红茶区的祁门茶叶改良场，解决红茶不红、叶底乌暗的问题。他用酒精浸泡深绿色叶和黄绿色两种不同新芽，发现深绿叶片逐渐转为橘红色，黄绿色芽转为黄红色，证明叶绿素过多不利于红茶发酵，影响红茶的色香味，因此他制定了按照黄绿色要求选采鲜叶原料的工艺要求。这在当时的历史条件下，打破了不采夏茶的习惯（夏茶鲜叶多呈黄绿色）。

我国大宗茶素以工夫茶享誉世界。"工夫"含有费时费力、做工精细的褒奖之意。1949 年前，中国工夫红茶工艺十分繁杂，花色数以百计，难以掌握其客观规律，俗称"看茶做茶"。为探求新的加工工艺，1952 年，冯绍裘在宜都茶厂承担了一项总公司下达的宜红仿制祁红的任务。他与该厂技术人员、工人反复研究试验，精提细做，实行升降拼配，从选好原料入手，反复加工精制，使老嫩分开，长短粗细有别，梗片杂物除尽，叶底红黑不混，最后对照标准实行升降拼配，将制成的红茶分成中上级、中级、中下级、普通级等级别。产品从上海出口到苏联，对方没有提出任何异议。于是，1953 年，在中南区各红茶厂全面推广，宜红茶、湖红茶出现大量的中级和中上级产品，受到当时苏联的欢迎，宜红出口苏联的价格也随此一提再提。

1954 年，区省合并，冯绍裘任湖北省茶叶公司总技师。在他的指导和努力下，湖北红茶初步实现了初精制半机械化生产，制定了茶叶采制技术标准，制备了茶叶加工、出口标准样，扩大了红茶生产基地和出口数量。

冯绍裘在宜红茶区创立的升降拼配法，将传统的"单级付制，单级收回"转变为"单级付制，多级收回"的新工艺，将工夫红茶加工推进到了一个新的历史阶段。直到今天，这一加工方式仍然是中国工夫红茶加工的主要原则。

冯绍裘不仅擅长红茶加工，对工夫红茶也有很深的造诣，而且还对茶叶审评十分精通，在茶界一向有"冯鼻子"之美称。

六、缅怀大师

1987 年，87 岁的冯绍裘先生在武汉病逝。追悼会上有这样一副挽联："祁红滇红宜红洒尽心血芳名垂青史　种茶制茶品茶传授技艺桃李满天下"。这副挽联总结了大师一生的业绩。他将毕生精力都投入了中国茶叶事业，为中国红茶开创了新的纪元。

冯绍裘大师在湖北为茶叶事业做出了巨大贡献，这里所能列举的只是冰山一角，然而湖北对大师的态度却值得反思。大师在湖北，在恩施，做过许多大事，解决过众多难题，建立了不朽功勋，然而被认为是理所当然，只是一名技术人员正常履行职责而已。但大师所做的是一名技术人员就能完成的正常工作吗？显然不是，他对问题的态度、解决问题的方式方法、最终的结果，都不是常人能企及的。恩施是大师解决过许多重大难题的地方，居然连大师的一点痕迹都没有；湖北是大师建功立业的地方，应该对其功绩有一个总结性评价，但遗憾的是也没有。大师在云南仅工作三年，就被尊为"滇红之父"，并在凤庆立铜像纪念，与之相比，恩施欠大师一座丰碑；湖北欠大师一个名分！

第三节　汤　仁　良

汤仁良（1921—2019 年），浙江诸暨人。1937 年年底因逃避战乱离家，1938 年到达恩施，在中国茶叶公司恩施实验茶厂进入茶叶行业，从此爱茶事茶，与茶结缘。

一、苦难中成长，逃难到恩施

汤仁良九岁那年，祖父、父亲、二叔、小婶相继去世，堆着过冬柴薪的房屋又燃起大火，家里仅称得上财产的一头耕牛也暴毙，一连串的不幸，让汤仁良过早地体验到人生的艰难。所幸有慈母的养育和叔叔们的帮衬，让他得以进入免费的教会学校读书。

1937年年底，日军侵占杭州，诸暨危在旦夕，母亲筹得60元路费让汤仁良出去躲难。走投无路的汤仁良只好在表哥的陪同下前往恩施，投靠在中国茶叶公司恩施茶厂当统计员的表姐郑尉青（郑尉青的父亲郑鹤春是云南茶叶贸易总公司经理）。汤仁良与表哥一道于正月初二乘火车，从诸暨沿浙赣线到长沙，再自长沙转乘轮船从洞庭湖到常德，在常德上岸后，乘汽车经沙市到达宜昌，又从宜昌乘民生公司轮船到达巴东，最后由巴东乘汽车经建始到达恩施，耗时30余天。一路在日寇飞机炸弹、机枪扫射中穿行，凶险异常，所到之处尸横遍野，恍如人间炼狱。

汤仁良逃到恩施后，进入中国茶叶公司恩施实验茶厂做实习生，17岁便开始独自闯荡人生。

二、初入茶行有贵人，大师亲授学有成

汤仁良谋生路的第一站是中国茶叶公司恩施实验茶厂，进厂后两个月就因聪明伶俐、好学上进被提拔为助理员，同时考入公司托办的茶叶技术培训班，得以系统地学习茶叶方面的理论知识。

恩施茶厂是汤仁良事业的摇篮，是他人生的第一个驿站，为他一生所从事的茶叶研究事业奠定了坚实的理论基础，提供了初步的实践经验。冯绍裘、范和钧、王乃庚、杨润之、黄国光、厉菊仪、戴啸州、袁炳才、王堃、殷宝良、周士祥等人是恩施实验茶厂的决策者、管理人员，在茶叶界都是很有造诣的，他们见识广博、精通业务、观点独到，许多人后来成为中国茶叶界不同领域的宗师人物。汤仁良得众多大师的亲自教诲，自然受益良多。

1939年，中国茶叶公司恩施茶厂改名为中国茶叶公司恩施实验茶厂，并设立芭蕉、硃（朱）砂溪、庆阳坝分厂，汤仁良被安排到分厂工作。

汤仁良第一站是芭蕉分厂。分厂厂长黄国光是浙江杭州人，是红茶制作大师，对汤仁良这个聪慧过人的浙江小老乡关爱有加，不仅在业务上悉心指导，在生活上

也给予关照，让背井离乡的汤仁良得到温暖，更重要的是让他学到了红茶加工的真本事。汤仁良在芭蕉的时间只有一个多月，在此期间还到过砵（朱）砂溪。这里也有一个分厂，厂长厉菊仪也是浙江人，制作龙井技术高超，汤仁良得到他的指点，得以掌握龙井茶的制作。随后他又被安排到庆阳坝分厂。庆阳坝分厂厂址在宣恩县庆阳坝集镇，距芭蕉分厂 20 余华里（约 10 千米），分厂厂长是杨润之。由于汤仁良精明能干，杨润之便将自己所掌握的制茶技术悉数传授给汤仁良，同时还教了汤仁良一些与当地人打交道的办法。庆阳坝分厂的条件虽差，汤仁良却在这里学到了全国独一无二，而且影响他一生的恩施玉露制作技艺。这项技艺对他后来的茶叶生涯有着重大影响。

三、厂长换人去重庆，历经磨难回恩施

// 1. 重庆谋生

1940 年，中国茶叶公司经理换成李泰初，此人是孔祥熙的干连襟，仗势欺人，骄淫极奢，爱瞎指挥。恩施实验茶厂被李泰初换成他所倚重的人。汤仁良等有思想敢直言的年轻人只得另谋出路，刚好有个叫王乃祥的老乡在云南茶叶公司四川分部（位于重庆夫子池）当经理，邀请他去任出纳，于是汤仁良被迫到重庆谋生。

汤仁良到重庆后，先拜访了在重庆经商的叔公和堂哥，二人都表示愿意提供帮助。叔公希望他在重庆经商，并承诺把自己名下的一个分店交汤仁良经营，汤仁良没答应，叔公又提出送他去中央大学读书，汤仁良也因为自尊心拒绝了。在这种情况下堂哥也建议汤仁良到他的公司任职，汤仁良同样拒绝。按汤仁良自己的说法，他不愿意靠别人照顾过日子，心高气傲的汤仁良要靠自己的能力谋生。于是他成为云南茶叶公司四川分公司在重庆的一个职员，也算是学有所用，凭本事吃饭。

// 2. 重庆遇险

《新华日报》是中国共产党宣传抗日主张的舆论阵地，是进步人士非常喜爱的读物。汤仁良作为一个饱受战乱之苦的热血青年，自然把这一刊物当作精神食粮，每日必看公司对面墙上贴的《新华日报》。

这个时期，虽然是国共合作联合抗日，国民党对共产党的活动在明面上是允许的，《新华日报》也能与《大公报》《新民晚报》等同时贴在墙上，让市民观看。但暗中却有国民党特务盯着，《新华日报》的纸比较差，贴在墙上极易区分，国民党

特务对看《新华日报》的人会重点关注，重庆本地人想看却不敢看，汤仁良并不知情，有时间就去看。国民党特务对进步人士进行打压、限制，对拥护、靠近共产党的人士更是暗中采取措施，或关押，或暗杀，最大限度地扼杀民众追求进步的火苗。在这种大背景下，汤仁良不可避免地成了国民党特务的怀疑对象。

1940年夏天，国民党特务对汤仁良动手了，他们把汤仁良抓了起来并严刑逼供，年轻气盛的汤仁良对国民党特务的行为非常反感，审讯从特务问，汤仁良答，变为特务殴打，汤仁良辩骂，汤仁良所遭受的皮肉之苦难以言表。特务们在审问不出结果后将其转到警备司令部。经过30多天的非人折磨后，因国民党特务实在找不到汤仁良与共产党有牵连的证据，只好将他释放。在出狱时，一个浙江籍狱警告知汤仁良实情，他才知道自己是因为看《新华日报》惹火烧身，引出如此巨大的麻烦。

// 3. 逃出重庆

经历如此磨难的汤仁良这时有些屈服于命运，更对重庆产生恐惧，从不迷信的他居然跑到卦摊测字，他写了一个"有"字给测字先生，测字的先生给了他八个字"不利西北，大益东南"。听了这八个字，他灵光一闪，恩施不就在重庆的东南吗？看来自己的命运还得再次与恩施联系到一起。于是他连夜向堂哥汤朝荣借了30元钱，乘民生公司的小火轮到巴东，再乘木炭车，第二次到达恩施。

// 4. 恩施求知

汤仁良回恩施后，经五峰茶叶改良场场长袁炳才（恩施实验茶厂初期骨干）介绍，认识了湖北省农业改进所所长戴松恩。戴松恩见汤仁良聪明好学，就安排他到畜牧组做助理员。畜牧组主任王邦巩见汤仁良爱读书，是个可塑之材，没有安排他具体工作，让他自学文化知识并指导他学习专业知识。

1940年11月，湖北省立农业专科学校改建成湖北省立农学院，校址位于恩施金子坝，在王邦巩的鼓励和关怀下，汤仁良考上了湖北省立农学院会计专修科，开始了他的大学生活。

湖北省立农学院是华中农业大学的前身，是在当时国民党第六战区司令长官兼湖北省主席陈诚的直接倡导下建立的，在极其困难的时期，为湖北省培育建设人才。当时院址在恩施东郊的金子坝，陈诚仿照延安办学方针，学生读书免费，供吃供住还供夏衣冬服，但毕业后，要为政府服务两年才能自由谋职。

// 5. 不服从分配

汤仁良在湖北省立农学院的学习并未如预期那样完成，1942 年春，因日寇的侵略更加疯狂，这期学员在学习一年多的时候就提前毕业。汤仁良因所学专业是会计，被分配到宣恩中学任会计主任。这份工作应该是很不错的，但热爱茶叶的汤仁良却觉得不如意，竟违命不去宣恩，到了五峰茶叶改良场任技佐。

四、云南追梦有坎坷，终生为茶志不渝

汤仁良到五峰才三个月，就接到了表姐郑蔚青的来信，她代表其父亲郑鹤春邀请他到云南茶叶贸易总公司工作。此时云南十分缺乏茶叶技术人员，茶叶大师冯绍裘于 1941 年春去昆明，向中央机械厂定制了四部克虏伯揉捻机，而他本人却送家人回湖南老家了，而且是一去不回，这使云南的红茶加工技术人才严重短缺。1939 年，全国茶叶审评在恩施实验茶厂进行，审评结束之际，王乃庚让茶厂的年轻人都看一看，增加见识，汤仁良第一次见到了云南的红茶。他描述云南红茶"茶芽颗颗肥壮，如婴儿的手臂"，让他一见难忘，那时他就有了云南情结。看到信后，汤仁良立即决定去云南，并约上当时的五峰茶叶改良场场长袁炳才（袁鹤）夫妇和五峰农场场长熊径阳去云南，开始了他的追梦之旅。1942 年 6 月，汤仁良一行经咸丰、黔江，在郁山镇乘小木船到彭水，换大点的船由乌江下行到涪陵，再溯长江而上到重庆，在重庆又换船到泸州，登岸后经威宁、曲靖，一路颠簸，辗转到达昆明，成为云南的一名茶人。这个 21 岁的小伙子怀着对茶叶的向往和对美好生活的憧憬，被一封书信召唤到云南，却不知此去等待他的是一条什么样的人生道路。

// 1. 初到云南显真功，解决问题受排挤

到云南省公司不久，汤仁良就被公司派往顺宁（凤庆）。当时有一紧急情况，冯绍裘离开顺宁茶厂未回，吴国英作为副厂长主持工作。此时冯绍裘定制的大型克虏伯双动揉捻机投入使用，做出的红茶却出现质量问题，调往口岸的五百担红茶被海关全部退货。汤仁良到顺宁茶厂后，发现质量问题是由发酵出现偏差引起的。通过分析他认为，茶叶加工时在揉捻工序中有发酵现象，真正到发酵工序时，按常规操作就导致茶叶发酵过度。汤仁良观察发现，克虏伯双动揉捻机的容叶量高达 200公斤，揉捻时间 2 小时左右，大叶种原料芽叶肥厚重实，在加压揉捻的过程中，因压力大造成温度升高，促使茶叶在揉捻时出现发酵现象，红茶就成为带酸的褐茶

了。为解决这一问题，汤仁良带领茶厂技术人员进行试验，针对发酵过度的问题，先是在发酵工序阶段缩短发酵时间，虽然发酵过度的问题解决了，但品质问题并没有解决。因为两次发酵使茶叶品质产生变异，根本不符合红茶品质要求。面对这样的结果，汤仁良只能另想他法了。要使红茶品质达到要求，只能从解决揉捻时发酵这一特殊现象入手，他认为，揉捻过程不发酵，问题就不存在。汤仁良带领工人在揉捻加压上进行试验，按茶叶加工的技术要求，揉捻加压按"轻—重—轻"进行，汤仁良认为大叶种的萎凋叶比重大，大型揉捻机桶深，投叶量大，茶重实，导致中下部压力大，而揉捻时加压就造成压力过大，茶叶破碎快，茶叶在揉捻时内部的物质出现转化，在密闭环境中温度上升，发酵就自然而然地产生了。问题的根源是压力过大，解决方法应该是减压，最终汤仁良采用的办法是揉捻不加压，连桶盖也不盖，利用茶叶自身重量形成的压力使萎凋叶揉捻成条，而茶叶因无外在压力作用，通透性改善，揉捻过程不发热，发酵问题也就不再发生。这一方法非常有效，生产的产品再无任何问题，质量完全符合标准，达到外销要求。

云南茶叶公司对汤仁良这样的技术人才非常重视，在待遇上非常优厚，工资按每月160元发放，而当时主持工作的副厂长的月工资才140元。汤仁良由于技术过硬，深受全厂工人和技术人员的欢迎，他也毫无保留地与大家交流分享制茶技术。这时的汤仁良可谓风光无限。

这一美好的局面没有维持太久，主持工作的副厂长对汤仁良不满意了。主持工作的副厂长认为，汤仁良作为自己的手下，技术水平比自己还高，工资也比自己高。让副厂长更难接受的是这个技术员在恩施当学员的时候，自己是管理人员，而且当时他还是学员的辅导员，应该算是汤仁良的老师。虽然在恩施待不下去，但逃到云南后，还是得到寿景伟的看重，安排到顺宁（凤庆）给冯绍裘打下手，冯绍裘走后副厂长主持工作，在顺宁茶厂可是说一不二的人物，汤仁良却打破了他的权威地位。于是他以汤仁良月工资太高，工人不服为由，扣住汤仁良的工资不发。汤仁良愤怒了，于1942年11月到昆明找云南省茶叶公司讨说法。省公司对副厂长提出严厉批评并请汤仁良回顺宁茶厂，但汤仁良坚决不去，总经理郑鹤春亲自找他谈话，表示事情已经查清，命汤仁良仍回顺宁，汤仁良以好马不吃回头草为由坚决拒绝。郑鹤春又要汤仁良与业务主任王乃赓一样按月工资100元在公司工作。汤仁良说：我是你们请来的，凭什么要减少60元？既然公司无法安排，只好在公司吃、住，另找工作。郑鹤春对这个有亲戚关系的小辈毫无办法，只得听之任之。

1944年春，墨江茶叶公司经理禹恩燮委托该公司昆明营业部经理兼墨江茶场场长李子忠请汤仁良去墨江工作，任命汤仁良为墨江茶场技术主任。汤仁良到墨江茶场后，组织修建厂房、员工食宿用房，建设玉露加工设施。在厂房建设和器具准备的同时，汤仁良对墨江茶场的 500 余亩杂乱生长的茶园进行管理，于秋末将全场茶树全面进行整形修剪。过年时，李子忠从昆明回来，看到遍山是枯枝败叶，他心痛地责问汤仁良：你怎么能这样搞？茶园都被你毁了，还办什么茶厂？汤仁良向其说明取消顶端优势，促发侧芽的道理，李子忠却是半信半疑，但事已至此，只能静观后效。1945 年，茶场增产 20％，李子忠彻底服了，高兴之余，花了 150 银元，买了一套哔叽①毛呢西装送给汤仁良作为奖励。

汤仁良在墨江茶场指导生产加工时，特别注重把自己在恩施学到的茶叶技术用于生产中，指导生产的玉露茶也一炮打响，产品供不应求。墨江茶场还炒制龙井茶，浙江请来六位师傅按浙江加工习惯，晚上炒制，每天都要熬夜，极其辛苦。汤仁良建议增加摊青（将鲜叶储藏过夜，还可起到轻微萎凋作用，增加香气）环节，炒制变晚上为白天，正常作业不用熬夜，同时变原来一次炒干为分段炒制，即初炒，复炒；茶胚成型后（含水量在 30％左右时起锅）平、直摊放在簸箕里，待全部鲜叶做完后进行复炒，既省工、省燃料，又减少苦味、涩味。制茶时间和制茶方法的改变，不仅减轻了工人的辛苦程度，还提高了产品质量，老师傅们心悦诚服，他们对汤仁良从原来的看不起变为极其尊重。

// 2. 动荡不忘担国忧，和平到来仍恋茶

1945 年，抗战胜利，国民党却发动内战。汤仁良毅然参加云南人民倒蒋自卫军二纵队（即滇黔桂边纵九支队前身），并担任墨江军政委员会宣传部长，成为为自由民主的民族大义而奋斗的战士、中国共产党领导下的武装力量中的一员。

1950 年，云南和平解放后，一心投入茶叶事业的汤仁良申请辞去宣传部长职务，副司令员余为民同意他转业并嘱咐他去西双版纳。转业后的汤仁良在西双版纳任茶叶股长。

1952 年，汤仁良去思茅行政干校学习，1953 年 2 月，被云南省农业厅从干校直接调到凤庆，任农业技术推广站副站长。

// 3. 身在云南不忘根，一路播撒玉露情

玉露制作技艺是汤仁良在恩施学到的最精湛的茶叶制作技艺，到了云南自然要展示出来，于是他利用大叶茶鲜叶制作玉露茶。由于大叶种芽大毫多，做出的玉露

---

① 哔叽：指毛织物，也称羽缎。

茶与恩施玉露相比在细和光亮上有所欠缺，但因紧圆毫多，又不能以玉露为名，就以"银针"为名，产品上市后受到消费者追捧，产品供不应求。

制作玉露茶的关键是蒸青和整形上光，形成玉露特殊的外在感官品质。虽然汤仁良手把手地教工人，但理条、整形上光的工序仍需汤仁良亲自完成。蒸青是形成玉露内在品质的关键，为了保证质量、提高产量，1946 年，汤仁良就在云南墨江茶厂对该工序进行研究改进：用大铁锅烧水产生蒸汽，在近锅沿位置放置板盖，板盖按 2.5 厘米直径钻圆孔，呈筛网状，便于蒸汽上扬。板盖上安装 35 厘米高、100厘米长、30 厘米宽的木框（长方形的木框），内装一个漏斗形的匀汽箱，箱口钻有许多小孔的铁皮起到分匀蒸汽的作用。最上层安装手摇轮回竹条连接起来的蒸青帘，除茶叶进、出口外，帘子都用木板围封。此蒸青装置每小时可蒸鲜叶 40 公斤。和庆阳坝的蒸青设备相比，不仅提高了产量、降低了劳动强度，而且保证了杀青质量，在当时的条件下是一个很大的进步。墨江没有棉纸，就用厚约 1.5 厘米的铁条为筋，上面铺薄层纸筋石灰板作操作台的底板。该底板可以长期固定使用，总体上减少了制茶成本。

后来因工作变动，汤仁良先后在凤庆、临沧、耿马传授玉露茶制作技术，使恩施玉露制作技艺在云南得到传播。他在临沧永泉茶厂制的"云针"获全省绿茶第一名，在凤庆茶厂制的"太华茶"得到外贸部总顾问黄国光的表扬，并获得金牌称号。每公斤售价达 600 元，且供不应求。

汤仁良在云南花了很大的精力推广玉露茶制作技术，产品受到消费者的高度认可，时任地委副书记的艾群在凤庆召开的县委书记会议上说："从来没有喝到过这样好的茶。"玉露好喝但制作技艺是很难掌握的，云南大叶种茶多酚类物质含量高，而且非常活跃，且茶多酚中的儿茶素含量高，苦涩味重，必须用蒸汽杀青技术，才能在温度不下于 45℃，操作达 3.5 小时的时间完成不是氧化作用的"发酵"工艺，在很大程度上减少了苦涩味，成为口感醇厚、外形美观的高档绿茶。云南大叶种不太适合按照常规工艺制作绿茶，而蒸青工艺特殊，虽然历史悠久，但已多年未使用，其方法已失传，汤仁良只能将在恩施学到的玉露蒸青工艺加以改进，进行蒸汽杀青作业。恩施玉露的整形上光工序、手法是复杂而巧妙的，要学会它必须能吃苦耐劳，又具有很强的悟性。云南大叶种的茶多酚含量高，不发酵的茶苦涩味重，虽然很多人喜欢玉露茶，但因为靠手工操作，劳动强度大，非常考验制作者的耐心，汤仁良在云南传播玉露制作技艺陷入困境。玉露茶因人们畏惧其制作难度并未如他所愿地推广开，就连他的大儿子，虽用尽心血传授也没能熟练掌握玉露制作技巧。

// 4. 饱受磨难不变心，茶叶研究藏心底

1957年，"反右运动"扩大化，性情耿直的汤仁良因给当时的县委主要领导提了几点意见，被划为右派，横遭批斗。汤仁良被停职降薪，下派到农村蹲点，从此不得再搞茶叶研究。

1976年，汤仁良得以平反，恢复公职，回凤庆农科所工作。1980年冬天，他被调往临沧外贸局新成立的茶科所任制茶组组长。

汤仁良被空耗了20年光阴，这不仅是他个人的损失，也是茶叶界的损失。

// 5. 借助玉露谱新篇，改进工艺创蒸酶

云南历史上就是产普洱的地方，汤仁良工作的凤庆，在1939年前只生产晒青，冯绍裘创制"滇红"后才有红茶。从恩施走向云南的汤仁良最早接触的是红茶，培训时学习了红茶和绿茶加工技艺，但在实习时得杨润之玉露制作技艺真传，因而对玉露自然有不可割舍的情感，对蒸青工艺具有独到的理解，对绿茶自然也有一份难以割舍的情怀。笔者到云南拜访汤仁良时，他喝的是绿茶，而且他坦言"平时喜欢喝的就是绿茶"。

云南大叶种鲜叶苦涩味重，是难制成好绿茶的，汤仁良为云南大叶种茶生产加工制作绿茶进行了长期的探索实验，他使用蒸汽杀青技术，在初烘后加入"发酵"工艺，最后取得成功，研制出云南特有的蒸酶茶。

（1）探索做试验。

早在1942—1948年，汤仁良在顺宁（今凤庆）实验茶厂、墨江茶场试制玉露、毛峰、龙井等绿茶，因制出的产品苦涩味较重而多遭失败，唯玉露因原料细嫩和独特的品质特征得到高度认可。

新中国成立后，内地茶叶专业的毕业生分配到云南工作，他们也以大叶种为原料，采用小叶种绿茶工艺制成绿茶，送回母校请老师鉴评，但皆因过于苦涩得不到认可。由此导致陈椽、王泽农、阮宇诚等茶界著名专家、学者，在论著中断言"云南大叶种只能制高档红茶，不宜制绿茶"，这个结论给云南绿茶判了死刑。直到20世纪50年代末，红茶市场不景气，人们这才重新审视绿茶，给云南的绿茶生产带来一线生机。

汤仁良也从多年制茶的经验中，领悟到不同工艺改变云南大叶种"脾性"的窍门。在农村蹲点时，汤仁良得到农友资助的少量鲜叶，用开水壶做蒸青茶实验。在无数次的失败后摸索到需要"发酵"才能减少苦涩味的初始方法，于是他潜心钻研

绿茶的"发酵"工艺，为云南绿茶寻找新的突破口。

（2）成功终投产。

1976年秋，汤仁良恢复公职后举家迁回凤庆，公开进行蒸青茶研究。他因借调凤庆茶厂茶科所指导生产玉露茶，得以利用该所蒸汽炉将二、三级鲜叶制成"珍眉"（即蒸酶茶），试验得以系统进行，各项技术指标被确认，试验宣告成功。

1980年，汤仁良调到临沧地区外贸局任茶科所制茶组长。在此期间，他到临沧县博尚镇永泉茶叶初制所蹲点，在提高红茶品质的同时，自购工具，制造竹木手摇蒸青机，继续蒸酶茶的研制，试制产品得到当地各级领导和专家的肯定。临沧地区茶科所计划于1982年正式生产蒸酶茶，不久，计划被推翻，汤仁良提出离休申请，蒸酶茶的研制工作中断。

1985年初，曾喝过蒸酶茶、时任临沧地区计量局局长的毕加吝和凤庆县县长毕文玉，说服汤仁良重启蒸酶茶的研究，并在地区科委主任李根福等人的陪同下，到临沧地区各县进行系统的调查，最后决定在临沧县博尚镇永泉茶厂研制。经过反复改进、研制器具和完善制作工艺，1988年，蒸酶茶试制成功并投产。产品送省参加全省茶叶鉴评，惊动全省茶界。其中参照玉露工艺制作的"玉针"（因毫白如针而命名）获满分100分，为全省参评产品之最；"珍眉"得94分名列第二。当地将这两种产品又报送国家商业部杭州茶叶加工研究所，经高级工程师王善庭、钟罗化验，因品质出乎意料，该所出资邀请沪、浙茶叶专家会评，共同的评语是："品质较佳，超过浙、皖高档炒青绿茶，可与中、小叶名特茶相媲美。"云南省科委及有关部门领导、《云南日报》记者纷纷前来视察、采访，一时间赞誉之词不绝于耳，盛名之下，产品供不应求。耿马勐撒茶厂蒸酶茶生产线建成投产，当年获利2万多元。该厂生产的"回味牌"蒸酶茶系列先后获得各大展销会、博览会5个金奖、1个银奖，其工艺获得国家专利。

1994年，由地区茶叶科学研究所报请云南省科委批准，并下达课题"蒸绿茶机械化生产线研究"，随批文补贴17万元，经过3年6个月研制，机械化生产线于1997年8月成功通过鉴定。生产线由22台（套）机械组成，共耗资23.2万元，全年可生产合格干茶100吨。当时试生产了175公斤中档蒸青绿茶，鉴定后，全部生产线由地区外贸局接管。

1995年，时任云南省农业厅经济作物处处长的贡惠英同志写信给陈椽教授，说汤仁良经过发酵制成的绿茶很受消费者欢迎。陈椽在回信中说"汤老老了，忘记绿茶是不发酵的"，但向贡惠英提出要点茶样看看。当时，汤仁良正在耿马县帮供销社在勐撒建立三南茶厂，他将该厂的"露珠""滴翠""蒸酶"各200克寄给陈椽教授。陈橼教授收到后正准备开汤审评，恰遇国家经贸委领导造访，3 包茶叶被他"借花献佛"，只得又直接写信给汤仁良说："盼再各寄十几克。"第二次同样寄去三种茶各 200 克。这次，陈橼邀请安徽商检局、茶叶公司、茶叶学会、农学院 4 位高级专家会评。评审结束，大家欣然题词"原壁归华、更新换代、形质并茂、还我国饮"，并用快函祝贺汤仁良，同时建议在昆明召开记者招待会（后因无经费没召开）。陈橼乃是我国茶界先辈，居然能自我否定以前论断，足见汤仁良利用蒸青发酵工艺制作绿茶技艺独树一帜，技术精湛，品质优异。

（3）成果利用不理想。

蒸酶茶是在传统制绿（茶）工艺上，增加和改进了"发酵"和高温蒸汽快速杀青工序。这是两个互为因果的改革。因此，在彻底钝化了茶多酚蛋白酶的基础上，进行焖、抖式的"发酵"，减少了对有益物质如维生素 C、叶绿素的破坏，并可部分将咖啡因、蛋白质分解为氨基酸；把表没食子儿茶素没食子酸的苦涩味减少，将其大多数有益成分保存下来。

蒸酶茶虽好，但实际利用厂家少，这与其工艺上存在的缺点有关：一是"发酵"工序技术要求有所提高，一般人难掌握；二是改炒青为蒸青，杀青操作难度增大；三是初制成本高于传统绿茶 10％左右，影响企业利润。蒸酶茶具有养生、保健功能，开辟了对云南大叶种茶资源开发利用的新途径，并且对今后新产品的开发也有一定的借鉴作用。

当时日本的茶叶专家渡边依作在访问凤庆茶厂时问汤仁良："你是怎样解决云南大叶种制绿茶苦涩味太重的问题的？"因为保密要求，汤仁良只好婉言答复："日本是小叶种茶，这项技术用不着。"巧妙地回避了这个问题。对外保密很有必要。而国内企业应该有针对性地应用这项技术，大叶种茶地区制作绿茶，中小叶种茶地区在夏秋茶的加工上也可以借鉴这项技术的创新点，研制出品质更好的茶叶产品。

// 6. 认准蒸青好工艺，研制设备做好茶

汤仁良在恩施学玉露茶制作时，对蒸青这一杀青工艺有了很深的了解，他认为炒青会因为受热不均匀而影响产品质量，蒸汽杀青则没有这一问题，只要杀青设备密闭性好，杀青效果会完全一致。到云南后，他在绿茶制作的探索中，始终把蒸汽杀青作为解决绿茶加工问题的突破口。

1946 年，汤仁良在云南墨江茶厂改进的匀汽箱手摇轮回蒸青帘蒸青设备，能达到每小时蒸鲜叶 40 公斤的效果，这在当时来说效率是很高的；但需要操作人员技术熟练，要靠嗅觉掌握摇动的快慢，才不致失误。

1981年，在临沧县博尚镇永泉茶叶初制试验时，用汽油桶代替铁锅，在墙外用钢管将气体导入蒸青箱内的手摇蒸青机，每小时可以杀青75公斤，其缺点是摇机者仍然要靠嗅觉掌握摇动快慢。有一次，时任地区茶叶科学研究所所长执行摇机工作，结果50市斤一级鲜叶却被全部蒸坏，可见掌握蒸青技术的难度。

1986年，汤仁良设计制造出电动网带轮回式蒸青机，只要调整好鲜叶厚度与轮转速度，每小时产量达到300～400公斤。生手上机，只要撒茶均匀，就不会有坏茶产生。但有三个缺点没法解决：一是会增加茶胚水分1%～1.5%，不仅增加后期制作时所用的燃料，而且影响品质；二是盖板架和筛网（铁质）上的冷凝水里的铁离子污染茶叶，影响色香味和人的健康；三是筛网是匀速轮转，蒸好的茶叶很柔软，黏附在筛网上，二次重蒸，混在杀青叶里，明显影响成品观感（使用此机，必须有专人清除被黏茶叶）。

到了20世纪90年代初，汤仁良在有关部门和相关人员的协助下，制成了76型快速振匀蒸青机，每小时产量可达600公斤（鲜叶）。该机直接操作，只需搬茶、撒茶两个人。蒸好的茶胚不仅不附冷凝水，还能蒸发茶叶内的水分，茶胚水分降低0.5%左右，也没有铁离子的污染（除喷汽口是铜网外其他都是绒、棉织品），能在6秒钟内达到彻底钝化多酚酶的目的。

汤仁良为了减轻制茶成本，设计了压力不超过0.1 MPa的蒸汽发生器（直立锅炉形式自动加水，可以不断使用），售价只要7000元，装上0.1 MPa的压力表会自动放汽，不是锅炉压力设备，不存在安全问题，可以自由使用。使用蒸汽只有0.06—0.08 MPa的压力，虽很受厂家欢迎，但因种种原因，未能投入生产。

五、一生辛劳终有报，身享殊荣养天年

汤仁良因为长期坚持试验，勇于探索，在茶叶界成绩斐然，得到国家和茶叶界的高度认可，1992年10月，成为享受国务院特殊津贴的专家。1997年4月，汤仁良被授予吴觉农勋章，这是对他一生为茶的最高奖励。作为一位茶人，得此两项殊荣，再无所求。

汤仁良年近百岁时，仍然精神矍铄，自己可以独自上街活动，饮食很有规律。最让老人欣慰的是结发老伴蔡桂珍女士，跟着自己吃苦受罪20多年一直不离不弃，1979年退休后，他去外地考察，她随时在身边相伴，无微不至地照顾他的生活起居。两老随大儿子一家住在凤庆的自家小楼里，小儿子虽住临沧，也常回家探望，一家人其乐融融。好人必有天佑，因果自己成全。

2019 年 10 月 24 日，汤仁良先生溘然长逝，享年 99 岁。一代茶人，福祚绵长，尽享天年。

第四节 吉 宗 元

吉宗元（1929—1989 年），男，湖南安化人。1953 年 8 月毕业于华中农学院，分配到恩施县芭蕉区参加工作，历任农技站技术员、副站长、站长。1982 年，调恩施县农校工作，任副校长。1983 年，在恩施县政协六届二次全会上当选为恩施县政协副主席。1984 年 1 月，恩施市成立特产局，吉宗元作为不驻会的政协副主席，到特产局工作。1981 年 12 月，吉宗元同志获农艺师职称。1981 年 12 月—1987 年 12 月，任湖北省茶叶学会第二届理事会理事、副秘书长。1988 年获副高级农艺师职称。

 ## 一、变革种植方式

吉宗元同志在芭蕉工作期间以茶叶技术指导为重点，运用所学知识，结合芭蕉茶区的生产实际指导茶叶生产。

// 1. 摸清家底

吉宗元分配到芭蕉后，对芭蕉的茶树资源进行调查，认为芭蕉茶区茶树为丛植，粮茶间作，以粮食生产为主，茶丛虽多，但分散、杂乱、管理差，没有规范的茶园，他形象地称其为"六蔸茶"，即"东一蔸、西一蔸、大一蔸、细一蔸、高一蔸、矮一蔸"。由于缺乏科学的管理，茶树生长顺其自然，单产低，采摘不便。

// 2. 丛植改条植

1955 年，吉宗元针对芭蕉茶叶生产现状，指导推行茶叶条植技术，改以前丛植（六蔸茶）为条植，增加单位面积茶树株数，提高采摘面积，进而达到增产增收的目的。

// 3. 推广等高条植技术

1973 年，全国推广等高条植茶栽培技术，吉宗元同志及时将这一技术运用到芭蕉茶区，先后指导金星大队（现灯笼坝村）、红旗大队和黎明大队（现合并为高拱桥村）、茶园大队（现戽口村）、明星大队（现黄连溪村）等地利用荒山荒坡建成等高条植茶园，结束了恩施只有间作茶园没有专业茶园的历史，使芭蕉的茶园面积和茶叶产量实现双增长。

// 4. 改造老茶园

1979 年，吉宗元同志根据芭蕉茶园的实际情况，提出改造老茶园的技术措施。他撰写了《略谈老茶园的改造》一文，其主要内容为：老茶园建园时间长，自然衰败，管理粗放，只采不养，导致树冠高矮不齐，枝条衰弱，育芽力差，新梢着叶少、荚叶多。采用台刈更新、整形修剪、清蔸亮脚、补植缺蔸、深耕培土、增施肥料，防除苔藓地衣等措施进行改造，改造后再采用肥、管、养、保相结合的办法，加强肥培管理、合理采养、防治病虫危害，恢复树势，实现高产目标。

// 5. 发展密植速生茶

1980 年，吉宗元同志开始引导芭蕉茶农发展密植速生茶，开恩施高产茶园建设之先河。在此之前，恩施的茶园要么是间作，以粮食生产为主，在旱地或田边地角不影响粮食生产的情况下种植一行或数行甚至几株茶树；要么是利用荒山荒坡建的等高条植茶。这种茶园大多坡度大，土层瘠薄，管理难度大，部分甚至无人管理，产量低，效益无法体现。为了提高产量，充分发挥茶叶生产的经济效益，吉宗元同志学习外地经验，利用耕地建茶园，不再间作粮食。茶园建设按 1.5 米厢距，深翻施基肥回填起垄作厢，每厢植双行或三行，亩植 4000～6000 穴，每穴 1～3株。在管理规范的情况下三年投产，五年亩产过百斤，经济效益显著。此项技术推广后，间作茶园逐步被密植速生茶园取代。

// 6. 良种选育和无性系良种引进

1979—1981 年，吉宗元参加由恩施地区特产局组织的茶树地方品种资源调查，全地区选出优良单株 393 个，仅芭蕉就有 16 个单株。1983 年，他主持恩施县茶科站建设。茶科站除了对恩施地区特产局选出的优良单株进行对照观察外，还从省外引进了福鼎大白、福云六号、福云七号、福鼎大毫、福安大白、龙井

43、楮叶齐、云南大叶茶等茶树良种观察试验，为恩施市后来的茶树良种化奠定了基础。

 ## 二、技术培训和技术指导

1956 年，芭蕉区组建科普协会，向农民和基层干部、技术人员普及传播科技知识。科普活动把茶叶栽培管理、茶树病虫害防治、茶叶采摘作为重要内容，吉宗元在协会中负责普及传播茶叶技术，他编写技术资料，讲授栽培、管理、采摘技术，芭蕉的茶农受益匪浅。

在芭蕉工作期间，吉宗元的主要工作是指导茶农种植、管理、合理采摘茶叶。无论是丛植改条植、等高条植茶园建设、密植速生茶园建设、老茶园改造，还是茶树病虫害防治，他都是先向茶农传播技术，示范操作都是在生产一线，与茶农面对面交流，直到茶农接受并熟练掌握该技术。

到市农业局、特产局后，吉宗元的主要工作是对年轻同事进行传、帮、带，把自己的知识、经验、体会传承给年轻一代。黄辉、吕宗浩、陈玉琪、刘云斌、杨荣凯、苏学章等都得到他的言传身教。

 ## 三、科学防治病虫害

// 1. 人工挑治茶毛虫

1956 年，芭蕉全区大面积发生茶毛虫害，对茶园造成危害并影响茶叶采摘，吉宗元同志根据茶毛虫的生活习性提出人工挑治虫害，芭蕉区委区公所组织群众捉虫，虫害很快得到控制。

// 2. 发现利用茶毛虫核型多角体病毒

1975—1976 年，芭蕉再次发生茶毛虫害，吉宗元带领农技人员到现场指导防控，同时密切观察茶毛虫害的发生规律及发展变化情况。他在茶园中发现有非人为原因的死虫，按死虫的状态分析应该是病毒感染引起。吉宗元如获至宝，认为死虫含有茶毛虫极其敏感的病毒，可以制成专治茶毛虫的特效药。于是他马上进行试验，将死虫的体液喷在活虫取食的茶叶上，结果食用黏有死虫体液的茶叶的茶毛虫陆续死亡，试验结果与推断完全一致。在经反复试验证明其效果后，吉宗元将死虫标本送贵州省茶科所鉴定，结论为茶毛虫死亡是"核型多角体病毒"感染所致。此病毒为湖北省最早发现，最早确认，最早用于生产。1983 年，恩施市特产局通过人工饲养接种方式，繁殖茶毛虫核型多角体病毒，并制成制剂，广泛用于茶毛虫的防治。恩施市在茶园使用茶毛虫核型多角体病毒制剂后，全市有 10 年左右没有发生茶毛虫害。

 四、获奖科技成果

1986 年，吉宗元同志参与的"茶毛虫核型多角体病毒研究与推广"和"茶树地方品种资源普查成果"项目获鄂西土家族苗族自治州科技成果二等奖。

 五、天不假年

1989 年 1 月 24 日（农历戊辰年腊月十七日），吉宗元同志因突发心脑血管疾病去世，享年 60 岁。吉宗元同志在即将退休，安养天年之时，不幸与世长辞，虽非英年早逝，却未及安享晚年，令人惋惜。

第五节　陈　光　兴

陈光兴是一个笔者不认识的熟人，不认识是因为笔者与他从未谋面，笔者 1983 年 8 月参加工作，他却在这年的 5 月就英年早逝；说是熟人，因为笔者参加工作就听说他对恩施茶叶和恩施玉露的执着和贡献。但对这样一个人，真想作一个介绍时却又无从下笔，因为听到的是距今 40 年前的信息，要写成文字有些难度，好在有他的同学杨胜伟老师、校友姚甫林、同事陈登尧等老同志提供资料，才使我对他有了一个大致的了解。

陈光兴（1936—1983 年），男，湖北咸丰人。1959 年 5 月毕业于恩施地区农校特产班，同年分配到恩施县特产局工作，主管茶叶技术推广工作，是恩施县从事茶叶技术推广工作较早的人员之一。

1960 年，县特产局并入县畜牧局，陈光兴随机构变动在县畜牧局从事茶叶技术推广工作，蹲点芭蕉。

1961 年，因机构精简，陈光兴调芭蕉农技站工作。真心爱茶的陈光兴到芭蕉工作算是如鱼得水，一头扎进了满山茶海之中。芭蕉的茶树、芭蕉的茶厂、芭蕉的玉露、芭蕉的宜红、芭蕉的茶故事，丰富了陈光兴的阅历，增长了陈光兴的才干，也加深了他对茶叶的热爱之情。

1972 年，陈光兴从芭蕉农技站调到白杨农技站工作。他走遍白杨（坪）全境，对辖区内的茶叶生产有了全面的了解，对该地区茶叶产业下一步的发展也有了自己的想法。

机遇是为有心人准备的。20 世纪 70 年代是一个茶叶快速发展的时期，湖北省农牧业厅对茶叶生产极为重视，经常召开各种会议研究茶叶生产，陈光兴作为基层茶叶技术人员也有幸参加了会议。由于他有县特产局和芭蕉、白杨（坪）两个茶叶主产区的工作经历，掌握的第一手资料比县里参会的同志翔实，得到湖北省农牧业厅经作处高级农艺师、著名茶叶专家陆启清的赏识，两人建立了深厚的友谊。1972年，陆启清到恩施调研考察，专门到陈光兴工作的白杨（坪）考察，对茶叶基地建设和茶园改造给予技术指导。陆启清的白杨（坪）之行，一方面对陈光兴介绍的情况进行了核实，另一方面也是表达对陈光兴的认可。回武汉后，陆启清协调茶叶发展专项资金，重点扶持白杨（坪）的茶业发展，这是陆启清对陈光兴扎实工作的高度认可，也是一个省级专家对基层技术干部的鼓励。

由于有省农牧业厅的支持，陈光兴放开手脚，规划建设白杨（坪）茶叶基地，在白杨（坪）、光明、九根树等地按标准建设等高茶园。为建设好茶园，陈光兴在各个建设工地来回指导，吃住在工地，及时解决建设中的技术问题。在陈光兴和当地干部群众的共同努力下，白杨（坪）的茶叶基地建设在全县成效极其显著，一跃成为恩施县第二大茶区。

1978 年，陈光兴被调到城关镇工作。

城关镇虽然不大，但茶叶却不少，特别是恩施玉露产量大，五峰山、飞机场、园艺场是恩施玉露的重要产地，生产的产品质量上乘，深受消费者喜爱。陈光兴到城关镇后把主要精力放在恩施玉露的历史挖掘和加工工艺的总结整理上。陈光兴与杨胜伟合著的《恩施玉露》一文被湖北省农牧业厅经作处编印的《湖北名茶（一）》（图 9-2）作为篇首印发。

1981 年 12 月，陈光兴获评农艺师职称。这是恩施首批茶叶界的农艺师。

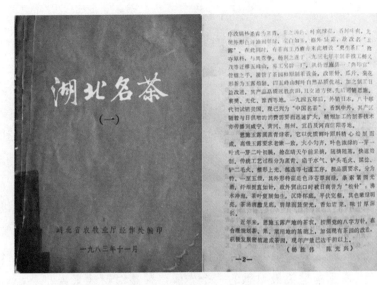

● 图 9-2　《湖北名茶（一）》

　　天妒英才，正当陈光兴宏图大展，成果显现的时候，人生大限毫无征兆地来临。1983 年 5 月，是陈光兴实现抱负的时候，湖北省农牧业厅组织"地方名茶和优质炒青鉴评"茶叶鉴评，这次鉴评恩施玉露获第一名。这一辉煌是陈光兴亲手创造的，但没想到这一辉煌竟成了陈光兴的绝唱。

　　在鉴评会后不久，农业部全国农技推广中心在武汉召开全国老茶园改造会议，陈光兴参加了这次会议。因恩施玉露在湖北省获得名优茶第一名，全国各地茶人也纷纷向其祝贺，陈光兴极其高兴，晚餐时与同行们举杯共饮，晚上又兴致勃勃地交流。但次日早上，同室的人叫他起床时，发现他不仅没有了呼吸，连身体都已经冰凉。一个茶人，在取得成功后就这样匆匆地走了。

第六节　杨　则　进

　　杨则进（1953—2000 年），男，汉族，恩施市芭蕉侗族乡灯笼坝村人。一生爱茶，极具个性，因而争议较大，但其为芭蕉茶叶产业的贡献却是众口如一，大家都高度赞扬。杨则进看准了的事会想方设法去做，但因个性太刚直，往往不给人理解的时间和转变的机会。有人认为他很有魄力，也有人认为他刚愎自用、一意孤行。

一、看准无性系良种茶的杨则进

1991 年，WFP3779 项目（即粮援项目）启动，恩施市的盛家坝、芭蕉两个区为项目区。由于盛家坝区积极性高，项目首先在盛家坝实施，芭蕉暂未考虑。当时杨则进正在探索农民增收和财政收入增长的途径，作为一区之长，既要让农民通过劳动获得较高的收益，又要农民为财政收入增长做出贡献，而且要农民和财政同时实现增收。

芭蕉的工商业不发达，要过好日子只能从农业入手。种烟是当时各级领导的首选，农民种烟能得到一定的现金收入，财政则有高额的税收收入，但芭蕉适合的地方不多，农民的实惠也不是很大，于是他将高山地带定为烟区，低山地区他则钟爱茶叶（图 9-3）。茶业本是他最熟悉的一个产业，种茶对财政来说是一个好税源，茶叶对财政增收来说条件是满足的。但恩施有茶的地方很多，农民种茶没有发大财的，历史和现实的经验摆在面前，茶也并非大家普遍认可的产业。杨则进选择茶叶源于设在芭蕉灯笼坝村的恩施市茶树良种繁育站，他常到站里看引进的良种生长、生产情况，他将无性系良种茶与群体种进行比较，看到了无性系良种茶增产增收的效果。种良种茶效益到底怎样，杨则进是看明白了，也看眼热了，但用茶树良种繁育站的数据说服不了农民，杨则进知道，必须有农民自己的典型示范，无性系良种茶树种植才能推广开来，于是下定决心办一片示范茶园。

● 图 9-3　杨则进（前）在茶园中

1992 年 10 月，示范茶园正式开始建设。为确保成功，他选定自己老家的一片高产稻田，放水种茶。在当时水稻田可是农民的命根子，种茶阻力极大，他亲率区里的干部挖埂放水，并从自己的亲兄弟姐妹开始，再是亲戚。兄弟姐妹他强行要求，家族亲戚则"软硬兼施"。当时他老家的亲朋因放水田种茶对他有意见，却因其作风一贯霸道敢怒不敢言，有人在他单独回家时暗地扔石头泄愤。

杨则进的宏图大业在执行中却遇到了难题，号称 100 亩良种茶园规模有了，水放干了，地整好了，茶苗也联系好了，可资金缺口还不小，他虽然执掌芭蕉，可真正能够调配的资金是非常少的，于是他开始瞄准粮援项目。他主动找到时任果茶办公室主任的杨荣凯，请求果茶工程在芭蕉实施项目。当时的果茶工程也正考虑在芭蕉实施项目，于是杨荣凯和笔者一道于 1992 年 12 月上旬到芭蕉商讨具体事宜。我们到芭蕉时，杨则进早已在等候，他亲自开车带路。当时芭蕉境内公路少，车只走了大概两公里就只能下车步行，我笑他不如直接从街上走小路还简单些，他说："你们是来做好事的，坐几步路的车也是待遇。为了解情况，我们今天从山上走，一目了然，便于看清楚茶叶现状和发展空间，我陪你们是因为我比哪个都清楚这片地方。"他沿途给我们介绍了他的设想，看了水田种茶现场。我们当场商定粮援项目按 100 亩支持灯笼坝茶叶基地建设，但项目只按购买 100 亩的种子的金额核拨种苗资金，不足部分由芭蕉区自行解决，茶园管理按项目要求进行，即三年的修剪、病虫害防治和追肥由项目承担，并承诺在项目实施年度内继续安排实施计划。这次杨则进亲自与粮援项目果茶工程的对接，开启了恩施市无性系良种茶发展的序幕，也为粮援项目果茶工程在芭蕉的顺利实施奠定了基础。

 ## 二、初心不改的杨则进

粮援项目果茶工程对灯笼坝村的近百亩无性系良种茶进行规范化管理，茶园三年投产，每亩收入过 2000 元，第四年每亩平均收入过 5000 元，高的达 10000 元以上，是种粮收入的 5—8 倍。农民有了自己的种茶致富示范案例，杨则进的设想正在成为现实。

杨则进时刻关注良种茶，他从老家的 100 亩示范茶园看到管理的重要性，要求全区茶园实行高标准管理。芭蕉的茶农对茶园的肥培管理是很重视的，但对茶树的修剪难以接受，茶农觉得把长得好好的枝条剪掉太可惜了。杨则进亲自出面做工作，讲修剪的好处，号召茶农科学规范修剪茶树，既增产又方便采摘。当时修剪茶树的篱剪不好买，且价格高，杨则进就从粮援项目果茶工程实施管理办公室要了一把大平剪，找到芭蕉街上打铁的刘榜选兄弟，要他们按样打制，刘氏兄弟花了几天时间打出样品。经过一段时间的操作，成为恩施打制茶树修枝剪的好手，产品质量好且价格低廉，为广大茶农喜爱。产品不仅在芭蕉受欢迎，恩施全市茶区都有使用，宣恩、利川、咸丰的茶农也慕名购买。

无性系良种在芭蕉一炮打响，芭蕉茶业的飞跃，用当地农民的话讲，杨则进是开茅荒的（探路人），没有他的执着，就没有芭蕉茶叶的成就，也没有恩施茶叶的辉煌。

杨则进在芭蕉当区长和党委书记期间，始终把茶叶作为工作的重点来抓，不仅抓基地建设，还抓加工销售。当时的草子坝、鸦鸣洲茶厂是区办企业，他常到厂督促生产加工，在茶叶加工紧张时期甚至蹲在厂里监督茶叶收购加工。在卖茶难的时候亲自到外地卖茶，在卖茶时挨过饿，遭过抢，受过骗，但他从不退缩，后来他调到市政府办公室工作仍然坚持到外地推广芭蕉茶叶。

1995 年 1 月，在无性系良种茶即将出成效的时候，杨则进调任市政府办公室副主任。

 ## 三、受爱戴的杨则进

很可惜的是，这位深爱茶叶的芭蕉汉子却于 2000 年因病英年早逝。如今这位茶叶的开拓者长眠在灯笼坝他深爱的茶山之中，也算是对他的告慰，其墓碑上的对联算是对他一生的总结："干革命赤胆忠心，为人民鞠躬尽瘁。"

第七节 杨 胜 伟

杨胜伟老师出生于 1937 年 6 月，1963 年 7 月毕业于浙江农业大学茶学系。曾任恩施农校校长、党委书记，兼任恩施中专教师系列职称评审委员会副主任、湖北省农业良种评审组成员、湖北省农业中等专业学校教育常务督学、恩施州政协常委、湖北省恩施职业技术学院咨询委员会副主任及教育教学督导室督导员、恩施州农业科技开发项目评审组成员、恩施州农业科学院茶叶研究所研究员。1978 年 9 月—1981 年 11 月，任湖北省茶叶学会理事、副理事长；2016 年 12 月，任湖北省陆羽茶文化研究会恩施分会会长。

一、教书育人桃李满天下

1959—1997 年，杨胜伟老师在湖北省恩施地区（州）农校教书。在此期间，多次担任农学、畜牧兽医、特产等专业大中专的"无机化学""有机化学""植物生物化学""动物生物化学"等基础课程教师；主讲"茶树栽培学""茶叶制造学""茶叶审评与检验学""茶叶生物化学"和"茶文化与茶艺"等专业课，累计任课班级达 95 个之多，学生超过 3500 名。其中，担任班主任和辅导员 5 届。恩施州内茶叶技术骨干基本上是杨胜伟老师的学生。

 二、著书立说服务教学、生产

1973 年，在湖北省农业厅和湖北省烟麻茶公司主持下，由杨胜伟和陈先训主笔编著《湖北省茶叶生产与初制》，由湖北人民出版社出版。该书中《恩施玉露》一节，是杨胜伟老师根据多年教学实践经验撰写而成，是关于恩施玉露传统制法工艺总结的开篇之作；1982 年，杨胜伟老师受湖北省农业厅陆启清之约，对《恩施玉露》的内容进行了充实和精练，编入《湖北名茶》和《中国名茶》，这两本书分别由湖北人民出版社和上海科学技术出版社出版；《恩施玉露》一文的内容后相继被收编入全国高等农业院校茶学专业通用教材《茶叶制造学》中，2000 年12 月收编入《中国名茶志》；1983 年与江西婺源茶叶学校刘隆祥合编全国农民职业技术教育教材《茶树栽培与茶叶制造》（初、中级本）；1982—1983 年，受安徽省屯溪茶叶学校张彭年邀请，参加编成全国农业中专通用教材《茶树栽培实验实习指导》；1992 年主编全国农业中专通用教材《制茶学》；1996 年主编《农户综合生产技术》。

 三、恩施玉露的宗师

在恩施玉露的创制和传承中，茶做得好的算是匠师，对传承作出大的贡献者可称为大师，而在传承关键节点的人物才能称为宗师。于恩施玉露，只有三位宗师：第一位是蓝耀尚，他创制"玉绿"，形成了恩施玉露的制作技法和工艺流程；第二位是杨润之，他系统归纳并将制作技法和工艺流程进行准确定义，将茶名定名为恩施玉露，同时全面开启恩施玉露的社会传承；第三位就是杨胜伟老师，他是将恩施玉露制作技法和工艺流程归纳整理形成文字资料的第一人。在不断丰富完善后，将其研究成果编著成《恩施玉露》一书，于 2015 年 3 月，由中国农业出版社公开出版发行。在总结理论的同时，他还持续推动恩施玉露传统制作技艺传承。他广收门徒，悉心传授，有求必应，使恩施玉露制作技艺的传承队伍不断壮大。在传统制作技艺传承的同时，他还注重恩施玉露的发展、创新，指导完成恩施玉露的机械化自动化生产研究，如今恩施玉露的机械化制作已广泛用于生产。

四、功成名就一身荣誉

在 38 年教学生涯中，杨胜伟曾多次受到表彰。1979 年被评为湖北省教育系统先进工作者；1989 年获湖北省"全省中等农业学校优秀教育工作者"称号；1991年由湖北省劳动厅、人事厅、财政厅、教育委员会和计划委员会授予"全省职业技术教育先进工作者"并奖励工资一级。退休后又获多项殊荣：2017 年 9 月 28 日，国际茶业委员会授予其"国际硒茶大师"称号；2018 年，入选国家级非物质文化遗产恩施玉露制作技艺国家级传承人；2019 年 9 月，入选中国文明网"中国好人榜"（敬业奉献类）。

五、发挥余热服务社会

恩施市乃至恩施州茶叶产业快速发展，杨胜伟老师因其渊博的知识和丰富的实践经验被茶叶企业和管理部门争抢，成为技术顾问。杨老师有三个不论：不论书面聘请还是临时邀请，不论单位聘请还是个人邀请，不论有偿聘请还是无偿邀请，都同样对待。只要诚心相邀，杨胜伟老师都会欣然前往，除非另有活动，时间有冲突。1974—2010 年，杨胜伟老师先后在湖北省、恩施土家族苗族自治州、各县（市）茶叶加工企业和州学校举办各类培训班授课 140 多次，培训茶叶技术员 18000余人次。1997—1998 年，在鹤峰县烟草公司任顾问，撰写成《鹤峰县烟叶生产经营的建议》，推动了鹤峰县烟叶生产的发展；1998—1999 年，任巴东县茶叶生产技术顾问，组织指导发展大棚良种茶园 100 亩，茶园持续优质高产茶叶；2001—2002年，任恩施市石门坝茶厂技术顾问，研制出"石门坝翠毫"，获州级优质奖；自2003 年 3 月起至 2004 年 6 月止，任宣恩县长潭河侗族乡七姊妹山茶厂技术顾问，研制成"七姊妹山翠剑"，2004 年 6 月，"七姊妹山翠剑"获湖北省、恩施州两级金奖；2006 年 3 月至 2008 年 6 月，任恩施市润邦国际富硒茶业有限公司技术顾问，作为科研课题第一组织人，组织完成了"恩施玉露新工艺新技术研究"，该课题于2007年12月由湖北省科技厅组织专家评审认定为湖北省重大科技成果，2008年先后获得恩施市科学技术进步一等奖和恩施州科学技术进步二等奖；2009年，任恩施市民政壶宝茶厂技术指导，研制出"恩施翠仁茶"，该茶在2009年5月获恩施市名优茶评比金奖，同年7月获中国茶叶学会"中茶杯"一等奖，同时，指导该厂制作的恩施玉露，被湖北省茶叶学会评为湖北全省"二十佳名优茶"；2009年1月起，担任恩施市凯迪克富硒茶业有限公司和晨光生态农业发展有限公司、宣恩县金土地茶叶有限公司和巴东县金果茶业有限公司技术顾问；2009年5月，受聘担任恩施州农业科学院茶叶研究所研究员，在此期间提出并参与研究恩施玉露整形机，其成果于2011年8月10日获国家实用新型专利；2009年7月返聘回恩施职业技术学院担任"制茶学"和"茶文化与茶艺"两门课程的教师；自2011年3月起，兼任咸丰县活龙坪乡正福茶厂、恩施市润邦国际富硒茶业有限公司、恩施市凯迪克富硒茶业有限公司等企业的技术顾问。

2012年10月18日受上海师范大学邀请，作题为"中国第一蒸青针形绿茶—恩施玉露—富硒茶"学术讲座，博得听众好评；次日，应邀出席上海市食品学会2012年年会，《中国第一蒸青针形绿茶—恩施玉露—富硒茶》被评为优秀论文，在大会宣讲交流，并收编入论文集。

从2014年开始，杨胜伟成为恩施市农业局茶叶培训方向的骨干老师，为学员授课并承担实操指导。

六、不计报酬当售后

杨胜伟老师既是老总（校长），也是产品制造者（教师），他退休后却做起售后服务工作，而且是不收费的售后。由于科技的进步，新品种、新技术、新工艺层出不穷，使众多茶人在校时学到的知识不适应现实需要。同时，产业建设又要应对市场，挖掘历史，弘扬文化，这让很多业务技术人员更加力不从心，这时大家都想到了杨胜伟老师。他拥有渊博的知识，又能循循善诱，且精神抖擞、老当益壮。于是恩施全州的茶叶技术人员只要有什么问题都会找杨胜伟老师求助。找杨胜伟老师求助的不只是他教过的学生，也不只是恩施农校毕业的学生。不管是不是本地人，只要提出问题，杨胜伟老师都会认真解答，因而大家称他为茶叶专业技术人员的总售后。

七、恩施茶界的精神领袖

杨胜伟老师因其渊博的学识、宽广的胸怀、乐于助人的情怀和充沛的精力在恩施茶界成为标杆。茶界无论有什么活动，首先想到的是请杨老师参加；无论遇到什么难题，首先请杨老师解决；有什么想法，请杨老师参谋。杨胜伟老师对茶叶产业有了想法，也会找相关人士商议，杨胜伟老师就是恩施茶界的精神领袖。

第八节 郭 银 龙

郭银龙同志教师出身，后改行从政，1993 年由沙地区区委书记升任恩施市委常委，任宣传部部长，1994 年底被安排驻点芭蕉区，1995 年兼任恩施市茶叶生产领导小组组长，牵头茶叶产业。郭银龙同志是沙地人，提拔前一直在沙地工作，说烟叶称得上内行，茶叶却没有研究过。

当时的茶叶产业处于低谷，大的茶叶加工厂失去活力，私营茶厂尚处于萌芽、起步阶段，茶叶经营半死不活，无性系良种茶还没有发挥效益，市里排在第一的产业是烟叶，每年创造数千万元的财政收入。茶叶是计划经济时期的支柱产业，在社会主义市场经济环境下逐渐式微，全市除了芭蕉外再无人问津，投资基本没有。当时恩施市提出的农村产业结构调整思路是：稳定粮烟发展猪，栽好三棵"摇钱树"。板栗、银杏和意杨是摇钱树。

就是在芭蕉区，茶叶产业也举步维艰。曾经享有盛誉的芭蕉茶厂已陷入半停产状态，集体茶厂基本垮掉，维持生产的只有粮援项目办的粮援茶厂、区水电管理站的水电茶厂、区公所办的草子坝和鸦鸣洲茶厂。鲜叶收购旺季，这几个厂 24 小时满负荷生产，也难完全消化原材料。身为区长的杨则进每天为茶叶加工奔波，出了这个厂又进那个厂，而茶叶的销售更是不乐观。恩施茶无自己的品牌，老的销售渠道已断，新的渠道未形成，茶叶加工后的去向主要是襄樊（襄阳）、南阳、武汉、桃园。各厂基本上是先将茶叶运到襄樊（襄阳），好则出手，差则迅速去南阳，再不行就只有到武汉，因为武汉的市场大，虽然没有价格优势，但吞吐量大，可以低价走货。恩施茶只有几天早茶优势，最多一周，其他茶区茶叶一旦上市，茶价定会大降。桃园是低档茶的销售区，这里众多的精制厂是恩施夏秋茶的主要销售渠道。茶叶销售的另一问题是资金安全，当时行业乱象时有发生，对本已脆弱的茶叶产业更是雪上加霜。茶业发展无任何支持措施，粮援项目中期评价已通过，不再投入发展资金，茶价已处于不能接受的低位，挖茶种粮成为农民的无奈选择，茶叶产业的道路似乎已走到尽头。

郭银龙同志是一位实干型的领导，在牵头茶叶产业后就把自己扎到基层，甘当小学生，把自己从外行变成内行，通过深入调查研究，适时调整布局，硬是把一个奄奄一息的茶叶产业做成恩施市的第一农业支柱产业。在 21 世纪之初，茶叶产业成为引领恩施市农业农村的亮丽风景线。

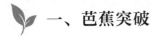

一、芭蕉突破

// 1. 深入调研调班子

1994 年年底，郭银龙同志作为驻点领导到芭蕉摸情况。芭蕉是全市的茶业龙头，芭蕉兴则全市兴，芭蕉衰则全市衰，芭蕉是突破茶叶产业困局的关键。

针对芭蕉的领导班子现状，郭银龙向市委建议调整芭蕉领导班子，由市委派一名善于沟通、性格温和、综合素质高的人主政芭蕉，让芭蕉得到市直部门的支持，以振奋芭蕉干部的精神，这样才能走出僵局。1995 年 1 月，时任市林业特产局副局长的杨远杰同志被派到芭蕉任区委书记。由于杨远杰同志有很强的亲和力，区内也形成了宽松和谐的氛围，市直部门与芭蕉的业务往来密切起来。

与此同时，由杨则进同志主导建设的 100 亩无性系良种茶在粮援项目直接管理下生长良好，1994 年少量开始采摘，茶芽整齐饱满让人喜爱。1995 年正式投产，当年每亩平均收入过千元，无性系良种茶也像芭蕉的新领导班子一样充满生机和活力。

// 2. 富硒茶项目重点支持

1995 年年末，国家农业综合开发富硒茶项目批准在恩施市实施，项目资金500 万元，分三年在芭蕉、沐抚、沙地三个区实施。2006 年，项目正式执行。郭银龙盯着三个项目区，要让这来之不易的 500 万元资金为恩施茶叶产业带来转机。然而丰满的理想却被骨感的现实无情地击破，三个项目区有两个退缩了。沐抚在隆重召开了全州富硒茶项目启动现场会后就再无动静，郭银龙同志多次现场催促也不见成效；沙地则一直热情不高，秋木是富硒茶生产的适宜区，农民却无种茶意识，无论采取什么办法都落实不了建设任务。在希望似乎化为泡影的时候，芭蕉却是另一番景象。灯笼坝附近的茶农看到无性系良种茶的增产增收效果，纷纷要求种植，只是茶苗和资金需要政府组织，于是芭蕉请求增加项目投入，扩大种植规模。面对这一状况，郭银龙果断决定，转变工作思路，实现重点突破，在征得州财政局同意后，集中支持芭蕉茶叶发展。富硒茶项目使灯笼坝的亮点形成片，影响力进一步扩大。在项目资金使用上实行滚动模式，以周转金的形式向农民提供种苗，即项目资金无息有偿使用（项目资金使用到期后需偿还本金，但不计利息），三年还本。让项目资金循环使用，提高了项目资金的利用效率，让更多的农户得到扶持。

// 3. 内行参与决策和执行

为确保芭蕉的茶叶产业建设顺利推进，从 1997 年起，郭银龙就为芭蕉配备了具有茶叶专业知识的班子成员。

1997 年 10 月，市林业特产局副局长黄辉调到芭蕉任区委副书记（1998 年为芭蕉乡党委副书记）。1998 年 12 月，黄辉调离。

1998 年 12 月，市特产技术推广服务中心主任苏学章调到芭蕉乡任副乡长。2001 年 1 月，苏学章调离。

2001 年 1 月，杨帆调芭蕉工作，先后任乡长助理、副乡长。2003 年 12 月，杨帆因市政府决定在屯堡乡再造一个芭蕉，调屯堡乡任副乡长。

由于区（乡）领导班子内长期有一名内行把关，专门负责技术问题，在会议上讲解技术，到田间解决实际问题，使芭蕉乡的农业技术人员、村组干部和大多数农民了解、掌握了茶叶生产技术，芭蕉因此有了一批本土技术人才，乡村两级干部更是茶叶生产的行家。

// 4. 成功突破

在郭银龙同志的运筹之下，芭蕉的茶叶产业实现突破性发展，1995—1997 年，每年按 300—500 亩推进，1998 年，提出从当年开始到 2000 年，分别以 2000 亩、4000 亩、6000 亩的速度推进，并提出了"茶叶下水田"的口号，结果超额完成。芭蕉的茶叶产业走向快速发展的道路，1994—2003 年，郭银龙同志一直驻点芭蕉，茶园面积由 2.07 万亩增加到 2003 年的 5.2 万亩，采摘面积由 1.66 万亩增加到 3.56 万亩，分别增长了 151.21% 和 114.46%，在全市的占比分别为种植面积从

29.15％提高到 54.62％，采摘面积从 34.16％上升到 57.98％。而且此时芭蕉的茶叶发展，已从干部做工作变为农民主动要求。只要是能够种茶的地方，农民会根据自己的实际情况安排种茶，如果干部没有及时安排，农民也会自己购买茶苗种植，茶真正成为芭蕉农民的致富产业。

二、扩大茶叶产业阵营

// 1. 让良种茶在芭蕉周边扩散

芭蕉的成功不仅影响芭蕉的种植结构调整，也影响到周边乡镇。与芭蕉相邻的本市白果乡、盛家坝乡、黄泥塘侗族乡、六角亭街道办事处和宣恩县庆阳坝乡的农民看到芭蕉农民种茶致富，他们也行动起来了，农民们利用亲戚关系从芭蕉套取茶苗栽植。面对这一状况，芭蕉反应强烈但又无法控制，而郭银龙同志对此却做起了芭蕉领导班子的工作："茶苗是以周转金形式发放，农民要还，外流的茶苗算不上损失，芭蕉只是帮忙调运，周边发展起来了对整个产业是有利的。"由点及面，芭蕉周边的罗家垴、肖家坪、石门坝、黄土坎、天桥、白果树、红茶园和宣恩庆阳坝也跟着种起了良种茶。虽然芭蕉以外的地方当地人靠亲戚悄悄赠送茶苗种植的良种茶面积很小，产生的影响却是巨大的，种茶能致富成为农民的普遍认知，芭蕉周边乡、村干部和基层人大代表也开始发出发展茶叶产业的呼声。

// 2. 有要求就支持

在芭蕉的影响下，部分乡镇有了发展茶叶产业的想法，郭银龙同志对此是积极支持的态度，但不给压力。为了让有茶业发展意愿的乡镇能真正行动起来，郭银龙同志提出了三条措施：一是芭蕉随时接待参观考察的人员，无论是干部还是农民到芭蕉了解茶叶产业，芭蕉在接到通知后会派人提供服务并介绍情况；二是市茶办根据乡镇申请统一调运茶苗；三是市茶办巡回进行技术指导，解决各乡镇在发展中遇到的技术问题。

由于措施得力，效果自然显著：2002 年，盛家坝乡、屯堡乡和六角亭街道办事处组织新建茶园；2003 年，增加了白果、白杨（坪）、龙凤、太阳河、沙地、舞阳等乡（镇）办；2004 年，再增加了红土、崔坝两个乡镇；2005 年又增加三岔乡。至此，全市宜茶乡镇基本上都开始发展茶叶生产。

// 3. 再造一个芭蕉

芭蕉的成功让各级领导也认识到茶叶产业在恩施市的重要地位和作用，2003年，郭银龙同志向市委、市政府提出"再造一个芭蕉"，实现茶叶产业新突破。突破口选在屯堡乡，其原因是屯堡宜茶面积大、茶叶品质好、茶园基数大、有一定茶叶加工能力。2002年，当地茶叶产业已经开始发展，而且是唯一不与芭蕉接界而种植良种茶的乡（镇）办，茶叶发展有一定的基础。于是有关部门确定屯堡三年新建1万亩良种茶园，当年建成3000亩的目标。这一建议得到采纳，并进行布局：一是郭银龙同志的联系点由芭蕉调整到屯堡；二是芭蕉乡人民政府乡长李世斌调屯堡任乡党委书记，芭蕉乡副乡长杨帆调屯堡乡任副乡长；三是市茶办把工作重心转移到屯堡。

2003年8月，屯堡开始宣传发动，组织农民参观考察茶园，到芭蕉取经；9月，整地起垄；10月，全市茶叶基地建设现场会在屯堡召开，由此开启了屯堡茶苗栽植的序幕。由于精心谋划，措施得力，2003年，屯堡乡实际新建良种茶园4000亩，超额完成了年度计划。2004年，建成茶园3000亩，2005年新建茶园超过6000亩，三年计划超额完成。

// 4. 巧妙运作获得发展资金

2002年，在全市茶园建设逐步铺开后，资金问题成了最大的难点。芭蕉有富硒茶项目可以滚动发展，茶苗自己繁育供乡内村民使用，这种办法在全市就行不通了。为解决这一难题，郭银龙同志提请市委、市政府同意，利用小额贷款政策，有发展需求的农户通过恩施市农村信用社贷款，市财政贴息两年，放大资金使用量。这一办法从2002年一直执行到2007年，共使用信贷资金1796.6819万元，有效地解决了茶叶发展过程中的资金困难问题。

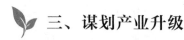

三、谋划产业升级

// 1. 支持企业发展

茶叶产业涉及面大的是基地建设，但郭银龙同志在抓基地的同时极其关心企业的发展，每到一地必看企业，要求当地干部关心企业发展，解决企业存在的问题。对各乡镇在改制、机构调整中遗留的闲置场所，凡企业可用于办茶厂的，以优惠的价格租赁或出售给企业办厂，为一方茶农营造一个鲜叶的消化场所。全市当时稍大一点的茶叶加工厂他都去过，大多数茶叶加工厂的老板和他成为朋友。

1999年，郭银龙主持引进当时恩施州最大的茶叶企业湖北华龙村茶叶有限公司在恩施设立恩施分公司。分公司在凤凰大道建有精制车间，在芭蕉草子坝建初制厂。虽然该公司后来业务转向，在当时却是一个大举措。

1999年，芭蕉茶厂改制，面对这样的大厂倒下的情况，郭银龙无能为力，但他也有自己的打算。他利用自己的影响力，做湖北宜红茶业有限公司（宜都茶厂改制成立）的工作，推荐该公司收购芭蕉茶厂的精制车间，保存住芭蕉茶厂的核心产能。湖北宜红茶业有限公司在反复考察论证后，决定收购并以此组建恩施分公司，芭蕉茶厂的精华部分算是得以保留。

2002年，为支持恩施市芭山茶叶有限公司发展，郭银龙同志协调相关单位，将供销社位于黄连溪的房屋、场地以极其优惠的价格转让，使恩施市芭山茶叶有限公司发展成为恩施市最大的大宗茶加工、销售企业。

2002年，为鼓励蒋子祥领办企业，他做芭蕉乡政府的工作，将乡农贸公司以优惠价格转让，促成了恩施市芭蕉富硒茶业有限公司的成立。

2005年，他引导恩施市芭蕉富硒茶业有限公司引进外来资金，组建恩施市润邦国际富硒茶业有限公司。这一企业的建成，使恩施玉露品牌恢复走上快车道（图9-4为郭银龙视察润邦公司门店）。

● 图9-4　郭银龙视察润邦公司门店

// 2. 对外宣传推介

恩施茶叶产业的短板是市场，郭银龙同志对此极其重视，每年春茶期间他都带领茶叶主产乡镇的主要领导到销售区调查研究，考察茶叶市场，了解客户需求，问候恩施出去的销售人员，以便调整工作思路。

恩施茶没名气是最大的问题，计划经济时期茶叶产地概念模糊，改革开放后恩施因交通、资金、市场的多重限制而落伍，宣传推介恩施茶就显得尤为重要。2003年4月23日，在芭蕉举办首届中国硒都·芭蕉茶文化节；2006年4月16日，在恩施市举办恩施富硒绿色茶叶交易会；2004年10月21—24日，郭银龙同志带队参加在北京中国国际贸易中心举办的首届中国国际茶业博览会。

// 3. 谋划市场建设

郭银龙对恩施的茶叶交易市场建设特别关注。1995年，他支持市特产技术推广服务中心利用自有场地，建成院内门店8间，1997年，增建6间门店，同时还规划搬迁小渡船中学，使其地盘与现有市场联通，建成茶叶综合市场，但可惜因种种原因未能实现。

四、鲜明的个性

郭银龙同志是一个有个性的人，看准了的事就不回头，有理的时候不让步，与不明白的人不纠缠。

在全市茶业只剩下芭蕉的时候他毅然决然地下沉到芭蕉，1997年到1999年，他连续三年连全市的茶叶会议都不开，带着技术、资金、项目到芭蕉现场办公，解决问题。这三年的沉寂是三年的积淀，酝酿着全市茶叶产业的全面振兴。在芭蕉茶叶生产大发展时，外调茶苗死亡严重，他不以为意，以"红军长征打破了多少坛坛罐罐"来安抚芭蕉的干部，并设法争取资金补植，并提出苗木本地化的主张。

在州、市主要领导对农业主导产业各有观点的情况下，郭银龙同志一直坚定自己的信念。当时恩施市根据州、市主要领导的观点，结合恩施现状，制定了"稳定粮烟发展猪，栽好三棵摇钱树"的农业产业发展方针。三棵"摇钱树"分别是板栗、白果（银杏）和意杨。但郭银龙却认为芭蕉靠"摇钱树"是靠不住的，只有茶叶才是芭蕉的出路。于是他与芭蕉一班人在无发展氛围、无政策支持、无资金扶持的情况下，克难奋进，硬闯出一条生路，将茶叶做成恩施市的第一大农业支柱产业。

在涉及茶叶产业的大是大非面前，郭银龙同志毫不让步。恩施市传出郭部长"三不争"的故事。据说 2003 年全市掀起茶叶发展热潮，当时分管烟叶的是一名正处级领导，见海拔 1000 米左右区域的农民有弃烟种茶现象，且势头很旺，觉得对烟叶生产有冲击，于是向分管农业的领导提出，召开一次各主导产业领导小组组长的协调会。会上，这名领导首先发言："烟叶是恩施市的财政支柱，是大局，其他产业在发展时应该顾全大局，避免与烟叶生产争土地、争劳力、争资金。"郭银龙同志当时任宣传部部长，只是副处级，听到这里他觉得话有所指，不等对方说完，他抢过话筒说："我先表态，保证茶叶与烟叶三不争：一不与烟叶争土地，因为茶叶重点在海拔 1000 米以下种植，烟叶是高山种植，想争也争不了；二不与烟叶争劳力，茶叶发展在秋冬季，这时候烟叶已经采收完毕；三不与烟叶争资金，茶叶发展用的是小额信贷，与烟叶资金没关系。"对此内容，笔者与部分参会领导核实，得到肯定。

郭银龙同志在茶叶产业低谷时临危受命，通过深入调查研究，殚精竭虑谋划产业发展，适时调整布局，使茶叶产业从萧条走向兴旺。2007 年，在恩施茶叶产业进入辉煌之际，郭银龙同志调州人大工作。在他走后不久，恩施市被湖北省人民政府评为"茶叶大县（市）"，"恩施玉露"被湖北省农业厅认定为"湖北第一历史名茶"。退休后的他还经常被茶叶企业邀请到基地、工厂参观，茶友们一如既往地敬重他。

第九节 谭 文 骄

在领导干部中，谭文骄对恩施市茶叶产业的关注、支持，力度最大、时间最长，成效也最显著。

 ## 一、支持恩施茶产业

1996 年 8 月，谭文骄从巴东县副县长调恩施州财政局任副局长，农财是他的分管科室，茶叶是农财支持的领域，茶成为谭文骄涉足的领域。

// 1. 重点支持芭蕉

20世纪90年代中后期，正是富硒茶项目实施的时期，恩施市以芭蕉为代表的茶叶产业正以蓬勃向上的趋势发展，无性系良种茶、茶叶基础设施建设、名优茶加工呈现无限生机。谭文骄因项目关系常到芭蕉，在芭蕉，他从无性系良种茶上看到了茶叶的富民效果，同时从芭蕉的干部和茶农身上感受到这里的人对茶的挚爱和执着，认定茶叶是芭蕉的优势产业，应该重点支持。

但这时的茶叶产业形势并不是一片大好，效益低、卖茶难是客观现实，茶叶不是被看好的产业。恩施市的富硒茶项目区由芭蕉、沐抚、沙地三个区组成，在芭蕉热火朝天地推行项目时，另外两个区却无法落实。恩施市提出项目调整，重点支持芭蕉，谭文骄毫不犹豫地同意了，就这样成就了芭蕉，也为恩施的茶业腾飞打下了基础。

人们都知道，恩施茶业是从芭蕉种良种茶开始起步走向兴旺的，却不知芭蕉茶叶发展在最困难的时期为什么能坚持下来，且每次都能渡过难关。为了支持芭蕉的茶叶产业发展，谭文骄用自己的影响力和资金管理权限，为芭蕉发展茶业提供资金支持。没有大项目，谭文骄就设法弄3万、5万、10万的小项目，解决培训、育苗、排水、死苗、加工等茶叶方面的突出问题，让芭蕉在茶叶生产面临绝境时又重现生机和活力。这些支持虽然不能把问题全部解决，但稳定人心、提升士气的作用是显著的。谭文骄是芭蕉茶叶产业在世纪之交艰难时期的护航者。

// 2. 初谋茶叶生态观光

谭文骄对茶业的谋略是过人的。1999年，芭蕉乡的无性系良种茶基地建设取得实效，高拱桥一带的水田改植良种茶。谭文骄见成片的稻田变成茶园，一个全新的思路在他心中形成——建成恩施南门至芭蕉集镇的茶叶走廊，集种茶、采茶、做茶、卖茶、说茶、唱茶、赏茶、品茶于一体的生态旅游农业体验区，使之成为全州茶园示范基地、名茶加工中心、科研培训场所、茶叶批发市场、生态旅游农业观光休闲区。2000年1月22日，谭文骄将自己的"恩施'富硒茶走廊'粗略构想"打印成5页纸的文字材料给笔者参考（图9-5），并一再申明这是个人初步想法，只供探讨交流，不代表单位意见。

生态旅游农业概念在当时的恩施算是超前的，是一个让人耳目一新的茶叶产业思维，囿于当时的条件，实施确实存在许多困难，但这一思路的诱惑力是很大的，虽然没有广泛宣传，但基础工作却是在一点点地进行。恩芭公路沿线能种茶的土地

● 图 9-5　恩施"富硒茶走廊"粗略构想

经过几年努力基本上都种上了茶；高拱桥的茶园实施了排灌工程；公路沿线果茶间作取得成功。种茶这一基础性的工作完成，农民收入也得到提高，农村面貌得到根本性改变。

 ## 二、职务升迁仍谋茶

2003 年 2 月，谭文骄任湖北省恩施州财政局局长、党组书记。职务的升迁没有冲淡他对茶叶产业的热情，他继续为茶叶产业发展提供力所能及的资金和政策支持，只是对具体的茶叶项目实施没有更多的时间和精力去关注，但仍经常到茶企茶区调研（图 9-6）。

谭文骄此时对茶叶产业的最大贡献是向上争取产业支持政策，取得国家层面的项目支持。巩固退耕还林成果后续产业项目把茶叶纳入其中，就是长期汇报争取的结果，虽然这不能算是他一个人努力的结果，但他在争取项目支持上的努力是有目共睹的。

● 图 9-6　2005 年，谭文骄视察芭蕉富硒茶业公司

 三、主政恩施更重茶

2006 年 10 月 27 日，谭文骄调任恩施市委书记。从支持恩施市发展茶叶生产到直接指挥全市茶叶产业建设，角色转变，对茶叶产业的扶持力度也更大了。

2006 年，谭文骄到恩施市，全市茶园面积 14.91 万亩，茶叶总产量 4034.5 吨，茶叶总产值 21888.43 万元；2011 年，谭文骄调离恩施市，全市茶园面积 21.76 万亩，茶叶总产量 12801 吨，茶叶总产值 69403.4 万元，分别增长了约 46％、217％、217％。2006 年至 2011 年间每年新增茶园面积都不低于 1 万亩，2010 年冬至 2011 年春，全市新建茶园面积达到 3.42 万亩，而同期茶叶产量、产值的增幅又远远大于茶园面积的增加，充分说明恩施市茶叶产业在这一阶段是良性增长，是质的提升带来的结果。

// 1. 把茶当作农业第一支柱产业

谭文骄任恩施市委书记后，会上讲茶，下乡看茶，座谈问茶，全市上下形成浓厚的茶业发展氛围。由于长期的向上争取，茶叶发展资金也多了起来，到 2008 年，全市的茶叶基地建设所需的种苗资金全部由项目承担，农民种茶不再为资金发愁。由于市委书记的重视，又有资金支持，各乡镇纷纷加入茶叶基地建设队伍，带动茶叶产业薄弱的乡镇也积极参与茶叶产业发展。

// 2. 打造恩施玉露品牌

2006 年 10 月底，谭文骄任恩施市委书记后，把茶叶作为恩施的第一农业支柱产业来抓。如何选择突破口，品牌建设是关键，恩施玉露和恩施富硒茶都是选项，谭文骄经过调查研究，在听取专家建议后，果断决定重点打造恩施玉露品牌。

（1）选择恩施玉露。

① 产业调研。

谭文骄到恩施市工作后就深入茶区调查研究，到茶企、进茶园、访茶人，恩施玉露悠久的历史、精湛的工艺、精美的外形、卓越的内质让人喜爱。恩施市润邦国际富硒茶业有限公司的新技术、新工艺使恩施玉露加工能力得到提升，古老的工艺又能适应现代化生产，恩施玉露的产业优势明显。恩施玉露的历史文化底蕴在全省茶叶中首屈一指，恩施玉露品牌恢复工作也卓有成效。恩施富硒茶也是恩施市的一大品牌，这一品牌形成于 1991 年，是恩施特有的硒资源所成就的，与土壤有关。恩施富硒茶虽然珍贵，但硒对于茶叶的感官特征无法产生影响，只能检测硒含量才能评估，公众难以直观评判。富硒茶对缺硒地区的消费者来说很宝贵，但在不缺硒地区则行情冷淡。因此，恩施玉露品牌被谭文骄看好。

② 三张名片。

2007 年 6 月 7 日，恩施市支持润邦国际加快发展现场办公会在芭蕉召开，谭文骄同志在讲话中说："我们可以打好'三张名片'，即'恩施大峡谷''恩施玉露''女儿会'。因此，我们要以润邦国际所做的工作为基础，下大力气重铸'恩施玉露'的辉煌，尽早将其打造成为全市的'名片'。""恩施玉露"从此被定义为恩施市的城市名片。

③ 专家意见。

2007 年 7 月 5 日—7 日，全国园艺作物科技入户暨促进武陵山区农民增收现场交流会在恩施市召开。6 日，市委、市政府设晚宴招待参会的领导和专家，时任中国农业科学院茶叶研究所科研处处长鲁成银研究员应邀出席晚宴。谭、鲁两人交谈甚欢，相见恨晚，谭文骄临时邀请鲁成银研究员次日下午为恩施市茶叶工作者和副科级以上干部作茶叶专题讲座，鲁成银欣然应允。7 日下午，在市地税局会议室，由谭文骄主持，鲁成银在没有 PPT 的情况下，临时使用手写提纲作了"茶叶产业发展现状与对策"的专题讲座。讲座内容分基本情况、茶产业发展动态、恩施的对策三个部分。在对策部分，"壮大茶叶品牌，实现茶叶产品品牌化"是六大对策中的第一条对策。鲁成银指出："恩施就打'恩施玉露'（品牌），'恩施玉露'要历史有历史，要文化有文化，要名气有名气，要特色有特色，一定要打造这个品牌，如果不打'恩施玉露'去创品牌，到下一代人都不一定成功。'恩施富硒茶'是恩施的特色产品，也要打造。恩施要生产多种牌子的'恩施玉露'，"恩施玉露"要由协会注册证明商标，有条件的企业共同使用，各企业也要注册自己的商标，以此区分生产厂家，突出自己的特色。"

讲座结束后，谭文骄作了讲话，提出"把重振'恩施玉露'雄风作为一次革命，市委、市政府要抓'恩施玉露'"。鲁成银的这次计划外的讲座坚定了谭文骄书记打造恩施玉露的信心和决心，也为恩施玉露品牌重振指明了方向。

（2）打造品牌。

2007年12月，恩施市人民政府以恩市政文〔2007〕137号向省农业厅呈报《恩施市人民政府关于支持我市茶叶发展的请示》，得到省农业厅的高度重视，随即派专家到恩施调研，形成了《关于发展恩施茶业 整合恩施玉露茶叶品牌的方案》，恩施玉露品牌建设上升到湖北省层面。

2008年1月13日，经恩施市科协、恩施市民政局批准，恩施玉露茶产业协会成立。谭文骄担任名誉会长，充分体现了他对恩施玉露品牌建设的重视。

2008年7月18日，湖北省农业厅认定恩施玉露为"湖北第一历史名茶"，并开启恩施玉露地理标志证明商标注册和商标保护工作。恩施玉露品牌打造已进入正轨，品牌效应逐步显现。

// 3. 茶叶生态观光旅游

（1）建成枫香坡。

以茶为基础发展农业生态旅游是谭文骄的梦想，枫香坡是谭文骄到恩施市工作后抓的第一个茶旅融合的点。2006年年底，恩施市提出把民族团结进步示范村建设与新农村建设一起抓，枫香坡具有独特的生态环境和民族民俗文化，又具有区位优势和产业优势，是开展生态农业旅游的好地方。"唱特色戏、打民族牌、走旅游路、建风情寨"的设想得到了省民宗委的高度肯定和支持，经过简单有效的建设改造，2007年4月30日，枫香坡侗寨开寨。2008年年初，省民宗委将其作为"616"对口支援的民族团结进步示范村进行扶持，投入资金400多万元，带动相关部门投入资金1000多万元，改造了道路，修建了旅游步道，建成了侗族鼓楼、寨门、踩歌堂等标志性建筑，并对民族服饰、民族饮食、民族歌舞进行了统一和普及。枫香坡被打造成茶叶产业发展、乡村生态休闲旅游和新农村建设的示范村、全国农业旅游示范点、AAA级国家旅游景区。

（2）全市推进。

2010 年，谭文骄提出"建设仙居恩施，打造八大生态走廊"的战略构想。八大生态走廊都有茶，茶叶生态旅游的概念已经上升为休闲农业、茶旅融合，茶叶旅游不仅仅限于茶叶，而是与当地的自然环境、民居民俗、产业发展相结合，提出各具特色的休闲农业模式。

枫香坡唱响全国，对恩施茶旅融合，开展茶叶休闲旅游起到示范推动作用。随后恩施又建设了集万亩生态茶园、千户侗族特色民居、茶文化、侗文化、"吃"文化、生态旅游于一体的旷口茶叶游览区；以古院落、古驿站、生态茶园为背景的小溪—旧铺游览区；以民居改造、民间灯戏、生态茶园为特色的洞下槽游览区。

一个个以茶叶产业为支撑，以新农村建设为依托，以人文、历史、自然风光为背景的生态农业景区相继建成，谭文骄设计的集种茶、采茶、做茶、卖茶、说茶、唱茶、赏茶、品茶于一体的生态旅游农业体验区逐步呈现。

2010 年 7 月，谭文骄任恩施州委常委，兼任恩施市委书记；2011 年 10 月，谭文骄不再兼任恩施市委书记；2012 年 1 月，谭文骄任恩施州委常委、州委统战部部长。

第十节　谢　俊　泽

一、扎根基层知民苦

谢俊泽成长于芭蕉最边远的小宏岩，自幼就切身体会到农民的艰辛。从 1964 年 2 月出生到 2002 年，他一直未离开过芭蕉这片土地。他在芭蕉读书，在芭蕉工作，在芭蕉成长。从参加工作到 1995 年，从武装干事升到武装部长，除了民兵训练这项本职工作外，在走乡串户执行政策的过程中，他一方面严格执行当时的政策规定，同时也为农民的疾苦发愁，内心对农民贫苦的现状极为同情，而行动上却难有作为，这种朴素的感情，成为日后他主政芭蕉后为民谋利的原动力。长期的农村工作，让谢俊泽晒出了一张黝黑的脸庞，也练就了一副健壮的身板，更平添几分威严和霸气，让人对他产生敬畏。

二、角色变化为民谋

1995—1997 年，是谢俊泽人生的飞跃期。1995 年 11 月，谢俊泽任芭蕉区委副书记；1996 年 9 月，任区长；1997 年 1 月，芭蕉撤区建乡，他改任乡长；1997 年 10 月，任乡党委书记。他身上的担子不断加重，责任逐年加大，三年内谢俊泽从一名执行决定的将变为统领一方的帅。以前的亲农情结自然得到充分的表露。

谢俊泽主政后的头等大事就是芭蕉如何发展，怎样改变面貌。芭蕉的山水天然形成，芭蕉的人世代繁衍，这是不可改变的现实，唯有主政一方的领导通过谋划，带领这里的人民在祖辈耕作的土地上，打破常规，创造奇迹。在谢俊泽初任区长时可谓日焦夜愁，在当时没有一个适合芭蕉的产业发展模式，没有一个产业没有风险。不发展是死路，路走错了死得更惨。随波逐流，按上级指示按部就班，几年后升职进城是最稳当的，但这不是谢俊泽的风格。当时最受各级领导干部重视的是烟叶。烟叶种植是富财政的产业，烟叶是高税率产品，一个地方的主要领导不能不考虑过日子的问题。谢俊泽也知道种烟增加财政收入，但芭蕉真正适合种烟的就只有富尔山边上的一小片高山区域，其他地方种烟也有一点收成，财政上也能得到一点收入，但农民却没有实际利益。好的每亩有几百块辛苦钱，差的可能血本无归，这样农民就亏大了，因此芭蕉的老百姓是不愿种烟的。对于种烟，谢俊泽是不能选也不会选的。不选种烟总要选一样才行，当时恩施市各地最热门的是"三棵摇钱树"，可这三样在恩施没有成功的先例，心里没底，再说怎么种没人懂，种了也没有加工的地方，更没有销路。唯一让他动心的还是茶叶。在芭蕉，人人都会种茶，加工厂也有一批，还有一批小厂正在成长，而且芭蕉的农民都会手工制作工夫红茶，搓制毛尖、玉露。只是种茶的效益在当时不理想，芭蕉到处都有茶，也没见到农民种茶发财的。真正让谢俊泽看到希望的是灯笼坝放水田种植的无性系良种茶，这片由杨则进建起的茶园，逐渐产生了超乎想象的经济效益：1995 年每亩平均收入过 2000元，2006 年每亩平均收入过 5000 元，是种粮食作物收入的 5—8 倍，种烟收入的 3—5 倍。灯笼坝的典型让谢俊泽的心亮堂了，种茶、种无性系良种茶、用好田好土种茶才是芭蕉的选择。而此时，恰遇市委宣传部部长、茶叶领导小组组长郭银龙驻芭蕉，谢俊泽与郭银龙交流想法，一下子就撞出了火花，两人在芭蕉谋出了恩施市的大产业。

三、找准路子无旁骛

　　1995—1996 年，富硒茶项目在恩施市实施，由于沐抚和沙地的放弃，从 1997 年开始，芭蕉承担了全市的项目建设任务，也得到了几乎全部的资金支持。项目围绕灯笼坝实施，向周边延伸，这里的农民有现场典型，积极性高，行动迅速。1998 年，芭蕉调苗延续到 3 月初，直到季节不适宜栽苗为止。1997 年冬至 1998 年春，芭蕉放水田栽植无性系良种茶将近 1000 亩，这在当时是全市都难以完成的，种茶在芭蕉算是渐入佳境。然而谢俊泽却未沾沾自喜，一个更大的战略布局在他的心中逐步成形。

　　1998 年 7 月，谢俊泽在芭蕉乡党委政府班子会上提出："1998 年至 2000 年，芭蕉乡用三年时间，在农民当家田里建成 1.2 万亩良种茶园，按二、四、六推进茶叶产业发展，即 1998 年发展 2000 亩，1999 年发展 4000 亩，2000 年发展 6000 亩，而且建园必须是良田，首先从水田开刀。"这一思路一抛出，就引起极大震动。多数班子成员认为目标太高，就是喊口号也有些过，实现就更不可能，在全州提这个目标都难实现，况且水田是农民的命根子，要动它是根本不可能的。谢俊泽就反复算账，用灯笼坝的典型和芭蕉茶叶生产的有利条件说服与会人员。

　　在做通班子成员工作之后，就是做全体干部的工作，全乡组织召开全体干部会议，会上全体干部集体宣誓，誓词第一句是"我是人民公仆，带领农民致富是我的神圣职责"。作为公仆，没有不带领群众致富的理由，宣誓让大家热血沸腾，全乡干部的积极性被调动起来，于是干部们分片包干，深入千家万户发动群众，全乡掀起了种茶热潮。

　　要想实现发展目标，种苗是至关重要的，当时本地只有市特产技术推广服务中心每年 300 万株左右的茶苗，外调茶苗主要来自福建、浙江，远距离运输，不仅价格偏高而且成活率低，外调茶苗大面积发展风险大。为此，谢俊泽决定自己育苗，乡政府成立茶叶服务中心，组织农民育苗。枝条、遮阳网和技术由茶叶服务中心提供，农户负责土地、劳作和管理，茶叶服务中心统一收购合格茶苗，农户需要的茶苗由茶叶服务中心调运。1997 年建苗圃 285 亩，1998 年增加到 455 亩，1999 年达到 612 亩，2000 年突破 1000 亩，茶苗逐步由自给变成可调出，茶树良种本地化在芭蕉率先实现。

　　茶园建成后管理是关键，要管理就要有一批懂技术的人去指导，而当时的财政无力负担技术人员的工资。从 1998 年开始，谢俊泽从林特站抽调一名技术干部专门从事茶叶技术工作，并聘请一名农民技术员走村串户巡回指导。1998 年到 2000 年，先后将在外打工的高绪伟、唐自登召回，并接收了吴胜敏、孙云逸等大学生。这批新鲜血液的加入，使芭蕉茶叶技术指导有了保障，虽然财政负担有所加重，但对产业健康发展起到了至关重要的作用。

仅干部群众的热情起来了还不行，得有权威技术人才才行，经谢俊泽与郭银龙一道向市委争取，1997 年，调市林业特产局副局长黄辉到芭蕉任副书记。黄辉多年分管茶叶业务，又在茶科站从事良种茶研究多年，对茶叶的门门道道非常清楚，管茶叶产业是轻车熟路。1998 年年底，黄辉同志因爱人身体原因调走，又调市特产技术推广服务中心主任苏学章到芭蕉任副乡长，两年后，苏学章回城，又从三岔职中调杨帆到芭蕉任乡长助理，后任副乡长，让芭蕉始终有一个内行参与决策，处理技术难题。谢俊泽对到芭蕉工作的技术型干部生活上关怀照顾，工作上严格要求，业务上压担子。黄辉到芭蕉一年时间，谢俊泽就让其对芭蕉茶叶产业发展作了一个全面的评估，为决策提供依据，同时将茶苗繁育从只有茶科站一家生产变为让有条件的茶农生产。苏学章到芭蕉后就面临 400 多亩苗圃的管理、品种纯度检查、采穗圃的确定、苗木的回收发放和结算，4000 亩基地的选址规划，2000 多亩新建茶园的管理。繁重的任务让人压力倍增，2000 年，谢俊泽给市领导建议，兑现承诺，调苏学章回市里工作。但同时给他下达了一个任务："芭蕉水田种茶都懂了，山坡还没有栽植良种茶的实例，走之前必须要办一个样板。"于是苏学章在草子坝一带恩芭公路旁选了三个山头，亲自带乡里的技术人员和村干部规划设计组织建设，建成了坡地栽植无性系良种茶的样板。杨帆到芭蕉时虽然茶叶生产环境稍好，但工作量是几何倍数增加，育苗已超千亩，幼龄茶园面积上万亩，新建茶园面积 6000 亩以上，工作量真不是一般人承受得了的，好在杨帆年轻能承受住。经过三人的传、带，不仅芭蕉的技术人员掌握了技术要领，芭蕉的茶农也全面掌握了种茶技术。

 ## 四、合乡谋求平衡发展

2001 年 3 月，芭蕉乡和黄泥塘侗族乡合并，组建为芭蕉侗族乡，谢俊泽任合并后的乡党委书记。两乡合并，对谢俊泽是一个巨大的考验。1997 年 1 月，芭蕉区撤区，组建了芭蕉乡和黄泥塘侗族乡，一区变两乡，作为区长的谢俊泽主持了分乡工作，合并后，谢俊泽面对的管理问题更加严重。经过深思熟虑，他决定用发展作引导，以事实去服人。于是合乡后的第一个乡村干部会他决定开三天，前两天带领各级干部在全乡各村看现场，第一天看到原芭蕉乡各村茶叶产业兴旺，农民普遍富裕，有的干部就有了想法。到了第二天，原黄泥塘辖区的村干部开始找谢俊泽交流致富经验。谢俊泽等的就是这个结果，他当即表态，各村发展按需安排，只要村里提出发展需求，乡里保证提供种苗和技术。分乡管理的阵痛不复存在，只有谋求发展的共同愿望。原黄泥塘侗族乡辖区通过奋力追赶，迅速跟上全乡发展步伐，芭蕉侗族乡的茶叶产业实现了均衡发展。

五、坚持不懈终有成

1996—2003 年，谢俊泽主政芭蕉，2003 年调任宣恩县副县长，至此芭蕉茶叶产业已基本成形。1996 年，芭蕉茶园面积 2.07 万亩，采摘面积 1.72 万亩，茶叶产量 720 吨；到 2003 年，茶园面积 5.2 万亩，采摘面积 3.56 万亩，茶叶产量 2489吨。在谢俊泽的大力推动下，茶叶成为芭蕉的主导产业。2003 年，芭蕉侗族乡被省茶叶学会评为全省无性系良种茶园第一乡，成功举办中国恩施·芭蕉茶文化节。中国工程院院士陈宗懋，湖南农业大学教授、中国茶叶学会副会长施兆鹏等茶界名士齐聚芭蕉，挥毫泼墨，共赞芭蕉茶业盛况。

第十一节 黄 辉

黄辉，出生于 1960 年 1 月，1980 年 1 月毕业于原恩施地区农校特产专业 204班，1986 年从事茶叶工作，1991—2003 年担任恩施市特产局和林特局副局长、芭蕉侗族乡党委副书记、市农委副主任、市农业局副局长，并担任市茶叶生产领导小组办公室主任十余年。1993 年，获评农艺师职称，1994 年，任州茶叶学会常务理事，2001 年，任市茶叶学会和茶叶协会秘书长，2000 年，被恩施土家族苗族自治州政府授予茶叶技术推广"十大名人"之一，是恩施市茶树无性系良种引进推广应用的发起人和坚定的实施者。

一、茶树无性系良种引进推广应用的发起人

1986 年 12 月，在当时芭蕉区茶科站面临倒闭之际，时任特产局局长王光荣为了不使这个茶场倒闭，带着黄辉与当时的芭蕉区委书记伍光灿进行了几天的租赁谈判后，达成协议。市特产局在此组建恩施市茶树良种繁育站，1987 年初移交。黄辉作为市特产局技术干部派驻茶树良种繁育站，与当时留站的农民技术员谭世品共同管理良种站，开展了以科研、品种选育、对比试验、良种繁殖、名优茶开发、技术培训与推广等茶叶系列研发工作。到 1994 年，为了使该站能长期稳定地开展工作，筹资 15 万元，将当时租赁使用的茶科站买断，至此完全稳定了茶树良种站的所有制关系，成了当时全省唯一一个国有县级茶树良种繁育站，开创了茶树良种在恩施市的繁育、试验、培训、推广、开发、协作等工作。在几年的茶树良种站工作中，黄辉成功地开展工作，并取得了较好成果：建设的良种茶园成为全州茶树良种引种示范园；开展的茶树无性系良种繁育推广获市政府 1996 年科技推广成果二等奖；开展的茶树地方良种选育，获州政府 1998 年科技进步二等奖；开展的"茶树良种无性系引繁技术研究与推广"2002 年获湖北省政府科技进步成果推广三等奖；开展的全省茶树良种协作试验示范，作为协作单位为湖北省级茶树良种"鄂茶 1 号""鄂茶 5 号"成功命名提供了相应扎实的基础数据；开展的名优茶开发，在 1991 年至 1996 年间，先后参加省、州、市名优茶评比，多次获得"湖北名茶""优质茶""名茶"等奖项，所创制的茶叶加工新品——"香茗抱玉""翠菊"获市政府 1993 年科技进步二等奖；利用茶树良种站这个阵地开展技术培训、推广茶树良种繁育技术、名优茶加工技术、良种茶园建园与管理技术等，几年间共培训农民技术人才近 1000 人次，提供茶树良种茶苗 2000 余万株；在恩施市不同海拔区域建立了茶树良种示范园，为在全市大面积推广茶树良种茶苗提供了地域上的示范基地与样板；培植了一批以灯笼坝吴庭忏等为代表的靠茶叶致富的典型户；名优茶的生产加工意识也在茶农与茶商中得到巩固和加强，为以后广泛推广茶树良种名优茶加工的生产模式奠定了坚实的思想基础和技能支撑以及市场氛围。在此期间，黄辉先后三次被州、市特产部门评为特产技术推广先进个人；1996 年被湖北省农业厅评为"八五"时期特产技术推广先进个人和"八五"时期名优茶生产新技术推广先进个人。

二、茶树无性系良种引进推广应用的坚定实施者

无性系良种的引进最后关键还是要看推广应用，在茶树栽培管理的应用中，密植速生茶、等高条植茶在 20 世纪 70 年代和 80 年代是推广应用的主要模式。恩施市作为推广应用的主要县（市）落后于鹤峰县，通过 20 世纪 80 年代末和 90 年代初茶树良种繁育站的建立和名优茶的开发利用，使党政领导、技术人员和茶农，对其有了高度的认识，而且在恩施市芭蕉侗族乡已充分体现了经济价值，但其推广应用仍有阻力（1996 年全市发展 400 亩都难完成）。此时，全州也在相继开展茶树良种繁育推广工作，其推广应用来势汹涌，大有"墙内开花墙外香"之势。1997 年10 月，市委调派黄辉到全市最大的茶叶乡芭蕉乡担任乡党委副书记，主抓茶叶发展工作，到任之时，当年发展无性系良种茶园 250 亩的计划到年底都未能完成。

1998 年，在乡党委书记谢俊泽的带领下，乡党委确定了全乡以茶叶和畜牧业为两翼的支柱产业。按照党委要求，黄辉亲手编制了芭蕉乡茶叶产业 1998 年发展2000 亩，1999 年发展 4000 亩，2000 年发展 6000 亩的规划发展目标和富硒茶走廊带（从铜车坝—庹口—羊毛山—黄连溪和野鸡滩、高拱桥）。此规划上报市委市政府后，时任市委书记批示，要求在全市推广，产业发展首先要搞好规划。为搞好规划的实施和产业的发展，乡党委组建了乡茶叶产业发展办公室，收拢了全乡特产技术人员，另外还聘请了两名乡茶叶技术能手为农民技术员，组建了芭蕉乡茶叶科技服务公司，实行了乡党委、政府各部门分组分片包干的工作责任制。从组织领导、技术支撑到物资资金配套，形成了一个整体，全乡上下形成合力，全力投入茶叶产业发展。全乡在乡党委提出的"茶叶下水田，银杏上山坡"的号召下，从 5 月份便在全乡开展了茶叶发展规划选址，插牌定块工作。2000 亩发展目标只能超不能少，7 月，为配合茶树建园和来年茶叶发展所需茶苗，分期分批组织以党员、村组干部、技术人员和种植大户参加的专项技术培训达 200 人次，为期 3 天。在此基础上，全乡范围内凡有良种茶园的农户实行自行扦插育苗工作，当年全乡育苗面积达285 亩，为来年的 4000 亩良种茶发展备好了充足的种苗。8 月，由乡分片领导牵头，分片包干，开始了水田开埂放水工作。10 月，在几大示范点（高拱桥、野鸡滩、黄连溪、庹口、铜车坝）实行统一规划，划行植苗。为解决农民当年收入和耕作习惯问题，在原茶园栽植茶苗的基础上，实施了改革调整，由杜绝间作调整为合理指导间作，尽量增加农民在茶园开采前的收入。通过精心准备，充分发动，全乡上下齐动手，1998 年从 11 月开始，展开了轰轰烈烈的茶叶产业大发展行动，全乡实行由乡政府统一调苗，村组分别按规格标准验收，在规定的时限内栽植完成，到年底验收（以调运种苗数），当年全乡首次在茶树良种茶发展上突破了千亩大关。全乡共新发展茶树良种茶园 2500 余亩，其间全市冬季农业开发现场会在芭蕉召开。良种茶发展在芭蕉乡的成功，使芭蕉的干部群众增强了发展信心。到芭蕉乡一年多的工作经历，使黄辉对茶树良种茶园的发展有了更高的认识，只要宣传发动到位，有典型引路，措施得当，农民是有发展积极性的。芭蕉乡经过几年的快速发展，良种茶园面积迅速扩大，芭蕉侗族乡在 2003 年被湖北省茶叶学会授予湖北省"无性系良种茶园第一乡"称号，为全市范围内大面积推广良种茶园建设积累了成功经验，树立了榜样。

在芭蕉乡工作一年后，黄辉同志于 1998 年底调到市农委任副主任，同时继续担任市茶办主任，负责全市茶叶产业工作。在此期间，市委、市政府决定，利用信用贷款、政府贴息、富硒茶项目专项资金，大力发展良种茶园，在市委、市政府的领导下，通过典型引路、现场观摩，引导全市茶叶产业发展。从 1999 年至 2003 年，全市在政府贴息贷款资金和富硒茶项目专项资金的支持下，每年以近 2 万亩的规模扩大良种茶园面积，使良种茶园面积从 1997 年的 1200 亩扩大到 2003 年的 42000 亩；扦插育苗面积也从 1998 年的 285 亩，增加到 2003 年的 500 亩并长期保持增长，基本满足了本市良种茶园发展种苗所需；名优茶加工从 20 世纪 90 年代初的占比不到 10%，增加到 2003 年的 30% 以上，其产值也从不足千万元，增加到近亿元，对产茶区农民的增收致富起到了决定性作用。至此，恩施市成为全省良种茶园发展最快、面积最大的县（市），实现了"墙内开花墙外香，一花引来万花开"的大好局面。2003 年，芭蕉侗族乡成功参与组织了首届富硒茶文化节；1999 年至2003 年，先后多次参与组织中日茶文化友好交流。其中日本静冈县茶叶专家清水康夫先生作为湖北民院（湖北民族大学）客座教授，先后多次到恩施考察，传授茶艺和茶技。

黄辉同志也获得各种奖励：1996 年获湖北省农业厅"湖北省农民应用'两高一优'农业新技术致富竞赛活动"组织奖；2000 年被州政府授予全州茶叶技术推广"十大名人"称号；2002 年，"茶树无性系栽培及机械化采摘技术"项目获农业部全国农牧渔业丰收奖（三等奖）。自 2004 年调到市发改局工作后，在茶叶发展上，利用发改部门的项目，积极支持全市茶叶产业发展，从 2008 年到 2013 年，利用巩固退耕还林成果项目，每年为近万亩的茶园免费提供茶苗，支持茶叶产业发展，使恩施市成为拥有全省最大无性系良种茶园的县（市）。

第十二节 杨 洪 安

 一、入职粮油部门，"不务正业"务茶业

1986 年，杨洪安从鄂西土家族苗族自治州财校毕业，被分配到芭蕉区粮油管理所工作。这时的粮油管理所可是好单位，城镇居民的粮油都是粮油管理所凭证供应，杨洪安的岗位是诸多人梦寐以求的。由于家庭联产承包责任制的实施，农产品供应由紧张变为宽松，特别是 1990 年至 1992 年，全国性农产品全面难卖，城镇居民生活所需的粮油已不依赖国家的供应，因为多花点钱就能买到质量比粮油管理所供应强好多的产品。1993 年，粮食价格全面放开，取消计划供应，粮油企业推向市场，固定的独家经营项目遭遇市场竞争。1995 年，杨洪安任芭蕉粮油管理所主任，粮油管理所靠粮油经营已难以为继，要想过好日子得自己主动谋划。他围绕茶叶开辟增收渠道，办茶叶加工厂，亲自到襄樊（襄阳）、南阳等地销茶，成为芭蕉乡内几个外销茶叶的"叫鸡公"之一。

 二、进入政界，一心一意谋茶业

1989 年 12 月，杨洪安由芭蕉粮管所所长升任副乡长，分管以茶叶加工为主的乡镇企业。茶叶是芭蕉社会经济发展的命脉，经过前几年大规模的发展，基地已初具规模，如何破解"茶贱伤农"的问题是摆在他面前的首要任务。当时的茶叶市场已处于供大于求的趋势，在他上任之前，曾多次出现茶叶采摘高峰农民鲜叶贱卖甚至无人收购的现象，乡政府门前鲜叶堆积如山的情况他也清楚。经过认真的思考，要实现"夹缝求生"，必须打破传统观念，让鲜叶走出芭蕉，破除"坐地等客"的经营方式，让产品走出恩施。于是他力排众议，在鲜叶销售季节，取消设在青岗树的"哨卡"，并单枪匹马赴襄樊（襄阳）、武汉、广西横县等茶叶市场调研、洽谈，打通芭蕉茶叶走出山外的通道，建立了稳定的销售渠道。此后，芭蕉茶叶再无滞销现象。

当时，芭蕉茶叶加工企业以乡政府乡镇企业管理委员会下辖的农贸公司、金星坡茶厂、鸦鸣州茶厂、草子坝茶厂等四个集体企业为龙头。随着社会主义市场经济的逐步发展，受观念、机制的束缚，企业不仅无法壮大，且年年亏损，政府年年倒贴资金用于鲜叶收购，乡镇企业已成为"穷财政"沉重的包袱，"大包干"的格局已成为茶叶产业健康发展的绊脚石。于是他决定大刀阔斧地进行乡镇企业改革，走民营化道路，使茶叶加工企业获得新生，茶叶加工民营企业如雨后春笋，迅速成长。到 2005 年年底，全乡茶叶加工企业近 100 家。为进一步开阔芭蕉茶叶企业的视野、拓展芭蕉茶叶销售渠道，走芭蕉茶业可持续发展之路，2005 年 8 月 3 日至 7 日和 2006 年 9 月 23 日至 10 月 4 日，他安排乡经贸办先后带领具有一定规模并具备一定营销能力的茶叶企业 13 家，乡内直接服务于茶叶加工企业的国税、工商、卫生、农业等单位负责人，赴长沙、福州、安溪、新昌、杭州、上海、济南、武汉、宜昌等地的茶叶销售市场进行考察。

在有了一定的销售市场后，如何提高茶农组织化程度，加强行业自律，增强市场竞争能力成为他开始思考的新问题。在他的倡导和努力下，2004 年 2 月 26 日，恩施市茶业协会应运而生。在首届理事会上，他被推选为协会会长。担任会长后，他兢兢业业，始终发挥协会"上不与政府争权，下不与企业争利"的服务精神，积极开展服务、协调工作，不断加强协会的自身建设。2004 年，芭蕉富硒茶叶农业标准化示范区被国家标准化管理委员会列为第五批第一类农业标准化示范区项目；2004 年 7 月 2 日，恩施市茶业协会向国家工商总局商标局申请注册"恩施富硒茶"地理标志证明商标；2007 年 6 月 11 日，"恩施富硒茶"证明商标成功注册，成为全州首例成功注册的地理标志证明商标。2006 年 4 月，《恩施富硒茶》省级地方标准正式发布实施；2005 年 5 月 16 日，《恩施富硒茶种植技术规程》市级地方标准发布实施。

三、重振恩施玉露，打造名片亮产业

从副乡长到副书记再到芭蕉侗族乡乡长、党委书记乃至后来分管农业的副市长，无论职位发生什么变化，他始终把茶业发展作为自己的首要任务，记在心上，抓在手上，扛在肩上。

尽管全乡上下把茶叶产业作为支柱产业抓，通过稳步增加茶园面积、大力实施品种改良、切实加强茶园管理等有效措施，使芭蕉茶叶产业得到了快速发展，获得"湖北省无性系良种茶第一乡""湖北省茶叶名乡名镇"称号，茶园面积在全省、全州都是有位次的，但因宣传氛围不浓，本土企业实力弱、规模小、产品质量不高、无品牌效应，芭蕉茶叶产品在全省、全国仍没有名气，更没有影响力。

　　为营造浓厚的茶叶产业氛围，他决定采取"政府搭台，茶叶唱戏"的方式，先后于 2003 年和 2006 年在芭蕉成功举办了两届茶叶文化节，芭蕉茶叶声名鹊起。

　　通过深入调查，杨洪安发现，虽然企业数量得到扩张，农民鲜叶暂时畅销，但全乡境内 100 余家茶叶加工企业，多数加工厂房卫生环境堪忧，机器设备落后，产品质量参差不齐。于是，进一步壮大企业，提高产品质量，培植茶叶品牌成为他急抓的大事。2005 年，一场声势浩大的茶叶加工企业改造整合运动在芭蕉拉开序幕。杨洪安审定《茶叶加工企业优化改造实施方案》，在方案通过后，芭蕉乡的本土茶叶企业通过强强联合、强弱联合的方式发展壮大。

　　在企业整合的同时，杨洪安又把工作重心放到重振恩施玉露品牌上。恩施玉露发祥于芭蕉，是我国历史上保存下来的唯一的蒸青针形绿茶。鉴于本土企业的经营理念和投资实力，他走南访北，放手进行招商引资。2005 年，成功引进江苏客商与本地从事恩施玉露加工的芭蕉富硒茶叶有限公司联合，共同出资 500 万元，注册成立了恩施市润邦国际富硒茶业有限公司，并通过特许的方式，全力支持润邦茶业全力恢复恩施玉露品牌。功夫不负有心人，不到五年时间，恩施市制（修）订了《地理标志产品恩施玉露》《恩施玉露生产技术规程》《恩施玉露加工技术规程》3 项省级地方标准；2006 年 12 月 20 日，他亲自带专家团队，赴北京出色地完成了恩施玉露地理标志产品专家答辩会；2007 年 3 月，被国家质检总局正式批准在全国范围内实施地理标志产品保护；2008 年 7 月 23 日，恩施玉露被湖北省农业厅认定为湖北第一历史名茶。2010 年，在全国 83 个茶叶区域公共品牌价值公布名单上，恩施玉露品牌价值被评估为 2.9 亿元，实现了产业发展的历史性跨越。恩施玉露不仅成为恩施市的一张名片，也成为恩施州的一张名片。为进一步挖掘茶文化、展示侗乡民俗风情，他提出了"茶叶经济和旅游经济"相融合的思路，成功建成了枫香坡城郊休闲体验游项目，谋求在芭蕉集镇新区建设茶叶集散地。虽然茶城未能达到理想的效果，但大坝新区已成为芭蕉的一道亮丽风景。

四、职务升迁仍谋茶

　　2005 年 3 月，任恩施市芭蕉侗族乡党委书记、乡长（2009 年 11 月明确副县级）；

　　2011 年 8 月，任恩施市委办公室副主任（副县级）；

　　2011 年 10 月，任恩施市委办公室副主任（副县级）、市政府党组成员；

　　2011 年 11 月，任恩施市政府党组成员、副市长。

2014 年 10 月，任恩施市委常委、宣传部部长、统战部部长、市政府党组成员、副市长。

随着职务的变化，杨洪安同志身上的担子越来越重，但不管事务多么繁忙，只要是涉及茶叶，他都尽量参与，只是此时他站在全市的角度，而不只限于芭蕉。职位越高，责任越大。

第十三节　张　文　旗

张文旗，1968 年 10 月出生，汉族，江苏常州人。他来到恩施和从事茶叶行业都是出于偶然。2005 年，他应朋友之邀到恩施，没想到一次率性而为的恩施之行，改变了他的人生轨迹。张文旗研究生毕业后，先后任常州市经贸委干部，常州通和资讯科技有限公司总经理，2005 年年底开始，任恩施市润邦国际富硒茶业有限公司董事长兼总经理、恩施玉露茶业集团有限公司董事长。

2005 年，张文旗和一群年轻人来恩施考察，他们在看了芭蕉的茶园，听了恩施茶叶产业的历史和恩施茶叶产业的优势后，竟然放弃进入红火的房地产、旅游等行业，决定投资茶叶产业，打造恩施玉露和恩施富硒茶品牌。他们对恩施市芭蕉富硒茶业有限公司进行资产重组，成立恩施市润邦国际富硒茶业有限公司。伙伴们共同议定公司由张文旗负责打理，就这样，37 岁的他从沿海地区的商人成了恩施的茶人。

他在执掌恩施市润邦国际富硒茶业有限公司时，不忘一个现代茶人高度的企业责任感和社会责任感。在恩施玉露传统技艺的恢复中，他请老专家杨胜伟担任技术顾问，在民间寻找制作恩施玉露的老师傅，总结归纳恩施玉露的传统技法，使近乎失传的恩施玉露传统技艺得以恢复。在恢复传统技艺的同时，为适应现代连续化、自动化生产的需要，2006 年，他组织相关专家对恩施玉露的连续化和自动化生产展开技术攻关并取得成功。2007 年 4 月，"恩施玉露新工艺、新技术研究"项目获得湖北省重大科技成果鉴定，并获恩施州科学技术进步二等奖。在恩施玉露申报"湖北第一历史名茶"的过程中，张文旗无私提供了大量珍贵的图文资料和精致的评审样品，细致入微地做好各项准备工作，充分展现出恩施玉露品牌领衔企业家的风采；让恩施玉露在沉睡了数十年后，又重新彰显出"中国十大名茶"的卓越风范，开始强势崛起之路。2006 年，在恩施玉露生产技术地方标准制定的过程中，他指示企业尽其所能，提供人力、物力和技术数据支持，使恩施玉露标准体系得以如期评审并发布执行。2015 年 7 月，在芭蕉集镇大坝厂区投资建成的恩施玉露茶叶博物馆，作为一个非物质文化遗产传承基地，向公众传播恩施玉露的历史文化和传统技艺。

对于富硒茶的开发利用，张文旗有自己的谋略。在按标准生产销售各款富硒茶的基础上，让更多的消费者了解富硒茶是张文旗要做的大事。富硒茶中的硒看不见，摸不着，闻不到，张文旗决定用事实说话。于是他在沐抚租赁富硒茶园，这片茶园就生长在硒矿床上，人们在茶园中可看到茶树根系在硒矿中的生长状态。为了让更多的人了解硒，他又在沐抚的七渡建起体验馆，在馆内用实物展现茶树在硒矿中的生长状态，给消费者以直观的感受。同时，他还用开放思维抓富硒茶叶产业链建设，跳出恩施市固有的发展理念，建设以观光园为代表的茶叶基地，完善茶叶产业链，实现第一产业向二、三产业联动发展的转变，提升产品附加值，带动更多的老百姓增收致富。为做好基地，张文旗看中了沐抚办事处长岭岗集体茶园，这里地处恩施大峡谷景区，茶树生长于硒矿之上，茶叶含硒量高且稳定，是富硒茶甚至高硒茶的产地，以茶叶为主题，突出硒亮点，打造现代农业观光园，引入富硒养生项目，吸引国内外游客到恩施食富硒营养餐、享养生之旅。

张文旗在恩施茶界是一个另类。当时，恩施人涉足茶叶产业都是从建厂开始的，张文旗则先从市场入手，直到市场体系建成后才在芭蕉集镇大坝建设新厂；恩施人对企业管理，靠的是个人能力和人格魅力，张文旗则是依靠规章制度；恩施人制茶主要依靠经验，张文旗则严格按技术规程执行；恩施人卖茶是讨价还价，张文旗则是制定价格体系，相同产品在相同环节有相应的价格，谁也不能改变价格。这一系列的变化让当地人不适应，矛盾冲突是必然的。合作伙伴的话语权冲突、公司管理层的权力冲突、公司与周边老百姓的利益冲突等，这些冲突虽然有些让人头痛，却为恩施茶界带来了一丝清风，给恩施的茶叶产业发展带来了新的思想理念、新的管理方法、新的经营模式，给恩施茶叶产业带来了青春活力，打破了恩施茶界的沉闷，一些本土企业在观望后纷纷效仿。更为重要的是，他为恩施培育了一批具有现代企业经营理念的企业经营管理人才。这些人在润邦工作后虽然先后离开，但他们把润邦的管理方法、理念用于新的企业，使恩施茶企的整体素质得到提升。

2014 年 7 月 23 日，张文旗出席了在武汉召开的第三届湖北省优秀中国特色社会主义事业建设者表彰大会，并受到表彰。2015 年 11 月 15 日，武陵山现代职业教育发展论坛开幕式在恩施州城举行，在论坛开幕式上，恩施职业技术学院院长田金培为张文旗颁发聘书，聘任他为客座教授。

作为无党派人士，高级工程师的张文旗任湖北省第十一届政协委员、恩施州第六届人大代表、恩施州工商联（总商会）副主席。

张文旗为恩施茶界做出的贡献是巨大的，他是一个有名的茶人、成功的商人。虽然遇到过挫折，产生过惆怅，但丝毫没有影响他在事业上的追求。无论是恩施玉露还是富硒茶，都是他在恩施呵护的对象。十多年的茶叶生涯，已让张文旗略显憔悴，初到恩施是满头乌发，现在已"聪明绝顶"，其对恩施茶叶的艰辛付出可见一斑。

第十四节　蒋　子　祥

蒋子祥，男，侗族，1975年9月生。大专学历，中共党员。恩施玉露传统制作技艺州级代表性传承人，恩施市第八届、第九届人大代表，恩施州茶产业协会副会长，恩施州硒产业协会副会长。

1995年大专毕业后被分配到恩施市芭蕉农工商贸易公司工作，1998年升任该公司副经理；2003年创办恩施市芭蕉富硒茶业有限公司；2005年与江苏客商共同组建恩施市润邦国际富硒茶业有限公司，出任公司常务副总经理；2012年创办恩施亲稀源硒茶产业发展有限公司；2015年先后在土司城、女儿城、枫香坡、硒都茶城、奥山世纪城建立了5个恩施玉露展示体验馆。

在多年茶事生涯里，由他主持并直接培训、传授的恩施玉露传统技艺工人达50余名；他参与了恩施玉露地方标准的撰写与修订；2006—2007年，他参与了"恩施玉露新技术、新工艺研究"课题，该项目2007年获湖北省重大科技成果，2008年获恩施州人民政府科技进步二等奖；在他主管生产期间，加工的恩施玉露先后被评为"恩施州十大名茶""湖北省第三届十大名茶""湖北省名牌产品"；同时，由他组织生产、选送的恩施玉露样品作为评审样茶，使恩施玉露顺利认证为"湖北第一历史名茶""国家地理标志产品保护""中国特色硒产品""中国名优硒产品""中国十大富硒品牌"。

人的一生中会面临很多次选择，每一次选择都会面临新的考验和挑战。身为恩施亲稀源硒茶产业发展有限公司董事长、恩施玉露传统技艺第十一代代表性传承人的蒋子祥，在创业路上的三次艰难抉择成就了他如今的事业。

 ## 一、初次抉择：端什么碗

1995 年 10 月，刚满 20 岁的蒋子祥毕业后被分配到恩施市芭蕉乡政府工作，这在当时对他和他的家人来说，是一件很荣耀的事。此后，蒋子祥先后在芭蕉乡经贸办担任会计、副主任等职，后又担任恩施市芭蕉农工商贸公司副经理，主抓茶叶销售工作。在这期间，他跑遍了全国二十多个大中城市，在省内的宜昌、武汉、襄阳和湖南的长沙等城市建立了稳定的茶叶销售网络。正当事业稳定时，乡政府作出了将乡办的恩施市芭蕉农工商贸公司变为民营企业的决定，在茶叶经营上已有门道的蒋子祥有了自己创办茶叶公司的想法。

放弃在政府工作的机会，偏偏要自己出来闯，将铁饭碗变成泥饭碗，蒋子祥的想法让家人很不理解。毕竟创办公司有风险，他的很多朋友和同事也劝他要慎重考虑。对茶叶已有感情的蒋子祥义无反顾。

2003 年，凭着对茶叶的一种特殊感情，蒋子祥不顾家人的反对和朋友们的劝阻，毅然下海和几个朋友共同创办了恩施市芭蕉富硒茶叶有限公司，接下了芭蕉农工商贸公司设在金星坡的茶叶加工厂，也将"芭蕉"这一茶叶商标收入囊中。恩施市芭蕉富硒茶叶有限公司自成立起就狠抓产品质量和品牌建设，坚持标准化生产。公司生产的富硒茶产品均达到恩施富硒茶湖北省地方行业标准。生产恩施玉露时，还没有相关的标准，2005 年，公司发布了恩施玉露企业标准，并按此标准生产。2005 年，公司生产的恩施玉露被评为"恩施州十大名茶"，公司的经营业绩也越来越好。

公司发展势头越来越好，但他也深深意识到，要想把这个产业做大，重振恩施玉露这一历史品牌，靠现有几个人的经济实力是很难在短时间里完成的。正在这时，恩施市政府招商引资，引进了江苏客商，经过几次洽谈，他们对恩施的茶叶产业和恩施玉露这一传统品牌产生了浓厚的兴趣，有意进行合作。

 ## 二、再抉择：当几把手

这时他又面临着艰难的选择。与外地客商合作就意味着要把自己辛勤创办的企业毁掉，组建新公司，而自己则从说一不二的老总变为别人的副手，地位发生根本性变化。他经过再三思索，认为要做大企业，做强品牌，只有牺牲眼前利益，引进外来资金和先进的理念，实现资源整合。

重组之前，他耐心地给股东做工作，分析当前的形势，预测公司以后的走势，但无论怎么说，部分股东都无法接受他们辛辛苦苦创办的企业一下子就成了另一个公司的一部分这一现实。每当夜深人静，这个年轻的创业者一次又一次地辗转反侧，最终下定了企业重组的决心。2005 年 12 月，重新组建的恩施市润邦国际富硒茶业有限公司成立。新的公司组建后，经股东会决定，将恩施玉露打造为中国名茶成为公司发展的最终目标。这也是他作为一个茶人多年的梦想。

在公司，蒋子祥担任常务副总经理，主抓生产、销售工作。几年来，他带领公司员工到基地、下车间进行工艺试验和技术改造，制定了恩施玉露的企业标准，并参与了恩施玉露湖北省地方标准的撰写与修改工作，直接组织相关茶叶专家就恩施玉露的新技术、新工艺进行技术攻关。功夫不负有心人，该技术于 2007 年 4 月被湖北省科技厅认定为湖北省重大科技成果，2008 年获恩施州人民政府科技进步二等奖。他主管生产期间所加工的恩施玉露，先后被评为"恩施州十大名茶""湖北省第三届十大名茶""湖北省名牌产品"；同时，由他组织生产并先后选送的茶叶样品作为论证实物，使恩施玉露被认定为"湖北第一历史名茶""国家地理标志保护产品"。2012 年，恩施玉露被省人民政府列入第三批省级非物质文化保护名录，蒋子祥被认定为恩施玉露传统制作技艺第十一代代表性传承人。

三、又抉择：做什么事

经过几年的努力，恩施玉露品牌越来越响，公司效益越来越好，但文化传承和工业化生产的矛盾日益显现。蒋子祥觉得作为一名恩施茶人，应该在经营茶叶的同时，还要为茶文化做点什么。是领着丰厚的报酬享受现状还是为自己的梦想再博一次，他又一次面临选择。

没有太多的犹豫，为了让自己有更多的精力进行恩施玉露传统技艺的传承，在公司发展最辉煌时期他毅然选择了离开，他要为自己圆一个梦，一个恩施玉露传承之梦。2012 年 6 月，他怀着极其复杂的心情离开了润邦，同年 8 月，他创办了恩施亲稀源硒茶产业发展有限公司。2013 年 5 月，他在恩施土司城建立了恩施第一家集现场制作、体验、品饮、销售为一体的恩施玉露传统技艺体验馆，主持并直接传授恩施玉露传统技艺，培训恩施玉露传统工艺技术工人 100 余名。几年来，又先后在女儿城、硒都茶城、奥山世纪城、枫香坡侗族风情寨等多处建成恩施玉露传统技艺体验馆。他凭借多年的茶叶专业历练与公司管理经验，依托丰富的产品、优良的产品质量，使亲硒源茶业在不到三年的时间，就成为恩施知名的茶叶企业，成功建立了完善的销售渠道。2013—2015 年，公司生产的恩施玉露富硒茶先后荣获"中国特色硒产品"和"首届国际硒茶文化旅游产品绿茶一等奖""中国名优硒产品""恩施硒茶首届茶王大赛金奖""恩施硒茶第二届茶王和首届茶艺大赛茶王""中国十大富硒品牌"等。

在企业不断发展壮大的同时，他本人也收获了荣耀。先后当选为恩施市第八届、第九届人大代表，2006—2015 年，先后获"恩施市十大杰出青年""恩施市首届农村实用技术拔尖人才""恩施州十大创业青年""恩施州优秀中国特色社会主义建设者""恩施州劳动模范""湖北新农村建设百业青年标兵""2008—2010 年度全国农牧渔业丰收奖""中国富硒行业特别贡献奖"等殊荣。

"路漫漫其修远兮，吾将上下而求索"，他一直用这句名言勉励自己，他深知恩施玉露品牌之路漫长而孤独，复兴之路任重道远，但他不后悔每一次抉择，不放弃每一次机会，为了恩施玉露的明天他将一直坚持。

第十五节 刘 小 英

刘小英是恩施的一位女企业家，花枝茶是其企业旗下的品牌。当一名女性和一个灵动的茶名结合在一起的时候，注定有动人的故事发生。

一、本是清江浣衣妇 夫唱妇随入茶行

刘小英出生在恩施北部与重庆交界的青堡，青堡属高寒地区，交通不便。父亲行医，家中靠母亲操持，作为家中次女的她从小倔强，对家务却毫无兴趣。

到了谈婚论嫁的年龄，刘小英对另一半有自己的特殊要求，既要有本事又要能操持家务。这样的条件看似很难却还真有，茶麻公司的小伙李忠文就和刘小英对上了眼。

李忠文自小父母双亡，十三四岁就跟公司的制茶师傅打交道，师傅们见他聪明伶俐，都愿意教他制茶的绝活，以便自己在开小差时，让这个端茶送水的半大小伙

能替上一会儿。就这样，李忠文学得一手制茶的好手艺，玉露、龙井、毛尖、贡芽、炒青、烘青，样样都会，遇有新的茶品也是一看就会。然而李忠文在恩施茶界的称谓是"改剑师傅"，笔者不能确定这一称谓是尊称还是贬称，只知道李忠文可以将一种成品茶改制成另一种茶叶产品，比如将普通的炒青改成玉露或龙井，真是高手在民间！因是孤儿，从小就自己打理生活，家务活样样精通。

李忠文在刘小英面前是暖心大哥，他为不会做饭的刘小英换着法做好吃的，在刘小英发脾气时当出气筒，从不对刘小英说重话、有怨言。

结婚后二人开始打拼，李忠文在屯堡开了一家茶叶加工厂，利用自己的茶叶加工技术为家庭生计而努力，刘小英则在市区民族路开干洗店，增加家庭收入。

干洗店名为"清江干洗店"，位于恩施长途客运站旁，当时恩施不通火车，进出恩施的人只能靠长途汽车，南来北往的人中有不少需要购买恩施土特产，车站周边的生意自然一派兴旺。刘小英的干洗店周围都是专卖或兼卖土特产的店铺，李忠文的茶厂加工的茶叶是恩施有名的土特产，自然不应该放弃车站的市场，于是"清江干洗店"也就加挂上了"碧绿春茶庄"的牌子。刘小英从经营干洗店开始兼卖茶叶，逐步形成夫妻分工协作从事茶叶加工经营的格局。

二、有志巾帼要追梦　担当男人须养家

随着兼营业务与主营业务的营业额发生变化，兼营业务成为主要收入来源时，刘小英开始琢磨起茶叶。之前那种夫妻分工协作的格局很快被打破，二人产生了观念上的分歧。刘小英在卖茶中发现，品质是产品占领市场的关键，每一款茶都要保证稳定的质量，否则消费者就难以对产品产生认同，要培养忠实的消费群体，产品必须要有质量保证；李忠文是做茶的巧手，但对原料却是来者不拒，到厂的原料必须加工成产品，如果原料差，就是有天大的本事也做不出好茶来；原料多了，只求加工速度，难以顾及质量，产品质量完全受原料质量和原料数量影响，不可能保证每款产品质量一致。刘小英希望卖好茶的愿望和李忠文的经营理念产生冲突，夫唱妇随的买卖没法维持下去了。刘小英认为，卖茶必须卖好茶，品质有保证的茶叶才能卖出名气，才能做大做强。好茶出于好山头，好原料还需好加工技术，要得到好茶，必须要有自己的基地、自己的特色产品，产品必须有固定的品质特征。为扩大经营规模，刘小英认为丈夫茶叶加工的方式过于粗放：原料无标准，茶农采什么就收购什么，看茶做茶，产品毫无特色，虽然相同的鲜叶做出的产品比同行的好上一点，但也是大路货，卖不了好价，也形不成口碑。

刘小英把想法与李忠文沟通,李忠文认为自己做茶与周边的茶农已形成利益共同体,一旦变化会改变茶农的生产方式,并影响茶农收入,农民种茶不易,必须让他们的所有劳动成果变成经济收入,李忠文狠不下这个心。于是夫妇俩把弟弟刘港拉到一起,另办一厂做茶。刘港脑瓜灵活却言语不多,跟着姐夫学到了一手茶叶加工本领,是一个执行力极强的人。三人经考察,认为龙马猫子山茶叶品质极佳,且有成片集体茶园。2000 年,刘港接手龙马猫子山茶厂的厂房设备和茶园,"碧绿春茶庄"开始走上扩张道路。

刘港接手龙马猫子山茶厂的厂房设备和茶园后,成立恩施市龙凤缘工贸有限责任公司,刘小英任公司总经理并负责销售,刘港任副总经理负责生产加工。对于新的公司,刘小英充满期待,觉得必须以质量求效益,靠品牌求发展。丈夫李忠文却有另外的想法:做品牌投资大,见效慢,风险大,妻子事业心强有冒险精神,就让她安心去实现梦想,男人必须养家,要给妻儿提供一个安定富足的生活环境。于是李忠文没有与刘小英一起干,他在妻子办大事的时候选择守望,他参与龙马基地和茶厂的选址和建设,既出谋划策又出钱出力,但主要精力仍放在自己的加工厂,利用自己的技术和客户资源,以每年 20 万—30 万元的盈利为一家人打造了一个稳定的生活港湾,让妻子全身心去开创自己的事业。

公司的产品严格按行业质量标准生产,当然,在加工技术方面,李忠文也会出面把关,刘小英公司生产的产品也逐步拥有了自己的固定客户。

三、花枝山上茶奇妙 巾帼更让花枝俏

随着恩施大峡谷声名大振,刘小英有意借旅游开拓销路,这时屯堡乡也有意引进企业,做强茶叶产业,于是双方达成合作意向,刘小英到屯堡选点。马者是屯堡茶叶品质好、面积大的茶叶产地,但已有多家企业在此,竞争十分激烈,而屯堡至市区一线却没有企业落户。更令刘小英感兴趣的是这一区域有一个叫花枝山的村子,花枝山村的花枝山上出产的"花枝茶"在恩施小有名气。"花枝茶"不仅是好看好喝的茶,而且还有"三兜半"花枝茶单株。于是刘小英决定在花枝山落户办厂,公司也更名为恩施市花枝山生态农业开发有限责任公司。体现女性美的花枝山、花枝茶也名花有主了,刘小英作为一名女性来开发花枝茶,是再合适不过的了,花枝茶也由此"花枝招展"地展现在世人面前。

公司落户屯堡后,刘小英多方筹集资金建厂房、引设备、管基地、拓市场。引进社会资本 300 万元,新建了一栋面积 4000 多平方米的厂房,加工厂前面是恩施

到大峡谷的旅游公路，游客从停车场可直达公司三楼旅游超市，后面是风景如画的大龙潭水库。厂房一楼为加工车间，二楼为包装车间和仓库，三楼为游客接待区，四楼为生活区。

销售是企业价值实现的环节，刘小英亲自跑销路，她奔波于各大城市、各茶叶市场、各会展现场，千方百计开拓销售渠道。

2009年6月18日—21日，第二届华中（武汉）茶叶博览会暨文化节在武汉国际会展中心举办。恩施市人民政府组团参加，精装了一个大型特装展位，由分管副市长率经过筛选的在当时全市影响力较大的9家企业参展，花枝山生态农业开发有限责任公司此时才刚成立，毫无影响力，不在参展企业名单中。会展第二天，刘小英带着花枝茶出现在展厅。原来她听到武汉有会展的消息，就带着产品连夜赶到武汉，并与参展企业沟通，让她把产品摆上展位。笔者当时是现场负责人，对这一突发状况很是反感，但参展企业都认可她的产品，为了维持现场的良好氛围，也只好答应。冷静后思考，觉得刘小英太不容易，这次会展管理严格，非参展商进不来，进入展厅后要获得参展企业的接受和认可，更不是一般人能做到的；参加会展对企业来说不会产生直接效益，是一个需要投钱却不知道结果的事，小的企业都不愿意参加，刘小英的企业还很弱小，在恩施市众多的茶叶企业中很不起眼，她却主动来了，这不是一般人会做的，恩施缺乏的就是这样的企业经营人才。刘小英这次不寻常的举动给人留下了深刻印象，后来恩施市每次组织茶叶会展时，都安排恩施市花枝山生态农业开发有限责任公司参加，而公司也在会展中表现出自己的实力，为恩施展区增光添彩，为企业找到合作伙伴。

北京的王彦梅是一个对硒产品有执着追求的女性，在北京组建了北京华康名优商贸有限公司，推介销售富硒农产品（图9-7）。她在恩施搜集富硒产品，与刘小英联系紧密，刘小英与她以姐妹相称。她在品尝恩施各地茶叶，又将样品送检后，对花枝茶情有独钟，她认为花枝茶硒含量达标，香气和滋味特别好，是好喝的茶。于是她全力推广花枝茶，并在花枝山现场考察，拍摄图片制作宣传资料，让北京人了解花枝山、花枝茶，花枝茶的所有产品也全部摆上北京的销售窗口。为推介恩施富硒农产品，她倾尽全力，在资金出现缺口时，不惜变卖北京市区的房产，刘小英与她交情深厚，其产品顺利进入北京市场。

茶叶基地对茶叶企业非常重要，但又是茶叶企业不愿涉足的领域，原因是种茶是个费工的环节，农民种茶很划算，企业种茶难赚钱，企业跟茶农往往是买卖关系，不会参与到生产管理中去。刘小英却不这样认为，她认为要得到好的鲜叶，必须引导农民去种植和采摘好茶，要使茶叶产品无食品安全问题，必须控制茶农的投

● 图 9-7 王彦梅在北京的店

入品。公司在花枝山村成立了有机茶叶和农机化专业合作社，参与农户 1000 余户。合作社实行统一茶园管理、统一生产资料采购供应、统一鲜叶收购标准，免费为社员提供生产、技术指导和培训，所获利润按比例分红，与农户结成利益联合体，每年为社员带来直接或间接收益 500 万元。

2011 年 12 月 13 日—14 日，农业部发展计划司副司长刘北桦到刘小英的公司和基地视察，鼓励刘小英要坚持走品牌发展之路，充分利用企业紧邻大峡谷景区的区位优势，将茶文化融入旅游产业的发展中，提高企业影响力，带动周边农民致富。并确定把恩施市花枝山生态农业开发有限责任公司作为联系帮扶企业。2013年 5 月 18 日和 2014 年 11 月 13 日，刘北桦再次到公司视察座谈，了解公司发展情况，激励企业发展壮大。

 四、艰苦创业终有成　企业壮大人出名

经过多年的用心经营，恩施市花枝山生态农业开发有限责任公司年销售额突破 5000 万元，成为湖北省农业产业化重点龙头企业，公司注册的"花枝山"商标被评为"湖北省著名商标"，其品牌价值近亿元。

刘小英先后获得全国"双学双比"先进个人、全国农村科技致富女能手（全国妇联）、尊师重教先进个人、优秀共产党员、恩施州劳动模范、"十佳"巾帼女能人、恩施市全民创业先进个人等荣誉称号。恩施市花枝山生态农业开发有限责任公司也成长为湖北省农业产业化重点龙头企业，"花枝茶"成为恩施茶的实力品牌。

让人难以置信的是，刘小英的丈夫李忠文仍然在屯堡经营着自己的茶叶加工作坊，两人一个在做品牌，一个做大路货，一个是恩施茶界名人，一个却声名不显。但两人的感情，还真让人羡慕：为了客户，两人常一起出动；在家里，李忠文则成了内当家，大小家务由他负责，刘小英则是只管公司大事，不用操心家务。反差，衬托出一对不一样的恩爱夫妻。

第十六节　土家三代茶人的茶叶经营之路

恩施市屯堡乡马者的向家坝，是一个土家族村寨，向家是这里的土著，地地道道的土家人，这是一个有故事的人家。向子友、向习枝、向方清祖孙三代从事茶叶经营，从小本经营不断发展壮大，虽然在全市茶叶经营主体中排不上名次，却是恩施茶界众多草根一族为茶拼搏奋斗的典型代表，他们的故事也在恩施茶界传为佳话。

一、雨龙山下向家坝，因为玉露出茶人

向子友是向家三代茶人的第一代，向家祖祖辈辈居住在屯堡马者村向家坝。

马者，一个用土家语命名的小镇，意为"牧马的河"，在恩施的历史上有着特殊的过往。《恩施县志·公署》载："县丞署在县北九十里马者村，分防木贡。"《恩施县志·文秩》载："乾隆二十年至咸丰元年前的县丞人员，必在其名上冠以木贡二字，以后不冠……"由此可见，在清朝马者是恩施县的二把手驻守办公之地，这种县丞不驻县城的情况在全国少有，说明此地的重要。向子友的家就在紧挨马者集镇的向家坝，这里背靠雨龙山，前临清江，面对朝东岩。

1984年，茶叶经营体制变革，鄂西土家族苗族自治州特产局在五峰山组织人员培训玉露制作技术，因马者是恩施的茶叶重点产地，向子友思维活跃，被推荐参加培训。这次培训由州特产局副局长、州茶叶学会理事长黎志炎主持，培训在恩施玉露制茶名师方尔国的玉露加工作坊中进行。在方尔国的亲自指导下，向子友学到了恩施玉露的制作技术。回到向家坝，他立即请工人垒起土灶，在锅中利用蒸汽杀

青，在土制整形平台上手工揉捻和整形上光，一个传统恩施玉露制作工坊开业。向子友开始了他的茶叶生涯。

1987 年前后，屯堡发展茶叶，开垦荒山荒坡种茶。有玉露加工技术的向子友被财政部门聘请为农民技术员，负责仓坪、桥坡和向家坝三片茶叶基地建设的技术指导工作。

1990 年 5 月 5 日（农历 4 月 11 日），是向子友记忆深刻的日子。日本名古屋丰茗会理事长松下智第二次到恩施考察日本玉露茶与恩施玉露的渊源。按照考察行程，松下智这天将到马者现场考察恩施玉露传统制作技艺，市茶麻公司负责人康纪成、杨先富是活动的组织者，现场由向子友负责。这天，向子友请了十几个人在自己家的茶园采茶，标准是一芽一叶，但因下雨，只采了十几斤鲜叶。制作在供销社的向家坝茶叶加工作坊中进行，向子友和向极纯、李家明等人按传统工艺流程操作。松下智将制作过程录像，玉露制作完成后，一行人又进行了品鉴，并将制作出的成品茶带走。松下智回日本后将这次考察所拍摄的录像在茶叶同行中播放，引起同行的极大关注，促成了他于同年 8 月率团第三次来恩施考察，而玉露的制作技法被他写进了由他编写的《中国名茶之旅》中。

到了 1992 年，新建的茶园已经投产，屯堡供销社在向家坝建设茶厂，进行茶叶加工，向子友成为供销社茶叶加工厂的合作者。

二、独自办厂历艰辛，一家两代制茶人

合作办厂只进行了一年，向子友便退出，原因是条条框框太多，向子友是很有头脑的人，合作办厂无法施展他的才能。

向子友虽然退出茶叶加工厂，但他对茶叶的热爱却丝毫没有受到影响，他决定开始自己办厂。1993 年，向子友在自己家中办起了简易的茶叶加工小作坊，带动一家人踏入制茶行业。由于实力不足，加工厂作坊除原有的玉露加工土灶外，又购买了一台 8 槽的柴煤式名茶多功能机，加上 6 口龙井锅，多功能机的燃料是木柴，龙井锅也是自己打灶烧柴。从业人员就是向子友和妻子杨冬元，儿子向习枝、儿媳魏林英，这时已是两代人进入茶叶行业。加工以扁形茶为主的名优茶，有龙井和云观玉叶。

云观玉叶是杨胜伟老师亲自主持，在马者成功研制的，向子友是研制工作的参与者，云观玉叶自然成为其茶厂加工的主要产品。

当时市特产局在屯堡培训做茶，市茶麻公司也在马者驻厂制茶、收购茶叶。州农业局黎志炎、吕宗浩和市特产局黄辉、杨荣凯、陈玉琪、刘云斌等都到向子友家做过茶，他们教会了向子友制茶技术，并利用向子友的加工设备加工自己需要的产品。

1995年，市林特局组织全市名优茶评比，向子友以个人名义选送的云观玉叶获二等奖。这次评比后市林特局专家对获奖产品进行评估，将有提升潜力的茶样进行改进，重新制样，送省农牧业厅参加全省评比，向子友选送的云观玉叶被选中。于是向子友在海拔1000米左右的高山茶园采摘鲜叶，制成新的云观玉叶茶样，在全省评比中获得一等奖。由于茶样制作时间和原料产地的差异，这一年，相同的人相同的产品在本市和全省的获奖等次出现省级高于市级的怪现象。同年，向子友被屯堡乡命名为"茶叶大户"。

随着云观玉叶在省获奖，产品销售形势越来越好，马者也有很多人加入手工制茶行业。向永庚、谭国池、向国庭、谭遵斌、张忠义、魏林举、谭遵敏等都购买龙井锅，打灶制茶，马者成为全市名优茶生产的亮点，一些名优茶经营老板也常到马者，尽量多采购一些如意的云观玉叶。

但这种局面没有维持多久，1996年，税务部门对茶叶加工户查税，许多小作坊因税务知识不足，补交税款后经营困难，陆续退出茶叶行业。

向子友一家办的茶厂虽然没有因为查税受到影响，但他每年在开工前都对当年纳税额度作出承诺，每年都要缴纳5000元左右的税款，这个数目对于一个比纯粹手工作坊稍强一点的所谓茶厂来说很不轻松。为了加工厂的生存发展，向子友一家把所有精力都用上了，加工时全家齐上阵，有一个大致分工：他自己跑销售，儿子向习芝负责鲜叶收购，加工是大家一起上，筛选分装等精细活由儿媳魏林英负责，全家的生活和日常应酬就全靠老伴杨冬元操持。

在全家的共同努力下，加工作坊站稳了脚跟，产品也有了较为固定的销路，每年也能赚点钱改善家庭生活，一家人的日子逐渐好转起来。

1998年，湖北恩施玉露茶叶有限公司成立，有玉露制作技术的向子友受邀到该公司工作，在芭蕉草子坝负责玉露加工厂的鲜叶收购工作，自己的茶厂则由儿子、儿媳打理。湖北恩施玉露茶叶有限公司未能按照预期发展壮大，1999年底，向子友对这家公司感到失望，毅然离开，继续谋划自己的茶叶企业。

2000年，向子友拿出自己的全部积蓄，扩大茶叶加工厂规模。他将厂房扩建，面积达到260 m²，又购进70型杀青机一台、往复理条机3台、揉捻机3台、复干机3台，一个小有规模的茶叶初制厂建成。茶厂取名向家坝茶厂，这算是向子友一家真正意义上办成的茶厂。

茶厂建成后，仅靠自己一家人已经不能胜任，茶厂开始雇工人，到 2005 年，雇工达到 6 人。生产规模的扩大使向子友觉得茶厂应该有一个有内涵的厂名，因其住地背靠雨龙山，就取厂名为"雨龙茶厂"。伴随茶叶加工厂规模的扩大，销售范围也随之扩大，向子友亲自出马，跑遍河南、安徽、江苏和本省武汉、宜昌、襄阳等地，将自己的产品打入这些地方的市场，并寻找茶叶销售合作伙伴。雨龙茶厂开始稳步前进，成为马者的茶叶加工的主力，带动了当地茶叶产业的发展。

2005 年 12 月 27 日，时任中央政治局委员、湖北省委书记俞正声到恩施考察，在参观了雨龙茶厂的厂房设备，又看了向子友历年获得的奖状后非常高兴，就和州委书记汤涛等一起围坐在向子友家火炉边边品茶边交谈。俞正声询问了茶叶生产、加工、销售和农民种茶收入情况，对向子友通过茶叶加工带动农民致富高度赞赏。

三、向家三代磨砺中，转变成为新茶人

2006 年，应时任太阳河乡党委书记廖泽熙邀请，向子友到太阳河办分厂。太阳河茶叶资源好，加工厂很少，竞争压力小，向子友就在头茶园办了一个小型加工厂，当年被太阳河乡党委乡政府表彰为"茶叶加工大户"。向子友利用自己的技术和销售渠道，为太阳河乡的茶叶产业贡献力量。

向子友到太阳河办分厂时，正好孙子向方清这年高中毕业，向子友将其带到太阳河，让他跟着自己学习茶叶加工。向方清从一个青年学生转眼变成一个茶人，而且长期驻守在人生地不熟的地方。茶厂条件差，加工时期连夜加班不能正常作息，不加工的时候连人都没有一个。吃饭得自己做，娱乐活动更是没有，电视效果也不好，向方清对这种乏味的生活极其抗拒。

到了 2009 年，随着廖泽熙调离太阳河，向子友也考虑两处办厂精力分散，孙子又不愿单独在太阳河创业，于是决定撤回太阳河的投资，一心办好雨龙茶厂。

2010 年，时任屯堡乡党委副书记吴秀忠到马者调研，他对向子友家的情况作了深入了解后，建议向子友在茶叶加工的同时增加农家乐项目。向子友的心思只在茶叶上，对农家乐没有兴趣，吴秀忠多次做工件，给他讲大峡谷景区对向家坝办农家乐的影响，向他描绘农家乐带来的美好前景。在吴秀忠的反复劝说下，向子友的观点转变了，决定开办农家乐。他投资改造了房间，新建了厨房、卫生间，添置了设备，2010 年，惠馨苑山庄正式开张（图 9-8）。由于向家坝在恩施前往大峡谷的

旅游公路上，自然风景极好，自驾游的客人都喜欢在此停留小憩，有了稳定客源；此时姚家坪电站前期工作展开，有很多人在此食宿，有了固定消费群体；同时，屯堡乡为支持惠馨苑山庄，也把一些公务接待放在这里，农家乐的生意一开张就兴隆起来。生意能兴隆起来容易，要保持下去就难，但惠馨苑山庄却有核心竞争力，那就是向子友的老伴和儿媳都有一手好厨艺，用的是当地生产的地道农家产品，加上地道的农家菜烹调手艺，让食客舍不得放筷子。开业当年农家乐纯赚 20 余万元，同时带动茶叶销售，雨龙茶厂的茶叶大多在自己家里就销出去了。

● 图 9-8　向家的经营场所

惠馨苑山庄的成功影响到公路沿线的农户，有条件的农户也筹划开办农家乐，到 2016 年仅马者村境内已达 20 余家。农家乐的兴起繁荣了大峡谷旅游公路沿线的经济，增加了农民收入。而向家坝的农家乐在向子友一家的带领下，于 2013 年率先向过往人员和车辆作出四免费的承诺：免费品茶、免费加水、免费停车、免费如厕。"四免费"适应了旅游需求，各类车辆在向家坝停留，带动了餐饮、购物，不但雨龙茶厂的茶叶就地销售，当地的其他食品、药材、手工艺品都有人开店销售。向家坝的成功经验又推广到整个旅游公路沿线，"四免费"成了恩施大峡谷旅游公路沿线的统一行动，让来自远方的游客体会到恩施人的热情好客。

年轻的向方清对于农家乐和茶叶加工似乎始终不感兴趣，从太阳河回来后虽然也继续做茶、卖茶，但却不怎么上心，还一度出去打工，想摆脱茶叶加工这一枯燥的行业。2014 年是向方清转变的一年，发生变化却是源于他使用的手机。这一年他买了一款智能手机，开始用手机上网、交友，来自网络上的海量信息让他对茶叶有了全新的认识。此时向方清已经结婚，妻子谭慧敏一进家门就接手旅游接待，为客人泡茶、介绍茶叶产品。小两口相互探讨和交流茶叶，年轻的心被触动，茶叶加工不再是枯燥无味的谋生手段，电商、微商等进入他的视野。小夫妻开始共同琢磨茶叶，以前枯燥无味的茶叶加工变得甘之如饴，与客户交流必须掌握茶叶生产、加工、品饮的全部知识，于是一对年轻夫妻爱上了学习，利用各种机会提升自己。新型职业农民培训开设有茶叶班，二人分别参加，因二人极具代表性，被送外省学习交流。在培训中，向方清夫妇和授课老师、同班同学建立紧密联系，不仅有电话联系，还加了QQ、微信，建成QQ群、微信群，以此跟老师交流知识技术、和同学谈体会寻合作。向家的第三代茶人以全新的风貌，闪亮登场。

向方清爱上茶叶后，不仅琢磨加工，还利用网络销售茶叶，开了网店，开通微店销售茶叶，向家自己的茶叶加工已经满足不了需要了。

2015年，向家的茶叶加工厂进行了翻修，茶叶加工厂和农家乐作了一个功能分区：整栋房屋为惠馨苑山庄，后面新建一栋加工厂房，惠馨苑山庄前开辟一片品茶和茶叶销售场所，使农家乐更上档次，茶叶加工能力也得到很大提高。经过布局调整，惠馨苑山庄每天车水马龙，农家乐生意兴隆，茶叶销售也异常火爆。虽然加工能力提高了许多，但仍不能满足销售需要，向方清按照自己的产品质量要求寻找合作对象，收购合作方的合格产品，在确保质量的情况下代销其他茶厂的产品。

2015年5月19日，时任中共中央政治局委员、国务院副总理汪洋在恩施集中连片贫困地区调研旅游扶贫工作。马者村的向家坝是旅游扶贫示范点，成为汪洋调研的目的地，向方清在惠馨苑山庄接待了汪洋一行。汪洋副总理在看了客房、厨房、餐厅、卫生间后，又看了茶叶加工厂。当向方清介绍自己通过微店、淘宝等电商销售平台拓展经营渠道，3月以来销售茶叶实现收入120万元后，汪洋副总理特别高兴，要求看一下电子商务方面的情况。向方清提供了相关资料，汪洋不仅在电脑上看了电子档案，还看了客户账单、快递资料，边看边和向方清交流，当看到有很多茶叶销往安徽时，汪洋对向方清的赞许又多了些许。汪洋在喝了向方清的茶后，勉励他再接再厉，实现更大的发展。

向家三代人做茶，但做茶的意境却有不同：第一代做茶是为了生活，手工为主，赚点钱补贴家用，卖茶则在恩施城里四处求人；第二代做茶是发家致富，机械加工，茶叶卖向全国各地；第三代做茶是标准化生产，实现自身的人生价值，利用互联网销售。

如今向家的三代茶人是向家坝的一道风景，向子友安享晚年，他依然精神矍铄，可惜的是老伴已经离他而去。四世同堂已是人生可遇而不可求的境界，在儿孙们忙不过来时他还常搭把手，更多的时候带着重孙四处转转；向习枝安心做茶，加工厂是他的舞台，他带领工人们匠心打造，制造出清香四逸的优质茶叶产品；魏林英是惠馨苑山庄的统帅，吃饭、住宿、环境卫生都是她的"势力范围"，同时也是一家人的后勤部长，有空还要管管孙女；向方清已显出新一代当家人的风范，大事以他的意见为主，电商掌握在他手指间，产品由他定位，"云观玉叶"也被他纳入恢复打造的品牌之中；谭慧敏人如其名，聪慧异常，无论是旅游接待还是现场销售她都游刃有余。

三代茶人三种意境：一代艰苦创业，二代寻求发展，三代成就事业。

第十章

恩施茶文化

茶是人们的生活必需品，却高于基本生活需要，是人类提高生活品质的消费品。茶作为高品位消费品，在品饮的过程中必然会形成独特的文化，包括茶道、茶艺、茶德、茶俗、茶联、茶书、茶具、茶画、茶学、茶故事等等。由于特殊的地理环境和历史变迁，茶这一与人们生活密不可分的物产，在恩施这片土地有着特殊的意义，它不仅体现出人生的酸甜苦辣，更表达着人间的沧桑变化。由于恩施缺乏专业人员研究茶文化，恩施茶文化很少为人知晓，笔者在这里仅介绍自己所知的一点皮毛。

第一节 恩施民间的茶习俗

 一、恩施独特的茶习俗

// 1. 敬茶

恩施人尚茶，来客必先奉茶，饭后再送上一杯热茶，这是最基本的礼数。恩施人待客用茶是有讲究的，贵客来了，请吃鸡蛋一碗，叫作"吃鸡蛋茶"，远客来了吃"油茶"，正月待客吃"荫米茶"，平时常客来饮"白茶"，夏天饮"梨儿茶"（棠梨叶），年长者饮"罐罐茶"。

（1）装烟倒茶是待客的序幕。

恩施人家里来了客人，请坐后必装烟倒茶。烟是自家种的土烟，需两片；茶用自家产的白毛尖，水要烫。无烟茶则表示主人对客人不敬，茶温度不高则表示对客人不热情，恩施人用"来客不倒茶，倒装一根烟"来讽刺主人吝啬，喝"温茶"表达主人冷淡。

（2）"茶不欺客"。

倒茶的时候，得依照一定的顺序，一杯一杯端给客人，不掉一人，哪怕是抱在怀中的婴儿，也得问大人一声"喝点茶。""茶棍儿立，客到齐"，即在倒茶的茶杯中，若出现倒立的茶梗，预示着客人还没到齐。若出现茶梗悬浮在茶杯中没动，表示客人到齐了。

（3）"七家茶"。

恩施人在立夏这天，各家多沏新茶，配上各色细果，送给亲戚邻舍以示消除夏疫，谓之饮"七家茶"。

// 2. 独特的冲泡方法和饮茶感悟

土家人的茶具不大讲究，泡茶的茶罐为普通的陶罐，用陶罐冲泡茶水最讲究的是烤罐茶。先架上大火，一边烧开炊壶中的水，一边将茶罐放于火上烤干，等茶罐发烫了再放进茶叶，边摇边烤，直到满屋子溢出茶香，才将炊壶中的开水倒上少许"发窝子"。"窝子"发好后，再反复冲水三次，此为"茶冲三道自然香"，茶味香浓，是解酒提神的妙品。也有用小水量冲泡，连冲九次，称为"九点头"，这是"功夫茶"，要经过长期操练的冲泡技巧。

"头道水，二道茶""头杯渣，二杯茶"，茶一般要喝第二口、第二杯。而喝茶也要喝出响动，深吸气，不仅要让茶香在嘴里多回味，而且得把茶香深深地吸进肺中，让五脏六腑都得到享受之后才吞下去。对烟酒茶，恩施人也有独特的看法，"饱茶饿酒饭后烟""粗茶淡饭，多活一半""少抽烟，多喝茶，阎王拿他没办法"等等，享受却不忘养生。

// 3. 独特的茶礼

土家人的茶礼繁多，讲究的是"礼多人不怪"，如果稍有差池，就有失礼的可能。因此恩施的茶礼是从娃娃抓起的，一般是老人通过猜谜来向小孩子传授礼仪，这个谜语是"言青不算青，二人站在土上说原因，三人骑牛少只角，草木之中还有人"。谜底是"请坐奉茶"，让小孩子从小知礼。

（1）招待访客。

访客是故交邻居的短时来访，虽时间较短，但待客的礼节还是要尽到。访客登门，主人先请客人就座，奉上自种的上等土烟，再献上自制的白毛尖，茶最好用盖碗冲泡，然后主客开始叙谈，叙谈过程中还需根据客人饮茶情况适时续水，始终保持对客人的尊重。

（2）招待来客。

在恩施，有亲戚朋友或有事者登门，都称为"来客嗒"。来客必须要招待，主人先把客人请进屋坐定，然后就是奉烟敬茶。恩施人敬茶是有讲究的，女主人对客人说去"烧碗水喝"，在一番忙碌后端给客人一碗油茶汤，这碗水的情义浓得不能再浓了。侗家待客有"茶三酒四烟八杆"之说，其原因是侗族人三碗油茶过早，足见侗族人对油茶的喜爱和对客人的尊重。恩施由于交通不便，来客一般进出三天，有的时间更长，来一次不容易，主人挖空心思找理由留客人多玩几天，于是"天晴等路干，下雨把艄弯"。待客则每餐饭前都要"吃茶"，有鸡蛋茶、葛粉茶、面食茶等。

（3）过事待客。

恩施人在婚、丧、嫁、娶、生日、祭扫、喜庆时会邀请一定范围的亲朋相聚，当地人称为"过事"，主家备酒宴款待。恩施人过事都请"总管"和"帮忙的"。"帮忙的"按分工行事。分工中有专门负责茶水的"司茶"人员，"司茶"是重要工种，比做菜、做饭还重要，一般选细心老成的成人带几个聪明伶俐的半大帅气小子担此重任。烧茶、泡茶环节在高温条件下进行，由老成者负责，避免出现安全事故，半大小子则负责将茶水奉送到客人手中，客人见到半大小子奉茶亲近感也油然而生。客人到来时，总管一声"来客嗒，倒茶"，冬天则是"给才来的稀客倒杯热茶"，帮忙的一齐应一声"哦，来嗒"，表示已知道了。客人听到，不管茶是否到手，心里都是热乎的。主人听到总管的喊声，赶紧出来迎接，表示对客人充分的尊重。客人先向主人表示恭贺或问候，主人相迎并请客人就座。奉茶的小子端着茶盘穿梭于客人间将茶水送到新到的客人手中，当然先到的客人也可以从茶盘中取用。这种活动因为参加的人多，茶水就不可能现泡，而是用茶缸、茶罐、茶壶等大的泡茶工具事先泡好，客人到后及时奉上。斟茶只斟半盏，不能满斟，以示礼貌。如遇单个客人到来，奉茶者端一杯茶，以右手握杯，左手五指平伸托着杯底，极其恭敬地奉于客人面前，并说"您喝茶"。

（4）施茶。

在恩施，各家各户在家中表现的这些茶礼，不管它有多么繁杂多么讲究，那终究也是对自己人的礼，带有血缘和感情色彩，是在一定范围内施行的礼仪。恩施人最大气的茶礼是"施茶"。大路边、店门口、凉桥头放上用筛子罩住的一大缸茶水，再放上一长柄竹筒和几个茶杯或小碗，让过路的人随意取用，叫"施茶""友情茶"或"礼仪茶"。这种茶礼是对大众无差别对待的礼仪，是不计得失、不求回报的行为。土家人信奉"积德有德在"，故有"施得三年茶，不生娃的也生娃"的说法。然而这种施茶习俗随着交通条件的改善、徒步远行人员的减少而淡化。近年"施茶"习俗在恩施以新的形式出现：一是徒步运动兴起，徒步队伍在乡间穿行，途中在农家休息，主人除提供座椅外，还烧水泡茶，热情接待且完全免费；二是旅游公路沿线的茶叶经营者免费提供茶水，让客人免费品饮、休息。

// 4. 茶俗

恩施的茶俗源远流长，涵盖万事万物，融于人的一生。

（1）生育。

洗三朝：孩子出生后的第三天，"取净水以茶三钱煮之，后置入艾蒿、九灵光、蒜茎、抻筋草、三角枫，三沸则成，倾之木盆，至温热以沐浴。"这就是土家族传说中的"洗三朝"。

出月祭井：婴儿满月，要举行"出月祭井"仪式。产妇先将婴儿抱至火堂或灶前，向火堂或灶作三个揖，意即叩拜一家之主的火神和灶神。接着用火堂鼎锅底部或灶门的黑烟在婴儿头上画个"十"字，表示得到了火神和灶神的保护，取得了避邪压煞的护身符，也有了享受人间烟火的资格。接着，产妇带着两个熟鸡蛋、一把小米、一束香、一叠纸钱，抱婴儿到水井边，将小米洒进井里，点香烧纸，给婴儿喂点水后，再用茶壶盛水回家，给婴儿洗澡，洗去灾疫。这一仪式表达的是一个新的生命开始饮食人生，祈求各方神灵庇佑。仪式中茶壶盛水传达了小孩需要用这里的水泡茶饮用、洗涤净身。

茶囊：用茶叶装入纱布小袋，名叫"茶囊"。用易于透气的纱布或稀疏的棉织品缝成鸡蛋大小的口袋，里面装满炒香的茶叶，冬春两季挂在小孩的胸前，使其随时能闻到茶叶的香味儿，鼻息畅通，免受风寒。

（2）婚嫁。

《施南府志》中有"婚礼行茶下定，谓之作揖。男家具仪物，庚帖送女家填庚，谓之押八字。长成，始纳采。请期，丰俭随力。迎亲，男家请男子十人陪郎，谓之十弟兄；女家请女子十人陪女，谓之十姊妹"。

恩施人实际的婚嫁习俗却不是志书中所说的那么简单，其环节颇为繁杂，环环相扣，需一步步走完才能喜结连理。

托媒。托媒是婚嫁前奏曲。男方备茶礼请一位熟悉双方家庭情况的能说会道之人（媒人，因多为女性，俗称媒婆）到女方家里说媒。

过礼。恩施男女结婚的头一天，男方到女方家过礼。过礼由掌礼先生带队，与媒人和准新郎一道，由帮忙的将男方备办的各种花红彩礼、盐、茶、米、豆、肉、红包等送到女方家，向女方交代彩礼、衣物等，并接洽次日娶亲的一切事务。这一过程就是"过礼"，茶是过礼不可或缺的重要物品。

交杯茶。人们都知道结婚时有喝交杯酒的环节，但恩施农村却是喝交杯茶。在新郎、新娘入洞房后，圆亲婆吩咐新郎的妹妹或侄女给新郎、新娘倒茶，圆亲婆将两个茶杯中的茶水混合后，交新郎、新娘各饮一口，又交换茶杯各自再饮一口，这就是喝交杯茶，以示今后夫妻和睦，不发生口角。新郎、新娘喝完后把茶杯交给倒茶的小姑娘，并各给一个小红包。

拜茶。结婚的当天晚上或次日早上举行拜茶仪式。新娘将给男方至亲长辈做的布鞋当众敬献。布鞋的质量代表新娘的本事，双方都极其重视。长辈们接到布鞋后，要给新娘打发拜茶钱，对新娘的礼节表示感谢。收到布鞋的长辈非常高兴，这是新娘对自己地位的认可，有人自认为能得到布鞋而未得到，则认为是新娘对自己冷淡，会十分失落。

新婚次日，新娘早晨得给公爹、公婆各敬一杯茶，公爹、公婆饮下这杯茶后要回礼，这个礼便叫"茶钱"。若是公爹、公婆要考验媳妇的"孝心"，第二天早晨迟迟不起床，新媳妇要把茶送到床前，这叫"喝揪脑壳茶"。

（3）丧葬。

冥枕。人死入殓时，冥枕是用于死者头部的垫衬物，和人活着时用的枕头是一个意思。恩施的冥枕是青色棉布制成的，入殓时，家人将一斤七两干燥的茶叶放入枕中，用白线扎紧。茶枕在稍用力时可使其按需要改变形状，以便入殓时能将逝者头颅放置得当，达到最佳效果，让逝者处于最自然的状态。

叩茶。人死入殓后，请道士开喉咙、叫茶、叫饭。恩施有"莫饮阴间忘魂汤，只饮阳间一杯茶"的说法。

路祭。殡过之处，如系亲友家宅前，亲友家则备香、烛、茶、菜，设祭桌于路旁祭奠，谓之"路祭"。

回煞。"回煞"有的地方也叫"回殃"。道士按亡人死时年月干支推算魂灵返舍的时间，并说返回之日有凶煞出现，故称回煞。届时，丧家备茶、果于亡者之屋，家人外出，让其回家享受昔日生活。

（4）祭祀。

用茶水敬神灵是恩施人最神圣的仪式。土家人认为万物皆有神，家有家神、山有山神、水有水神、路有路神，而茶叶为灵物，是打通阴与阳、天与地、虚与实的媒介，是人与神灵联络的桥梁和纽带。除夕敬祖宗、敬财神、灶神等等，打猎、伐木敬山神，打渔敬河神，远行敬路神。敬神都得用茶水，而且用的是细茶，煨茶需用敬茶罐，罐小茶精，弥足珍贵，以此让活着的人在精神上与先祖、与神灵、与自然进行沟通，实现天人合一，达到心灵的至高境界。

// 5. 茶禁忌

土家人不允许将茶随意泼在地上，否则玷污茶神，会遭恶报，这是对茶的珍惜。茶叶不能随便用手抓，要抓茶叶，先要"净手"，即洗手以后才能抓茶叶，这既是对茶神的敬重，也可防止污染茶叶，与现在的卫生要求契合。

// 6. 茶语言

土家人也通过茶来表达自己的情感或意向，特别是一些不便直接用语言表达的诉求和态度，用茶表达就让人免于难堪。

以茶道歉。向人道歉化解矛盾时，茶水倒八分，双手敬奉，充分表达自己的诚意。对方接茶、喝茶，表示接受道歉；如果不接，表示没得商量；接而不喝则表示尚有商量的余地；若是将茶杯抓起摔在地上，则表明已经结仇，无法调和。

送茶退婚。芭蕉风俗，当男女婚姻由双方父母决定后，如果姑娘不愿意，可以用退茶的方式退婚。具体做法是：姑娘悄悄包好一包茶叶，选择一个适当的机会亲自送到男方家中，对男方的父母说："我没有福分来服侍两位老人家，再也不能给你们敬茶了！"说完，把茶叶放在堂屋的桌子上，然后离开。这门亲事就算退掉了，双方家庭都必须认可。

以茶留客。在恩施，如果你出门办事遇到有人喊你喝茶，表示你的下一餐饭有了着落，不喊你喝茶则表示主人家无留客之意，最好早作打算。如你与人同行，有人对你说："等一会儿到我这里喝茶。"表示他想请你一个人吃饭，但没有请大家的意思。你要把握好时间，在适当的时候与同行者分开，去享受美餐。

拜师敬茶。恩施拜师敬茶而不敬酒，拜师仪式上，徒弟给师父敬茶，表示今后愿意侍奉、孝敬师父，甚至是养老送终。

透过土家茶文化，我们看到了土家人的精神世界，看到了土家人的情感需求，感受到了土家人的乐观豁达，理解了土家人的含蓄变通。

二、恩施独特的茶食品

恩施人对茶有着独到的见解，不仅识茶，更会用茶，把茶的用途从饮用扩展到食用。

// 1. 油茶汤

恩施油茶汤是有名的茶食品，现在绝大多数人并不知道恩施人在什么时候用油茶汤来招待什么样的客人。据考证，以前土家人一天只吃两餐，而且没有通信设备，土家人常用它来招待在早晚两餐之间突然到来的极为尊贵的客人，比如未来的女婿、亲家或是舅舅、姑爷，还有尊贵的稀客（很少来的远客）。其实油茶汤是正餐的补充，既能消除客人路途疲劳又能一饱口福。其特点在快，客人落座不久即可奉上。油茶汤的做法多样，基本做法如下。

烹饪时先将花生米、阴苞谷子、阴米子和粗茶依次在猪油中用小火炸酥后分盛碗中（按人数定碗），留余油少许，放入大蒜丝、姜丝待炸出香味后加入适量清水（可下腊瘦肉丁、打荷包蛋），烧至沸腾舀起浇入备好的碗中，撒上胡椒粉、葱花即可。制作注意事项：油要厚、茶要香。食用注意事项：需先敬老人、长辈和客人，自己再吃。油茶汤因油厚，温度高却看不到热气，易烫嘴，吃时要一边轻轻吹凉，一边用瓷匙小口慢用。有俗语"油茶汤不出气，烫死傻女婿！"这也是土家人凭吃相来考核未来女婿智力、见识的方法之一。

// 2. 凉拌鲜茶

取春茶肥嫩的一芽一叶或一芽二叶鲜叶为原料，以姜、蒜末和盐、酱油腌渍 10 分钟，加入陈年酸水，翻动数次，一小时后即可食用。

// 3. 油炸鲜茶

油炸鲜茶是枫香坡的一道侗家菜，其制法为：采一芽二叶小叶种鲜叶 100 克备用，锅中倒入食用油 250 克，开火，手感觉到锅上空气烫手时将鲜叶倒入，并及时翻动令其散开，待茶叶上浮时迅速捞出，放入盘中，撒入适量椒盐即可。

// 4. 茶咸菜

如茶香豆豉、茶香麦酱、茶香盐蛋等。恩施人佐餐爱用水豆豉，其实水豆豉就是成品干豆豉加冷却的浓茶水浸泡而成，还可根据口味加入辣椒、花椒、盐等调味。其他茶咸菜也会在制作过程中加入茶叶，改进菜品的风味。

//5. 蓝氏茶食

芭蕉的蓝氏是茶叶世家，对茶叶的种植、加工有独到的见解，在茶的利用方面，蓝氏也有自己的独创。"开茶宴"是蓝氏一年春茶开园仪式结束后的聚餐，茶食是必不可少的。

（1）茶香饼。

用泡发好的糯米拌入切碎的熟茶（蒸熟的新鲜茶叶）、毛香（菊科、火绒草属植物），然后用石磨将它们磨成米浆，做成饼上屉蒸熟即可食用。做饼时可包杂糖（芝麻、花生、砂糖等混合体），亦可包肉、包菜，看起来翠绿欲滴，吃起来茶香四溢，甘爽可口。也可将拌好熟茶、毛香的糯米直接蒸熟，然后用石臼舂成饼坯，做成小饼。其实土家族特有的酥茶月饼，就是在做馅儿的时候拌入了用清油炸得松脆喷香的上好茶叶。

（2）茶香蹄膀。

首先泡一杯浓绿茶待用，将蹄膀下锅煮至七成熟，捞起晾干；凉透后在蹄膀表面涂上土蜂蜜与高度纯谷白酒的混合浆汁，入油锅炸至表面金黄；再入调味锅（只放老姜、葱白、蒜，少量花椒、辣椒，适量盐）烹制到九成熟，捞出置入砂锅中倒入备用的浓茶，加入去油的原汤，刚好没住蹄膀即可，炖至收汁装盘。如果有条件将蹄膀上浆（鸡蛋清加芡粉），再入烤箱烤十分钟左右会更好。做好的蹄膀外酥里嫩，肥肉软糯不腻，瘦肉鲜嫩不柴，茶韵醇厚，唇齿留香。

（3）鹅香酥茶。

一种已近失传的美食。茶叶初出嫩芽前一两天，用稻草将茶树顶部覆盖遮阴，过几天后掀开稻草，采其黄白色嫩芽，过沸水氽熟置于簸箕上晒干，也可烘干。注意始终保持其原来的形态，烹制时入菜油锅炸酥即可。重点在掌握火候，油温过低则苦而不酥，油温过高则焦煳不香，常拌花生米同食，有烤鹅之香。

（4）茶香竹叶青酒。

将粟谷酒即小米酒（现在也可用玉米酒）200斤装入瓦缸，采鲜茶芽半斤，采茨竹尖一大把，用纱布将二者包好放入酒缸中，再放入青梅（或猕猴桃）、冰糖若干密封，一月既成。盛入碗中，碧如翡翠，满屋清香，入口绵甜，后劲悠长，不上头，不反胃，很多"酒仙"都在不知不觉中醉倒了！

恩施本地人习惯把一切糕饼、点心统称为"茶食"。大户人家辰时吃早餐，戌时吃晚餐，而中午则吃各类点心，不论吃什么样的点心都必须配香茶，因此这些点心叫作"茶食"，这个过程叫作吃"午茶"或叫"过中"，其中茶品的档次高低直接反映主人的社会地位和经济状况。早先只吃午茶，后来发展为早茶、午茶、晚茶。当然，能安排早茶、午茶、晚茶的人家非官则商，非富即贵，普通人家是讲究不了的，只有贵客来了才学大户人家的样子奢侈一回。

三、"原始中医"中的茶文化

古代医学不发达，民间多用一些偏方为自己和家人治病，这些药方不一定有效，且当作传闻作简单的介绍。

// 1. 背魂药

治疗小孩受惊吓和"走胎"。小孩受惊吓表现为无精打采、无力、发蔫，小孩"走胎"则表现为发育不良，枯瘦如柴。两种病症都查不出任何原因，小孩也没有其他不适感，俗称掉魂。用蛤蟆草、五爪龙草、整米各数片（粒），茶叶三片，用黑布包起来做成三角形，遇单日子缝在内衣腋下边（缝得不要太紧），自然脱落即表示病症已解决掉。

// 2. 斩转蛇丹

治疗一种成串绕腰而生的带状疱疹，因带状疱疹如一条毒蛇缠在腰间故称斩转蛇丹。如果不及时治疗，水泡如果在腰间形成闭合圆圈，则会危及生命。将龙骨刺草连茎带叶采回来焙干，与干茶叶、干花椒一起碾成粉末用布包起，蘸生菜油擦拭患处，据说非常灵验。

// 3. 芪茶汤

黄芪两片、老红糖适量、老姜三片、熟茶适量用开水冲泡，只在中午以前饮用，过午不用。补中益气，止渴生津，活血化瘀。还有泻火醒酒汤，先将切块雪梨、冰糖熬好，离火放入绿茶适量，温时饮服。这些都不是药，只是好喝的茶，有时却有药剂达不到的效果（注：身宽体胖者少用）。

// 4. 消食化积茶

将一小把粳米拌入十来颗茶叶在锅中炒成焦煳状，注意不煳不行，太煳也不行，有经验者凭煳的香味来判断炒好没有。用开水冲泡片刻趁热服下，可治疗因积食不化引起的打馊臭嗝、腹痛胀气。

第二节　恩施的茶文化形式

恩施特殊的茶文化在长期的历史演变过程中形成了各种表达方式，以此传承和发扬。

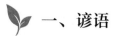 **一、谚语**

// 1. 茶叶生产

阳坡的木瓜阴坡的茶。

家里有五园（果菜茶竹麻），不愁没有钱。

茶芽茶芽，早采早发。

头茶不摘，二茶没得。

春茶留一芽，夏茶发一把。

茶叶脑壳痒，不掐它不长。

摘茶不收兜，像个偷食猴。

摘茶不下园，撩死万人嫌。

要想茶叶发得好，三晴两雨不可少。

春茶香，夏茶涩；茶好喝，秋霜白。

春茶香，夏茶涩，秋茶好喝无人摘。

养儿不如种块茶，老了才会不抓瞎。

种豆得豆，种瓜得瓜，种茶有钱花。

靠山有柴，靠茶发财。

// 2. 茶与生活

客从远方来，快用茶来待。

茶涩人不啬，人啬茶不涩。

仇人见面满斟酒，客人进屋浅斟茶。

好玩不过十七八，好吃不如饭泡茶。

做事切忌别心粗，莫把茶壶当夜壶。

早上一碗油茶汤，一天做事心不慌。

茶是顺气药，喝嗒话好说。

夏饮凉茶提精神，冬喝热茶最暖心。

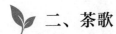 二、茶歌

茶歌是流行于我国南方各地采茶区的一种民间歌舞体裁，在恩施这个多民族聚居区，内容就更加丰富，如《采茶歌》《六口茶》《十杯茶》《姑嫂二人采细茶》《茶山四季歌》《倒采茶》等在恩施广为传唱。这些茶歌有在采茶时唱的，但更多的是在喜庆时刻、人员聚会时演唱，一般是展现生活场景，诉说悲欢离合，其中多有男女青年的爱情表达，也有成年男女打情骂俏的成分。

// 1. 民歌

恩施有很多以茶为引的民歌，其内容中有茶的元素，以茶寄情、以茶叙事、以茶明志、以茶诵德。

// 2. 叙茶歌

叙茶歌是以茶为引子叙述生活、叙述情感，叙述人间百态，叙述悲欢离合。

// 3. 小调

恩施民间传唱大量以"采茶"命名的成套唱腔小调，这些唱腔小调虽然叫"采茶"，但不一定是采茶时唱的调子，内容也不一定与茶有关。"采茶"就是其中的一种固定的演唱腔调，唱的内容会用作小调的名称。它可单独成章，也被广泛用到"锣鼓歌"中，并常以歌词内容来命名，如《鲁班采茶》《绣花采茶》《算盘采茶》《绫罗采茶》《飞蛾采茶》《十字采茶》等，也有以唱腔变化取歌名的，如《南腔采茶》《苦板采茶》《散号子采茶》等。有的采茶歌从年头唱到年尾，唱的是每月的农活、家事、风俗节事等。

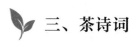

三、茶诗词

// 1. 清·蒋士槐

依山面水一家家，风土人情大不差。

唯有客来沿旧俗，常需哑酒与油茶。

// 2. 彭秋潭的竹枝词

彭秋潭（1746—1807 年），名淑，号方山居士，土家族，长阳县人。

第一首

灯火元宵三五家，村里迓鼓也喧哗。

他家纵有荷花曲，不及侬家唱采茶。

第二首

朝吃糜汤暮吃茶，出门虽好不如家。

捞鱼要听蚂蟥水，采蕈须防蛇放花。

第三首

轻阳细雨好重阳，缸面家家有酒尝。

爱了采茶歌句好，重阳作酒菊花香。

// 3. 樊增祥《采茶词二首》

樊增祥（1846—1931 年），清代官员、文学家。原名樊嘉，又名樊增，字嘉父，别字樊山，号云门，晚号天琴老人，湖北省恩施市六角亭西正街梓潼巷人。光绪年间进士，历任渭南知县、陕西布政使、署理两江总督。

第一首

云鬟金钗出左家，清明随分看桃花。

谁知螺钿溪边女，一月蓬头自采茶。

第二首

分龙雨小不成丝，晏坐斋中试茗旗。

乳燕出巢蚕上簇，山家又过炒青时。

// 4. 赛新茶（清 张干清）

清明节后入山崖，一望巴茶客兴赊！

三月烟村如列肆，门前各自赛新茶。

// 5. 采蕨（清 商盘）

采蕨复采蕨，蕨生蛮峒窟。

秋将蕨粉收，春待蕨苗发。

蕨苗葱翠如禾苗，布种不用施鉏铫。

妇女提筐立沙嘴，儿童负笼穿山腰。

施州地广民富足，况逢五谷穰穰熟。

比邻都有好田园，此产还同闲草木。

君不见，嫩韭初芽芥未花，登盘蕨菜定足夸。

夕阳一片踏歌起，社前竞采西岩茶。

// 6. 施州草木诗（吴其浚 清代植物学家）

北方千尺冰，曝檐醉白日。

南山十日雪，不禁池水溢。

池中如船藕，皎如玉缤栗。

池上宝珠茶，赤焰忘凛栗。

芙蓉自畏寒，晚花露萧瑟。

始知天地气，升降非胶一。

舒惨互相循，生机仍时逸。

长安方腊鼓，海棠照盘橘。

// 7. 采茶诗（清 顾彩）

妇女携筐采峒茶，涧泉声沸响缫车。

湔裙湿透凌波袜，髻边还簪栀子花。

// 8. 采茶诗（清 吴良棻）

大利无如漆与麻，春三二月有新茶。

谁知药笼参苓外，上品尤推厚朴花。

// 9. 竹枝词（清　周鲲化）

> 亦有斤茶勉贡输，火前香味最清腴。
>
> 趁他阳雀未开口，好擎筠篮伴小姑。

// 10. 五峰玉露（佚名）

> 甘洌清江水半勺，五峰玉露茶一撮。
>
> 一杯二杯三四杯，唇齿溢香津液多。
>
> 身轻气爽力复生，古往今来思路阔。
>
> 胜似卢仝汤七碗，习习清风腋下过。

// 11. 富硒茶（杨军）（图 10-1）

一壶富硒茶，一支苗山花。品出土家人的潇洒，品出锦绣的中华。暖一个冬，凉一个夏。芬芳飘香到天涯。

一壶富硒茶，一段心里话。泡开乡音的牵挂，泡开五千年的文化。想一方土，念一个家。情系清江富硒茶，富硒茶。

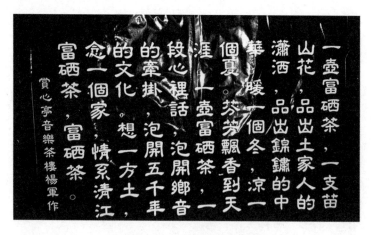

● 图 10-1　杨军《富硒茶》

 四、农民抗战读本

1940 年，湖北省社教工作团恩施工作队第五队编写《农民抗战读本》（图 10-2），全书 18 页，线装成册。其中第二课的内容涉及茶。

《恩施文史》·31

5. 农民抗战读本

第一课

我种田，你织布，织布种田，种田织布。

第二课

春天里，百花香，郎种田，姐采桑；

春天里，草发芽，郎种田，姐采茶。

第三课

夏天里，热难当，起早歇晚日夜忙。

第四课

秋天里，秋风凉，租太重，债难还，捐税太多，自己白忙。

第五课

冬天里，大雪天，卖掉老牛，过不得年。

练习一 一封信

大姐：

你织的白布，采的香茶，卖掉了。

我种田，起早歇晚，春夏秋冬日夜忙，租太重了，捐税太多，卖掉老牛还不得债，自己白忙。冬天，大风大雪，还难得过年。

老三 五日

第六课

小小牛角尖又尖，世上人民千万千，少了哪个没饭吃？少了哪个没衣穿？

● 图 10-2 《恩施文史》农民抗战读本内容

第三节 茶 故 事

一、传说故事

// 1. 土家族来历的传说

据专家考证，巴人的主体后裔就是现在的土家族。一开始，"土家"这一称呼不是土家人的自称，而是外族人对他们的称呼。"土家"人自称"毕兹卡""贝锦卡""毕基卡""密基卡"等，这是因为居住地不同，发音有所区别造成的。在农耕文化发展的初期，山里的巴人与平原的汉人在地位上没有多大区别，汉人对巴人的称呼是"茶""槚"，意为这一民族与茶关系紧密。"茶"是茶最早的称呼，"槚"是茶的另一称谓，表示巴人是尚茶的民族。后农耕文化兴盛，荆楚之地的汉人凭借优良的水土资源日益兴盛，而居高山峡谷的"茶槚"一族因环境恶劣则日显落后，被汉人轻视，于是在古代汉人用"土""蛮""峒"来称呼山野落后族群。虽然都是贬称，但程度略有区别，"土"是蔑称，"蛮""峒"是侮称。所以汉人对巴人当面使用的称呼为"土"，如土司、土民、土人，背地则称"蛮"，对巴人生活的区域统称"峒"。统治者对少数民族称"獠"，待之如兽，厌恶之极，《宋史·列传一百三》有"通判施州。州介群獠，不习服牛之利"的记载，表明当时主流社会没有平等地对待施州等地的居民。楚地汉人与巴人因山水相连、交往频繁，为不致因称呼让人过于难堪，便以"茶槚"的谐音称巴人后裔为"土家"，于是"土家"成为汉人对巴人后裔族群的称呼，也成了今天的民族称谓。

// 2. 茶山娘子的传说

相传在古代巴人时期，芭蕉硃（朱）砂溪畔有一座美丽的茶山，茶山上住着一位种茶、采茶和制茶的能手，人称茶山娘子。她丈夫早亡，女儿也不幸为强人所害，但她一心向善，乐于助人。曾经被她救助过的一只蝴蝶为报恩，教给她一种驱赶"茶毛虫"的巫术，她就用这种法术帮助茶农，保护茶园，死后被人们奉为茶神，号称"茶神娘娘"。

// 3. 鸦鸣洲的传说

远古时期，一对神鸟（乌鸦，当时称为神鸟）口里各含一粒种子在天空飞翔，当飞过芭蕉时，被这片秀丽的绿洲迷住了，不禁高兴地唱起了颂歌。未想到一张嘴，所含的种子掉落到地上，长成了一片四季常绿的植物，人们称这植物为"茶"，把种子掉落的地方叫作"鸦鸣洲"。

// 4. 头茶园、二茶园的故事

恩施市太阳河乡有个头茶园村，现村委会所在地叫头茶园，与建始县业州镇杨泗庙村交界的地方叫二茶园。

据当地人介绍，这两处地名最开始是清乾隆年间开始叫的，只是两地的名称刚好互换，头茶园叫二茶园，二茶园叫头茶园。

相传，清乾隆年间，太阳河与杨泗庙交界处的沈九儒以进士身份选为夔州知府。因夔州属四川管辖，为边销茶区，建始自川归鄂，尚带茶引18引入鄂。沈九儒见茶叶为大利之物产，遂决定在老家种植。不仅移林中茶树于坡地之中，还从建始、奉节、巫山等地引进茶种种植。由于当地地理气候条件极其适宜茶树生长，很快获得成功。因其为太阳河的第一片茶园，故称"头茶园"。

"头茶园"的成功案例让距太阳河集镇不远的村民眼热，他们认为当地的条件与"头茶园"类似，应该一样可以种茶。于是他们从"头茶园"捡来茶籽播种，果然成功，因其为太阳河建成的第二片茶园，故称"二茶园"。

外面的人不知道"头茶园"和"二茶园"的来历，在称呼时往往弄错，大多数人认为距太阳河近的茶园是"头茶园"，靠近建始的茶园是"二茶园"，到现在已约定俗成。虽与历史事实完全相反，却也顺应了大多数人的固有认知。

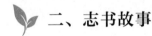

二、志书故事

// 1. 杂记故事

《恩施县志》嘉庆、同治版合卷的卷十二有这样的故事：

> 殷太公者，卫旗军。性长厚，而妇极贪鄙。公外出，有买谷数石者，妇量与之矣。公归，佯曰："家有秕谷，何不谷挽二三升乎？"妇曰："已挽若干矣。"公默记其数，补买者曰："代昨日茶。"盖覆妻之短也。其夜，梦神授以二纱帽曰："以旌善人。"后妻生子之盘，妾生子之铭，俱以岁贡先后任主簿，书香不绝。

在这则故事中，以茶为媒介，使恶行变为善举，惩恶变为扬善，茶，使善恶发生转换。

// 2. 志书人物故事

据《施南府志》道光版载，玉峰：不知何处人，明时往来建邑，初在小茶园建寺，既入石通洞炼丹。洞在县治西五里。一日有樵者母病笃，无丧具，仓卒过洞前，师知其故，曰：尔需几何。曰：三两足矣。师命取一石，樵者取石不大，师曰：尔心诚。置炉中炼之，成银三两，樵者遂以办丧。有诡辞往恳者，师亦曰：取石来。其人取石甚大。晒之，置炉中炼不成银，师曰：尔心不诚，胡为啰唣？遂去，不知所在。

此故事说明做人要诚，心大则不成事。同时说明恩施在明代茶园遍布，以茶园命名的地方很普遍，小茶园即为一处。

后记

　　恩施是湖北第一大茶区，茶叶产业的成就是历代茶人共同努力的结果。然而恩施却无对茶叶的专门记载，想了解恩施茶的历史和发展脉络，皆无迹可寻。

　　在工作中，我感觉恩施茶叶产业有历史、有底蕴、有故事，但苦于无人整理记载，找不到任何系统性的论述，仅靠口口相传，恩施茶的历史、文化、业绩终将被湮没，后人对恩施茶人茶事无从了解，空留缺憾。有此感悟后，我就开始资料的原始积累，以期给后人留下可供参考的依据。这是我动笔的主要动机，无论水平如何，能将自己知道的记下来让后人知晓，就算愿望达成。

　　2013年，一年两次手术让我感到人生要进行新的选择。于是我向恩施市委组织部提出辞去领导职务并得到批准，得以把主要精力用于恩施茶叶的历史文化研究。

　　在本书的编著过程中，恩施茶界人士给予了我大力的支持和鼓励：省农业厅果茶办宗庆波研究员提供资料并提出写作建议，省农科院果茶所龚自明研究员为我提供了一些茶叶科技界的秘辛，恩施职业技术学院杨胜伟老师对本书整体布局提出建议，亲自修改部分章节；西南大学刘勤晋老师对茶的历史文化内容进行了指导；同事王银香女士对全稿进行了修改；恩施州农科院副院长张强、州农技推广中心副主任兼茶产业协会秘书长胡兴明、特产技术推广服务中心何远军主任、恩施市农业农村局社会事业促进股股长王成松一起参与素材搜集整理并对书中内容提出了意见和见解。在资料搜集整理过程中，还得到了州、市档案馆以及芭蕉侗族乡政府的支持，蓝氏家族的蓝龄江、吴氏家族的吴成仪提供了两大家族的族谱和家族秘传，茶叶界的康纪成、邱家鹏和退休教师郑从本也提供了重要的历史资料。最为珍贵的是，汤仁良先生提供了抗日战争期间恩施茶叶产业情况的资料，填补了这段历史的空白。在写作之初，素材缺乏，困难重重，时任恩施市农业局局长赵树锋同志时时关注，为我鼓劲加油，帮助我解决了写作过程中面临的各种问题，使写作得以顺利进行。

恩施市农业局是我的坚强后盾，给予我写作时间，提供经费，需要查阅的资料也尽力提供。恩施茶人是我的同盟，他们无论是领导、专家，还是经营者，无时无刻不对我给予支持和鼓励，不仅有求必应，而且主动提供信息线索。

书成后，因资金困难无法出版，楚茶推广大使林木先生高度关注，亲自向华中科技大学出版社推荐并得到出版社的支持。本书的付梓，是众人支持和关爱的结果，在此，向所有给予关心、关注的人表示感谢！

由于本人能力、水平有限，书中观点未必能引起读者共鸣，文理也未必通顺，错误更在所难免，敬请读者批评指正。

苏学章

2023 年 5 月